高等职业教育土建类“十三五”规划“互联网+”创新系列教材

混凝土结构与砌体结构 第2版

HUNNINGTU JIEGOU YU QITI JIEGOU

主　编　刘孟良　赵英菊　何　山
副主编　陈　翔　项　林　李进军　唐　兰

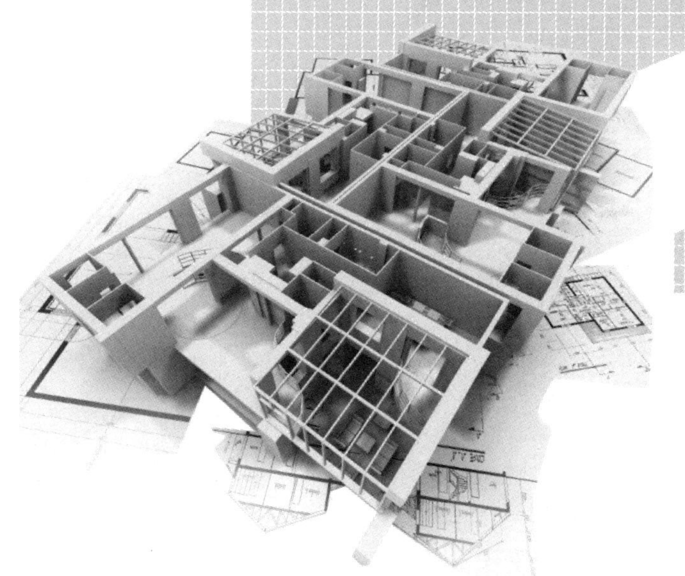

内容简介

本书依据最新的《建筑结构可靠度设计统一标准》(GB50068—2018)编写，融合了"1 + X"中级证书中对平法识图和结构设计的要求，并设置了手机扫码练习题、三维模型和拓展知识。本书内容从材料、荷载、受弯、受压构件到楼盖、楼梯，再到框架结构、剪力墙结构、装配式结构和砌体结构，既涵盖了梁、板、柱、墙、楼梯等基本构件的原理和制图规则，又以一个真实框架结构设计为例，展现了结构设计的全过程。

本教材适用于高等职业技术院校建筑工程类、工程管理类专业教材，也可作为专升本考试用书、培训机构及有关工程技术人员的参考用书。本书配有多媒体教学电子课件和扫码自测习题。

高等职业教育土建类"十三五"规划"互联网+"创新系列教材编审委员会

出版说明 INSTRUCTIONS

遵照《国务院关于加快发展现代职业教育的决定》(国发〔2014〕19号)提出的“服务经济社会发展和人的全面发展，推动专业设置与产业需求对接，课程内容与职业标准对接，教学过程与生产过程对接，毕业证书与职业资格证书对接”的基本原则，为全面推进高等职业院校土建类专业教育教学改革，促进高端技术技能型人才的培养，依据国家高等职业教育土建类专业教学指导委员会高等职业教育土建类专业教学基本要求，通过充分的调研，在总结吸收国内优秀高职教材建设经验的基础上，我们组织编写和出版了这套高等职业教育土建类专业“十三五”规划教材。

高等职业教育教学改革不断深入，土建行业工程技术日新月异，相应国家标准、规范，行业、企业标准、规范不断更新，作为课程内容载体的教材也必然要顺应教学改革和新形势的变化，适应行业的发展变化。教材建设应该按照最新的职业教育教学改革理念构建教材体系，探索新的编写思路，编写出版一套全新的、高等职业院校普遍认同的、能引导土建专业教学改革的“十三五”规划系列教材。为此，我们成立了规划教材编审委员会。教材编审委员会由全国30多所高职院校的权威教授、专家、院长、教学负责人、专业带头人及企业专家组成。编审委员会通过推荐、遴选，聘请了一批学术水平高、教学经验丰富、工程实践能力强的骨干教师及企业专家组成编写队伍。

本套教材具有以下特色：

1. 教材依据国家高等职业教育土建类专业教学指导委员会《高等职业教育土建类专业教学基本要求》编写，体现科学性、创新性、应用性；体现土建类教材的综合性、实践性、区域性、时效性等特点。

2. 适应高等职业教育教学改革的要求，以职业能力为主线，采用行动导向、任务驱动、项目载体，教、学、做一体化模式编写，按实际岗位所需的知识能力来选取教材内容，实现教材与工程实际的零距离“无缝对接”。

3. 体现先进性特点。将土建学科的新成果、新技术、新工艺、新材料、新知识纳入教材，结合最新国家标准、行业标准、规范编写。

4. 教材内容与工程实际紧密联系。教材案例选择符合或接近真实工程实际，有利于培养学生的工程实践能力。

5. 以社会需求为基本依据，以就业为导向，融入建筑企业岗位(八大员)职业资格考试、国家职业技能鉴定标准的相关内容，实现学历教育与职业资格认证相衔接。

6. 教材体系立体化。为了方便老师教学和学生学习，本套教材建立了多媒体教学电子课件、电子图集、教学指导、教学大纲、案例素材等教学资源支持服务平台；部分教材采用了“互联网+”的形式出版，读者扫描书中“二维码”，即可阅读丰富的工程图片、演示动画、操作视频、工程案例、拓展知识。

高等职业教育土建类专业规划教材

编审委员会

第二版前言 PREFACE

在国家实施职业教育改革的大背景下，作为“1 + X”证书制度的实施主体，我们面临着教师、教材、教法这“三教”改革，此次教材修订就是基于“1 + X”证书制度下的教材改革成果，主要特点如下：

①融合了“1 + X”中级证书中对平法识图的要求，将结构构件基本理论与平法制图规则无缝衔接；

②融合了“1 + X”中级证书中 BIM 结构设计的要求，通过完整的框架结构工程实例，展现结构设计的全过程，培养学生综合运用力学、材料、结构和抗震等方面知识的能力；

③依据最新的《建筑结构可靠度设计统一标准》(GB50068—2018)等规范和标准编写；

④属互联网 + 教材，学生可手机扫码完成习题练习、三维模型观看及拓展内容学习；

⑤内容新增装配式混凝土结构的基本理论和识图。

本书按照技能型人才培养的特点，以具体的工作任务训练为手段，以实际工作过程和案例来组织教材。全书共 18 个学习情境，内容从材料、荷载、受弯、受压构件到楼盖、楼梯，再到框架结构、剪力墙结构、装配式结构和砌体结构，既涵盖了梁、板、柱、墙、楼梯等基本构件的原理和制图规则，又以一个真实框架结构设计为例，完整又具体地体现了实际工作过程，由浅入深地讲述了常用构件和结构的基本原理和构造措施，特别是将装配式混凝土结构的内容加入进来，有利于学生对装配式结构的认识和理解。

本书通过分析本科教学和高职高专教学的不同特点，针对高职高专学生的学习特点及结合多位同事的教学经验，内容注重职业能力的培养，突出了高职高专教育以应用为主的特色。在基础理论方面以“必需”“够用”为原则，阐明基本概念、基本原理和基本计算方法，取消或弱化部分理论公式的推导，并在章节里设置了扫码自测的练习题、三维模型和拓展内容，能大大提高学生的学习效率。

本书的所有内容都参照最新的规范与标准，如《建筑结构可靠度设计统一标准》(GB50068—2018)、《混凝土结构设计规范》(GB50010—2010，2015 年版)、《建筑抗震设计规范》(GB50011—2010，2016 年版)、《混凝土结构施工图平面整体表示方法制图规则和构造详图》(16G101—1、16G101—2)及《装配式混凝土结构连接节点构造》(15G107—1)等。

本书由湖南交通职业技术学院刘孟良、赵英菊和何山主编，具体分工如下：学习情境一由娄底职业技术学院陈翔编写；学习情境二、五、七、八、十三由何山编写；学习情境三由刘孟良编写；学习情境四由南方职业技术学院项林编写；学习情境六、十一、十二由湖南交通职业技术学院的唐兰编写；学习情境九、十、制图规则、二维码习题、BIM结构及砌体结构部分由赵英菊编写；三维模型部分由湖南省第六工程有限公司的伍忠财制作；全书由赵英菊统稿。

本书系国家社会科学基金教育学一般课题《高职建设类课程项目化、模块化改革研究》的研究成果之一，主编人员为课题组研究人员，教材的编写充分吸纳了课题的研究成果，充分体现了高职教育基于能力本位的教育观、基于工作过程的课程观、基于行动导向的教学观及基于整体思考的评价观等高职教育新理念。

教材编写过程中，参阅了国内同行多部教材，同时部分高职高专院校老师也提出了很多宝贵意见，在此一并表示衷心的感谢！由于编者水平有限，书中难免有错误和不足之处，恳请读者批评指正！

编　者

2021年1月

目 录 CONTENTS

上篇　混凝土结构

下篇　砌体结构

上篇　混凝土结构

学习情境一　熟悉结构体系及材料

【项目描述与分析】

通过学习多高层钢筋混凝土房屋结构的概念、受力特点和应用范围，使学生熟悉常用结构体系的特点和应用。通过学习建筑用钢材、混凝土及钢筋混凝土材料的性能，使学生掌握钢筋强度指标检验、钢筋种类的识别及钢筋的选用、混凝土试块的制作、混凝土强度的测定、混凝土变形的预防与控制等。通过学习预应力混凝土构件的基本概念、一般规定及主要构造要求，使学生掌握预应力混凝土构件的基本知识。重点是钢筋、混凝土的力学性能；难点是预应力混凝土构件的构造要求及多高层钢筋混凝土房屋结构的受力特点。

【学习目标】

能力目标	知识目标	权重
能熟悉常用结构体系的特点和应用	建筑结构定义；建筑结构的分类；多高层钢筋混凝土房屋结构的概念、受力特点及常用结构体系的应用范围	30%
能选用钢筋及查用钢筋强度指标	钢筋的种类；钢筋的力学性能；钢筋的选用	30%
能查用混凝土强度指标	混凝土强度；混凝土变形；混凝土的选用	25%
能对预应力混凝土构件选材、能掌握确定预应力的方法及其应用	预应力混凝土构件的基本概念；施加应力的方法及主要构造要求	15%
合　计		100%

任务一　熟悉建筑结构体系

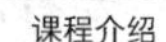

课程介绍

常用结构体系

【案例引入】

某小区的规划用地面积为66600 m^2，拟建设超高层、高层、多层及低层（别墅）各类住房。有50层、32层高、17层、6层及3层别墅，拟设多种房型。问它们分别采用何种结构体系建造为宜？

【任务目标】

1. 建筑结构的作用、定义；
2. 建筑结构的分类方法；
3. 认知砌体结构、混凝土结构、钢结构、木结构；

4. 多高层钢筋混凝土房屋结构的概念、受力特点；

5. 各结构体系的概念、受力特点和应用范围；

【知识链接】

1.1.1 多高层建筑结构的特点

1. 建筑结构的定义

一般建筑物都是由地板、楼面、屋面、墙体和楼梯等基本构件围成的几何空间，供人们生产、生活和进行其他活动的房屋或场所，同时避免雨雪风霜、酷暑严寒的影响。

房屋建筑按用途可分为工业、农业及民用建筑；按层数或高度又可分为低层、多层、中高层、高层及超高层建筑；按功能又可分为建筑、结构和设备三部分。

建筑是供人们生产、生活和进行其他活动的房屋或场所，它是人们运用一定物质材料创造的空间环境的一种技术艺术品；建筑结构是由若干构件(梁、板、柱、墙、楼梯、楼面、屋架、基础等)组成的，承受荷载和其他间接作用(如温度变化引起的伸缩、地基不均匀沉降、地震等)的体系，又称为房屋的承重骨架。它的功能是在各种荷载和其他间接作用下，确保房屋的安全可靠、经久耐用和正常使用。设备是保证与改善人们生产和生活的环境条件。一切成功的建筑物都是建筑、结构和设备三者巧妙的、有机的结合体。

结构构件是组成建筑结构并具有独立功能的结构部件，如梁、板、柱、墙、楼梯、楼面、屋架、基础等。其种类又分为：水平构件、竖向构件和基础。水平构件包括梁、板等，用以承受竖向荷载；竖向构件包括柱墙等，用来支承水平构件或承受水平荷载；基础的作用是承受荷载并将其传至地基。

2. 建筑结构按所用材料分类

(1)砌体结构

砌体结构是指由块材(砖、砌块、石)和砂浆砌筑而成的，墙、柱作为建筑物主要受力构件的结构称为砌体结构。砌体结构根据所用块材的不同又分为砖砌体、砌块砌体和石砌体三大类。

1)砌体结构发展简史：砌体结构原称砖石结构，历史悠久，应用广泛。19 世纪中叶以前最有名的是：6000 多年前古埃及建造的金字塔；我国秦朝建造的万里长城(盘山峻岭，气势磅礴)；我国隋代李春(河北赵县)设计建造的赵州桥(距今 1400 多年)，该桥的材料使用、结构受力、艺术造型、经济上都达到了最高成就，1991 年赵州桥被美国土木工程师协会 ASCE 选为第 12 个国际历史上土木工程里程碑。19 世纪中叶至解放前：因水泥发明，促进了砌体结构发展。新中国成立后至现在：砌体结构有了较快发展。

2)砌体结构主要有以下优点：取材方便，造价低廉。砌体结构所需用的原材料如黏土、砂子、天然石材等几乎到处都有，因而比钢筋混凝土结构更为经济，并能节约水泥、钢材和木材。砌块砌体还可节约土地，使建筑向绿色建筑、环保建筑方向发展；具有良好的耐火性及耐久性。一般情况下，砌体能耐受 400℃ 的高温。砌体耐腐蚀性能良好，完全能满足预期的耐久年限要求。具有良好的保温、隔热、隔音性能，节能效果好。施工简单，技术容易掌握和普及，也不需要特殊的设备。

3)砌体结构的主要缺点：自重大，手工作业量大，施工速度慢，抗拉、抗弯、抗剪强度低，抗震性能差，且黏土用量大，占用农田多，不利于保护环境和可持续发展。

4)砌体结构应用范围：广泛应用于办公楼、中小学教学楼、试验楼、多层住宅、宿舍、小型水池、化粪池、重力式挡土墙、高度 $h \leqslant 60$ m 的烟囱等承重结构。

5)砌体结构发展方向：发展轻质、高强的空心砌体；采用配筋砌体，也就是在砌体中加入钢筋，配筋砌体有良好的抗震性能；改进施工工艺，采用大型墙板和机械化施工，以减轻劳动强度，加快工程进度；充分利用工业废料，发展小型混凝土砌块。

(2)混凝土结构

混凝土结构是指以混凝土为主要材料制作而成的结构。它包括素混凝土结构、钢筋混凝土结构和预应力混凝土结构三大类。素混凝土结构是指由无筋或不配置受力钢筋的混凝土制成的结构，在建筑工程中一般只常用于路面、基础垫层或室外地坪；预应力混凝土结构如任务二所述是在结构或构建中配置了预应力钢筋的结构，能明显提高结构或构件的承载能力和变形性能；钢筋混凝土结构是在混凝土的适当部位配置钢筋，应用十分广泛。下面主要介绍钢筋混凝土结构。

1)钢筋混凝土结构的基本概念及其特点

钢筋混凝土结构是由钢筋和混凝土组成的，钢筋和混凝土都是土木工程中重要的建筑材料，两者材料力学性能不同，混凝土是一种抗压强度较高的材料，但它的抗拉强度却很低，钢筋的抗拉和抗压强度都很高。钢筋和混凝土这两种性能不同的材料结合在一起共同工作时，钢筋主要承受拉力，混凝土主要承受压力。

2)钢筋和混凝土共同工作的原因

混凝土硬化后，钢筋与混凝土之间有良好的黏结力，能牢固地黏结成整体，黏结力是这两种不同性质的材料能够共同工作的基础。这两种材料的线膨胀系数接近，钢筋为 $1.2 \times 10^{-5}\text{K}^{-1}$，混凝土为 $(1.0 \sim 1.5) \times 10^{-5}\text{K}^{-1}$，所以当温度变化时，钢筋和混凝土的黏结力不会因两者之间过大的相对变形而破坏。

3)钢筋混凝土结构的优点

就地取材：钢筋混凝土材料中砂、石用量比例大，砂和石一般都可由建筑工地附近提供，其产地在我国分布也较广。

耐久性好：钢筋混凝土结构中，钢筋被混凝土紧紧包裹而不致锈蚀，即使在侵蚀性介质条件下，也可采用特殊工艺制成耐腐蚀的混凝土，从而保证了结构的耐久性。

整体性好：钢筋混凝土结构特别是现浇结构有很好的整体性，这对于地震区的建筑物有重要意义，另外对抵抗暴风及爆炸和冲击荷载也有较强的能力。

可模性好：新拌合的混凝土是可塑的，可根据工程需要制成各种形状的构件，这给合理选择结构形式及构件断面提供了方便。

耐火性好：混凝土是不良传热体，钢筋又有足够的保护层，火灾发生时钢筋不致很快达到软化温度而造成结构瞬间破坏。

4)钢筋混凝土结构的缺点

自重较大，抗裂性能差，施工复杂，所需模板多，补强维修困难，工期长等。但随着科学技术的不断发展，这些缺点可以逐渐被克服。例如采用轻质、高强的混凝土，可克服自重大的缺点；采用预应力混凝土，可克服容易开裂的缺点；掺入纤维做成纤维混凝土可克服混凝土的脆性；采用预制构件，可减小模板用量，缩短工期。

总之，钢筋混凝土结构是混凝土结构中应用最多的一种，也是应用最广泛的建筑结构形式。它广泛应用于工业与民用建筑、桥梁、道路工程、水利工程、核电站、港口、航道工程、海洋工程等。

5)混凝土结构发展简况及发展方向

1824 年英国人 J. Aspdin 发明了硅酸盐水泥；1850 年法国人 L. Lambot 用钢筋混凝土做了一条小船；1872 年美国纽约建造了第一座钢筋混凝土房屋。钢筋混凝土结构的应用虽然只有 160 年左右的历史，但它比砌体结构、钢结构、木结构具有更多的优点，发展很快。现在我国每年混凝土用量超过 10 亿 m^3，钢筋用量超过 2500 万 t，在生产上用量之大，居世界前列。钢筋混凝土结构发展的主要方向是：高强、轻质、耐久、抗震(爆)。

(3) 钢结构

钢结构是指用钢板、角钢、工字钢、H 型钢、槽钢等钢材制作而成的承重结构。钢结构的发展是 21 世纪建筑文明的体现。钢结构的应用正日益增多，尤其是在高层建筑及大跨度结构(如屋架、网架、悬索等结构)中。

钢结构有以下主要优点：①材料强度高，自重轻，塑性和韧性好，材质均匀；②便于工厂生产和机械化施工，便于拆卸，施工工期短；③具有优越的抗震性能；④无污染、可再生、节能、安全，符合建筑可持续发展的原则。

钢结构有以下缺点：易腐蚀，需经常油漆维护，故维护费用较高。钢结构的耐高温差。当温度达到 250℃时，钢结构的材质将会发生较大变化；当温度达到 500℃时，钢结构会瞬间崩溃，完全丧失承载能力。

(4)木结构

木结构是指全部或大部分用木材制作的结构。这种结构易于就地取材，制作简单，但易燃、易腐蚀、变形大，并且木材使用受到国家严格限制，因此已很少采用。

3. 多高层钢筋混凝土房屋结构的概念、受力特点

(1)多高层钢筋混凝土房屋结构的概念

多层与高层是一个相对的概念。目前，世界各国没有统一划分多层与高层界限的标准。《民用建筑设计通则》规定：

住宅按层数分类：①低层住宅为 1 至 3 层；②多层住宅为 4 至 6 层；③中高层住宅为 7 至 9 层；④高层住宅为 10 层及 10 层以上；

其他民用建筑按建筑高度分类(建筑高度是指自室外设计地面至建筑主体檐口顶部的垂直高度)：①普通建筑：建筑高度 $h \leqslant 24$ m 的民用建筑和建筑高度 $h>24$ m 的单层民用建筑；②高层建筑：建筑高度 $h>24$ m 的公共建筑(不包括单层主体建筑)和 10 层及 10 层以上的住宅；③超高层建筑：建筑高度 $h>100$ m 的民用建筑。

《高层建筑混凝土结构技术规程》(JGJ3—2010)规定，以下简称《高规》：10 层及 10 层以上或房屋高度 >28 m的住宅建筑结构和房屋高度 >24 m 的其他民用建筑为高层建筑；2 至 9 层且房屋高度≤28 m的住宅建筑和房屋高度≤24 m 的其他民用建筑为多层建筑。

(2)多高层钢筋混凝土房屋结构的受力特点

高层和多层钢筋混凝土房屋结构相比：可以获得更多的建筑面积；可以提供更多的空闲场所，用作绿化和休闲；结构计算复杂；工程造价较高，运行成本较大。

高层钢筋混凝土房屋结构承受的荷载比多层大，刚度比多层小，水平荷载对高层钢筋混凝土房屋结构的影响比对多层的影响大。因此，对高层建筑的整体性要求比对多层的要高。

1.1.2 常用结构体系介绍

常用的多高层建筑结构承重体系有四类：框架结构体系、剪力墙结构体系、框架－剪力墙结构体系和筒体结构体系。

1. 框架结构

框架结构是由钢筋混凝土横梁、纵梁和柱组成的空间结构体系，其中的墙体不承重，仅起围护和隔断作用，如图1－1。框架结构建筑平面布置灵活，易于满足建筑物需较大空间的使用要求，竖向荷载作用下承载力较高，结构自重较轻。又由于框架结构的梁、柱截面有限，在水平荷载作用下，其侧向刚度小，水平位移较大，使用高度受到限制。

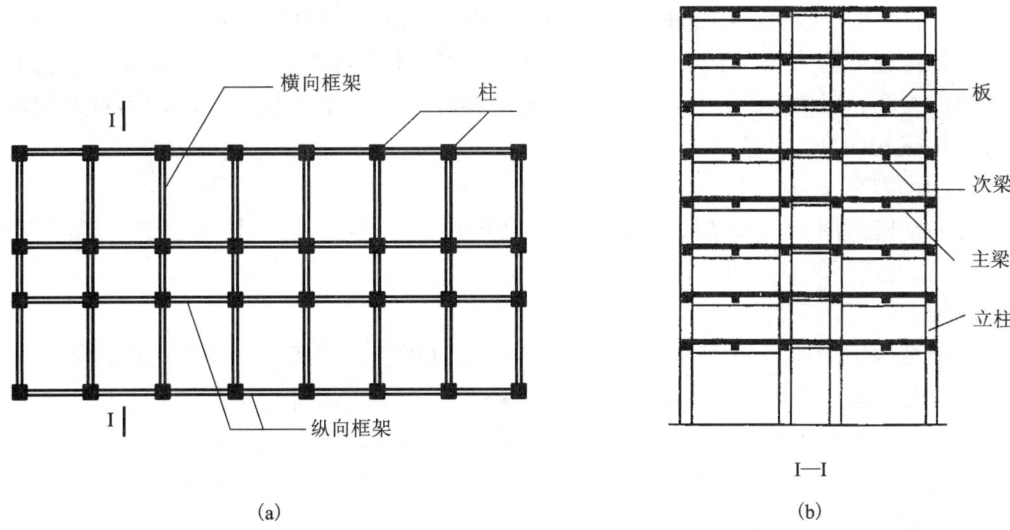

图1－1 框架结构图

(a)平面图；(b) I — I 剖面图

(1)受力特点

框架结构是一个由纵向框架和横向框架组成的空间结构。在工程设计中，为了简化计算，常忽略框架结构的空间联系，将实际空间结构简化为若干个横向和纵向平面框架分别进行内力和位移计算，计算单元取相邻两框架柱距的一半。框架结构主要是柱梁受力，每层荷载由框架梁传给框架柱，最终传到基础。对于现浇整体式框架，将柱梁各节点视为刚接节点，基础顶面处为固定支座，框架结构抗震能力好于砖混结构。

(2)应用范围

框架结构广泛应用于多层工业厂房及高层办公楼、住宅楼、商店、医院、教学楼及宾馆等建筑中。框架结构的适用高度为6~15层，非抗震区也可建造15~20层。

2. 剪力墙结构

剪力墙结构是由钢筋混凝土纵向、横向墙体互相连接作为竖向承重和抵抗侧移的结构体系。墙体是承重构件，又起维护和分隔作用，如图1－2。剪力墙结构常用的的平面布置方式有板式和塔式。为满足低层大空间的需要，非地震区可把底层部分做成框架结构，上部为剪力墙结构，这种结构又称为部分框支剪力墙结构。部分框支剪力墙结构属竖向不规则结构，上下层不同结构的内力和变形通过转换层传递，抗震性能差，烈度为 9 度的地区不能采用。剪力墙结构横墙多，侧向刚度大，空间整体性好，抗震性能好，对承受水平荷载有利。它无凸出墙角的梁柱，整齐美观，特别适用于居住楼，并可使用大模板、滑升模板等先进施工方法，有利于缩短工期，节省人力。但因其横墙间距小，房间的划分受到较大限制，结构自重大，建筑平面布置局限性较大。

(1)受力特点

剪力墙的侧移刚度远大于框架，因此剪力墙分配到的剪力也将远大于框架。剪力墙结构的变形为弯曲型，上部层间相对变形大，下部层间相对变形小。

剪力墙常开有门窗洞口。剪力墙的受力特点主要取决于剪力墙上的开洞情况。洞口是否存在，洞口的大小、形状及位置的不同都将影响剪力墙的受力性能。剪力墙按受力特性的不同主要可分为整体剪力墙、小开口整体剪力墙、双肢墙(多肢墙)和壁式框架等几种类型。不同类型的剪力墙，其相应的受力特点、计算简图和计算方法也不相同，计算其内力和位移时则需采用相应的计算方法。

(2)应用范围

剪力墙结构适用 15 ~ 35 层，开间较小的高层住宅、旅馆、写字楼等建筑。如广州 33 层的白云宾馆、北京 23 层的西苑饭店等。

3. 框架 - 剪力墙结构

在框架结构中的适当部位加设剪力墙，二者通过楼盖协同工作，以满足建筑物的抗侧要求，从而组成框架 - 剪力墙结构体系，如图 1 - 3。在框架中局部增加剪力墙，可以在对建筑物的使用功能影响不大的情况下，使结构的抗侧刚度和承载力都有明显提高，也提高了结构的抗震性能，又保持了框架结构易于分隔、使用方便的优点，是一种适用性很广的结构形式。但是，剪力墙限制了平面布置的灵活性，因此，建筑与结构设计人员应互相配合，巧妙布置剪力墙。布置的原则是均匀对称，结构刚心和建筑质心接近，尽量设置在建筑物端部、结构薄弱处。

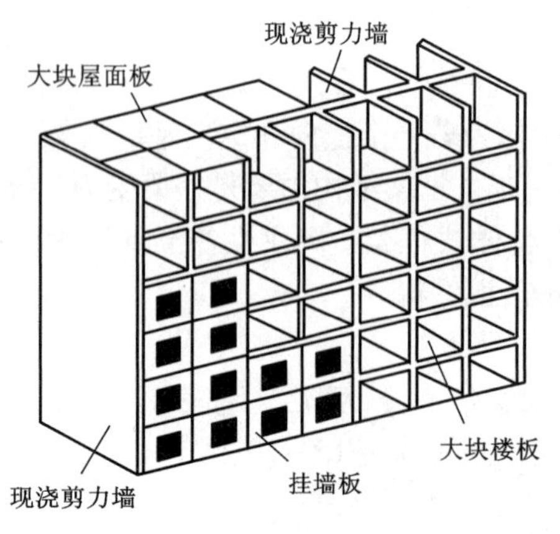

图 1 - 2　剪力墙体系

图 1 - 3　框架 - 剪力墙体系

(1)受力特点

剪力墙的侧移刚度远大于框架，因此剪力墙分配到的剪力也将远大于框架。由于上述变形的协调作用，框架和剪力墙的荷载和剪力分布沿高度在不断调整，框架与剪力墙之间楼层剪力的分配比例和框架各楼层剪力分布情况随着楼层所处高度而变化，与结构刚度特征值 λ 直接相关。因此，当实际布置有剪力墙(如：楼梯间墙、电梯井道墙、设备管道井墙等)的框架结构，必须按框架结构协同工作计算内力，不应简单按纯框架分析，否则不能保证框架部分上部楼层构件的安全。框架和剪力墙形成了弯剪变形，从而减小了结构的层间相对位移比和顶点位移比，使结构的侧向刚度得到了提高。

(2)应用范围

框架－剪力墙结构多用于多高层办公楼、旅馆、住宅及工业厂房，15～25 层为宜。

4. 筒体结构

筒体结构是由实心的钢筋混凝土墙或密集框架柱构成。这种结构具有很好的抗弯、抗扭性能和极强的的抗侧移能力，且平面布置灵活，内部使用空间大，设计较灵活。根据开孔的多少，筒体有实腹筒和空腹筒之分，如图 1－4 所示。筒体结构从形式上可分为框筒、框架－核心筒、筒中筒、束筒和群筒等，现介绍如下：

框筒[图 1－5(a)]：建筑物的外围由密排柱和窗裙深梁组成，内部为普通框架柱。整个框筒如一个悬臂筒体，其刚度和承载力很大。

框架－核心筒[图 1－5(b)]：外围为大柱距普通框架柱，内部有电梯间、管道竖井等剪力墙组成的实腹筒体。这种结构具有框架－剪力墙结构同样的优点。

筒中筒[图 1－5(c)、1－25(d)]：外围为密柱框筒，内筒为剪力墙实腹筒体，楼板为连接内、外筒的刚性隔板。内外筒共同承受竖向荷载和水平地震力或风荷载。这种结构空间布置灵活、使用合理。

束筒[图 1－5(e)]：由若干个筒体并列连接为整体结构。美国芝加哥的西尔斯大厦就是束筒应用实例，它是由 9 个 30 m ×30 m 筒体连接而成。

群筒[图 1－5(f)]：由多个筒体连接而成的结构。空中华西村综合大楼就是群筒的应用实例，它是由 3 个 60 层的外围筒体和一个 72 层的中央筒体结构形成的钢－混凝土结构。

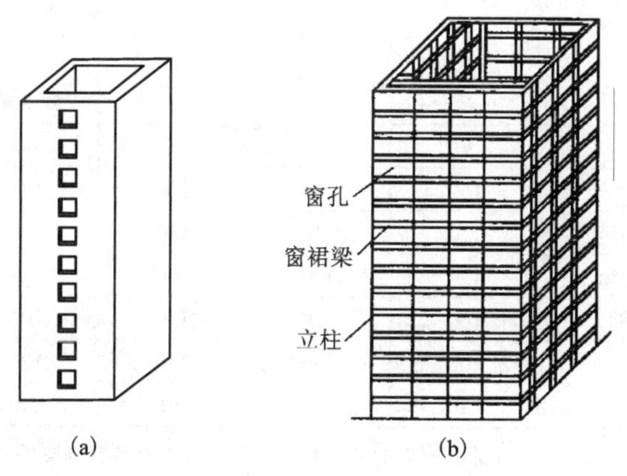

图 1－4　筒体结构体系

(a)实腹筒；(b)空腹筒

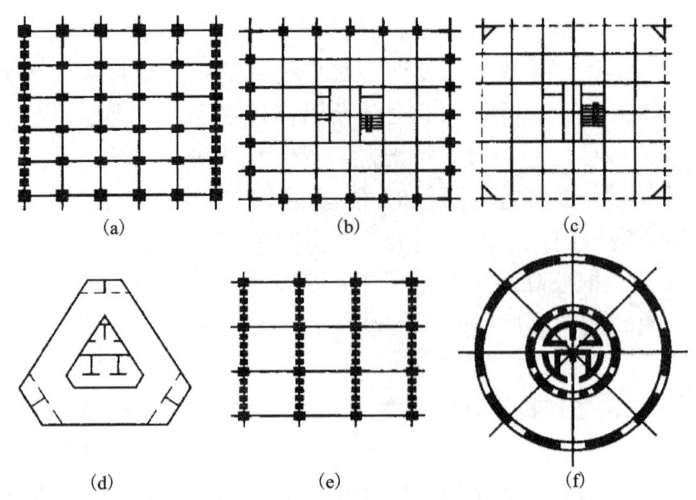

图 1-5　筒体结构体系的类型

(a) 框筒；(b)框架-核心筒；(c)筒中筒；(d)筒中筒；(e)束筒；(f)群筒

(1)筒体结构受力特点

在高层建筑中，特别是超高层建筑中，水平荷载愈来愈大并起控制作用，而筒体结构便是抵抗这种水平荷载最有效的结构体系，它的受力特点是：整个建筑犹如一个固定于基础之上的封闭空心的筒式悬臂梁来抵抗水平力。

(2)筒体结构应用范围

一般可用于 30~50 层或高度超过 100 m 的办公楼、商店及其他综合性服务建筑。世界上的超高层建筑大多数为筒体结构，如上海的金茂大厦、上海环球金融中心、迪拜塔、纽约原世贸大厦等。

多高层建筑结构应综合考虑各种因素，选用适宜的结构体系。各种体系适用的房屋最大高度一般按《高层建筑混凝土结构技术规程》(JGJ3—2010)的 A 级规定取用，详见表 1-1。

表 1-1　现浇钢筋混凝土高层建筑的最大适用高度　　单位：m

结构体系		非抗震设计	抗震设防烈度				
			6 度	7 度	8 度		9 度
					0.20g	0.30g	
框架		70	60	50	40	35	24
框架-剪力墙		150	130	120	100	80	50
剪力墙	全部落地剪力墙	150	140	120	100	80	60
	部分框支剪力墙	130	120	100	80	50	不应采用
筒体	框架-核心筒	160	150	130	100	90	70
	筒中筒	200	180	150	120	100	80
板柱-剪力墙		110	80	70	55	40	不应采用

注：①表中框架不含异形柱框架结构；②部分框支剪力墙结构指地面以上有部分框支剪力墙的剪力墙结构；③甲类建筑，6、7、8 度时宜按本地区抗震设防烈度提高一度后符合本表的要求，9 度时应专门研究；④框架结构、板柱-剪力墙结构以及 9 度抗震设防烈度的表列其他结构，当房屋高度超过本表数值时，结构设计应有可靠依据，并采取有效的加强措施。

【任务实施】

确定该小区 50 层、32 层住宅、17 层住宅、6 层住宅及别墅采用的结构体系。

【知识总结】

1. 建筑结构是由若干构件组成的，承受荷载和其他间接作用的体系，又称为房屋的承重骨架。

2. 建筑结构按所用材料分砌体结构、混凝土结构、钢结构和木结构。

3. 混凝土结构包括素混凝土结构、钢筋混凝土结构和预应力混凝土结构。

4. 2 至 9 层且房屋高度≤28 m 的住宅建筑结构和房屋高度≤24 m 的其他民用建筑为多层建筑。

5. 10 层及 10 层以上或房屋高度 >28 m 的住宅建筑结构和房屋高度 >24 m 的其他民用建筑为高层建筑。

6. 建筑结构按受力可分为混合结构、框架结构、剪力墙结构、框架 – 剪力墙结构及筒体结构，多高层钢筋混凝土常用结构体系是框架结构、剪力墙结构、框架 – 剪力墙结构及筒体结构四种类型。

【课后练习】

1. 什么叫建筑结构？
2. 建筑结构按所用材料可分为哪几类？各类型结构有何特点？
3. 多高层钢筋混凝土房屋结构是怎样定义的？有何受力特点？
4. 混合结构房屋有何受力特点？其应用范围如何？
5. 框架结构房屋有何受力特点？其应用范围如何？
7. 剪力墙结构房屋有何受力特点？其应用范围如何？
8. 框架 – 剪力墙结构房屋有何受力特点？其应用范围如何？
9. 筒体结构房屋有何受力特点？其应用范围如何？
10. 筒体结构有哪些类型？

任务二 认知钢材及混凝土

【案例引入】

1. 某单位兴建一栋办公大楼(框架结构)，已经采购了一批钢筋，问：对这批钢筋应进行哪些指标检验？梁、柱纵向受力钢筋该选用哪几种？

2. 该楼基础垫层选用什么强度等级的混凝土？该框架结构的混凝土强度等级不应低于多少？若采用Ⅲ级钢筋时，混凝土强度等级又不应低于多少？

3. 该框架结构施工时怎样进行混凝土试块的制作？

4. 施工时怎样预防与控制混凝土变形？

【任务目标】

1. 掌握钢筋强度指标检验、钢筋种类的识别、钢筋的冷加工及钢筋的选用；

2. 掌握混凝土立方体抗压强度、轴心抗压强度和轴心抗拉强度，了解混凝土的变形性能。

【知识链接】

材料——钢筋

1.2.1 建筑钢材的性能

1. 钢筋的类型

钢筋按加工工艺可分为：热轧钢筋、冷加工钢筋、热处理钢筋、钢丝和钢绞线五种；按力学性能可分为：有屈服点的钢筋和无屈服点的钢筋两种；我国通用的建筑钢材按化学成分可分为：热轧碳素钢和普通低合金钢两大类。

（1）按化学成分分

1）热轧碳素钢

按含碳量的多少分为：低碳钢（含碳量 <0.25%）、中碳钢（含碳量 0.25% ~0.6%）和高碳钢（含碳量 >0.6%）。低、中碳钢强度低，有明显屈服点，常称软钢；高碳钢强度高，无明显屈服点，常称硬钢。

2）普通低合金钢

在碳素钢中加入少量的 Mn、Ti、V 等合金元素，以提高强度，改善塑性，多属软钢。

（2）钢筋按加工工艺分

1）热轧钢筋

《混凝土结构设计规范》（GB 50010—2010）（以下简称《规范》）规定：用于钢筋混凝土结构的常用国产普通钢筋为热轧钢筋，有 8 种，分别为：

HPB300 即热轧光面钢筋 300 级，Ⅰ级钢，用Φ表示，通常把外形轧成光面，是一种低碳钢，质量稳定，塑性好，易加工，以直条或盘圆交货。

HRB335 即热轧带肋钢筋 335 级，Ⅱ级钢，用Φ表示。

HRB400 即热轧带肋钢筋 400 级，新Ⅲ级钢，用Φ表示；是我国钢筋混凝土结构构件受力钢筋用材最主要的品种之一。

HRBF400 即细晶粒热轧带肋钢筋 400 级，新Ⅲ级钢，用$Φ^F$表示。

RRB400 即余热处理钢筋 400 级，Ⅲ级钢，用$Φ^R$表示。

HRB500 即热轧带肋钢筋 500 级，Ⅳ级钢，用Φ表示。

HRBF500 即细晶粒热轧带肋钢筋 500 级，Ⅳ级钢，用$Φ^F$表示。

HRB335、HRB400、HRBF400、RRB400、HRB500、HRBF500 级钢筋的表面轧制成人字纹、月牙纹和螺纹，如图 1 -6（a），所以带肋钢筋又称为变形钢筋。热轧钢筋的直径为 6 ~ 50 mm。

2）冷加工钢筋

由热轧钢筋或盘条在常温下经冷拉、冷拔、冷轧、冷轧扭加工后而形成的钢筋称为冷加工钢筋。钢筋经冷加工后，其强度提高了，但塑性有所降低，主要用于预应力混凝土结构。

3）热处理钢筋

热处理钢筋是用几种特定钢号的热轧钢筋经过淬火和回火等复杂工艺处理而成的。经热处理后的这种钢筋强度提高，塑性和抗冲击韧性也得到改善，是一种较理想的预应力钢筋。

4)钢丝

高强钢丝的抗拉强度很高，可达 1470 ~ 1860 MPa；钢丝直径 5 ~ 9 mm，外形有光面、刻痕和螺旋肋三种。它一般用作预应力筋。

5)钢绞线

钢绞线是由高强光面钢丝用绞盘绞在一起形成的。常用的钢绞线有 3 股和 7 股两种，主要作预应力筋。如图 1 -6(b)所示。

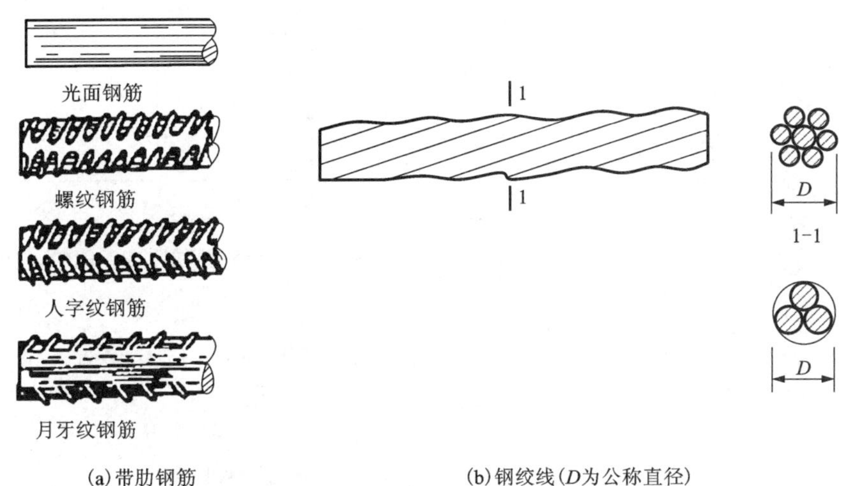

(a)带肋钢筋　　(b)钢绞线(D为公称直径)

图 1 -6　常用钢筋形式举例

2. 钢筋的强度和变形

钢筋按力学性能可分为：有明显屈服点的钢筋和无明显屈服点的钢筋两种。钢筋的强度和变形性能可通过拉伸试验中所得到的应力 - 应变曲线来分析。

(1)应力 - 应变曲线

1)有明显屈服点的钢筋

有明显屈服点钢筋的应力 - 应变曲线如图 1 -7 所示。由图可知在应力达到 a 点前，应力与应变成正比，a 点对应的应力称为比例极限。应力过 a 点后，应变比应力增加快；到达 b 点后，应变急剧增加，而应力基本不变，此阶段称为屈服阶段。应力 - 应变曲线呈水平段 cd，水平段 cd 称为屈服台阶或流幅，钢筋产生相当大的塑性变形。b 点称为屈服上限，呈不稳定状态，c 点称为屈服下限，而屈服下限比较稳定，所以屈服下限 c 点的应力作为钢筋屈服强度，以 σ_s 表示。当钢筋屈服塑性流动到 d 点后，应力 - 应变关系又形成上升曲线，其最高点为 e，de 段称为钢筋的强化阶段，在强化阶段钢筋具有弹性和塑性双重性质，最高点 e 对应的应力称为钢筋的极限应力——极限强度，以 σ_b 表示。过 e 点后，钢筋的薄弱横断

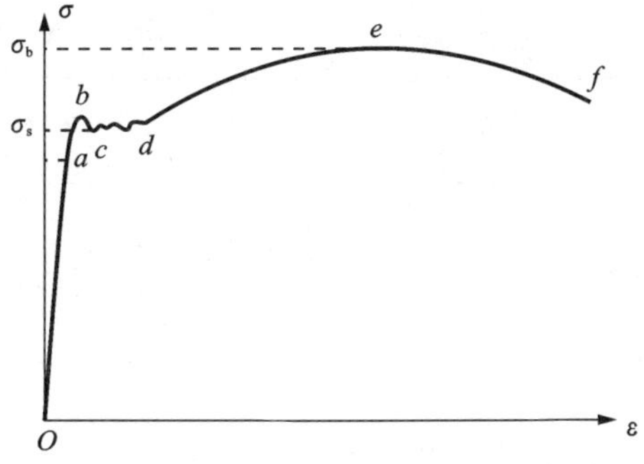

图 1 -7　有明显屈服点钢筋的 $\sigma - \varepsilon$ 曲线

面处显著缩小，即产生颈缩现象，变形迅速增加，应力随之下降，到达 f 点时钢筋被拉断。

2）无明显屈服点的钢筋

无明显屈服点的钢筋应力－应变曲线如图1－8所示。从图可以看出：这类钢筋的抗拉强度一般都很高，但变形很小，也没有明显的屈服点。实际设计中通常取相当于残余应变 ε 为0.2%时的应力 $\sigma_{0.2}$ 作为名义屈服点，即条件屈服强度。为了统一，《规范》取 $\sigma_{0.2}$ 为极限抗拉强度 σ_b 的0.85倍，即

$$\sigma_{0.2}=0.85\sigma_b \tag{1-1}$$

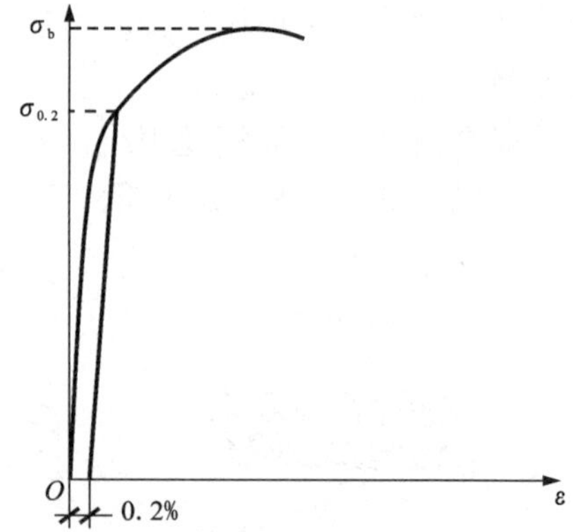

图1－8　无明显屈服点钢筋的 $\sigma-\varepsilon$ 曲线

（2）钢筋的强度指标

1）《规范》规定，材料强度的标准值应具有不少于95%的保证率。热轧钢筋的强度标准值根据屈服强度确定，用 f_{yk} 表示。预应力钢绞线、钢丝和热处理钢筋的强度标准值根据极限抗拉强度确定，用 f_{ptk} 表示。各种钢筋的强度标准值、设计值及弹性模量详见表1－2、表1－3、表1－4。

表1－2　普通钢筋强度标准值、设计值及弹性模量

牌号	符号	公称直径 d/mm	屈服强度标准值 f_{yk} /(N·mm^{-2})	极限强度标准值 f_{stk} /(N·mm^{-2})	抗拉强度设计值 f_y /(N·mm^{-2})	抗压强度设计值 f'_y /(N·mm^{-2})	弹性模量 E/(×10^5 N·mm^{-2})
HPB300	Φ	6～14	300	420	270	270	2.1
HRB335	Φ	6～14	335	455	300	300	2.0
HRB400 HRBF400 RRB400	Φ Φ^F Φ^R	6～50	400	540	360	360	2.0
HRB500 HRBF500	Φ Φ^F	6～50	500	630	435	435	2.0

表1－3　预应力筋强度标准值

种类		符号	公称直径 d/mm	屈服强度标准值 f_{pyk}/(N·mm^{-2})	极限强度标准值 f_{ptk}/(N·mm^{-2})
中强度预应力钢丝	光面 螺纹肋	Φ^{PM} Φ^{HM}	5，7，9	620	800
				780	970
				980	1270
预应力螺纹钢筋	螺纹	Φ^T	18，25，32，40，50	785	980
				930	1080
				1080	1230

续表 1－3

种类		符号	公称直径 d/mm	屈服强度标准值 f_{pyk}/(N·mm^{-2})	极限强度标准值 f_{ptk}/(N·mm^{-2})
消除应力钢丝	光面 螺纹肋	ϕ^P ϕ^H	5	—	1570
				—	1860
			7	—	1570
			9	—	1470
				—	1570
钢绞线	1×3 (3股)	ϕ^S	8.6, 10.8, 12.9	—	1570
				—	1860
				—	1960
	1×7 (7股)		9.5, 12.7, 15.2, 17.8	—	1720
				—	1860
				—	1960
				—	1860

表 1－4　预应力筋强度设计值

单位：N/mm^2

种类	屈服强度标准值 f_{pyk}	极限强度标准值 f_{ptk}	抗拉强度设计值 f_{py}	抗压强度设计值 f'_{py}	弹性模量 $E/\times10^5$
中强度预应力钢丝	620	800	510	410	2.05
	780	970	650		
	980	1270	810		
预应力螺纹钢筋	785	980	650	400	2.0
	930	1080	770		
	1080	1230	900		
消除应力钢丝	—	1470	1040	410	2.05
	—	1570	1110		
	—	1860	1320		
钢绞线	—	1570	1110	390	1.95
	—	1720	1220		
	—	1860	1320		
	—	1960	1390		

2）钢筋的强度设计值

在进行钢筋混凝土结构构件承载力设计计算时，钢筋应采用强度设计值。钢筋强度设计值等于钢筋强度标准值除以钢筋材料分项系数 γ_s，对延性较好的 400 MPa 级及以下的热轧钢筋，取 $\gamma_s=1.10$；对 500 MPa 级钢筋，取 $\gamma_s=1.15$；对延性稍差的预应力钢筋，γ_s 一般取不小于 1.20。

$$f_y=f_{yk}/\gamma_s \tag{1-2}$$

(3)钢筋塑性性能

反映钢筋塑性性能的基本指标是伸长率和冷弯性能，如图 1 –9 所示。

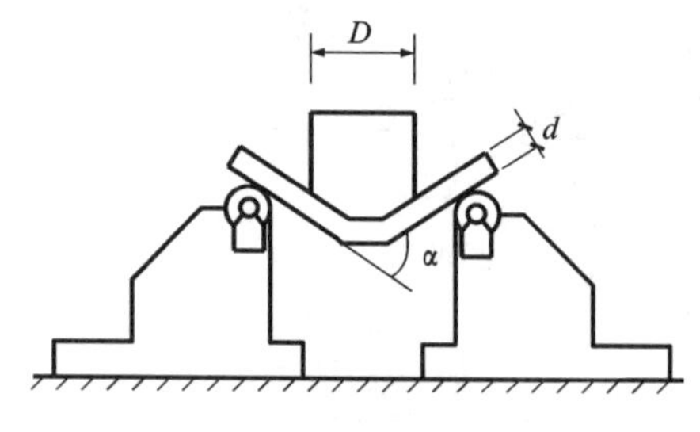

图 1 –9 钢筋的冷弯性能试验

1)总伸长率 δ_{gt}

普通钢筋及预应力筋在最大力下的总伸长率 δ_{gt}不应小于表 1 –5 规定的数值。

表 1 –5 普通钢筋及预应力筋在最大力下的总伸长率限值

钢筋品种	普通钢筋		预应力筋
	HPB300	HRB335, HRB400, HRBF400, HRB500, HRBF500	
δ_{gt}/%	10.0	7.5	3.5

2)冷弯性能

钢筋弯曲试验是检验钢筋在加工时不发生断裂的一种试验方法。伸长率不能反映钢筋这一脆性性能，如图 1 –9，在常温下将钢筋绕规定的直径(*D*)弯曲 α 角度而不出现裂纹，即认为钢筋的冷弯性能符合要求。通常 *D* 值愈小，而 α 值越大，则其冷弯性能愈好；反之，则其冷弯性能愈差。

(4)钢筋的冷加工

为了节省钢材，在常温下通过冷加工方法来提高钢筋的强度。

1)冷拉

冷拉是把钢筋张拉到应力超过屈服点的任意点后，放松钢筋，经时效处理硬化后再张拉钢筋时，则应力 – 应变曲线将发生变化，新的屈服点比原屈服点高的一种方法。如图 1 –10 所示。

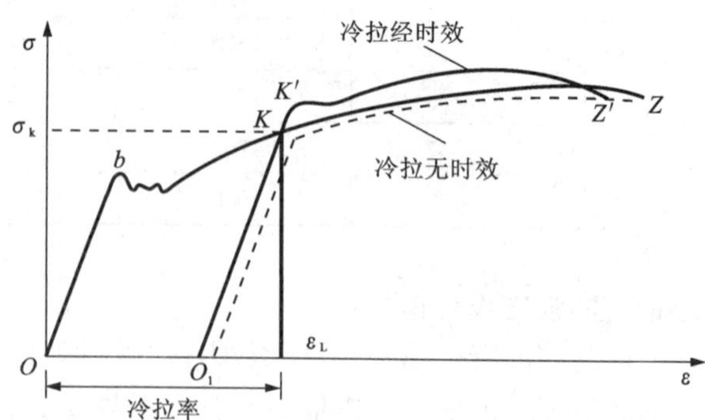

图 1 –10 钢筋冷拉的 $\sigma-\varepsilon$ 曲线

钢筋经过冷拉和时效硬化后，能提高它的屈服强度，但伸长率有所降低。必须注意的是：对需要焊接的钢筋应先焊接好后再进行冷拉。此外，冷拉只能提高钢筋的抗拉强度，而不能提高钢筋的抗压强度，一般不采用冷拉钢筋作受压钢筋。由于钢筋冷拉后塑性降低，脆性增加，故不得用冷拉钢筋制作吊环。

2)冷拔

冷拔是在常温下将钢筋(HPB300)用强力拔过比它直径小的硬质合金拔丝模，拔成比原来直径小的钢丝。冷拔后抗拉、抗压强度提高，塑性降低，硬度提高。

3. 钢筋的选用

根据《规范》，混凝土结构的钢筋应按下列规定选用：

(1)纵向受力普通钢筋可采用 HRB400、HRB500、HRBF400、HRBF500 钢筋，也可采用 HPB300、HRB335、RRB400 钢筋。

(2)梁、柱纵向受力普通钢筋宜采用 HRB400、HRB500、HRBF400、HRBF500 钢筋。

(3)箍筋宜采用 HRB400、HRBF400、HPB300、HRB500、HRBF500 钢筋，也可采用 HRB335 钢筋。

(4)预应力筋宜采用预应力钢丝、钢绞线和预应力螺纹钢筋。

材料——混凝土

1.2.2　混凝土材料的性能

混凝土是由水泥、细骨料砂、粗骨料(碎石、卵石)和水等材料按一定比例，经混合搅拌，入模浇捣并养护硬化后形成的人工石材。

混凝土在内部构造上存在许多空隙、微小裂缝且不均匀。

影响混凝土的强度和变形的主要因素有：原材料的性能；各组成成分的比例，尤其是水灰比的大小；施工方法(搅拌程度、浇捣的密实性、对混凝土的养护方法)等。

1. 混凝土的强度

混凝土的基本强度指标有立方体抗压强度轴心抗压强度和轴心抗拉强度三种。

由于混凝土在结构中主要承受压力的作用。因此，其抗压强度指标是最重要的强度指标。

(1)立方体抗压强度

《规范》规定，混凝土立方体抗压强度标准值：是用边长为 150 mm 的立方体标准试件，在标准试验条件即温度为(20 ±3)℃、湿度在 95% 以上的标准养护室中养护 28 d，并用标准试验方法(C30 以下的加载速度控制在 0.3 ~0.5 MPa/s 范围；C30 以上的加载速度控制在 0.5 ~0.8 MPa/s范围，两端不涂润滑剂)测得的具有 95% 保证率的抗压强度标准值，用符号 $f_{cu,k}$表示，单位为 MPa，1 MPa = 1 N/mm^2。

《规范》规定，混凝土强度范围分成 14 个强度等级，即 C15、C20、C25、C30、C35、C40、C45、C50、C55、C60、C65、C70、C75、C80。如 C40，其中 C 表示混凝土，40 表示混凝土的立方体抗压强度标准值为$f_{cu,k}$ = 40 N/mm^2。混凝土立方体抗压强度与试块表面约束条件、尺寸大小、龄期和养护情况有关。图 1 -11(a)为两端不涂润滑剂的破坏特征；图 1 -11(b)为两端涂润滑剂的破坏特征；图 1 -12 为混凝土强度随龄期而增长的情况。

(2)轴心抗压强度

实际工程中的受压构件，如柱的长度比其截面尺寸大得多，其抗压强度将比立方体抗压强度低。试验表明：用高宽比为 2 ~3 的棱柱体测得的抗压强度与以受压力为主的混凝土构件中的混凝土抗压强度基本一致，常用 150 mm ×150 mm ×300 mm 棱柱体的抗压强度作为以受压为主的混凝土抗压强度，称为轴心抗压强度标准值，用符号 f_{ck}表示。

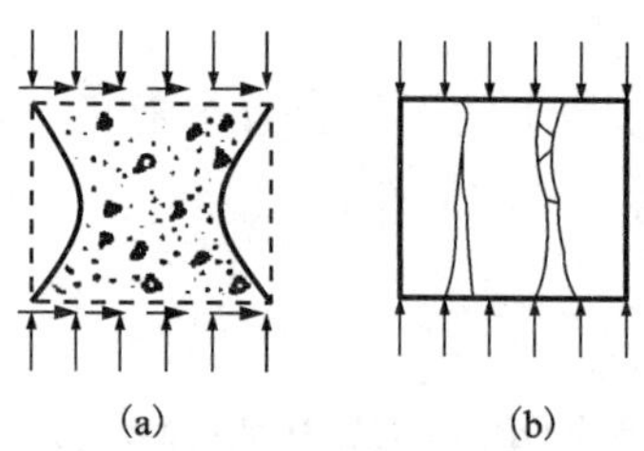

图 1-11　混凝土立方体试块的破坏特征

(a)不涂润滑剂；(b)涂润滑剂

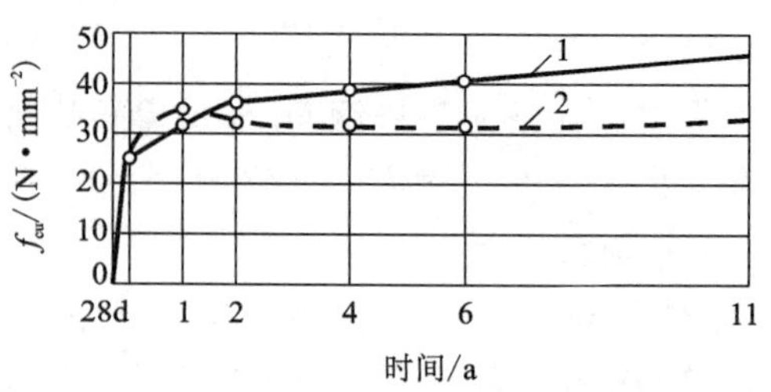

图 1-12　混凝土强度随龄期而增长

1—在潮湿环境下；2—在干燥环境下

(3)混凝土的轴心抗拉强度

混凝土的抗拉性能很差。混凝土轴心抗拉强度取棱柱体(100 mm×100 mm×500 mm，两端埋有钢筋)的抗拉极限强度为轴心抗拉强度标准值。混凝土构件的开裂、变形以及受剪、受扭、受冲切等承载力均与抗拉强度有关，用符号 f_{tk} 表示。

(4)混凝土的强度计算指标

1)混凝土的强度标准值。《规范》给出了混凝土强度标准值，见表 1-6。

表 1-6　混凝土强度标准值和弹性模量　　单位：MPa

强度种类符号		轴心抗压强度 f_{ck}	轴心抗拉强度 f_{tk}	弹性模量 E_C/(×10^4)
混凝土强度等级	C15	10.0	1.27	2.20
	C20	13.4	1.54	2.55
	C25	16.7	1.78	2.80
	C30	20.1	2.01	3.00
	C35	23.4	2.20	3.15
	C40	26.8	2.39	3.25
	C45	29.6	2.51	3.35
	C50	32.4	2.64	3.45
	C55	35.5	2.74	3.55
	C60	38.5	2.85	3.60
	C65	41.5	2.93	3.65
	C70	44.5	2.99	3.70
	C75	47.4	3.05	3.75
	C80	50.2	3.11	3.80

2)混凝土的强度设计值。混凝土强度设计值为混凝土强度标准值除以混凝土的材料分项系数 γ_c，《规范》规定 $\gamma_c=1.4$，f_c、f_t 见表 1-7。

$$f_c=f_{ck}/\gamma_c \tag{1-3}$$

$$f_t=f_{tk}/\gamma_c \tag{1-4}$$

表 1－7　混凝土强度设计值及等效矩形图形系数

强度种类符号		轴心抗压强度 f_c/MPa	轴心抗拉强度 f_t/MPa	应力系数 α_1	高度系数 β_1
混凝土强度等级	C15	7.2	0.91	1.0	0.8
	C20	9.6	1.10	1.0	0.8
	C25	11.9	1.27	1.0	0.8
	C30	14.3	1.43	1.0	0.8
	C35	16.7	1.57	1.0	0.8
	C40	19.1	1.71	1.0	0.8
	C45	21.1	1.80	1.0	0.8
	C50	23.1	1.89	1.0	0.8
	C55	25.3	1.96	0.99	0.79
	C60	27.5	2.04	0.98	0.78
	C65	29.7	2.09	0.97	0.77
	C70	31.8	2.14	0.96	0.76
	C75	33.8	2.18	0.95	0.75
	C80	35.9	2.22	0.94	0.74

2. 混凝土的变形

混凝土变形有两类：一类是荷载作用下的受力变形，包括一次短期加荷时的变形、多次重复加荷时的变形和长期荷载作用下的变形；另一类是体积变形，包括收缩、膨胀和温度变形。

(1)混凝土在一次短期加荷时的应力－应变关系

混凝土在一次短期加荷时的应力－应变关系可通过对混凝土棱柱体的受压或受拉试验测定。混凝土受压时典型的应力－应变曲线如图 1－13 所示。

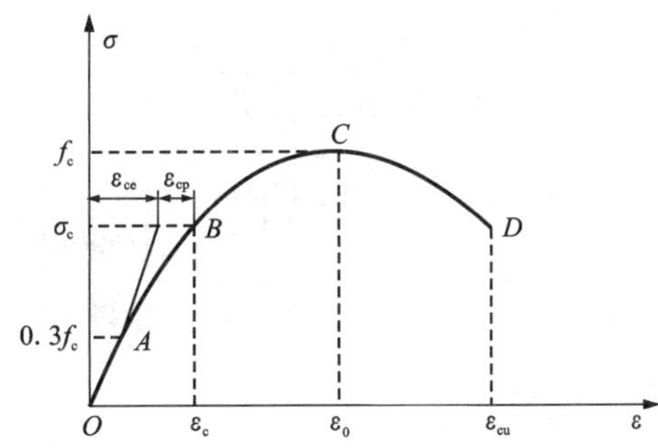

图 1－13　混凝土受压典型 $\sigma-\varepsilon$ 曲线

图 1－13 所示的应力－应变曲线包括上升段和下降段两部分，对应于顶点 C 的应力为轴心抗压强度 f_c。在上升阶段中，当应力小于 $0.3f_c$时，应力－应变曲线可视为直线，混凝土处于弹性阶段；随着应力的增加，应力－应变关系逐渐偏离直线，表现出越来越明显的塑性性质；此时，混凝土的应变 ε_c 由弹性应变(ε_{ce})和塑性应变(ε_{cp})两部分组成，且后者占的比例越来越大。在下降阶段，随着应变的增大，应力反而减小，当应变达到极限值 ε_{cu}时混凝土破坏。值得注意的是：由于曲线存在着下降阶段，故而最大应力 f_c所对应的应变并不是极限应变 ε_{cu}，而是应变 ε_o。

由图 1－14 可知：随着混凝土强度等级的提高，与 f_c 对应的应变 ε_o有所提高，但极限应变 ε_{cu}却明显减少，这说明高强混凝土的延性较差，强度越高，脆性越明显。工程中所用的混凝土的 ε_o

为0.0015～0.002，ε_{cu}为0.002～0.006。

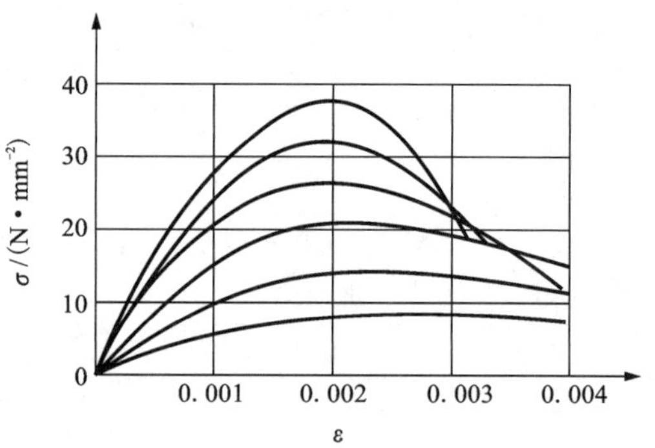

图1－14　不同强度等级混凝土的$\sigma-\varepsilon$曲线

混凝土受拉时的应力－应变曲线的形状与受压时相似。对应于抗拉强度f_t的应变ε_{ct}很小，据资料，C15～C40混凝土的最大拉应变ε_{ctu}可取$(1\sim1.5)\times10^{-4}$。

(2)混凝土的弹性模量

混凝土的应力σ与其弹性应变ε_{ce}之比称为混凝土的弹性模量，用E_c表示。根据大量试验结果，《规范》采用以下公式计算混凝土的弹性模量：

$$E_c=\frac{10^5}{2.2+\dfrac{34.7}{f_{cu,k}}}\quad(\mathrm{N/mm^2})\tag{1-5}$$

(3)混凝土的徐变

混凝土受压后除产生瞬时压应变外，在维持其外力不变的条件下(即荷载长期不变)，应变随时间继续增长的现象，叫做混凝土的徐变。

图1－15所示为一施加的初始压力为$\sigma=0.5f_c$时的徐变与时间的关系。徐变变形在徐变开始时增长较快，随时间的继续增长而减慢，在两年左右趋于稳定。

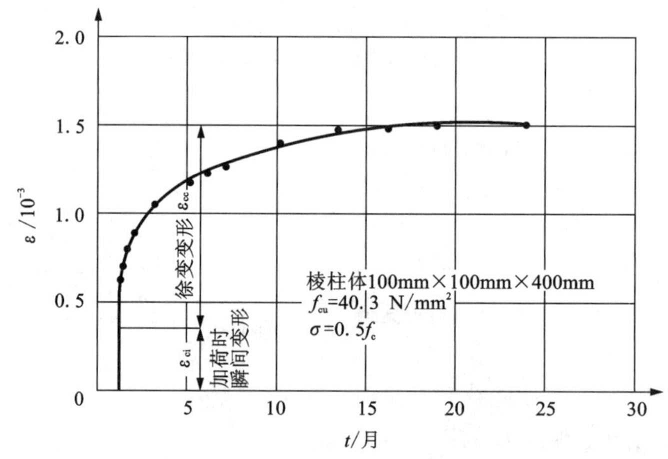

图1－15　混凝土的徐变曲线

混凝土的徐变对混凝土结构构件的受力性能有重要的影响，它将使结构构件的变形增加，在预应力混凝土结构构件中引起预应力损失等。因此，应对混凝土的徐变现象引起足够的重视。影响混凝土徐变的主要因素有：①构件中截面上的应力愈大，徐变就愈大；构件承载前混凝土的强度越高，徐变就越小。②水灰比愈大，徐变就愈大；骨料的级配愈好，含量愈高，徐变愈小。③构件浇捣愈密实，养护条件愈好，徐变愈小；反之，徐变愈大。

(4)混凝土的收缩变形

混凝土在空气中凝结硬化时，体积减少的现象称为收缩变形。混凝土的收缩变形从开始凝结时就产生，初期收缩发展较快，一个月约完成全部收缩量的50%，三个月后增长减慢，一般两年后就趋于稳定。其规律见图1－16所示。

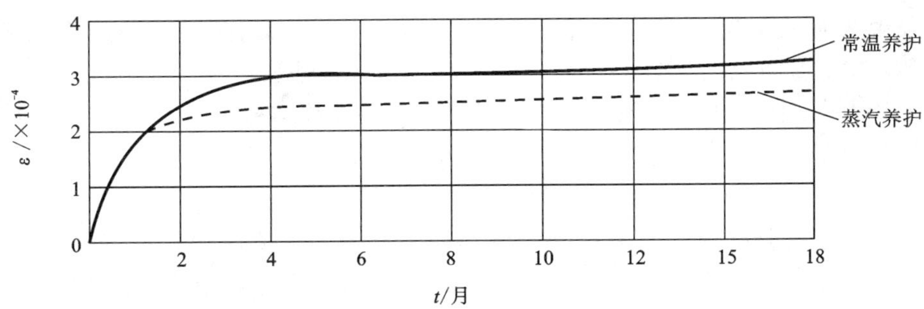

图1－16　混凝土的收缩变形

混凝土的收缩只会引起构件体积缩小而不产生裂缝。但当受到支承或其他构件的约束时，混凝土因自由收缩受到限制就会产生较大的拉应力，甚至使构件开裂。在预应力混凝土结构构件中，收缩还会引起预应力损失。

混凝土的收缩变形与徐变变形不一样。收缩变形是一种非受力变形；而徐变变形只有在受力达到一定数值并且持续作用下才产生。

影响混凝土收缩的主要因素有：①水泥用量愈多，水灰比愈大，收缩愈大；②高标号水泥制成的混凝土构件收缩大；③骨料级配好，含量高，骨料的弹性模量大，收缩小；④养护条件好，使用环境湿度大，收缩小；⑤混凝土密实度好，收缩小。

(5)温度变形

和其他许多材料一样，当温度发生变化时混凝土的体积也具有热胀冷缩的性质。《规范》规定，当温度在0℃到100℃范围内时，混凝土线膨胀系数可采用1×10^{-5}/℃。温度变形能使混凝土开裂，应认真对待。

3. 混凝土的选用

根据《规范》，混凝土结构的混凝土应按下列规定选用：

(1)素混凝土结构的混凝土强度等级不应低于C15；钢筋混凝土结构的混凝土强度等级不应低于C20；采用强度等级400 MPa及以上的钢筋时，混凝土强度等级不应低于C25。

(2)预应力混凝土结构的混凝土强度等级不宜低于C40，且不应低于C30。

(3)承受重复荷载的钢筋混凝土，混凝土强度等级不应低于C30。

(4)基于混凝土材料的耐久性要求，当设计使用年限(见本书第39页)为50年的混凝土结构，对环境类别(见本书第53页表3－6)分别是一、二a、二b、三a、三b时，混凝土的最低强度等级分别是C20、C25、C30、C35、C40。一类环境中，设计使用年限为100年的混凝土结构，钢筋混凝土结构的最低强度等级为C30；预应力混凝土结构的最低强度等级为C40。

1.2.3　钢筋与混凝土的黏结

钢筋与混凝土的黏结

1. 黏结力的组成

在钢筋混凝土结构中，钢筋和混凝土这两种性质不同的材料之所以能有效地结合在一起共同工作，除了二者之间温度线膨胀系数相近及混凝土包裹钢筋具有保护作用以外，主要的原因是两者在接触面上具有良好的黏结作用。该作用可承受黏结表面上的剪应力，抵抗钢筋与混凝土之间的相对滑动。

试验研究表明，黏结力由三部分组成：①因水泥颗粒的水化作用形成的凝胶体对钢筋表面产生的胶结力；②因混凝土结硬时体积收缩，将钢筋紧紧握裹而产生的摩擦力；③由于钢筋表面凹凸不平与混凝土之间产生的机械咬合力。其中，胶结力作用最小，光面钢筋以摩擦力为主，带肋钢筋以机械咬合力为主。

2. 黏结强度及其影响因素

钢筋与混凝土的黏结面上所能承受的平均剪应力的最大值称为黏结强度，用τ_u表示。黏结强度τ_u可用拔出试验来测定，如图 1－17 所示。试验表明，黏结应力沿钢筋长度的分布是不均匀的，最大黏结应力产生在离端头某一距离处，越靠近钢筋尾部，黏结应力越小。如果埋入长度太长，则埋入端端头处黏结应力很小，甚至为零。

试验结果表明，影响黏结强度的主要因素有以下几点：

(1)钢筋表面形状。变形钢筋表面凹凸不平，与混凝土之间机械咬合力大，则黏结强度高于光面钢筋。工程中通过将光面钢筋端部做弯钩来增加其黏结强度。

(2)混凝土的强度等级。混凝土强度等级越高，黏结强度越大，但不与立方体抗压强度f_{cu}成正比，而与混凝土的抗拉强度f_t大致成正比例关系。

(3)保护层厚度及钢筋净距。混凝土保护层较薄时，其黏结力将降低，并易在保护层最薄弱处出现纵向劈裂裂缝，使黏结力提早破坏。为此，《规范》对保护层最小厚度和钢筋的最小间距均作了要求。

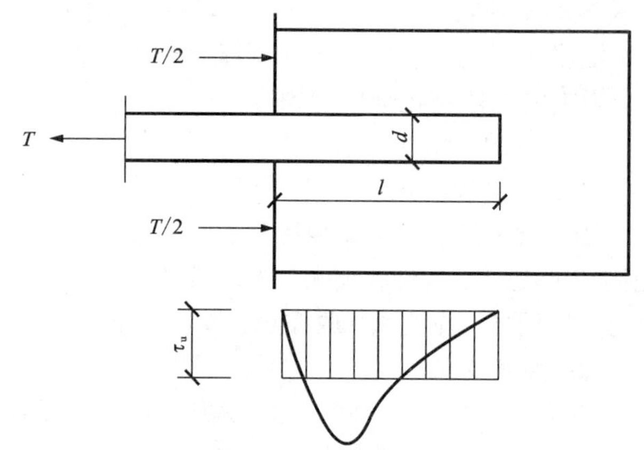

图 1－17　钢筋锚固端拔出试验时的黏结应力

(4)横向钢筋。构件中设置横向钢筋(如梁中箍筋)，可以延缓径向劈裂裂缝的发展和限制劈裂裂缝的宽度，从而提高黏结强度。所以，《规范》要求在钢筋的锚固区和搭接范围要增设附加箍筋。

3. 保证黏结的构造措施

(1)锚固长度

为保证钢筋受力后有可靠的黏结，不产生相对滑移，纵向钢筋必须伸过其受力截面在混凝土中有足够的埋入长度。《规范》以钢筋应力达到屈服强度f_y时，不发生黏结锚固破坏时的最小埋入长度，作为确定锚固长度的依据。锚固长度的取值主要取决于黏结强度τ_u值的高低，当黏结强度τ_u值高时，所需锚固长度就小；否则，所需锚固长度值就大。

1)基本锚固长度l_{ab}

受拉钢筋的基本锚固长度又称为基本锚固长度，用l_{ab}表示，它与钢筋强度、混凝土强度等级、钢筋直径及外形有关。当计算中充分利用钢筋的抗拉强度时，受拉钢筋的锚固长度l_{ab}

按下式计算

普通钢筋

$$l_{ab}=\alpha\frac{f_y}{f_t}d \tag{1-6}$$

预应力钢筋

$$l_{ab}=\alpha\frac{f_{py}}{f_t}d \tag{1-7}$$

式中：l_{ab}——受拉钢筋的基本锚固长度；

f_y、f_{py}——普通钢筋、预应力筋的抗拉强度设计值；

f_t——混凝土轴心抗拉强度设计值，当混凝土强度大于 C60 时，按 C60 取用；

d——钢筋的公称直径；

α——钢筋的外形系数，按表 1－8 取用。

按式(1－6)计算的纵向受拉钢筋的基本锚固长度 l_{ab} 见表 1－9。

表 1－8　钢筋的外形系数

钢筋类型	光面钢筋	带肋钢筋	螺旋肋丝	3 股钢绞线	7 股钢绞线
α	0.16	0.14	0.13	0.16	0.17

注：光面钢筋末端应做 180°弯钩，弯后平直段长度不应小于 3d，但作受压钢筋时可不做弯钩。

表 1－9　受拉钢筋的基本锚固长度 l_{ab}　　单位：mm

钢筋种类	混凝土强度等级					
	C20	C25	C30	C35	C40	C45
HPB300	39d	34d	30d	28d	25d	24d
HRB335	38d	33d	29d	27d	25d	23d
HRB400 HRBF400 RRB400	—	40d	35d	32d	29d	28d
HRB500 HRBF500	—	48d	43d	39d	36d	34d

注：①HPB300 钢筋为受拉钢筋时，其末端应做 180°弯钩，弯后平直段长度不应小于 3d；当为受压钢筋时可不做弯钩。
②在任何情况下，锚固长度不得小于 200 mm。

2）受拉钢筋的锚固长度 l_a

一般情况下，受拉钢筋的锚固长度可取基本锚固长度。考虑各种影响钢筋与混凝土黏结锚固强度的因素，当采取不同的埋置方式和构造措施时，锚固长度应按下式计算

$$l_a=\zeta_a l_{ab} \tag{1-9}$$

式中：l_{ab}——受拉钢筋的锚固长度；

ζ_a——锚固长度修正系数，按下面规定取用。经修正后的锚固长度，不应小于基本锚固长度的 0.6 倍，且不小于 200 mm；对预应力钢筋，ζ_a 可取 1.0。

纵向受拉带肋钢筋的锚固长度修正系数 ζ_a 应根据钢筋的锚固条件按下列规定取用：当带肋钢筋的公称直径大于 25 mm 时取 1.10；对环氧树脂涂层带肋钢筋取 1.25；当钢筋在混凝土施工过程中易受扰动(如滑模施工)时取 1.10；锚固区保护层厚度为 $3d$ 且配有箍筋时可取 0.8；锚固区保护层厚度为 $5d$ 时可取 0.7，中间按内插法取值(此处 d 为纵向受力钢筋的直径)；当纵向受拉钢筋末端采用机械弯钩或机械锚固措施(图 1－18)时，包括弯钩或锚固端头在内的锚固长度(投影长度)可取基本锚固长度 l_{ab} 的 0.6 倍。钢筋弯钩和机械锚固的形式和技术要求应符合表 1－10 及图 1－18 的规定。

表 1－10　钢筋弯钩和机械锚固的形式和技术要求

锚固形式	技术要求
90°弯钩	末端 90°弯钩，弯后直段长度 $12d$
135°弯钩	末端 135°弯钩，弯后直段长度 $5d$
一侧贴焊锚筋	末端一侧贴焊长 $5d$ 同直径钢筋，焊缝满足强度要求
两侧贴焊锚筋	末端两侧贴焊长 $3d$ 同直径钢筋，焊缝满足强度要求
焊端锚板	末端与厚度 d 的锚板穿孔塞焊，焊缝满足强度要求
螺栓锚头	末端旋入螺栓锚头，螺纹长度满足强度要求

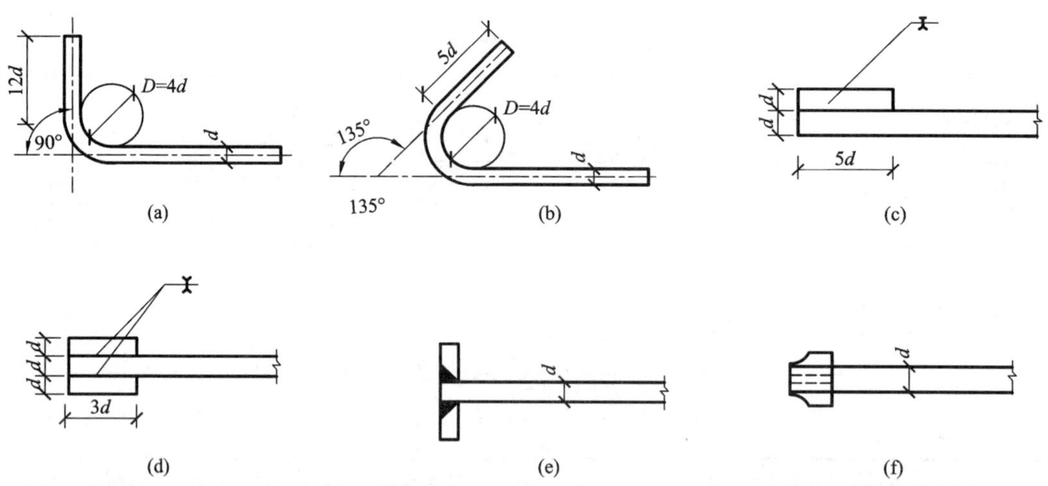

图 1－18　钢筋机械锚固的形式及构造要求

(a)弯折；(b)弯钩；(c)一侧贴焊锚筋；(d)两侧贴焊锚筋；(e)穿孔塞焊锚板；(f)螺栓锚头

采用机械锚固措施时，锚固长度范围内的箍筋不应少于 3 个，其直径不应小于 $d/4$，间距不应大于 $5d$，且不大于 100 mm；当纵向钢筋保护层厚度大于 $5d$ 时，可不配置上述钢筋(此处 d 为锚固钢筋的直径)。

3)受压钢筋的锚固长度

混凝土结构中的纵向受压钢筋，当计算中充分利用钢筋的抗压强度时，其锚固长度不应小于相应受拉锚固长度的 0.7 倍。

(2)钢筋的连接

钢筋在构件中往往由于长度不足需要进行钢筋的连接。钢筋的连接可分为绑扎搭接连接、机械连接(锥螺纹套筒、钢套筒挤压连接等)或焊接连接三种。

绑扎搭接宜用于受拉钢筋直径不大于 25 mm 以及受压钢筋直径不大于 28 mm 的连接,机械连接宜用于直径不小于 16 mm 受力钢筋的连接,焊接连接宜用于直径不大于 28 mm 受力钢筋的连接。

受力钢筋的连接接头宜设置在受力较小处。在同一根受力钢筋上宜少设接头。在结构的重要构件和关键传力部位,纵向钢筋不宜设置连接接头。

1)绑扎搭接连接

轴心受拉及小偏心受拉杆件(如桁架和拱的拉杆)的纵向受力钢筋不得采用绑扎搭接;当受拉钢筋的直径 $d>25$ mm 及受压钢筋的直径 $d>28$ mm 时,不宜采用绑扎搭接接头。钢筋绑扎搭接接头连接区段的长度为 1.3 倍搭接长度,凡搭接接头中点位于该连接区段长度内的搭接接头均属于同一连接区段(图 1－19)。同一构件中相邻纵向受力钢筋的绑扎搭接接头位置宜相互错开,即接头间距应大于 $1.3l_l$。

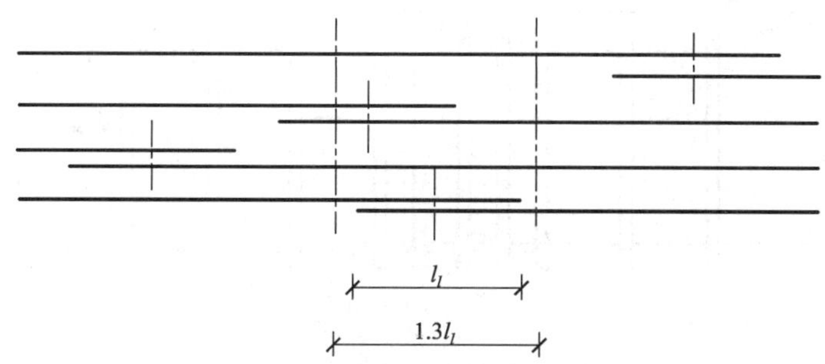

图 1－19　同一连接区段内受拉钢筋搭接接头

注:图中所示同一连接区段内的搭接接头钢筋为两根,当钢筋直径相同时,钢筋搭接接头面积百分率为 50%。

位于同一连接区段范围内的受拉钢筋搭接接头面积百分率,对梁类、板类及墙类构件,不宜大于 25%;对柱类构件,不宜大于 50%。当工程中确有必要增大受拉钢筋搭接接头面积百分率时,对梁类构件不应大于 50%;对板类、墙类及柱类构件可根据实际情况放宽。

绑扎搭接钢筋之间能够传力是由于钢筋与混凝土之间的黏结锚固作用,两根相向受力的钢筋分别锚固在搭接连接区段的混凝土中,都将拉力传递给混凝土,绑扎搭接完全是靠钢筋与混凝土之间的黏结力来传递内力的。若搭接长度不够,则可能造成黏结力的破坏,使构件失效。纵向受拉钢筋绑扎搭接长度 l_l 应根据位于同一连接区段内的钢筋搭接接头面积百分率按下式计算

$$l_l=\zeta_l l_a \tag{1-9}$$

式中:l_a——纵向受拉钢筋的锚固长度;

ζ_l——纵向受拉钢筋搭接长度修正系数,按表 1－11 取用。

表1－11　纵向受拉钢筋搭接长度修正系数

纵向钢筋搭接接头面积百分率/%	≤25	50	100
ζ_l	1.2	1.4	1.6

在任何情况下，纵向受拉钢筋的绑扎搭接接头的搭接长度均不应小于300 mm。

构件中的纵向受压钢筋，当采用搭接连接时，其受压搭接长度不应小于纵向受拉钢筋搭接长度的0.7，且不应小于200 mm。

在纵筋搭接长度范围内应配置箍筋，其直径不应小于搭接钢筋较大直径的1/4。对梁、柱、斜撑等构件，箍筋间距不应大于搭接钢筋较小直径的5倍，且不应大于100 mm，对板、墙等平面构件，箍筋间距不应大于搭接钢筋较小直径的10倍，且不应大于100 mm；当受压钢筋直径$d>25$ mm时，尚应在搭接接头两个端面外100 mm范围内各设置两个箍筋。

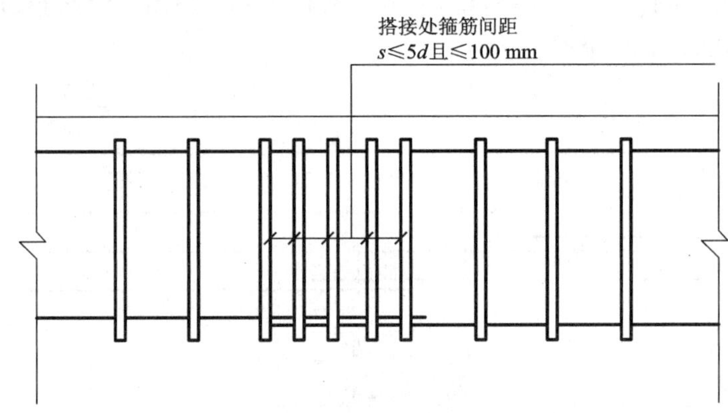

图1－20　钢筋搭接处箍筋加密

2）机械连接

纵筋机械连接接头宜相互错开。钢筋机械连接接头连接区段长度为$35d$（d为连接钢筋的较小直径），凡接头中点位于该连接区段长度内的机械连接接头均属于同一连接区段。在受力较大处设置机械连接接头时，位于同一连接区段内的纵向受拉钢筋接头面积百分率不宜大于50%。纵向受压钢筋的接头面积百分率可不受限制。直接承受动力荷载的结构构件中的机械连接接头，位于同一连接区段内的纵向受力钢筋接头面积百分率不应大于50%。

机械连接接头连接件的混凝土保护层厚度宜满足纵向受力钢筋最小保护层厚度的要求。连接件之间的横向净间距不宜小于25 mm。

3）焊接连接

纵筋的焊接接头应相互错开。钢筋焊接接头连接区段的长度为$35d$（d为连接钢筋的较小直径）且不小于500 mm，凡接头中点位于该连接区段长度内的焊接接头均属于同一连接区段。位于同一连接区段内纵筋焊接接头面积百分率，对受拉钢筋接头不宜大于50%，受压钢筋接头面积百分率可不受限制。

【知识总结】

1. 建筑工程中用的钢筋有热轧钢筋、冷加工钢筋、热处理钢筋、钢丝、钢绞线五种。

2. 热轧钢筋的强度标准值根据屈服强度确定。

3. 混凝土强度主要介绍了立方体抗压强度、轴心抗压强度、轴心抗拉强度；根据立方体抗压强度标准值，混凝土强度等级分为 14 级。

4. 钢筋、混凝土强度设计值分别等于其标准值除以各自材料的分项系数，它们均可直接由表查得。

5. 混凝土的弹性模量用混凝土应力－应变曲线的切点表示，其值可直接由表查得。

6. 混凝土在长期荷载作用下应变随时间增长的现象称为徐变，混凝土在空气中硬化时体积减小的现象称为收缩，在工程中应采取措施减小混凝土的收缩和徐变。

【课后练习】

1. 简述钢筋的分类。
2. 对于有明显屈服点的钢筋为什么取其屈服强度作为强度限值？
3. 有明显屈服点的钢筋的应力－应变曲线分为几个阶段？每个阶段有何特点？
4. 有明显屈服点的钢筋要检验哪几项质量指标？
5. 什么是钢筋的冷拉？冷拉后的钢筋性能有何变化？
6. 怎样合理选用钢筋？
7.《混凝土结构设计规范》规定的混凝土立方体抗压强度是如何确定的？
8. 混凝土的基本强度指标有哪几种？
9. 什么是混凝土的收缩？什么是混凝土的徐变？对混凝土构件有何影响？怎样减少收缩和徐变？
10. 怎样合理选用混凝土的强度等级？
11. 钢筋与混凝土之间的黏结力主要由哪几部分组成？影响黏结强度的因素主要有哪些？

任务三　熟悉预应力基本概念及构造

【案例引入】

某预制场要制作一批预应力钢筋混凝土空心板 YKB3651 等构件。采用先张法还是后张法制作？用什么预应力钢筋及张拉设备？先张法和后张法的施工工序及工艺要点是什么？怎样减小预应力损失？

【任务目标】

1. 掌握预应力混凝土的基本原理、材料及应用范围；
2. 了解控制应力及预应力损失产生的原因；

【知识链接】

预应力基本原理

1.3.1 预应力混凝土构件的原理

1. 预应力混凝土的基本原理

钢筋混凝土构件一般是带裂缝工作的。从任务一可知，混凝土的抗压强度f_c高、抗拉强度f_t低，约为10∶1（如C30抗压强度$f_c = 14.3\ N/mm^2$，抗拉强度$f_t = 1.43\ N/mm^2$），抗压极限应变$\varepsilon_{压}$约为抗拉极限应变$\varepsilon_{拉}$的10倍。普通钢筋混凝土构件在荷载作用下通常是带裂缝工作的，而其裂缝的容许宽度一般是0.2～0.3 mm，这时钢筋的应力也不会超过250 MPa，所以普通钢筋混凝土构件不宜采用高强钢筋。如果采用高强钢筋，其一，钢筋混凝土构件的裂缝宽度受到限制；其二，高强钢筋的强度不能充分利用，因而普通钢筋混凝土具有不可避免的缺点。

为了解决上述问题，充分利用高强材料，减轻结构或构件自重，提高构件刚度及抗裂能力，结构或构件采用预应力混凝土就是最有效的方法和途径。

预应力混凝土结构如图1－21所示，是指结构或构件受外荷载作用之前，人为地对受拉区的混凝土预先施加压力，此力用以减小或抵消由外荷载作用下所产生的拉应力，从而延缓混凝土构件开裂或不开裂，以满足使用要求。

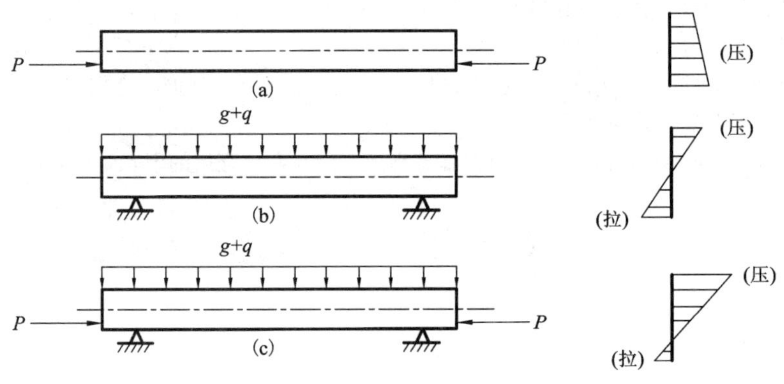

图1－21　预应力混凝土构件

我们日常生活中使用的水桶（如图1－22所示）就是预应力的应用。

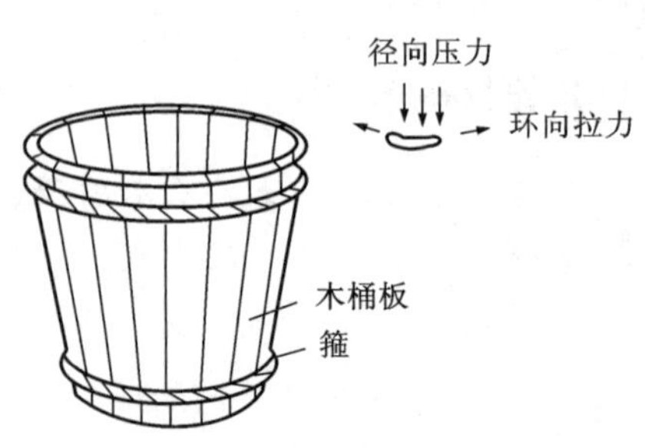

图1－22　生活实例

2. 施加预应力的方法

预应力混凝土根据张拉钢筋与浇筑混凝土的先后次序，分为先张法与后张法。在后张法中，按预应力筋的黏结状态又分为有黏结预应力混凝土和无黏结预应力混凝土。

（1）先张法

先张法是指在浇筑混凝土前张拉预应力筋，并将张拉的预应力筋临时固定在台座或钢模上，然后浇筑混凝土，待混凝土强度设计值达到75%以上，混凝土与预应力筋具有足够的黏结力时，放松预应力筋。因此先张法构件中的预应力是通过混凝土与预应力筋的黏结力来实现的。先张法的主要施工工序如图1－23所示。

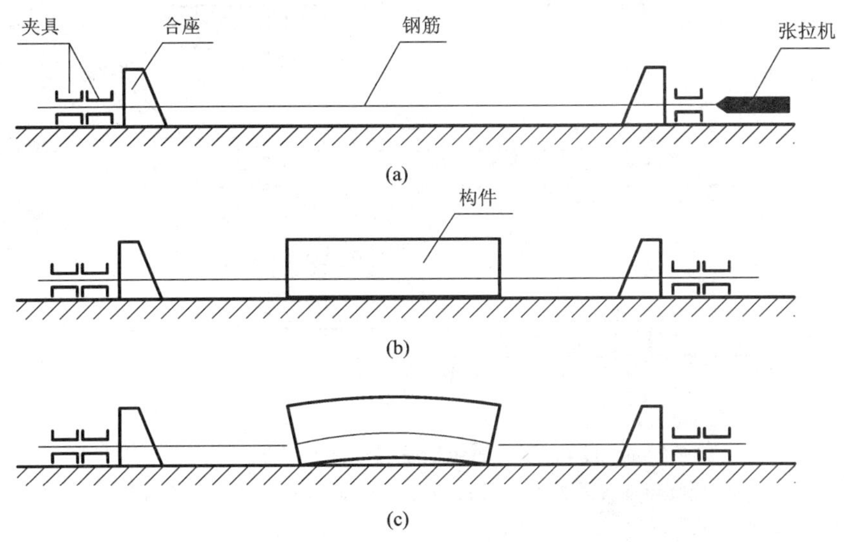

图1－23 先张法主要施工工序示意图

(a)张拉钢筋；(b)支模并浇捣混凝土；(c)放松并截断预应力钢筋

先张法施工工艺主要有三个阶段：张拉预应力筋→浇筑混凝土构件→放张施加预应力。

1)张拉预应力筋：首先将预应力筋的一端通过夹具临时固定在台座上，另一端通过张拉夹具、测力器与张拉机具相连，使之就位。再用千斤顶张拉预应力筋，预应力筋可采用单根张拉或整体张拉，张拉时，张拉机械应与预应力筋在同一直线上，当张拉到规定的控制应力和应变后，用夹具将预应力筋锚固在钢梁上，再卸去张拉机具。

2)混凝土浇筑和养护：混凝土浇注必须一次完成，不允许留设施工缝；混凝土的强度等级不得低于C30；叠层生产预应力构件时，下层构件的混凝土强度要达到8～10 MPa后才可浇注上层构件的混凝土。采用蒸汽养护时，为减少温差引起的预应力损失，应采用二次升温法养护混凝土(即开始养护时温差≤20℃，待混凝土强度达到10 MPa后，再升温加热养护)。

3)预应力筋放张：为保证钢筋与混凝土黏结，应在混凝土达到75%的设计强度等级后方可放松预应力筋。预应力筋放张应缓慢进行，预应力筋数量较少时可逐根放松，预应力筋数量较多时可分批放张(切断预应力筋俗称放张)。预应力筋的放张工作应缓慢进行，防止冲击。

(2)后张法

后张法是在制作混凝土结构或构件时，在预应力筋设计部位预先留设孔道，浇筑混凝土，并养护达到75%的设计强度等级后方可将预应力筋穿入孔道中并进行张拉，然后用锚具将预应力筋锚固在构件两端部，阻止钢筋回缩，从而对构件施加预应力。钢筋张拉完毕后将张拉端锚固，最后进行孔道灌浆。预应力筋承受的张拉力通过锚具传递给混凝土构件，使受拉区混凝土产生预压应力。后张法的主要施工工序如图1－24所示。

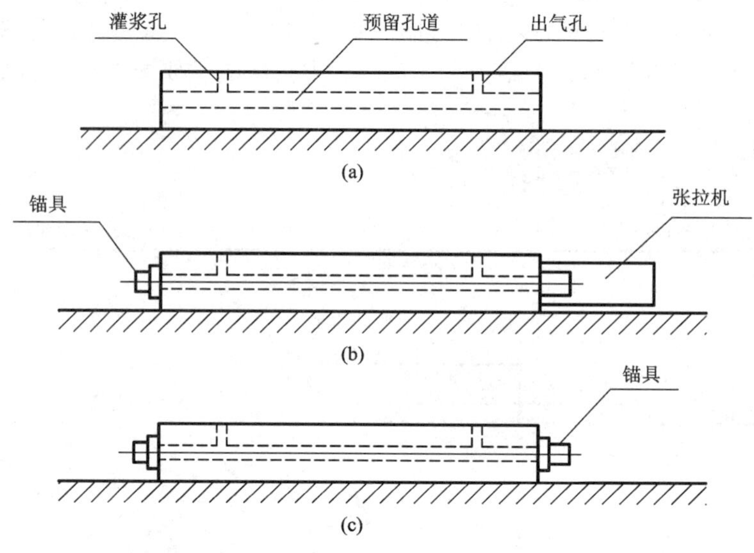

图 1－24　后张法主要工序示意图

(a)制作混凝土构件；(b)张拉钢筋；(c)张拉端锚固并对孔道灌浆

后张法施工工艺主要有三个阶段：预留孔道→预应力筋张拉、锚固→孔道灌浆。

1)预留孔道：预留孔道是制作后张法构件的关键工序，预留孔道的质量直接影响预应力筋能否顺利张拉。预应力筋孔道形状有直线、曲线和折线三种类型，其曲线坐标应符合设计图纸要求。孔道的直径应根据预应力筋的根数、曲线孔道形状和长度及穿筋难易程度等确定，其间距、保护层应符合相关规定。孔道留设的施工方法有钢管抽芯法、胶管抽芯法和预埋波纹管等，应保证混凝土浇筑时不出现移位和变形，定位牢固。孔道的数量、规格、形状应符合设计要求，并应按规定设置灌浆孔、排气孔和泌水孔。对钢管抽芯法、胶管抽芯法还应掌握正确的抽管时间、抽管顺序和抽管方法。

2)预应力筋张拉、锚固：预应力筋张拉前应将预应力筋穿入孔道，施工时应掌握穿束时机与方法，可采用在浇筑混凝土之前的先穿束法和浇筑混凝土再穿束的后穿束法两种。

预应力筋张拉时，结构的混凝土强度应符合设计要求，当设计无具体要求时，混凝土强度设计值不得低于75%。

预应力筋张拉时张拉控制应力应符合设计要求，若需超张拉应控制最大张拉控制应力。后张法预应力筋根据预应力混凝土结构特点、预应力筋形状与长度以及施工方法的不同，其张拉方式有一端张拉、两端张拉、分批张拉、分段张拉等。

3)孔道灌浆：预应力筋张拉锚固后，即可进行孔道灌浆。孔道灌浆的目的是为了防止钢筋的锈蚀，使预应力筋与构件混凝土有效地黏结，以增加结构的整体性和耐久性，提高结构的抗裂性和承载能力。

灌浆用的水泥浆应有足够的强度、黏结力和流动性。应采用 42.5 MPa 的普通硅酸盐水泥配置的水泥浆，其抗压强度≥30 MPa，水灰比≤0.45。

灌浆前，预留孔道应用压力水冲刷干净，灌浆工作应缓慢均匀地进行并一次灌完，不得中断，并应排气通顺。灌浆顺序应先下后上。

3. 预应力混凝土构件的优缺点

预应力混凝土结构与普通钢筋混凝土结构相比具有如下优缺点：

(1)抗裂性好

通过对结构构件的受拉区预先施加压力，这样可减小或推迟裂缝的产生，故构件的抗裂性能远高于普通钢筋混凝土构件，因而增加了混凝土结构的使用范围，提高了构件的耐久性。

(2)充分利用高强度钢材

普通钢筋混凝土结构受裂缝宽度和挠度的限制，高强度钢材不能充分利用。而预应力混凝土构件可减小或推迟裂缝的产生，能充分利用高强度钢筋和高强度混凝土，减少构件截面尺寸，减轻构件自重，降低工程造价，也为预应力混凝土用于大跨度结构创造良好的条件。

(3)施工设备和技术条件要求高

预应力混凝土结构也存在一些缺点：施工设备和技术条件要求高，所用的材料单价高，施工工序多，相应的设计计算比较复杂。

4. 预应力混凝土的材料

(1)混凝土

预应力混凝土构件应采用高强混凝土。其混凝土强度等级不应低于 C30，当采用钢丝、钢绞线等高强钢筋作预应力筋时，混凝土强度等级宜不宜低于 C40。此外，采用大跨结构、特殊结构的预应力混凝土强度等级也宜大于等于 C40，因为高强混凝土、高强钢筋可以有效地减小构件截面尺寸和减轻自重，特别是先张法构件，其黏结强度是随混凝土强度等级的增加而增加的。

预应力混凝土应收缩、徐变小。这样可以减小因收缩、徐变引起的预应力损失。预应力混凝土应快硬早强，以利于加快施工进度。

选择混凝土强度等级还应考虑施工方法(先张法或后张法)、构件跨度、使用情况(有无振动荷载)以及钢筋种类等因素。

(2)钢材

预应力混凝土有非预应力筋和预应力筋，其中预应力筋普遍采用高强度钢材。生产高强度钢材的趋向是加入合金元素，也可以通过热处理的方法取得。

提高预应力钢筋抗拉强度的一般方法是冷拔。冷拔过程会使晶体重新排列，从而提高抵抗变形的能力。每拔一次强度就增加一些，但延性有所下降。

预应力高强钢筋主要有：钢丝、钢绞线和预应力螺纹钢筋。预应力钢筋首先应具有很高的强度，这样才能建立起较高的张拉应力，从而使预应力效果明显；其次预应力钢筋必须具有一定的塑形，即具有一定的伸长率，避免发生脆性破坏，以保证在低温或受冲击荷载作用下能正常工作；再次预应力钢筋要求具有良好的加工性能；此外预应力钢筋与混凝土之间应有较好的黏结强度，特别是先张法构件。

(3)孔道灌浆材料

后张法波纹管应选用内径较钢丝束外径大 5 ~ 10 mm 的波纹管；

灌浆材料为纯水泥浆加细沙，水泥砂浆强度等级不宜 < M20，水灰比宜为 0.40 ~ 0.45。

5. 预应力混凝土结构的应用范围

先张法生产工序少，工艺简单，施工质量容易保证，不需在构件上设永久性锚具，生产成本低，在长线台座上一次可生产多个构件，生产效率高。先张法主要适用于成批生产的檩条、YKB、中小型构件。

后张法构件只能单一逐个地施加预应力，工序多，工艺复杂，而且需设永久性锚具，成本高，一般适宜于运输不便的大中型构件，配直线、曲线预应力构件。

下列构件采用预应力混凝土尤为必要：钢筋混凝土水池、油罐、压力容器、单层工业厂房屋架下弦杆件、原子能反应堆、受侵蚀性质的工业厂房、水利工程、海洋工程、港口工程及跨度大、荷载大的工程。

1.3.2 预应力混凝土构件的一般要求

1. 张拉控制应力 σ_{con}

(1)张拉控制应力 σ_{con}的定义

张拉控制应力是指张拉预应力筋时预应力筋应达到的最大应力值，用 σ_{con}表示，其值等于张拉设备上的测力器所示的总拉力除以预应力钢筋截面面积。

(2)张拉控制应力的确定

张拉控制应力的数值根据设计和施工经验确定，其大小与张拉方法、预应力筋的种类有关。为了充分发挥预应力的优点，提高钢筋混凝土构件的抗裂性能，张拉控制应力取值可取得高些。但并非越高越好，太高时可能将钢筋拉断，而且构件的开裂荷载与破坏荷载之间相差很小，使得构件可能发生脆性破坏。同时张拉控制应力取值也不能太低，太低时预应力效果不明显。《规范》规定，预应力筋的张拉控制应力 σ_{con}应符合下列规定：

消除应力钢丝、钢绞线

$$\sigma_{con} \leqslant 0.75 f_{ptk} \tag{1-10}$$

中强度预应力钢丝

$$\sigma_{con} \leqslant 0.70 f_{ptk} \tag{1-11}$$

预应力螺纹钢筋

$$\sigma_{con} \leqslant 0.85 f_{pyk} \tag{1-12}$$

式中：f_{ptk}——预应力筋极限强度标准值；

f_{pyk}——预应力螺纹钢筋屈服强度标准值。

消除应力钢丝、钢绞线、中强度预应力钢丝的张拉控制应力值应$\geqslant 0.4f_{ptk}$，预应力螺纹钢筋的张拉控制应力值宜$\geqslant 0.5f_{pyk}$。

当符合下列情况之一时，上述张拉控制应力限值可相应提高 $0.05f_{ptk}$或 $0.05f_{pyk}$：①要求提高构件在施工阶段的抗裂性能而在使用阶段受压区内设置了预应力筋；②要求部分抵消由于应力松弛、摩擦、钢筋分批张拉以及预应力筋与张拉台座之间的温差等因素产生的预应力损失。

2. 预应力损失

预应力混凝土构件的预应力钢筋的初始张拉应力，由于张拉工艺和材料特性等原因，会从构件开始制作到安装使用各个过程中不断降低，这种现象称为预应力损失。

引起预应力损失的因素很多，《规范》给出了以下 6 种因素产生的预应力损失：

(1)张拉端锚具变形和钢筋内缩引起的预应力损失 σ_{l1}

在先张法和后张法中，预应力筋张拉到规定的控制应力 σ_{con}后，便把张拉端的预应力筋锚固在台座或构件上，由于锚固张拉端时，锚具、垫板与构件之间的缝隙被压紧，以及钢筋在锚具中的滑动回缩，造成预应力钢筋的预应力损失。

（2）预应力筋的摩擦引起的预应力损失 σ_{l2}

在先张法和后张法中，预应力筋与孔道壁之间的摩擦、张拉端锚口摩擦及在转向装置处的摩擦引起的预应力损失 σ_{l2}，按实测值、实际情况及厂家提供的数据确定。

（3）混凝土加热养护时，预应力筋与承受拉力的设备之间的温差引起的预应力损失 σ_{l3}

对于先张法构件，当进行加热养护初期新浇的混凝土未凝结硬化，升温时钢筋因热而伸长，预应力筋的应力将降低，产生预应力损失；当降温时混凝土已结硬，混凝土与钢筋之间已经建立了良好的黏结，两者一起回缩，钢筋不能自由回缩到张拉时的情形，钢筋应力不能恢复到原来的张拉应力值。

（4）预应力筋的应力松弛引起的预应力损失 σ_{l4}

预应力筋在高应力作用下，在长度不变条件下，由于钢筋的塑性变形而使应力随时间的延续而降低的现象称为预应力筋的应力松弛。应力松弛的基本规律是先快后慢，一般一个月后才基本稳定。应力松弛引起的预应力损失 σ_{l4} 既存在于先张法中，也存在于后张法中。

（5）混凝土的收缩与徐变引起的预应力损失 σ_{l5}

由本学习情境一的任务二可知，混凝土在空气中凝结硬化时体积将发生收缩，而在预应力作用下，混凝土将沿压力方向产生徐变。两者都导致构件长度缩短，预应力筋也随之回缩而造成预应力损失 σ_{l5}。

（6）用螺旋式预应力筋作配筋的环形构件，当直径 $d \leqslant 3$ m 时，由于混凝土的局部挤压引起的预应力损失 σ_{l6}

预应力损失 σ_{l6} 的大小与环型构件直径成反比。《规范》给出了 σ_{l6} 的值。后张法构件直径 $d \leqslant 3$ m 时，$\sigma_{l6}=30$ MPa。

【知识总结】

1. 在结构或构件受外荷载作用之前，人为地对受拉区的混凝土预先施加压力，此力用以减小或抵消由外荷载作用下所产生的拉应力，从而延缓混凝土构件开裂或不开裂，这种结构称为预应力混凝土结构。

2. 预应力混凝土结构构件能用高强钢筋和高强混凝土，自重轻，可提高构件的抗裂性能和刚度，在工程中应用越来越广泛。

3. 施加预应力的方法一般有先张法和后张法。

4. 张拉控制应力是指张拉预应力筋时预应力筋应达到的最大应力值，用 σ_{con} 表示，其值大小与张拉方法、预应力筋的种类有关。张拉控制应力取值不能太高，也不能太低，按《规范》规定。

5. 预应力筋的初始张拉应力，由于张拉工艺和材料特性等原因，会从构件开始制作到安装使用各个过程中不断降低，这种现象称为预应力损失。预应力损失是预应力混凝土结构中特有的现象。

6. 预应力混凝土结构构件的构造要求是保证构件正常、安全使用的重要措施，在设计和施工中应注意。

【课后练习】

1. 什么叫预应力？什么叫预应力混凝土结构？
2. 为什么预应力混凝土构件能用高强钢筋和高强混凝土？
3. 为什么预应力混凝土构件可提高构件的抗裂性能和刚度？

4. 预应力混凝土构件有何优缺点？

5. 什么是先张法？什么是后张法？它们的施工工艺有哪些？

6. 预应力混凝土构件对材料有哪些要求？

7. 什么是张拉控制应力 σ_{con}？怎样控制张拉控制应力 σ_{con}？控制应力与哪些因素有关？

8. 什么是预应力损失？预应力损失有哪几种？

学习情境二　确定荷载取值并组合

荷载的计算原则

【项目描述与分析】

通过学习荷载的分类、代表值、荷载效应、结构抗力、材料强度等概念，学会荷载值的确定和荷载效应的组合方法。重点是承载能力极限状态实用设计表达式的应用；难点是实用设计表达式中各项系数的理解和灵活应用。

【学习目标】

能力目标	知识目标	权重
能查表计算荷载代表值	荷载及荷载效应的概念	20%
能查表取用各项强度指标	结构抗力及材料强度的概念	20%
能正确计算荷载效应组合值	荷载效应组合值计算方法	60%
合　计		100%

【案例引入】

某办公楼钢筋混凝土矩形截面简支梁，安全等级为二级，截面尺寸 $b \times h = 200$ mm × 400 mm，计算跨度 $l_0 = 5$ m，净跨度 $l_n = 4.86$ m。承受均布线荷载：活荷载标准值 7 kN/m，永久荷载标准值 10 kN/m(不包括自重)。试计算按承载能力极限状态设计时的跨中弯矩设计值和支座边缘截面剪力设计值。

【任务目标】

1. 掌握：荷载分类与荷载代表值的概念，会查表计算；能查用各项强度指标；承载能力和正常使用极限状态的设计表达式。

2. 熟悉：结构的功能要求、极限状态、荷载效应、结构抗力等概念；荷载效应组合的形式，表达式及其含义；设计基准期、设计使用年限、可靠度等概念。

3. 了解：可靠度、失效概率、目标可靠指标等概念。

【知识链接】

2.1.1　结构上的荷载与荷载效应

1. 荷载分类

按随时间的变异，结构上的荷载可分为以下三类：

(1)永久荷载

永久荷载亦称恒荷载，是指在结构使用期间，其值不随时间变化，或者其变化与平均值相比可忽略不计的荷载，如结构自重、土压力、预应力等。

(2)可变荷载

可变荷载也称为活荷载，是指在结构使用期间，其值随时间变化，且其变化值与平均值相比不可忽略的荷载，如楼面活荷载、屋面活荷载、风荷载、雪荷载、吊车荷载等。

(3)偶然荷载

在结构使用期间不一定出现，而一旦出现，其量值很大且持续时间很短的荷载称为偶然荷载，如爆炸力、撞击力等。

2. 荷载代表值

荷载是随机变量，任何一种荷载的大小都有一定的变异性。因此，结构设计时，对于不同的荷载和不同的设计情况，应赋予荷载不同的量值，该量值即荷载代表值。《建筑结构荷载规范》(GB 50009—2012)(以下简称《荷载规范》)规定，对永久荷载应采用标准值作为代表值；对可变荷载应根据设计要求采用标准值、组合值、频遇值或准永久值作为代表值；对偶然荷载应按建筑结构使用的特点确定其代表值。本书仅介绍永久荷载和可变荷载的代表值。

(1)荷载标准值

作用于结构上荷载的大小具有变异性。例如，对于结构自重等永久荷载，虽可事先根据结构的设计尺寸和材料单位重量计算出来，但施工时的尺寸偏差、材料单位重量的变异性等原因，致使结构的实际自重并不完全与计算结果相吻合。至于可变荷载的大小，其不定因素则更多。荷载标准值就是结构在设计基准期内具有一定概率的最大荷载值，它是荷载的基本代表值。这里所说的设计基准期，是为确定可变荷载代表值而选定的时间参数，一般取为50年。

1)永久荷载标准值

永久荷载主要是结构自重及粉刷、装修、固定设备的重量。由于结构或非承重构件的自重的变异性不大，一般以其平均值作为荷载标准值，即可按结构构件的设计尺寸和材料或结构构件单位体积(或面积)的自重标准值确定。对于自重变异性较大的材料，在设计中应根据其对结构有利或不利的情况，分别取其自重的下限值或上限值。

常用材料和构件的单位自重见《荷载规范》。现将几种常用材料单位体积的自重(单位 kN/m^3)摘录如下：混凝土 22 ~ 24，钢筋混凝土 24 ~ 25，水泥砂浆 20，石灰砂浆、混合砂浆 17，普通砖 18，普通砖(机器制)19，浆砌普通砖砌体 18，浆砌机砖砌体 19。

例如，取钢筋混凝土单位体积自重标准值为 25 kN/m^3，则截面尺寸为 200 mm × 500 mm 的钢筋混凝土矩形截面梁的自重标准值为 $0.2 \times 0.5 \times 25 = 2.5$ kN/m。

2)可变荷载标准值

民用建筑楼面均布活荷载标准值及其组合值、频遇值和准永久值系数不应小于表 2 - 1 的规定。

考虑到构件的负荷面积越大，楼面每 1 m^2 面积上活荷载在同一时刻都达到其标准值的可能性越小，因此，《荷载规范》规定，设计楼面梁、墙、柱及基础时，表 2 - 1 中的楼面活荷载标准值在下列情况下应乘以规定的折减系数：

表 2－1　民用建筑楼面均布活荷载标准值及其组合值、频遇值和准永久值系数

项次	类别			标准值 /(kN·m^{-2})	组合值系数 ψ_c	频遇值系数 ψ_f	准永久值系数 ψ_q
1	(1)住宅、宿舍、旅馆、办公楼、医院病房、托儿所、幼儿园			2.0	0.7	0.5	0.4
	(2)试验室、阅览室、会议室、医院门诊室			2.0	0.7	0.6	0.5
2	教室、食堂、餐厅、一般资料档案室			2.5	0.7	0.6	0.5
3	(1)礼堂、剧场、影院、有固定座位的看台			3.0	0.7	0.5	0.3
	(2)公共洗衣房			3.0	0.7	0.6	0.5
4	(1)商店、展览厅、车站、港口、机场大厅及其旅客等候室			3.5	0.7	0.6	0.5
	(2)无固定座位的看台			3.5	0.7	0.5	0.3
5	(1)健身房、演出舞台			4.0	0.7	0.6	0.5
	(2)运动场、舞厅			4.0	0.7	0.6	0.3
6	(1)书库、档案库、贮藏室			5.0	0.9	0.9	0.8
	(2)密集柜书库			12.0	0.9	0.9	0.8
7	通风机房、电梯机房			7.0	0.9	0.9	0.8
8	汽车通道及客车停车库	(1)单向板楼盖(板跨不小于 2 m)和双向板楼盖(板跨不小于 3 m×3 m)	客车	4.0	0.7	0.7	0.6
			消防车	35.0	0.7	0.5	0.0
		(2)双向板楼盖(板跨不小于 6 m×6 m)和无梁楼盖(柱网不小于 6 m×6 m)	客车	2.5	0.7	0.7	0.6
			消防车	20.0	0.7	0.5	0.0
9	厨房	(1)餐厅		4.0	0.7	0.7	0.7
		(2)其他		2.0	0.7	0.6	0.5
10	浴室、卫生间、盥洗室			2.5	0.7	0.6	0.5
11	走廊、门厅	(1)宿舍、旅馆、医院病房、托儿所、幼儿园、住宅		2.0	0.7	0.5	0.4
		(2)办公楼、餐厅、医院门诊部		2.5	0.7	0.6	0.5
		(3)教学楼及其他可能出现人员密集的情况		3.5	0.7	0.5	0.3
12	楼梯	(1)多层住宅		2.0	0.7	0.5	0.4
		(2)其他		3.5	0.7	0.5	0.3
13	阳台	(1)可能出现人员密集的情况		3.5	0.7	0.6	0.5
		(2)其他		2.5	0.7	0.6	0.5

注：①本表所给各项活荷载适用于一般使用条件，当使用荷载较大、情况特殊或有专门要求时，应按实际情况采用；②第 6 项书库活荷载当书架高度大于 2 m 时，书库活荷载尚应按每米书架高度不小于 2.5 kN/m^2 确定；③第 12 项楼梯活荷载，对预制楼梯踏步平板，尚应按 1.5 kN 集中荷载验算；④本表各项荷载不包括隔墙自重和二次装修荷载；对固定隔墙的自重应按永久荷载考虑，当隔墙位置可灵活自由布置时，非固定隔墙的自重应取不小于 1/3 的每延米长墙重(kN/m)作为楼面活荷载的附加值(kN/m^2)计入，且附加值不应小于 1.0 kN/m^2。

a. 设计楼面梁时的折减系数

①第 1(1)项当楼面梁从属面积超过 25 m^{2}时，应取 0.9；

②第 1(2)～7 项当楼面梁从属面积超过 50 m^{2}时，应取 0.9；

③第8项对单向板楼盖的次梁和槽形板的纵肋应取0.8，对单向板楼盖的主梁应取0.6，对双向板楼盖的梁应取0.8；

④第9～13项应采用与所属房屋类别相同的折减系数。

b. 设计墙、柱和基础时的折减系数

①第1(1)项应按表2－2规定采用；

②第1(2)～7项采用与其楼面梁相同的折减系数；

③第8项的客车，对单向板楼盖取0.5，对双向板楼盖和无梁楼盖应取0.8；

④第9～13项采用与所属房屋类别相同的折减系数。

表2－2　活荷载按楼层的折减系数

墙、柱、基础计算截面以上的层数	1	2～3	4～5	6～8	9～20	>20
计算截面以上各楼层活荷载总和的折减系数	1.00(0.9)	0.85	0.70	0.65	0.60	0.55

注：当楼面梁的从属面积超过25 m^2时，采用括号内的系数。

上面提及的楼面的从属面积，是指向梁两侧各延伸1/2梁间距的范围内实际面积。房屋建筑的屋面，其水平投影面上的屋面均布活荷载，应按表2－3采用。其余可变荷载，如工业建筑楼面活荷载、风荷载、雪荷载、厂房屋面积灰荷载等详见《荷载规范》。

表2－3　屋面均布活荷载标准值及其组合值系数、频遇值系数和准永久值系数

项次	类别	标准值/($kN \cdot m^{-2}$)	组合值系数ψ_c	频遇值系数ψ_f	准永久值系数ψ_q
1	不上人的屋面	0.5	0.7	0.5	0
2	上人的屋面	2.0	0.7	0.5	0.4
3	屋顶花园	3.0	0.7	0.6	0.5
4	屋顶运动场地	3.0	0.7	0.6	0.4

注：①不上人的屋面，当施工荷载较大时，应按实际情况采用。②上人的屋面，当兼作其他用途时，应按相应楼面活荷载采用。③对于因屋面排水不畅、堵塞等引起的积水荷载，应采取构造措施加以防止；必要时，应按积水的可能深度确定屋面活荷载。④屋顶花园活荷载不包括花圃土石等材料自重。

(2)可变荷载准永久值

可变荷载在设计基准期内会随时间而发生变化，并且不同可变荷载在结构上的变化情况不一样。如住宅楼面活荷载，人群荷载的流动性较大，而家具荷载的流动性则相对较小。在设计基准期内经常达到或超过的那部分荷载值(总的持续时间不低于25年)，称为可变荷载准永久值。它对结构的影响类似于永久荷载。

可变荷载准永久值可表示为$\psi_q Q_k$，其中Q_k为可变荷载标准值，ψ_q为可变荷载准永久值系数。ψ_q的值见表2－1、表2－3。

例如，住宅的楼面活荷载标准值为2 kN/m^2，准永久值系数$\psi_q=0.4$，则活荷载准永久值

为 $2\times0.4=0.8\ \text{kN/m}^2$。

(3)可变荷载组合值

两种或两种以上可变荷载同时作用于结构上时，所有可变荷载同时达到其单独出现时可能达到的最大值的概率极小，因此，除主导荷载(产生最大效应的荷载)仍可以其标准值为代表值外，其他伴随荷载均应以小于标准值的荷载值为代表值，此即可变荷载组合值。

可变荷载组合值可表示为 $\psi_c Q_k$。其中 ψ_c 为可变荷载组合值系数，其值按表 2－1、表 2－3查取。

(4)可变荷载频遇值

对可变荷载，在设计基准期内，其超越的总时间为规定的较小比率或超越频率为规定频率的荷载值称为可变荷载频遇值。换言之，可变荷载频遇值是指在设计基准期内被超越的总时间仅为设计基准期一小部分的荷载值。

可变荷载频遇值可表示为 $\psi_f Q_k$。其中 ψ_f 为可变荷载频遇值系数，其值按表 2－1、表 2－3查取。

3. 荷载效应

荷载效应是指荷载在结构上产生的各种内力(轴力、弯矩、剪力、扭矩等)和变形(如挠度、转角、裂缝等)的总称，用“S”表示。荷载效应是结构设计的依据之一。

一般情况下，荷载效应 S 与荷载 Q 之间，可近似按线性关系考虑，即

$$S=CQ \tag{2-1}$$

式中：S——与荷载 Q 相应的荷载效应；

C——荷载效应系数，通常由力学分析确定；

Q——某种荷载。

例如，某简支梁承受均布荷载 q 作用，计算跨度为 l，由力学方法计算可知其跨中弯矩为 $M=\frac{1}{8}ql^2$，支座处剪力为 $V=\frac{1}{2}ql$。那么，弯矩 M 和剪力 V 均相当于荷载效应 S，q 相当于荷载 Q，$\frac{1}{8}l^2$ 和 $\frac{1}{2}l$ 则均相当于荷载效应系数 C。

由于结构上的荷载是一个不确定的随机变量，所以荷载效应 S 一般来说也是一个随机变量。

4. 荷载分项系数及荷载设计值

由于荷载是随机变量，考虑其有超过荷载标准值的可能性，会导致结构计算时可靠度严重不一致等不利影响，根据对结构构件的可靠度分析并考虑工程经验，设计时一般将荷载标准值乘以一个大于1 的调整系数，即荷载分项系数。

考虑到永久荷载标准值与可变荷载标准值的保证率不同，故分别采用不同的分项系数。用 γ_G 及 γ_Q 分别表示永久荷载及可变荷载的分项系数，γ_G 及 γ_Q 应根据《荷载规范》按表2－4采用。

表 2-4　荷载分项系数 γ_G 或 γ_Q

适用情况 / 分项系数	当作用效应对承载力不利时	当作用效应对承载力有利时
γ_G	1.3	≤1.0
γ_Q	1.5	0

2.1.2　结构抗力和材料强度

1. 结构抗力 R

结构抗力指结构或构件承受各种荷载效应的能力，即承载能力和抗变形能力，用"R"表示。承载能力包括受弯、受剪、受拉、受压、受扭等各种抵抗外力作用的能力；抗变形能力包括抗裂性能、刚度等。例如，截面尺寸为 $b \times h = 200\ \text{mm} \times 450\ \text{mm}$ 的矩形截面钢筋混凝土简支梁，采用 C25 混凝土，在截面下部受拉区配有 3 Φ22 的 HRB335 级钢筋，经正截面承载力计算(计算方法详见学习情境四)，此梁能够承担的弯矩为 115 kN · m，即该梁的抗弯承载力(即抗力)$R = 115$ kN · m。

影响结构抗力的因素有材料性能(强度、变形模量等物理力学性能)、构件几何参数配筋情况以及计算模式的精确性等，通常结构抗力主要取决于材料强度。考虑材料强度程度的变异性(材料不均质、生产工艺和环境、尺寸、加载方法等)、几何参数(如制作尺寸偏差、安装误差等)的不定性，以及计算模式精确性的不确定性(采用近似的基本假设、计算公式不精确)等因素影响，结构抗力也是一个随机变量。

2. 材料强度的取值

在结构计算中，材料强度分为标准值和设计值。

(1)材料强度标准值

材料强度的标准值是一种特征值，是结构设计时采用的材料强度的基本代表值，也是生产中控制材料质量的主要依据。

由于材料强度是一个随机变量，为了安全起见，材料强度值必须具有较高的保证率。《建筑结构可靠度设计统一标准》(GB 50068—2018)(以下简称《统一标准》)中各类材料强度标准值的取值原则是：在符合规定质量的材料强度实测总体中，根据标准试件用标准试验方法测得的不小于95%的保证率的强度值，也即材料强度的实际值大于或等于该材料强度值的概率在95%以上。

(2)材料强度设计值

由于材料材质的不均匀性，各地区材料的离散性，实验室环境与实际工程的差别，以及施工中不可避免的偏差等因素，导致材料强度存在变异性。考虑由于材料强度的变异以及几何参数和设计模式的不定性可能使结构抗力进一步降低的不利影响，设计时将材料强度标准值除以一个大于1的材料分项系数，得到材料强度设计值。

各种材料的分项系数是根据结构可靠度分析，并考虑材料的分布规律和一定的保证率确定的，其值应符合各类材料结构设计规范的规定。

各类钢筋和各种强度等级混凝土的强度标准值、设计值以及弹性模量，分别列于表1-2～表1-7中，设计学习时可直接查用。

2.1.3 结构设计的要求与概率极限状态设计法

1. 结构的功能要求

结构的设计、施工和维护应使结构在规定的设计使用年限内以规定的可靠度满足规定的各项功能要求。结构应满足下列功能要求：

(1)能承受在施工和使用期间可能出现的各种作用；

(2)保持良好的使用性能；

(3)具有足够的耐久性能；

(4)当发生火灾时，在规定的时间内可保持足够的承载力；

(5)当发生爆炸、撞击、人为错误等偶然事件时，结构能保持必要的整体稳固性，不出现与起因不相称的破坏后果，防止出现结构的连续倒塌。

结构的设计使用年限，是指按规定指标设计的建筑结构或构件，在正常施工、正常使用和维护下，不需进行大修即可达到其预定功能要求的使用年限。应当注意的是，结构的设计使用年限并不等于建筑结构的使用寿命。当结构的实际使用年限超过设计使用年限后，并不意味着结构就要报废，但其可靠度将逐渐降低，其继续使用年限需经鉴定确定。我国《统一标准》将房屋建筑结构的设计使用年限分为四个类别，对设计使用年限均有明确规定，见表2－5，若建设单位提出更高要求，则应按建设单位的要求确定。

表2－5 结构设计使用年限分类

类别	结构设计使用年限/a	示 例	类别	结构设计使用年限/a	示 例
1	5	临时性结构	3	50	普通房屋和构筑物
2	25	易于替换的结构构件	4	100	纪念性建筑和特别重要的建筑结构

还应指出的是，结构使用年限与设计基准期为两个完全不同的时间域，设计基准期是为确定荷载及材料性能而选定的一个时间参数，我国取为50年。

2. 结构功能的极限状态

结构能满足功能要求而良好地工作，称为“可靠”或“有效”，反之则结构“不可靠”或“失效”。区分结构工作状态的可靠与失效的标志是“极限状态”。若结构或结构的一部分超过某一特定状态，就不能满足设计规定的某一功能要求，此特定状态便称为该功能的极限状态。

结构功能的极限状态可分为承载能力极限状态、正常使用极限状态和耐久性极限状态。

(1)当结构或结构构件出现下列状态之一时，应认定为超过了承载能力极限状态：

1)结构构件或连接因超过材料强度而破坏，或因过度变形而不适于继续承载；

2)整个结构或其一部分作为刚体失去平衡；

3)结构转变为机动体系；

4)结构或结构构件丧失稳定；

5)结构因局部破坏而发生连续倒塌；

6)地基丧失承载力而破坏；

7)结构或结构构件的疲劳破坏。

(2)当结构或结构构件出现下列状态之一时，应认定为超过了正常使用极限状态：

1)影响正常使用或外观的变形；

2)影响正常使用的局部损坏；

3)影响正常使用的振动；

4)影响正常使用的其他特定状态。

(3)当结构或结构构件出现下列状态之一时，应认定为超过了耐久性极限状态：

1)影响承载能力和正常使用的材料性能劣化；

2)影响耐久性能的裂缝、变形、缺口、外观、材料削弱等；

3)影响耐久性能的其他特定状态。

结构或结构构件一旦超过承载能力极限状态，将造成结构全部或部分破坏或倒塌，导致人员伤亡或重大经济损失，因此，在设计中对所有结构和构件都必须按承载力极限状态进行计算，并保证具有足够的可靠度。虽然超过正常使用极限状态的后果一般不如超过承载能力极限状态那样严重，但也不可忽视。例如过大的变形会造成房屋内粉刷层剥落，门窗变形，屋面积水等后果；水池和油罐等结构开裂会引起渗漏；等等。

为保证结构的安全可靠，对所有的结构和构件都应按承载能力极限状态进行设计计算，而正常使用极限状态和耐久性极限状态的设计则根据具体使用要求进行。

3. 结构功能函数

结构或结构构件的工作状态可用荷载效应 S 和结构抗力 R 的关系来描述

$$Z=g(R,\ S)=R-S \tag{2-2}$$

式中，Z 为结构的“功能函数”。由于 R 和 S 都是具有不确定性的随机变量，故 $Z=g(R,\ S)$ 也是一个随机变量函数。按照 Z 值的大小不同，可以用来描述结构所处的三种不同工作状态：

当 $Z>0$ 即 $R>S$ 时，表示结构能够完成预定功能，结构处于可靠状态；

当 $Z<0$ 即 $R<S$ 时，表示结构不能完成预定功能，结构处于失效状态；

当 $Z=0$ 即 $R=S$ 时，表示结构处于可靠与失效的临界状态，结构处于极限状态。

可见，为使结构不超过极限状态，保证结构的可靠性的基本条件为

$$Z=R-S\geqslant 0$$

即：

$$R\geqslant S \tag{2-3}$$

4. 可靠度及失效概率

结构能完成预定功能的概率($R\geqslant S$ 的概率)称为“可靠概率”，即“可靠度”，以 P_s 表示，不能完成预定功能的概率($R<S$ 的概率)为“失效概率”，以 P_f 表示，显然，P_s 和 P_f 两者互补，两者的关系为

$$P_s+P_f=1 \tag{2-4}$$

或

$$P_s=1-P_f \tag{2-5}$$

由于荷载效应 S、结构抗力 R 以及结构的“功能函数 Z”均是随机变量，所以要使结构设计做到绝对的可靠($R\geqslant S$)是不可能的，合理的解答应是使所设计结构的失效概率降低到人们可以接受的程度。只要结构的失效概率足够小，就可以认为结构是可靠的。

5. 结构安全等级与目标可靠指标

在进行建筑结构设计时，根据建筑物重要性的不同，亦即结构一旦失效可能产生的后果

严重程度,《统一标准》规定,建筑结构设计时,应根据结构破坏可能产生的后果(危及人的生命、造成经济损失、产生社会影响等)的严重性,采用不同的安全等级。根据破坏后果的严重程度,建筑结构划分为三个安全等级。这三个安全等级分别是:

一级——重要的建筑物,例如影剧院、体育馆和高层建筑等重要的工业与民用建筑。

二级——一般的工业与民用建筑,破坏后果严重。

三级——次要的建筑物,例如畜牧建筑、临时建筑等,破坏后果不严重。

对于承载能力极限状态,不同安全等级的结构或构件设计时应采用的目标可靠指标(或失效概率)也不同,具体可查看《统一标准》。

结构设计目标可靠度的大小对结构设计的影响较大。若结构目标可靠度定的高则造价高,但结构的可靠度低会产生不安全感。因此,结构目标可靠度的确定应以达到结构可靠与经济上的最佳平衡为原则。一般结构目标可靠度的确定需考虑公众心理、结构重要性、结构破坏性质和社会经济的承受能力等因素。结构构件破坏分延性破坏和脆性破坏两类,延性破坏有明显预兆,目标可靠指标可稍低些;脆性破坏常为突发性破坏,无明显预兆,危险性大,故目标可靠指标应稍高一些。

6. 概率极限状态设计法

在进行结构设计时,应针对不同的极限状态,根据结构的特点和使用要求给出具体的标志和限值,以作为结构设计的依据。这种以相应于结构各种功能要求的极限状态作为结构设计依据的设计方法称为"极限状态设计法"。

建筑结构按极限状态设计法进行设计,既可采用失效概率 P_f 度量结构的可靠性,也可采用可靠概率 P_s 来度量结构的可靠性。一般采用失效概率 P_f 来度量,只要使所设计结构的失效概率 P_f 足够小,则结构的可靠性必然高。

即应满足下列条件

$$P_f \leqslant [P_f] \tag{2-6}$$

式中:$[P_f]$——结构或构件的允许失效概率。

若采用失效概率 P_f 或可靠概率 P_s 进行结构构件的设计,需进行繁杂的概率运算。实际工程设计中,为了使结构的可靠性设计方法简便、实用,考虑到多年来设计人员的沿用习惯以及应用上的方便,《统一标准》将概率极限状态设计法转化为以基本变量标准值(如荷载标准值、材料强度标准值等)和分项系数(如荷载分项系数、材料强度分项系数等)形式表达的分项系数设计方法,以便于设计人员易于接受、理解和实际应用。

2.1.4 承载能力极限状态实用设计表达式

1. 结构重要性系数 γ_0

考虑到结构不同安全等级的要求,引入了结构重要性系数 γ_0,以对不同安全等级建筑结构的可靠指标作相应调整,其数值是按结构构件的安全等级或设计使用年限并考虑工程经验确定的。

对安全等级为一级或设计使用年限为 100 年及以上的结构构件,γ_0 不应小于 1.1;对安全等级为二级或设计使用年限为 50 年的结构构件,γ_0 不应小于 1.0;对安全等级为三级或设计使用年限为 5 年及以下的结构构件,γ_0 不应小于 0.9;在抗震设计中,不考虑结构构件的重要性系数。

2. 设计表达式

结构或结构构件的破坏或过度变形的承载能力极限状态设计，应符合下式规定：

$$\gamma_0 S_d \leqslant R_d \tag{2-7}$$

式中：γ_0——结构构件的重要性系数；

S_d——承载能力极限状态的荷载效应组合设计值；

R_d——结构构件的抗力设计值。

3. 荷载效应组合设计值 S

当结构上同时作用有多种可变荷载时，要考虑荷载效应的组合问题。

荷载效应组合是指在所有可能同时出现的诸荷载组合下，确定结构或构件内产生的总效应。荷载效应组合分为基本组合与偶然组合两种情况。

按承载能力极限状态设计时，应考虑荷载效应的基本组合，必要时尚应按荷载效应的偶然组合进行计算。

《荷载规范》规定：对于基本组合，应按下式计算：

$$S_d = \sum_{j=1}^{m} \gamma_{Gj} S_{Gjk} + \gamma_{Q1}\gamma_{L1} S_{Q1k} + \sum_{i=2}^{n} \gamma_{Qi}\gamma_{Li}\psi_{ci} S_{Qik} \tag{2-8}$$

式中：γ_{Gj}——第 j 个永久荷载的分项系数，按表 2-4 采用；

γ_{Qi}——第 i 个可变荷载的分项系数，其中 γ_{Q1} 为主导可变荷载 Q_1 的分项系数，按表 2-4采用；

γ_{Li}——第 i 个可变荷载考虑设计使用年限的调整系数，其中 γ_{L1} 为主导可变荷载 Q_1 考虑设计使用年限的调整系数；

S_{Gjk}——按第 j 个永久荷载标准值 G_{jk} 计算的荷载效应值；

S_{Qik}——按第 i 个可变荷载标准值 Q_{ik} 计算的荷载效应值，其中 S_{Q1k} 为诸可变荷载效应中起控制作用者；

ψ_{ci}——第 i 个可变荷载 Q_1 的组合值系数，可按表 2-1 查得；

m——参与组合的永久荷载数；

n——参与组合的可变荷载数。

注：①基本组合中的效应设计值仅适用于荷载与荷载效应为线性的情况；②当对 S_{Q1k} 无法明显判断时，应轮次以各可变荷载效应作为 S_{Q1k}，并选取其中最不利的荷载组合的效应设计值。

4. 可变荷载考虑设计使用年限的调整系数 γ_L

应按下列规定采用：

(1) 楼面和屋面活荷载考虑设计使用年限的调整系数 γ_L 应按表 2-6 采用。

表 2-6　楼面和屋面活荷载考虑设计使用年限的调整系数 γ_L

结构设计使用年限/年	5	50	100
γ_L	0.9	1.0	1.1

注：①当设计使用年限不为表中数值时，调整系数 γ_L 可按线性内插确定；②对于荷载标准值可控制的活荷载，设计使用年限调整系数 γ_L 取 1.0。

(2)对雪荷载和风荷载，应取重现期为设计使用年限。

2.1.5　正常使用极限状态实用设计表达式

按正常使用极限状态设计，主要是验算结构构件的变形、抗裂度或裂缝宽度，使其满足适用性和耐久性的要求。当结构或结构构件达到或超过正常使用极限状态时，其后果是结构不能正常使用，但其危害程度不及承载能力引起的结构破坏造成的损失大，故对其可靠度的要求可适当降低。《统一标准》规定，计算时荷载及材料强度均取标准值，即不考虑荷载分项系数和材料分项系数，也不考虑结构的重要性系数 γ_0。

1. 设计表达式

正常使用极限状态计算中，按下列设计表达式进行设计

$$S_d \leqslant C \tag{2-11}$$

式中：S_d——正常使用极限状态的荷载效应组合值；

C——结构构件达到正常使用要求的规定限值，例如变形限值 f_{lim}、裂缝宽度限值 w_{lim} 等。

2. 荷载效应组合值 S_d

在正常使用极限状态设计时，应根据不同的设计目的，分别按荷载效应的标准组合、准永久组合进行设计。

对于标准组合，其荷载效应组合值 S_d 的表达式为

$$S_d = \sum_{j=1}^{m} S_{Gjk} + S_{Q1k} + \sum_{i=2}^{n} \psi_{ci} S_{Qik} \tag{2-12}$$

对于准永久组合，其荷载效应组合值 S_d 的表达式为

$$S_d = \sum_{j=1}^{m} S_{Gjk} + \sum_{i=1}^{n} \psi_{qi} S_{Qik} \tag{2-13}$$

式中：ψ_{qi}——可变荷载 Q_{ik} 的准永久值系数，其值可由表 2-1 查得。

【案例解答】

解　由表 2-1 查得活荷载组合值系数 $\psi_c = 0.7$。安全等级为二级，结构重要性系数 $\gamma_0 = 1.0$，$\gamma_{L1} = 1.0$。

钢筋混凝土的重度标准值为 25 kN/m³，故梁自重标准值为 25×0.2×0.4=2 kN/m

总永久荷载标准值 $g_k = 10 + 2 = 12$ kN/m

永久荷载产生的跨中弯矩标准值和支座边缘截面剪力标准值分别为：

$$M_{gk} = \frac{1}{8} g_k l_0^2 = \frac{1}{8} \times 12 \times 5^2 = 37.5\ \text{kN}\cdot\text{m}$$

$$V_{gk} = \frac{1}{2} g_k l_n = \frac{1}{2} \times 12 \times 4.86 = 29.16\ \text{kN}$$

活荷载产生的跨中弯矩标准值和支座边缘截面剪力标准值分别为：

$$M_{qk} = \frac{1}{8} q_k l_0^2 = \frac{1}{8} \times 7 \times 5^2 = 21.875\ \text{kN}\cdot\text{m}$$

$$V_{qk} = \frac{1}{2} q_k l_n = \frac{1}{2} \times 7 \times 4.86 = 17.01\ \text{kN}$$

本例只有一个活荷载，即为第一可变荷载。故计算由可变荷载弯矩控制的跨中弯矩设计值时，$\gamma_G =$

1.3，$\gamma_Q=\gamma_{Q1}=1.5$。由可变荷载弯矩控制的跨中弯矩设计值和支座边缘截面剪力设计值分别为：

$$\gamma_G M_{gk}+\gamma_{Q1}\gamma_{L1}M_{q1k}=\gamma_G M_{gk}+\gamma_Q\gamma_{L1}M_{qk}$$
$$=1.3\times37.5+1.5\times1.0\times21.875=81.56\ \text{kN}\cdot\text{m}$$

$$\gamma_G V_{gk}+\gamma_{Q1}\gamma_{L1}V_{q1k}={}_G V_{gk}+\gamma_Q\gamma_{L1}V_{qk}$$
$$=1.3\times29.16+1.5\times1.0\times17.01=71.0\ \text{kN}$$

得跨中弯矩设计值 $M=81.56\ \text{kN}\cdot\text{m}$，支座边缘截面剪力设计值 $V=71.0\ \text{kN}$。

【任务布置】

某承受集中荷载和均布荷载的矩形截面简支梁，安全等级为二级，计算跨度 $l_0=6$ m，作用于跨中的集中荷载永久荷载标准值 $G_k=12$ kN，均布永久荷载标准值(含自重)$g_k=10$ kN/m，均布可变荷载标准值 $q_k=8$ kN/m，$\psi_c=0.7$，$\psi_q=0.5$。试计算按承载能力极限状态设计时梁跨中截面的弯矩设计值 M，以及在正常使用极限状态下荷载效应的标准组合弯矩值 M_k 和荷载效应的准永久组合弯矩值 M_q。

【知识总结】

1. 结构上的作用、荷载效应 S、结构抗力 R 都是随机变量：当 $S<R$ 时，结构可靠；当 $S>R$ 时，结构失效；当 $S=R$ 时，结构处于极限状态。发生情况 $S>R$ 的概率称为结构的失效概率 P_f，发生情况 $S\geqslant R$ 的概率称为结构的可靠度 P_s(或可靠概率)，结构的可靠度 P_s 和失效概率 P_f 之和为1。

2. 整个结构或结构的某一部分超过某一特定状态就不能满足设计规定的某一功能的要求，此特定状态称为该功能的极限状态。

3. 荷载分为永久荷载、可变荷载和偶然荷载。结构设计时对不同的荷载应采用不同的代表值。永久荷载采用标准值作为代表值；可变荷载根据设计要求，采用标准值、组合值、频遇值或准永久值作为代表值。其中荷载标准值是结构设计时采用的基本代表值，其他代表值可由标准值乘以相应的系数得到。

4. 为保证所设计的结构安全可靠，计算时将荷载(或荷载效应)取足够大的超荷载值，实际结构中的材料强度取较小的低强度值，则结构的失效概率就越小。荷载设计值即是在荷载标准值基础上乘以大于1的荷载分项系数得出的，材料强度设计值则是在材料强度标准值基础上除以大于1的材料强度分项系数得出的。

5. 不同的设计要求有不同的荷载组合。承载能力极限状态一般采用荷载的基本组合，实用设计表达式中应考虑结构的重要性系数；正常使用极限状态采用荷载的标准组合、准永久组合，实用设计表达式中不考虑结构的重要性系数。

【课后练习】

1. 什么是结构上的作用和作用效应？作用与荷载有何异同？

2. 简述结构有哪些功能要求？什么是结构的可靠性？

3. 什么是可靠度？说明结构的可靠指标与可靠概率 P_s、失效概率 P_f 的对应关系。

4. 什么是结构的抗力？说明 $R>S$、$R=S$、$R<S$ 的意义。

5. 试说明荷载的标准值、可变荷载的准永久值是如何确定的？为什么要进行荷载组合？

6. 什么是材料强度的标准值？什么是材料强度的设计值？它们是如何确定的？

7. 写出承载能力极限状态和正常使用极限状态各种组合的实用设计表达式，并解释公式中各符号的含义。

8. 建筑结构的安全等级是根据什么划分的？不同安全等级结构的可靠指标有什么不同？结构设计时是如何考虑调整的？

9. 建筑结构的设计基准期与设计使用年限有何区别？设计使用年限分哪几类？

学习情境三　设计梁、板

【项目描述与分析】

通过完成引入案例和课程设计中梁的配筋设计，来学习受弯构件（梁、板）的受力性能、设计计算内容和方法，以及相关的构造要求等。重点是梁、板配置钢筋的构造要求、正截面和斜截面承载力的计算公式及使用条件；难点是T形截面正截面承载力计算方法、抵抗弯矩图的绘制、正常使用阶段的验算。

【学习目标】

能力目标	知识目标	权重
能对单（双）筋矩形截面、T形截面梁的正截面承载力进行配筋设计	受弯构件正截面承载力计算	40%
能对受弯构件合理配置腹筋	受弯构件斜截面承载力计算	40%
能对受弯构件进行变形和裂缝宽度的验算	受弯构件变形及裂缝宽度验算	20%
合　计		100%

任务一　计算梁、板的正截面承载力

【案例引入】

某教学楼钢筋混凝土矩形截面简支梁，如图3－1，结构安全等级为二级，一类环境，计算跨度 $l_0=5.4$ m。梁上作用均布永久荷载标准值（包括梁自重）$g_k=25$ kN/m，均布可变荷载标准值 $q_k=40$ kN/m。试设计该截面并进行正截面承载力设计。

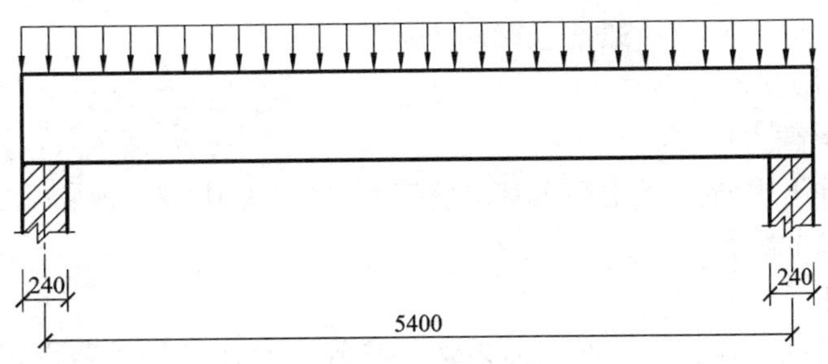

图3－1　引入案例附图

【任务目标】

1. 复习巩固求控制截面的弯矩设计值；
2. 单筋矩形截面正截面承载力计算公式的应用；
3. 合理配置梁的纵向受力钢筋。

【知识链接】

在荷载作用下，截面上同时承受弯矩（M）和剪力（V）作用的构件称为受弯构件。房屋建筑中梁和板是最典型的受弯构件，也是应用最为广泛的结构构件。受弯构件的破坏有两种可能：一种是在弯矩作用下发生的与梁轴线垂直的正截面破坏，如图3－2(a)，另一种是在弯矩和剪力共同作用下发生的与梁轴线倾斜的斜截面破坏，如图3－2(b)。

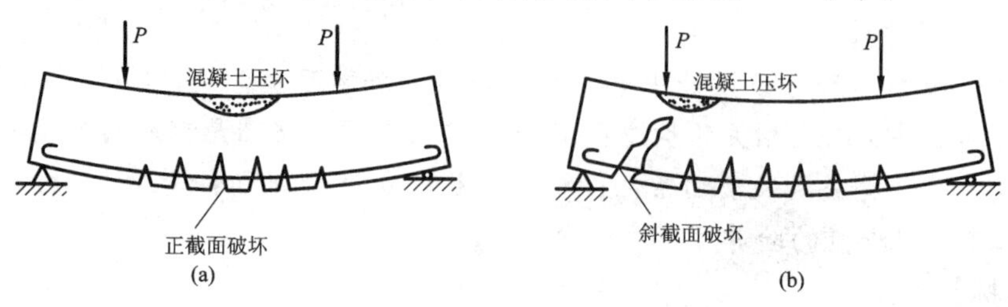

图3－2　受弯构件破坏情况

仅在截面受拉区配置纵向受力钢筋的构件，称作单筋截面受弯构件，如图3－3(a)、(b)；在截面受拉区和受压区都配置有受力钢筋的构件，称作双筋截面受弯构件，如图3－3(c)。

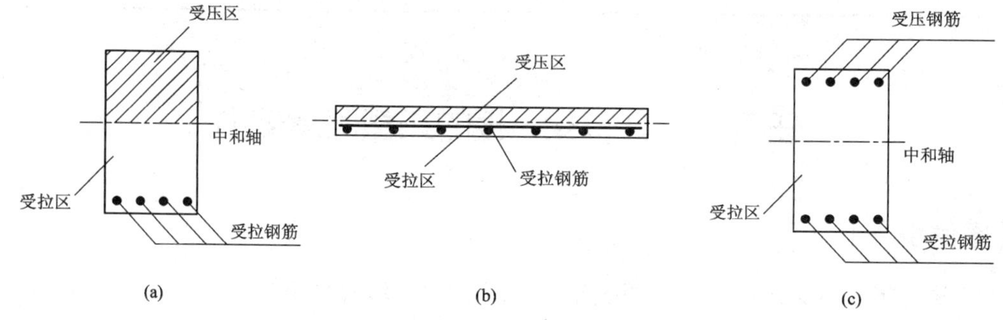

图3－3　梁和板的横截面

钢筋混凝土受弯构件的设计通常包括以下内容：

(1)承载能力极限状态计算

1)正截面受弯承载力计算

为保证受弯构件不因弯矩作用而破坏，按控制截面（跨中或支座截面）的弯矩值确定截面尺寸和纵向受力钢筋的数量。

2)斜截面受剪承载力计算

为保证斜截面不因弯矩、剪力作用而破坏，按剪力设计值复核截面尺寸，并确定抗剪所需的箍筋及弯起钢筋的数量。

(2)正常使用极限状态验算

受弯构件一般还需进行正常使用阶段的挠度变形和裂缝宽度的验算。

(3)钢筋构造措施

受弯构件除进行上述计算外，还需按 M 图、V 图及黏结锚固等要求，确定配筋构造，以保证构件的各个部位都具有足够的抗力，以及具备必要的适用性和耐久性。

3.1.1　梁、板一般构造要求

1. 板的最小厚度

受弯构件构造要求

板的厚度应满足承载力、刚度和裂缝控制、施工等方面的要求，同时还应考虑经济性。现浇板厚度一般取为 10 mm 的倍数，工程中常用厚度为 60 mm、70 mm、80 mm、100 mm 和 120 mm。现浇板的最小厚度不应小于表 3－1规定的数值。对于现浇民用建筑楼板，当板的厚度与计算跨度之比满足表 3－2 时，可认为板的刚度基本满足要求，而不需进行挠度验算。

表 3－1　现浇钢筋混凝土板的最小厚度

板的类别		最小厚度/mm
单向板	屋面板、民用建筑楼板	60
	工业建筑楼板	70
	行车道下的楼板	80
双向板		80
悬臂板(根部)	悬臂长度小于或等于 500 mm	60
	悬臂长度 1200 mm	100
无梁楼板		150

表 3－2　板厚 h 的最小值

板的支承情况	梁式板	双向板	悬臂板	无梁板	
				有柱帽	无柱帽
简支	$l/30$	$l/40$	$l/12$	$l/35$	$l/30$
连续	$l/40$	$l/50$			

2. 板的支承长度

现浇板在砖墙上的支承长度一般不小于 120 mm，且应满足受力钢筋在支座内的锚固长度要求。预制板的支承长度，在外砖墙上不应小于 120 mm，在内砖墙上不应小于 100 mm，在钢筋混凝土梁上不应小于 80 mm。

3. 板的配筋

板中一般布置有两种钢筋，即受力钢筋和分布钢筋，如图 3－4 和图 3－5 所示。

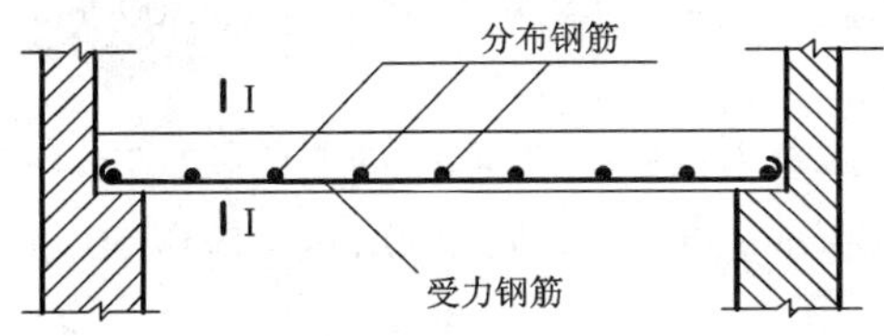

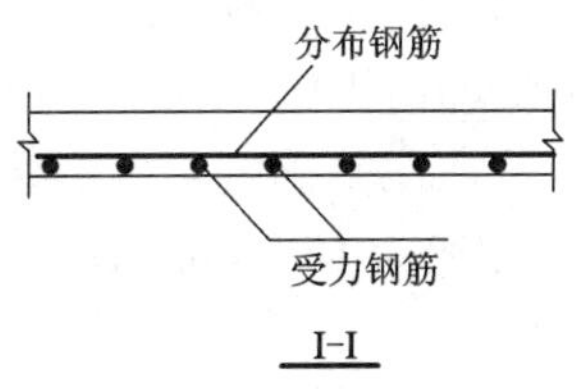

板的钢筋

图 3－4　简支板内钢筋布置

(1)受力钢筋

受力钢筋沿板跨度方向设置在受拉区，承担由弯矩作用而产生的拉应力。

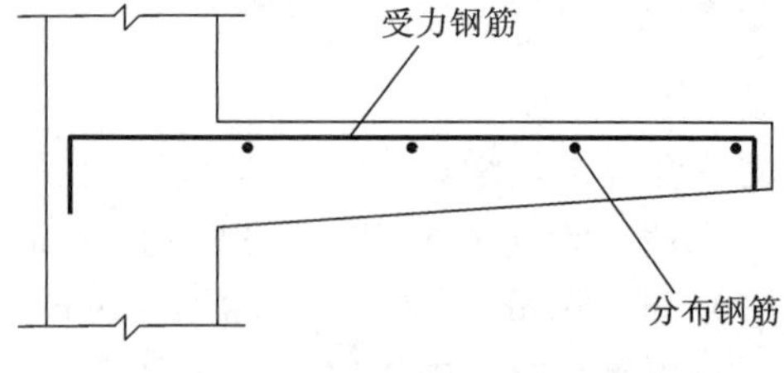

图 3－5　悬臂板内钢筋布置

1)直径。板中受力钢筋直径通常为6～12 mm；当板厚度较大时，直径可为14～18 mm。其中现浇板的受力钢筋直径不宜小于8 mm。

2)间距。板中受力钢筋间距一般在70～200 mm之间；当板厚 $h>150$ mm

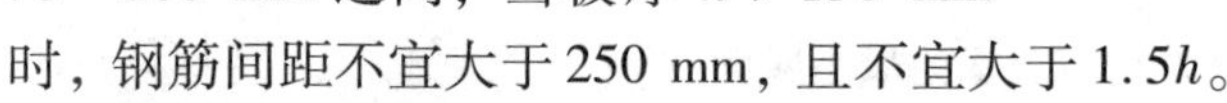

时，钢筋间距不宜大于250 mm，且不宜大于1.5h。

(2)分布钢筋

分布钢筋与受力钢筋垂直，放置于受力钢筋的内侧，其作用是将板上荷载均匀地传递给各受力钢筋，在施工中固定受力钢筋的设计位置，同时承担因混凝土收缩及温度变化在垂直受力钢筋方向产生的拉应力。

分布钢筋可按构造配置。《规范》规定：板中单位长度上分布钢筋的配筋面积不小于受力钢筋截面面积的15%，且配筋率不宜小于0.15%；其直径不宜小于6 mm，间距不宜大于250 mm。当有较大的集中荷载作用于板面时，间距不宜大于200 mm。

4.梁的构造要求

(1)梁的截面形式及尺寸

1)截面形式

钢筋混凝土梁常采用的截面形式有矩形、T形，还可做成工字形、花篮形、倒T形、倒L形等截面，如图3－6。

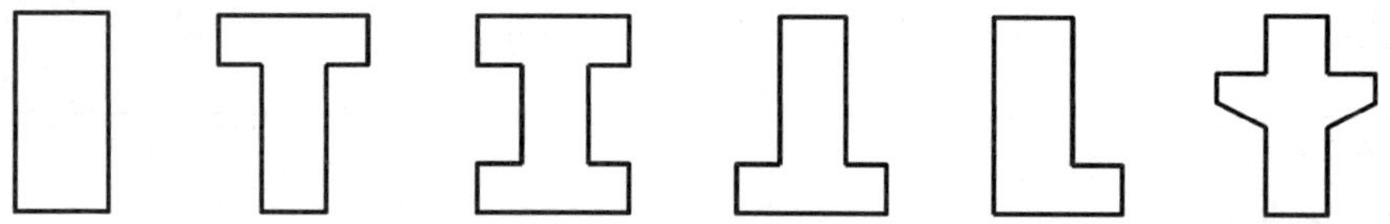

图 3－6　梁的截面形式

2)截面尺寸

梁的截面尺寸应满足承载力、刚度以及抗裂性能的要求，同时还应考虑施工上的方便。对于一般荷载作用下的梁，按刚度条件，梁截面高度 h 可根据高跨比(h/l)来估计，具体参照表3－3初定梁的高度。为了统一模板尺寸便于施工，常用梁高为250 mm、300 mm、350 mm、…、750 mm、800 mm、900 mm、1000 mm等。

梁的截面宽度 b 可由高宽比来确定：矩形截面 $h/b=2.0\sim3.0$，T形截面 $h/b=2.5\sim4.0$(此处 b 为梁肋宽)。常用梁宽为150 mm、180 mm、200 mm、…，如 $b>200$ mm，应取50 mm的倍数。

表 3-3　梁的截面高度

项次	构件种类		简支	两端连续	悬臂
1	整体肋形梁	次梁	$l/16$	$l/20$	$l/8$
		主梁	$l/12$	$l/15$	$l/6$
2	独立梁		$l/12$	$l/15$	$l/6$

(2)梁的支承长度

梁在砖墙或砖柱上的支承长度 a 应满足梁内纵向受力钢筋在支座处的锚固长度要求，并满足支承处砌体局部受压承载力的要求。当梁高 $h \leqslant 500$ mm时，$a = 180 \sim 240$ mm；当梁高 $h > 500$ mm 时，$a \geqslant 370$ mm。当梁支承在钢筋混凝土梁或柱上时，其支承长度 $a \geqslant 180$ mm。

(3)梁的配筋

梁的钢筋

在钢筋混凝土梁中，通常配置有纵向受力钢筋、箍筋、弯起钢筋及架立钢筋。当梁的截面高度较大时，还应在梁侧设置构造钢筋。梁内钢筋的形式和构造如图 3-7 所示。

1)纵向受力钢筋

纵向受力钢筋通常布置于梁的受拉区，承受由弯矩产生的拉应力，其数量通过计算来确定。

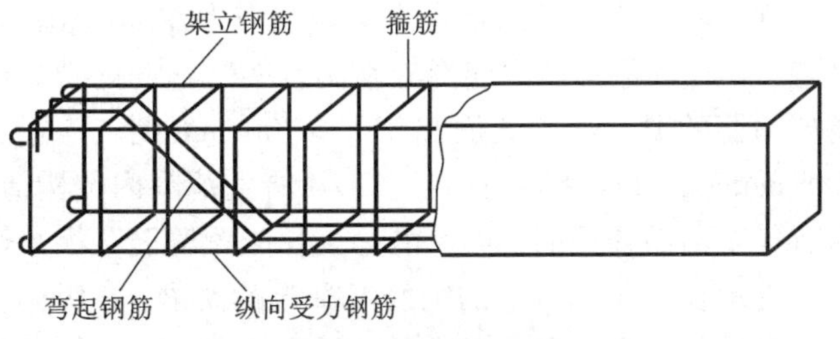

图 3-7　梁内钢筋布置

梁中纵向钢筋常用直径为 12 ~ 25 mm，一般不宜大于 28 mm，以免造成梁的裂缝过宽。梁伸入支座范围内的钢筋不应少于 2 根，钢筋数量较多时，可多层配置。梁高不小于 300 mm 时，钢筋直径不应少于 10 mm；梁高小于 300 mm 时，钢筋直径不应小于 8 mm。同一构件中钢筋直径的种类宜少，当有两种不同直径时，钢筋直径相差至少 2 mm，以便在施工中能够用肉眼辨别；但同一截面内受力钢筋直径也不宜相差太大，以免产生截面受力不均现象。

为了保证钢筋与混凝土之间的黏结和混凝土浇筑的密实性，梁纵向钢筋的净距不应小于表 3-4 的规定。d 为钢筋的最大直径。

表 3-4　梁纵向钢筋的最小间距

间距类型	水平净距		垂直净距(层距)
钢筋类型	上部钢筋	下部钢筋	25 mm 且不小于 d
最小间距	30 mm 且不小于 $1.5d$	25 mm 且不小于 d	

在梁的配筋密集区域，当受力钢筋单根布置导致混凝土难以浇筑密实时，为方便施工，可采用两根或三根钢筋绑扎并筋的配筋方式，如图 3-8 所示。对直径不大于 28 mm 的钢筋，并筋数量不应超过 3 根；直径 32 mm 的钢筋并筋数量宜为 2 根；直径 36 mm 及以上的钢筋不应并筋。

当采用并筋时，上述构造要求中的钢筋直径应改用并筋的等效直径 d_e。并筋的等效直径 d_e 按面积等效原则确定，等直径双并筋 $d_e=\sqrt{2}d$，等直径三并筋 $d_e=\sqrt{3}d$，d 为单根钢筋的直径。二并筋可按纵向或横向的方式布置，三并筋宜按品字形布置。

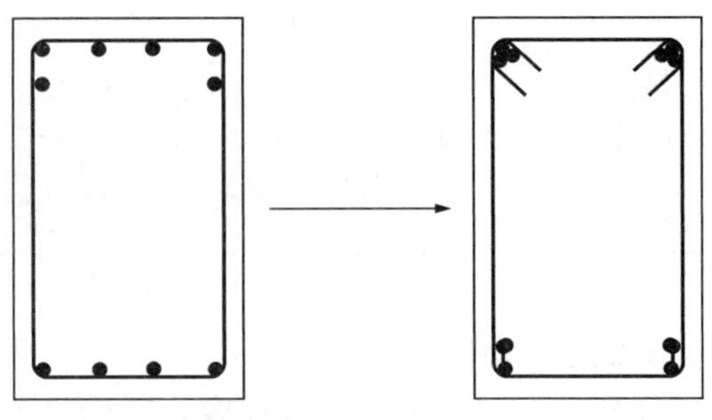

图 3-8　并筋

2）架立钢筋

当梁受压区无受压钢筋时，需配置 2 根架立钢筋放置于受压区外缘两侧。其作用一是固定箍筋的正确位置，并与梁底纵向钢筋形成钢筋骨架；二是承受由于混凝土收缩及温度变化而产生的拉力，防止发生裂缝。如受压区配有纵向受压钢筋时，受压钢筋可兼作架立钢筋。

架立钢筋的直径与梁的跨度 l_0 有关，当 $l_0<4$ m 时，其直径不应小于 8 mm；当 $l_0=4\sim6$ m 时，其直径不应小于 10 mm；当 $l_0>6$ m 时，其直径不应小于 12 mm。

3）箍筋

梁内箍筋主要用来承受由弯矩和剪力在梁内引起的主拉应力，同时还可固定纵向钢筋的位置，并和其他钢筋一起形成空间骨架。箍筋的数量应根据计算以及构造来确定。按计算不需要箍筋的梁，当梁截面高度 $h>300$ mm 时，应沿梁全长按构造配置箍筋；当 $h=150\sim300$ mm 时，可仅在梁的端部各 1/4 跨度范围内按构造设置箍筋，但当梁的中部 1/2 跨度范围内有集中荷载作用时，仍应沿梁全长配置箍筋；若 $h<150$ mm，可不设箍筋。

支承在砌体结构上的钢筋混凝土独立梁，在纵向受力钢筋的锚固长度 l_{as} 范围内应设置不少于两道的箍筋，当梁与混凝土梁或柱整体连接时，支座内可不设置箍筋，如图 3-9 所示。

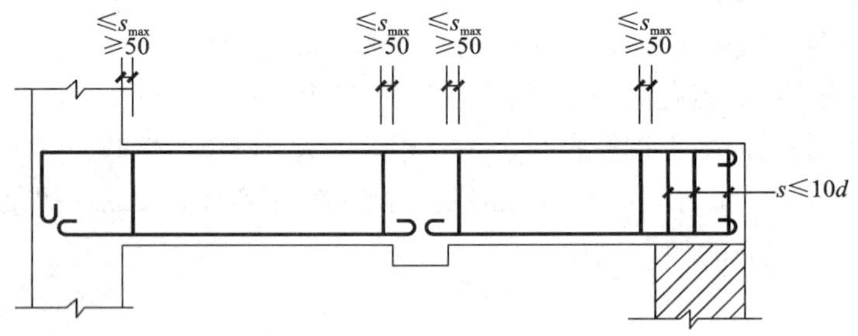

图 3-9　梁内箍筋布置示意

箍筋的形式有封闭式和开口式两种，一般情况下均采用封闭箍筋。为使箍筋更好地发挥作用，应将其端部锚固在受压区内，且端头应做成 135°弯钩，弯钩端部平直段的长度不应小于 $5d$（d 为箍筋直径）和 50 mm。

箍筋的肢数一般有单肢、双肢和四肢，如图 3-10 所示，通常采用双肢箍筋。当梁宽 $b\leqslant150$ mm 时，可采用单肢箍筋；当 $b\leqslant400$ mm 且一层内纵向受压钢筋不多于 4 根时，可采用双肢箍筋；当 $b>400$ mm 且一层内纵向受压钢筋多于 3 根时，或当 $b\leqslant400$ mm 但一层内纵向受压钢筋多于 4 根时，应采用复合箍筋。

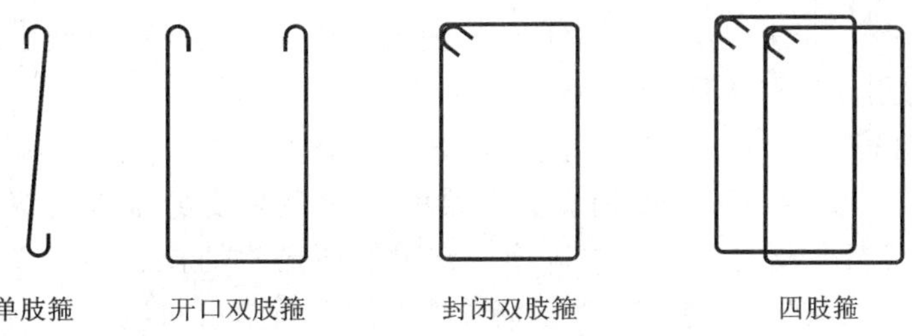

图 3－10　箍筋的形式和肢数

梁内箍筋直径选用与梁高 h 有关，为了保证钢筋骨架具有足够的刚度，《规范》规定：当 $h>800$ mm 时，其箍筋直径不宜小于 8 mm；当 $h\leqslant 800$ mm 时，其箍筋直径不宜小于 6 mm；梁中配有计算需要的纵向受压钢筋时，箍筋直径尚不应小于 $d/4$（d 为纵向受压钢筋的较大直径）。为了便于钢筋加工，箍筋直径一般不宜大于 12 mm。

梁中箍筋间距除满足计算要求外，还应符合最大间距的要求。为防止箍筋间距过大，出现不与箍筋相交的斜裂缝，《规范》规定，梁中箍筋的最大间距宜符合表 3－5 的规定。

表 3－5　梁中箍筋最大间距 s_{max}　　单位：mm

梁高 h	$150<h\leqslant 300$	$300<h\leqslant 500$	$500<h\leqslant 800$	$h>800$
$V\leqslant 0.7f_t bh_0$	200	300	350	400
$V>0.7f_t bh_0$	150	200	250	300

当梁中配有按计算需要的纵向受压钢筋时，箍筋应做成封闭式，箍筋间距不应大于 $15d$（d 为受压钢筋的最小直径），同时不应大于 400 mm；当一层内的纵向受压钢筋多于 5 根且直径大于 18 mm 时，箍筋间距不应大于 $10d$。

4）弯起钢筋

弯起钢筋是由纵向受力钢筋弯起而成。其作用除在跨中承受由弯矩产生的拉力外，在靠近支座的弯起段用来承受弯矩和剪力共同产生的主拉应力，即作为受剪钢筋的一部分，如图 3－11 所示。在钢筋混凝土梁中，应优先采用箍筋作为受剪钢筋。

弯起钢筋的数量、位置由计算确定，弯起角度宜取 45°或 60°。第一排弯起钢筋的上弯点与支座边缘的水平距离，以及相邻弯起钢筋之间上弯点到下弯点的距离，都不得大于箍筋的最大间距 s_{max}，靠近梁端的第一根弯起钢筋的上弯点到支座边缘的距离不小于 50 mm；在弯终点外应留有平行于梁轴线方向的锚固长度，在受拉区不应小于 $20d$（d 为弯起钢筋直径），在受压区不应小于 $10d$，如图 3－12 所示。对于光面钢筋，其末端应设置标准弯钩。

图 3－11　弯起钢筋各段受力情况

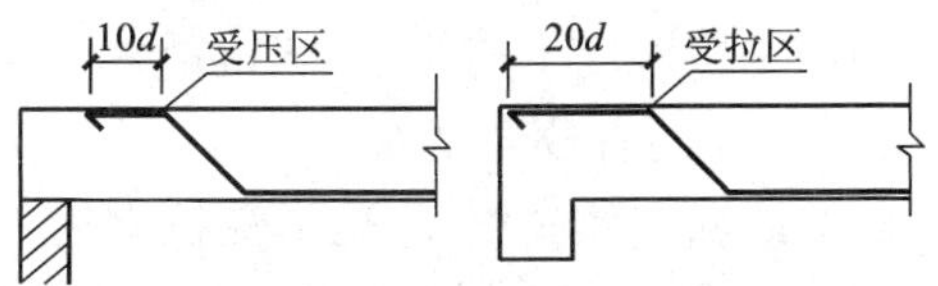

图 3－12　弯起钢筋的锚固

钢筋弯起的顺序一般是先内层后外层、先内侧后外侧，梁底层钢筋中的角部钢筋不应弯起，顶层钢筋中的角部钢筋不应弯下。

5)梁侧构造钢筋

当梁的腹板高度 $h_w \geqslant 450$ mm 时，应在梁的两侧沿高度分别设置纵向构造钢筋(即腰筋)，用于抵抗由于温度及混凝土收缩等原因在梁侧所产生的拉应力，防止在梁的侧面产生垂直于梁轴线的收缩裂缝，同时可增强钢筋骨架的刚度。要求每侧纵向构造钢筋的截面面积(不包括梁上、下部受力钢筋及架立钢筋)不应小于腹板截面面积(bh_w)的 0.1%，其间距不宜大于 200 mm，见图 3－13。

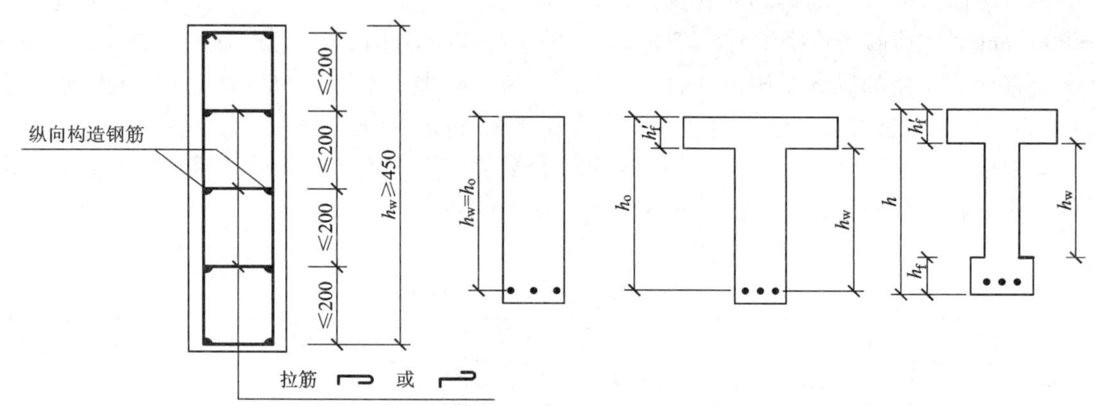

图 3－13　梁侧构造钢筋、拉筋布置及 h_w 的取值

梁两侧的纵向构造钢筋宜用拉筋联系，拉筋直径与箍筋直径相同，拉筋间距常取箍筋间距的两倍。

腹板高度 h_w，对矩形截面为有效高度；对 T 形和工字形截面则为梁高减去上、下翼缘后的腹板净高，见图 3－13。

5. 混凝土保护层厚度及截面有效高度

(1)混凝土保护层厚度

为了保护钢筋免遭锈蚀，减小混凝土的碳化，保证钢筋与混凝土间有足够的黏结强度以及提高混凝土结构的耐火、耐久性，受力钢筋的表面必须有足够厚度的混凝土保护层。构件最外层钢筋(包括箍筋、构造筋、分布筋)的外缘至混凝土表面的距离称作混凝土保护层的厚度 c。

《规范》规定，混凝土保护层厚度不应小于表 3－6 中规定的混凝土保护层最小厚度，且不小于受力钢筋的直径 d。当纵向受力钢筋的保护层厚度大于 50 mm 时，宜采用纤维混凝土或加配钢筋网片等有效措施对厚保护层混凝土进行拉结，防止混凝土开裂剥落、下坠。网片钢筋的保护层厚度不应小于 25 mm。

(2)截面的有效高度 h_0

所谓截面有效高度 h_0 是指受拉钢筋的重心至混凝土受压边缘的垂直距离。在钢筋混凝土受弯构件中，截面的抵抗弯矩主要取决于受拉钢筋的拉力与受压混凝土的压力所形成的力矩，所以，梁、板在进行截面设计和复核时，截面高度只能采用其有效高度。截面有效高度 h_0 的取值与受拉钢筋的直径及排放有关。有效高度统一写为

$$h_0 = h - a_s \tag{3-1}$$

式中：a_s——受拉钢筋重心至截面受拉边缘的距离。

表 3－6　混凝土保护层的最小厚度　　单位：mm

环境类别	环境条件	构件名称	混凝土强度等级	
			≤C25	>C25
一	室内正常环境，无侵蚀性净水浸没环境	板、墙、壳	20	15
		梁、柱	25	20
二 a	室内潮湿环境；非严寒和非寒冷地区露天环境；非严寒和非寒冷地区与无侵蚀性的水或土直接接触的环境；严寒和寒冷地区的冰冻线以下与无侵蚀性的水或土直接接触的环境	板、墙、壳	25	20
		梁、柱	30	25
二 b	干湿交替环境；水位频繁变动区环境；严寒和寒冷地区露天环境；严寒和寒冷地区的冰冻线以上与无侵蚀性的水或土直接接触的环境	板、墙、壳	30	25
		梁、柱	40	35
三 a	严寒和寒冷地区冬季水位变动区环境；受除冰盐影响环境；海风环境	板、墙、壳	35	30
		梁、柱	45	40
三 b	盐渍土环境；受除冰盐作用环境；海岸环境	板、墙、壳	45	40
		梁、柱	55	50

注：①钢筋混凝土基础应设置混凝土垫层，其受力钢筋的混凝土保护层厚度应从垫层顶面算起，且不应小于 40 mm。
②本表适用于设计使用年限为50 年的混凝土结构，对设计使用年限为100 年的混凝土结构，保护层厚度不应小于表中数值的 1.4 倍。

当受拉钢筋一排放置时，$a_s = c + d_v + d/2$；当受拉钢筋两排放置时，$a_s = c + d_v + d + d_2/2$，其中 c 为混凝土保护层厚度，d_v 为箍筋直径，d 为受拉钢筋直径，d_2 为两排钢筋之间的间距。为计算方便，通常受拉钢筋直径取为 20 mm，则不同环境等级下钢筋混凝土梁设计计算中参考取值列于表 3－7 中。

表 3－7　钢筋混凝土梁 a_s 近似取值　　/mm

环境等级	梁混凝土保护层最小厚度	箍筋直径 $\phi 6$		箍筋直径 $\phi 8$	
		受拉钢筋一排	受拉钢筋两排	受拉钢筋一排	受拉钢筋两排
一	20	35	60	40	65
二 a	25	40	65	45	70
二 b	35	50	75	55	80
三 a	40	55	80	60	85
三 b	50	65	90	70	95

注：混凝土强度等级不大于 C25 时，表中 a_s 取值应增加 5 mm。

板类构件的受力钢筋通常布置在外侧，常用直径为 8～12 mm，对于一类环境可取 a_s = 20 mm，对于二 a 类环境可取 a_s = 25 mm，混凝土强度等级不大于 C25 时，a_s 取值应增加 5 mm。

3.1.2 钢筋混凝土受弯构件正截面受弯承载力的试验研究

试验结果表明，钢筋混凝土受弯构件中，纵向受力钢筋含量的变化将影响构件的受力性能和破坏形态。钢筋含量的多少，用受拉钢筋面积 A_s 与混凝土有效面积 bh_0 的比值来反映，称为配筋率 ρ，即

$$\rho = \frac{A_s}{bh_0} \tag{3-2}$$

钢筋混凝土受弯构件正截面的破坏特征，主要与配筋率 ρ 的大小有关，配筋率不同，破坏特征也不同。

1. 钢筋混凝土适筋梁正截面工作的受力性能

(1)钢筋混凝土适筋梁正截面工作的三个阶段

钢筋混凝土梁由于混凝土材料的非匀质性和弹塑性性质，其在荷载作用下，正截面上的应力应变变化规律与匀质弹性体受弯构件明显不同。

图 3－14 所示为一配筋适量的钢筋混凝土试验梁，在两个对称集中荷载之间的区段称为“纯弯段”，其截面弯矩最大，而剪力为零；在集中荷载与支座之间的区段称为“剪弯段”，其截面同时有弯矩和剪力。在“纯弯段”上，最大拉应力发生在截面的下边缘，当其超过混凝土的抗拉强度时，将出现垂直裂缝。试验采用两点对称逐级加荷，从荷载为零开始直至梁正截面受弯破坏，观察梁在受荷后变形和裂缝的出现与开展情况。

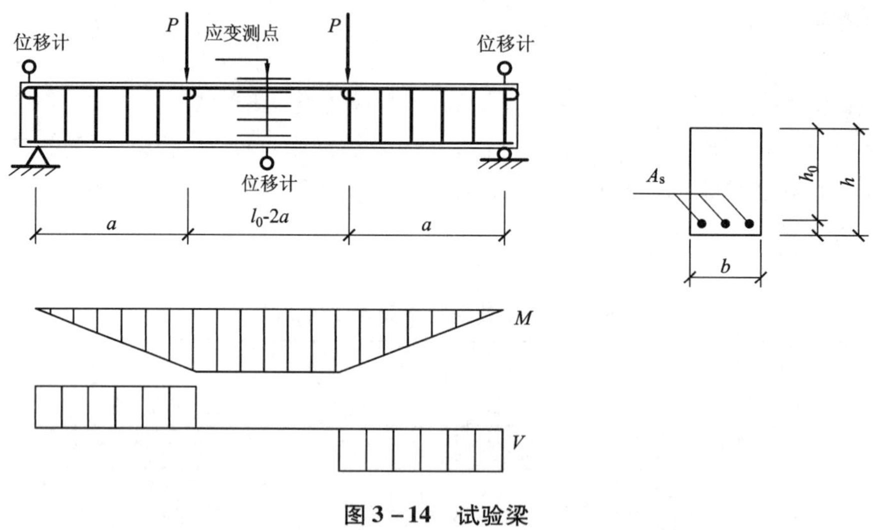

图 3－14　试验梁

图 3－15 为试验梁的弯矩与挠度关系曲线实测结果。图中纵坐标为相对于梁破坏时极限弯矩 M_u 的弯矩无量纲 M/M_u 值；横坐标为梁跨中挠度 f 的实测值(以 mm 计)。从图 3－15 中可看出，M/M_u-f 曲线有两个明显的转折点，从而把梁的受力和变形过程划分为三个阶段。

第Ⅰ阶段弯矩较小，此时梁尚未出现裂缝，挠度和弯矩关系接近直线变化，当梁的弯矩达到开裂弯矩 M_{cr}时，梁的裂缝即将出现，标志着第Ⅰ阶段的结束即达Ⅰ$_a$。

当弯矩超过开裂弯矩 M_{cr} 时，梁出现裂缝，即进入第Ⅱ阶段，随着裂缝的出现和不断开展，挠度的增长速度较开裂前为快，M/M_u-f 曲线出现了第一个明显转折点。在第Ⅱ阶段过程中，钢筋应力将随着弯矩的增加而增大，当钢筋应力增大到 M_y 时钢筋屈服，标志着第Ⅱ阶段的结束即达Ⅱ$_a$。

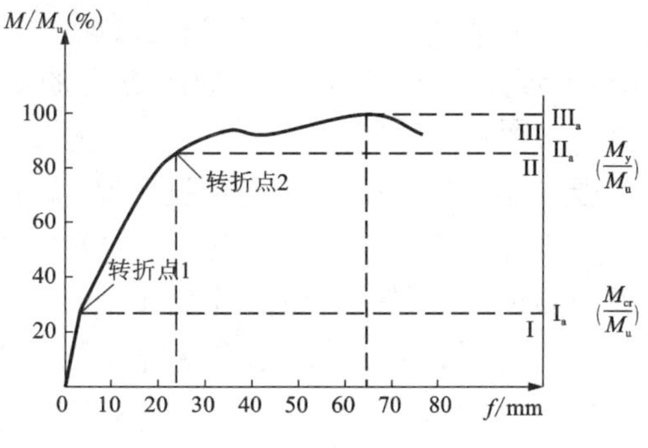

图 3－15 $M-f$ 关系曲线

进入第Ⅲ阶段后，弯矩增加不多，裂缝急剧开展，挠度急剧增加，M/M_u-f 曲线出现了第二个明显转折点。钢筋应变有较大的增长，但其应力维持屈服强度不变，当弯矩增加到最大弯矩 M_u 时，受压区混凝土达到极限压应变 ε_{cu}，标志着第Ⅲ阶段的结束即达Ⅲ$_a$ 梁将破坏。

(2)受弯构件正截面各阶段应力状态

1)第Ⅰ阶段——弹性工作阶段

从加荷开始到受拉区混凝土开裂以前，整个截面均参与受力，由于荷载很小，混凝土和钢筋均处于弹性阶段，截面上混凝土的拉应力和压应力分布呈直线变化，中和轴在截面形心位置，应变分布符合平截面假定如图 3－16(a)所示。

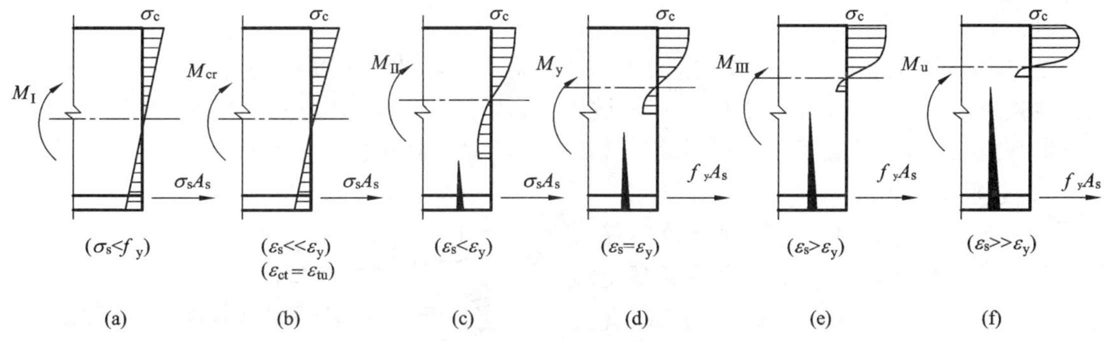

图 3－16 钢筋混凝土梁正截面三个工作阶段

(a)Ⅰ阶段；(b)Ⅰ$_a$ 状态；(c)Ⅱ阶段；(d)Ⅱ$_a$ 状态；(e)Ⅲ阶段；(f)Ⅲ$_a$ 状态

随荷载增加，受拉区混凝土首先表现出明显的塑性特征，拉应力图形呈曲线分布，当截面受拉边缘混凝土拉应力达 f_t 时，截面处于即将开裂的极限状态，即第Ⅰ$_a$ 状态，表明第Ⅰ阶段结束。梁截面承受的相应弯矩为开裂弯矩 M_{cr}。此时，受压区混凝土的压应力较小，仍处于弹性阶段，应力图形为三角形直线分布，如图 3－16(b)所示。

此阶段的特点是挠度 f 很小，钢筋应变 ε_s 也很小，且 f 及 ε_s 与 M 成正比，整个梁处于弹性工作阶段。

对于不允许出现裂缝的构件，第Ⅰ$_a$ 状态将作为其抗裂度计算的依据。

2)第Ⅱ阶段——带裂缝工作阶段

继续增加荷载，受拉区纯弯段薄弱截面开始出现裂缝，梁进入带裂缝工作阶段。开裂瞬间，裂缝截面受拉区混凝土退出工作，其开裂前所承担的拉力转移给钢筋承担，开裂截面钢筋应力、应变明显增大，导致裂缝开展延伸，中和轴也随之上移，受压区高度逐渐减小，如图3－16(c)所示。受压区混凝土的压应力随荷载的增加不断增大，压应力图形逐渐呈曲线分布，表现出弹塑性特征。

当受拉钢筋应力恰好达到屈服强度f_y，钢筋应变$\varepsilon_s=\varepsilon_y$时达到第Ⅱ$_a$状态，表明第Ⅱ阶段结束，梁截面承受的相应弯矩为屈服弯矩M_y，如图3－16(d)所示。

此阶段的特点是受拉钢筋应变ε_s增大，裂缝不断开展，挠度f比开裂前有较快的增长。正常使用情况下，钢筋混凝土受弯构件处于Ⅱ阶段，因此，该阶段的受力状态是挠度验算和裂缝宽度验算的依据。

3)第Ⅲ阶段——破坏阶段

对于配筋适量的梁，钢筋应力达到f_y时，受压区混凝土一般尚未压坏。此时，钢筋应力保持f_y不变，受拉钢筋应变$\varepsilon_s>\varepsilon_y$，并继续加大。

随着荷载增大，裂缝进一步向上开展，中和轴上移，混凝土受压区高度减小，受压混凝土表现出充分的塑性特征，受压区混凝土的压应力和压应变ε_c迅速增大，压应力曲线趋于丰满，如图3－16(e)所示。当受压区边缘混凝土压应变ε_c达到极限压应变ε_{cu}时，受压区混凝土被压碎，达到第Ⅲ$_a$状态，梁处于受弯正截面破坏的极限状态，如图3－16(f)所示，相应的弯矩为极限弯矩M_u。

第Ⅲ$_a$阶段是受弯构件适筋梁正截面承载力的依据。

2. 受弯构件正截面破坏特征

(1)适筋梁

受拉钢筋配置适中的梁，称为适筋梁。适筋梁的破坏特征为受拉钢筋首先屈服，然后受压区混凝土压应变ε_c达到极限压应变ε_{cu}被压碎，如图3－17(a)所示。由于从屈服弯矩M_y到极限弯矩M_u有一个较长的变形过程，破坏前有明显的破坏预兆，表现为延性破坏。

(2)超筋梁

当配筋率ρ过大时，构件中受拉钢筋应力尚未达屈服强度时，受压区边缘混凝土压应变ε_c已先达到极限压应变ε_{cu}被压坏，此类破坏称为超筋梁破坏，其破坏形态如图3－17(b)所示。其破坏特征表现为受压混凝土先压碎，受拉钢筋未屈服。由于钢筋伸长不多，没有形成明显的主裂缝，其破坏为没有明显预兆的脆性破坏，在实际工程中应避免采用。

超筋梁的破坏取决于受压区混凝土的抗压强度。

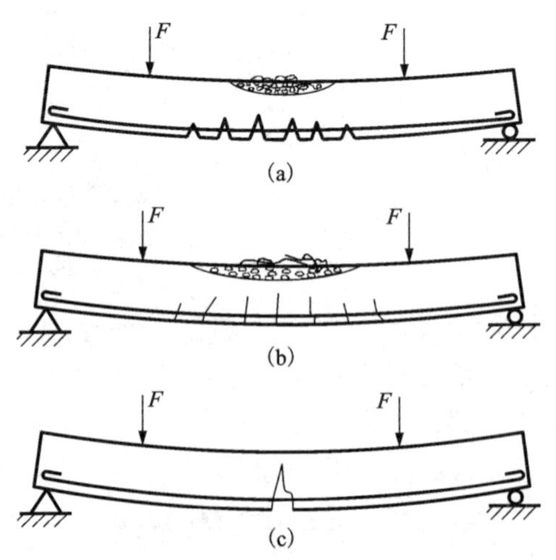

图3－17　梁的破坏形态

(a)适筋梁；(b)超筋梁；(c)少筋梁

(3)少筋梁

当配筋率ρ小于一定值时，构件中受拉钢筋屈服时的总拉力相应减小。当梁开裂时受拉区混凝土的拉力释放，使受拉钢筋应力突然增加且增量很大，导致钢筋应力在混凝土开裂瞬间达到屈服强度并进入强化阶段，或者被拉断，此类破坏称为少筋梁破坏，其破坏形态如图 3 - 17(c)所示。其破坏特征是混凝土“一裂即坏”，混凝土的抗压强度未得到充分发挥。少筋梁破坏类似于素混凝土梁，破坏十分突然，属于受拉脆性破坏，且承载能力低，实际工程中也应避免采用。

少筋梁的破坏取决于混凝土的抗拉强度。

上述三种破坏形态中，由于超筋梁和少筋梁的变形性能很差，破坏突然，且少筋梁的承载力很低，在实际工程中应予以避免。为使受弯构件正截面设计成适筋梁，就应对受拉钢筋的配筋率 ρ 进行控制，避免过大或太小而出现超筋梁或少筋梁破坏。

3.1.3 单筋矩形截面梁正截面承载力计算

1. 受弯构件正截面承载力计算的基本理论

受弯构件正截面承载力

受弯构件正截面承载力是指适筋梁截面在承载能力极限状态所能承担的弯矩 M_u。正截面承载力计算依据为适筋梁第Ⅲ$_a$ 阶段的应力状态。

(1)基本假定

根据受弯构件正截面的破坏特征，其正截面受弯承载力计算可采用以下基本假定：

1)截面应变保持平面，即构件正截面弯曲变形后仍保持为一平面，其截面上的应变沿截面高度线性分布。

2)不考虑混凝土的抗拉强度，拉力全部由纵向受拉钢筋承担。

3)钢筋的应力 σ_s 等于钢筋应变 ε_s 与其弹性模量 E_s 的乘积，但其绝对值不得大于其强度设计值 f_y，即 $-f_y' \leqslant \sigma_s = \varepsilon_s E_s \leqslant f_y$，如图 3 - 18 所示。

4)受压混凝土采用理想化的应力 - 应变关系，如图 3 - 19，当混凝土强度等级为 C50 及以下时，混凝土极限压应变 $\varepsilon_{cu} = 0.0033$。

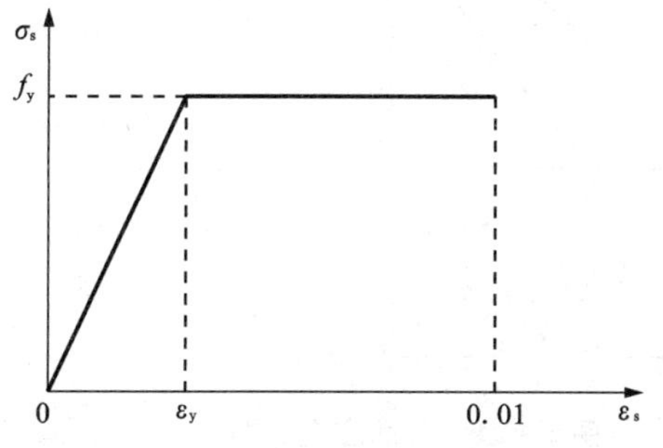

图 3 - 18 钢筋的应力 - 应变关系

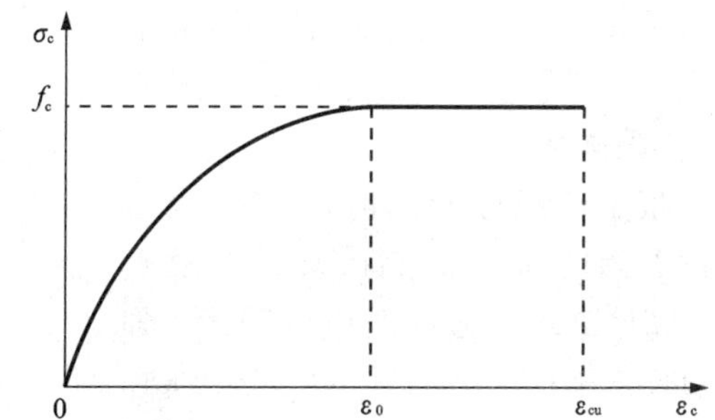

图 3 - 19 混凝土的应力 - 应变关系

(2)等效矩形应力图形

按上述基本假定，达极限弯矩 M_u 时，受压区混凝土的应力图形如图 3 - 20(c)所示为曲线形。为简化计算，受压区混凝土的曲线应力图形可采用等效矩形应力图形来代替，如图 3 - 20(d)所示。

等效代换的原则是：保证受压区混凝土压应力合力的大小相等和作用点位置不变。

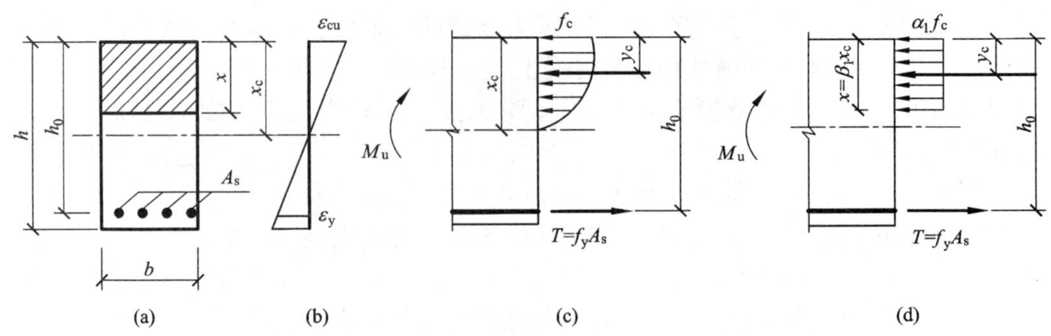

图 3－20　等效矩形应力图形代换曲线应力图形

(a)截面；(b)应变分布；(c)曲线应力分布；(d)等效矩形应力分布

等效矩形应力图形的应力值取为 $\alpha_1 f_c$，其换算受压区高度取为 x，实际受压区高度为 x_c，令 $x=\beta_1 x_c$。根据等效原则，通过计算统计分析，系数 α_1 和系数 β_1 取值如下：

当混凝土强度等级≤C50 时，$\alpha_1=1.0$，$\beta_1=0.8$；

当混凝土强度等级为 C80 时，$\alpha_1=0.94$，$\beta_1=0.74$；

混凝土强度等级介于 C50～C80 之间时，α_1、β_1 值按线性内插法确定。

受弯构件的混凝土强度等级一般不大于 C50，可取 $\alpha_1=1.0$，$\beta_1=0.8$。

(3)适筋梁的界限条件

1)相对界限受压区高度 ξ_b 和最大配筋率 ρ_{max}

适筋破坏与超筋破坏的区别在于：前者破坏始于受拉钢筋屈服，后者破坏则始于受压区混凝土压碎。两者之间的界限为：受拉钢筋应力达屈服强度 f_y 与受压区混凝土达极限压应变 ε_{cu} 同时发生，此破坏形式称为“界限破坏”。

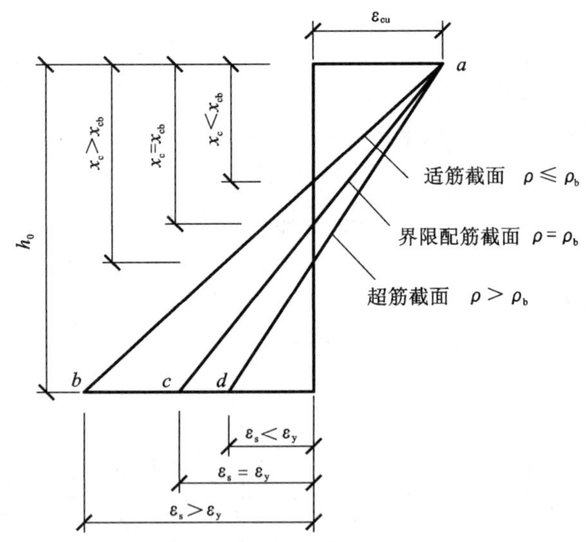

图 3－21　截面应变分布

根据正截面变形时的应变分布情况，同时画出适筋破坏、界限破坏、超筋破坏时截面的应变图形，分别见图 3－21 中的直线 ab、ac 和 ad。它们在受压边缘的混凝土极限压应变值 ε_{cu} 相同，但受拉钢筋的应变 ε_s 却不相同，因此，受压区的理论高度 x_c(或计算高度 x)也各不相同。从图中可看出，钢筋应变 ε_s、受压区高度 x_c(或 x)以及破坏类型具有相对应关系，可根据相对受压区高度的大小，来判别正截面破坏类型。

适筋破坏：$\varepsilon_s>\varepsilon_y$，$x_c<x_{cb}$(或 $x<x_b$)；

界限破坏：$\varepsilon_s=\varepsilon_y$，$x_c=x_{cb}$(或 $x=x_b$)；

超筋破坏：$\varepsilon_s<\varepsilon_y$，$x_c>x_{cb}$(或 $x>x_b$)；

这里，x_{cb} 是界限破坏时截面实际受压区高度，x_b 是界限破坏时截面换算受压区高度。

令　$\xi = x/h_0$，$\xi_b = x_b/h_0$

其中，ξ 称为相对受压区高度，ξ_b 称为相对界限受压区高度。

当 $\xi \leqslant \xi_b$ 时，则 $\varepsilon_s \geqslant \varepsilon_y$，属于适筋梁(包括界限破坏)；

当 $\xi > \xi_b$ 时，则 $\varepsilon_s < \varepsilon_y$，属于超筋梁。

可见，ξ_b 值或 x_b 值是区别受弯构件正截面破坏性质的一个特征值。对于常用钢筋所对应的 ξ_b 值见表 3－8。

表 3－8　界限相对受压区高度 ξ_b 和 $\alpha_{s,max}$

钢筋种类	系数	≤C50	C60	C70	C80
HPB300 级	ξ_b	0.576	0.556	0.537	0.518
	$\alpha_{s,max}$	0.410	0.402	0.393	0.384
HRB335 级、HRBF335 级	ξ_b	0.550	0.531	0.512	0.493
	$\alpha_{s,max}$	0.399	0.390	0.381	0.372
HRB400 级、HRBF400 级、RRB400 级	ξ_b	0.518	0.499	0.481	0.463
	$\alpha_{s,max}$	0.384	0.374	0.365	0.356
HRB500 级、HRBF500 级	ξ_b	0.482	0.464	0.447	0.429
	$\alpha_{s,max}$	0.366	0.357	0.347	0.337

注：表中系数 $\alpha_{s,max} = \xi_b(1-0.5\xi_b)$。

根据截面上力的平衡条件，由图 3－20 则有 $\alpha_1 f_c bx = f_y A_s$，即

$$\xi = x/h_0 = \frac{A_s}{bh_0} \times \frac{f_y}{\alpha_1 f_c} = \rho \frac{f_y}{\alpha_1 f_c} \tag{3-3}$$

或

$$\rho = \xi \frac{\alpha_1 f_c}{f_y} \tag{3-4}$$

由式(3－3)可知，相对受压区高度 ξ 与配筋率 ρ 有关，ξ 随 ρ 的增大而增大。当 ξ 达到适筋梁的界限相对受压区高度 ξ_b 值时，相应地 ρ 也达到界限配筋率 ρ_b，所以

$$\rho_b = \rho_{max} = \xi_b \frac{\alpha_1 f_c}{f_y} \tag{3-5}$$

由式(3－5)知，最大配筋率 ρ_{max} 与 ξ_b 值有直接关系，其量值仅取决于构件材料种类和强度等级。

2)最小配筋率 ρ_{min}

由于少筋梁属于“一裂即坏”的截面，因而在建筑结构中，不允许采用少筋梁。最小配筋率 ρ_{min} 的确定原则是：配有最小配筋率的钢筋混凝土受弯构件在破坏时的正截面承载力与相同截面同等级的素混凝土受弯构件的正截面承载力相等。《规范》规定了受弯构件的最小配筋率 ρ_{min} 为

$$\rho_{min} = 0.45 \frac{f_t}{f_y}，且 \geqslant 0.20\% \tag{3-6}$$

式中：f_t——混凝土的抗拉强度设计值。

对板类受弯构件(不包括悬臂板)的受拉钢筋，当采用强度等级 400 N/mm²、500 N/mm² 的钢筋时，其最小配筋率允许采用 0.15% 和 $0.45\frac{f_t}{f_y}$ 中的较大值。

由式(3－5)和式(3－6)可知，ρ_{max}和ρ_{min}仅取决于所用材料的性能，与截面形式及尺寸无关。即一旦受弯构件的混凝土强度等级和钢筋种类选定，其ρ_{max}和ρ_{min}就已确定。

2. 单筋矩形截面受弯构件正截面承载力计算方法

根据适筋梁在破坏时的应力状态及基本假定，并用等效矩形应力图形代替混凝土实际应力图形，则单筋矩形截面受弯构件正截面承载力计算应力图形如图3－22所示。

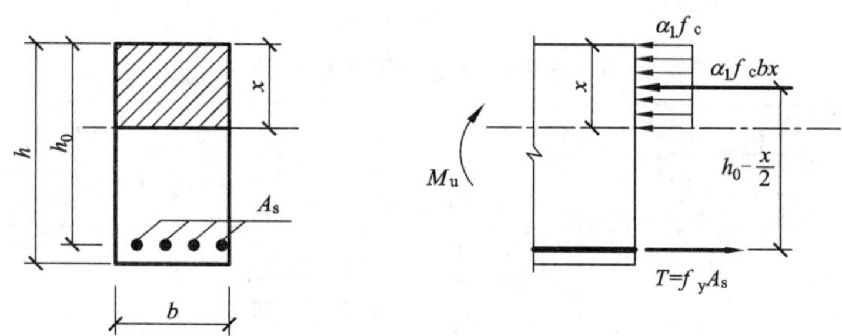

图3－22　单筋矩形截面受弯构件正截面计算应力图形

(1)基本公式

按图3－22所示的计算应力图形，建立平衡条件，同时从满足承载力极限状态出发，应满足$M \leqslant M_u$。故单筋矩形截面受弯构件正截面承载力计算公式为

$$\alpha_1 f_c bx = f_y A_s \tag{3-7}$$

$$M \leqslant M_u = \alpha_1 f_c bx\left(h_0 - \frac{x}{2}\right) \tag{3-8}$$

或

$$M \leqslant M_u = f_y A_s\left(h_0 - \frac{x}{2}\right) \tag{3-9}$$

式中：x——混凝土受压区高度；

b——矩形截面宽度；

h_0——矩形截面的有效高度；

f_y——钢筋抗拉强度设计值；

A_s——纵向受拉钢筋截面面积；

f_c——混凝土轴心抗压强度设计值；

α_1——系数，当混凝土强度等级不超过C50时，$\alpha_1=1.0$，为C80时，$\alpha_1=0.94$，其间按线性内插法确定；

M——作用在截面上的弯矩设计值；

M_u——截面破坏时的极限弯矩。

(2)适用条件

1)为防止发生超筋脆性破坏，应满足以下条件

$$\rho \leqslant \rho_{max} \quad [3-10(a)]$$

或

$$\xi \leqslant \xi_b\ (\text{即}\ x \leqslant x_b = \xi_b h_0) \quad [3-10(b)]$$

或

$$M_u \leqslant M_{u,max} = \alpha_1 f_c bh_0^2 \xi_b(1-0.5\xi_b) \quad [3-10(c)]$$

式中：$M_{u,max}$是适筋梁所能承担的最大弯矩；从式[3－10(c)]中可知，在截面尺寸、材料种类

等因素确定的条件下，$M_{u,max}$是一个定值，与钢筋的数量无关。

2）为防止发生少筋脆性破坏，应满足以下条件

$$\rho \geqslant \rho_{min} \qquad [3-11(a)]$$

或

$$A_s \geqslant \rho_{min} bh \qquad [3-11(b)]$$

应当注意，式(3－11)中采用的是全部截面面积 bh，而不是有效截面面积 bh_0，这是因为素混凝土梁受拉区混凝土开裂时退出受拉工作是从受拉混凝土截面边缘开始的。

(3)公式的应用

在工程设计中，钢筋混凝土受弯构件正截面承载力的计算可以分为截面设计和截面复核两类问题。

截面设计时，根据构件上所作用的荷载经计算可知弯矩设计值 M，而材料的强度等级、截面尺寸均需设计人员选定，因此未知数有 f_y、f_c、b、h（或 h_0）、A_s 和 x，多于两个，基本公式没有唯一解。设计人员应根据材料供应、施工条件、使用要求等因素综合分析，首先选择材料，其次确定截面。当材料强度 f_y、f_c、α_1 和截面尺寸 b、h（或 h_0）确定后，未知数就只有 A_s 和 x，即可求解。

一、利用基本公式计算

1）求出截面受压区高度 x，并判断是否属于超筋梁。由式(3－8)得

$$x = h_0 - \sqrt{h_0^2 - \frac{2M}{\alpha_1 f_c b}}$$

若根号内出现负值或 $x > x_b = \xi_b h_0$，则属于超筋梁，应加大截面尺寸或提高混凝土强度等级，或改为双筋截面重新计算。

2）求纵向受拉钢筋截面面积 A_s。若 $x \leqslant \xi_b h_0$，则

$$A_s = \frac{\alpha_1 f_c bx}{f_y}$$

3）选配钢筋。根据计算所得的 A_s，在表3－9或表3－10中选择钢筋的直径和根数(间距)，并复核一排能否放下。如果纵向钢筋需要按两排放置，则应改变截面有效高度 h_0，重新计算 A_s，并再次选择钢筋。

4）验算最小配筋率 ρ_{min}。

所选实际配筋的钢筋面积应满足 $A_s \geqslant \rho_{min} bh$。若 $A_s < \rho_{min} bh$，说明截面尺寸过大，应适当减小截面尺寸。当截面尺寸不能减少时，则应按最小配筋率配筋，即取 $A_s = \rho_{min} bh$。

表3－9　钢筋的计算截面面积及公称质量

公称直径/mm	不同根数钢筋的计算截面面积/mm²									单根钢筋公称质量/(kg·m⁻¹)
	1	2	3	4	5	6	7	8	9	
6	28.3	57	85	113	142	170	198	226	255	0.222
6.5	33.2	66	100	133	166	199	232	265	299	0.260
8	50.3	101	151	201	252	302	352	402	453	0.395
8.2	52.8	106	158	211	264	317	370	423	475	0.432
10	78.5	157	236	314	393	471	550	628	707	0.617

续表 3－9

公称直径 /mm	不同根数钢筋的计算截面面积/mm^2									单根钢筋公称质量 /($kg \cdot m^{-1}$)
	1	2	3	4	5	6	7	8	9	
12	113.1	226	339	452	565	678	791	904	1017	0.888
14	153.9	308	461	615	769	923	1077	1231	1385	1.21
16	201.1	402	603	804	1005	1206	1407	1608	1809	1.58
18	254.5	509	763	1017	1272	1527	1781	2036	2290	2.00
20	314.2	628	942	1256	1570	1884	2199	2513	2827	2.47
22	380.1	760	1140	1520	1900	2281	2661	3041	3421	2.98
25	490.9	982	1473	1964	2454	2945	3436	3927	4418	3.85
28	615.8	1232	1847	2463	3079	3695	4310	4926	5542	4.83
32	804.2	1609	2413	3217	4021	4826	5630	6434	7238	6.31
36	1017.9	2036	3054	4072	5089	6107	7125	8143	9161	7.99
40	1256.6	.2513	3770	5027	6283	7540	8796	10053	11310	9.87

表 3－10　钢筋混凝土板每米宽的钢筋截面面积

钢筋间距 /mm	钢筋直径/mm											
	3	4	5	6	6/8	8	8/10	10	10/12	12	12/14	14
70	101	180	280	404	561	719	920	1121	1369	1616	1907	2199
75	94.2	168	262	377	524	671	899	1047	1277	1508	1780	2052
80	88.4	157	245	354	491	629	805	981	1198	1414	1669	1924
85	83.2	148	231	333	462	592	758	924	1127	1331	1571	1181
90	78.2	140	218	314	437	559	716	872	1064	1257	1438	1710
95	74.5	132	207	298	414	529	678	826	1008	1190	1405	1620
100	70.6	126	196	283	393	503	644	785	958	1131	1335	1539
110	64.2	114	178	257	357	457	585	714	871	1028	1214	1399
120	58.9	105	163	236	327	419	537	654	798	942	1113	1283
125	56.5	101	157	226	314	402	515	628	766	905	1068	1231
130	54.4	96.6	151	218	302	387	495	604	737	870	1027	1184
140	50.5	89.8	140	202	281	359	460	561	684	808	954	1099
150	47.1	83.8	131	189	262	335	429	523	639	754	890	1026
160	44.1	78.5	123	177	246	314	403	491	599	707	834	962
170	41.5	73.9	115	166	231	296	379	462	564	665	785	905
180	39.2	69.8	109	157	218	279	358	436	532	628	742	855
190	37.2	66.1	103	149	207	265	339	413	504	595	703	810
200	35.3	62.8	98.2	141	196	251	322	393	479	565	668	770
220	32.1	57.1	89.2	129	176	229	293	357	436	514	607	700
240	29.4	52.4	81.8	118	164	210	268	327	399	471	556	641
250	28.3	50.3	78.5	113	157	201	258	314	383	452	534	616

二、利用表格法计算

采用公式法进行设计时，需求解一元二次方程，计算较繁琐，为方便计算，可将基本公式适当变换后，编制成计算表格。

由于相对受压区高度 $\xi = x/h_0$，则 $x = \xi h_0$。

由式(3－8)得

$$M = \alpha_1 f_c bx\left(h_0 - \frac{x}{2}\right) = \alpha_1 f_c bh_0^2 \xi(1 - 0.5\xi)$$

令 $$\alpha_s = \xi(1 - 0.5\xi) \qquad [3-12(a)]$$

则 $$M = \alpha_s \alpha_1 f_c bh_0^2 \qquad [3-12(b)]$$

当 $\xi = \xi_b$ 时，$\alpha_s = \alpha_{s,\max} = \xi_b(1 - 0.5\xi_b)$，则

$$M = M_{u,\max} = \alpha_{s,\max} \alpha_1 f_c bh_0^2 \qquad [3-12(c)]$$

由式(3－9)得

$$M_u = f_y A_s\left(h_0 - \frac{x}{2}\right) = f_y A_s h_0(1 - 0.5\xi)$$

令 $$\gamma_s = 1 - 0.5\xi \qquad [3-13(a)]$$

则 $$M = f_y A_s h_0 \gamma_s \qquad [3-13(b)]$$

由式(3－7)得

$$A_s = \frac{\alpha_1 f_c bx}{f_y} = \xi bh_0 \frac{\alpha_1 f_c}{f_y} \qquad (3-14)$$

由式[3－13(b)]得

$$A_s = \frac{M}{f_y \gamma_s h_0} \qquad (3-15)$$

式中：α_s——截面抵抗矩系数，反映截面抵抗矩的相对大小，在适筋梁范围内，ρ 越大，则 α_s 值也越大，M_u 值也越高。

γ_s——截面内力臂系数，是截面内力臂与截面有效高度的比值，ξ 越大，γ_s 越小。

显然，α_s、γ_s 均为相对受压区高度 ξ 的函数，利用 α_s、γ_s 和 ξ 的关系，预先编制成计算表格(表3－11)供设计时查用。当已知 α_s、γ_s 和 ξ 之中某一值时，就可查出相对应的另外两个系数值。

利用计算表格进行截面设计时的步骤如下：

1)求 α_s，计算式为 $\alpha_s = \dfrac{M}{\alpha_1 f_c bh_0^2}$；

2)查系数 γ_s 或 ξ；

3)求纵向钢筋面积 A_s；若 $\alpha_s \leqslant \alpha_{s,\max}$，则

$$A_s = \frac{M}{f_y \gamma_s h_0} \text{或} A_s = \xi bh_0 \frac{\alpha_1 f_c}{f_y}$$

若 $\alpha_s > \alpha_{s,\max}$，则属超筋梁，说明截面尺寸过小，应加大截面尺寸或提高混凝土强度等级，重新计算。

4)验算最小配筋率 $A_s \geqslant \rho_{\min} bh$。

当材料强度设计值(f_y、f_c)、截面尺寸(b、h)和钢筋截面面积 A_s 都已知时，欲求截面所能承受的最大弯矩设计值 M_u；或已知截面设计弯矩值 M，复核该截面是否安全经济。

表 3－11　钢筋混凝土矩形和 T 形截面受弯构件正截面承载力计算系数表

ξ	γ_s	α_s	ξ	γ_s	α_s
0. 01	0. 995	0. 010	0. 31	0. 845	0. 262
0. 02	0. 990	0. 020	0. 32	0. 840	0. 269
0. 03	0. 985	0. 030	0. 33	0. 835	0. 275
0. 04	0. 980	0. 039	0. 34	0. 833	0. 282
0. 05	0. 975	0. 048	0. 35	0. 825	0. 289
0. 06	0. 970	0. 058	0. 36	0. 820	0. 295
0. 07	0. 965	0. 067	0. 37	0. 815	0. 301
0. 08	0. 960	0. 077	0. 38	0. 810	0. 309
0. 09	0. 955	0. 085	0. 39	0. 805	0. 314
0. 10	0. 950	0. 095	0. 40	0. 800	0. 320
0. 11	0. 945	0. 104	0. 41	0. 795	0. 326
0. 12	0. 940	0. 113	0. 42	0. 790	0. 332
0. 13	0. 935	0. 121	0. 43	0. 785	0. 337
0. 14	0. 930	0. 130	0. 44	0. 780	0. 343
0. 15	0. 925	0. 139	0. 45	0. 775	0. 349
0. 16	0. 920	0. 147	0. 46	0. 770	0. 354
0. 17	0. 915	0. 155	0. 47	0. 765	0. 359
0. 18	0. 910	0. 164	0. 48	0. 760	0. 365
0. 19	0. 905	0. 172	0. 482	0. 759	0. 366
0. 20	0. 900	0. 180	0. 49	0. 755	0. 370
0. 21	0. 895	0. 188	0. 50	0. 750	0. 375
0. 22	0. 890	0. 196	0. 51	0. 745	0. 380
0. 23	0. 885	0. 203	0. 518	0. 741	0. 384
0. 24	0. 880	0. 211	0. 52	0. 740	0. 385
0. 25	0. 875	0. 219	0. 53	0. 735	0. 390
0. 26	0. 870	0. 226	0. 54	0. 730	0. 394
0. 27	0. 865	0. 234	0. 55	0. 725	0. 400
0. 28	0. 860	0. 241	0. 56	0. 720	0. 403
0. 29	0. 855	0. 248	0. 57	0. 715	0. 408
0. 30	0. 850	0. 255	0. 576	0. 712	0. 410

截面复核时计算步骤如下：

1）确定截面有效高度为 $h_0=h-a_s$；

2）计算受压区高度，计算式为 $x=\dfrac{f_yA_s}{\alpha_1f_cb}$；

3）验算公式适用条件，并计算截面受弯承载力 M_u；

若 $x\leqslant x_b=\xi_bh_0$，且 $A_s\geqslant\rho_{min}bh$，为适筋梁，则 M_u 计算式为

$$M_u=\alpha_1f_cbx(h_0-\frac{x}{2})$$

若 $x>x_b=\xi_bh_0$，为超筋梁，取 $x=x_b=\xi_bh_0$，则 M_u 计算式为

$$M_u=M_{u,\max}=\alpha_1f_cbh_0^2\xi_b(1-0.5\xi_b)$$

若 $A_s<\rho_{min}bh$，则为少筋梁，应修改设计或将受弯承载力降低使用。

4）复核截面是否安全经济。

当 $M_u\geqslant M$ 时，承载力足够，截面处于安全；当 $M_u<M$ 时，承载力不足，截面处于不安全，此时应修改原设计；如 $M_u\gg M$ 时为不经济，必要时也应修改原设计。

（4）影响受弯构件抗弯承载能力的因素

1）截面尺寸（b、h）

试验结果表明，加大截面高度 h 和宽度 b 均可提高构件的受弯承载力 M_u，但截面高度的影响效果要明显大于宽度 b 的影响效果，从公式 $M=\alpha_s\alpha_1f_cbh_0^2$ 中也可反映出这一点。

2）材料强度（f_y、f_c）

当截面尺寸一定，钢筋数量相同的情况下，试验与计算结果表明，提高混凝土强度等级可提高 M_u，但其效果不如提高钢筋强度 f_y 的效果明显，故提高混凝土的强度等级是不可取的。

3）受拉钢筋数量（A_s）

前述已知，在适筋范围内，随配筋量 A_s（或 ρ）的增大，受压区高度 x 也逐渐加大，故受弯承载力 M_u 也将提高，且其提高效果还很明显。

综上所知，欲提高截面的抗弯承载力 M_u，既经济又效果显著的措施是首选加大截面高度，其次是提高受拉钢筋的强度等级或增加钢筋数量，而加大截面宽度或提高混凝土的强度等级等措施一般不予采用。

（5）经济配筋率

实际工程设计中，需从经济角度考虑。合理的选择应该是在满足承载力及使用要求前提下，选用经济配筋率。根据我国工程设计经验，通常经济配筋率范围为：板的经济配筋率为 $\rho=0.4\%\sim0.8\%$；梁的经济配筋率为 $\rho=0.6\%\sim1.5\%$。

【案例解答】

解　（1）选用材料并确定设计参数。

结构安全等级为二级，重要性系数取 $\gamma_0=1.0$，$\gamma_{L1}=1.0$。

混凝土用 C30，$f_c=14.3\ N/mm^2$，$f_t=1.43\ N/mm^2$，$\alpha_1=1.0$；

纵筋采用 HRB400 级钢筋，$f_y=360\ N/mm^2$，$\xi_b=0.518$；

一类环境，保护层厚度 $c=20$ mm。

(2)确定跨中截面最大弯矩设计值。

取 $\gamma_G = 1.3$，$\gamma_Q = 1.5$，则

$$M_1 = \frac{1}{8}(\gamma_G g_k + \gamma_Q \gamma_{L1} q_k) l_0^2 = \frac{1}{8} \times (1.3 \times 25 + 1.5 \times 1.0 \times 40) \times 5.4^2 = 337.2\ \text{kN} \cdot \text{m}$$

(3)确定截面尺寸。

根据高跨比初步估计高度 h 为

$h \geqslant \frac{1}{12} l = \frac{1}{12} \times 5400 = 450$ mm，取 $h = 600$ mm

由高宽比确定宽度 b 为

$h/(2.0 \sim 3.0) = 600/(2 \sim 3) = 300 \sim 200$ mm，取 $b = 250$ mm

(4)计算钢筋截面面积 A_s 和选择钢筋。

先假定单排钢筋布置，设箍筋选用直径 $\phi 8$，查表 3－7 取 $a_s = 40$ mm，则截面有效高度 h_0 为

$$h_0 = 600 - 40 = 560\ \text{mm}$$

由式(3－7)得

$$x = h_0 - \sqrt{h_0^2 - \frac{2M}{\alpha_1 f_c b}} = 560 - \sqrt{560^2 - \frac{2 \times 337.2 \times 10^6}{1.0 \times 14.3 \times 250}} = 206.5\ \text{mm}$$

$$x < x_b = \xi_b h_0 = 0.518 \times 560 = 290\ \text{mm}$$

将 $x = 188.3$ mm 代入式(3－7)得

$$A_s = \frac{\alpha_1 f_c b x}{f_y} = \frac{1.0 \times 14.3 \times 250 \times 206.5}{360} = 2051\ \text{mm}^2$$

选配钢筋时，应考虑钢筋净距要求，尽可能放一排。查表 3－9，选 2 根直径为 28 和 2 根直径为 25 的 HRB400 级钢筋，实配钢筋 $A_s = 2214\ \text{mm}^2$。

(5)验算最小配筋率

$$\rho_{\min} = \left\{0.45 \frac{f_t}{f_y},\ 0.2\%\right\}_{\max} = \left\{0.45 \times \frac{1.43}{360},\ 0.2\%\right\}_{\max} = \{0.178\%,\ 0.2\%\}_{\max}$$

$= 0.2\% \rho_{\min} bh = 0.2\% \times 250 \times 600 = 300\ \text{mm}^2 < A_s = 2214\ \text{mm}^2$，故满足要求。

(6)绘截面配筋图

如图 3－23 所示，画出截面形式和钢筋的布置，标注截面尺寸及钢筋的根数、型号。

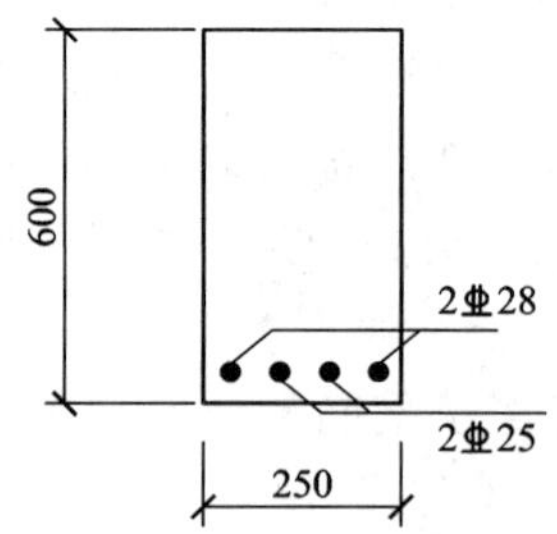

图 3－23　引入案例截面配筋图

【例 3－1】　已知一单跨简支板如图 3－24 所示，板厚为 80 mm，计算跨度 $l_0 = 2.4$ m，承受均布荷载设计值为 6.3 kN/m^2(包括板自重)，混凝土强度等级为 C20，用 HPB300 级钢筋配筋，安全等级为二级，一类环境，试设计该简支板。

解　取宽度 $b = 1$ m 的板带为计算单元。

(1)确定设计参数

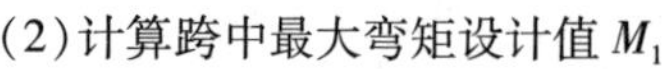

$f_c = 9.6\ \text{N/mm}^2$，$f_t = 1.10\ \text{N/mm}^2$，$\alpha_1 = 1.0$，$f_y = 270\text{N/mm}^2$，$\xi_b = 0.576$，$c = 20$ mm。

(2)计算跨中最大弯矩设计值 M_1

$$M_1 = \frac{1}{8} q l_0^2 = 1.0 \times \frac{1}{8} \times 6.3 \times 2.4^2 = 4.536\ \text{kN} \cdot \text{m}$$

(3)计算钢筋截面面积 A_s 和选择钢筋

截面有效高度 h_0 为

$$h_0 = 80 - 25 = 55\ \text{mm}$$

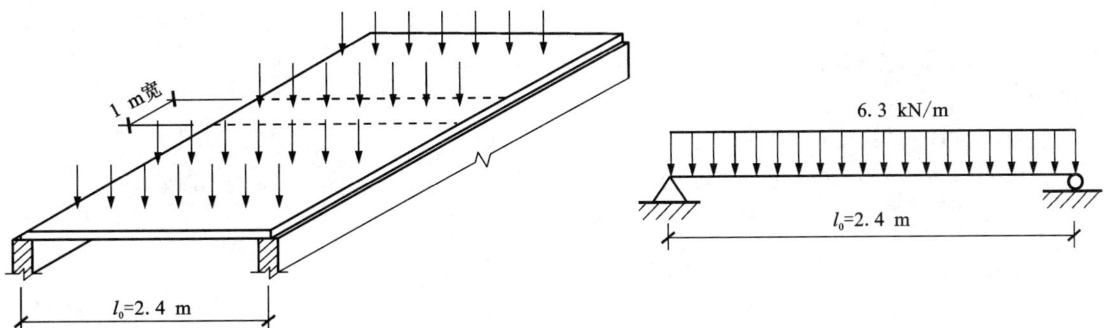

图 3-24　[例 3-1]板受力图

$$\alpha_s=\frac{M}{\alpha_1 f_c b h_0^2}=\frac{4.536\times10^6}{1.0\times9.6\times1000\times55^2}=0.156$$

查表 3-11 得 $\gamma_s=0.915$，$\xi=0.170<\xi_b=0.576$。故

$$A_s=\frac{M}{f_y\gamma_s h_0}=\frac{4.536\times10^6}{270\times0.915\times55}=334\ \text{mm}^2$$

查表 3-10，选用ϕ8@150，实配钢筋 $A_s=335\ \text{mm}^2$。

(4)验算最小配筋率

$$\rho_{\min}=\left\{0.45\frac{f_t}{f_y},\ 0.2\%\right\}_{\max}=\left\{0.45\times\frac{1.10}{270},\ 0.2\%\right\}_{\max}=\{0.183\%,\ 0.2\%\}_{\max}=0.2\%$$

$\rho_{\min}bh=0.2\%\times1000\times80=160\ \text{mm}^2<A_s=335\ \text{mm}^2$，故满足要求。

(5)选用分布钢筋并绘截面配筋图

分布钢筋按构造选用ϕ6@250，其截面面积为 $A_s=113\ \text{mm}^2<0.15\%bh=0.15\%\times1000\times80=120\ \text{mm}^2$，显然不满足构造要求，故重选ϕ6@200，截面配筋图如图 3-25 所示。

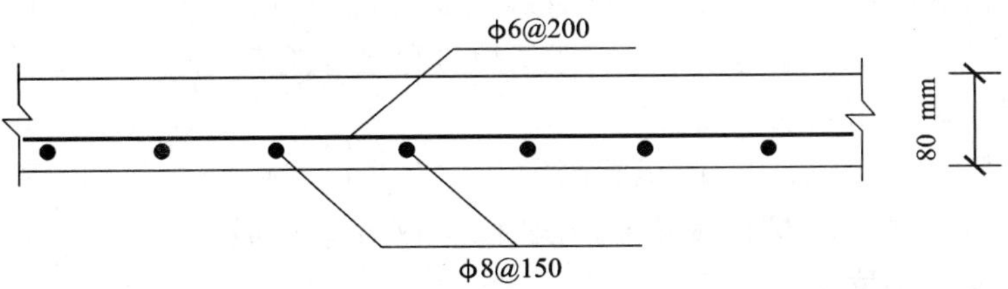

图 3-25　[例 3-1]板配筋图

【例 3-2】　有一钢筋混凝土梁，截面尺寸及配筋如图 3-26 所示，采用 C20 混凝土和 HRB335 级钢筋，安全等级为二级，一类环境，箍筋选用 HPB300 级 $\phi6$ 钢筋，该梁承受最大弯矩设计值 $M=65\ \text{kN}\cdot\text{m}$，复核该截面是否安全。

解

(1)确定设计参数。

$f_c=9.6\ \text{N/mm}^2$，$f_t=1.10\ \text{N/mm}^2$，$\alpha_1=1.0$，$f_y=300\ \text{N/mm}^2$，$\xi_b=0.550$。

(2)计算截面有效高度 h_0 为

$$h_0=450-25-6-16/2=412\ \text{mm}$$

(3)验算最小配筋率。钢筋 3 Φ16，$A_s=603\ \text{mm}^2$。

$$\rho_{\min}=\max\left\{0.45\frac{f_t}{f_y},\ 0.2\%\right\}=\max\left\{0.45\times\frac{1.10}{300},\ 0.2\%\right\}$$

$$=\max\{0.165\%,\ 0.2\%\}=0.2\%$$

$\rho_{\min}bh=0.2\%\times200\times450=180\ \text{mm}^2<A_s=603\ \text{mm}^2$，故满足要求。

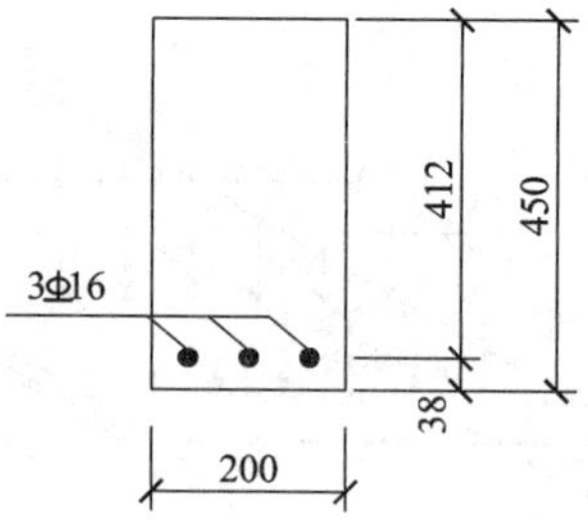

图 3-26 [例 3-2]截面配筋图

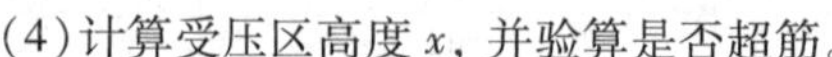

(4)计算受压区高度 x，并验算是否超筋。

由式(3-7)得

$$x=\frac{f_yA_s}{\alpha_1f_cb}=\frac{300\times603}{1.0\times9.6\times200}=94.2\ \text{mm}$$

$$x<\xi_bh_0=0.550\times412=226\ \text{mm}^2，满足要求。$$

(5)计算截面受弯承载力 M_u，复核该截面是否安全。

由式(3-8)得

$$M_u=\alpha_1f_cbx\left(h_0-\frac{x}{2}\right)=1.0\times9.6\times200\times94.2\times(412-0.5\times94.2)$$

$$=65.8\ \text{kN}\cdot\text{m}>M=65\ \text{kN}\cdot\text{m}$$

显然，截面安全。由于弯矩承载力和弯矩设计值很接近，这说明该梁正截面设计是经济的。

3.1.4 双筋矩形截面受弯构件正截面承载力计算

在梁的受拉区和受压区同时按计算配置纵向受力钢筋的截面称为双筋截面。由于在梁的受压区设置受压钢筋来承受压力是不经济的，故应尽量少用双筋截面。

在下列情况下可采用双筋截面：

(1)当截面承受的弯矩较大，而截面高度及材料强度又由于种种原因不能提高，以致按单筋矩形梁计算时 $x>\xi_bh_0$，即出现超筋情况时，可采用双筋截面，此时在混凝土受压区配置受压钢筋来补充混凝土抗压能力的不足。

(2)构件在不同的荷载组合下承受异号弯矩的作用，如风荷载作用下的框架横梁，由于风向的变化，在同一截面可能既出现正弯矩又出现负弯矩，此时就需要在梁的上下方都布置受力钢筋。

(3)为了提高截面的延性。在梁的受压区配置一定数量的受压钢筋，有利于提高截面的延性，因此，抗震设计中要求框架梁必须配置一定比例的受压钢筋。

1. 受压钢筋的强度

双筋截面受弯构件的破坏特征与单筋截面相似，不同之处是受压区有混凝土和受压钢筋(A_s')一起承受压力。与单筋截面一样，按照受拉钢筋是否到达f_y，区分为适筋梁($\xi\leqslant\xi_b$)和超筋梁($\xi>\xi_b$)。为了防止出现超筋梁，同样必须遵守 $\xi\leqslant\xi_b$ 这一条件。在双筋梁计算中，受压钢筋应力可以达到受压屈服强度f_y'的条件是：

$$x \geqslant 2a_s' \tag{3-16}$$

式(3－16)的含义是受压钢筋的位置(距受压边缘为 a_s')不低于混凝土受压应力图形的重心。否则，就表明受压钢筋的位置距离中和轴太近，以致受压钢筋的应力达不到抗压强度设计值 f_y'。《规范》规定，热轧钢筋的抗压强度设计值 $f_y' = f_y$。

纵向钢筋受压将产生侧向弯曲，如箍筋的间距过大或刚度不足(如采用开口箍筋)，在纵向压力作用下受压钢筋将发生压屈而侧向凸出。所以《规范》要求，当计算上考虑受压钢筋的作用时，应配置封闭箍筋(图 3－27)，且其间距 s 应满足 $s \leqslant 15d$(此处 d 为受压钢筋最小直径)，同时 $s \leqslant 400$ mm；但一层内受压钢筋多于 5 根且直径大于 18 mm 时，箍筋间距 s 应满足 $s \leqslant 10d$；同时箍筋的直径应不小于受压钢筋最大直径的 1/4。当梁的宽度大于 400 mm 且一层内的纵向受压钢筋多于 3 根时，或当梁的宽度不大于 400 mm 但一层内的纵向受压钢筋多于 4 根时，应设置复合箍筋。对箍筋的这些要求，主要都是为了防止受压钢筋发生压屈，因为这是保证构件中的受压钢筋强度得到充分利用的必要条件。

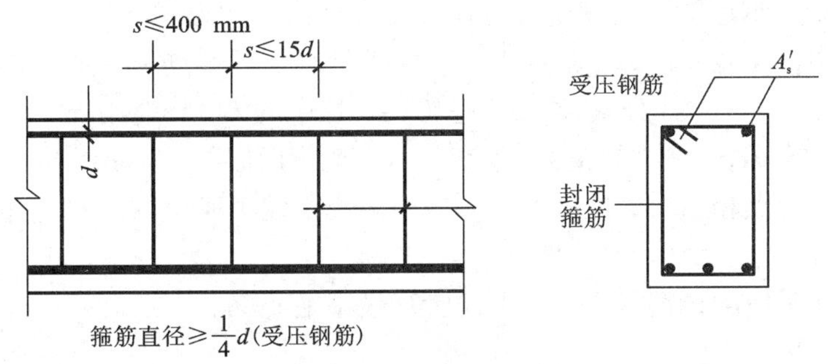

图 3－27　受压钢筋的箍筋配置要求图

2. 正截面承载力计算

(1)基本公式

双筋矩形截面受弯构件到达受弯承载力极限状态时的截面应力如图 3－28 所示。

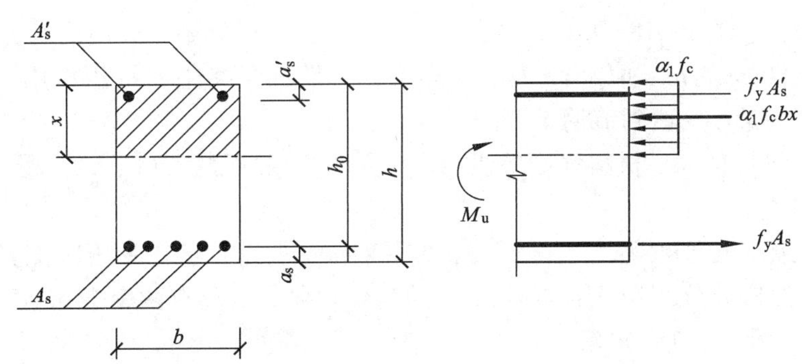

图 3－28　双筋矩形截面承载力计算图

根据平衡条件，基本公式为：

$$\alpha_1 f_c bx + f'_y A'_s = f_y A_s \tag{3-17}$$

$$M_u = \alpha_1 f_c bx\left(h_0 - \frac{x}{2}\right) + f'_y A'_s (h_0 - a'_s) \tag{3-18}$$

式(3－17)、式(3－18)实际上是在单筋矩形截面的式(3－7)和式(3－8)的基础上增加了受压钢筋的作用一项，应注意它是加在混凝土项的一侧，表示帮助混凝土承担部分压力。

(2)适用条件

1)为了防止超筋梁破坏，应满足以下条件：

$$\xi \leqslant \xi_b（即\ x \leqslant x_b = \xi_b h_0）$$

或

$$\rho_1 = \frac{A_{s1}}{bh_0} \leqslant \xi_b \frac{\alpha_1 f_c}{f_y} \tag{3-19}$$

其中 A_{s1} 是与受压混凝土相对应的纵向受拉钢筋面积，$A_{s1} = \frac{\alpha_1 f_c bx}{f_y}$。

2)为了保证受压钢筋能达到规定的抗压强度设计值，应 $x \geqslant 2a'_s$。

在实际设计中，若出现 $x < 2a'_s$ 的情况，则说明此时受压钢筋所受到的压力太小，压应力达不到抗压设计强度 f'_y，这样公式(3－17)和(3－18)中的 f'_y，只能用 σ'_s，代入，由于 σ'_s 是未知数，使得计算非常复杂。故《规范》建议在 $x < 2a'_s$ 时，近似取 $x = 2a'_s$，即假定受压钢筋合力点与受压混凝土合力点相重合，这样处理对截面来说是偏于完全的。对 A'_s 重心处取矩，得：

$$M \leqslant M_u = f_y A_s (h_0 - a'_s) \tag{3-20}$$

由于双筋梁通常所配钢筋较多，故不需验算最小配筋率。

(3)公式的应用

在工程设计中，双筋矩形截面受弯构件正截面承载力的计算可以分为截面设计和截面复核两类问题。

截面设计时，一般是已知弯矩设计值、截面尺寸和材料强度设计值。计算时有下列两种情况：

1)已知弯矩设计值 M、材料强度等级(f_y、f_c 及 f'_y)、截面尺寸(b、h)，求受拉钢筋面积 A_s 和受压钢筋面积 A'_s。

由式(3－17)、式(3－18)可知，共有 A_s，A'_s 及 x 三个未知数，故还需补充一个条件才能求解。由适用条件 $x \leqslant \xi_b h_0$，取 $x = \xi_b h_0$，这样可充分发挥混凝土的抗压作用，从而使钢筋总的用量($A_s + A'_s$)为最小，达到节约钢筋的目的。

2)已知弯矩设计值 M、材料强度等级(f_y、f_c 及 f'_y)、截面尺寸(b、h)和受压钢筋面积 A'_s，求受拉钢筋面积 A_s。

此类问题往往是由于变号弯矩的需要，或由于构造要求，已在受压区配置截面面积为 A'_s 的受压钢筋，因此应充分利用 A'_s 以减小 A_s。因为 A'_s 已知，故只有两个未知数 x 和 A_s，所以可直接用式(3－17)及(3－18)求解。

截面复核是指当材料强度设计值(f_y、f_c 及 f'_y)、截面尺寸(b、h)和钢筋截面面积(A_s、A'_s)都已知时，欲求截面所能承受的最大弯矩设计值 M_u；或已知截面设计弯矩值 M，复核该截面是否安全。

3.1.5　T 形截面受弯构件正截面承载力计算

受弯构件产生裂缝后，受拉混凝土因开裂而退出工作，拉力基本由受拉钢筋承担，故可将受拉区混凝土的一部分挖去，并把原有的纵向受拉钢筋集中布置，就形成如图 3－29 所示的 T 形截面。该 T 形截面的正截面承载力不但与原有矩形截面相同，而且还节省了被挖去部分的混凝土并减轻了构件自重。

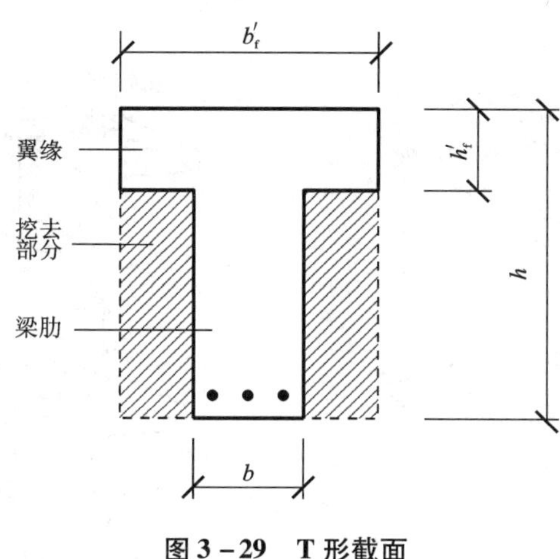

图 3－29　T 形截面

T 形截面由梁肋（$b \times h$）和挑出翼缘（$b_f' - b$）$\times h_f'$两部分组成。梁肋宽度为 b，受压翼缘宽度为 b_f'，厚度为 h_f'，截面全高度为 h。

由于 T 形截面受力比矩形截面合理，所以在工程中应用十分广泛。一般用于：独立的 T 形截面梁、工字形截面梁，如吊车梁、屋面梁等；整体现浇肋形楼盖中的主、次梁（图 3－30）等；槽形板、预制空心板等（图 3－31）受弯构件均可按 T 形截面计算。

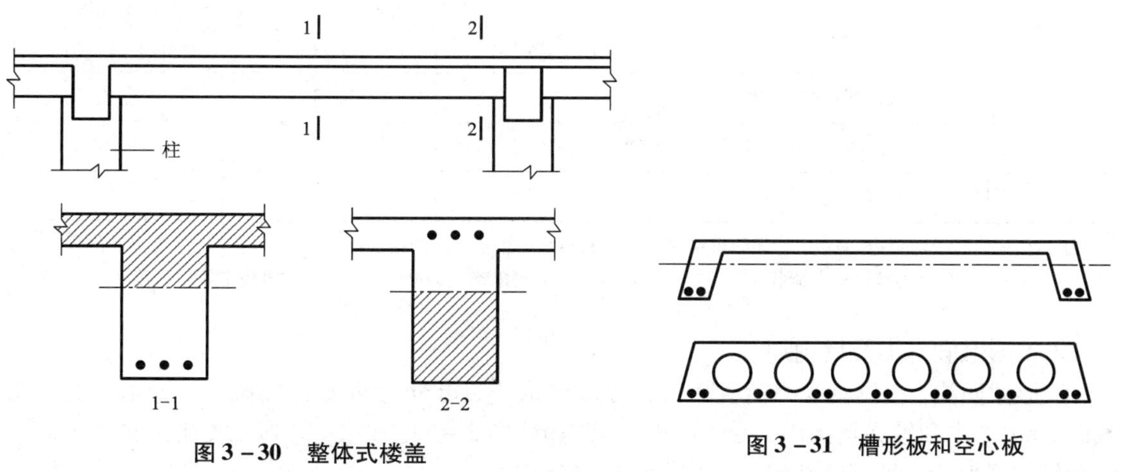

图 3－30　整体式楼盖

图 3－31　槽形板和空心板

1. T 形截面受弯构件中受压翼缘的计算宽度 b_f'

T 形截面的受压翼缘宽度越大，截面的受弯承载力也越高，因为 b_f'增大可使受压区高度 x 减小，内力臂增大。但试验表明，与肋部共同工作的翼缘宽度是有限的，沿翼缘宽度上的压应力分布是不均匀的，距肋部越远翼缘的应力越小［图 3－32(a)、(c)］。为简化计算，在设计中假定距肋部一定范围内的翼缘全部参与工作，且认为在此宽度范围内压应力是均匀分布的，此宽度称为翼缘的计算宽度 b_f'，［如图 3－32(b)、(d)所示］。

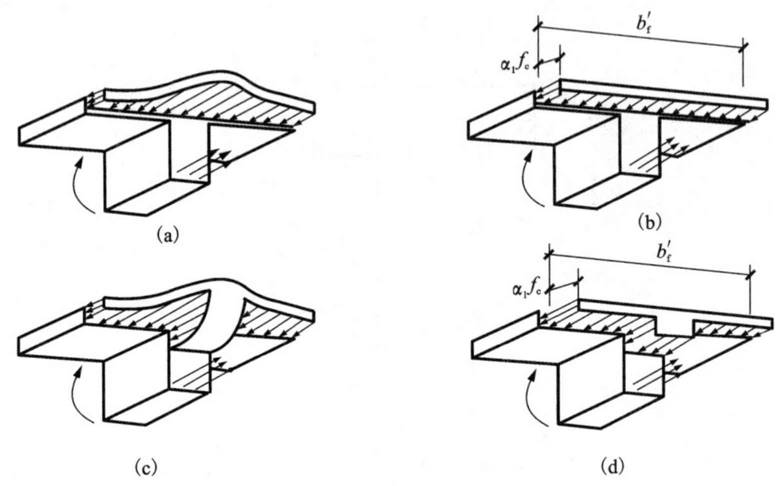

图 3－32　T 形截面应力分布和翼缘计算宽度 b_f'

对现浇楼盖和装配整体式楼盖，宜考虑楼板作为翼缘对梁刚度和承载力的影响。《规范》对翼缘计算宽度 b_f'的取值，规定取表 3－12 中有关各项中的最小值。

表 3－12　翼缘计算宽度 b_f'

序号	考虑情况	T 形、I 形截面		倒 L 截面
		肋形梁(板)	独立梁	肋形梁(板)
1	按计算跨度 l_0 考虑	$l_0/3$	$l_0/3$	$l_0/6$
2	按梁(肋)净距 s_n 考虑	$b+s_n$	—	$b+s_n/2$
3	按翼缘高度 h_f'考虑	$b+12h_f'$	b	$b+5h_f'$

注：①表中 b 为梁的腹板宽度；②如肋形梁跨内设有间距小于纵肋间距的横肋时，则可不遵守表中情况 3 的规定；③独立梁受压区的翼缘板在荷载作用下经验算沿纵肋方向可能产生裂缝时，其计算宽度应取腹板宽度 b。

2. T 形截面分类及其判别

T 形截面梁，根据其受力后受压区高度 x 的大小，可分为两类 T 形截面：①第一类 T 形截面 $x \leqslant h_f'$，中和轴在翼缘内，受压区面积为矩形［图 3－33（a）］；②第二类 T 形截面 $x > h_f'$，中和轴在梁肋内，受压区面积为 T 形［图 3－33(b)］。

两类 T 形截面的界限情况为 $x = h_f'$，按照图 3－34 所示，由平衡条件可得

$$\alpha_1 f_c b_f' h_f' = f_y A_s^* \tag{3-21}$$

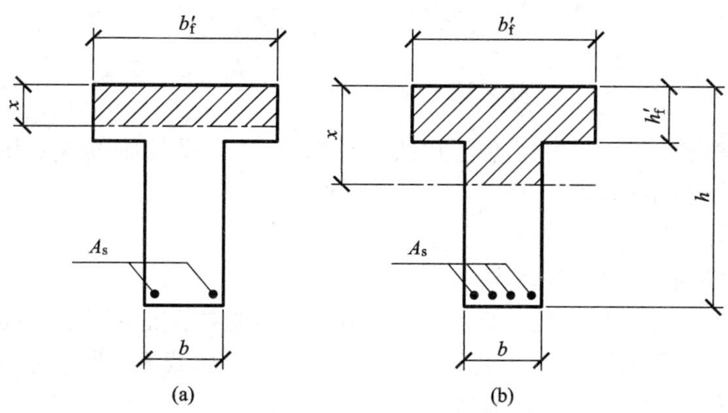

图 3－33　两类 T 形截面

$$M_u^* = \alpha_1 f_c b_f' h_f' (h_0 - \frac{h_f'}{2}) \tag{3-22}$$

式中　A_s^*——当 $x = h_f'$时，受压翼缘相对应的受拉钢筋面积；

M_u^*——当 $x = h_f'$时，截面所承担的弯矩设计值。

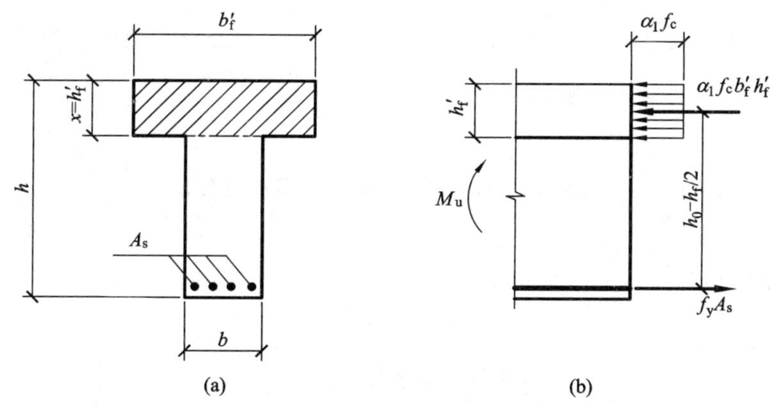

图 3－34　两类 T 形截面的界限

根据式(3－21) 和式(3－22)，可按下述方法进行 T 形截面类型的判别。

当满足下列条件之一时，属于第一类 T 形截面

$$x \leqslant h_f'$$

$$A_s \leqslant A_s^* = \frac{\alpha_1 f_c b_f' h_f'}{f_y} \tag{3-23}$$

$$M \leqslant M_u^* = \alpha_1 f_c b_f' h_f' (h_0 - \frac{h_f'}{2})$$

当满足下列条件之一时，属于第二类 T 形截面

$$x > h_f'$$

$$A_s > A_s^* = \frac{\alpha_1 f_c b_f' h_f'}{f_y} \tag{3-24}$$

$$M > M_u^* = \alpha_1 f_c b_f' h_f' (h_0 - \frac{h_f'}{2})$$

设计截面或复核截面时，可根据已知的设计弯矩 M 或受拉钢筋 A_s，用式(3－23)或式(3－24)判别 T 形截面的类型。

3. 公式的应用

(1)第一类 T 形截面的基本公式

由于受弯构件承载力主要取决于受压区混凝土，与受拉区混凝土的形状无关(不考虑混凝土的受拉作用)，故受压区面积为矩形($b_f'x$)的第一类 T 形截面，当仅配置受拉钢筋时，其承载力可按宽度为 b_f'的单筋矩形截面进行计算。计算应力图形如图 3－35 所示。

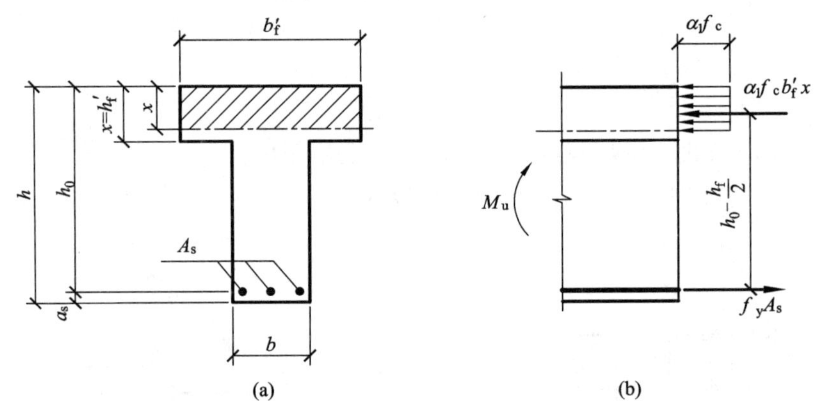

图 3－35　第一类 T 形截面计算应力图形

根据平衡条件可得基本计算公式为

$$\alpha_1 f_c b_f' x = f_y A_s \tag{3-25}$$

$$M \leqslant M_u = \alpha_1 f_c b_f' x (h_0 - \frac{x}{2}) \tag{3-26}$$

(2)第一类 T 形截面的基本公式适用条件

1)防止超筋破坏，条件为

$$\xi \leqslant \xi_b$$

或

$$M \leqslant \alpha_1 f_c b_f' h_0^2 \xi_b (1 - 0.5\xi_b)$$

第一类 T 形截面由于受压区高度 x 较小，相应的受拉钢筋不会太多即不会超筋，故通常不必验算。

2)防止少筋破坏，条件为

$$\rho \geqslant \rho_{min}$$

或

$$A_s \geqslant \rho_{min} bh$$

由于 ρ_{min} 是由截面的开裂弯矩 M_{cr} 决定的，而 M_{cr} 主要取决于受拉区混凝土面积，故 $\rho = A_s/bh$。

(3)第二类T形截面的基本公式

第二类T形截面中混凝土受压区的形状已由矩形变为T形，其计算应力图形如图3-36(a)所示。根据平衡条件可得基本计算公式

$$\alpha_1 f_c bx + \alpha_1 f_c (b_f' - b) h_f' = f_y A_s \tag{3-27}$$

$$M_u = \alpha_1 f_c (b_f' - b) h_f' (h_0 - \frac{h_f'}{2}) + \alpha_1 f_c bx (h_0 - \frac{x}{2}) \tag{3-28}$$

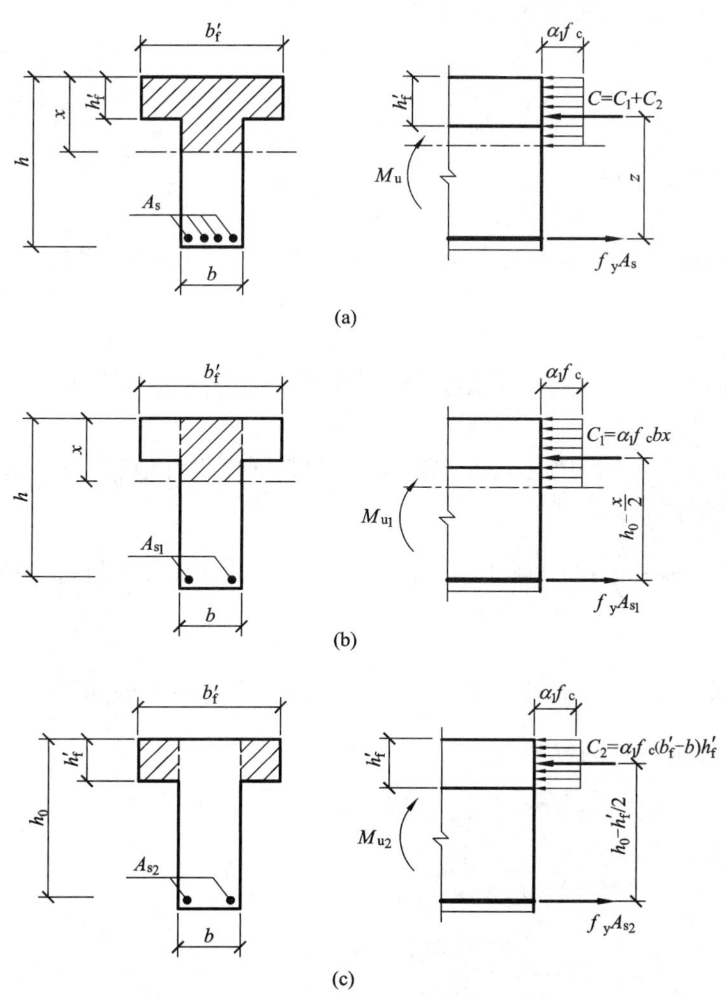

图3-36　第二类T形截面计算应力图形

求解时，可把第二类T形截面所承担的弯矩 M_u 分为两部分：第一部分为由受压区混凝土($b \times x$)与部分受拉钢筋 A_{s1} 组成的单筋矩形截面，相应的受弯承载力为 M_{u1}[图3-36(b)]；第二部分为由翼缘挑出部分混凝土($b_f' - b$)h_f'与相应的其余部分受拉钢筋 A_{s2} 组成的截面，其相应的受弯承载力为 M_{u2}[图3-36(c)]。总受拉钢筋面积 $A_s = A_{s1} + A_{s2}$，总受弯承载力 $M_u = M_{u1} + M_{u2}$。

对第一部分，由平衡条件可得

$$\alpha_1 f_c bx = f_y A_{s1} \tag{3-29}$$

$$M_{u1} = \alpha_1 f_c bx\left(h_0 - \frac{x}{2}\right) \tag{3-30}$$

对第二部分，由平衡条件可得

$$\alpha_1 f_c (b_f' - b) h_f' = f_y A_{s2} \tag{3-31}$$

$$M_{u2} = \alpha_1 f_c (b_f' - b) h_f'\left(h_0 - \frac{h_f'}{2}\right) \tag{3-32}$$

(4)第二类T形截面的基本公式适用条件

1)防止超筋破坏，条件为

$$\rho = \frac{A_{s1}}{bh_0} \leqslant \rho_{max} = \xi_b \frac{\alpha_1 f_c}{f_y}$$

2)防止少筋破坏，条件为

$$\rho \geqslant \rho_{min}$$

第二类T形截面梁受压区高度 x 较大，相应的受拉钢筋配筋率较高，故通常不必验算 ρ_{min}。

(5)公式的应用

T形截面计算时，应先判别截面类型，然后应用相应公式进行计算。可以分为截面设计和截面复核两类问题。

截面设计时，已知截面尺寸(b、h、b_f'、h_f')，材料强度设计值(f_c、f_y、α_1)和弯矩设计值 M，求纵向受拉钢筋截面面积 A_s。

当 $M \leqslant \alpha_1 f_c b_f' h_f'\left(h_0 - \frac{h_f'}{2}\right)$时，属于第一类T形截面。其计算方法与 $b_f' \times h$ 的单筋矩形截面完全相同。

当 $M > \alpha_1 f_c b_f' h_f'\left(h_0 - \frac{h_f'}{2}\right)$时，属于第二类T形截面。其计算步骤如下：

1)计算 A_{s2}和相应承担的弯矩 M_{u2}

$$A_{s2} = \frac{\alpha_1 f_c (b_f' - b) h_f'}{f_y}$$

$$M_{u2} = \alpha_1 f_c (b_f' - b) h_f'\left(h_0 - \frac{h_f'}{2}\right)$$

2)计算 M_{u1}

$$M_{u1} = M - M_{u2}$$

3)计算 A_{s1}

$$\alpha_s = \frac{M_{u1}}{\alpha_1 f_c b h_0^2}$$

由 α_s 查出相对应的系数 γ_s 或 ξ。

若 $\xi > \xi_b$，则表明梁的截面尺寸不够，应加大截面尺寸或改用双筋T形截面。

若 $\xi \leqslant \xi_b$，表明梁处于适筋状态，截面尺寸满足要求，则

$$A_{s1} = \frac{M_{u1}}{f_y \gamma_s h_0} \text{或} A_{s1} = \xi b h_0 \frac{\alpha_1 f_c}{f_y}$$

4)计算总钢筋截面面积 $A_s = A_{s1} + A_{s2}$

截面复核时，已知截面尺寸(b、h、b_f'、h_f')，材料强度设计值(f_c、f_y、α_1)和纵向受拉钢筋

截面面积 A_s，求截面受弯承载力 M_u 或已知弯矩设计值 M，复核该截面是否安全。

计算步骤如下：

1）判断 T 形截面类型。

当 $A_s \leqslant \dfrac{\alpha_1 f_c b_f' h_f'}{f_y}$ 时，属于第一类 T 形截面；按 $b_f' \times h$ 的单筋矩形截面承载力复核方法进行。

当 $A_s > \dfrac{\alpha_1 f_c b_f' h_f'}{f_y}$ 时，属于第二类 T 形截面。按以下步骤计算 M_u。

2）计算截面受弯承载力 M_u。

由式(3－27)得

$$x=\frac{f_y A_s-\alpha_1 f_c(b_f'-b)h_f'}{\alpha_1 f_c b}$$

若 $x \leqslant \xi_b h_0$，将 x 值直接代入式(3－28)求得 M_u。

若 $x > \xi_b h_0$，则取 $x=\xi_b h_0$ 代入式(3－28)求得 M_u。

3）复核截面是否安全。若 $M_u \geqslant M$ 则截面安全；若 $M_u < M$ 则截面不安全。

【例 3－3】 某现浇肋形楼盖中次梁如图 3－37 所示。承受弯矩设计值 $M=110\ \text{kN}\cdot\text{m}$，梁的计算跨度 $l_0=6\ \text{m}$，混凝土强度等级 C20，钢筋采用 HRB335 级钢筋配筋，箍筋为Φ6 钢筋，安全等级为二级，一类环境。求该次梁所需的纵向受拉钢筋面积 A_s。

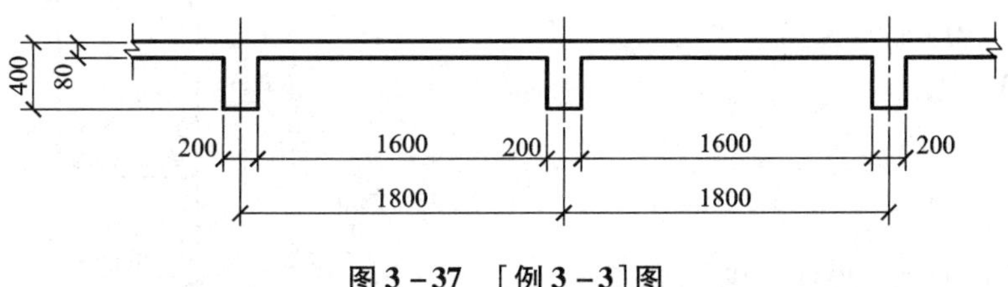

图 3－37　[例 3－3]图

解　(1)确定翼缘计算宽度 b_f'

取

$$h_0=400-40=360\ \text{mm}$$

按计算跨度 l_0 考虑时

$$b_f'=l_0/3=2\ \text{m}$$

按梁的净距 s_n 考虑时

$$b_f'=b+s_n=0.2+1.6=1.8\ \text{m}$$

按梁的翼缘厚度 h_f' 考虑时

$$b_f'=b+12h_f'=0.2+12\times0.08=1.16\ \text{m}$$

故取

$$b_f'=1160\ \text{mm}$$

(2)判断截面类型

$$\alpha_1 f_c b_f' h_f'\left(h_0-\frac{h_f'}{2}\right)=1.0\times9.6\times1160\times80\times\left(360-\frac{80}{2}\right)=285\times10^6\ \text{N}\cdot\text{mm}$$

$$=285\ \text{kN}\cdot\text{m}>M=110\ \text{kN}\cdot\text{m}$$

属于第一类 T 形截面，按截面尺寸 $b_f' \times h$ 的矩形截面计算。

(3)计算 A_s

$$\alpha_s=\frac{M}{\alpha_1 f_c b_f' h_0^2}=\frac{110\times10^6}{1.0\times9.6\times1160\times360^2}=0.076$$

查表 3－11，得 $\xi=0.08$，则

$$A_s=\xi b_f' h_0 \frac{\alpha_1 f_c}{f_y}=0.08\times1160\times360\times\frac{1.0\times9.6}{300}$$
$$=1069\ \text{mm}^2$$

选用 2 ⌀22＋1 ⌀20（$A_s=1074\ \text{mm}^2$）。

（4）验算适用条件

$$\rho=\frac{A_s}{bh}=\frac{1074}{200\times400}=1.34\%>\rho_{\min}=0.2\%$$，符合要求。

截面配筋如图 3－38 所示。

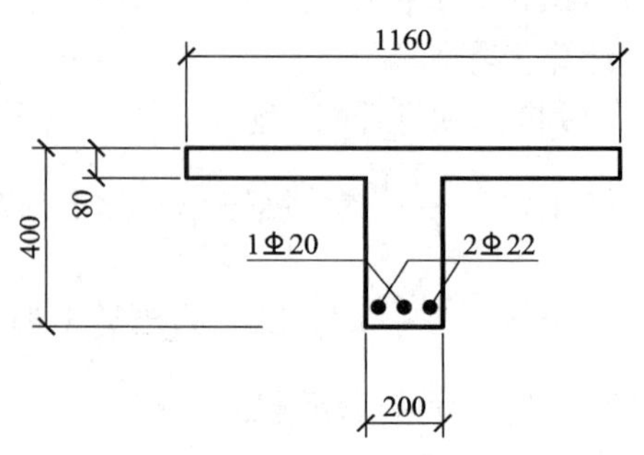

图 3－38 ［例 3－3］截面配筋图

【例 3－4】 有一 T 形截面梁，其截面尺寸如图 3－39 所示，承受弯矩设计值 $M=550$ kN·m，混凝土强度等级 C20，采用 HRB335 级钢筋，箍筋为φ8 钢筋，安全等级为二级，一类环境。求该梁受拉钢筋截面面积 A_s。

解

（1）判别类型。取 $h_0=800-70=730$ mm

$$\alpha_1 f_c b_f' h_f'(h_0-\frac{h_f'}{2})$$
$$=1.0\times9.6\times600\times100\times(730-\frac{100}{2})$$
$$=392\times10^6\ \text{N}\cdot\text{mm}$$
$$=392\ \text{kN}\cdot\text{m}<M=550\ \text{kN}\cdot\text{m}$$

属于第二类 T 形截面。

（2）计算 A_s。

$$A_{s2}=\frac{\alpha_1 f_c(b_f'-b)h_f'}{f_y}$$
$$=\frac{1.0\times9.6\times(600-300)\times100}{300}=960\ \text{mm}^2$$

$$M_{u2}=\alpha_1 f_c(b_f'-b)h_f'(h_0-\frac{h_f'}{2})$$
$$=1.0\times9.6\times(600-300)\times100\times(730-\frac{100}{2})$$
$$=195.8\times10^6\ \text{N}\cdot\text{mm}=195.8\ \text{kN}\cdot\text{m}$$

$$M_{u1}=M-M_{u2}=550-195.8=354.2\ \text{kN}\cdot\text{m}$$

$$\alpha_s=\frac{M_{u1}}{\alpha_1 f_c b h_0^2}=\frac{354.2\times10^6}{1.0\times9.6\times300\times730^2}=0.230$$

$\gamma_s=0.868$，$\xi=0.265<\xi_b=0.55$

则

$$A_{s1}=\frac{M_{u1}}{f_y\gamma_s h_0}=\frac{354.2\times10^6}{300\times0.868\times730}=1863\ \text{mm}^2$$

$$A_s=A_{s1}+A_{s2}=960+1863=2823\ \text{mm}^2$$

选用 6 ⌀25（$A_s=2945\ \text{mm}^2$），截面配筋如图 3－39 所示。

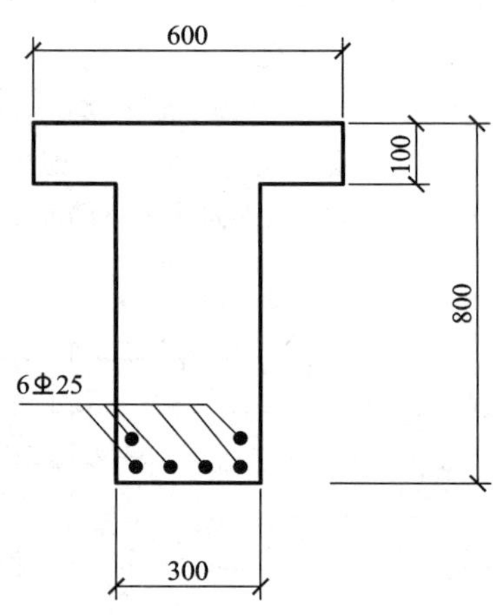

图 3－39 ［例 3－4］截面配筋图

【任务布置】

某支承在砖墙上的钢筋混凝土外伸梁（图 3－40），使用环境为一类，安全等级为二级，不考虑地震作用，试设计该梁并绘制其配筋详图。题目号详见表 3－13。

要求：

1. 确定梁的截面尺寸。
2. 进行内力(M、V)计算，作内力 M、V 的包络图。
3. 正截面承载力计算，选配纵向受力钢筋。

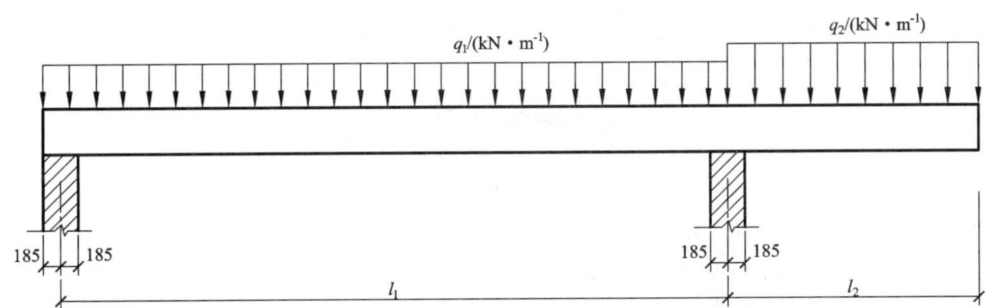

图 3－40　课程设计外伸梁

表 3－13　外伸梁设计题目号

分组	l_1/m	l_2/m	q_1/(kN·m^{-1})	q_2/(kN·m^{-1})	g/(kN·m^{-1})
第一组	6.3	2.4	22	28	32
第二组	6.0	1.8	22	25	32
第三组	6.3	1.8	20	25	30
第四组	6.0	2.4	20	30	30

注：l_1 为梁的简支跨跨度；l_2 为梁的外伸跨度；q_1 为简支跨活荷载标准值；q_2 为外伸跨活荷载标准值；g 为楼面传来的永久荷载标准值(含自重)。

【知识总结】

一个完整的设计，应该是既有可靠的结构计算为依据，又有合理的构造措施。对于受弯构件与承载力有关的基本构造问题，诸如各种钢筋的作用、纵向钢筋的间距、钢筋保护层厚度、截面有效高度等，应有较清楚的认识。

钢筋混凝土梁依据配筋率的不同，分为适筋、超筋、少筋三种破坏形式。适筋截面属延性破坏，其特点是受拉钢筋先屈服，而后受压区混凝土被压碎；超筋截面属脆性破坏，其特点是受拉钢筋未屈服，而受压区混凝土先被压碎，其承载力取决于混凝土抗压强度；少筋截面属脆性破坏，其特点是受拉区混凝土一开裂，受拉钢筋就屈服甚至于拉断，受压区混凝土强度得不到利用而失效，其承载力取决于混凝土的抗拉强度。在实际工程中，受弯构件应设计成适筋截面。各破坏形式的相应特点应掌握。

受弯构件正截面承载力计算时做了两方面的简化处理。①采用了四个基本假定，应对每个假定的作用有一个初步的认识；②采用了等效矩形应力图形代换了受压区混凝土的曲线形应力图形，应熟悉等效代换的条件。

在实际工程中，受弯构件应设计成适筋截面。对于适筋与超筋、适筋与少筋的临界条件，必须牢牢掌握。其中，最大配筋率和最小配筋率的大小仅取决于钢筋和混凝土材料性能等级，与截面形状和尺寸无关，这一概念必须清楚。

单筋矩形截面受弯构件正截面承载力计算可采用公式法和表格法；通过限制基本计算公式的适用条件(范围)可避免发生超筋脆性破坏和少筋脆性破坏。

M_u 的影响因素以及提高措施须掌握。

T形截面受弯构件中，由于受压翼缘的参与受力，使得其受弯承载力较矩形截面承载力有所提高且经济；根据受压区截面形状的不同，T形截面可分为两类：当受压区为矩形时，截面仍为矩形截面；只有当受压区为T形时，截面才真正为T形截面。

【课后练习】

1. 简述适筋梁正截面的受力全过程，各阶段的主要特点是什么？与计算有何联系？

2. 钢筋混凝土梁正截面有哪几种破坏形态？各有何特点？

3. 何谓等效矩形应力图形？确定等效矩形应力图形的原则是什么？

4. 影响受弯构件正截面承载力的因素有哪些？如欲提高正截面承载力 M_u，宜优先采用哪些措施？

5. 什么是双筋截面？在什么情况下才采用双筋截面？双筋截面中的受压钢筋和单筋截面中的架立钢筋有何不同？

6. 两类T形截面梁如何判别？为何第一类T形梁可按 $b_f' \times h$ 的矩形截面计算？

7. 整浇梁板结构中的连续梁，其跨中截面和支座截面应按哪种截面梁计算？为什么？

8. 某矩形截面梁，$b=250$ mm，$h=600$ mm，混凝土强度等级为C25，HRB400级钢筋，承受的弯矩设计值 $M=250$ kN · m，试确定该梁的纵向受拉钢筋，并绘制截面配筋图。若改用HRB335级钢筋，截面配筋情况怎样？

9. 某挑檐板厚 $h=70$ mm，每米宽板承受弯矩设计值 $M=6$ kN · m，混凝土强度等级C25，采用HRB400级钢筋。计算板的配筋。

10. 矩形截面梁 $b \times h=250$ mm $\times 500$ mm，混凝土C20，钢筋HRB335级，受拉钢筋为4 Φ18，构件处于正常工作环境，弯矩设计值 $M=100$ kN · m，构件安全等级为二级。验算该梁的正截面承载力。

11. 某矩形钢筋混凝土梁，截面尺寸 $b \times h=250$ mm $\times 500$ mm。混凝土C20，钢筋HRB335级，在梁中配有6 Φ22的纵向受拉钢筋，截面承受的弯矩设计值 $M=200$ kN · m，构件处于正常环境，安全等级为二级，试验算梁的正截面承载力。

12. 某T形截面梁，$b_f'=400$ mm，$h_f'=100$ mm，$b=200$ mm，$h=600$ mm，采用C25级混凝土，HRB400级钢筋，计算该梁的配筋。

(1)承受弯矩设计值 $M=150$ kN · m；

(2) 承受弯矩设计值 $M=280$ kN · m。

任务二　计算梁的斜截面承载力

【案例引入】

试完成任务一"案例引入"中钢筋混凝土梁所需箍筋的配置，箍筋采用HPB300级钢筋。

【任务目标】

1. 掌握钢筋混凝土受弯构件斜截面受剪承载力破坏特性；
2. 掌握钢筋混凝土受弯构件斜截面受剪承载力计算方法；
3. 掌握钢筋混凝土受弯构件斜截面受剪承载力构造要求。

【知识链接】

3.2.1　梁斜截面受剪承载力的研究

1. 受弯构件斜截面裂缝的出现

图3-41(a)为一个矩形截面钢筋混凝土简支梁在两个对称集中荷载作用下的弯矩图和剪力图，在剪弯段（Am 及 nB 段），由于弯矩和剪力共同作用，弯矩使截面产生正应力 σ，剪力使截面产生剪应力 τ，两者合成在梁截面上任意点的两个相互垂直的截面上，形成主拉应

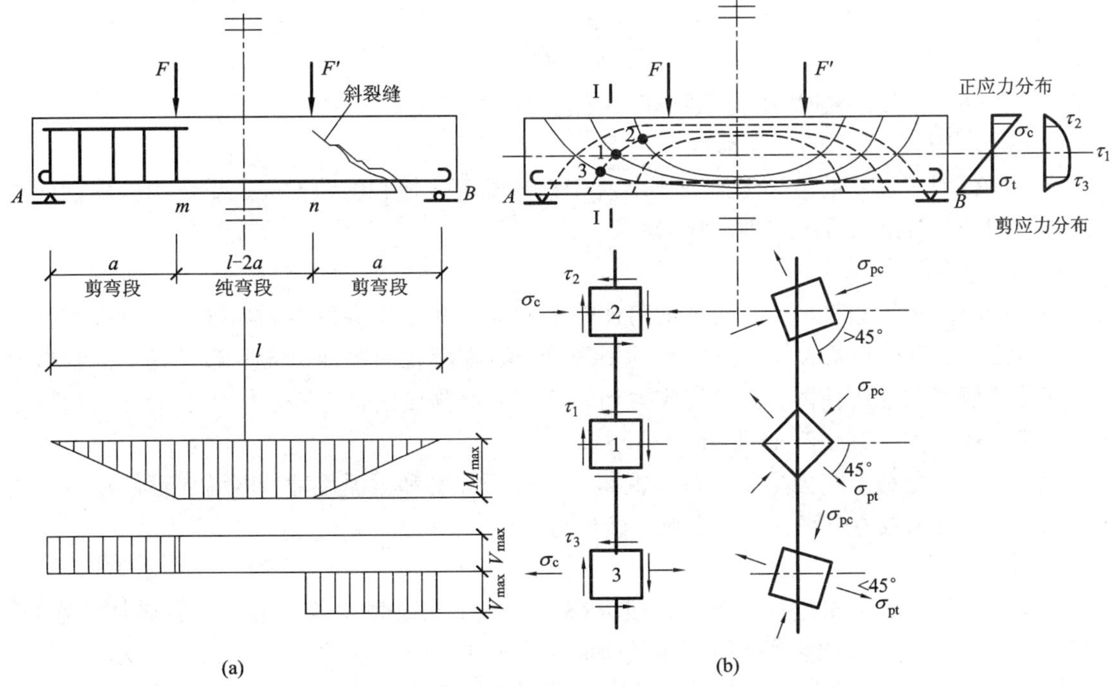

图3-41　简支梁开裂前的应力状态

力 σ_{pt} 和主压应力 σ_{pc}。

主拉应力的方向是倾斜的，在截面中和轴处(图 3-41 中 1 点)，正应力 $\sigma=0$、剪应力 τ 最大，主拉应力 σ_{pt} 和主压应力 σ_{pc} 与梁纵轴成 45°角；在受压区内(图 3-41 中 2 点)，由于正应力 σ 为压应力，使 σ_{pt} 减小，σ_{pc} 增大，主拉应力 σ_{pt} 与梁轴线的夹角大于 45°；在受拉区内(图 3-41 中 3 点)，由于正应力 σ 为拉应力，使 σ_{pt} 增大，σ_{pc} 减小，主拉应力 σ_{pt} 与梁轴线的夹角小于 45°。图 3-41(b)为该梁的主应力迹线分布图，其中实线为主拉应力 σ_{pt} 迹线，虚线为主压应力 σ_{pc} 迹线，迹线上任意一点的切线为该点的主应力方向，主拉应力迹线与主压应力迹线是正交的。

随着荷载不断增加，梁内各点的主应力也随之增大，当主拉应力 σ_{pt} 超过混凝土抗拉强度 f_t 时，梁的剪弯区段混凝土将开裂，裂缝方向垂直于主拉应力迹线方向，即沿主压应力迹线方向发展，形成斜裂缝。

2. 受弯构件斜截面承载力的试验研究

受弯构件斜截面承载力包括斜截面受剪承载力和斜截面受弯承载力。工程设计中，斜截面受弯承载力一般是通过对纵向钢筋和箍筋的构造要求来保证的，斜截面受剪承载力主要通过计算配置腹筋(箍筋、弯起钢筋)使其得到满足。

通常，板的跨高比较大，且大多承受分布荷载，因此相对于正截面承载力来讲，其斜截面承载力往往是足够的，故受弯构件斜截面承载力主要是对梁及厚板而言的。

(1)剪跨比

剪跨比是个无量纲参数，是梁弯剪区段内同一截面所承受的弯矩与剪力两者的相对比值，即 $\lambda=M/(Vh_0)$。其实质上反映了截面上正应力和剪应力的比值关系。

对于集中荷载作用下的梁[图 3-41(a)]，集中荷载作用点处截面的剪跨比 λ 为

$$\lambda=\frac{M}{Vh_0}=\frac{Va}{Vh_0}=\frac{a}{h_0} \tag{3-33}$$

式中：a——离支座最近的集中荷载到邻近支座的距离，称为“剪跨”。

(2)受弯构件斜截面的破坏形态

受弯构件斜截面受剪破坏形态主要取决于箍筋配置数量和剪跨比 λ。受弯构件斜截面受剪破坏有斜压、斜拉和剪压三种破坏形式。

1)斜压破坏

当梁的箍筋配置数量较大，或者剪跨比较小($\lambda<1$)时，将会发生斜压破坏。其破坏特点是：梁的腹部出现若干条大体相互平行的斜裂缝，随着荷载的增加，梁腹部混凝土被斜裂缝分割成几个倾斜的受压柱体，在箍筋应力尚未达到屈服强度之前，斜压柱体混凝土已达极限强度而被压碎，如图 3-42(a)所示。

斜压破坏的受剪承载力主要取决于混凝土的抗压强度和截面尺寸，再增加箍筋配量已不起作用，其抗剪承载力较高，呈受压脆性破坏特征。

2)斜拉破坏

当梁的箍筋配置数量过小且剪跨比较大($\lambda>3$)时，将会发生斜拉破坏。其破坏特点是：斜裂缝一旦出现，箍筋不能承担斜裂缝截面混凝土退出工作后所释放出来的拉应力，箍筋立即屈服，斜裂缝迅速向受压边缘延伸，很快形成临界斜裂缝，将构件整个截面劈裂成两部分而破坏，如图 3-42(c)所示。

斜拉破坏的抗剪承载力较低，破坏取决于混凝土的抗拉强度，脆性特征显著，类似受弯构件正截面的少筋梁。

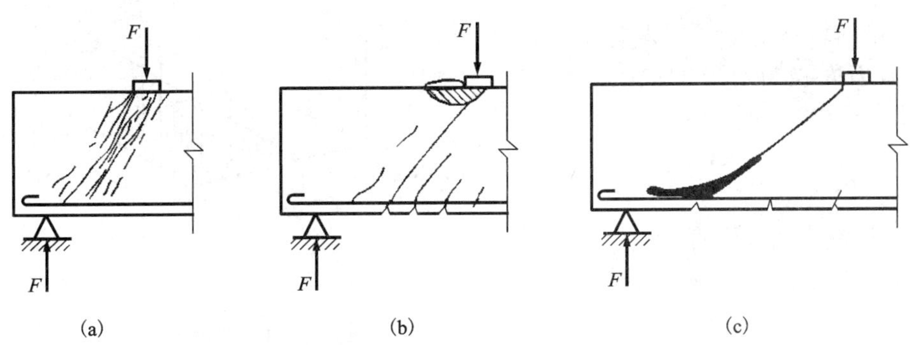

图 3－42　受弯构件斜截面受剪破坏的主要形式

(a)斜压破坏；(b)剪压破坏；(c)斜拉破坏

3)剪压破坏

当梁的箍筋配置数量适当，或者剪跨比适中($1 < \lambda < 3$)时，将会发生剪压破坏。其破坏特点是：斜裂缝产生后，箍筋的存在限制和延缓了斜裂缝的开展，斜截面上的拉应力由箍筋承担，使荷载可以继续增加。随着箍筋的应力不断增加，直至与临界斜裂缝相交的箍筋应力达到屈服而不能再控制斜裂缝的开展，从而导致斜截面末端剪压区不断缩小，剪压区混凝土在正应力和剪应力共同作用下达到极限状态而破坏，如图 3－42(b)所示。

剪压破坏的过程比斜压破坏缓慢，梁的最终破坏是因主斜裂缝的迅速发展引起，破坏仍呈脆性。剪压破坏的受剪承载力在很大程度上取决于混凝土的抗拉强度，部分取决于斜裂缝顶端剪压区混凝土的剪压受力强度，其承载力介于斜拉破坏和斜压破坏之间。

从上述三种破坏形态可知，斜压破坏箍筋强度不能充分发挥作用，而斜拉破坏又十分突然，故这两种破坏形式在设计时均应避免。因此，在设计中应把构件控制在剪压破坏类型内。为此，《规范》通过截面限制条件(即箍筋最大配筋率)来防止发生斜压破坏；通过控制箍筋的最小配筋率来防止发生斜拉破坏。而剪压破坏，则通过受剪承载力的计算配置箍筋来避免。

(3)影响斜截面受剪承载力的主要因素

1)剪跨比 λ

剪跨比 λ 是影响无腹筋梁抗剪能力的主要因素，特别是对以承受集中荷载为主的独立梁影响更大。剪跨比越大，抗剪承载力越低，但当 $\lambda > 3$ 后，抗剪承载力趋于稳定，剪跨比对抗剪承载力不再有明显影响。

2)混凝土强度等级

混凝土强度等级对斜截面受剪承载力有着重要影响。试验表明，梁的受剪承载力随混凝土强度等级的提高而提高，两者为线性关系。

3)纵筋配筋率 ρ

增加纵筋面积可以抑制斜裂缝的开展和延伸，有助于增大混凝土剪压区的面积，并提高骨料咬合力及纵筋销栓作用，因此间接提高了梁的斜截面抗剪能力。

4）配箍率 ρ_{sv}

在有腹筋梁中，箍筋的配置数量对梁的受剪承载力有显著的影响。箍筋的配置数量可用配箍率 ρ_{sv} 表示，配箍率 ρ_{sv} 定义为箍筋截面面积与对应的混凝土面积的比值（图 3－43），即

$$\rho_{sv}=\frac{A_{sv}}{bs}=\frac{nA_{sv1}}{bs} \tag{3-34}$$

式中：A_{sv}——配置在同一截面内箍筋各肢的全部截面面积，$A_{sv}=nA_{sv1}$；

A_{sv1}——单肢箍筋的截面面积；

n——在同一截面内箍筋的肢数；

b——矩形截面的宽度，T 形、工字形截面的腹板宽度；

s——沿构件长度方向上箍筋的间距。

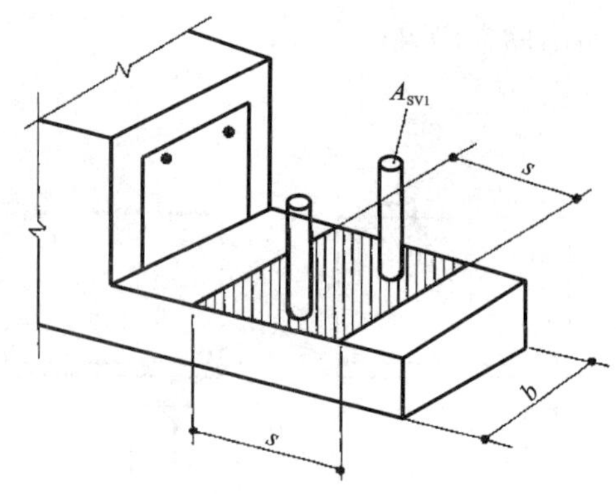

图 3－43　配箍率 ρ_{sv} 的定义

试验表明，当配箍率在适当的范围内，梁的受剪承载力随配箍率 ρ_{sv} 的增大而提高，两者大体成线性关系。

5）弯起钢筋

与斜裂缝相交处的弯起钢筋也能承担一部分剪力，弯起钢筋的截面面积越大，强度越高，梁的抗剪承载力也就越高。但由于弯起钢筋一般是由纵向钢筋弯起而成，其直径较粗，根数较少，承受的拉力比较大且集中，受力很不均匀；箍筋虽然不与斜裂缝正交，但分布均匀，对抑制斜裂缝开展的效果比弯起钢筋好。所以工程设计中，应优先选用箍筋。

6）截面形状和尺寸效应

T 形、工字形截面由于存在受压翼缘，增加了剪压区的面积，使斜拉破坏和剪压破坏的受剪承载力比相同梁宽的矩形截面大约提高 20%；但受压翼缘对于梁腹混凝土被压碎的斜压破坏的受剪承载力并没有提高作用。

试验表明，随截面高度的增加，斜裂缝宽度加大，骨料咬合力作用削弱，导致梁的受剪承载力降低。对于无腹筋梁，梁的相对受剪承载力随截面高度的增大而逐渐降低。但对于有腹筋梁，尺寸效应的影响会减小。

3.2.2　受弯构件斜截面受剪承载力的计算

1. 斜截面受剪承载力的计算公式

有腹筋梁斜截面受剪承载力的计算公式是依据剪压破坏形态，在试验结果和理论研究几何分析的基础上建立的。图 3－44 为一配置箍筋和弯起钢筋的简支梁发生斜截面剪压破坏时斜裂缝到支座之间的一段隔离体，由图中可以看出，其斜截面受剪承载力由三部分组成：斜裂缝上端剪压区混凝土承担的剪力 V_c；与斜裂缝相交的箍筋承担的剪力 V_{sv}；与斜裂缝相交的弯起钢筋承担的剪力 V_{sb}。即

$$V_u=V_c+V_{sv}+V_{sb} \tag{3-35}$$

或

$$V_u = V_{cs} + V_{sb} \qquad (3-36)$$

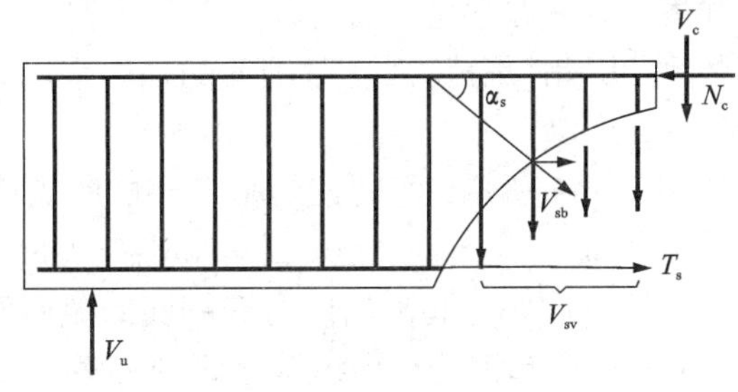

图 3-44　斜截面计算简图

式中：V_u——剪压破坏时，斜截面上的受剪承载力设计值；

V_c——斜裂缝末端剪压区混凝土受剪承载力设计值；

V_{sv}——与斜裂缝相交的箍筋受剪承载力设计值；

V_{sb}——与斜裂缝相交的弯起钢筋受剪承载力设计值；

V_{cs}——与斜裂缝相交的箍筋和剪压区混凝土共同承受的剪承载力设计值，$V_{cs} = V_c + V_{sv}$。

(1)仅配置箍筋的梁

对矩形、T 形和工字形截面的一般受弯构件，可统一按下式计算

$$V \leqslant V_u = V_{cs} = \alpha_{cv} f_t b h_0 + f_{yv} \frac{A_{sv}}{s} h_0 \qquad (3-37)$$

式中：V——构件斜截面上的最大剪力设计值；

α_{cv}——截面混凝土受剪承载力系数，对一般受弯构件取 0.7；对集中荷载作用下(包括作用有多种荷载，其中集中荷载对支座截面或节点边缘所产生的剪力值占总剪力值的 75% 以上的情况)的独立梁，取 $\alpha_{cv} = \frac{1.75}{\lambda + 1.0}$。$\lambda$ 为计算剪跨比，当 $\lambda < 1.5$ 时，取，$\lambda = 1.5$；当 $\lambda > 3$ 时，取 $\lambda = 3$；

f_t——混凝土轴心抗拉强度设计值；

f_{yv}——箍筋抗拉强度设计值，一般可取 $f_{yv} = f_y$，但当 $f_y > 360\ \text{N/mm}^2$(如 500 MPa 级钢筋)时，应取 $f_{yv} = 360\ \text{N/mm}^2$；

A_{sv}——配置在同一截面内箍筋的全部截面面积，$A_{sv} = nA_{sv1}$；

n——在同一截面内箍筋的肢数；

A_{sv1}——单肢箍筋的截面面积；

s——沿构件长度方向上箍筋的间距；

b——矩形截面的宽度，T 形或工字形截面的腹板宽度；

h_0——构件截面的有效高度。

分别考虑一般受弯构件和集中荷载作用下独立梁的不同情况时：

1)对一般受弯构件，计算式为

$$V_{cs} = 0.7 f_t b h_0 + f_{yv} \frac{A_{sv}}{s} h_0 \qquad (3-38)$$

2)对集中荷载作用下的独立梁，计算式为

$$V_{cs} = \frac{1.75}{\lambda + 1.0} f_t b h_0 + f_{yv} \frac{A_{sv}}{s} h_0 \qquad (3-39)$$

(2)同时配有箍筋和弯起钢筋的梁

计算中假定有腹筋梁发生剪压破坏时，与斜裂缝相交的弯起钢筋的拉应力可达到其抗拉

屈服强度，但考虑弯起钢筋与破坏斜截面相交位置的不确定性，弯起钢筋的应力可能达不到屈服强度，因此《规范》对弯起钢筋的强度乘以 0.8 的钢筋应力不均匀系数，并取其抗拉强度设计值为 f_{yv}。

如图 3－44 所示，弯起钢筋垂直分量所能承担的剪力为

$$V_{sb}=0.8f_{yv}A_{sb}\sin\alpha_s \tag{3-40}$$

式中：A_{sb}——同一弯起平面内弯起钢筋的截面面积；

α_s——弯起钢筋与梁纵轴之间的夹角，一般取 $\alpha_s=45°$，当梁截面高度 $h>800$ mm 时，取 $\alpha_s=60°$。

因此，同时配有箍筋和弯起钢筋时梁的斜截面受剪承载力计算式可表示为

$$V\leqslant V_u=V_{cs}+V_{sb}=\alpha_{cv}f_tbh_0+f_{yv}\frac{A_{sv}}{s}h_0+0.8f_{yv}A_{sb}\sin\alpha_s \tag{3-41}$$

1）对一般受弯构件，计算式为

$$V_u=0.7f_tbh_0+f_{yv}\frac{A_{sv}}{s}h_0+0.8f_{yv}A_{sb}\sin\alpha_s \tag{3-42}$$

2）对集中荷载作用下的独立梁，计算式为

$$V_u=\frac{1.75}{\lambda+1.0}f_tbh_0+f_{yv}\frac{A_{sv}}{s}h_0+0.8f_{yv}A_{sb}\sin\alpha_s \tag{3-43}$$

2. 计算公式的适用条件

（1）截面限制条件

为避免因箍筋数量过多而发生斜压破坏，《规范》规定其受剪截面应符合下列最小截面尺寸条件，也即控制最大配箍率的条件。

当 $h_w/b\leqslant4.0$ 时，应满足

$$V\leqslant0.25\beta_cf_cbh_0 \tag{3-44}$$

当 $h_w/b\geqslant6.0$ 时，应满足

$$V\leqslant0.2\beta_cf_cbh_0 \tag{3-45}$$

当 $4.0<h_w/b<6.0$ 时，按线性内插法取用。

式中：β_c——高强混凝土的强度折减系数，当混凝土强度等级为≤C50 时，取 $\beta_c=1.0$；混凝土强度等级为 C80 时，取 $\beta_c=0.8$；其间按线性内插法确定；

h_w——截面的腹板高度，矩形截面取有效高度 h_0，T 形截面取有效高度减去翼缘高度，工字形截面取腹板净高。

（2）最小配箍率

为避免出现因箍筋数量过少而发生的斜拉破坏，《规范》规定，当 $V>\alpha_{cv}f_tbh_0$ 时，配箍率 ρ_{sv} 应满足

$$\rho_{sv}=\frac{A_{sv}}{bs}\geqslant\rho_{sv,\min}=0.24\frac{f_t}{f_{yv}} \tag{3-46}$$

为了充分发挥箍筋的作用，除满足上式最小配箍率条件外，尚需对箍筋最小直径和最大间距 s 加以限制。因为箍筋间距过大，有可能斜裂缝在箍筋间出现，箍筋不能有效地限制斜裂缝的开展。

(3)构造配箍要求

在斜截面受剪承载力的计算中，当设计剪力符合下列要求时，均可以不需要通过斜截面受剪承载力计算来配置箍筋，仅需按构造配置箍筋即可。

$$V \leqslant \alpha_{cv} f_t b h_0 \tag{3-47}$$

即对一般受弯构件符合 $V \leqslant 0.7 f_t b h_0$，对集中荷载作用下的独立梁符合 $V \leqslant \frac{1.75}{\lambda + 1.0} f_t b h_0$ 时，仅按构造配箍即可。

3. 计算方法

(1)受剪计算截面

进行受弯构件斜截面承载力计算时，计算截面的位置应选取剪力设计值最大的危险截面或受剪承载力较为薄弱的截面。在设计中，计算截面的位置应按下列规定采用：

1)支座边缘处的斜截面(图 3-45 中的截面 1-1，V_1)；

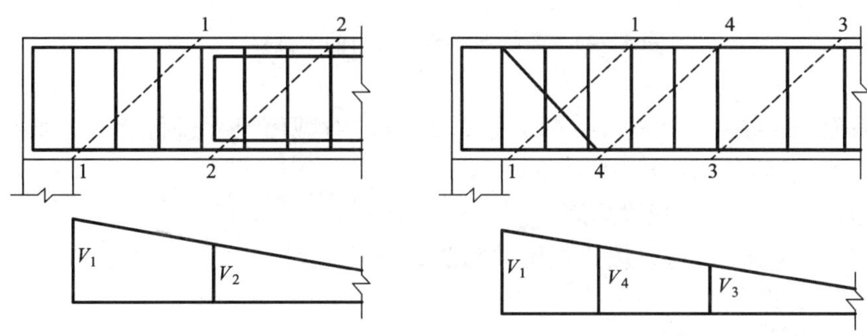

图 3-45　斜截面受剪承载力计算截面的位置

2)箍筋直径或间距改变处的斜截面(图 3-45 中的截面 3-3，V_3)；

3)弯起钢筋弯起点处的斜截面(图 3-45 中的截面 4-4，V_4)；

4)腹板宽度或截面高度改变处的截面(图 3-45 中的截面 2-2，V_2)。

在计算弯起钢筋时，其计算截面的剪力设计值通常按如下方法取用：计算第一排(对支座而言)弯起钢筋时，取支座边缘处的剪力值；计算以后的每一排弯起钢筋时，取前一排弯起钢筋弯起点处的剪力值；同时，箍筋间距及前一排弯起钢筋的弯起点至后一排弯起钢筋的弯终点的距离 s 均应符合箍筋的最大间距 s_{max} 要求，而且靠近支座的第一排弯起钢筋的弯终点距支座边缘的距离也应满足 $s \leqslant s_{max}$，且≥50 mm，一般可取 50 mm，如图 3-46 所示。

(2)斜截面受剪承载力的计算

钢筋混凝土梁一般先进行正截面承载力计算，确定截面尺寸和纵向钢筋后再进行斜截面受剪承载力的计算。受弯构件斜截面受剪承载力计算也有截面设计和截面复核两类问题。

1)仅配箍筋梁的设计

钢筋混凝土受弯构件通常先进行正截面承载力设计，确定截面尺寸(b、h_0)、材料强度(f_c、f_t、f_y、f_{yv}、β_c)和纵向钢筋，再进行斜截面受剪承载力的设计计算。其计算方法步骤如下：

①绘制剪力图，确定计算截面及其剪力设计值 V。

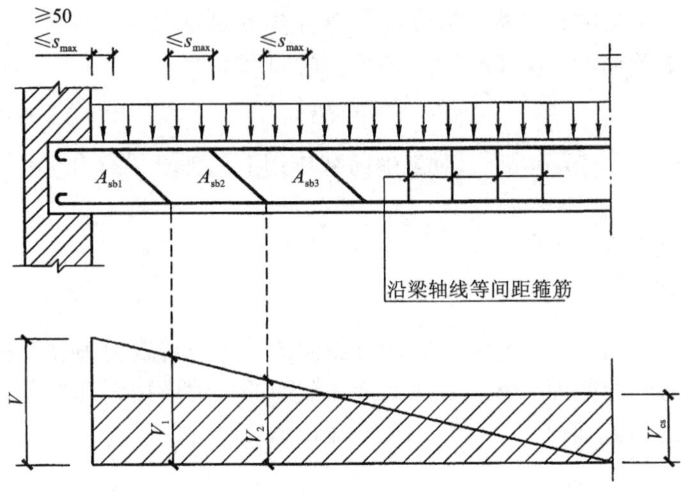

图 3－46　弯起钢筋承担剪力的位置要求

②验算截面限制条件，按式(3－44)或式(3－45)对截面尺寸进行验算，如不满足要求，应加大截面尺寸或提高混凝土强度等级。

③确定是否需要按计算配置箍筋。

当满足式(3－47)时，可仅按构造配置箍筋；否则，应按计算配置腹筋。

④计算箍筋数量

对一般受弯构件

$$\frac{A_{sv}}{s}=\frac{nA_{sv1}}{s}\geqslant\frac{V-0.7f_tbh_0}{f_{yv}h_0} \tag{3-48}$$

对集中荷载作用下的独立梁

$$\frac{A_{sv}}{s}=\frac{nA_{sv1}}{s}\geqslant\frac{V-\dfrac{1.75}{\lambda+1.0}f_tbh_0}{f_{yv}h_0} \tag{3-49}$$

⑤根据$\frac{A_{sv}}{s}$值可按构造确定箍筋直径 d、肢数 n 和间距 s。通常先按构造确定箍筋直径 d 和肢数 n，然后计算箍筋间距 s；也可先确定箍筋的肢数 n 和间距 s，再确定箍筋的直径 d。选择箍筋直径和间距时应满足最大箍筋间距、最小箍筋直径和最小配箍率 $\rho_{sv,\min}$要求。

2)同时配置箍筋和弯起钢筋梁的设计

当梁承受的剪力很大时，可以考虑将纵筋在支座截面附近弯起参与斜截面受剪。通常的方法有两种。

①先根据经验和构造要求配置箍筋，确定 V_{cs}对剪力 $V>V_{cs}$部分，考虑由弯起钢筋承担。所需弯起钢筋的面积按下式计算

$$A_{sb}=\frac{V-V_{cs}}{0.8f_{yv}\sin\alpha_s} \tag{3-50}$$

式中，剪力设计值 V 应根据弯起钢筋计算斜截面的位置确定。对如图 3－46 所示配置多排弯起钢筋的情况：

第一排弯起钢筋的截面面积为

$$A_{sb1}=\frac{V-V_{cs}}{0.8f_{yv}\sin\alpha_s}$$

第二排弯起钢筋的截面面积为

$$A_{sb2}=\frac{V_1-V_{cs}}{0.8f_{yv}\sin\alpha_s}$$

②根据受弯正截面承载力的计算要求，先根据纵筋确定弯起钢筋的面积 A_{sb}，再计算所需箍筋。此时，按下式计算所需箍筋：

对一般受弯构件，计算式为

$$\frac{A_{sv}}{s}=\frac{V-0.7f_tbh_0-0.8f_{yv}A_{sb}\sin\alpha}{f_{yv}h_0} \tag{3-51}$$

对集中荷载作用下的独立梁，计算式为

$$\frac{A_{sv}}{s}=\frac{V-\frac{1.75}{\lambda+1.0}f_tbh_0-0.8f_{yv}A_{sb}\sin\alpha}{f_{yv}h_0} \tag{3-52}$$

根据$\frac{A_{sv}}{s}$值，按构造确定箍筋直径 d、肢数 n 和间距 s，并满足最大箍筋间距、最小箍筋直径和最小配箍率 $\rho_{sv,\min}$要求。

3）截面受剪承载力复核

在已知材料强度（f_c、f_t、f_y、f_{yv}、β_c）、截面尺寸（b、h_0）、配箍量（n、A_{sv1}、s），以及可能的弯起筋（A_{sb}）时，欲确定构件的斜截面受剪承载力 V_u，或已知剪力设计值 V 的情况下验算斜截面受剪承载力是否满足要求。

计算步骤如下：

①用式（3－44）或式（3－45）验算截面限制条件是否满足，如不满足，应修改原始条件。

②用式（3－46）验算最小配箍率要求，如不满足，应修改原始条件。

③用式（3－42）或式（3－43）计算受剪承载能力 V_u。

④复核承载力：当 $V\leqslant V_u$时，受剪承载力满足；当 $V\geqslant V_u$时，则受剪承载力不满足。

【案例解答】

解　（1）确定设计参数

$f_c=14.3\ \text{N/mm}^2$，$f_t=1.43\ \text{N/mm}^2$，$\beta_c=1.0$，$f_y=360\ \text{N/mm}^2$，$f_{yv}=270\ \text{N/mm}^2$

（2）计算支座边缘截面最大剪力设计值

取 $\gamma_G=1.3$，$\gamma_Q=1.5$，则

$$\begin{aligned}V_1&=\frac{1}{2}(\gamma_Gg_k+\gamma_Q\gamma_{L1}q_k)l_n\\&=\frac{1}{2}(1.3\times25+1.5\times1.0\times40)\times(5.4-0.24)=238.7\ \text{kN}\end{aligned}$$

（3）复核截面尺寸

$$h_w/b=h_0/b=560/250=2.24<4.0$$

$$0.25\beta_cf_cbh_0=0.25\times1.0\times14.3\times250\times560=501\ \text{kN}>V=238.7\ \text{kN}$$

截面尺寸满足要求。

(4)验算是否需按计算配置箍筋

$$0.7f_tbh_0=0.7\times1.43\times250\times560=140.1\ \text{kN}<V=238.7\ \text{kN}$$

故需按计算配置箍筋。

(5)计算箍筋数量

$$\frac{nA_{sv1}}{s}\geqslant\frac{238700-140100}{270\times560}=0.65\ \text{mm}^2/\text{mm}$$

选用双肢箍Φ8，$A_{sv1}=50.3\ \text{mm}^2$，则

$$s\leqslant\frac{2\times50.3}{0.65}=155\ \text{mm}$$

取 $s=150\ \text{mm}<s_{max}=250\ \text{mm}$，箍筋沿梁长均匀布置。

(6)验算最小配箍率

$$\rho_{sv,\min}=0.24\frac{f_t}{f_{yv}}=0.24\times\frac{1.43}{270}=0.127\%$$

$$\rho_{sv}=\frac{nA_{sv1}}{b\cdot s}=\frac{2\times50.3}{250\times150}=0.268\%>\rho_{sv,\min}$$

所以配箍率满足要求。

【例 3-5】 某钢筋混凝土简支梁，如图 3-47 所示，截面尺寸 $b\times h=200\ \text{mm}\times500\ \text{mm}$，混凝土强度等级 C25，箍筋 HPB300 级，承受均布荷载，配置有双肢Φ8@150 的箍筋，处二 a 类环境。

(1)计算该梁能承受的最大剪力设计值 V。

(2)按抗剪承载力要求，计算该梁能承受的最大均布荷载设计值 q。

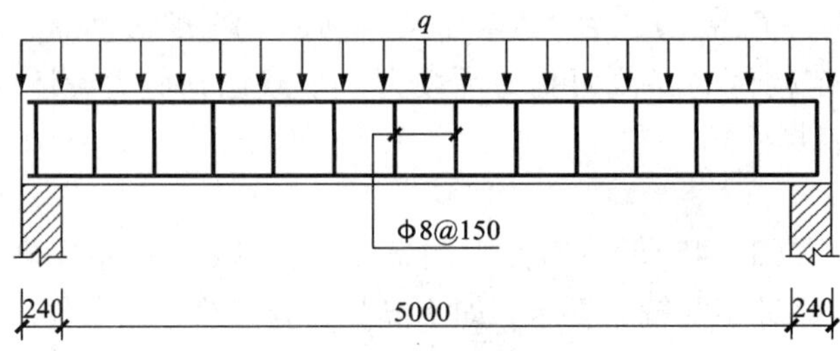

图 3-47 某钢筋混凝土简支梁

解 (1)确定设计参数

$$f_c=11.9\ \text{N/mm}^2,\ f_t=1.27\ \text{N/mm}^2,\ \beta_c=1.0,\ f_y=270\ \text{N/mm}^2,\ f_{yv}=270\ \text{N/mm}^2$$

(2)验算最小配箍率

$$\rho_{sv,\min}=0.24\frac{f_t}{f_{yv}}=0.24\times\frac{1.27}{270}=0.113\%$$

$$\rho_{sv}=\frac{nA_{sv1}}{b\cdot s}=\frac{2\times50.3}{200\times150}=0.335\%>\rho_{sv,\min}$$

配箍率满足要求。

(3)计算梁的抗剪承载力 V_u

纵筋按一排放置考虑，截面有效高度为

$$h_0=500-45=455\ \text{mm}$$

$$V_u=V_{cs}=0.7f_tbh_0+f_{yv}\frac{A_{sv}}{s}h_0$$

$$=0.7\times1.27\times200\times455+270\times\frac{2\times50.3}{150}\times455=163.2\ \text{kN}$$

(4)验算截面尺寸

$$h_w/b=h_0/b=455/200=2.275<4.0$$

$$0.25\beta_c f_c bh_0=0.25\times1.0\times11.9\times200\times455=271\ \text{kN}>V=163.2\ \text{kN}$$

截面尺寸满足要求。

所以梁能承受的最大剪力设计值为

$$V=V_u=163.2\ \text{kN}$$

(5)计算该梁能承受的最大均布荷载设计值 q

由 $V=ql_n/2$ 可得，该梁能承受的最大均布荷载设计值(含自重)为

$$q=\frac{2V_u}{l_n}=\frac{2\times163.2}{5}=65.3\ \text{kN/m}$$

3.2.3 保证受弯构件斜截面承载力的构造要求

在受弯构件正截面受弯承载力和斜截面受剪承载力的计算中，钢筋强度的充分发挥应建立在可靠的配筋构造基础上。因此，在钢筋混凝土结构的设计中，钢筋的构造与设计计算同等重要。

通常为节约钢材，在受弯构件设计中，可根据设计弯矩图的变化将钢筋截断或弯起作受剪钢筋。但将钢筋截断或弯起时，应确保构件的受弯承载力、受剪承载力不出现问题。

1. 抵抗弯矩图

通常根据构件支承条件和荷载作用形式，由力学方法求出所得弯矩，并沿构件轴线方向绘出的分布图形，称为设计弯矩图，如图 3－48 中的 M 图。

而按受弯构件各截面纵向受拉钢筋实际配置情况计算所能承受的弯矩值，并沿构件轴线方向绘出的弯矩图形，称为抵抗弯矩图(或材料图)，如图 3－48 中的 M_u图。

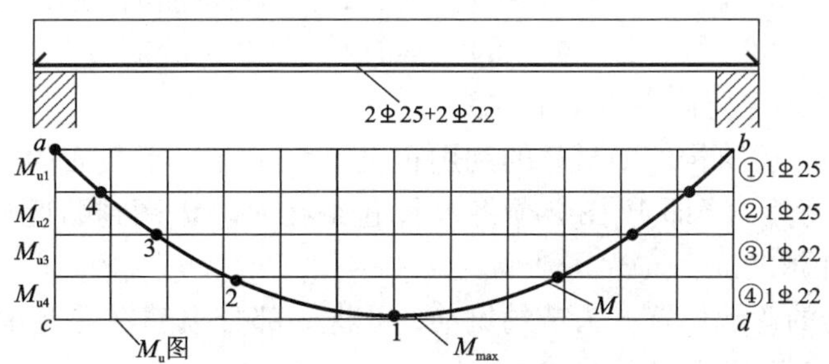

图 3－48 纵筋不弯起、不截断时简支梁的抵抗弯矩图

图 3－48 所示为某承受均布荷载作用的钢筋混凝土单筋矩形截面简支梁。其设计弯矩图(M 图)为抛物线，按跨中截面最大设计弯矩 M_{max}计算，梁下部需配置纵筋 2 Φ25 +2 Φ22 纵向受拉钢筋。如将 2 Φ25 +2 Φ22 钢筋沿梁长贯通至两端支座并可靠锚固，因钢筋面积 A_s值沿梁跨度方向不变，抵抗弯矩 M_u 沿梁跨度也保持不变，故抵抗弯矩 M_u图为一矩形框，如图 3－48 中 $acdb$，且任何截面均能保证 $M\leqslant M_u$。如果实配钢筋总面积等于计算钢筋面积，则抵抗弯矩图的外包线正好与设计弯矩图上的弯矩最大点相切，如图 3－48 中的 1 点处；如果实

配钢筋的总面积略大于计算钢筋面积，则可根据实际配筋量计算出抵抗弯矩 M_u 图的外围水平线位置。

比较 M 图与 M_u 图可以看出，钢筋沿梁通长布置的方式显然满足受弯承载力的要求，但仅在跨中截面受弯承载力 M_u 与设计弯矩 M 相接近，全部钢筋得到充分利用；而在靠近支座附近截面 M_u 远大于 M，纵筋的强度不能被充分利用。为使钢筋的强度充分利用且节约钢材，在保证受弯承载力的前提条件下，可根据设计弯矩 M 图的变化将一部分钢筋截断或弯起。

当梁的截面尺寸、材料强度及钢筋截面面积确定后，由基本公式 $x=\dfrac{f_yA_s}{\alpha_1 f_c b}$ 代入式(3－9)，则其截面总抵抗弯矩值 M_u 为

$$M_u = f_yA_s\left(h_0-\frac{x}{2}\right) = f_yA_s\left(h_0-\frac{f_yA_s}{2\alpha_1 f_c b}\right) = f_yA_sh_0\left(1-\frac{f_y}{2\alpha_1 f_c}\rho\right)$$

由上式可知，当 ρ 一定时，抵抗弯矩 M_u 与钢筋面积 A_s 成正比关系。每根钢筋所承担的抵抗弯矩 M_{ui} 可近似地按该根钢筋截面面积 A_{si} 与钢筋总截面面积 A_s 的比值关系求得

$$M_{ui} = \frac{A_{si}}{A_s}M_u$$

按每根钢筋承担的抵抗弯矩值 M_{ui} 绘出水平线，如图 3－48 中，①号钢筋 1 Φ25 的抵抗弯矩表示为 M_{u1}，②号钢筋 1 Φ25 的抵抗弯矩表示为 M_{u2}，③号钢筋 1 Φ22 的抵抗弯矩表示为 M_{u3}，④号钢筋 1 Φ22 的抵抗弯矩表示为 M_{u4}。梁跨跨中 1 点处的抵抗弯矩 $M_u = M_{u1}+M_{u2}+M_{u3}+M_{u4}$，由于 1 点处 $M_u = M_{max}$，即 1 点处①、②、③、④号钢筋强度充分利用；在 2 点处抵抗弯矩 $M_u = M_{u1}+M_{u2}+M_{u3}$，即①、②、③号钢筋强度充分利用，并已足以抵抗荷载在 2 点所在截面所产生的弯矩，④号钢筋在此截面显然已不再需要；在 3 点处抵抗弯矩 $M_u = M_{u1}+M_{u2}$，①、②号钢筋强度充分利用已足够，③号钢筋在 3 点截面以外也已不再需要；在 4 点处抵抗弯矩 $M_u = M_{u1}$，①号钢筋强度充分利用也已足够，②号钢筋在 4 点截面以外也已不再需要。因此，可将 1、2、3、4 四点分别称为④、③、②、①号钢筋的“充分利用点”，而将 2、3、4、a 四点分别称为④、③、②、①号钢筋的“不需要点”或“理论断点”。

抵抗弯矩图的作用主要体现在三个方面：

(1)抵抗弯矩图可反映构件中材料的利用程度。为了保证正截面的受弯承载力，抵抗弯矩 M_u 不应小于设计弯矩 M，即 M_u 图必须将 M 图包纳在内。M_u 图越贴近 M 图，表明钢筋的利用越充分，构件设计越经济。

(2)确定弯起筋的弯起位置。为节约钢筋，可将一部分纵筋在受弯承载力不需要处予以弯起，用于斜截面抗剪和抵抗支座负弯矩。

(3)确定纵筋的截断位置。可在受弯承载力不需要处考虑将纵筋截断，从而确定纵筋的实际截断位置。

2. 纵向受力钢筋的弯起

(1)钢筋弯起在 M_u 图上的表示方法

在图 3－49 中，如将④号 1 Φ22 钢筋在临近支座处弯起，由于弯起钢筋在弯起后正截面抗弯内力臂逐渐减小，该钢筋承担的正截面抵抗弯矩相应逐渐减小，故反映在 M_u 图上 eg、fh 是斜线，形成的抵抗弯矩图即为图中所示的 $aigefhjb$。图中 e、f 点分别垂直对应于弯起点 E、F，g、h 分别垂直对应于弯起钢筋与梁轴线的交点 G、H。

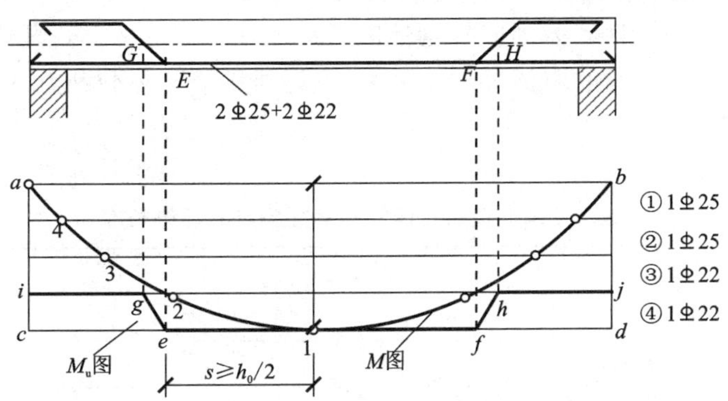

图 3-49 纵筋弯起时简支梁的抵抗弯矩图

(2)纵向受力钢筋弯起点的规定

对于梁正弯矩区段内的纵向受拉钢筋，可采用弯向支座(用来抗剪或承受负弯矩)的方式将多余钢筋弯起。纵向钢筋弯起的位置和数量必须同时满足以下三方面的要求：

(1)满足正截面受弯承载力的要求。必须使纵筋弯起点的位置在该钢筋的充分利用点以外，使梁的抵抗弯矩图不小于相应的设计弯矩图，也就是 M_u图必须包纳 M 图(即 $M_u\geqslant M$)。

(2)满足斜截面受剪承载力的要求。当混凝土和箍筋的受剪承载力 $V_{cs}<V$ 时，需要弯起纵筋承担剪力。纵筋弯起的数量要通过斜截面受剪承载力计算确定。

(3)满足斜截面受弯承载力的要求。④号钢筋弯起后，考虑支座附近可能出现斜裂缝，为保证斜截面的抗弯承载力，④号钢筋弯起后与弯起前的受弯承载力不应降低。为此《规范》规定：弯起钢筋弯起点可设在按正截面受弯承载力计算不需要该钢筋的截面之前，但弯起钢筋与梁中心线的交点应位于不需要该钢筋的截面之外，同时，弯起点与该钢筋的充分利用点之间的水平距离 s 不应小于 $h_0/2$，如图 3-49 所示。

3. 纵向受力钢筋的截断

(1)钢筋截断在 M_u图上的表示方法

在图 3-50 中，b 点为①号钢筋的“理论断点”，如将①号钢筋在 b 点处进行截断处理，反映在 M_u图上呈台阶形变化，表明该处抵抗弯矩发生突变。

(2)纵向钢筋截断点的规定

1)梁跨中承受正弯矩的纵筋不宜在受拉区截断，可将其中一部分弯起，将另一部分伸入支座内。

2)连续梁和框架梁中承受支座负弯矩的纵向受拉钢筋，可根据弯矩图的变化将计算不需要的纵筋分批截断，但其截断点的位置必须保证纵筋截断后的斜截面

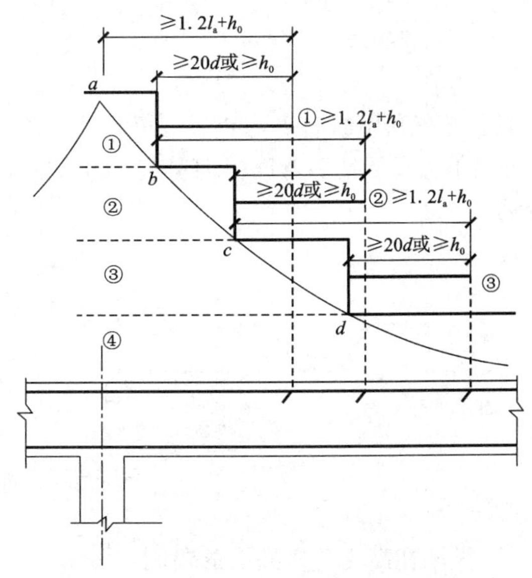

图 3-50 $V>0.7f_tbh_0$时的纵筋截断

抗弯承载力以及黏结锚固性能。为此,《规范》对钢筋的实际截断点做出以下规定:钢筋截断点应从该钢筋的“充分利用点”截面向外延伸的长度不小于 l_{d1};从其“理论断点”截面向外延伸的长度不小于 l_{d2},l_{d1} 和 l_{d2} 的取值见表 3-14,设计时钢筋实际截断点的位置应取 l_{d1} 和 l_{d2} 中外伸长度较远者确定。

表 3-14　负弯矩钢筋实际截断点的延伸长度

截面条件	l_{d1}	l_{d2}
$V \leqslant 0.7f_tbh_0$	$\geqslant 1.2l_a$	$\geqslant 20d$
$V > 0.7f_tbh_0$	$\geqslant 1.2l_a + h_0$	$\geqslant h_0$,且 $\geqslant 20d$
按以上两款确定的截断点仍位于负弯矩对应的受拉区内	$\geqslant 1.2l_a + 1.7h_0$	$\geqslant 1.3h_0$,且 $\geqslant 20d$

注:①表中 l_{d1}、l_{d2} 均为《规范》规定的最小值。②l_a 为纵向受拉钢筋的最小锚固长度,d 为被截断钢筋的直径。

图 3-50 为某连续梁支座附近的弯矩及剪力($V > 0.7f_tbh_0$)分布情况,图中 b、c、d 点分别为①、②、③号纵筋的理论截断点,a、b、c 点则分别为相应纵向钢筋强度充分利用截面。纵筋的实际截断位置应在理论截断点以外延伸一段距离($\geqslant h_0$,且 $\geqslant 20d$);还应在充分利用点截面以外一段距离($\geqslant 1.2l_a + h_0$)。

3)悬臂梁中的受拉钢筋,应有不少于 2 根上部钢筋伸至悬臂梁外端,并向下弯折不小于 $12d$;其余钢筋不应在梁的上部截断,可按纵向钢筋弯起点的规定将部分纵筋向下弯折,且弯终点以外应留有平行于轴线方向的锚固长度,在受压区不应小于 $10d$,在受拉区不应小于 $20d$,如图 3-51 所示。

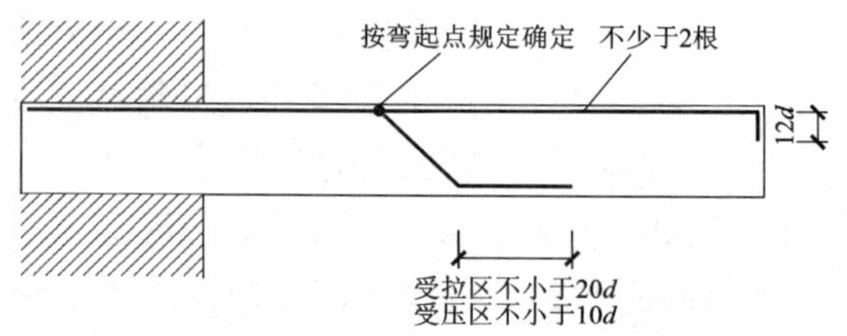

图 3-51　悬臂梁纵筋构造

4. 钢筋的其他构造要求

(1)鸭筋

为了充分利用纵向受力钢筋,可利用纵筋弯起来抗剪,但当纵筋数量有限而不能弯起时,可以单独设置抗剪弯筋(即鸭筋)承担抗剪作用,如图 3-52 所示。但不允许设置成图中的浮筋。

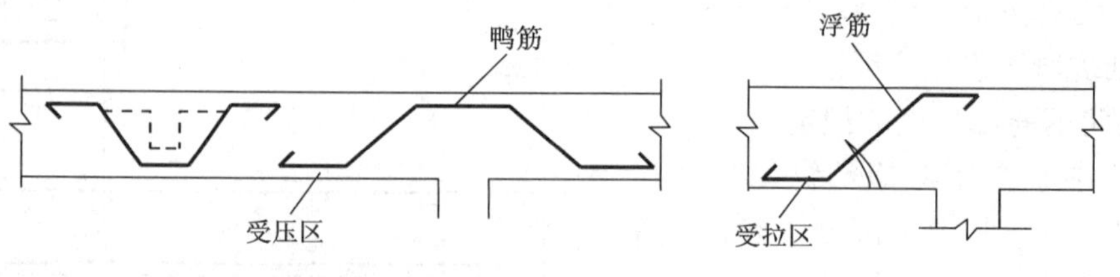

图 3-52　鸭筋和浮筋

(2)纵筋在简支支座处内的锚固

1)板端

《规范》规定：在简支板支座处或连续板的端支座及中间支座处，下部纵向受力钢筋应伸入支座，其锚固长度 l_{as} 不应小于 $5d$（d 为纵向钢筋直径）。

2）梁端

由于支座附近的剪力较大，为防止在出现斜裂缝后，与斜裂缝相交的纵筋应力突然增大，产生滑移甚至被从混凝土中拔出而破坏，纵筋伸入支座的锚固应满足下列要求。

①简支梁和连续梁的简支端下部纵筋伸入支座的锚固长度 l_{as} 如图 3－53（a）所示，应满足表 3－15 的规定。

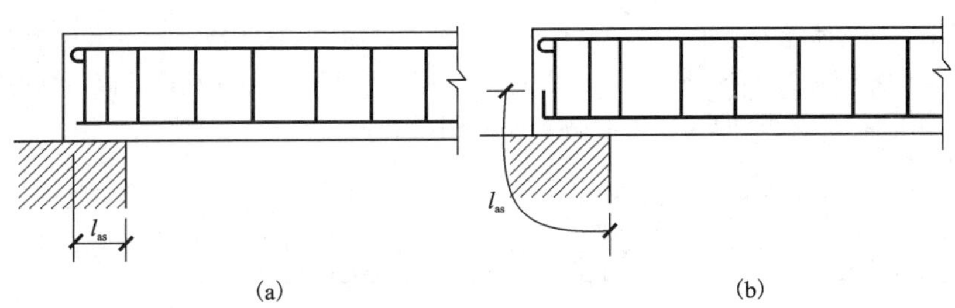

图 3－53 纵筋在简支支座的锚固长度 l_{as}

表 3－15 简支梁纵筋锚固长度表 l_{as}

$V \leqslant 0.7 f_t b h_0$	$\geqslant 5d$	
$V > 0.7 f_t b h_0$	带肋钢筋	$\geqslant 12d$
	光面钢筋	$\geqslant 15d$

注：光面钢筋锚固的末端均应设置标准弯钩。

当纵筋伸入支座的锚固长度不符合表 3－15 的规定时，应采取下述锚固措施，但伸入支座的水平长度不应小于 $5d$。

A. 在梁端将纵向受力钢筋上弯，并将弯折后长度计入 l_{as} 内，如图 3－53（b）所示。

B. 在纵筋端部加焊横向钢筋或锚固钢板，如图 3－54 所示。

C. 将钢筋端部焊接在梁端的预埋件上。

②支承在砌体结构上的钢筋混凝土独立梁，在纵筋的锚固长度 l_{as} 范围内应配置不少于 2 道箍筋，其直径不宜小于纵筋最大直径的 0.25 倍，间距不宜大于纵筋最小直径的 10 倍。当采用机械锚固时，箍筋间距尚不宜大于纵筋最小直径的 5 倍。

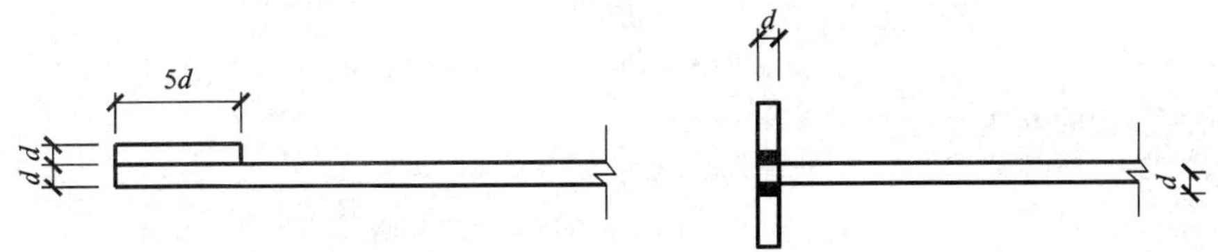

图 3－54 钢筋机械锚固的形式

③连续梁在中间支座处，上部纵筋受拉应贯穿支座；而下部纵筋一般受压，但由于斜裂缝出现和黏结裂缝的发生会使下部纵筋也会承受拉力，故下部纵筋伸入支座内的锚固长度 l_{as} 也应满足表 3 – 15 的要求。

(3)箍筋的锚固

箍筋是受拉钢筋，必须有良好的锚固。通常箍筋都采用封闭式，箍筋末端常用 135°弯钩。弯钩端头直线段长度不小于 50 mm 或 5 倍箍筋直径。如果采用 90°弯钩，则箍筋受拉时弯钩会翘起，从而导致混凝土保护层崩裂。若梁两侧有楼板与梁整浇时，也可采用 90°弯钩，但弯钩端头直线段长度不小于 10 倍箍筋直径。

【例 3 – 6】 某钢筋混凝土外伸梁，混凝土 C20，纵向钢筋 HRB335 级，箍筋 HPB300 级，截面尺寸如图 3 – 55 所示，构件处于一类环境，安全等级为二级。作用在梁上的均布荷载设计值(包括梁自重)为 $q_1 = 64$ kN/m，$q_2 = 104$ kN/m。试设计此梁，并绘制梁的施工详图。

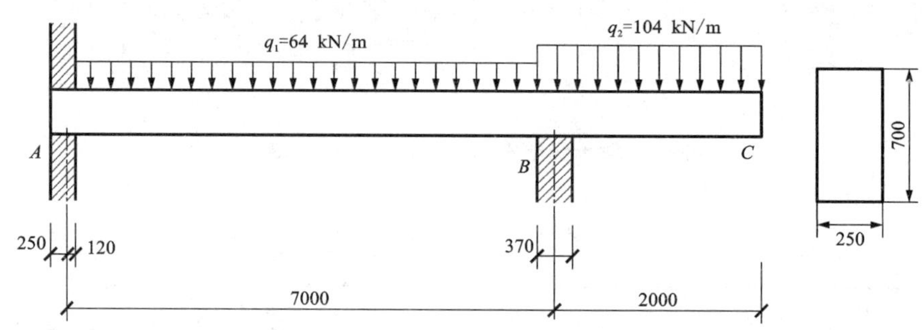

图 3 – 55　某钢筋混凝土外伸梁

解　(1)确定计算简图

1)计算跨度

AB 跨　　净跨　　$l_n = 7.00 - 0.37/2 - 0.12 = 6.695$ m

计算跨度　　$l_{ab} = 1.025 l_n + b/2 = 1.025 \times 6.695 + 0.37/2 = 7.05$ m

BC 跨　　净跨　　$l_{n1} = 2.00 - 0.37/2 = 1.815$ m

计算跨度　　$l_{bc} = 2.0$ m

2)计算简图

如图 3 – 56(a)所示。

(2)内力计算

1)梁端反力

$$R_B = \frac{\frac{1}{2} \times 64 \times 7.05^2 + 104 \times 2 \times (1 + 7.05)}{7.05} = 463 \text{ kN}$$

$$R_A = 64 \times 7.05 + 104 \times 2 - 463 = 196 \text{ kN}$$

2)支座边缘截面的剪力

AB 跨

$$V_A = 196 - 64 \times 0.17 = 186 \text{ kN}$$

$$V_{B左} = 186 - 64 \times 6.695 = -233 \text{ kN}$$

BC 跨

$$V_{B右} = 104 \times (2.00 - 0.185) = 189 \text{ kN}$$

$$V_C = 0$$

(3)弯矩

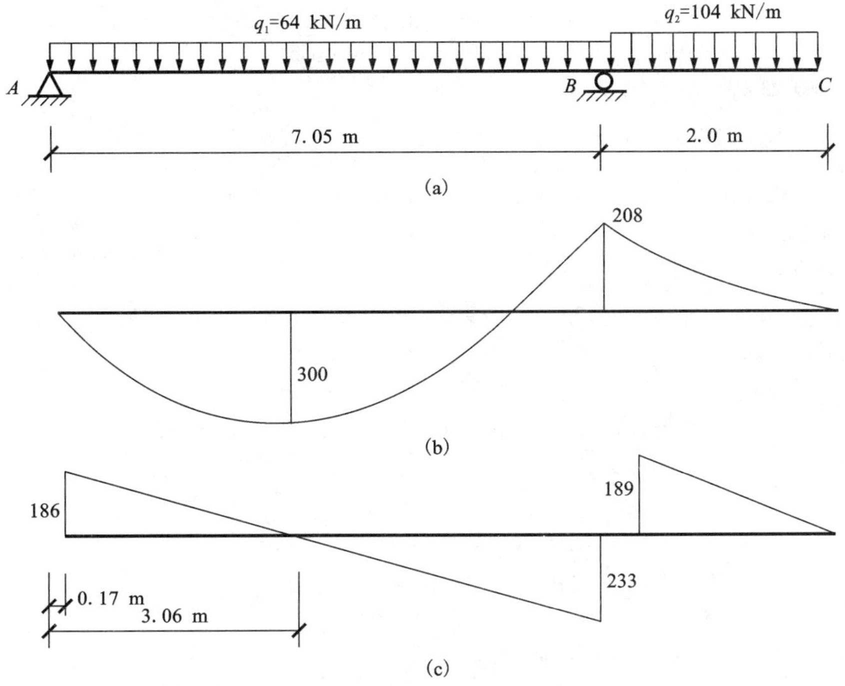

图 3－56　计算简图及内力图

(a)计算简图；(b)M 图；(c)V 图

AB 跨跨中最大弯矩值：

根据剪力为零条件计算，即 $V_x = R_A - q_1 x = 196 - 64x = 0$

求得最大弯矩截面距支座 A 的距离为

$$x = 196/64 = 3.06\ \text{m}$$

则
$$M_{\max} = 196.1 \times 3.06 - \frac{1}{2} \times 64 \times 3.06^2 = 300\ \text{kN} \cdot \text{m}$$

BC 跨悬臂端弯矩值：

$$M_B = \frac{1}{2} \times 104 \times 2^2 = 208\ \text{kN} \cdot \text{m}$$

$$M_C = 0$$

M、V 图分别见图 3－56(b)、(c)所示。

(3)正截面承载能力计算

1)AB 跨跨中最大弯矩处截面

假设纵筋按两排放置，截面有效高度为 $h_0 = 700 - 70 = 630$ mm

$$\alpha_s = \frac{M_{\max}}{\alpha_1 f_c b h_0^2} = \frac{300 \times 10^6}{1.0 \times 9.6 \times 250 \times 630^2} = 0.315$$

查表得，$\xi = 0.39 < \xi_b = 0.550$，$\gamma_s = 0.805$。

$$A_s = \frac{M_{\max}}{f_y \gamma_s h_0} = \frac{300 \times 10^6}{300 \times 0.805 \times 630} = 1972\ \text{mm}^2$$

选用 2 Φ22 + 4 Φ20($A_s = 2016\ \text{mm}^2$)，在跨中按两排放置，与假设相符。

2)B 支座截面

假设纵筋按一排放置，截面有效高度为 $h_0 = 700 - 45 = 655$ mm

$$\alpha_s = \frac{M_B}{\alpha_1 f_c b h_0^2} = \frac{208 \times 10^6}{1.0 \times 9.6 \times 250 \times 655^2} = 0.202$$

查表得，$\xi = 0.23 < \xi_b = 0.550$，$\gamma_s = 0.885$

$$A_s = \frac{M_B}{f_y \gamma_s h_0} = \frac{208 \times 10^6}{300 \times 0.885 \times 655} = 1196 \text{ mm}^2$$

选用 2 Φ22 + 2 Φ20（$A_s = 1388$ mm^2），在支座按一排放置，与假设相符。

（4）斜截面承载力计算

截面尺寸验算

$$0.25\beta_c f_c b h_0 = 0.25 \times 1.0 \times 9.6 \times 250 \times 630 = 378 \text{ kN} > V = 233 \text{ kN}$$

截面尺寸符合要求。

确定是否需计算腹筋

$$0.7 f_t b h_0 = 0.7 \times 1.1 \times 250 \times 630 = 121 \text{ kN} < V = 189 \text{ kN}$$

需按计算配置腹筋。

1）*AB* 跨

$$V_{\text{Bmax}} = V_{\text{B左}} = 233 \text{ kN},\ h_0 = 630 \text{ mm}$$

$$\frac{A_{sv}}{s} \geqslant \frac{V_{\text{B左}} - 0.7 f_t b h_0}{f_{yv} h_0} = \frac{233 \times 10^3 - 121 \times 10^3}{270 \times 630} = 0.66 \text{ mm}^2/\text{mm}$$

选用双肢 ϕ8，$A_{sv} = 2 \times 50.3 = 100.6$ mm^2

则

$s \leqslant 100.6/0.66 = 152$ mm $< s_{max} = 250$ mm，取用双肢 ϕ8@150。

2）*BC* 跨

$$V_{\text{B右}} = 189 \text{ kN},\ h_0 = 655 \text{ mm},\ 0.7 f_t b h_0 = 0.7 \times 1.1 \times 250 \times 655 = 126 \text{ kN}$$

$$\frac{A_{sv}}{s} \geqslant \frac{V_{\text{B右}} - 0.7 f_t b h_0}{f_{yv} h_0} = \frac{189 \times 10^3 - 126 \times 10^3}{270 \times 655} = 0.385 \text{ mm}^2/\text{mm}$$

选用双肢 ϕ6，$A_{sv} = 2 \times 28.3 = 56.6$ mm^2

则

$s \leqslant 56.6/0.385 = 147$ mm $< s_{max} = 250$ mm，取用双肢 ϕ6@140。

（5）配置构造钢筋，并绘制梁结构详图。

1）架立钢筋

AB 跨　　$l_0 = 7$ m > 6 m，$d_{min} = 12$ mm，选 2 ϕ14

BC 跨　　$l_0 = 2$ m，$d_{min} = 8$ mm，选 2 ϕ14（宜减少钢筋类型）

2）腰筋

$$h_w = h_0 = 655 \text{ mm} > 450 \text{ mm}$$

每侧设 2 ϕ14，则

$$A_s = 308 \text{ mm}^2 > 0.1\% bh_w = 0.1\% \times 250 \times 650 = 165 \text{ mm}^2$$

满足要求。

3）拉结筋

AB 跨 ϕ8@300，*BC* 跨 ϕ6@280。

4）绘制梁结构详图，如图 3－57 所示。

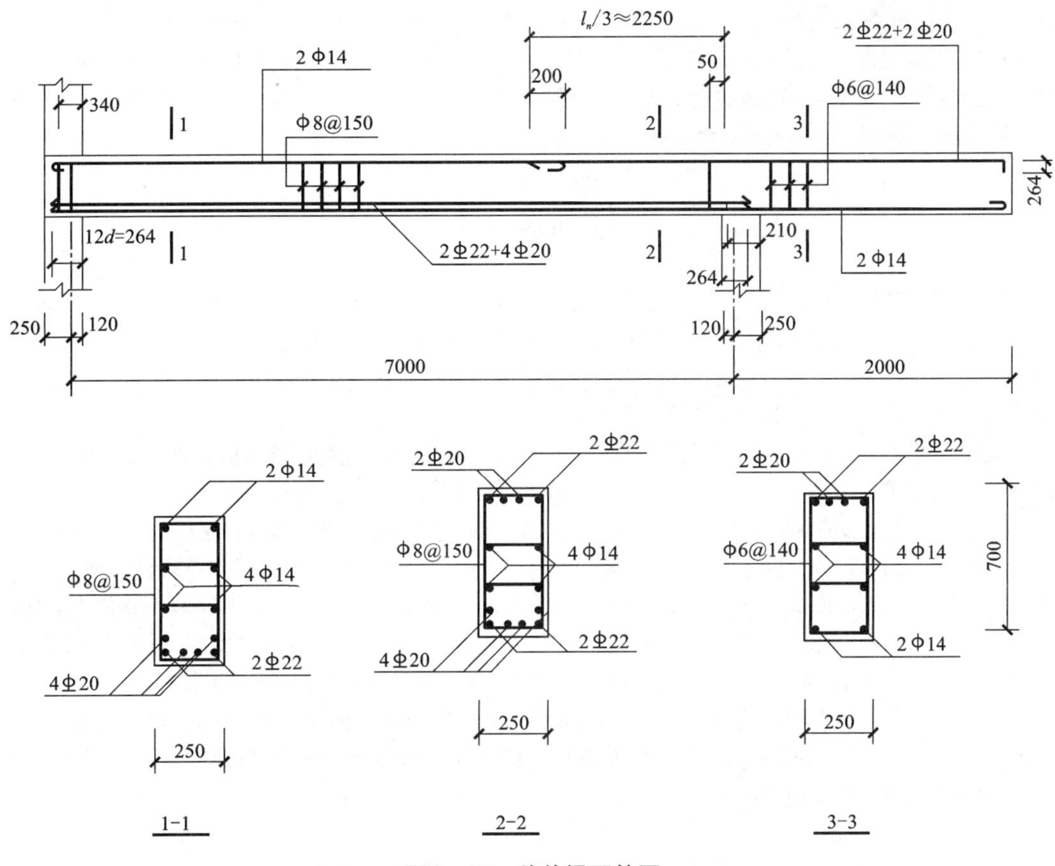

图 3－57　外伸梁配筋图

【任务布置】

任务一在“任务布置”中给出了一外伸梁的已知条件，试对其进行斜截面承载力的计算并配筋。

【知识总结】

1. 根据受弯构件剪跨比和腹筋配量的大小不同，斜截面受剪可能有斜拉破坏、剪压破坏和斜压破坏。这三种破坏均为脆性破坏。斜拉破坏发生于腹筋配置过少且剪跨比较大时，类似正截面的少筋破坏，采用限制最大箍筋间距、最小箍筋直径及最小配箍率来避免；斜压破坏发生于腹筋配置过多或剪跨比过小时，类似正截面的超筋破坏，由限制最小截面尺寸来控制。斜截面受剪承载力是以剪压破坏为基础建立计算公式的，因此，通过计算配置腹筋可以防止剪压破坏。

2. 影响斜截面受剪承载力的主要因素是剪跨比、混凝土强度、纵筋配筋率、配箍率等。剪跨比反映了梁内截面上正应力与剪应力之间的相对比值，剪跨比越大，梁的抗剪承载力越低；随着混凝土强度提高、纵筋配筋率增加，梁的抗剪承载力线性提高。配箍率与梁的抗剪承载力成线性关系，是影响梁受剪承载力的主要因素。

3. 剪压破坏时，斜截面受剪承载力有三部分组成：$V_u=V_c+V_{sv}+V_{sb}$，其中 V_{sb}是弯起钢筋所承担的剪力，$V_{sb}=0.8f_{yv}A_{sb}\sin\alpha_s$。$V_c$和 V_{sv}分别是混凝土剪压区和箍筋对梁的抗剪承载力，对一般梁，$V_c=0.7f_tbh_0$，$V_{sv}=f_{yv}\frac{A_{sv}}{s}h_0$；对以集中荷载为主作用下的矩形截面独立梁，$V_c=\frac{1.75}{\lambda+1.0}f_tbh_0$，$V_{sv}=f_{yv}\frac{A_{sv}}{s}h_0$。

4. 抵抗弯矩图是根据梁实配纵筋的数量计算绘制的各正截面所能抵抗的弯矩图形。抵抗弯矩图必须将由设计荷载引起的弯矩图完全包纳在内，才能保证沿梁全长各个截面的正截面抗弯承载力。

5. 斜截面承载力包括斜截面受剪承载力和斜截面受弯承载力两方面。斜截面受剪承载力是通过计算在梁中配置足够的腹筋来保证，而斜截面受弯承载力则是通过构造措施来保证的。这些构造措施包括纵筋的弯起和截断位置、纵筋的锚固要求、弯起钢筋和箍筋的构造要求等。

【课后练习】

1. 受弯构件斜截面受剪破坏有哪几种破坏形态？各自有何特点？以哪种破坏形态作为计算的依据？

2. 影响受弯构件斜截面承载力的主要因素有哪些？它们与受剪承载力有何关系？

3. 受剪承载力计算公式的适用范围是什么？《规范》采取什么措施来防止斜拉破坏和斜压破坏？

4. 如何考虑斜截面受剪承载力的计算截面位置？

5. 规定最大箍筋和弯起钢筋间距的意义是什么？当满足最大箍筋间距和最小箍筋直径要求时，是否满足最小配箍率的要求？

6. 什么是抵抗弯矩图(或材料图)？抵抗弯矩图与设计弯矩图比较说明了哪些问题？

7. 如何截断钢筋？延伸长度为多少？在 $V\leqslant 0.7f_tbh_0$ 和 $V>0.7f_tbh_0$ 两种情况下如何确定延伸长度？

8. 钢筋混凝土矩形截面简支梁，$b\times h=250\ \text{mm}\times 500\ \text{mm}$，采用 C30 混凝土，HRB400 级钢筋，净跨度 $l_n=5.76\ \text{m}$，安全等级为二级。承受楼面传来的均布恒载标准值 20 kN/m(包括梁自重)，均布活荷载标准值为 16 kN/m，活荷载组合系数 $\psi_c=0.7$。设箍筋采用 HPB300 级钢筋，试确定该梁的配箍。

9. 承受均布荷载的简支梁，截面尺寸 $b\times h=200\ \text{mm}\times 400\ \text{mm}$，净跨 $l_n=3.5\ \text{m}$，C25 混凝土，箍筋 HPB300 级，受均布恒载标准值为 $g_k=15\ \text{kN/m}$。已知沿梁全长配有双肢Φ8@200 的箍筋。试根据该梁的受剪承载力推算该梁所能承受的均布活荷载标准值 q_k。

任务三　验算梁的裂缝及变形

裂缝宽度及挠度验算

【案例引入】

试验算任务一中“案例引入”梁的最大裂缝宽度及梁的跨中最大挠度是否满足要求。其中准永久值系数 $\psi_q=0.5$，最大裂缝宽度限值 $\omega_{\lim}=0.3\ \text{mm}$。

【任务目标】

1. 受弯构件裂缝宽度的验算；

2. 受弯构件变形的验算。

【知识链接】

钢筋混凝土结构和构件除应按承载能力极限状态进行设计外，还应进行正常使用极限状态的验算，以满足结构的正常使用功能和耐久性要求。对一般常见的工程结构，正常使用极限状态验算主要包括裂缝控制验算和变形验算，以及保证结构耐久性的设计和构造措施等方面。

混凝土结构的使用功能不同，对裂缝和变形控制的要求也有不同。对于在使用上要求有严格抗裂、抗渗要求的结构，如储液池、核反应堆等，要求在使用中是不能出现裂缝的，宜优先选用预应力混凝土构件。钢筋混凝土构件在正常使用情况下通常是带着裂缝工作的，过大的裂缝宽度和变形不仅会影响外观，使用户在心理上产生不安全感，而且还可能导致钢筋锈蚀，降低结构的安全性和耐久性，因此，对在使用上允许出现裂缝的构件，应对裂缝宽度进行限制。对此，《规范》作出如下规定：

(1)挠度控制要求：《规范》规定，钢筋混凝土受弯构件的最大挠度计算值f_{max}应按荷载准永久组合，预应力混凝土受弯构件的最大挠度计算值f_{max}应按荷载标准组合，并考虑荷载长期作用影响进行计算，其计算值不应超过表3－16中规定的挠度限值f_{lim}。

表3－16　受弯构件的挠度限值f_{lim}

<table>
<tr><th colspan="2">构件类型</th><th>挠度限值</th></tr>
<tr><td rowspan="2">吊车梁</td><td>手动吊车</td><td>$l_0/500$</td></tr>
<tr><td>电动吊车</td><td>$l_0/600$</td></tr>
<tr><td rowspan="3">屋盖、楼盖及楼梯构件</td><td>$l_0<7$ m</td><td>$l_0/200$ ($l_0/250$)</td></tr>
<tr><td>7 m$\leq l_0 \leq$9 m</td><td>$l_0/250$ ($l_0/300$)</td></tr>
<tr><td>$l_0>9$ m</td><td>$l_0/300$ ($l_0/400$)</td></tr>
</table>

注：①表中l_0为构件的计算跨度。②表中括号内数值适用于使用上对挠度有较高要求的构件。③计算悬臂构件的挠度限值时，其计算跨度按实际悬臂长度的2倍取用。

(2)裂缝控制要求：《规范》将钢筋混凝土和预应力混凝土结构构件的裂缝控制等级统一划分为三级。钢筋混凝土构件的裂缝控制等级均属于三级——允许出现裂缝的构件，要求按荷载效应的准永久组合并考虑荷载长期作用影响计算的最大裂缝宽度ω_{max}不应超过表3－17中规定的最大裂缝宽度限值ω_{lim}。

表3－17　结构构件的裂缝控制等级及最大裂缝宽度限值ω_{lim}

<table>
<tr><th rowspan="2">环境类别</th><th colspan="2">钢筋混凝土结构</th><th colspan="2">预应力混凝土结构</th></tr>
<tr><th>裂缝控制等级</th><th>ω_{lim}/mm</th><th>裂缝控制等级</th><th>ω_{lim}/mm</th></tr>
<tr><td>一</td><td rowspan="4">三级</td><td>0.30(0.40)</td><td rowspan="2">三级</td><td>0.20</td></tr>
<tr><td>二a</td><td rowspan="3">0.20</td><td>0.10</td></tr>
<tr><td>二b</td><td>二级</td><td>—</td></tr>
<tr><td>三a、三b</td><td>一级</td><td>—</td></tr>
</table>

注：①表中规定适用于采用热轧钢筋的钢筋混凝土构件和采用预应力钢丝、钢绞线及螺纹钢筋的预应力混凝土构件。②对处于年平均相对湿度小于60%地区一类环境下的受弯构件，其最大裂缝宽度可采用括号内的数值。③表中的最大裂缝宽度限值，用于验算荷载作用引起的最大裂缝宽度。

3.3.1　钢筋混凝土受弯构件裂缝宽度验算

钢筋混凝土构件的裂缝有两种：一种是由于混凝土的收缩或温度变形等引起的；另一种则是由荷载作用引起的受力裂缝。对于前一种裂缝，不需进行裂缝宽度计算，应从构造、施工、材料等方面采取措施加以控制；而由荷载作用引起的受力裂缝则通过验算裂缝宽度来控制。

1. 裂缝的产生和开展

现以一受弯构件为例，说明垂直裂缝的出现和开展过程，如图 3－58 所示。设 M 为由外荷载产生的弯矩；M_{cr} 为构件开裂弯矩，即构件垂直裂缝即将出现时对应的弯矩值。

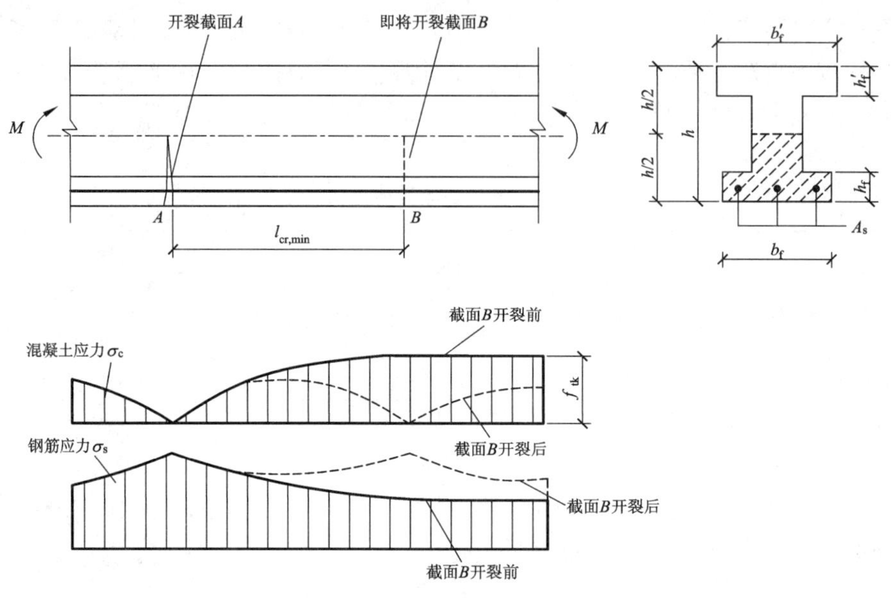

图 3－58　裂缝的出现和开展

(1)裂缝出现前：当 $M < M_{cr}$时，受拉区沿各截面的拉应力相等，混凝土拉应力和钢筋的拉应力(应变)沿长度基本上是均匀分布的，且混凝土拉应力 σ_{ct}小于混凝土抗拉强度f_{tk}，钢筋所受的拉力很小。

(2)第一条(批)裂缝出现：当 $M = M_{cr}$时，从理论上讲 $\sigma_{ct} = f_{tk}$，钢筋的应力 $\sigma_{s,\ cr} = \alpha_E f_{tk}$各截面进入裂缝即将出现的极限状态。由于混凝土材料的非均匀性，构件将在抗拉能力最薄弱的截面 A 处首先出现第一条(批)裂缝，如图 3－58 中的 A 截面。此时，出现裂缝的截面受拉混凝土退出工作，原来由混凝土承担的拉力转由钢筋承担，故裂缝截面处钢筋的应力和应变突然增大，裂缝处原来处于拉伸状态的混凝土将向裂缝两侧回缩，混凝土与受拉纵筋之间产生相对滑移和黏结应力，使裂缝一出现即有一定宽度。

通过黏结力的作用，混凝土的回缩受到钢筋约束，钢筋的应力通过黏结力逐渐传递给混凝土而减小，混凝土的拉应力由裂缝处的零逐渐回升，直至距裂缝截面 A 某一距离 $l_{cr,\ min}$处的截面 B 时，混凝土的应力又恢复至裂缝出现前的应力状态(即 σ_{ct}达f_{tk})，混凝土的应力又达到其抗拉强度。在截面 B 以后，钢筋与混凝土又具有相同的应变，黏结应力消失，钢筋与混凝土的应力又成均匀分布。

显然，在距第一条(批)裂缝两侧 $l_{cr,\ min}$范围内，混凝土的拉应力 σ_{ct}小于混凝土抗拉强度f_{tk}。

(3)第二条(批)裂缝出现：当荷载稍有增加，在截面 B 处以后的那部分混凝土便又处于受拉张紧状态，就会在另外的薄弱截面处出现新的第二条(批)裂缝。在新的裂缝处，混凝土又退出工作向两侧回缩，钢筋应力也突然增大，混凝土和钢筋之间又产生相对滑移和黏结应力。

可以看出，在两个裂缝截面 A、B 之间，混凝土应力小于其抗拉强度，因而一般不会出现新的裂缝。

（4）裂缝的分布：裂缝的出现并不是无限的，若各裂缝间的距离小于 $2l_{cr,\ min}$，由于混凝土的拉应力 σ_{ct} 小于 f_{tk} 不足以使拉区混凝土开裂，此时裂缝已基本出齐，其裂缝间距及裂缝分布情况趋于稳定状态。由于混凝土材料的不均匀性，裂缝的分布及宽度也是不均匀的，裂缝的间距介于 $l_{cr,\ min}\sim 2l_{cr,\ min}$ 之间。

2. 平均裂缝间距 l_{cr}

当裂缝出齐后，裂缝间距的平均值称为平均裂缝间距 l_{cr}。试验分析表明，平均裂缝间距 l_{cr} 的大小，主要取决于混凝土和钢筋之间的黏结强度。影响平均裂缝间距的因素有如下几方面：

（1）与纵筋配筋率有关。受拉区混凝土截面的纵向钢筋配筋率越大，平均裂缝间距越小。

（2）与纵筋直径的大小有关。当受拉区配筋的截面面积相同时，钢筋直径越细，钢筋根数越多，钢筋表面积越大，黏结力越大，平均裂缝间距就越小。

（3）与钢筋表面形状有关。变形钢筋比光面钢筋的黏结力大，故其平均裂缝间距就小。

（4）与混凝土保护层厚度有关。在受拉区截面面积相同时，保护层越厚，越不易使拉区混凝土达到其抗拉强度，为此平均裂缝间距就越大。

《规范》给出下式计算构件的平均裂缝间距 l_{cr}

$$l_{cr}=\beta(1.9c_s+0.08\frac{d_{eq}}{\rho_{te}}) \tag{3-53}$$

$$d_{eq}=\frac{\sum n_i d_i^2}{\sum n_i \nu_i d_i} \tag{3-54}$$

式中：β——与构件受力状态有关的系数，对轴心受拉构件 $\beta=1.1$，对其他受力构件 $\beta=1.0$；

c_s——最外层纵向受拉钢筋外边缘至受拉区边缘的距离。当 $c_s<20$ mm 时，取 $c_s=20$ mm；当 $c_s>65$ 时，取 $c_s=65$ mm；

d_{eq}——纵向受拉钢筋的等效直径，mm；

d_i——第 i 种纵向受拉钢筋的公称直径，mm；

n_i——第 i 种纵向受拉钢筋的根数；

ν_i——第 i 种受拉钢筋的相对黏结特性系数，光面钢筋取 $\nu_i=0.7$，带肋钢筋取 $\nu_i=1.0$；

ρ_{te}——按有效受拉混凝土截面面积计算的纵向受拉钢筋配筋率，$\rho_{te}=\frac{A_s}{A_{te}}\geqslant 0.01$；

A_{te}——有效受拉混凝土截面面积，对轴心受拉构件，取构件截面面积，对受弯、偏心受拉和偏心受压构件，取 $A=0.5bh+(b_f-b)h_f$；

b_f，h_f——受拉翼缘的宽度、高度。

3. 平均裂缝宽度 ω_m

裂缝的宽度是指纵向受拉钢筋重心处的裂缝宽度。裂缝的开展是由于裂缝处混凝土的回缩所造成，因此，平均裂缝宽度 ω_m 应等于在 l_{cr} 内钢筋的平均伸长值 $\varepsilon_{sm}l_{cr}$ 与混凝土的平均伸长值 $\varepsilon_{ctm}l_{cr}$ 的差值，如图 3-59 所示，ω_m 按下式计算：

$$\omega_m = \varepsilon_{sm} l_{cr} - \varepsilon_{ctm} l_{cr} \quad (3-55)$$

式中：ε_{sm}、ε_{ctm}——在裂缝间距范围内钢筋和混凝土的平均拉应变。

由于 ε_{ctm} 一般很小，可忽略不计，则平均裂缝裂缝宽度 ω_m 又可表示为

$$\omega_m = \varepsilon_{sm} l_{cr} \quad (3-56)$$

裂缝间距内钢筋的平均拉应变可表示为

$$\varepsilon_{sm} = \psi \varepsilon_s = \psi \frac{\sigma_{sq}}{E_s} \quad (3-57)$$

$$\psi = 1.1 - 0.65 \frac{f_{tk}}{\rho_{te} \sigma_{sq}} \quad (3-58)$$

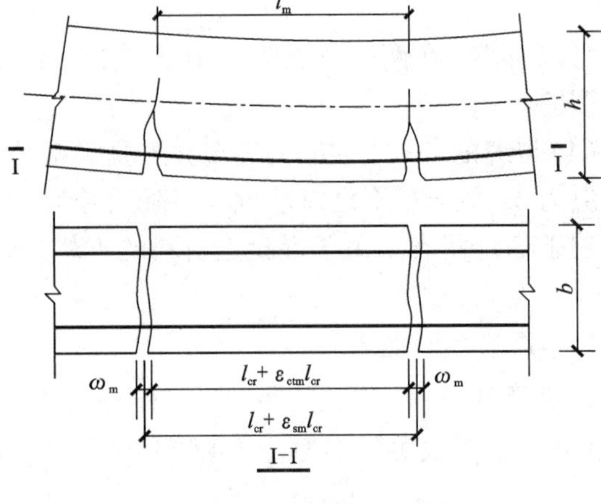

图 3-59 平均裂缝宽度计算图

式中：ε_s——裂缝截面钢筋的拉应变；

E_s——钢筋弹性模量；

ψ——裂缝间受拉钢筋应变不均匀系数，$\psi = \varepsilon_{sm}/\varepsilon_s$，反映了裂缝间混凝土参与承受拉力的程度，$\psi$ 值越小，表示混凝土参与承受拉力的程度越大，ψ 取值介于 0.2 ~ 1.0 之间，对直接承受重复荷载的构件，取 $\psi = 1.0$。

则平均裂缝宽度 ω_m 的表达式为

$$\omega_m = \alpha_c \psi \frac{\sigma_{sq}}{E_s} l_{cr} \quad (3-59)$$

对轴心受拉钢筋

$$\sigma_{sq} = \frac{N_q}{A_s} \quad (3-60)$$

对受弯构件

$$\sigma_{sq} = \frac{M_q}{0.87 h_0 A_s} \quad (3-61)$$

式中：α_c——反映裂缝间混凝土伸长对裂缝宽度影响的系数，对受弯、偏心受压构件取 $\alpha_c = 0.77$，对其他构件取 $\alpha_c = 0.85$；

σ_{sq}——按荷载效应的准永久组合计算的纵向受拉钢筋的应力。

4. 最大裂缝宽度 ω_{max}

实际工程中，由于混凝土质量的不均匀、裂缝的间距有疏有密，每条裂缝开展的宽度也不相同，因此，验算裂缝宽度应以最大裂缝宽度为准。最大裂缝宽度 ω_{max} 采取平均裂缝宽度乘以扩大系数得到，扩大系数主要考虑以下两种情况：一是裂缝宽度的不均匀性，引入扩大系数 τ_s，对受弯构件和偏心受压构件取 $\tau_s = 1.66$，对偏心受拉和轴心受拉构件取 $\tau_s = 1.9$；二是在荷载长期作用下，裂缝宽度不断增大，又引入扩大系数 τ_l，取 $\tau_l = 1.5$。将相关的各种系数归并后，《规范》给出了最大裂缝宽度 ω_{max} 的计算公式为

$$\omega_{max} = \alpha_{cr} \psi \frac{\sigma_{sq}}{E_s} \left(1.9 C_s + 0.08 \frac{d_{eq}}{\rho_{te}}\right) \quad (3-62)$$

式中：α_{cr}——构件受力特征系数，$\alpha_{cr}=\tau_l\tau_s\alpha_c\beta$，对受弯、偏心受压构件，取 $\alpha_{cr}=1.9$；对偏心受拉构件，$\alpha_{cr}=2.4$；对轴心受拉构件，$\alpha_{cr}=2.7$。

按式(3－62)计算的最大裂缝宽度不应超过规范规定的最大裂缝宽度，即应满足

$$\omega_{max}\leqslant\omega_{lim} \tag{3-63}$$

5. 减小裂缝宽度的措施

从式(3－62)中可知，影响裂缝宽度的主要因素有以下几个方面：

(1)钢筋应力 σ_{sq}。随着 σ_{sq} 增长，裂缝宽度加大。若利用高强度等级钢筋，则在荷载效应组合作用下的钢筋应力就高，裂缝就宽。因而对于普通钢筋混凝土不宜采用高强度钢筋。

(2)钢筋直径 d。随着 d 增大，裂缝宽度也增大。为减小裂缝宽度，可采用较细直径的钢筋，但还应考虑施工上的方便。

(3)有效配筋率 ρ_{te}。裂缝宽度随着有效受拉纵筋配筋率 ρ_{te} 增加而减小。增加 ρ_{te} 的方法有两个：一是选用低强度的钢筋，二是增加钢筋(承载力需要以外)数量，两者均会减小裂缝宽度，但后者显然浪费钢筋。

(4)纵筋保护层厚度 c。裂缝宽度随着 c 值增加有所增大。但由于保护层厚度 c 是根据钢筋与混凝土的黏结力以及耐久性要求确定的，变化幅度很小，因此一般不考虑调整 c 值。

(5)钢筋表面特征。宜采用变形钢筋，这是由于变形钢筋表面的黏结力大于光面钢筋表面黏结力，裂缝间距(宽度)小的缘故。

(6)当采用普通混凝土构件裂缝宽度无法满足控制要求时，可采用预应力混凝土。

综上可见，减小裂缝宽度的最好办法是在不增加钢筋用量的情况下选用较细直径的变形钢筋；其次增加配筋量也很有效，只是不很经济；必要时可采用预应力混凝土，此法最有效。

6. 钢筋的代换

在实际施工过程中，经常会遇到现场可供的钢筋级别、直径与设计要求不相符的情况，即需要对钢筋进行代换。在钢筋代换时，应在了解设计意图和代用材料性能的前提下，遵循下述原则和有关注意事项。

(1)代换原则：要求被钢筋代换后，结构构件的安全性、适用性、耐久性不能降低，必须符合原设计的要求。

1)满足承载力要求。钢筋代换方式有两种，具体方法如下：

等强度代换

$$A_{se}f_{ye}\geqslant A_sf_y \tag{3-64}$$

等面积代换

$$A_{se}\geqslant A_s \tag{3-65}$$

式中：A_s——原设计图中钢筋的截面面积；

f_y——原设计图中钢筋的强度设计值；

A_{se}——代换后钢筋的截面面积；

f_{ye}——代换钢筋的强度设计值。

当钢筋强度等级不同时按等强度代换，若钢筋强度等级相同仅钢筋直径不符合设计要求时可按等面积代换。

2)满足裂缝宽度限值要求。如用强度高的钢筋代换强度低的钢筋，钢筋数量必然减少而导致钢筋应力 σ_{sk} 增大，而使构件裂缝宽度加大；如用粗直径钢筋代换细直径钢筋，也会使裂

缝宽度加大。因此必须引起注意，必要时进行验算。

3）有抗震设防要求的结构构件，应按照钢筋受拉承载力设计值相等的原则换算，替代后的纵向钢筋的总承载力设计值不应高于原设计的纵向钢筋总承载力设计值。

（2）钢筋代换应注意的事项。

1）钢筋代换时，按式（3－64）计算代换后选用的钢筋其截面面积（不宜超过5%～10%）；钢筋配筋率ρ若小于最小配筋率ρ_{min}，则代换的钢筋应按最小配筋率ρ_{min}设置，即$A_s \geqslant \rho_{min}bh$。

2）钢筋代换后，若截面有效高度h_0减小，则应计算增加钢筋用量。

3）对裂缝宽度要求较严的构件（如吊车梁等），不宜用光面钢筋代替变形钢筋；有抗渗要求的板（屋面板、水池板等），不宜用直径过粗的钢筋代换。

4）钢筋的搭接长度和锚固长度均与钢筋的级别有关，钢筋代换后，应根据构造要求作相应更改。采用光面钢筋代换时，还应注意弯钩的设置。

3.3.2 钢筋混凝土受弯构件变形验算

1. 钢筋混凝土梁抗弯刚度的特点

在材料力学中，对于简支梁跨中挠度计算的一般形式为

$$f = \alpha \frac{Ml_0^2}{EI} \tag{3-66}$$

式中：f——梁跨中最大挠度；

M——梁跨中最大弯矩；

EI——匀质材料梁的截面抗弯刚度；

l_0——梁的计算跨度；

α——与荷载形式有关的荷载效应系数，如均布荷载作用时$\alpha = 5/48$，跨中集中荷载作用时$\alpha = 1/12$。

截面抗弯刚度EI体现了截面抵抗弯曲变形的能力。对匀质弹性材料，当梁的截面尺寸和材料给定后，EI为常数，挠度f与弯矩M为线性关系。截面的曲率与截面弯矩和抗弯刚度的关系可表示为

$$\frac{1}{\gamma} = \frac{M}{EI} \quad 或 \quad EI = \frac{M}{\frac{1}{\gamma}} \tag{3-67}$$

由于混凝土并非匀质弹性材料，其弹性模量随着荷载的增大而减小，在受拉区混凝土开裂后，开裂截面的惯性矩也将发生变化。因此，钢筋混凝土受弯构件的截面抗弯刚度不是一个常数，而是随着弯矩的增大而逐渐减小的，其挠度f随弯矩M增大变化的规律也与匀质弹性材料梁不同。图3－60所示为匀质弹性材料梁和钢筋混凝土适筋梁的挠度和截面刚度随弯矩增大的曲线，可以看出，钢筋混凝土梁在受拉区混凝土开裂后，由于截面抗弯刚度减小，挠度随弯矩增大的速率要大于匀质弹性材料梁。

为区别于匀质弹性材料梁的抗弯刚度，用B表示钢筋混凝土受弯构件的截面抗弯刚度，简称为抗弯刚度。则抗弯刚度由截面弯矩和曲率的关系为

$$B = \frac{M}{\frac{1}{\gamma}} \tag{3-68}$$

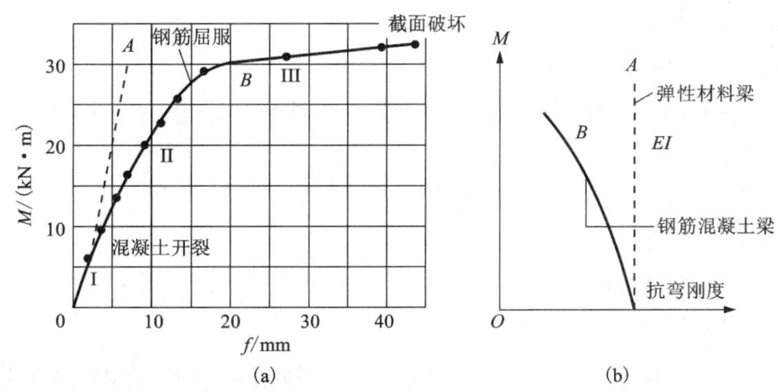

图 3－60　匀质弹性材料梁和钢筋混凝土梁的刚度和抗弯挠度

(a)挠度曲线；(b)刚度曲线

因此，钢筋混凝土受弯构件的挠度计算，关键是确定正常使用条件下截面的抗弯刚度 B，在确定截面抗弯刚度后，构件的挠度就可按力学方法进行计算。

2. 受弯构件的短期刚度 B_s

在正常使用阶段，钢筋混凝土梁是处于带裂缝工作阶段的。在纯弯段内，钢筋和混凝土的应变分布和曲率分布如图 3－61 所示，具有如下特点：

(1)受拉钢筋的拉应变沿梁长分布不均匀。裂缝截面处混凝土退出工作，拉力全部由钢筋承担，故钢筋应变 ε_{ck} 最大；裂缝之间由于钢筋与混凝土的黏结作用，受拉区混凝土与钢筋共同工作，则钢筋应变减小，钢筋应变沿梁轴线方向呈波浪形变化。

(2)受压区边缘混凝土的压应变也沿梁长呈波浪形分布，裂缝截面处 ε_{ck} 最大，而在裂缝之间压应变减小，但其变化幅度要比受拉钢筋变化幅度小得多。

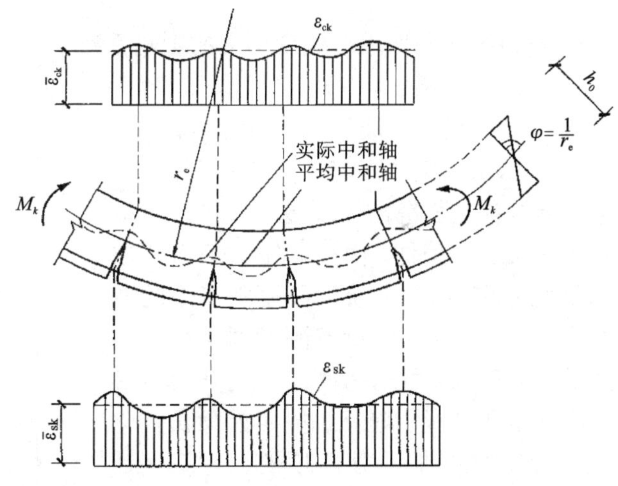

图 3－61　钢筋混凝土梁纯弯段的应力图形

(3)截面中和轴高度沿梁轴线呈波浪形变化，裂缝截面处中和轴高度最小。

(4)平均应变沿截面高度基本上呈直线分布，仍符合平截面假定。

综上所述，根据图 3－61 所示梁受压混凝土的平均压应变与受拉钢筋的平均拉应变可以求出构件的平均曲率，从而进一步推导出梁的短期刚度 B_s 计算式为

$$B_s=\frac{E_sA_sh_0^2}{1.15\psi+0.2+\dfrac{6\alpha_E\rho}{1+3.5\gamma_f'}} \tag{3-69}$$

$$\gamma_f'=(b_f'-b)h_f'/bh_0$$

式中：E_s——钢筋弹性模量；

ψ——钢筋拉应变不均匀系数，按式(3－58)计算；

α_E——受拉钢筋弹性模量与混凝土弹性模量的比值，即 $\alpha_E = E_s/E_c$；

E_c——混凝土弹性模量；

γ_f'——受压翼缘加强系数(相对于肋部)；

b_f'，h_f'——受压翼缘的宽度、高度；

ρ——纵向受拉钢筋配筋率，对钢筋混凝土受弯构件，取 $\rho = A_s/bh_0$。

3. 钢筋混凝土受弯构件的长期刚度 B

在长期荷载作用下，由于受压混凝土的徐变、受拉混凝土的收缩以及滑移徐变等影响，均导致梁的曲率增大，刚度降低，挠度增加。

我国《规范》规定，钢筋混凝土受弯构件的挠度应按荷载效应的准永久组合并考虑长期作用影响的长期刚度 B 计算。在荷载效应准永久组合弯矩 M_q 的作用下，构件先产生一短期曲率 $1/\gamma$，在 M_q 的长期作用下曲率将逐渐增大到短期曲率的 θ 倍，即达到 θ/γ，则长期刚度 B 可表示为

$$B = \frac{M}{\frac{\theta}{\gamma}} = \frac{M}{\frac{1}{\gamma}}\frac{1}{\theta} = \frac{B_s}{\theta} \tag{3-70}$$

$$\theta = 1.6 + 0.4\left(1 - \frac{\rho'}{\rho}\right) \tag{3-71}$$

式中：θ——荷载长期作用对挠度增大的影响系数，θ 值适用于一般情况下的矩形、T 形和 I 形截面梁；

ρ——受拉钢筋配筋率，$\rho = A_s/bh_0$；

ρ'——受压钢筋配筋率，$\rho' = A_s'/bh_0$。

4. 钢筋混凝土受弯构件挠度的计算

对于一个受弯构件，由于弯矩一般沿梁轴线方向是变化的，截面的抗弯刚度随弯矩的增大而减小，因此梁截面的抗弯刚度通常是沿梁长变化的，图 3－62 所示为简支梁当开裂后沿梁长的刚度变化情况。显然，按照沿梁长变化的刚度来计算挠度是十分烦琐的，为简化计算，《规范》规定对于等截面受弯构件，可假定各同号弯矩区段内的刚度相等，并取用该区段内最大弯矩处的刚度即该区段内的最小刚度来计算挠度，这就是钢筋混凝土受弯构件挠度计算中通称的“最小刚度原则”。对于有正负弯矩作用的连续梁或伸臂梁，当计算跨度内的支座截面刚度不大于跨中截面刚度的两倍或不小于跨中截面刚度的 1/2 时，该跨也可按等刚度构件进行计算，其构件刚度可取跨中最大弯矩截面的刚度。

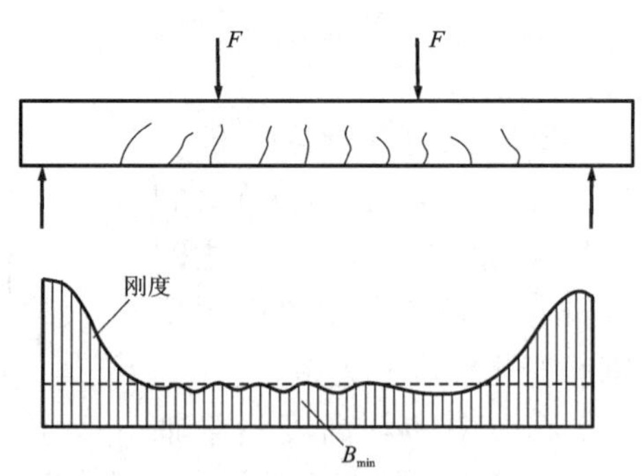

图 3－62　简支梁截面抗弯刚度分布

钢筋混凝土受弯构件的刚度确定后，即可按力学方法进行挠度验算，并应满足

$$f_{max} = \alpha \frac{M_q l_0^2}{B} \leqslant f_{lim} \tag{3-72}$$

5. 减小构件挠度(增大刚度)的措施

从式(3-72)可知，欲减小挠度值f，就需增大抗弯刚度B，影响抗弯刚度的主要因素有：

(1)截面有效高度h_0，由式(3-69)可知，当配筋率和材料给定时，增大h_0对提高抗弯刚度B_s最为有效。

(2)配筋率ρ。增大ρ会使B_s略有提高，但单纯为提高抗弯刚度而增大配筋率ρ是不经济的。

(3)截面形状。当截面有受拉或受压翼缘时，γ_f'、A_{te}增大会使B_s提高。

(4)混凝土强度等级。提高f_{tk}和E_c，使ψ和α_E减小，可增大B。

(5)在受压区增加受压钢筋。增大ρ'，可使θ减小，也可增大B。

(6)采用预应力混凝土，可显著减小挠度值f。

综上可见，欲减小钢筋混凝土梁的挠度而增大其抗弯刚度，增大截面有效高度h_0是最经济而有效的好办法；其次是增加钢筋的截面面积。其他措施如提高混凝土强度等级和选择合理的截面形状(T形、I形)等效果都不显著。此外，采用预应力混凝土构件也是受弯构件刚度的最有效措施。

【案例解答】

解：

1. 验算裂缝宽度

(1)确定计算参数。

混凝土C30，$f_{tk}=2.01\ \text{N/mm}^2$，$E_c=3.0\times10^4\ \text{N/mm}^2$，$c_s=20+8=28\ \text{mm}$

HRB400级热轧钢筋，$E_s=2\times10^5\ \text{N/mm}^2$，$A_s=1964\ \text{mm}^2$，相对黏结特征系数$v_i=1.0$。

纵筋4 ⌀25，箍筋Φ8，截面有效高度$h_0=600-20-8-25/2=560\ \text{mm}$

受弯构件，$\alpha_{cr}=1.9$，准永久组合系数$\psi_q=0.5$。

(2)计算纵向受拉钢筋的有效配筋率ρ_{te}和应力σ_{sq}

按荷载效应准永久组合作用计算的跨中弯矩值

$$M_q=\frac{1}{8}(g_k+\psi_q q_k)l_0^2=\frac{1}{8}\times(25+0.5\times40)\times5.4^2=164\ \text{kN}\cdot\text{m}$$

$$\rho_{te}=\frac{A_s}{0.5bh}=\frac{1964}{0.5\times250\times600}=0.026>0.01$$

$$\sigma_{sq}=\frac{M_q}{0.87h_0A_s}=\frac{164\times10^6}{0.87\times560\times1964}=172\ \text{N/mm}^2$$

(3)计算纵向钢筋应变的不均匀系数ψ

$$\psi=1.1-0.65\frac{f_{tk}}{\rho_{te}\sigma_{sq}}=1.1-0.65\times\frac{2.01}{0.026\times172}=0.651$$

(4)计算最大裂缝宽度ω_{max}

$$\omega_{max}=\alpha_{cr}\psi\frac{\sigma_{sk}}{E_s}(1.9C_s+0.08\frac{d_{eq}}{\rho_{te}})$$

$$=1.9\times0.651\times\frac{172}{2\times10^5}(1.9\times28+0.08\times\frac{25}{0.026})=0.14\ \text{mm}$$

验算裂缝宽度：$\omega_{max}=0.14<0.3\ \text{mm}$，满足要求。

2. 验算挠度

(1)确定计算参数

$f_{tk}=2.01\ N/mm^2$，$E_c=3.0\times10^4\ N/mm^2$，$E_s=2\times10^5 N/mm^2$，

$\alpha_E=\frac{E_s}{E_c}=\frac{2\times10^5}{3\times10^4}=6.67$

$A_s=1964\ mm^2$，截面有效高度 $h_0=600-20-8-25/2=560\ mm$，

$\rho=A_s/bh_0=1964/(250\times562)=0.0140$，$\rho'=0$

$\psi=0.651$，$\sigma_{sq}=172\ N/mm^2$，$\rho_{te}=0.026>0.01$，$M_q=164\ kN\cdot m$

(2)计算短期刚度 B_s

矩形截面 $\gamma_f'=0$，则短期刚度为

$$B_s=\frac{E_sA_sh_o^2}{1.15\psi+0.2+\frac{6\alpha_E\rho}{1+3.5\gamma_f'}}$$

$$=\frac{2\times10^5\times1964\times560^2}{1.15\times0.651+0.2+\frac{6\times6.67\times0.014}{1+3.5\times0}}=81.58\times10^{12}\ N\cdot mm^2$$

(3)计算长期刚度 B

$$\theta=1.6+0.4(1-\frac{\rho'}{\rho})=1.6+0.4\times(1-\frac{0}{0.014})=2.0$$

$$B=\frac{B_s}{\theta}=\frac{81.58\times10^{12}}{2}=40.79\times10^{12}\ N\cdot mm^2$$

(4)计算梁的挠度 f 并验算

$$f_{max}=\frac{5}{48}\times\frac{M_ql_0^2}{B}=\frac{5}{48}\times\frac{164\times10^6\times5.4^2\times10^6}{40.79\times10^{12}}=12.21\ mm$$

查表 3-16 知挠度限值 $f_{lim}=l_0/200=5400/200=27\ mm$，$f=12.21\ mm<f_{lim}=27\ mm$，所以满足要求。

【任务布置】

根据任务一、二中对外伸梁的配筋结果，验算其挠度和裂缝宽度。

【知识总结】

1. 钢筋混凝土受弯构件的裂缝产生是由于受拉边缘混凝土达到抗拉强度所致；而裂缝的发展则是开裂截面之间的混凝土和钢筋之间教结滑移的结果。

2. 影响裂缝宽度的因素很多，最主要的是钢筋应力、钢筋直径和纵筋配筋率。对于普通钢筋混凝土受弯构件宜控制钢筋的级别，采用低强度较细直径的钢筋；当对裂缝宽度要求较严时，增大钢筋面积也是可取的有效办法。对钢筋混凝土构件，按荷载效应的准永久组合并考虑荷载长期作用影响计算的最大裂缝宽度不应超过《规范》规定的最大裂缝宽度限值。

3. 钢筋混凝土受弯构件的抗弯刚度是一个变量，其值随弯矩 M 的增大而逐渐减小，在荷载长期作用下，刚度还将随着作用持续时间的增加而降低。钢筋混凝土受弯构件的挠度应按荷载效应的准永久组合并考虑荷载长期作用影响的长期刚度 B 计算，挠度的计算值不应超过《规范》规定的挠度限值。

4. 由于钢筋混凝土受弯构件的刚度沿长度变化，为计算方便采用最小刚度原则。即取最大弯矩截面处的最小刚度计算构件的最大变形(挠度)值。

5. 影响受弯构件抗弯刚度最主要的因素是截面有效高度 h_0，其次是纵筋配筋率 ρ 和截面形状。

【课后练习】

1. 简述钢筋混凝土构件裂缝的出现、分布和开展过程。

2. 影响钢筋混凝土构件裂缝宽度的主要因素有哪些？若 $\omega_{max} > \omega_{lim}$，可采取哪些措施减小裂缝宽度？最有效的措施是什么？

3. 钢筋混凝土受弯构件的截面弯曲刚度有什么特点？

4. 试说明 B_s 和 B 的意义，如何计算？什么是“最小刚度原则”？

5. 影响受弯构件抗弯刚度的因素有哪些？若 $f_{max} > f_{lim}$ 可采取哪些措施来减小梁的挠度？最有效的措施是哪些？

6. 某矩形截面钢筋混凝土简支梁，环境类别为一类，计算跨度为 $l_0 = 4.8$ m，截面尺寸 $b \times h = 200$ mm × 500 mm，承受楼面传来的均布恒载标准值(包括自重) $g_k = 25$ kN/m，均布活荷载标准值 $q_k = 14$ kN/m，准永久值系数 $\psi_q = 0.5$。采用 C25 级混凝土，梁底配有 6 Φ18HRB335 级钢筋($A_s = 1526$ mm^2，梁的挠度限值 $f_{lim} = l_0/250$，裂缝宽度限值为 $\omega_{lim} = 0.2$ mm)，试验算梁的裂缝宽度及挠度是否满足要求。

学习情境四　设计柱

【项目描述与分析】

通过学习受压构件的受力特点，使学生掌握受压构件承载力计算配筋方面的知识，能进行简单受压构件的计算，可熟练掌握受压构件的分类及配筋要求，掌握配筋率对受压构件破坏形态的影响，加强对柱结构图的识读能力，并能独立处理施工中关于柱截面选取及构造钢筋的配置问题。重点是大偏心受压构件的承载力计算；难点是考虑附加弯矩时弯矩设计值的调整。

【学习目标】

能力目标	知识目标	权重
会描述柱内各种钢筋种类、作用和相关构造要求	掌握柱截面配筋的基本构造要求	20%
学会描述轴心受压构件的破坏特征	掌握轴心受压构件受力特点	10%
学会描述偏心受压构件的破坏特征	掌握偏心受压构件的破坏特征及大、小偏心受压界限	15%
学会轴心受压构件承载力设计和复核	掌握轴心承载力计算公式及适用条件	15%
学会偏心受压构件承载力设计和复核	掌握偏心受压的承载力计算公式及适用条件	40%
合　计		100%

任务一　计算轴心受压柱承载力

轴压构件

【案例引入】

1. 某单位兴建一栋框架结构的办公大楼，有方柱 14 根，截面尺寸为 750 mm × 750 mm，混凝土设计强度为 C30，钢筋设计强度为 HRB400 级钢筋，问该柱内有几种类型的钢筋？对该柱进行计算，其轴心受压的最小配筋率是多少？

2. 该楼柱子若为圆柱，圆柱中纵向钢筋不宜少于多少根？该框架结构柱的混凝土强度等级不应低于多少？

3. 该框架结构柱在设计过程中，宜设计成轴心受压柱还是偏心受压柱？

4. 该柱的箍筋有什么作用，若该柱的纵筋直径采用 25 mm，请问箍筋的直径不应小于多少 mm？

【任务目标】

1. 掌握柱截面配筋的基本构造要求；

2. 掌握轴心受压构件破坏特征及轴心受压构件承载力计算公式及适用条件。

【知识链接】

以承受轴向压力为主的构件属于受压构件。例如，单层厂房柱、拱、屋架上弦杆，多层和高层建筑中的框架柱、剪力墙、筒体，烟囱的筒壁，桥梁结构中的桥墩、桩等均属于受压构件，如图 4－1 所示。

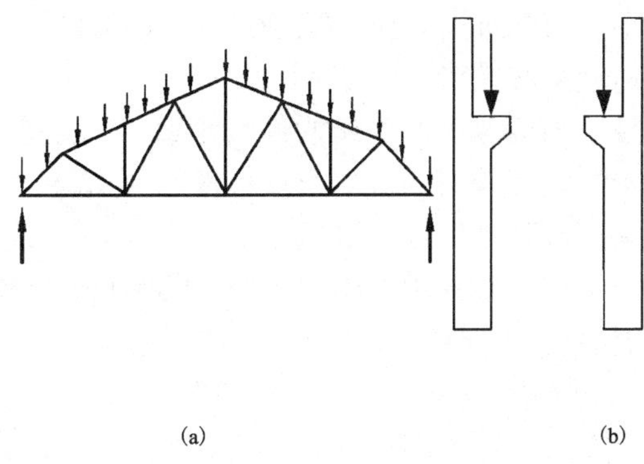

图 4－1　常见的受压构件

(a)屋架上弦杆；(b)单层厂房柱

受压构件按其受力情况可分为，轴心受压构件、单向偏心受压构件、双向偏心受压构件。

对于单一均质材料的构件，当轴向压力的作用线与构件截面形心轴线重合时为轴心受压，不重合时为偏心受压。钢筋混凝土构件由两种材料组成，混凝土是非匀质材料，钢筋可不对称布置，但为了方便，不考虑混凝土的不匀质性及钢筋不对称布置的影响，近似地用轴向压力的作用点与构件正截面形心的相对位置来划分受压构件的类型。当轴向压力的作用点位于构件正截面形心时，为轴心受压构件。当轴向压力的作用点只对构件正截面的一个主轴有偏心距时，为单向偏心受压构件。当轴向压力的作用点对构件正截面的两个主轴都有偏心距时，为双向偏心受压构件，如图 4－2 所示。

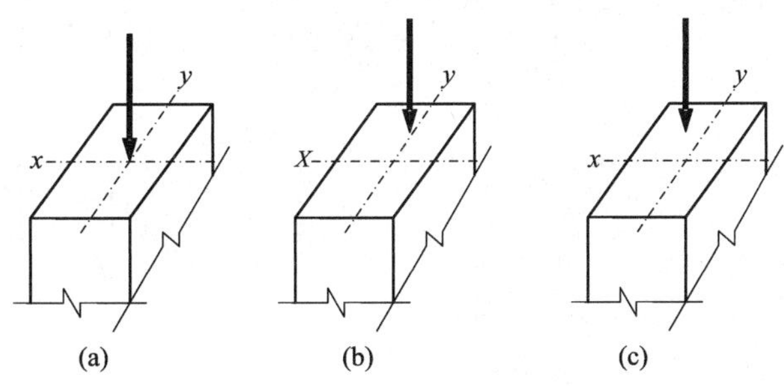

图 4－2　轴心受压与偏心受压

(a)轴心受压；(b)单向偏心受压；(c)双向偏心受压

4.1.1　受压构件的构造要求

1. 截面形式及尺寸

为便于制作模板，轴心受压构件截面一般采用方形或矩形，有时也可采用圆形或多边形。偏心受压构件一般采用矩形截面，但为了节约混凝土和减轻柱的自重，特别是在装配式柱中，较大尺寸的柱常常采用 I 字形截面。拱结构的肋常做成 T 形截面。采用离心法制造的柱、桩、电杆及烟囱、水塔支筒等常采用环形截面。

方形柱的截面尺寸不宜小于 250 mm × 250 mm。为了避免矩形截面轴心受压构件长细比过大，承载力降低过多，常取 $l_0/b \leqslant 30$，$l_0/h \leqslant 25$。l_0 为柱的计算长度，b 为矩形截面短边尺寸，h 为长边尺寸。此外，为了施工支模方便，柱截面尺寸宜采用整数，800 mm 及以下的，宜取 50 mm 的倍数，800 mm 以上的，可取 100 mm 的倍数。抗震设计时，还要注意轴压比的限值要求(见表 11－7)。

对于 I 形截面，翼缘厚度不宜小于 120 mm，因为翼缘太薄，会使构件过早出现裂缝，同时在靠近柱底处的混凝土容易在车间生产过程中破坏，影响柱的承载力和使用年限。腹板厚度不宜小于 100 mm，地震区采用 I 形截面柱时，其腹板宜再加厚些。

2. 材料强度要求

混凝土强度等级对受压构件的承载力影响较大。为了减小构件的截面尺寸，节省钢材，宜采用较高强度等级的混凝土。一般采用 C25、C30、C35、C40，对于高层建筑的底层柱，必要时可采用高强度等级的混凝土。

纵向钢筋一般采用 HRB335 级、HRB400 级和 RRB400 级，不宜采用高强度钢筋，这是由于它与混凝土共同受压时，不能充分发挥其高强度的作用。箍筋一般采用 HPB300 级、HRB335 级钢筋，也可采用 HRB400 级钢筋。

3. 柱中纵向钢筋的配置

柱的钢筋

轴心受压构件的纵向受力钢筋应沿截面的四周均匀放置，钢筋根数不得少于 4 根，见图 4－3(a)，纵向受力钢筋直径不宜小于 12 mm，通常选用 16～32 mm；为了减少钢筋在施工时可能产生的纵向弯曲，宜选用较粗的钢筋，从经济、施工等方面来考虑，全部纵筋配筋率不宜大于 5%，柱中纵向钢筋的净间距不应小于 50 mm，且不宜大于 300 mm。

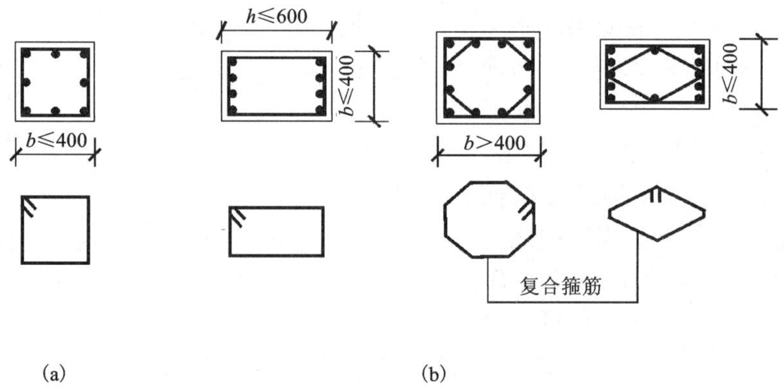

图 4－3　轴心受压与偏心受压柱的箍筋构造

偏心受压柱的截面高度不小于 600 mm 时，在柱的侧面上应设置直径不小于 10 mm 的纵向构造钢筋，并相应设置复合箍筋或拉筋，见图 4－3(b)。在偏心受压柱中，垂直于弯矩作用平面的侧面上的纵向受力钢筋以及轴心受压柱中各边的纵向受力钢筋，其中距不宜大于 300 mm。

圆柱中纵向钢筋不宜少于 8 根，不应少于 6 根，且宜沿周边均匀布置。

混凝土结构中的纵向受压钢筋，当计算中充分利用钢筋的抗压强度时，受压钢筋的锚固长度应不小于相应受拉锚固长度的 0.7 倍。受压钢筋不应采用末端弯钩和一侧贴焊锚筋的锚固措施。

4. 柱中箍筋的设置

箍筋直径不应小于 $d/4$，且不应小于 6 mm，d 为纵向钢筋的最大直径；箍筋间距不应大于 400 mm 及构件截面的短边尺寸，且不应大于 $15d$，d 为纵向钢筋的最小直径；柱及其他受压构件中的周边箍筋应做成封闭式；对圆柱中的箍筋，搭接长度不应小于锚固长度，且末端应做成135°弯钩，弯钩末端平直段长度不应小于5d，d为箍筋直径；当柱截面短边尺寸大于400 mm且各边纵向钢筋多于3根时，或当柱截面短边尺寸不大于400 mm但各边纵向钢筋多于4根时，应设置复合箍筋；柱中全部纵受力钢筋的配筋率大于3%时，箍筋直径不应小于8 mm，间距不应大于10d，且不应大于200 mm，d为纵向受力钢筋的最小直径。箍筋末端应做成135°弯钩，且弯钩末端平直段长度不应小于箍筋直径的10倍。

在纵筋搭接长度范围内，箍筋的直径不宜小于搭接钢筋直径的0.25倍；箍筋间距应加密，当搭接受压钢筋直径大于25 mm时，应在搭接接头两个端面外100 mm范围内各设置两根箍筋。

对于截面形状复杂的构件，不可采用具有内折角的箍筋，以避免产生向外的拉力，致使折角处的混凝土受拉后有拉直趋势，使混凝土崩裂，见图4－4。

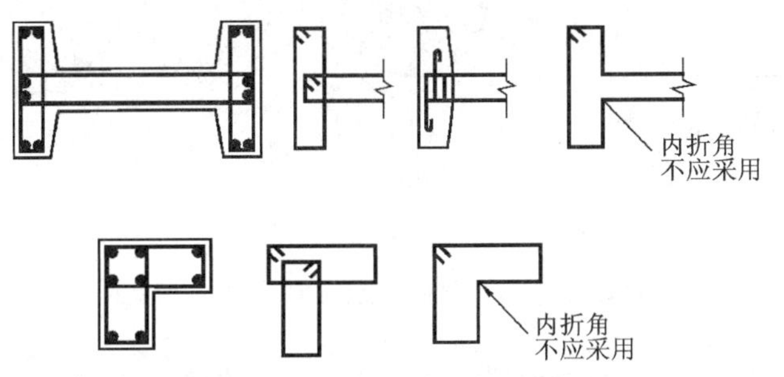

图4－4 复杂截面的箍筋形式

4.1.2 轴心受压构件承载力计算

在实际工程结构中，由于混凝土材料的非匀质性，纵向钢筋的不对称布置，荷载作用位置的不准确及施工时不可避免的尺寸误差等原因，使得真正的轴心受压构件几乎不存在。但在设计以承受恒荷载为主的多层房屋的内柱及桁架的受压腹杆等构件时，可近似地按轴心受压构件计算。另外，轴心受压构件正截面承载力计算还用于偏心受压构件垂直弯矩平面的承载力验算。

轴心受压构件中，钢筋骨架是由纵向受压钢筋和箍筋经绑扎或焊接而成的，根据所配置钢筋的不同，轴心受压柱有两种基本形式：配有箍筋或在纵向钢筋上焊有横向钢筋的柱，称为普通箍筋柱[图4－5(a)]；配有螺旋式或焊接环形钢筋的柱，称为螺旋箍筋柱[图4－5(b)、(c)]。

1. 轴心受压普通箍筋柱的正截面承载力计算

常见的轴心受压柱是普通箍筋柱。纵筋的作用是提高柱的承载力，减小构件的截面尺寸，防止因偶然偏心产生的破坏，改善破坏时构件的延性和减小混凝土的徐变变形。箍筋的作用是和纵筋形成骨架并防止纵筋受压后压屈后外凸。

(1)受力分析和破坏形态

配有纵筋和箍筋的短柱，在轴心荷载作用下，整个截面的应变基本上是均匀分布的。当荷载较小时，混凝土和钢筋都处于弹性阶段，柱子压缩变形的增加与荷载的增加成正比，纵

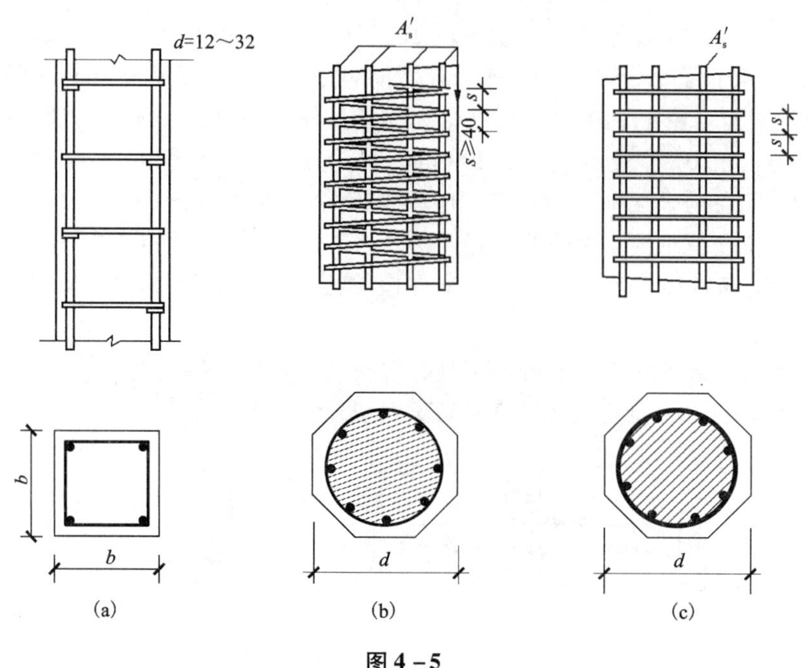

图 4－5

(a)普通箍筋柱；(b)螺旋箍筋柱；(c)焊接环形箍筋柱

筋和混凝土的压应力的增加也与荷载的增加成正比。当荷载较大时，由于混凝土塑性变形的发展，压缩变形增加的速度快于荷载增加速度；纵筋配筋率越小，这个现象越为明显。同时，在相同荷载增量下，钢筋的压应力比混凝土的压应力增加得快，见图 4－6。随着荷载的继续增加，柱中开始出现微细裂缝，在临近破坏荷载时，柱四周出现明显的纵向裂缝，箍筋间的纵筋发生压屈，向外凸出，混凝土被压碎，柱子即告破坏，如图 4－7。

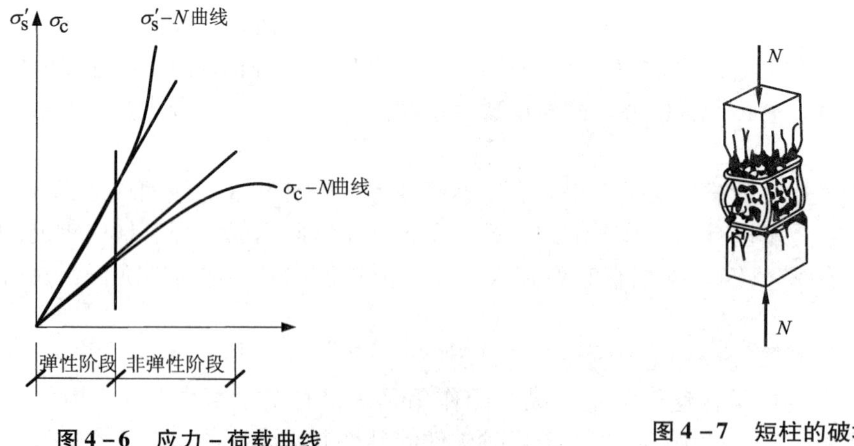

图 4－6　应力－荷载曲线

图 4－7　短柱的破坏

试验表明，素混凝土棱柱体构件达到最大压应力值时的压应变值约为 0.0015～0.002，而钢筋混凝土短柱达到应力峰值时的压应变一般在 0.0025～0.0035 之间。其主要原因是纵向钢筋起到了调整混凝土应力的作用，使混凝土的塑性得到了较好的发挥，改善了受压破坏的脆性。在破坏时，一般是纵筋先达到屈服强度，此时可继续增加一些荷载。最后混凝土达到极限压应变值，构件破坏。当纵向钢筋的屈服强度较高时，可能会出现钢筋没有达到屈服强度而混凝土达到了极限压应变值的情况。

上述是短柱的受力分析和破坏形态。对于长细比较大的柱子，试验表明，由各种偶然因素造成的初始偏心距的影响是不能忽略的。加载后，初始偏心距导致产生附加弯矩和相应的侧向挠度，而侧向挠度又增大了荷载的偏心距；随着荷载的增加，附加弯矩和侧向挠度将不断增大。这样相互影响的结果，使长柱在轴力和弯矩的共同作用下发生破坏。破坏时，首先在凹侧出线纵向裂缝，随后混凝土被压碎，纵筋被压屈向外凸出；凸侧混凝土出现垂直于纵轴方向的横向裂缝，侧向挠度急剧增大，柱子破坏，见图 4－8。

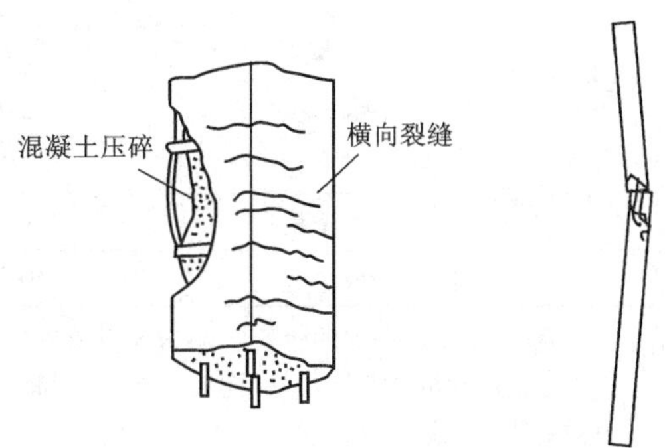

图 4－8　长柱的破坏

试验表明，长柱的破坏荷载低于其他条件相同的短柱破坏荷载，长细比越大，承载能力降低越多。其原因在于，长细比越大，由于各种偶然因素造成的初始偏心距将越大，从而产生的附加弯矩和相应的侧向挠度也越大。特别是长细比很大的柱子，还可能发生失稳破坏。

《混凝土结构设计规范》采用稳定系数 φ 来表述长柱承载力的降低程度，即

$$\varphi = \frac{N_l}{N_s}$$

式中：N_l，N_s——长柱和短柱的承载力。

稳定系数 φ 的大小主要与构件的长细比有关，而混凝土强度等级和钢筋种类及配筋率对其的影响较小，轴心受压构件稳定系数 φ 的取值见表 4－1。

表 4－1　钢筋混凝土轴心受压构件的稳定系数 φ

l_0/b	≤8	10	12	14	16	18	20	22	24	26	28
l_0/d	≤7	8.5	10.5	12	14	15.5	17	19	21	22.5	24
l_0/i	≤28	35	42	48	55	62	69	76	83	90	97
φ	1.00	0.98	0.95	0.92	0.87	0.81	0.75	0.70	0.65	0.60	0.56
l_0/b	30	32	34	36	38	40	42	44	46	48	50
l_0/d	26	28	29.5	31	33	34.5	36.5	38	40	41.5	43
l_0/i	104	111	118	125	132	139	146	153	160	167	174
φ	0.52	0.48	0.44	0.40	0.36	0.32	0.29	0.26	0.23	0.21	0.19

注：①l_0 为构件的计算长度；②b 为矩形截面的短边尺寸，d 为圆形截面的直径，i 为截面的最小回转半径。

刚性屋盖单层房屋排架柱、露天吊车柱和栈桥柱的计算长度按表 4－2 取用；钢筋混凝土框架柱的计算长度按表 10－5 取用。

表4-2　单层房屋排架柱、露天吊车柱和栈桥柱的计算长度

<table>
<tr><th colspan="2" rowspan="3">柱的类别</th><th colspan="3">l_0</th></tr>
<tr><th rowspan="2">排架方向</th><th colspan="2">垂直排架方向</th></tr>
<tr><th>有柱间支撑</th><th>无柱间支撑</th></tr>
<tr><td rowspan="2">无吊车房屋柱</td><td>单跨</td><td>$1.5H$</td><td>$1.0H$</td><td>$1.2H$</td></tr>
<tr><td>两跨及多跨</td><td>$1.25H$</td><td>$1.0H$</td><td>$1.2H$</td></tr>
<tr><td rowspan="2">有吊车房屋柱</td><td>上柱</td><td>$2.0H_u$</td><td>$1.25H_u$</td><td>$1.5H_u$</td></tr>
<tr><td>下柱</td><td>$1.0H_l$</td><td>$0.8H_l$</td><td>$1.0H_l$</td></tr>
<tr><td colspan="2">露天吊车柱和栈桥柱</td><td>$2.0H_l$</td><td>$1.0H_l$</td><td></td></tr>
</table>

注：①H为从基础顶面算起的柱子全高；H_l为从基础顶面至装配式吊车梁底面或现浇式吊车梁顶面的柱子下部高度；H_u为从装配式吊车梁底面或从现浇式吊车梁顶面算起的柱子上部高度；②表中有吊车房屋排架柱的上柱在排架方向的计算长度，仅适用于$H_u/H_l \geqslant 0.3$的情况；当$H_u/H_l < 0.3$时，计算长度宜取$2.5H_u$；③表中有吊车房屋排架柱的计算长度，当计算中不考虑吊车荷载时，可按无吊车房屋柱的计算长度采用，但上柱的计算长度仍可按有吊车房屋采用。

(2)轴心受压承载力计算公式

根据以上分析，配有纵向钢筋和普通箍筋的轴心受压短柱破坏时，柱截面计算简图如图4-9所示，考虑到可能存在的初始偏心影响，以及主要承受恒载作用的轴心受压柱的可靠性，《混凝土结构设计规范》在轴心受压柱承载力的计算中又考虑了0.9的折减系数，则轴心受压构件的正截面承载力计算公式为

$$N \leqslant N_u = 0.9\varphi(f'_y A'_s + f_c A) \qquad (4-1)$$

式中：N——轴心受压设计值；

φ——钢筋混凝土轴心受压构件的稳定系数；

f'_y——纵向钢筋抗压强度设计值，当采用HRB500、HRBF500钢筋时，f'_y应取400 N/mm^2；

A'_s——全部纵向的受压钢筋截面面积；

f_c——混凝土轴心受压强度设计值；

A——构件截面面积。

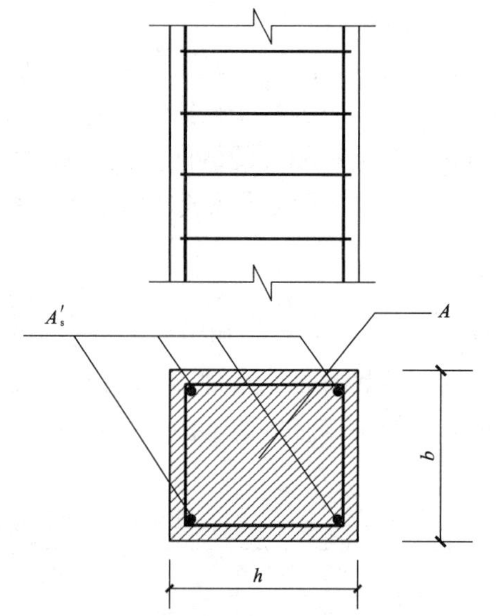

图4-9　配有纵向钢筋和普通箍筋的轴心受压构件截面

当纵向钢筋配筋率$\rho' > 3\%$时，式中A改用为$A_c = A - A'_s$，0.9是为了保持与偏心受压构件正截面承载力计算具有相近的可靠度而引入的系数。

由于混凝土在长期荷载作用下具有徐变的特性，因此，钢筋混凝土轴心受压柱在长期荷载作用下，混凝土和钢筋将产生应力重分布，混凝土压应力将减少，而钢筋压应力将增大。配筋率越小，钢筋压应力增加越大，所以为了防止在正常使用荷载作用下，钢筋压应力由于徐变而增大到屈服强度，《混凝土结构设计规范》规定了受压构件的最小配筋率如表4-3所示。

表 4-3　钢筋混凝土结构构件纵向受力钢筋的最小配筋百分率

受力类型			最小配筋百分率/%
受压构件	全部纵向钢筋	强度级别 500 N/mm^2	0.50
		强度级别 400 N/mm^2	0.55
		强度级别 300 N/mm^2、335 N/mm^2	0.60
	一侧纵向钢筋		0.20
受弯构件、偏心受拉、轴心受拉构件一侧的受拉钢筋			0.20 和 $45f_t/f_y$ 中的较大值

注：①受压构件全部纵向钢筋最小配筋百分率，当采用 C60 及以上强度等级的混凝土时，应按表中规定增加 0.10；②板类受弯构件的受拉钢筋，当采用强度级别 400 N/mm^2、500 N/mm^2 的钢筋时，其最小配筋率应允许采用 0.15% 和 $45\,f_t/f_y\%$ 中的较大值；③偏心受拉构件中的受压钢筋，应按受压构件一侧纵向钢筋考虑；④受压构件的全部纵向钢筋和一侧纵向钢筋的配筋详细以及轴心受拉构件和小偏心受拉构件一侧受拉钢筋的配筋率均应按构件的全截面面积计算；⑤受弯构件、大偏心受拉构件一侧受拉钢筋的配筋率应按全截面面积扣除受压翼缘面积 $(b'_f-b)h'_f$ 后的截面面积计算；⑥当钢筋沿构件截面周边布置时，“一侧纵向钢筋”系指沿受力方向两个对边中一边布置的纵向钢筋。

但是受压构件的配筋也不宜过多，因为考虑到实际工程中存在受压构件突然卸载的情况，如果配筋率太大，卸载后钢筋回弹，可能造成混凝土受拉甚至开裂，同时，为了施工方便和经济，轴心受压构件配筋率也不宜超过 5%。

(3)轴心受压构件设计计算方法

轴心受压构件的设计问题可分为截面设计和截面复核两类。

1)截面设计

情况一：一般已知轴心压力设计值 N，构件截面面积 A 或 $b\times h$，材料强度设计值 f'_y、f_c，构件的计算长度 l_0，求纵向受压钢筋面积 A'_s。

【例题 4-1】　某钢筋混凝土柱，截面尺寸为 400 mm×400 mm，承受轴心压力设计值 $N=2100$ kN，柱的计算长度 $l_0=5.1$ m，纵向钢筋采用 HRB335 级，混凝土强度等级为 C30，该柱安全等级为二级，求该柱纵筋截面面积。

解　(1)确定基本数据。查表钢筋强度设计值 $f'_y=300\ N/mm^2$，混凝土强度设计值 $f_c=14.3\ N/mm^2$

(2)确定稳定系数 φ。

$$\frac{l_0}{b}=\frac{5100}{400}=12.75$$

查表 4-1 得 $\varphi=0.939$

(3)计算纵向钢筋 A'_s。

$$N\leqslant N_u=0.9\varphi(f'_yA'_s+f_cA)$$

$$A'_s=\frac{\dfrac{N}{0.9\varphi}-f_cA}{f'_y}=\frac{\dfrac{1.0\times2100\times10^3}{0.9\times0.939}-14.3\times400\times400}{300}=1839.67\ mm^2$$

(4)纵向受压钢筋选配 4 Φ25(实际配筋面积 1964 mm^2)。

(5)验算配筋率。

$\rho'=\dfrac{A'_s}{A}=\dfrac{1964}{400\times400}=1.23\%>\rho'_{min}=0.6\%$ 且 $<\rho'_{max}=5\%$，满足配筋要求。

情况二：一般已知轴心压力设计值 N，材料强度设计值 f'_y、f_c，构件的计算长度 l_0，求构件截面面积 A 或 $b \times h$ 及纵向受压钢筋面积 A'_s。

此时，A、A'_s、φ 均为未知数，公式(4－1)的解答将有许多组。因此，一般用试探法求解，即假设 $\varphi = 1$，$\rho = \frac{A'_s}{A} = 1\%$，估算出 A，然后用式(4－1)确定 A'_s，使纵向钢筋配筋百分率在 0.5%～2%之间。

【例题 4－2】 某钢筋混凝土柱，承受轴心压力设计值 $N = 2460$ kN，柱的计算长度 $l_0 = 4.8$ m，纵向钢筋采用 HRB400 级，混凝土强度等级为 C30，该柱安全等级为二级，求该柱截面尺寸及纵筋截面面积。

解 (1)确定基本数据。查表钢筋强度设计值 $f'_y = 360\ \text{N/mm}^2$，混凝土强度设计值 $f_c = 14.3\ \text{N/mm}^2$

(2)确定截面形式和尺寸。假设 $\varphi = 1$，$\rho = \frac{A'_s}{A} = 1\%$，由式(4－1)得

$$A = \frac{N}{0.9\varphi(f_c + f'_y\rho')} = \frac{2460 \times 10^3}{0.9 \times 1 \times (14.3 + 360 \times 1\%)} = 152700.19\ \text{mm}^2$$

由于是轴心受压构件，因此宜采用正方形截面，则有

$$b = h = \sqrt{152700.19} = 390.77\ \text{mm}，取\ b = h = 400\ \text{mm}$$

(3)求稳定系数 φ。

$$\frac{l_0}{b} = \frac{4800}{400} = 12$$

查表 4－1 得 $\varphi = 0.95$

(4)计算纵向钢筋面积 A'_s。

$$A'_s = \frac{\frac{N}{0.9\varphi} - f_c A}{f'_y} = \frac{\frac{1.0 \times 2460 \times 10^3}{0.9 \times 0.95} - 14.3 \times 400 \times 400}{360} = 1636.35\ \text{mm}^2$$

纵向受压钢筋选配 4 ⌀25(实际配筋面积 1964 mm^2)

(5)验算配筋率。

$\rho' = \frac{A'_s}{A} = \frac{1964}{400 \times 400} = 1.23\% > \rho'_{min} = 0.55\%$ 且 $< \rho'_{max} = 5\%$，满足配筋要求。

2)截面复核

截面复核只需要将有关数据代入式(4－1)中，如果式(4－1)成立，则满足承载力要求。

一般已知轴心压力设计值 N，材料强度设计值 f'_y、f_c，构件的计算长度 l_0，构件截面面积 A 或 $b \times h$ 及纵向受压钢筋面积 A'_s，求柱所承载的轴向压力设计值 N_u。

【例题 4－3】 某现浇多层框架结构的二层钢筋混凝土轴心受压柱，二层的层高为 3.9 m，柱截面尺寸为 400 mm×400 mm，混凝土强度等级为 C30，已配置纵向受压钢筋 4 ⌀22 ($A'_s = 1520\ \text{mm}^2$)。求该柱所能承载的轴向压力设计值 N_u。

解 (1)确定基本数据。查表钢筋强度设计值 $f'_y = 300\ \text{N/mm}^2$，混凝土强度设计值 $f_c = 14.3\ \text{N/mm}^2$。

(2)求稳定系数 φ。

查表 10－5 得，计算长度 $l_0 = 1.25H = 1.25 \times 3.9 = 4.875$ m

$$\frac{l_0}{b} = \frac{4875}{400} = 12.19$$

查表 4－1 得 $\varphi = 0.947$

(3)验算配筋率

$\rho' = \frac{A'_s}{A} = \frac{1520}{400 \times 400} = 0.95\% > \rho'_{min} = 0.6\%$ 且 $< \rho'_{max} = 5\%$，满足配筋要求。

(4)求柱所能承载的轴向压力设计值 N_u

$$N_u = 0.9\varphi(f_y'A_s' + f_c A) = 0.9 \times 0.947 \times (300 \times 1520 + 14.3 \times 400 \times 400)$$
$$= 2338.71 \times 10^3 N = 2338.71\ kN$$

2. 轴心受压螺旋箍筋柱的正截面承载力计算

当柱承受很大轴心压力，并且柱截面尺寸由于建筑上及使用要求受到限制，若涉及成普通箍筋柱，要提高混凝土强度等级和增加受压纵筋的配筋量，但有可能还不能满足承载力要求，这时我们可考虑采用螺旋箍筋或焊接环形钢筋来提高承载力。但其用钢量大，施工复杂，造价较高，一般较少采用。在配有螺旋式或焊接环式箍筋的柱中，如在正截面受压承载力计算中考虑间接钢筋的作用时，箍筋间距不应大于 80 mm 及 $d_{cor}/5$，且不宜小于 40 mm，d_{cor}为按箍筋内表面确定的核心截面直径。

【知识总结】

建筑工程中受压构件除满足承载力计算要求外，还应满足相应的构造要求。

在钢筋混凝土轴心受压柱中，若配置螺旋箍筋或焊接环箍，因其对核芯混凝土的约束作用，故与普通混凝土柱相比，螺旋箍筋柱或焊接环箍筋柱的承载力提高了；

轴心受压柱的计算中引入稳定系数 φ 来表述长柱承载力的降低程度；

轴心受压正截面承载力计算方法有两个方面，一是截面设计，二是截面承载力复核。

【课后练习】

1. 简述柱内钢筋的种类、作用。
2. 何谓轴心受压构件？
3. 受压构件中材料强度等级和截面尺寸各有哪些构造要求？
4. 试说明轴心受压普通箍筋柱和螺旋柱的区别？
5. 轴心受压短柱、长柱的破坏特征各是什么？为什么轴心受压长柱的受压承载力低于短柱？
6. 怎样确定轴心受压的计算长度？
7. 某现浇多层钢筋混凝土框架结构，底层中柱按轴心受压构件计算，承受的轴向压力设计值为 $N = 1400$ kN，柱的计算长度为 $l_0 = 3.9$ m，采用混凝土强度等级为 C30，纵向钢筋采用 HRB400 级钢筋。试求该柱截面尺寸和纵向钢筋面积。
8. 某轴心受压柱，截面尺寸为 400 mm × 400 mm，柱的计算高度 $l_0 = 5.4$ m，采用混凝土强度等级为 C30，纵向钢筋采用 HRB400 级钢筋，已配置 4 ⌀22。试求该柱所能承担的轴向力设计值 N。

任务二　计算偏心受压柱承载力

偏压构件

【案例引入】

1. 某单位兴建一栋框架结构的办公大楼，有框架柱 14 根，截面尺寸为 500 mm×600 mm，柱的计算长度 $l_0=6$ m，混凝土设计强度为 C30，纵向钢筋采用 HRB335 级钢筋，该截面作用轴向力设计值 1400 kN，柱端弯矩设计值 $M_2=420$ kN·m（按两端弯矩相等 $M_1/M_2=1$ 考虑）。

2. 对该柱进行计算其偏心受压的最小配筋率是多少？

3. 该框架结构柱宜设计成非对称配筋柱还是对称配筋柱？

【任务目标】

1. 掌握大、小偏心受压构件破坏特征；
2. 掌握大、小偏心受压界限；
3. 掌握大偏心受压构件承载力计算公式及适用条件。

【知识链接】

4.2.1　偏心受压构件的破坏形态

构件承受偏心压力或同时承受轴向压力 N 和弯矩 M 的构件，称为偏心受压构件。工程中偏心受压构件的应用很广泛，如框架结构柱、单层工业厂房排架柱、屋架、托架的上弦杆等等均为偏心受压构件。构件同时受到轴心压力 N 和弯矩 M 的作用，等效于对截面形心的偏心距为 $e_0=M/N$ 的偏心压力作用，如图 4－9 所示。

钢筋混凝土偏心受压短柱的破坏，随偏心距的大小及配筋量的不同，偏心受压构件的破坏可分为受拉破坏和受压破坏两种情况。

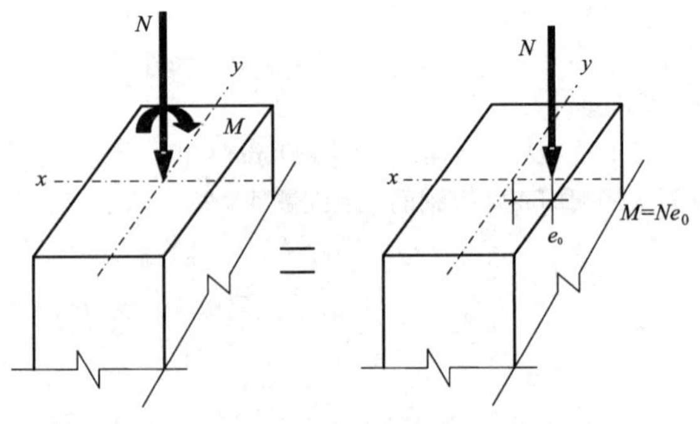

图 4－9　偏心受压

1. 受拉破坏（大偏心受压破坏）

当构件截面相对偏心距较大，且受拉钢筋 A_s 配置合适时，在偏心距较大的轴向压力 N 的作用下，远离轴向压力 N 一侧的截面受拉，在靠近轴向压力的一侧截面受压。当轴向压力 N 不断增大，受拉边缘混凝土达到其极限拉应变，受拉区的混凝土产生横向裂缝，受拉侧的钢筋应力随着荷载增加发展较快，首先达到屈服。随着荷载继续增加，裂缝逐渐加宽并向受压一侧延伸，受压区高度减小。最后，受压边缘混凝土达到其极限压应变 ε_{cu}，受压区混凝土被压碎而导致构件破坏，破坏时，混凝土压碎区较短，受压钢筋一般都能屈服，大偏心受压构件的破坏形态如图 4－10 所示。

大偏心受压构件的破坏特征与配有受压钢筋的适筋梁相似，受拉钢筋首先达到屈服，然后受压钢筋达到屈服，最后受压区混凝土被压碎而导致构件破坏。这种破坏形态在破坏前有明显的征兆，裂缝开展显著，变形急剧增大，其破坏属于塑性破坏。

2. 受压破坏（小偏心受压破坏）

当构件截面相对偏心距较小，或构件截面的相对偏心距较大，但受拉侧钢筋 A_s 配置较多时，截面受压混凝土和钢筋的应力较大，而受拉侧钢筋应力较小。受压构件破坏时，受压区混凝土的压应变达到极限压应变，混凝土被压碎，受压侧钢筋 A_s'达到屈服，而受拉侧钢筋 A_s 未达到受拉屈服，破坏具有脆性性质，如图 4－11 所示。由于这种破坏是从受压区开始的，因此产生小偏心受压破坏的条件和破坏形态有三种情况。

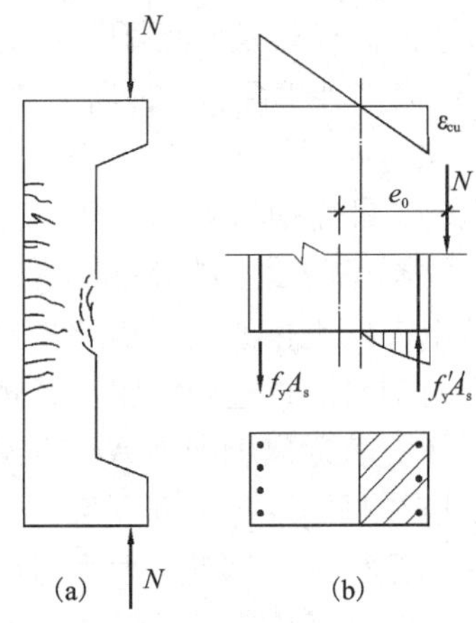

图 4－10　受拉破坏时截面应力和受拉破坏形态

（a）受拉破坏形态；（b）截面应力

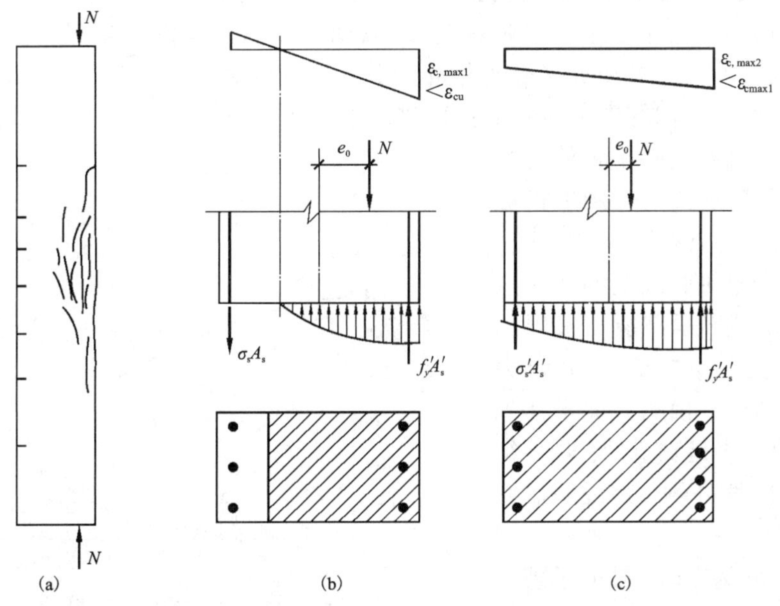

图 4－11　受压破坏时的截面应力和受压破坏形态

（a）受压破坏形态；（b）、（c）截面应力

（1）第一种情况：当轴向力 N 的相对偏心距较小时，构件截面全部受压或大部分受压，一般情况下截面破坏是从靠近轴向力 N 一侧受压区边缘的压应变达到混凝土极限压应变开始的，破坏时，受压应力较大一侧的混凝土被压碎，同侧的受压钢筋的应力也达到抗压屈服强度。而离轴向力 N 较远一侧的钢筋，可能受拉或受压，但都不会屈服，分别见图 4－11（b）、（c）。

（2）第二种情况：当轴向力 N 的相对偏心距较大，但却配置了很多的受拉钢筋，导致受拉钢筋始终不屈服。破坏时，受压区边缘混凝土达到极限压应变值，受压钢筋应力达到抗压屈服强度，而远侧钢筋受拉而不屈服，其截面上的应力状态如图 4－11（b）所示。破坏无明显预兆，压碎区段较长，混凝土强度越高，破坏脆性越明显。

(3)第三种情况：当轴向力 N 的相对偏心距很小，且距轴向力 N 较远一侧的钢筋 A_s 配置较少。此时还可能出现远离纵向偏心压力一侧边缘混凝土的应变首先达到极限压应变，混凝土被压碎，最终构件破坏的现象，这可称为“反向破坏”。

3. 两类偏心受压破坏的界限

从以上两类偏心受压破坏的特征可以看出，两类破坏的本质区别在于破坏时远离轴向力 N 一侧的钢筋能否达到屈服。若远离轴向力一侧的钢筋屈服，然后是受压区混凝土压碎即为受拉破坏。若远离轴向力 N 一侧钢筋无论受拉还是受压均未屈服，则为受压破坏。两类破坏的界限应该是当受拉钢筋屈服的同时，受压区混凝土达到极限压应变。它类似于受弯构件正截面的超筋破坏。因此，大小偏心受压破坏界限，仍可用受弯构件正截面中的超筋与适筋的界限来划分，而其相对界限受压区高度 ξ_b 计算公式与受弯构件公式相同。

$x \leqslant x_b = \xi_b h_0 (\xi \leqslant \xi_b)$，大偏心受压

$x > x_b = \xi_b h_0 (\xi > \xi_b)$，小偏心受压

4. $N_u - M_u$ 相关曲线

对于给定截面、配筋及材料强度的偏心受压构件，达到承载能力极限状态时，截面承受的内力设计值 N、M 是相互关联的。随着偏心距的增大，抗压承载力降低，但当偏心距增大到一定值时，抗压承载力 N 和抗弯承载力 M 的关系将发生变化，因此，可用 $N_u - M_u$ 相关曲线来表示。该曲线可由偏心受压构件试验和理论计算得到，如图 4 - 12 所示。

$N_u - M_u$ 相关曲线反映了钢筋混凝土截面在压力和弯矩共同作用下正截面承载力的规律，特点有：

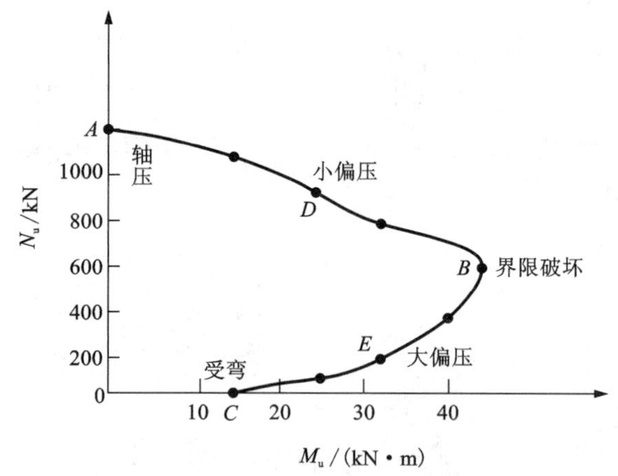

图 4 - 12　$N_u - M_u$ 相关曲线

(1) $N_u - M_u$ 相关曲线上的任一点代表截面处于正截面承载能力极限状态时的一种内力组合。若一组内力 (N、M) 在曲线内侧，说明截面未达到承载能力极限状态，是安全的；若一组内力 (N、M) 在曲线外侧，则说明截面承载力不足。

(2) 当弯矩 M 为零时，轴向承载力 N_u 达到最大，即代表了轴心受压构件，对应如图 4 - 12 所示中的 A 点；当轴向承载力为零时，为受纯弯承载力 M_u，即代表纯受弯构件，对应如图 4 - 12 所示中的 C 点；AB 段表示小偏心受压构件；BC 段表示大偏心受压构件；B 点代表了大、小偏心受压的界限构件，该点抗弯承载力 M_u 最大。

(3) 在大偏心受压构件的范围内，M_u 随着 N 的增大而增加。如图 4 - 12 所示中的 BEC 段；在小偏心受压构件的范围内，M_u 随着 N 的增加而减小。如图 4 - 12 所示中的 ADB 段。

掌握 $N_u - M_u$ 相关曲线的上述规律对偏心受压构件的设计计算十分有用。尤其是有多种内力组合时，可以根据 $N_u - M_u$ 相关曲线的规律确定出最不利的内力组合。

5. 附加偏心距 e_a

由于荷载作用位置的不确定性、材料的不均匀性及施工误差等原因，实际工程中不存在理想的轴心受压构件。为了考虑这些因素的不利影响，引入附加偏心距 e_a，按 $e_0=\frac{M}{N}$计算偏心距，在偏心受压构件的正截面承载力计算中，应考虑轴向压力在偏心方向存在的附加偏心距 e_a，因此在偏心距计算应为截面的初始偏心距 e_i，即

$$e_i=e_0+e_a \tag{4-2}$$

《混凝土结构设计规范》规定附加偏心距 e_a 取值为 20 mm 和偏心方向截面尺寸的 1/30 两者中的较大值。

6. 偏心受压长柱的受力特点及设计弯矩计算方法

钢筋混凝土受压构件在承受偏心受压荷载后，会产生层间位移和侧向挠度 f（见图 4－13），由侧向挠度 f 引起的附加弯矩 Nf 为二阶弯矩，而 Ne_i 为一阶弯矩。对柱的长细比较小时，侧向挠度与初始偏心距相比很小，设计时可忽略不计，这种柱为短柱。当柱的长细比较大时，侧向挠度和初始偏心距相比已不能忽略，因此《混凝土结构设计规范》规定：

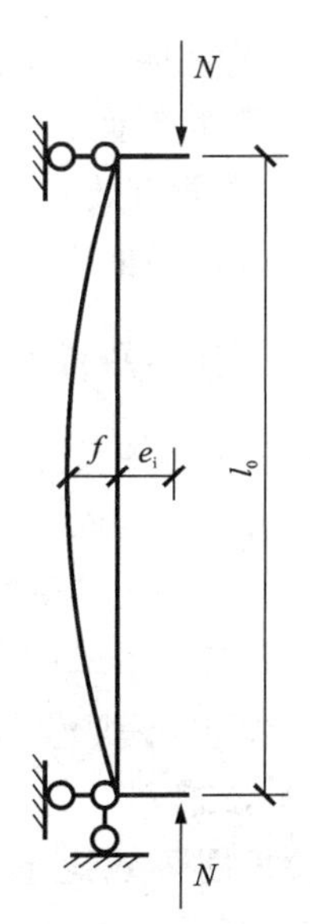

图 4－13 偏心受压构件的侧向挠度

对于弯矩作用平面内截面对称的偏心受压构件，当同一主轴方向的杆端弯矩比$\frac{M_1}{M_2}$不大于 0.9 且设计轴压比不大于 0.9 时，若构件的长细比满足公式（4－3）的要求，可不考虑轴向压力在该方向挠曲杆件中产生的附加弯矩影响；否则应按截面的两个主轴方向分别考虑轴向压力在挠曲杆件中产生的附加弯矩影响。

$$\frac{l_0}{i}\leqslant 34-12(M_1/M_2) \tag{4-3}$$

式中：M_1、M_2——偏心受压构件两端截面按结构分析确定的对同一主轴的组合弯矩设计值，绝对值较大端为 M_2，绝对值较小端为 M_1，当构件按单曲率弯曲时，$\frac{M_1}{M_2}$取正值，否则取负值；

l_0——构件的计算长度，可近似取偏心受压构件相应主轴方向上下支撑点之间的距离；

i——偏心方向的截面回转半径。

除排架结构柱外，其他偏心受压构件考虑轴向压力在挠曲杆件中产生二阶效应后控制截面弯矩设计值，应按下列公式计算：

$$M=C_m\eta_{ns}M_2 \tag{4-4}$$

$$C_m=0.7+0.3\frac{M_1}{M_2} \tag{4-5}$$

$$\eta_{ns}=1+\frac{1}{1300(M_2/N+e_a)/h_0}\left(\frac{l_0}{h}\right)^2\zeta_c \tag{4-6}$$

$$\zeta_c = \frac{0.5 f_c A}{N} \tag{4-7}$$

当 $C_m\eta_{ns}$ 小于 1.0 时取 1.0；对剪力墙及核心筒墙，可取 $C_m\eta_{ns}$ 等于 1.0。

式中：C_m——构件端截面偏心距调节系数，当小于 0.7 时取 0.7；

η_{ns}——弯矩增大系数；

N——与弯矩设计值 M_2 相应的轴向压力设计值；

e_a——附加偏心距，综合考虑荷载作用位置的不定性、混凝土质量的不均匀性和施工误差等因素的影响，其值取偏心方向截面长边尺寸的 1/30 和 20 mm 中的较大值；

ζ_c——截面曲率修正系数，当计算值大于 1.0 时取 1.0；

h——截面高度；

h_0——截面有效高度；

A——构件截面面积。

4.2.2 矩形截面偏心受压构件正截面承载力计算

偏心受压构件正截面承载力计算可采用受弯构件正截面承载力计算的基本假定：

1）截面保持为平面；

2）不考虑混凝土的受拉作用；

3）受压区混凝土采用等效矩形应力图。

1. 矩形截面大偏心受压构件承载力计算

（1）基本公式

《规范》采用等效矩形应力图作为正截面受压承载力的计算简图，结合大偏心受压破坏时的特征，可得出矩形截面大偏心受压构件正截面受压承载力的计算简图（图 4－14），由平衡条件可得出基本计算公式为

$$N \leqslant N_u = \alpha_1 f_c bx + f'_y A'_s - f_y A_s \tag{4-8}$$

$$Ne = \alpha_1 f_c bx\left(h_0 - \frac{x}{2}\right) + f'_y A'_s (h_0 - a'_s) \tag{4-9}$$

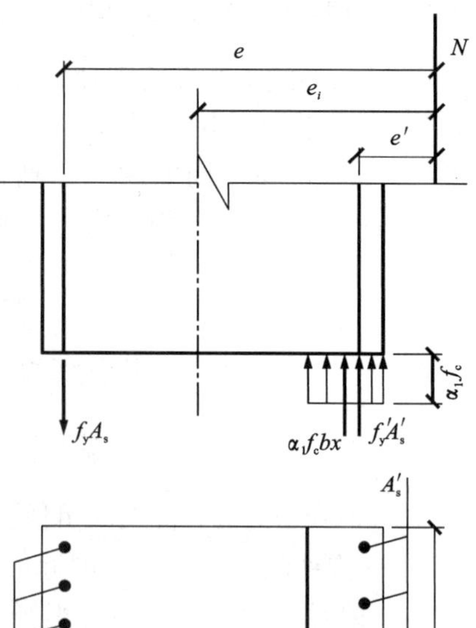

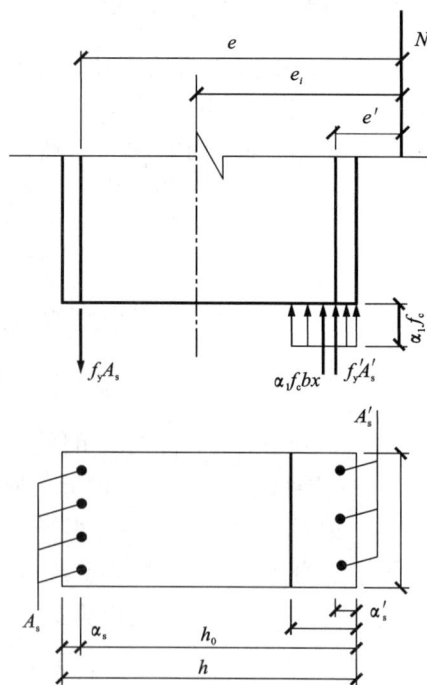

图 4－14　矩形截面大偏心受压构件正截面受压承载力计算简图

式中：N——轴向压力设计值；

α_1——系数，当混凝土强度等级不超过 C50 时，α_1 取为 1.0，为 C80 时，α_1 取为 0.94，其间按线性内插法取用；

e——轴向力至钢筋 A_s 合力中心的距离：$e = e_i + \frac{h}{2} - a_s$；

x——混凝土的受压区高度。

(2)公式的适用条件

1)为了保证构件破坏时，受拉区钢筋应力能达到屈服强度，设计时应满足

$$x\leqslant\xi_b h_0 \tag{4-10}$$

2)为了保证构件破坏时，受压钢筋应力能达到抗压屈服强度，设计时应满足

$$x\geqslant 2a_s' \tag{4-11}$$

当 $x<2a_s'$时，受压钢筋应力 A_s'不能屈服，与双筋受弯构件类似，可取 $x=2a_s'$，并对纵向受压钢筋 A_s'的合力点取距，得到式(4-12)，由式(4-12)可直接求出 A_s：

$$Ne'\leqslant f_y A_s(h_0-a_s') \tag{4-12}$$

$$A_s=\frac{Ne'}{f_y(h_0-a_s')} \tag{4-13}$$

$$e'=e_i-\frac{h}{2}+a_s' \tag{4-14}$$

式中：e'——轴向压力 N 作用点至纵向受压钢筋 A_s'合力点的距离。

2. 矩形截面小偏心受压构件承载力计算

(1)基本公式

小偏心受压构件破坏时的应力计算图形如图 4-15 所示，由平衡条件，可得出基本计算公式

$$N\leqslant N_u=\alpha_1 f_c bx+f_y'A_s'-\sigma_s A_s=\alpha_1 f_c b\xi h_0+f_y'A_s'-\sigma_s A_s \tag{4-15}$$

$$\begin{aligned}Ne&\leqslant\alpha_1 f_c bx\left(h_0-\frac{x}{2}\right)+f_y'A_s'(h_0-a_s')\\&=\alpha_1 f_c b\xi h_0^2\left(1-\frac{\xi}{2}\right)+f_y'A_s'(h_0-a_s')\end{aligned} \tag{4-16}$$

$$\sigma_s=\frac{\xi-\beta_1}{\xi_b-\beta_1}f_y \tag{4-17}$$

式中：ξ_b——界限相对受压区高度；

β_1——混凝土压区等效矩形应力图系数，见学习情境四相关表格；

σ_s——为小偏心受压构件中纵向受拉钢筋 A_s 的应力。

计算出的 σ_s 应符合：$-f_y'\leqslant\sigma_s\leqslant f_y$。

(2)公式的适用条件

1)$x>\xi_b h_0$；

2)$x\leqslant h$，当 $x>h$ 时，取 $x=h$。

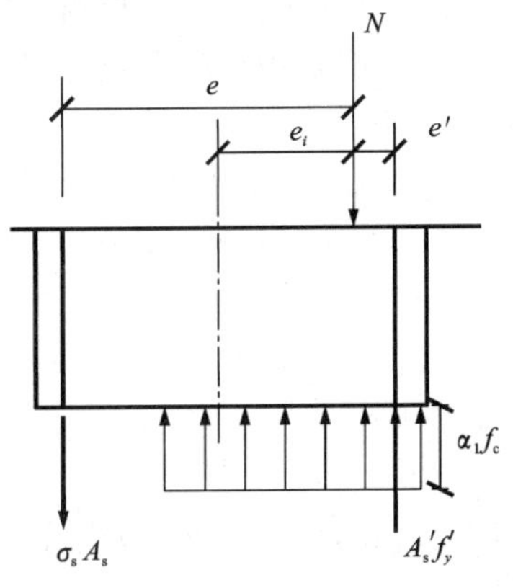

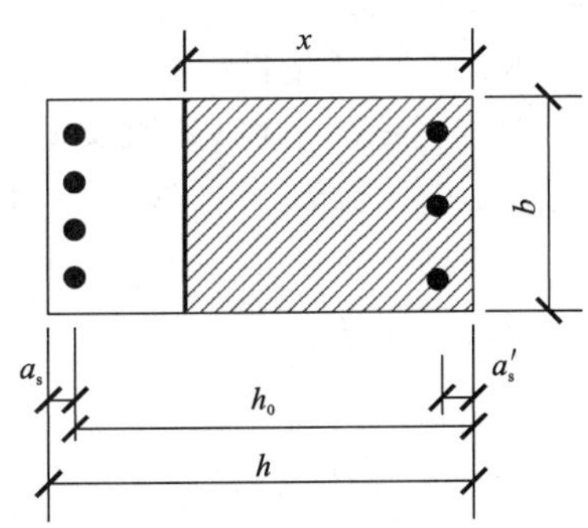

图 4-15　矩形截面小偏心受压构件正截面受压承载力计算简图

3. 垂直于弯矩作用平面的承载力验算

当轴向压力 N 较大，偏心距较小，且垂直于弯矩作用平面的长细比 l_0/b 较大时，则有可能由垂直于弯矩作用平面的轴心受压承载力起控制作用。因此，偏心受压构件除应计算弯矩作用平面内的受压承载力外，还应按轴心受压构件验算垂直于弯矩作用平面的受压承载力，此时，可不计入弯矩的作用，但应考虑稳定系数 φ 的影响。

垂直于弯矩作用平面的轴心受压承载力按下式计算：

$$N \leqslant 0.9\varphi[f_c A + f'_y(A'_s + A_s)] \tag{4-18}$$

式中：N——轴向力设计值.

φ——稳定系数，应按构件垂直于弯矩作用平面方向的长细比 l_0/b，查表 4－1 可得。

A'_s、A_s——偏心受压构件的纵向受压钢筋和纵向受拉钢筋。

验算时，若式(4－18)不满足，则表明该构件的配筋由垂直于弯矩作用平面的轴心受压承载力控制。此时，应按式(4－18)计算配筋量(A'_s+A_s)，并将该配筋量(A'_s+A_s)按"弯矩作用平面内偏心受压计算所得的纵向受压钢筋 A'_s和纵受拉钢筋 A_s 的面积比"进行分配。最后，按分配后的钢筋面积分别选配纵向受压钢筋和受拉钢筋。

4. 对称配筋矩形截面偏心受压构件计算

实际工程中，偏心受压构件截面在各种不同内力组合下，同一截面内常承受变号弯矩的作用；同时，为了在施工过程中避免将 A'_s和 A_s 的位置放错，或在预制构件中保证吊装时不出现差错，但按对称配筋设计算得的纵向钢筋总用量比按不对称配筋设计增加不多时，为了施工方便，一般都采用对称配筋。所谓对称配筋，是指在偏心受压构件截面的受拉区和受压区配置相同面积、相同强度等级、统一规格的纵向受力钢筋，即 $A_s=A'_s$，$f_y=f'_y$和 $a_s=a'_s$。

(1)大小偏心受压构件的判别条件

将 $A_s=A'_s$，$f_y=f'_y$代入式(4－8)，可得

$$N=\alpha_1 f_c bx=\alpha_1 f_c bh_0\xi \tag{4-25}$$

由式(4－25)可得

$$\xi=\frac{N}{\alpha_1 f_c bh_0} \tag{4-26}$$

当 $\xi\leqslant\xi_b$，为大偏心受压构件；$\xi>\xi_b$，为小偏心受压构件。

(2)截面设计

1)大偏心受压构件

先用式(4－26)计算 ξ 值及 $x=\xi h_0$。

若 $2a'_s\leqslant x\leqslant\xi_b h_0$，由式(4－9)可直接求出

$$A_s=A'_s=\frac{Ne-\alpha_1 f_c bx\left(h_0-\frac{x}{2}\right)}{f'_y(h_0-a'_s)} \tag{4-27}$$

式中：

$$e=e_i+\frac{h}{2}-a_s。$$

若 $x<2a'_s$，则表示受压钢筋不能达到屈服强度，这时由式(4－13)求得 A_s，

$$A'_s=A_s=\frac{Ne'}{f_y(h_0-a'_s)}$$

式中：$e'=e_i-\dfrac{h}{2}+a'_s$。

2)小偏心受压构件

对于小偏心受压破坏，将 $A_s=A'_s$，$f_y=f'_y$及式(4－17)代入式(4－15)，基本公式为 $N=\alpha_1 f_c b\xi h_0+A'_s f'_y-A'_s f'_y\dfrac{\xi-\beta_1}{\xi_b-\beta_1}$

可得

$$A_s f_y = A_s' f_y' = (N - \alpha_1 f_c b \xi h_0)\frac{\xi_b - \beta_1}{\xi_b - \xi} \tag{4-28}$$

将式(4－28)代入(4－16)得

$$Ne\frac{\xi_b - \xi}{\xi_b - \beta_1} = \alpha_1 f_c b h_0^2 \xi(1 - \frac{\xi}{2})\frac{\xi_b - \xi}{\xi_b - \beta_1} + (N - \alpha_1 f_c b h_0 \xi)(h_0 - a_s') \tag{4-29}$$

上式为 ξ 的三次方程，计算较复杂。分析表明，在小偏心受压构件中，对于常用材料，经过近似简化并整理后，可得到求解的 ξ 的公式为

$$\xi = \frac{N - \alpha_1 f_c b h_0 \xi_b}{\dfrac{Ne - 0.43\alpha_1 f_c b h_0^2}{(\beta_1 - \xi_b)(h_0 - a_s')} + \alpha_1 f_c b h_0} + \xi_b \tag{4-30}$$

将求得的 ξ 代入式(4－16)即可求得

$$A_s = A_s' = \frac{Ne - \alpha_1 f_c b h_0^2 \xi(1 - \frac{\xi}{2})}{f_y'(h_0 - a_s')} \tag{4-31}$$

无论是大小偏心受压构件的设计，A_s 和 A_s' 都必须满足最小配筋率的要求。

(3)截面承载力复核

对称配筋与非对称配筋截面复核方法基本相同，计算时在有关公式中取 $A_s = A_s'$，$f_y = f_y'$ 即可。由于对称配筋截面 $A_s = A_s'$，故不必进行反向破坏验算。

【例题 4－4】 某框架结构柱，截面尺寸为 $b \times h = 400\ \text{mm} \times 450\ \text{mm}$，处于一类环境，安全等级为二级。柱的计算高度为 5 m，承受轴向力设计值 $N = 525\ \text{kN}$，柱顶截面弯矩设计值为 $M_1 = 344\ \text{kN}\cdot\text{m}$，柱底截面弯矩设计值为 $M_2 = 365\ \text{kN}\cdot\text{m}$，混凝土强度等级为 C30，钢筋采用 HRB400 级钢筋。采用对称配筋，求该柱的截面配筋 A_s' 和 A_s。

解 (1)确定基本数据。查表得混凝土强度为 $f_c = 14.3\ \text{N/mm}^2$；钢筋的强度等级 $f_y = f_y' = 360\ \text{N/mm}^2$，取 $a_s' = a_s = 40\ \text{mm}$，$h_0 = h - a_s = 450 - 40 = 410\ \text{mm}$。

(2)计算弯矩设计值 M。

杆端弯矩比 $\dfrac{M_1}{M_2} = \dfrac{344}{365} = 0.94 > 0.9$，$i = \sqrt{\dfrac{I}{A}} = \dfrac{h}{2\sqrt{3}} = \dfrac{450}{2\sqrt{3}} = 129.9\ \text{mm}$

$$\frac{l_0}{i} = \frac{5000}{129.9} = 38.49 > 34 - 12(\frac{M_1}{M_2}) = 34 - 12\left(\frac{344}{365}\right) = 22.72$$

因此，需要考虑杆件自身挠曲产生的附加弯矩影响。

$$e_a = \max(\frac{h}{30}, 20) = 20\ \text{mm}$$

$$\zeta_c = \frac{0.5 f_c A}{N} = \frac{0.5 \times 14.3 \times 400 \times 450}{525000} = 2.45 > 1.0\text{，取 } \zeta_c = 1.0$$

$$C_m = 0.7 + 0.3\frac{M_1}{M_2} = 0.98 > 0.7$$

$$\eta_{ns} = 1 + \frac{1}{1300(\frac{M_2}{N} + e_a)/h_0}\left(\frac{l_0}{h}\right)^2 \zeta_c$$

$$= 1 + \frac{1}{1300(\frac{365 \times 10^6}{525 \times 10^3} + 20)/410}(\frac{5000}{450})^2 \times 1.0$$

$=1+0.0544=1.054$

框架结构柱弯矩设计值为

$$M=C_{m}\eta_{ns}M_{2}=0.98\times1.054\times365=377.2\ \text{kN}\cdot\text{m}$$

(3)求 x，判别大小偏心受压。

$$\xi=\frac{N}{\alpha_{1}f_{c}bh_{0}}=\frac{525\times10^{3}}{1.0\times14.3\times400\times410}=0.224$$

$$2a_{s}'=80\ \text{mm}<x=\xi h_{0}=0.224\times410=91.84\ \text{mm}<\xi_{b}h_{0}=0.518\times410=212.4\ \text{mm}$$

$$e_{0}=\frac{M}{N}=\frac{377.2\times10^{6}}{525\times10^{3}}=718.5\ \text{mm}$$

$$e_{i}=e_{0}+e_{a}=718.5+20=738.5\ \text{mm}$$

按大偏心受压构件。

(4)求 A_{s}'和 A_{s}。

$$e=e_{i}+\frac{h}{2}-a_{s}=738.5+\frac{450}{2}-40=923.5\ \text{mm}$$

$$A_{s}=A_{s}'=\frac{Ne-\alpha_{1}f_{c}bx(h_{0}-\frac{x}{2})}{f_{y}'(h_{0}-a_{s}')}$$

$$=\frac{525\times10^{3}\times923.5-1.0\times14.3\times400\times91.84\left(410-\frac{91.84}{2}\right)}{360(410-40)}$$

$$=2204\ \text{mm}^{2}>\rho_{\min}bh=0.002\times400\times450=360\ \text{mm}^{2}$$

(5)选配钢筋直径及根数。

$A_{s}=A_{s}'=2204\ \text{mm}^{2}$ 选配 6 ⌽22，实配面积 2281 mm^{2}。

(6)验算配筋率。

$$A_{s}+A_{s}'=2281\times2=4562\ \text{mm}^{2}$$

截面总配筋率为

$$\rho=\frac{A_{s}+A_{s}'}{bh}=\frac{4562}{400\times450}=2.53\%>0.55\%\quad 满足要求。$$

(7)验算垂直于弯矩作用平面的轴心受压承载能力。

由 $\frac{l_{0}}{b}=\frac{5000}{400}=12.5$，查表 4－1 并计算出稳定系数 $\varphi=0.943$

按公式(4－18)可得

$$\begin{aligned}N&=0.9\varphi[f_{c}A+f_{y}'(A_{s}'+A_{s})]\\&=0.9\times0.943\times[14.3\times400\times450+360(2281+2281)]\\&=3578.4\ \text{kN}>525\ \text{kN}\end{aligned}$$

满足要求。

【例题 4－5】 某框架结构柱，截面尺寸为 $b\times h=500\ \text{mm}\times800\ \text{mm}$，处于一类环境，安全等级为二级。柱的计算高度为 7.5 m，承受轴向力设计值 $N=4180$ kN，柱顶截面弯矩设计值为 $M_{1}=460\ \text{kN}\cdot\text{m}$，柱底截面弯矩设计值为 $M_{2}=480\ \text{kN}\cdot\text{m}$，混凝土强度等级为 C30，钢筋采用 HRB400 级钢筋。采用对称配筋，求该柱的截面配筋 A_{s}'和 A_{s}。

解 (1)确定基本数据。查表得混凝土强度为 $f_{c}=14.3\ \text{N/mm}^{2}$；钢筋的强度等级 $f_{y}=f_{y}'=360\ \text{N/mm}^{2}$，取 $a_{s}'=a_{s}=50$ mm，$h_{0}=h-a_{s}=800-50=750$ mm。

(2)计算弯矩设计值 M。

杆端弯矩比 $\frac{M_{1}}{M_{2}}=\frac{460}{480}=0.958>0.9$，$i=\sqrt{\frac{I}{A}}=\frac{h}{2\sqrt{3}}=\frac{750}{2\sqrt{3}}=216.5$ mm

$$\frac{l_0}{i}=\frac{7500}{216.5}=34.6>34-12\left(\frac{M_1}{M_2}\right)=34-12\left(\frac{460}{480}\right)=22.5$$

因此，需要考虑杆件自身挠曲产生的附加弯矩影响。

$$e_a=\max\left(\frac{h}{30},\ 20\right)=26.7\ \text{mm}$$

$$\zeta_c=\frac{0.5f_cA}{N}=\frac{0.5\times14.3\times500\times800}{4180000}=0.684<1.0\text{，取 }\zeta_c=0.684$$

$$C_m=0.7+0.3\frac{M_1}{M_2}=0.987>0.7$$

$$\eta_{ns}=1+\frac{1}{1300\left(\frac{M_2}{N}+e_a\right)/h_0}\left(\frac{l_0}{h}\right)^2\zeta_c$$

$$=1+\frac{1}{1300\left(\frac{480\times10^6}{4180\times10^3}+26.7\right)/750}\left(\frac{7500}{800}\right)^2\times0.684$$

$$=1+0.245=1.245$$

框架结构柱弯矩设计值为

$$M=C_m\eta_{ns}M_2=0.987\times1.245\times480=589.8\ \text{kN}\cdot\text{m}$$

(3)求 x，判别大小偏心受压。

$$e_0=\frac{M}{N}=\frac{589.8\times10^6}{4180\times10^3}=141.1\ \text{mm}$$

$$e_i=e_0+e_a=141.1+26.7=167.8\ \text{mm}$$

$$e=e_i+\frac{h}{2}-a_s=167.8+\frac{800}{2}-50=517.8\ \text{mm}$$

$$\xi=\frac{N}{\alpha_1f_cbh_0}=\frac{4180\times10^3}{1.0\times14.3\times500\times750}=0.779>\xi_b=0.518$$

故按小偏心受压构件计算。

(4)求 A_s'和 A_s。

由式(4－30)计算

$$\xi=\frac{N-\alpha_1f_cbh_0\xi_b}{\frac{Ne-0.43\alpha_1f_cbh_0^2}{(\beta_1-\xi_b)(h_0-a_s')}+\alpha_1f_cbh_0}+\xi_b$$

$$=\frac{4180\times10^3-1.0\times14.3\times500\times750\times0.518}{\frac{4180\times10^3\times517.8-0.43\times1.0\times14.3\times500\times750^2}{(0.8-0.518)(750-50)}+1.0\times14.3\times500\times750}+0.518$$

$$=0.703$$

$$A_s=A_s'=\frac{Ne-\alpha_1f_cbh_0^2\xi(1-\frac{\xi}{2})}{f_y'(h_0-a_s')}$$

$$=\frac{4180\times10^3\times517.8-1.0\times14.3\times500\times750^2\times0.703\left(1-\frac{0.703}{2}\right)}{360(750-50)}$$

$$=1313\ \text{mm}^2>\rho_{min}bh=0.002\times500\times800=800\ \text{mm}^2$$

(5)选配钢筋直径及根数。

$A_s=A_s'=1313\ \text{mm}^2$ 选配 2 ⌀25＋1 ⌀22，实配面积 1362 mm^2。

(6)验算配筋率。

$$A_s + A_s' = 1362 \times 2 = 2724 \text{ mm}^2$$

截面总配筋率为

$$\rho = \frac{A_s + A_s'}{bh} = \frac{2724}{500 \times 800} = 0.68\% > 0.55\% \quad \text{满足要求。}$$

(7)验算垂直于弯矩作用平面的轴心受压承载能力。

由$\frac{l_0}{b} = \frac{7500}{500} = 15$，查表4-1并计算出稳定系数$\varphi = 0.895$

按公式(4-18)可得

$$\begin{aligned} N_u &= 0.9\varphi[f_c A + f_y'(A_s' + A_s)] \\ &= 0.9 \times 0.895 \times [14.3 \times 500 \times 800 + 360(1362 + 1362)] \\ &= 5397.4 \text{ kN} > 4180 \text{ kN} \end{aligned}$$

满足要求。

4.2.3 矩形截面偏心受压构件斜截面承载力计算

偏心受压构件，一般情况下所受剪力相对较小，所以斜截面受剪承载力通常不起控制作用。但对于有较大水平力作用的框架柱，有横向力作用下的桁架上弦压杆等，剪力影响相对较大，必须考虑其斜截面受剪承载力。

试验表明，由于轴向压力的存在，能阻止斜裂缝的出现和开展，增加了混凝土剪压高度使剪压区的面积相对增大，从而提高剪压区混凝土的抗剪能力，但斜裂缝水平投影长度与无轴向压力构件相比基本不变，故对箍筋所承担的剪力没有明显影响。轴向压力对受剪承载力的有利作用也是有限度的，当轴压比$\frac{N}{f_c bh} = 0.3 \sim 0.5$时，受剪承载力达到最大值，继续增大轴压比，由于剪压区混凝土压应力过大，混凝土的受剪强度降低，所以受剪承载力随着轴压力的增大而降低。

《规范》规定，矩形、T形和I形截面受弯钢筋混凝土偏心受压构件的斜截面受剪承载力计算公式见式(4-32)，

$$V \leqslant V_{cs} = \frac{1.75}{\lambda + 1.0} f_t b h_0 + f_{yv} \frac{A_{sv}}{s} h_0 + 0.07N \tag{4-32}$$

式中：λ——偏心受压构件计算截面的剪跨比；

N——与剪力设计值V相应的轴向压力设计值，当$N > 0.3f_c A$时，取$N = 0.3f_c A$；

A——构件截面面积。

计算截面的剪跨比λ应按下列规定取用。

(1)对各类结构的框架柱，宜取$\lambda = \frac{M}{Vh_0}$；对框架结构中的框架柱，当其反弯点在层高范围内时，可取$\lambda = \frac{H_n}{2h_0}$，$H_n$为柱的净高；当$\lambda < 1$时，取$\lambda = 1$；当$\lambda > 3$时，取$\lambda = 3$；$M$为计算截面上与剪力设计值$V$相应的弯矩设计值。

(2)对其他偏心受压构件，当承受均布荷载时，取$\lambda = 1.5$；当承受集中荷载时(包括作用有多种荷载，其中集中荷载对支座截面或节点边缘所产生的剪力值占总剪力的75%以上的情况)，取$\lambda = \frac{a}{h_0}$，当$\lambda < 1.5$时，取$\lambda = 1.5$；当$\lambda > 3$时，取$\lambda = 3$；此处，a为集中荷载作用点

至支座截面或节点边缘的距离。

为了防止斜压破坏，偏心受压构件的受剪斜截面同样应符合下列条件：

当$\frac{h_w}{b}\leqslant 4$时，

$$V\leqslant 0.25\beta_c f_c bh_0 \tag{4-32}$$

当$\frac{h_w}{b}\geqslant 6$时，

$$V\leqslant 0.2\beta_c f_c bh_0 \tag{4-33}$$

$4<\frac{h_w}{b}<6$时，可用插入法代值。

式中：β_c——混凝土强度影响系数，当混凝土强度等级不超过C50时，取$\beta_c=1.0$，当混凝土强度等级为C80时取$\beta_c=0.8$，其间按线性内插法确定；

h_w——截面的腹板高度，取值同受弯构件。

当剪力设计值V符合下列公式的要求时，可不进行斜截面受剪承载力计算，而仅需要按照受压构件中箍筋的构造要求配置箍筋。

$$V\leqslant V_{cs}=\frac{1.75}{\lambda+1.0}f_t bh_0+0.07N \tag{4-34}$$

【任务布置】

在4.2的【案例引入】中，框架结构柱安全等级为二级，试完成相关问题。

【知识总结】

1. 对偏心受压长柱，则引入偏心距弯矩增大系数η_{ns}和控制截面设计弯矩；
2. 大、小偏心受压破坏的界限；
3. 矩形截面偏心受压构件承载力计算公式及适用条件；
4. 垂直于弯矩作用平面的承载力验算；
5. 矩形截面非对称配筋时的承载力计算；
6. 偏心受压构件斜截面受剪承载力计算；
7. 对称配筋矩形截面偏心受压构件正截面承载力计算。

【课后练习】

1. 何谓偏心受压构件？
2. 随着长细比的变化，偏心受压柱可能发生哪些破坏？
3. 偏心受压柱正截面破坏形态有哪几种？简述其破坏特征。
4. 什么是大小偏心受压破坏的界限破坏？
5. 附加偏心距e_a的物理意义是什么？、
6. 对于非对称配筋和对称配筋柱，应怎样判断其是大偏心还是小偏心？
7. 为什么要进行垂直于弯矩作用平面的承载力验算？
8. 受压构件中为什么要控制配筋率？
9. 在计算大偏心受压构件的配筋时，在什么情况下出现$x<2a'_s$？此时如何求钢筋面积？

10. 某矩形截面偏心受压柱，处于一类环境，安全等级为二级，截面尺寸为400 mm×500 mm。柱的计算高度为 $l_0=5$ m，混凝土强度等级为C25，纵向钢筋采用HRB400级钢筋，$a'_s=a_s=40$ mm，已知该柱的承受轴向力设计值 $N=750$ kN，柱端弯矩设计值 $M_1=215$ kN·m，$M_2=260$ kN·m。采用对称配筋，求该柱的截面面积 A'_s 和 A_s。

11. 某钢筋混凝土矩形截面偏心受压柱，截面尺寸为400 mm×500 mm，$a'_s=a_s=40$ mm，柱的计算长度 $l_0=5$ m，混凝土强度等级为C30，纵向钢筋采用HRB400级钢筋，纵向钢筋对称配筋为3 ⌀20（$A'_s=942$ mm^2）。设轴向力的偏心距 $e_0=300$ mm，试求该偏心受压柱的承载力 N_u。

12. 已知条件同习题10，设轴向力设计值 $N=280$ kN，试求该柱能承受的最大弯矩设计值。

任务三　识读柱的平法施工图

柱的平法 课上练习

【案例引入】

右图是某柱的平法表示，你能解释其各项标注内容的含义吗？

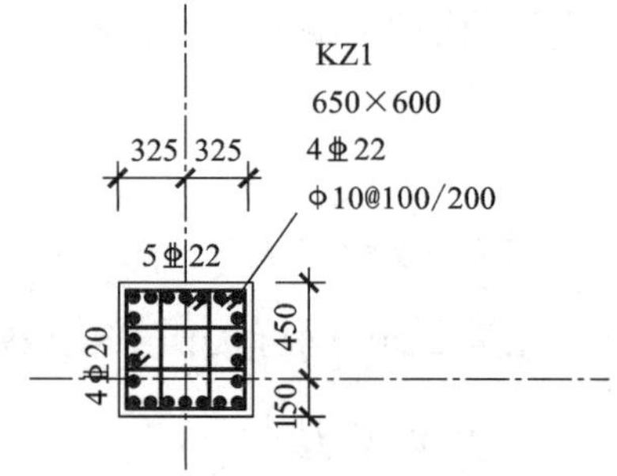

【任务目标】

1. 熟悉结构施工图的识读步骤及平法施工图制图规则基本规定；

2. 掌握柱的平法施工图制图规则，能识读柱的平法施工图；

【知识链接】

4.3.1　结构施工图及识读步骤

结构施工图是表示结构设计的内容和相关工种（建筑、给排水、暖通、电气）对结构的要求，作为施工放线、基槽开挖、绑扎钢筋、浇筑混凝土、安装梁、板、柱等各类构件以及计算工程造价，编制施工组织设计的依据。

结构施工图的基本内容包括：结构设计说明、结构布置图、构件详图。

1. 结构设计说明

结构设计说明是结构施工图的纲领性文件，它结合现行规范的要求，针对工程结构的特殊性，将设计的依据、对材料的要求、所选用的标准图和对施工的特殊要求，用文字的表述方式形成的设计文件。它一般要表述以下内容：

（1）工程概况，如建设地点、抗震设防烈度、结构抗震等级、荷载选用、结构形式、结构设计使用年限、砌体结构质量控制等级等；

（2）选用材料的情况，如混凝土的强度等级、钢筋的级别以及砌体结构中块材和砌筑砂浆的强度等级等，钢结构中所选用的钢材的情况及焊条的要求或螺栓的要求等；

（3）上部结构的构造要求，如混凝土保护层厚度、钢筋的锚固、钢筋的接头，钢结构焊缝的要求等；

(4)地基基础的情况，如地质情况，不良地基的处理方法和要求，对地基持力层的要求，基础的形式，地基承载力特征值或桩基的单桩承载力设计值以及地基基础的施工要求等；

(5)施工要求，如对施工顺序、方法、质量标准的要求，与其他工种配合施工方面的要求等；

(6)选用的标准图集；

(7)其他必要的说明。

2. 结构平面布置图

结构平面布置图包括：

(1)基础平面图，桩基础详图还包括桩位平面图，工业建筑还有设备基础布置图；

(2)楼层结构平面布置图，工业建筑还包括柱网、吊车梁、柱间支撑布置图；

(3)屋顶结构平面布置图，工业建筑还包括屋面板、天沟、屋架、屋面支撑系统布置图。

3. 结构详图

结构详图包括：梁、板、柱及基础详图；楼梯详图；屋架详图；模板、支撑、预埋件详图以及构件标准图等。

结施应与建施结合起来看。一般先看建施图，通过阅读设计说明、总平面图、建筑平立剖面图，了解建筑体型、使用功能，内部房间的布置、层数与层高、柱墙布置、门窗尺寸、楼梯位置、内外装修、材料构造及施工要求等基本情况，然后再看结施图。在阅读结施图时应同时对照相应的建施图，只有把两者结合起来看，才能全面理解结构施工图。

施工图识读的一般步骤：

(1)先看目录，通过阅读图纸目录，了解是什么类型的建筑，主要有哪些图纸。

(2)初步阅读各工种设计说明，了解工程概况。

(3)阅读建施图。读图次序依次为：设计总说明、总平面图、建筑平面图、立面图、剖面图、构造详图。初步阅读建施图后，应能在头脑中形成整栋房屋的立体形象，能想象出建筑物的大致轮廓，为下一步结施图的阅读作好准备。

(4)阅读结施图。结施图的阅读顺序可按下列步骤进行：

1)阅读结构设计说明。

2)阅读基础平面图、详图与地质勘察资料。基础平面图应与建筑底层平面图结合起来看。

3)阅读柱平面布置图。注意柱的布置、柱网尺寸、柱断面尺寸与轴线的关系尺寸。

4)阅读楼层及屋面结构平面布置图。

5)按前述的施工图识读方法，详细阅读各平面图中的每一个构件的编号、断面尺寸、标高、配筋及其构造详图。

6)在前述阅读结施图中，涉及采用标准图集时，应详细阅读规定的标准图集。

4.3.2　平法施工图的制图规则总述

建筑结构施工图平面整体设计方法(简称平法)，对混凝土结构施工图的传统设计表达方法作了重大改革，它避免了传统的将各个构件逐个绘制配筋详图的繁琐方法，大大地减少了传统设计中大量的重复表达内容，变离散的表达方式为集中表达方式，并将内容以可重复使用的通用标准图的方式固定下来。如目前已有国家建筑标准设计系列图集《混凝土结构施工图平面整体表示方法制图规则和构造详图》(16G101—1、16G101—2、16G101—3)可直接采用。

按平法设计绘制的结构施工图，一般是由各类结构构件的平法施工图和标准详图两部分构成，但对于复杂的建筑物，尚需增加模板、开洞和预埋件等平面图。

按平法设计绘制结构施工图时，应将所有梁、柱、墙等构件按规定进行编号，编号中含有类型代号和序号等。其中，类型代号的主要作用是指明所选用的标准构造详图；在标准构造详图上，已经按其所属构件类型注明代号，以明确该详图与平法施工图中该类型构件的互补关系，使两者结合构成完整的结构设计图。同时必须根据具体工程，按照各类构件的平法制图规则，在按结构层(标准层)绘制的平面布置图上直接表示各构件的尺寸和配筋。出图时，宜按基础、柱、剪力墙、梁、板、楼梯及其他构件的顺序排列。

为了确保施工人员准确无误地按平法施工图进行施工，在具体工程施工图中必须写明以下与平法施工图密切相关的内容：

(1)选用的图集号；

(2)混凝土结构的设计使用年限；

(3)抗震设防烈度及抗震等级，以明确选用相应抗震等级的标准构造详图；

(4)各类构件在不同部位所选用的混凝土的强度等级和钢筋级别，以确定相应纵向受拉钢筋的最小锚固长度及最小搭接长度等；

(5)在何部位选用何种构造做法；

(6)接长钢筋所采用的连接形式；

(7)结构不同构件不同部位所处的环境类别；

(8)后浇带的相关做法及要求；

(9)上部结构嵌固部位位置，框架柱嵌固部位不在地下室顶板，但仍需考虑地下室顶板对上部结构实际存在嵌固作用时，也应注明；

(10)柱、墙或梁与填充墙的拉接构造；

(11)当具体工程需要对图集的标准构造详图做局部变更，应注明变更内容；

(12)当具体工程有特殊要求时，应在施工图中另加说明。

4.3.3 柱平法施工图制图规则

柱平法施工图系在柱平面布置图上采用列表注写方式或截面注写方式表达。在柱平法施工图中，尚应按规定注明各结构层的楼面标高、结构层高及相应的结构层号，尚应注明上部结构嵌固部位位置。

(1)框架柱嵌固部位在基础顶面时，无需注明。

(2)框架柱嵌固部位不在基础顶面时，在层高表嵌固部位标高下使用双细线注明，并在层高表下注明上部结构嵌固部位标高。

(3)框架柱嵌固部位不在地下室顶板，但仍需考虑地下室顶板对上部结构实际存在嵌固作用时，可在层高表地下室顶板标高下使用双虚线注明，此时首层柱端箍筋加密区长度范围及纵筋连接位置均按嵌固部位要求设置。

1. 列表注写方式

柱的列表注写方式示例如图 4 - 16。

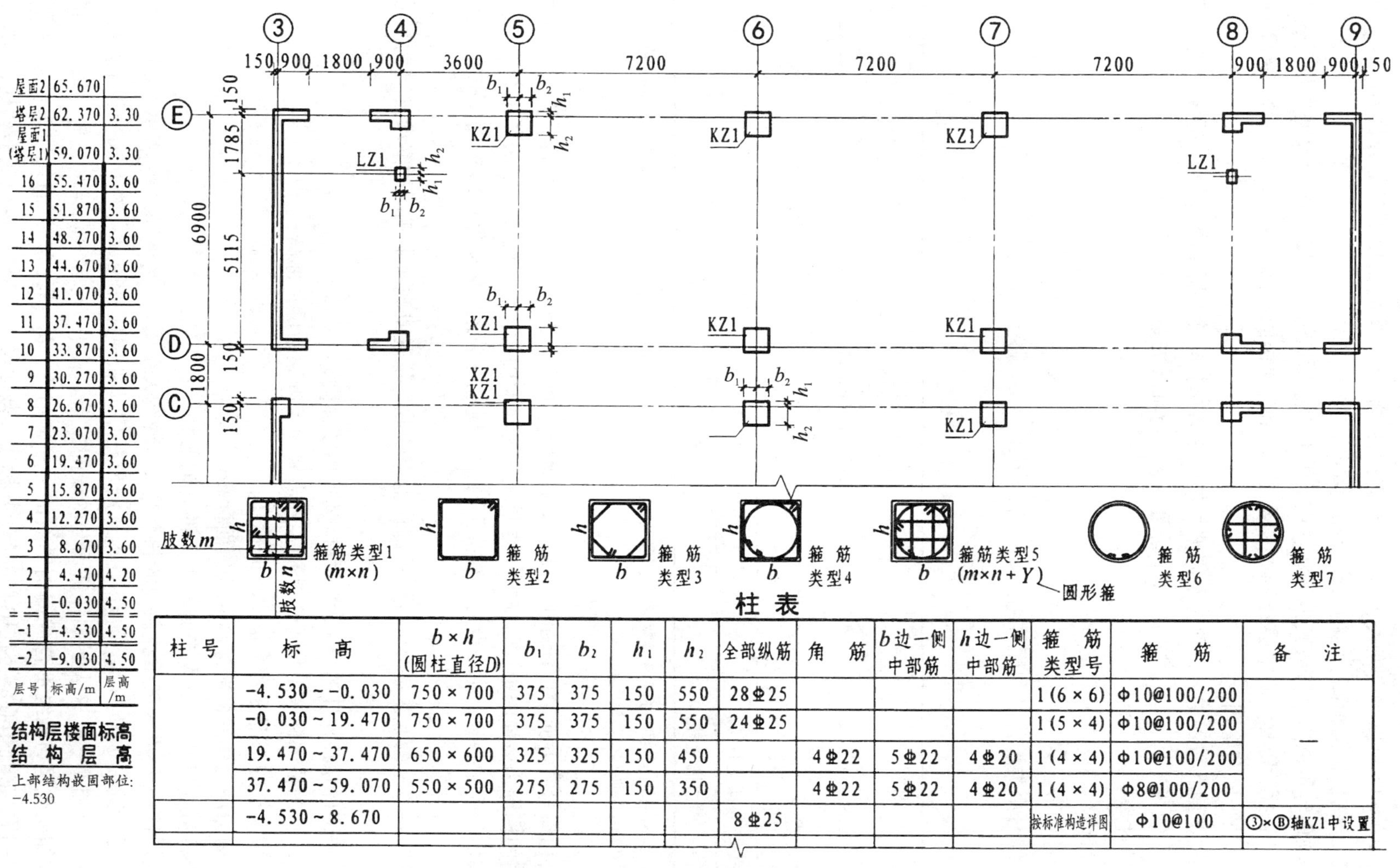

层号	标高/m	层高/m
屋面2	65.670	
塔层2	62.370	3.30
屋面1 (塔层1)	59.070	3.30
16	55.470	3.60
15	51.870	3.60
14	48.270	3.60
13	44.670	3.60
12	41.070	3.60
11	37.470	3.60
10	33.870	3.60
9	30.270	3.60
8	26.670	3.60
7	23.070	3.60
6	19.470	3.60
5	15.870	3.60
4	12.270	3.60
3	8.670	3.60
2	4.470	4.20
1	-0.030	4.50
-1	-4.530	4.50
-2	-9.030	4.50

结构层楼面标高
结构层高
上部结构嵌固部位：-4.530

柱表

柱号	标高	b×h (圆柱直径D)	b_1	b_2	h_1	h_2	全部纵筋	角筋	b边一侧中部筋	h边一侧中部筋	箍筋类型号	箍筋	备注
	-4.530~-0.030	750×700	375	375	150	550	28Φ25				1(6×6)	Φ10@100/200	—
	-0.030~19.470	750×700	375	375	150	550	24Φ25				1(5×4)	Φ10@100/200	
	19.470~37.470	650×600	325	325	150	450		4Φ22	5Φ22	4Φ20	1(4×4)	Φ10@100/200	
	37.470~59.070	550×500	275	275	150	350		4Φ22	5Φ22	4Φ20	1(4×4)	Φ8@100/200	
	-4.530~8.670						8Φ25				按标准构造详图	Φ10@100	③×Ⓑ轴KZ1中设置

图4-16 柱平法施工图列表注写方式示例（注：本图摘自16G101—1）

由图 4－16 可以看出列表注写方式绘制的柱平法施工图包括以下三部分具体内容：

(1)结构层楼面标高、结构层高及相应结构层号

此项内容可以用表格或其他方法注明，用来表达所有柱沿高度方向的数据，方便设计和施工人员查找、修改。图中层号为 2 的楼层，其结构层楼面标高为 4.47 m，层高为 4.2 m。

(2)柱平面布置图

在柱平面布置图上，分别在不同编号的柱中各选择一个(或几个)截面，标注柱的几何参数代号：b_1、b_2、h_1、h_2，用以表示柱截面形状及与轴线关系。

(3)柱表

柱表内容包含以下六部分：

1)柱编号

柱编号由类型代号和序号组成，应符合表 4－4 的规定。

表 4－4　柱编号

柱类型	代号	序号
框架柱	KZ	××
转 换 柱	ZHZ	××
芯柱	XZ	××
梁上柱	LZ	××
剪力墙上柱	QZ	××

注：编号时，当柱的总高、分段截面尺寸和配筋均对应相同，仅截面与轴线的关系不同时，仍可将其编号为同一柱号，但应在图中注明截面与轴线的关系。

给柱编号一方面使设计和施工人员对柱种类、数量一目了然；另一方面，在必须与之配套使用的标准构造详图中，也按构件类型统一编制了代号，这些代号与平法图中相同类型的构件的代号完全一致，使二者之间建立明确的对应互补关系，从而保证结构设计的完整性。

2)各段柱的起止标高

注写各段柱的起止标高，自柱根部往上以变截面位置或截面未变但配筋改变处为界分段注写。其中：

①框架柱和转换柱的根部标高系指基础顶面标高；

②芯柱的根部标高系指根据结构实际需要而定的起始位置标高；

③梁上柱的根部标高系指梁顶面标高；

④剪力墙上柱的根部标高为墙顶面标高。

3)柱截面尺寸 $b \times h$ 及与轴线关系的几何参数

矩形柱用 $b \times h$ 来表示柱截面的长和宽，与轴线关系用 b_1、b_2 和 h_1、b_2 表示，对应各段柱分别注写。其中 $b = b_1 + b_2$，$h = h_1 + h_2$。圆形柱用 d 加圆柱直径数字的方式来表示尺寸，同样用 b_1、b_2 和 h_1、h_2 来表示圆柱截面与轴线的关系。其中 $d = b_1 + b_2 = h_1 + h_2$。当截面的某一边收缩变化至与轴线重合或偏离轴线的另一侧时 b_1、b_2；h_1、h_2 中的某项为零或为负值，如图 4－17。芯柱中心应与柱中心重合，并标注其截面尺寸，芯柱的定位随框架柱，不需要注

写其与轴线的几何关系。

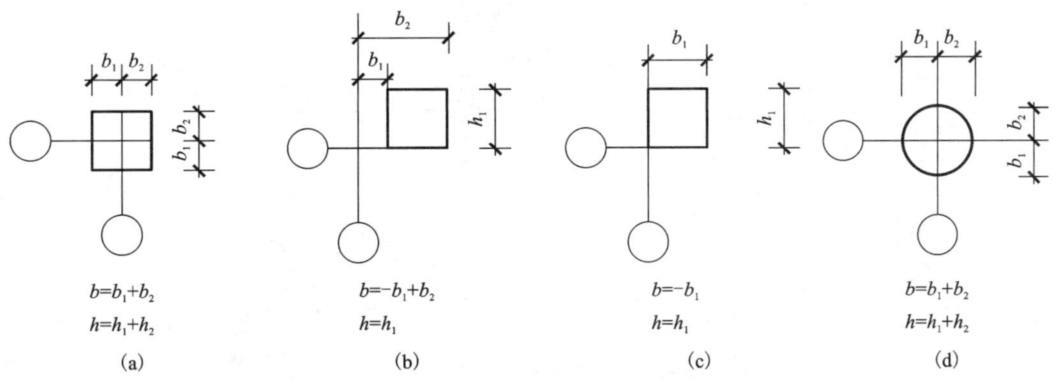

图 4－17　柱截面与轴线关系的几何参数示意图

4)柱纵筋

当柱纵筋直径相同，各边根数也相同时(包括矩形柱、圆柱和芯柱)，将纵筋注写在“全部纵筋”一栏中；除此之外，柱纵筋分角筋、截面 b 边中部筋和 h 边中部筋三项分别注写，对于采用对称配筋的矩形截面柱，可仅注写一侧中部筋，对称边省略不注，对于采用非对称配筋的矩形截面柱，必须每侧均注写中部筋。

5)箍筋种类型号及箍筋肢数、柱箍筋

箍筋种类型号及箍筋肢数在箍筋类型栏内注写。具体工程所设计的箍筋类型图及箍筋复合的具体方式须画在表的上部或图中的适当位置，并在其上标注与表中相对应的 b、h 和类型号。各种箍筋的类型见图 4－18。

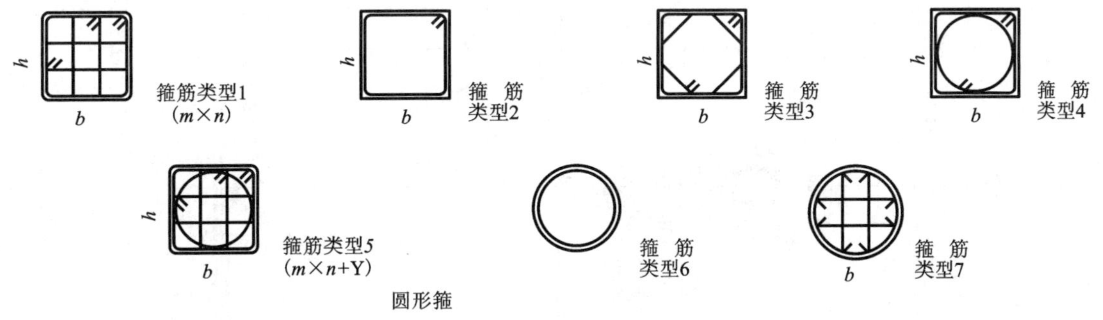

图 4－18　箍筋类型图

柱箍筋的注写包括钢筋级别、直径与间距。用斜线“/”区分柱端箍筋加密区与柱身非加密区长度范围内箍筋的不同间距。例如：Φ8@100/200，表示箍筋为 HPB300 级钢筋，直径 8 mm，加密区间距为 100 mm，非加密区间距为 200 mm。

2. 截面注写方式

柱截面注写方式如图 4－19。

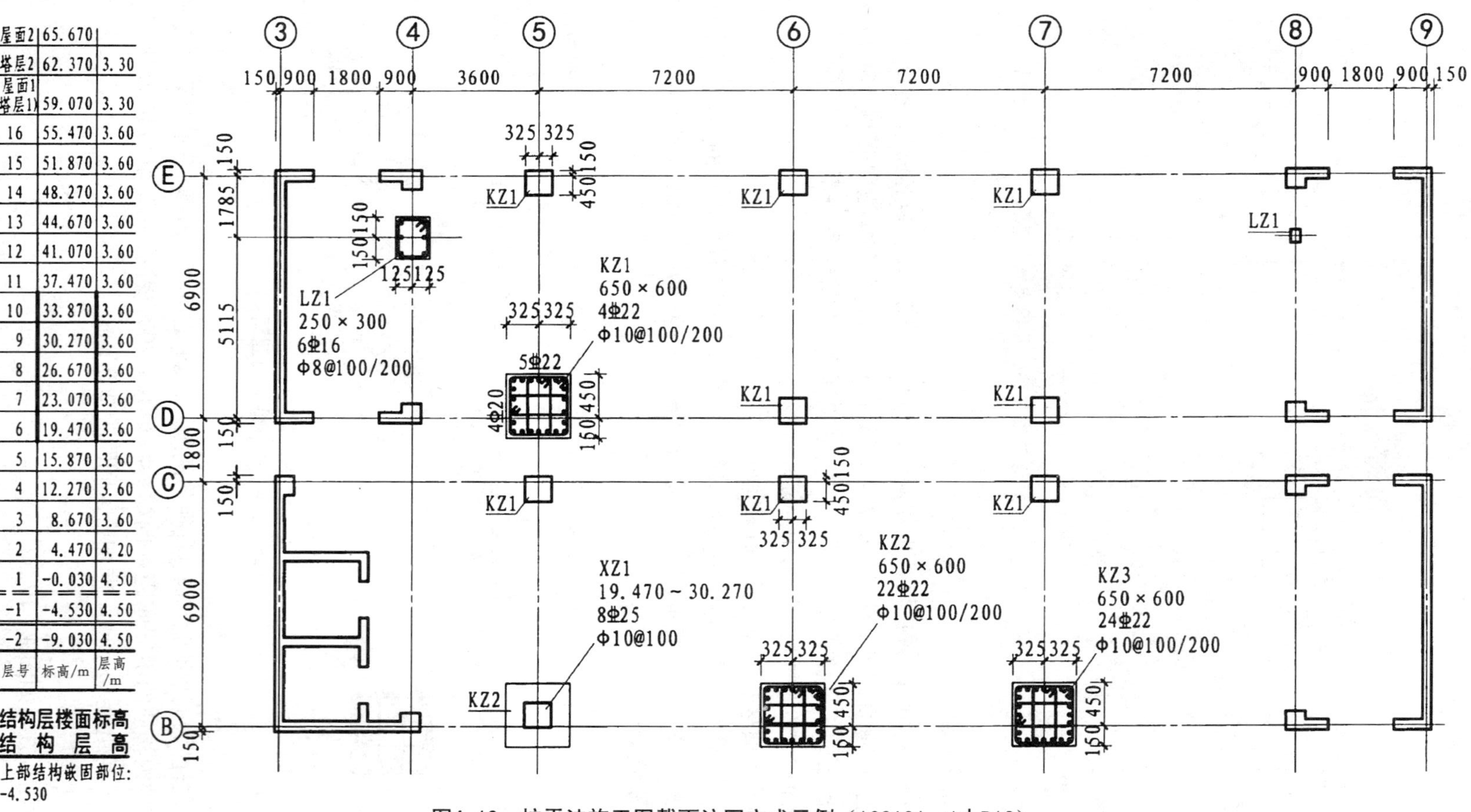

层号	标高/m	层高/m
屋面2	65.670	
塔层2	62.370	3.30
屋面1(塔层1)	59.070	3.30
16	55.470	3.60
15	51.870	3.60
14	48.270	3.60
13	44.670	3.60
12	41.070	3.60
11	37.470	3.60
10	33.870	3.60
9	30.270	3.60
8	26.670	3.60
7	23.070	3.60
6	19.470	3.60
5	15.870	3.60
4	12.270	3.60
3	8.670	3.60
2	4.470	4.20
1	-0.030	4.50
-1	-4.530	4.50
-2	-9.030	4.50

结构层楼面标高
结 构 层 高

图4-19 柱平法施工图截面注写方式示例（16G101—1中P12）

首先对除芯柱之外所有柱截面进行编号，编号应符合表 4－4 中的规定。然后从相同编号的柱中选择一个截面，按另一种比例在原位放大绘制柱截面配筋图，并在各配筋图上注写柱截面尺寸 b、h（对于圆柱改为圆柱直径 d）与轴线关系 b_1、b_2 和 h_1、h_2 的具体数值。当纵筋采用两种直径时，须再注写断面各边中部纵筋的具体数值（对于采用对称配筋的矩形截面柱，可仅在一侧注写中部纵筋，对称边省略不注）。当在某些框架柱的一定高度范围内，在其内部的中心位置设置芯柱时，其标注方式详见平法标准图集（16G101—1）有关规定。

截面注写方式中，如柱的分段截面尺寸和配筋均相同，仅分段截面与轴线的关系不同时，可将其编为同一柱号。但此时应在未画配筋的柱截面上注写该柱截面与轴线的具体尺寸。注写柱子箍筋，应包括钢筋种类代号、直径与间距（间距表示方法及纵筋搭接时加密的表达同列表注写方式。

截面注写方式绘制的柱平法施工图图纸数量一般与标准层数相同。但对不同标准层的不同截面和配筋，也可根据具体情况在同一柱平面布置图上用加括号“（ ）”的方式来区分和表达不同标准层的注写数值，但与柱标高要一一对应。加括号的方法是设计人员经常用来区分图纸上图形相同、数值不同时的有效方法。

【案例解答】

解　(1)1 号框架柱，截面尺寸 650 mm×600 mm；

(2)柱子角部共配置 4 根 HRB400 的直径为 22 mm 的纵筋；

(3)箍筋为 HPB300 直径 10 mm，加密区间距为 100 mmm，非加密区间距 200 mm；

(4)原位标注含义：b 边一侧中部钢筋为 5 根 HRB400 的直径为 22 mm 的钢筋；h 边一侧中部钢筋为 4 根 HRB400 的直径为 20 mm 的钢筋。

【课后练习】

请扫码自测练习。

柱的平法 课后作业

学习情境五　设计单向板肋梁楼盖

【项目描述与分析】

本单元主要学习单向板肋梁楼盖的内力计算及截面设计，并掌握单向板肋梁楼盖中梁的平法施工图的绘制与识读。重点是单向板的内力计算；难点是按弹性理论和塑性理论计算梁、板内力时的思路与特点。

单向板肋梁楼盖

【学习目标】

能力目标	知识目标	权重
能正确确定梁板的计算方法	弹性理论、塑性理论计算方法	30%
能正确计算单向板的配筋并绘制配筋图	单向板的设计方法及构造要求	20%
能正确计算次梁的配筋并绘制配筋图	次梁的设计方法及构造要求	20%
能正确计算主梁的配筋并绘制配筋图	主梁的设计方法及构造要求	30%
合　计		100%

任务一　设计单向板

【案例引入】

试设计图 5－1 所示某多层工业厂房现浇钢筋混凝土单向板肋形楼盖。楼面为 20 mm 厚水泥砂浆面层，12 mm 厚板底及梁侧抹灰。可变荷载标准值 7.0 kN/m^2。混凝土强度等级 C25(f_c = 11.9 N/mm^2，f_t = 1.27 N/mm^2)，受力主筋采用 HRB400 级钢筋(f_y = 360 N/mm^2)，其余钢筋为 HPB300 级钢筋(f_y = f_{yv} = 270 N/mm^2)。

试绘制本设计中单向板的配筋图。

【任务目标】

1. 理解弹性理论计算方法；
2. 理解塑性理论计算方法；
2. 掌握单向板计算方法；
4. 掌握单向板的构造要求。

【知识链接】

5.1.1　单向板的基本概念

钢筋混凝土楼盖按其施工方法可分为现浇整体式、装配式和装配整体式三种类型。

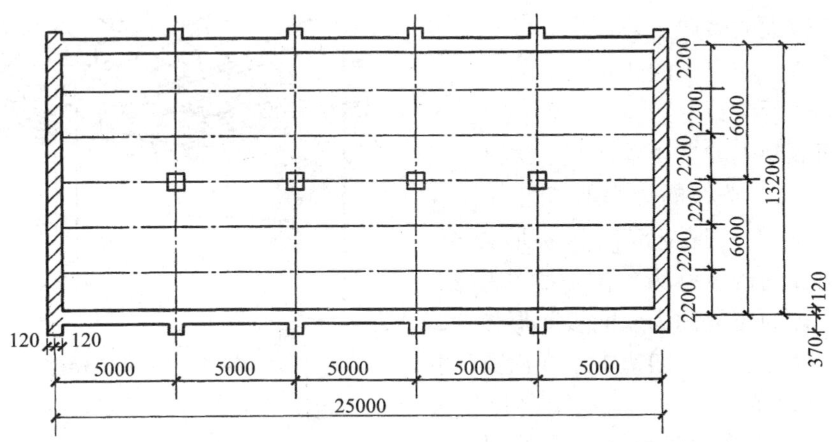

图 5 –1　某厂房楼盖结构平面布置图

现浇整体式钢筋混凝土楼盖的优点是整体刚度好、抗震性强、防水性能好，缺点是模板用量多、施工作业量较大。它适用于公共建筑的门厅部分；平面布置不规则的局部楼面以及对防水要求较高的楼面，如厨房、卫生间等；高层建筑的楼(屋)面；有抗震设防要求结构的楼(屋)面；布置上有特殊要求的各种楼面，如要求开设复杂孔洞的楼面以及多层厂房中要求埋设较多预埋件的楼面等。

现浇钢筋混凝土楼盖按楼板受力和支承条件的不同，又可分为肋形楼盖(图 5 –2)、无梁楼盖(图 5 –3)和井式楼盖(图 5 –4)。其中肋形楼盖多用于公共建筑、高层建筑以及多层工业厂房。无梁楼盖适用于柱网尺寸不超过 6 m 的公共建筑以及矩形水池的顶板和底板等结构。井式楼盖适用于方形或接近方形的中小礼堂、餐厅以及公共建筑的门厅，其用钢量和造价较高。

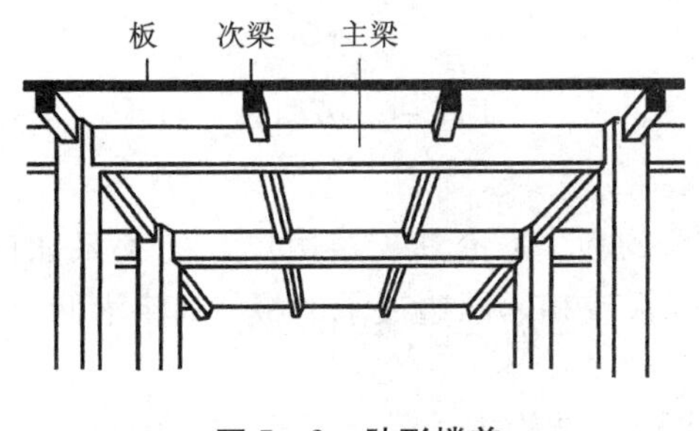

图 5 –2　肋形楼盖

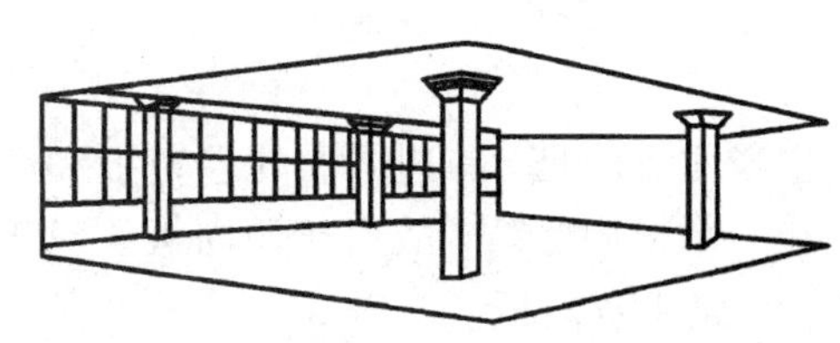

图 5 –3　无梁楼盖

装配式钢筋混凝土楼盖的楼板为预制，梁或预制或现浇，便于工业化生产，广泛用于多层民用建筑和多层工业厂房。但这种楼面因其整体性、抗震性、防水性都较差，不便于开设孔洞，故对于高层建筑及有抗震设防要求的建筑以及使用要求防水和开设孔洞的楼面，均不宜采用。

装配整体式楼盖是在预制板上现浇一混凝土叠合层而成为一个整体。这种楼盖兼具有现浇整体式楼盖整体性好和装配式楼盖节省模板和支撑的优点。但需要进行混凝土二次浇灌，有时还需增加焊接工作量。装配整体式楼盖仅适用于荷载较大的多层工业厂房、高层民用建筑以及有抗震设防要求的建筑。

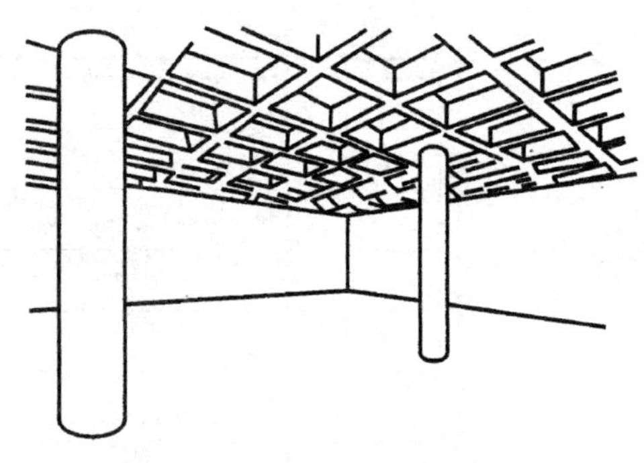

图 5－4　井式楼盖

1. 受力特点与构造要求

现浇钢筋混凝土肋形楼盖由板、次梁、主梁组成(图 5－2)。按板的受力特点可分为现浇单向板肋形楼盖和现浇双向板肋形楼盖。楼盖板为单向板的楼盖称为单向板肋形楼盖，楼盖板为双向板的楼盖称为双向板肋形楼盖。

现浇肋形楼盖中板的四边支承在次梁、主梁或砖墙上，当板的长边 l_2与短边 l_1之比较大时(图 5－5)，荷载主要沿短边方向传递，而沿长边方向传递的荷载很少，可以忽略不计。板中的受力钢筋将沿短边方向布置，在垂直于短边方向只布置构造钢筋，这种板称为单向板，也叫梁式板。当板的长边 l_2与短边 l_1之比不大时(图 5－6)，板上荷载沿长短边两个方向传递差别不大，板在两个方向的弯曲均不可忽略。板中的受力钢筋应沿长短边两个方向布置，这种板称为双向板。实际工程中通常将 $l_2/l_1 \geqslant 3$ 的板按单向板计算；将 $l_2/l_1 \leqslant 2$ 的板按双向板计算。而当 $2 < l_2/l_1 < 3$ 时，宜按双向板计算；若按单向板计算时，应沿长边方向布置足够数量的构造钢筋。

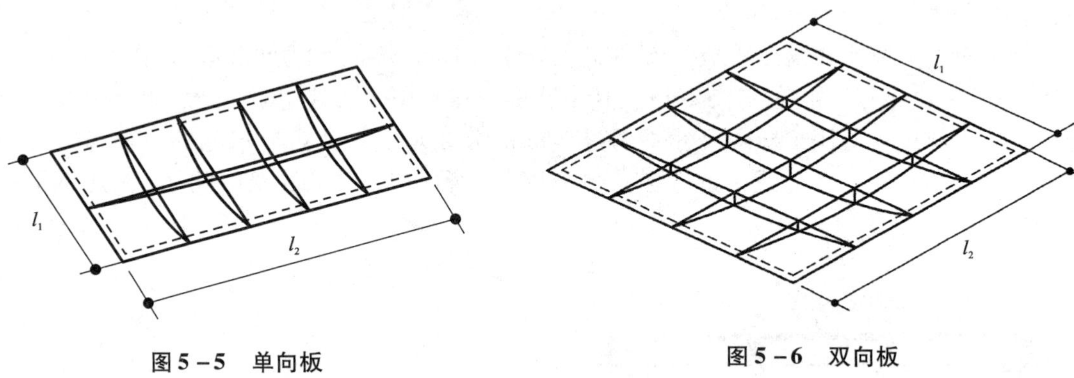

图 5－5　单向板　　图 5－6　双向板

应当注意的是，单边嵌固的悬臂板和两对边支承的板，不论其长短边尺寸的关系如何，都只在一个方向受弯，故属于单向板。对于三边支承板或相邻两边支承的板，则将沿两个方向受弯，属于双向板。

单向板肋形楼盖构造简单，施工方便，是整体式楼盖结构中最常用的形式。因板、次梁和主梁为整体现浇，所以将板视为多跨超静定连续板，而将梁视为多跨超静定梁。其荷载的传递路线是：板→次梁→主梁→柱或墙。可见，板的支座为次梁，次梁的支座为主梁，主梁的支座为柱或墙。

双向板比单向板受力好，板的刚度好，板跨可达 5 m 以上，当跨度相同时双向板较单向板薄。在双向板肋形楼盖中，荷载的传递路线是：板→支承梁→柱或墙，板的支座是支承梁，支承梁的支座是柱或墙。双向板的受力特点如下：①双向板受荷后第一批裂缝出现在板底中部，然后逐渐沿 45°向板四角扩展，当钢筋应力达到屈服点后，裂缝显著增大。板即将破坏时，板面四角产生环状裂缝，这种裂缝的出现促使板底裂缝进一步开展，最后板告破坏（图5－7）。②双向板在荷载的作用下，四角有翘曲的趋势，所以，板传给支承梁的压力，沿板的长边方向是不均匀的，在板的中部较大，两端较小。③尽管双向板的破坏裂缝并不平行于板边，但由于平行于板边的配筋其板底开裂荷载较大，而板破坏时的极限荷载又与对角线方向配筋相差不大，因此为了施工方便，双向板常采用平行于四边的配筋方式。④细而密的配筋较粗而疏有利，采用强度等级高的混凝土较强度等级低的混凝土有利。

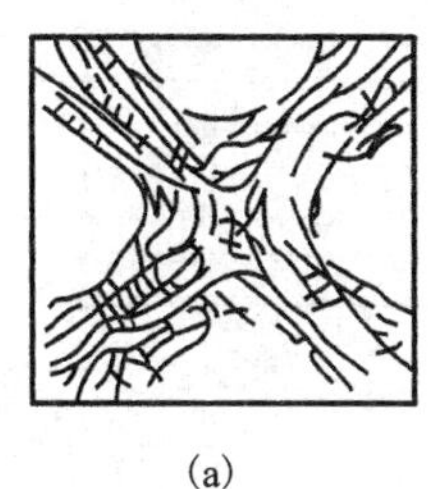

(a)

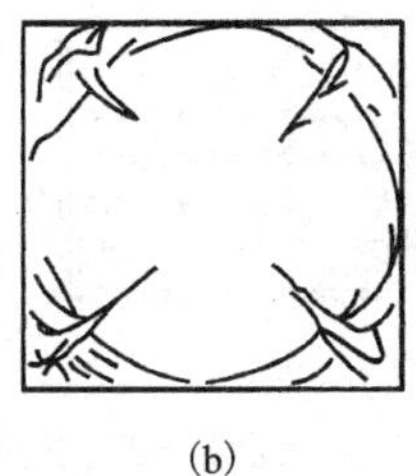

(b)

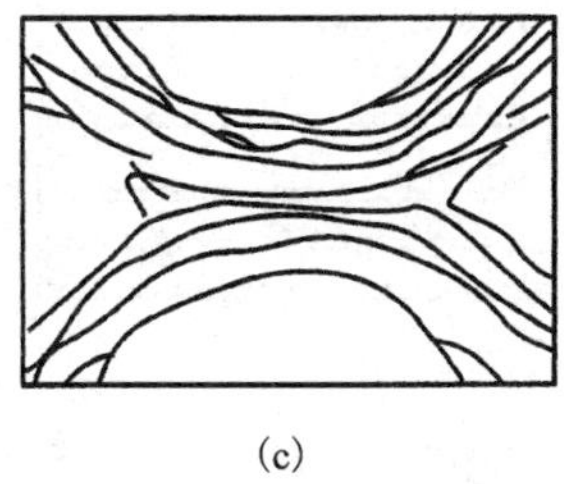

(c)

图5－7　双向板的裂缝示意图

(a)正方形板板底裂缝；(b)正方形板板面裂缝；(c)矩形板板底裂缝

2. 单向板肋形楼盖

(1)楼盖结构布置

1)结构的平面布置

单向板肋形楼盖的结构布置包括柱网、承重墙和梁柱的合理布置，它对楼盖的适用、经济，以及设计和施工都具有重要意义。

楼盖结构布置应满足建筑的正常使用要求、受力合理、经济合理的原则。单向板肋形楼盖结构布置如图5－8所示。根据设计经验，主梁的经济跨度为5～8 m，次梁的经济跨度为4～6 m(当荷载较小时，宜用较大值，当荷载较大时，宜用较小值)。同时，因板的混凝土用量占整个楼盖混凝土用量的比例较大，因此，应使板厚尽可能合理。板的经济跨度即次梁的间距一般为1.7～2.7 m，常用跨度为2 m左右。

2)梁、板尺寸的初步确定

梁、板一般不需作刚度和裂缝宽度验算的最小截面高度为

板　　$h=(1/30\sim1/40)l_1$

次梁　　$h=(1/18\sim1/12)l_0$

主梁　　$h=(1/14\sim1/8)l_0$

主、次梁截面宽度　　$b=h/2\sim h/3$

式中：l_1——单向板的标志跨度(次梁间距)；

l_0——次梁、主梁的标志跨度(主梁间距、柱与柱或柱与墙的间距)。

(2)钢筋混凝土连续梁、板内力计算

钢筋混凝土单向板肋形楼盖的板、次梁和主梁都可视为多跨连续梁，钢筋混凝土连续梁的内力计算是单向板肋形楼盖设计中的一个主要内容。钢筋混凝土连续梁的内力计算有两种方法，即弹性理论计算法和塑性理论计算法。

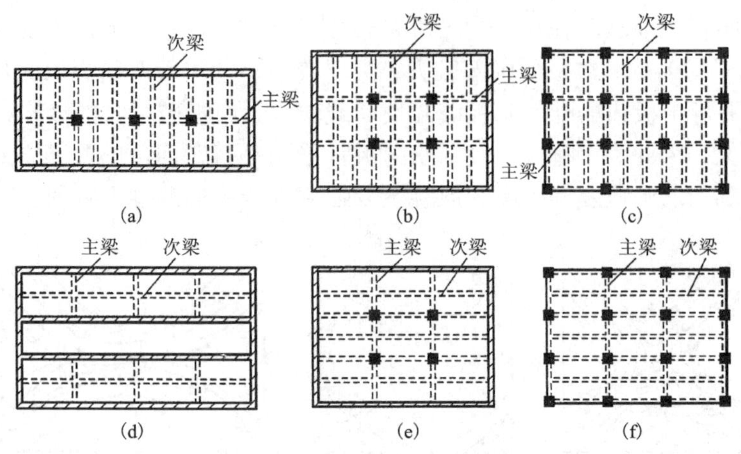

图 5－8　单向板肋形楼盖布置

1)弹性理论计算法

按弹性理论方法计算是假定结构构件(梁、板)为理想的匀质弹性体，因此其内力可按结构力学方法分析。按弹性理论方法计算，概念简单、易于掌握，且计算结果比实际偏大，可靠度大。

①计算简图

确定计算简图的内容包括：确定梁、板的支座情况、各跨跨度以及荷载的形式、位置、大小等。图 5－9 为某单向板肋形楼盖及其计算简图。

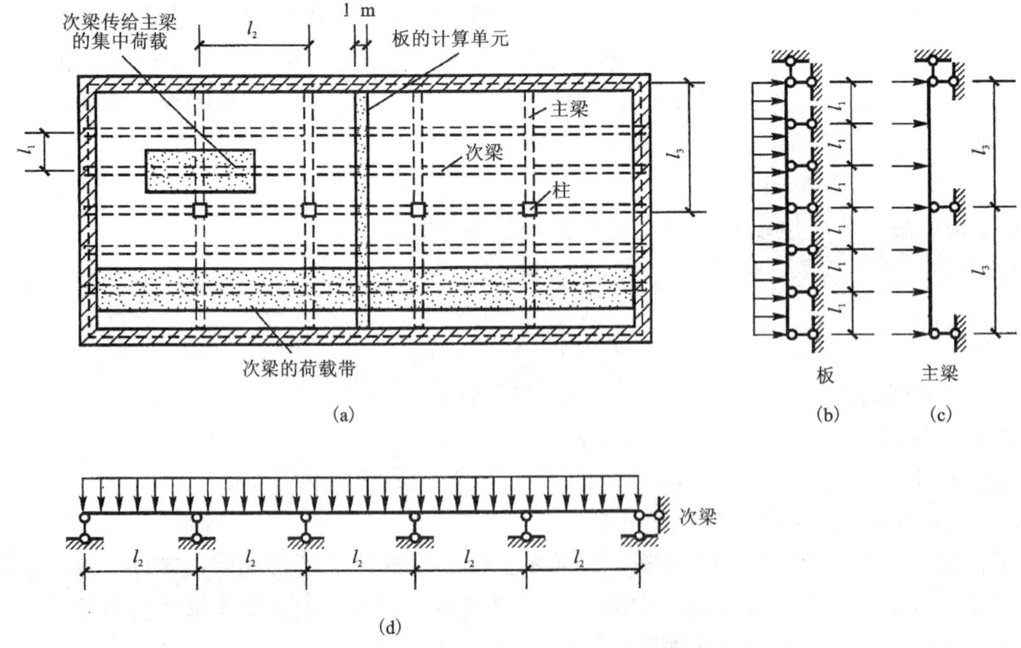

图 5－9　单向板肋形楼盖及其计算简图

a. 支座

梁、板支承在砖墙或砖柱上时，可视为铰支座；当梁、板的支座与其支承梁、柱整体连接时，为简化计算，仍近似视为铰支座，并忽略支座宽度的影响。这样，板即简化为支承在次梁上的多跨连续梁；主梁则简化为以柱或墙为支座的多跨连续梁。

b. 跨数与计算跨度

当连续梁的某跨受到荷载作用时，其相邻各跨也会受到影响，并产生变形和内力，但这种影响是距该跨愈远愈小，当超过两跨以上时，影响已很小。因此，对于多跨连续板、梁(跨度相等或相差不超过10%)，若跨数超过五跨时，只按五跨来计算。此时，除连续板、梁两边的第一、二跨外，其余的中间跨和中间支座的内力值均按五跨连续板、梁的中间跨和中间支座采用(图5-10)。

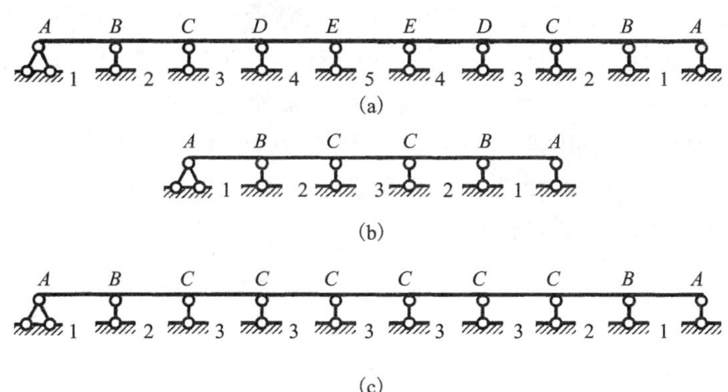

图5-10　多跨连续梁、板简图

(a)实际简图；(b)计算简图；(c)配筋简图

连续板、梁各跨的计算跨度，与支座的形式、构件的截面尺寸以及内力计算方法有关，通常可按表5-1采用。当连续梁、板各跨跨度不等时，如各跨计算跨度相差不超过10%，仍可按等跨连续梁、板来计算各截面的内力。但在计算各跨跨中截面内力时，应取本跨计算跨度；在计算支座截面内力时，取左、右两跨计算跨度的平均值计算。

表5-1　连续梁、板的计算跨度 l_0

按弹性理论计算	单跨	两端简支	$l_0 \leqslant l_n + h$ （板） $l_0 = l_n + a \leqslant 1.05 l_n$ （梁）
		一端简支、一端与支撑构件整浇	$l_0 \leqslant l_n + h/2$ （板） $l_0 = l_n + a/2 \leqslant 1.05 l_n$ （梁）
		两端与支撑构件整浇	$l_0 = l_n$
	多跨	边跨	$l_0 \leqslant l_n + h/2 + b/2$ （板） $l_0 = l_n + a/2 + b/2 \leqslant 1.025 l_n + b/2$(梁)
		中间跨	$l_0 = l_c$
按塑性理论计算	一端简支、一端与支撑构件整浇		$l_0 \leqslant l_n + h/2$ （板） $l_0 = l_n + a/2 \leqslant 1.025 l_n$(梁)
	两端与支撑构件整浇		$l_0 = l_n$

注：l_0 为板、梁的计算跨度；l_c 为支座中心线间距离；l_n 为板、梁的净跨；h 为板厚；a 为板、梁端部支承长度；b 为中间支座宽度。

c. 荷载

作用在楼盖上的荷载有恒载和活载两种。恒载包括结构自重、各构造层重、永久性设备重等。活载为使用时的人群、堆料及一般设备重，而屋盖还有雪荷载。上述荷载通常按均布荷载考虑作用于楼板上。计算时，通常取1 m宽的板带作为板的计算单元。次梁承受左右两边板上传来的均布荷载及次梁自重。主梁承受次梁传来的集中荷载及主梁自重，主梁的自重为均布荷载，但为便于计算，一般将主梁自重折算为几个集中荷载，分别加在次梁传来的集中荷载处。

d. 折算荷载

前已述及，在确定连续板、梁支座时，认为连续板在次梁处、次梁在主梁处均为铰支承，并未考虑次梁对板、主梁对次梁转动的弹性约束作用，这就使计算结果与实际情况存在差别。如图5－11所示，当板受荷发生弯曲转动时，将带动作为其支座的次梁产生扭转，次梁的扭转则将部分地阻止板自由转动。可见，板的支座与理想的铰支座不同，板的实际支承情况将使板跨中的弯矩值降低。类似情况也发生在次梁和主梁之间。

在设计中，一般用增大恒载并相应减小活荷载的办法来考虑次梁对板的弹性约束（图5－11），即用调整后的折算恒荷载g'和折算活荷载q'代替实际的恒荷载g和实际活荷载q。板和次梁的折算荷载取值分别如下：

板：
$$g'=g+\frac{q}{2},\ q'=\frac{q}{2} \tag{5-1}$$

次梁：
$$g'=g+\frac{q}{4},\ q'=\frac{3q}{4} \tag{5-2}$$

式中：g'、q'——折算恒荷载和折算活荷载；

g、q——实际恒荷载和实际活荷载。

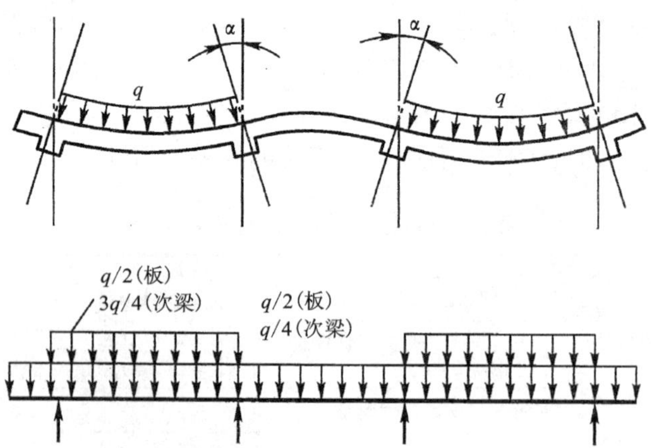

图5－11　板与次梁及次梁与主梁整体连接的影响

主梁不进行荷载的折算，这是因为如果支承主梁的柱刚度较大，就应按框架结构计算主梁内力；如柱刚度较小，则柱对主梁的约束作用很小，故不进行荷载折算。对于支承在钢筋混凝土柱上的主梁，其支承条件应根据梁柱抗弯刚度比而定。计算表明，若主梁与柱的线刚度比大于3，可将主梁视为铰支于柱上的连续梁，否则，应按弹性嵌固于柱上的框架梁计算。

②内力计算

a. 活荷载的最不利组合

由于活荷载作用位置的可变性，为使构件在各种可能的荷载情况下都能达到设计要求，需要确定各截面的最大内力。因此，存在一个将活荷载与恒荷载组合起来，使某一指定截面的内力为最不利的问题，即荷载的最不利组合问题。对于多跨连续梁，除恒荷载按实际情况满布于结构上外，活荷载并不是满布于梁上时出现最大内力，因此需要研究可变荷载作用的位置对连续梁内力的影响。图 5－12 为一五跨连续梁在不同跨作用活荷载时的弯矩分布情况。

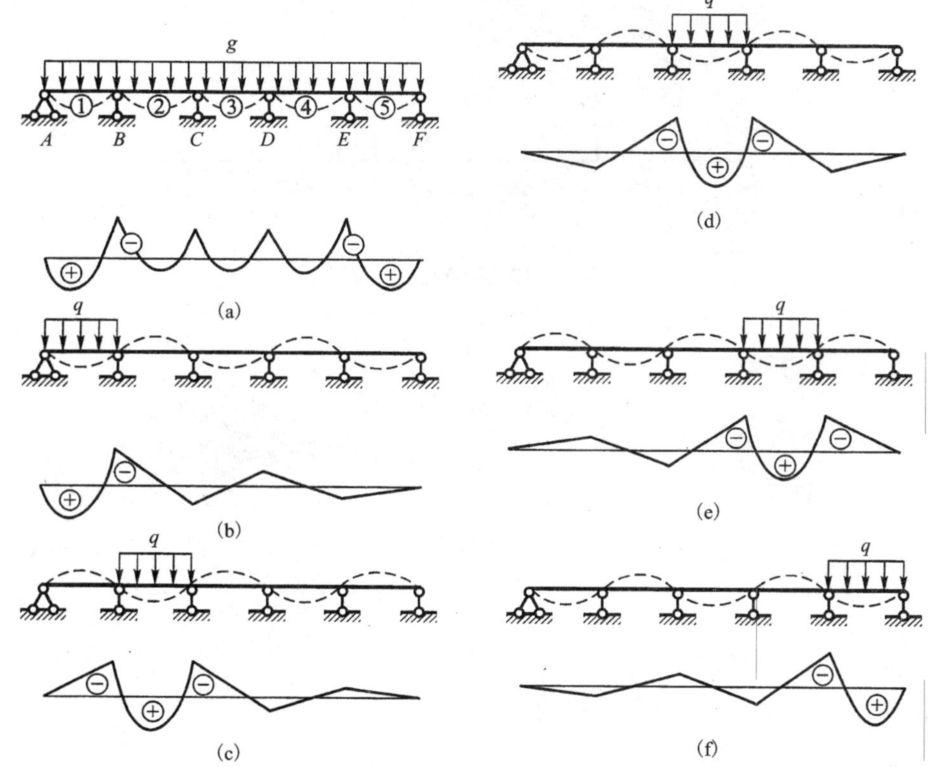

图 5－12　五跨连续梁在各种荷载作用下的弯矩图

经分析，连续梁最不利荷载组合的规律(图 5－13)为：当求连续梁各跨的跨中最大正弯矩时，应在该跨布置活荷载，然后向左、右两边隔跨布置活荷载；当求连续梁各中间支座的最大(绝对值)负弯矩时，应在该支座的左、右两跨布置活荷载，然后隔跨布置活荷载；当求连续梁各支座截面(左侧或右侧)的最大剪力时，应在该支座的左、右两跨布置活荷载，然后隔跨布置活荷载。

b. 内力计算

活荷载的最不利位置确定后，对等跨度(或跨度差≤10％)的连续梁，即可直接应用表格查得在恒载和各种活荷载作用下梁的内力系数，并按下列公式求出梁有关截面的弯矩 M 和剪力 V：

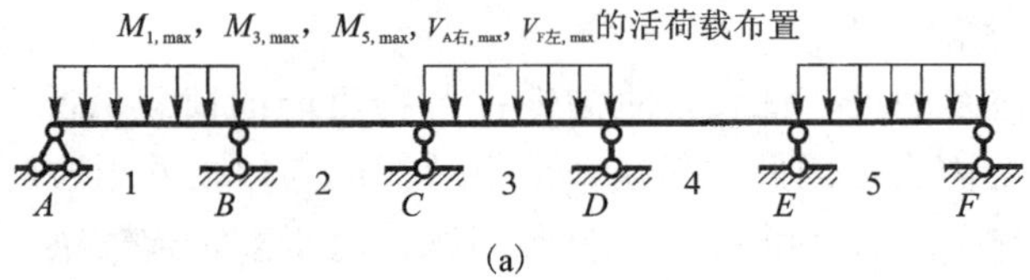

(a)

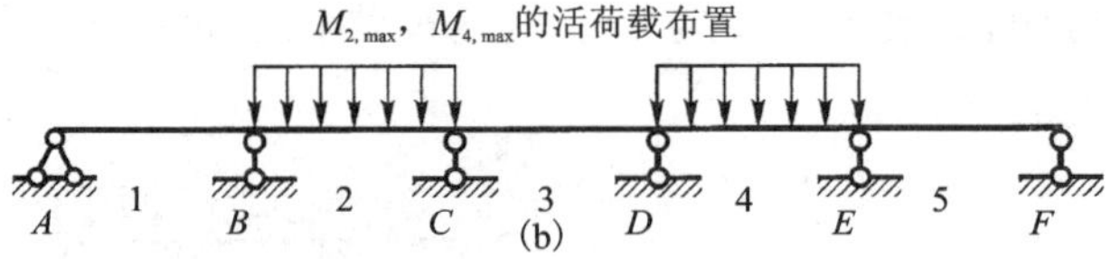

(b)

$M_{B,\max}$, $V_{B,\max}$的活荷载布置

A 1 B 2 C 3 D 4 E 5 F

(c)

图 5－13　活荷载的布置

均布荷载作用时

$$M = K_1 g l_0^2 + K_2 q l_0^2 \tag{5-3}$$

$$V = K_3 g l_0 + K_4 q l_0 \tag{5-4}$$

集中荷载作用时

$$M = K_1 G l_0 + K_2 Q l_0 \tag{5-5}$$

$$V = K_3 G + K_4 Q \tag{5-6}$$

式中：g、q——单位长度上的均布恒荷载及活荷载；

G、Q——集中恒荷载及活荷载；

$K_1 \sim K_4$——内力系数，按附录中附表一查取；

l_0——梁的计算跨度。

c. 内力包络图

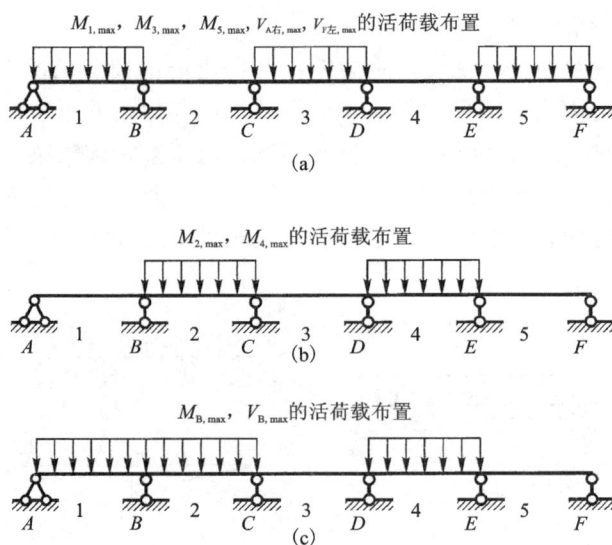

内力（弯矩、剪力）包络图，是指在恒载内力（弯矩、剪力）图上分别叠加以各种不利活荷载位置作用下得出的内力（弯矩、剪力）图的最外轮廓线所围成的图形，也称内力叠合图。利用内力包络图，可以合理地确定梁中纵向受力钢筋弯起与切断的位置，还可检验构件截面强度是否可靠、材料用量是否节省。

弯矩包络图的绘制方法：①确定活荷载作用位置，即确定使各控制截面产生最不利内力的活荷载布置位置。具体地讲，如在绘制连续梁第一跨弯矩包络图时，恒荷载应满布各跨，活荷载的布置位置应考虑能使该跨跨中截面分别产生 $M_{\max}$ 和 $M_{\min}$，使该跨左、右支座截面分别产生最大（绝对值）负弯矩。②根据上述荷载作用情况，分别求出各支座的弯矩值。③将求得的各支座弯矩，按相同比例绘于支座上，并将同一荷载作用情况下各跨两端的支座弯矩连成直线，再以此为基线，在其上根据荷载情况分别按简支梁作出弯矩图形。④连接弯矩图形的最外轮廓线，即得所求的弯矩包络图，可用加粗的线型区分出来。

剪力包络图的绘制方法：①确定荷载作用位置。绘制连续梁各跨剪力包络图时，恒载应满布各跨，活荷载的布置位置应考虑分别使该跨两端支座剪力为最大两种情况。②分别求出各个支座的剪力值。③将求得的各支座剪力，按相同比例分别绘于各支座上，再根据各跨荷载情况分别按简支梁绘制剪力图。④连接剪力图形的最外轮廓线，即得所求的剪力包络图，并用加粗的线型区分出来。

图 5－14、图 5－15 分别为某五跨连续梁的弯矩和剪力包络图示例。由于绘制内力包络图的工作量较大，故在楼盖设计中，除主梁和不等跨的次梁(跨度差 >20%)有时需根据包络图来确定钢筋弯起和截断位置外，对于连续板和等跨连续次梁一般不必绘制包络图，而直接按照连续板、梁的构造要求来确定钢筋弯起和截断位置。

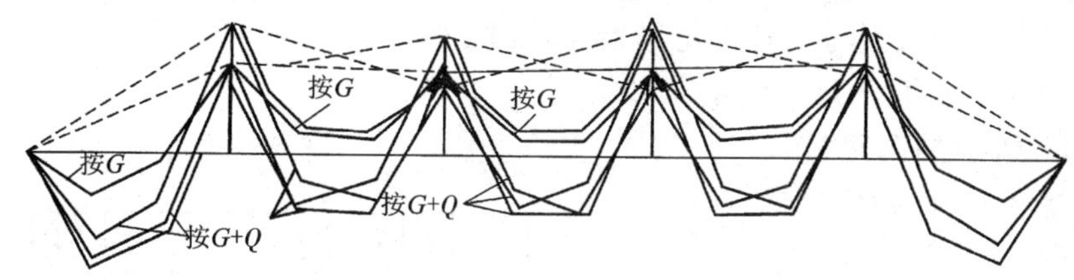

图 5－14　五跨连续梁的弯矩包络图

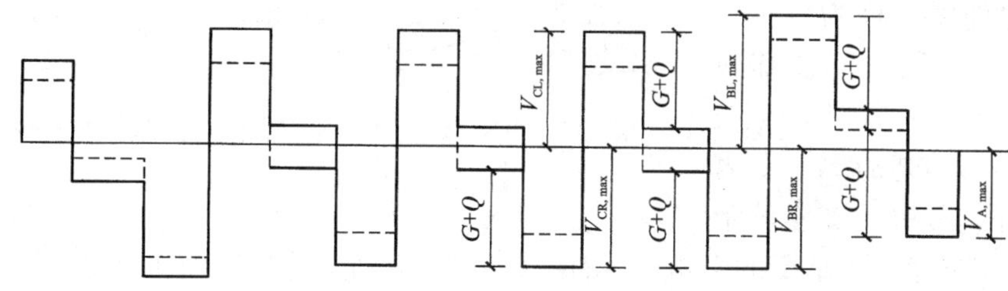

图 5－15　五跨连续梁的剪力包络图

2)塑性理论计算法

钢筋混凝土是钢筋与混凝土这两种材料组成的非匀质的弹塑性体，按弹性理论的计算方法忽视了钢筋混凝土的非弹性性质，假定结构为理想的匀质弹性体(这种假定只在构件处在低应力状态时才较为符合)，按弹性理论计算结构内力存在着三个方面的问题：其一，按弹性理论计算的结构内力与按破坏阶段的构件截面设计方法是互不协调的，材料强度未能得到充分发挥；其二，弹性理论计算法是按可变荷载的各种最不利布置时的内力包络图来配筋的，但各跨中和各支座截面的最大内力实际上并不可能同时出现。而且由于超静定结构具有多余约束，当某一截面应力达到破坏阶段时，并不等于整个结构的破坏。可见，按弹性理论方法计算，整个结构各截面的材料不能充分利用；其三，按弹性理论方法计算时，支座弯矩总是远大于跨中弯矩，这将使支座配筋拥挤、构造复杂、施工不便。

①塑性铰与塑性内力重分布的概念

图 5－16 所示的钢筋混凝土简支梁，当梁的工作进入破坏阶段时跨中受拉钢筋首先屈服，随着荷载增加，变形急剧增大，裂缝扩展，截面绕中和轴转动，但此时截面所承受的弯矩

维持不变。从钢筋屈服到受压区混凝土被压坏，裂缝处截面绕中和轴转动，就像梁中出现了一个铰，这个铰实际是梁中塑性变形集中出现的区域，称为塑性铰。

塑性铰与理想铰的区别在于：前者能承受一定的弯矩，并只能沿弯矩作用方向作微小的转动；后者则不能承受弯矩，但可自由转动。

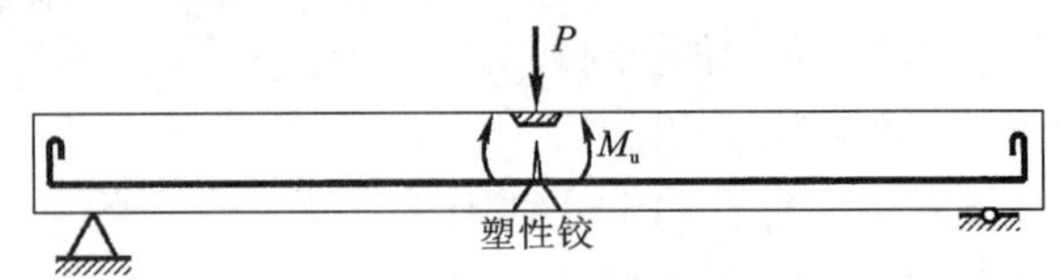

图 5－16　简支梁的破坏机理

简支梁是静定结构，当某个截面出现塑性铰后，即成为几何可变体系，将失去承载能力。而钢筋混凝土多跨连续梁是超静定结构，存在着多余约束，在某个截面出现塑性铰后，相当于减少了一个多余约束，结构仍是几何不变体系，还能继续承担后续的荷载。但此时梁的内力不再按原来的规律分布，将出现内力的重分布。

如图 5－17 所示的两跨连续梁，承受均布荷载 q，按弹性理论计算得到的支座最大弯矩为 M_B，跨中最大弯矩为 M_1。设计时，若支座截面按弯矩 M'_B（$M'_B < M_B$）配筋，这样可使支座截面配筋减少，方便施工，这种做法称为弯矩调幅。梁在荷载作用下，当支座弯矩达到M'_B时，支座截面便产生较大塑性变形而形成塑性铰，随着荷载继续增加，因中间支座已形成塑性铰，只能转动，所承受的弯矩 M'_B将保持不变，但两边跨的跨内弯矩将随荷载的增加而增大，当全部荷载 q 作用时，跨中最大弯矩达到 M'_1（$M'_1 > M_1$），这种在多跨连续梁中，由于某个截面出现塑性铰，使该塑性铰截面的内力向其他截面（如本例的跨内截面）转移的现象，称为塑性内力重分布。事实上，钢筋混凝土超静定结构，都具有塑性内力重分布的性质。

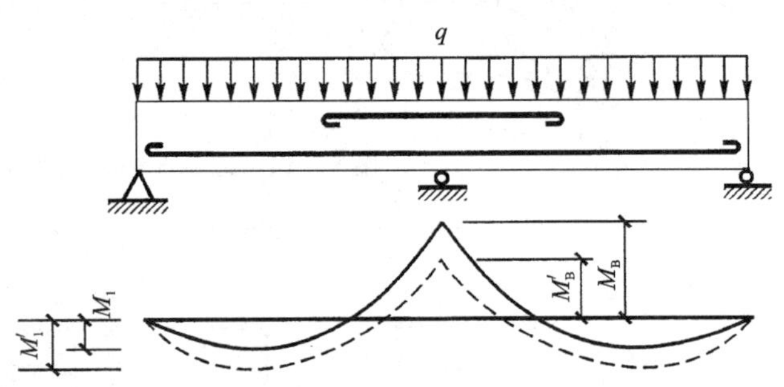

图 5－17　两跨连续梁的内力塑性重分布

应当指出的是，如按弯矩包络图配筋，支座的最大负弯矩与跨中的最大正弯矩并不是在同一荷载作用下产生的，所以当下调支座负弯矩时，在这一组荷载作用下增大后的跨中正弯矩，实际上并不大于包络图上外包线的弯矩，因此跨中截面并不会因此而增加配筋。可见，利用塑性内力重分布，可调整连续梁的支座弯矩和跨中弯矩，既方便了施工，又能取得经济的配筋，也更符合构件的实际工作情况。

综上所述，钢筋混凝土连续梁塑性内力重分布的基本规律如下：①钢筋混凝土连续梁达到承载能力极限状态的标志，不是某一截面到达了极限弯矩，而是必须出现足够的塑性铰，使整个结构形成几何可变体系。②塑性铰出现以前，连续梁的弯矩服从于弹性的内力分布规律；塑性铰出现以后，结构计算简图发生改变，各截面的弯矩的增长率发生变化。③按弹性理论计算，连续梁的内力与外力既符合平衡条件，同时也满足变形协调关系。按塑性内力重分布法计算，内力与外力符合平衡条件，但转角相等的变形协调关系不再成立。④通过控制支座截面和跨中截面的配筋比，可以人为控制连续梁中塑性铰出现的早晚和位置，即控制调幅的大小和方向。

②按塑性理论计算的基本原则

a. 必须确保结构安全可靠。由于连续梁出现塑性铰后，是按简支梁工作的，因此每跨调整后的两个支座弯矩的平均值加上跨中弯矩的绝对值之和应不小于相应的简支梁跨中弯矩，即

$$M_0 \leqslant \frac{M_B + M_C}{2} + M_1 \tag{5-7}$$

式中：M_B、M_C和M_1——支座B、C和跨中截面塑性铰上的弯矩(图5-18)；

M_0——在全部荷载$(g+q)$作用下简支梁的跨中弯矩。

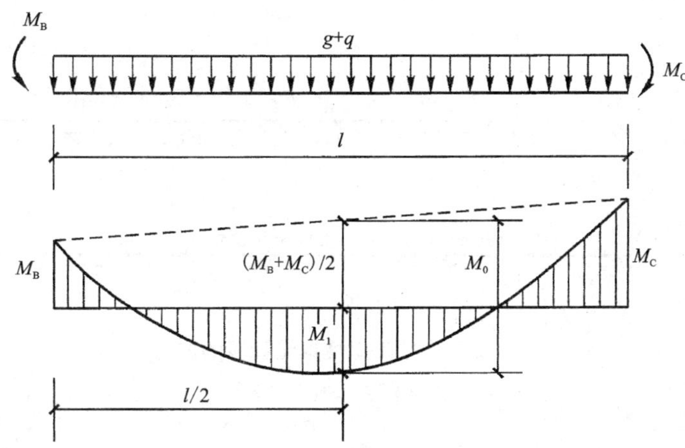

图5-18　连续梁任意跨内外力的极限平衡

此外，调整后的所有支座和跨中塑性铰上的弯矩M的绝对值，对承受均布荷载的梁均应满足：

$$M \geqslant \frac{(g+q)l^2}{24} \tag{5-8}$$

由此可见，按塑性理论计算结构的内力时，要求结构材料具有良好的塑性性能，以保证结构内力能满足极限平衡的要求，故《混凝土规范》规定，按塑性内力重分布法计算的结构构件宜采用塑性较好的HPB300、HRB335钢筋和HRB400钢筋。

b. 必须满足刚度和裂缝宽度的要求。从经济角度看，连续梁支座负弯矩调低多一些比较理想，但若降低过多，将会使支座过早出现塑性铰，且内力重分布过程过长，造成裂缝开展过宽、变形过大，以致影响正常使用。钢筋混凝土梁支座或节点边缘截面的负弯矩调幅幅度不宜大于25%；钢筋混凝土板的负弯矩调幅幅度不宜大于20%。

c. 应力求节约钢材、方便施工。为能节约较多钢材，同时使支座配筋简单，便于施工，应尽可能多地减少支座弯矩，一般常使它等于或接近于跨中弯矩。

③等跨连续板、梁的内力值：

在均布荷载作用下等跨连续板和次梁按塑性理论计算的内力公式如下

a. 弯矩

$$M=\alpha(g+q)l_0^2 \tag{5-9}$$

式中：α——弯矩系数，板和次梁按图 5-19 所示数据采用；

g、q——均布恒载和活荷载；

l_0——梁板计算跨度。

b. 剪力

板内剪力往往相对较小，在一般情况下都能满足 $V \leqslant 0.7f_t bh_0$ 的条件，故不需要进行剪力计算。

次梁的剪力按下式计算

$$V=\beta(g+q)l_n \tag{5-10}$$

式中：β——剪力系数，按图 5-19 所示数据采用；

l_n——净跨度。

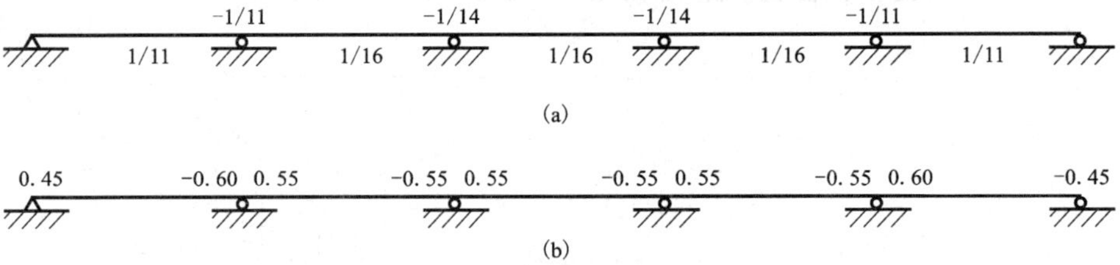

(a)

(b)

图 5-19　板和次梁按塑性理论计算的内力系数

(a)弯矩系数；(b)剪力系数

④塑性理论计算法的适用条件和适用范围

a. 适用条件。按塑性理论计算法计算内力时，是考虑了支座截面能出现塑性铰，并是在具有一定塑性转动能力的前提下。为了保证在调幅截面能够形成塑性铰，且具有足够的转动能力，《混凝土规范》规定：塑性铰截面中混凝土受压区高度不大于 $0.35h_0$，即 $x \leqslant 0.35h_0$，且不宜小于 $0.1h$。

b. 适用范围。采用塑性内力重分布法虽然可节约钢材，方便施工，但在构件使用阶段的裂缝和变形均较大，所以对于下列结构不能采用这种方法，而应按弹性理论法计算其内力：在使用阶段不允许出现裂缝，或对裂缝开展有较高要求的结构；重要部位的结构和可靠度要求较高的结构；直接承受动力荷载和疲劳荷载作用的结构；处于侵蚀性环境中的结构。

一般工业与民用建筑的整体式肋形楼盖中的板和次梁，通常均采用塑性理论法计算。而主梁属于重要构件，截面高度较大，配筋也较多，一般仍采用弹性理论方法计算。

5.1.2　单向板的设计方法

(1)板的计算步骤：沿板的长边方向切取 1 m 宽板带作为计算单元→荷载计算→按塑性内力重分布法计算内力→配筋计算，选配钢筋。

(2)当板的周边与梁整体连接时，在竖向荷载作用下，周边梁将对它产生水平推力(图 5-20)。该推力可减少板中各计算截面的弯矩。因此，对四周与梁整体连接的单向板，其中间跨的跨中截面及中间支座截面的计算弯矩可减少 20%，其他截面不予减少。

(3)根据弯矩算出各控制截面的钢筋面积后，为使跨数较多的内跨钢筋与计算值尽可能

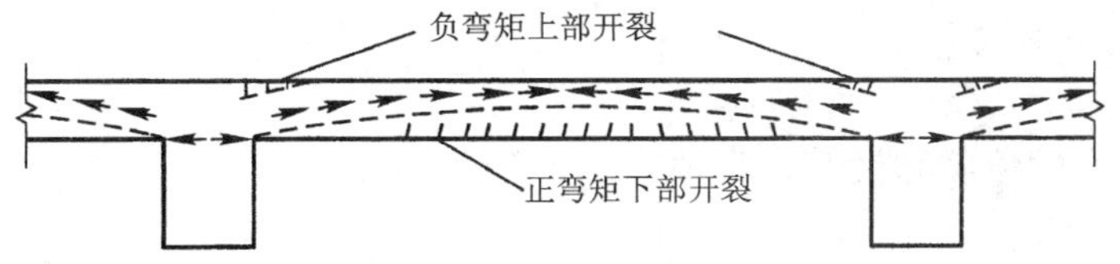

图 5-20　连续板的拱作用

一致，同时使支座截面配筋尽可能利用跨中弯起的钢筋，以保证配筋协调(直径、间距协调)，应按先内跨后边跨，先跨中后支座的次序选配钢筋。

(4)板一般均能满足斜截面抗剪要求，设计时可不进行抗剪强度验算。

5.1.3　单向板的构造要求

1. 板的支承长度

板的支承长度应满足其受力钢筋在支座内锚固的要求，且一般不小于板厚，当搁置在砖墙上时，不少于 120 mm。

2. 配筋方式

连续板受力钢筋有弯起式和分离式两种配筋方式。

弯起式配筋就是先将跨中一部分受力钢筋(常为 1/2 ~ 1/3)在支座处弯起，作承担支座负弯矩之用，如不足可另加直钢筋补充。

弯起式配筋的特点是钢筋锚固较好，整体性强，节约钢材，但施工较为复杂，目前已很少采用。

分离式配筋是指在跨中和支座全部采用直钢筋，跨中和支座钢筋各自单独选配。分离式配筋板顶钢筋末端应加直角弯钩直抵模板；板底钢筋末端应加半圆弯钩，但伸入中间支座者可不加弯钩。分离式配筋的特点是配筋构造简单，但其锚固能力较差，整体性不如弯起式配筋，耗钢量也较多。

等跨连续板内受力钢筋的弯起和截断位置，不必由抵抗弯矩图来确定，而直接按图 5-21所示弯起点或截断点位置确定即可。但当板相邻跨度差超过 20%，或各跨荷载相差太大时，仍应按弯矩包络图和抵抗弯矩图来确定。

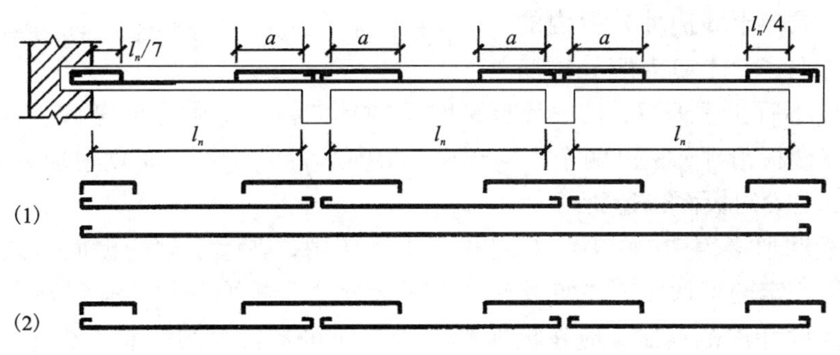

图 5-21　等跨连续板的分离式配筋

当 $q/g \leq 3$ 时，$a = l_n/4$

当 $q/g > 3$ 时，$a = l_n/3$

其中：g、q——板上的恒载和活载设计值；

l_n——板的净跨。

3. 构造钢筋

(1) 分布钢筋

单向板中单位宽度上的分布钢筋，其截面面积不应小于单位宽度上受力钢筋截面面积的 15%，且配筋率不宜小于 0.15%；分布筋直径不宜小于 6 mm，其间距不应大于 250 mm。当板所受的温度变化较大时，板中的分布钢筋应适当增加。板的分布钢筋应配置在受力钢筋的所有弯折处并沿受力钢筋直线段均匀布置，但在梁的范围内不必布置(图 5－22)。

图 5－22　板中的分布钢筋

(2) 按简支边或非受力边设计的现浇混凝土板，当与混凝土梁、墙整体浇筑或嵌固在砌体墙内时，应设置垂直于板边的板面构造钢筋，并符合下列要求：①钢筋直径不宜小于 8 mm，间距不宜大于 200 mm，且单位宽度内的配筋面积不宜小于跨中相应方向板底钢筋截面面积的 1/3 与混凝土梁、混凝土墙整体浇筑单向板的非受力方向，钢筋截面面积尚不宜小于受力方向跨中板底钢筋截面面积的 1/3；②该构造钢筋从混凝土梁边、混凝土墙边伸入板内的长度不宜小于 $l_0/4$，砌体墙支座处钢筋伸入板边的长度不宜小于 $l_0/7$，其中计算跨度 l_0 对单向板按受力方向考虑、对双向板按短边方向考虑；③在楼板角部，宜沿两个方向正交、斜向平行或放射状布置附加钢筋。

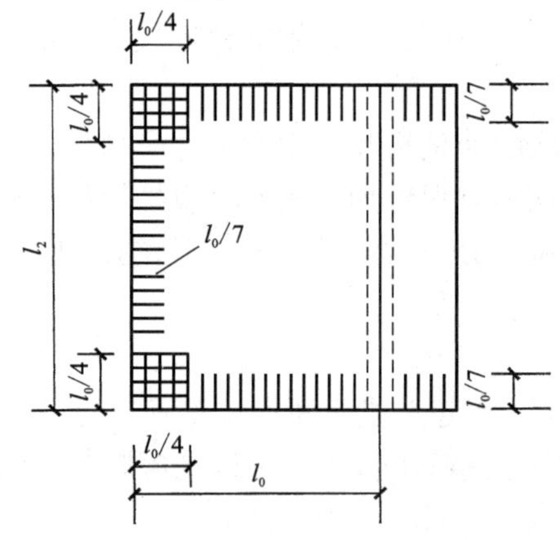

图 5－23　板嵌固在承重墙内时板边的构造钢筋

(3) 垂直于主梁的板面构造钢筋

现浇单向板肋形楼盖中的主梁，将对板起支承作用，靠近主梁的板面荷载将直接传递给主梁，因而产生一定的负弯矩，并使板与主梁相接处产生板面裂缝，有时甚至开展较宽。因此，混凝土结构设计规范规定，应在板面沿主梁方向每米长度内配置不少于 5 Φ8 的构造钢筋，其单位长度内的总截面面积，应不小于板跨中单位长度内受力钢筋截面面积的 1/3，伸出主梁梁边的长度不小于 $l_0/4$(图 5－24)，l_0为板的计算跨度。

(4) 板表面的温度、收缩钢筋

在温度、收缩应力较大的现浇板区域内，钢筋间距宜取为150～200 mm，并应在板的未配筋表面布置温度收缩钢筋。板的上、下表面沿纵、横两个方向的配筋率均不宜小于0.1%。温度收缩钢筋可利用原有钢筋贯通布置，也可另行设置构造钢筋网，并与原有钢筋按受拉钢筋的要求搭接或在周边构件中锚固。

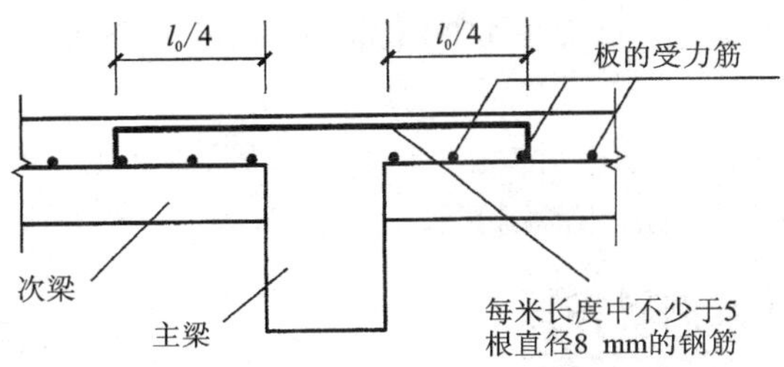

图5－24　板中与梁肋垂直的构造钢筋

(5)板内孔洞周边的附加钢筋

当孔洞的边长b(矩形孔)或直径d(圆形孔)不大于300 mm时，由于削弱面积较小，可不设附加钢筋，板内受力钢筋可绕过孔洞，不必切断[图5－25(a)]。

当b(或d)大于300 mm，但小于1000 mm时，应在洞边每侧配置加强洞口的附加钢筋，其截面面积不小于洞口被切断的受力钢筋截面面积的1/2，且不小于2 Φ10，并布置在与被切断的主筋同一水平面上[图5－25(b)]。

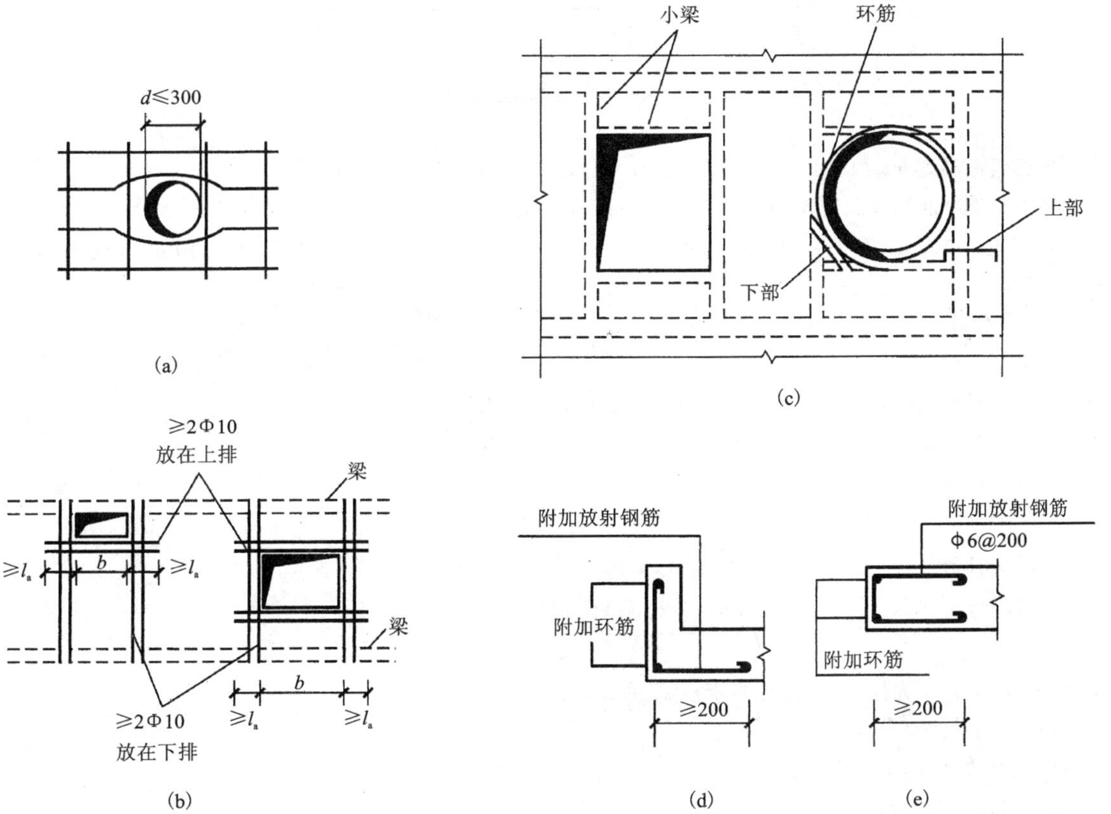

图5－25　板上开洞的配筋方法

(a)b(或d)≤300 mm；(b)b(或d)>1000 mm；

(c)300 mm<b(或d)≤1000 mm；(d)、(e)洞口附加环形钢筋和放射钢筋

当 b(或 d)大于 1000 mm 时，或孔洞周边有较大集中荷载时，应在洞边设肋梁[图 5－25(c)]。

对于圆形孔洞，板中还须配置图 5－25(c)所示的上部和下部钢筋及图 5－25(d)、(e)所示的洞口附加环形钢筋和放射钢筋。

【案例解答】

1. 确定板、梁的截面尺寸

板、次梁按塑性内力重分布法计算，主梁按弹性理论计算。

考虑刚度要求，板厚 $h \geqslant (1/30 \sim 1/40) \times 2200 = 73 \sim 55$ mm，考虑工业建筑楼盖最小板厚为 70 mm，板厚确定为 80 mm。板的尺寸及支承情况如图 5－26。

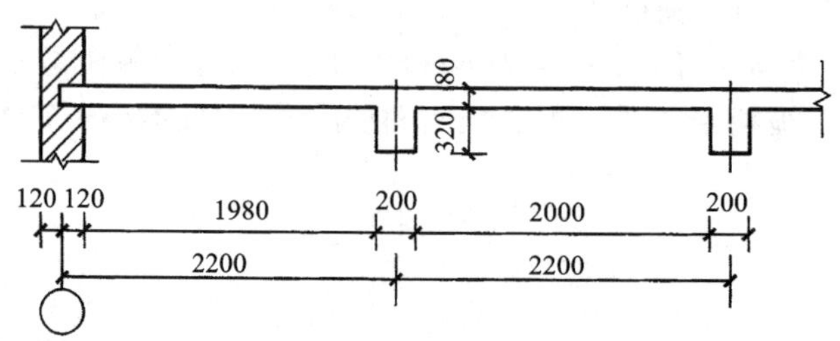

图 5－26　板的实际结构图

次梁截面高度 $h = (1/18 \sim 1/12) l_0 = (1/18 \sim 1/12) \times 5000 = 278 \sim 417$ mm，

考虑本例楼面活荷载较大，取 $b \times h = 200\ \text{mm} \times 400\ \text{mm}$。

主梁截面高度 $h = (1/14 \sim 1/8) l_0 = (1/14 \sim 1/8) \times 6600 = 471 \sim 825$ mm，取 $b \times h = 250\ \text{mm} \times 600\ \text{mm}$。

2. 板的设计

(1)荷载计算

恒载标准值

20 mm 厚水泥砂浆面层	$0.02\ \text{m} \times 20\ \text{kN/m}^3 = 0.40\ \text{kN/m}^2$
80 mm 厚钢筋混凝土板	$0.08\ \text{m} \times 25\ \text{kN/m}^3 = 2.00\ \text{kN/m}^2$
12 mm 厚板底抹灰	$0.012\ \text{m} \times 17\ \text{kN/m}^3 = 0.204\ \text{kN/m}^2$
	$g_k = 2.604\ \text{kN/m}^2$
恒载设计值	$g = 1.3 \times 2.604\ \text{kN/m}^2 = 3.39\ \text{kN/m}^2$
活载设计值	$q = 1.5 \times 7.0\ \text{kN/m}^2 = 10.5\ \text{kN/m}^2$
合计	$g + q = 13.89\ \text{kN/m}^2$

取 1 m 宽板带为计算单元，则每米板宽 $g + q = 13.89\ \text{kN/m}^2$

(2)内力计算

计算跨度：

边　跨　$$l_1 = l_n + \frac{h}{2} = \left(2.2 - \frac{0.2}{2} - \frac{0.24}{2}\right) + \frac{0.08}{2} = 2.02\ \text{m}$$

中间跨　$$l_2 = l_3 = l_n = 2.2 - 0.2 = 2.0\ \text{m}$$

跨度差　$$\frac{2.02 - 2}{2.0} \times 100\% = 1.0\% < 10\%$$

因此，可采用等跨连续梁的内力系数计算。

板的计算简图见图 5－27 所示。

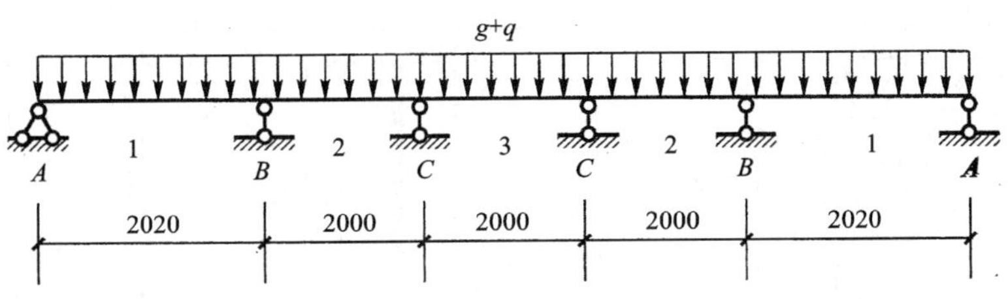

图 5－27　板的计算简图

各截面的弯矩计算见表 5－2。

表 5－2　连续板各截面弯矩的计算

截面	边跨中	支座 B	中间跨中	中间支座
弯矩系数 α	1/11	－1/11	1/16	－1/14
$M=\alpha(g+q)l_0^2$ /(kN·m)	(1/11)×13.89 ×2.02^2 =5.15	(－1/11)×13.89 ×2.02^2 =－5.15	(1/16)×13.89 ×2.0^2 =3.47	(－1/14)×13.89 ×2.0^2 =－3.97

(3)正截面承载力计算

$b=1000$ mm，$h=80$ mm，$h_0=80-25=55$ mm，$0.35h_0=0.35\times55=19.25$ mm，各截面的配筋计算见表 5－3。

表 5－3　板的配筋计算

截面		1	B	2		C	
				Ⅰ－Ⅰ板带	Ⅱ－Ⅱ板带	Ⅰ－Ⅰ板带	Ⅱ－Ⅱ板带
弯矩 M /(N·mm)		5.15×10^6	-5.15×10^6	3.47×10^6	$0.8\times3.47\times10^6$	-3.97×10^6	$-0.8\times3.97\times10^6$
$x=h_0-\sqrt{h_0^2-\dfrac{2M}{\alpha_1 f_c b}}$ /mm		8.53	8.53 < $0.35h_0$	5.61	4.4	8.09 < $0.35h_0$	5.12 < $0.35h_0$
$A_s=\dfrac{\alpha_1 f_c bx}{f_y}$/mm^2		282	282	185	146	213	168
选用钢筋 /mm^2	Ⅰ－Ⅰ板带	①Φ8@150 $A_s=335$	③Φ8@150 $A_s=335$	②Φ8@200 $A_s=251$		④Φ8@200 $A_s=251$	
	Ⅱ－Ⅱ板带				②Φ8@200 $A_s=251$		④Φ8@200 $A_s=251$

注：①Ⅰ－Ⅰ板带指板的边带，Ⅱ－Ⅱ板带指板的中带；②Ⅱ－Ⅱ板带的中间跨及中间支座，由于板四周与梁整体连结，因此该处弯矩可减少 20%(即乘以 0.8)。

(4)板的配筋图

在板的配筋图中(图 5－28)，除按计算配置受力钢筋外，尚应设置下列构造钢筋：按规定选用⑧Φ8@220 的分布钢筋，沿板长边均布；按规定选用⑤⑥Φ8@200 的板边构造钢筋，设置于板周边的上部，并双向配置于板四角的上部；按规定选用⑦Φ8@200 的垂直于主梁的板面构造钢筋。

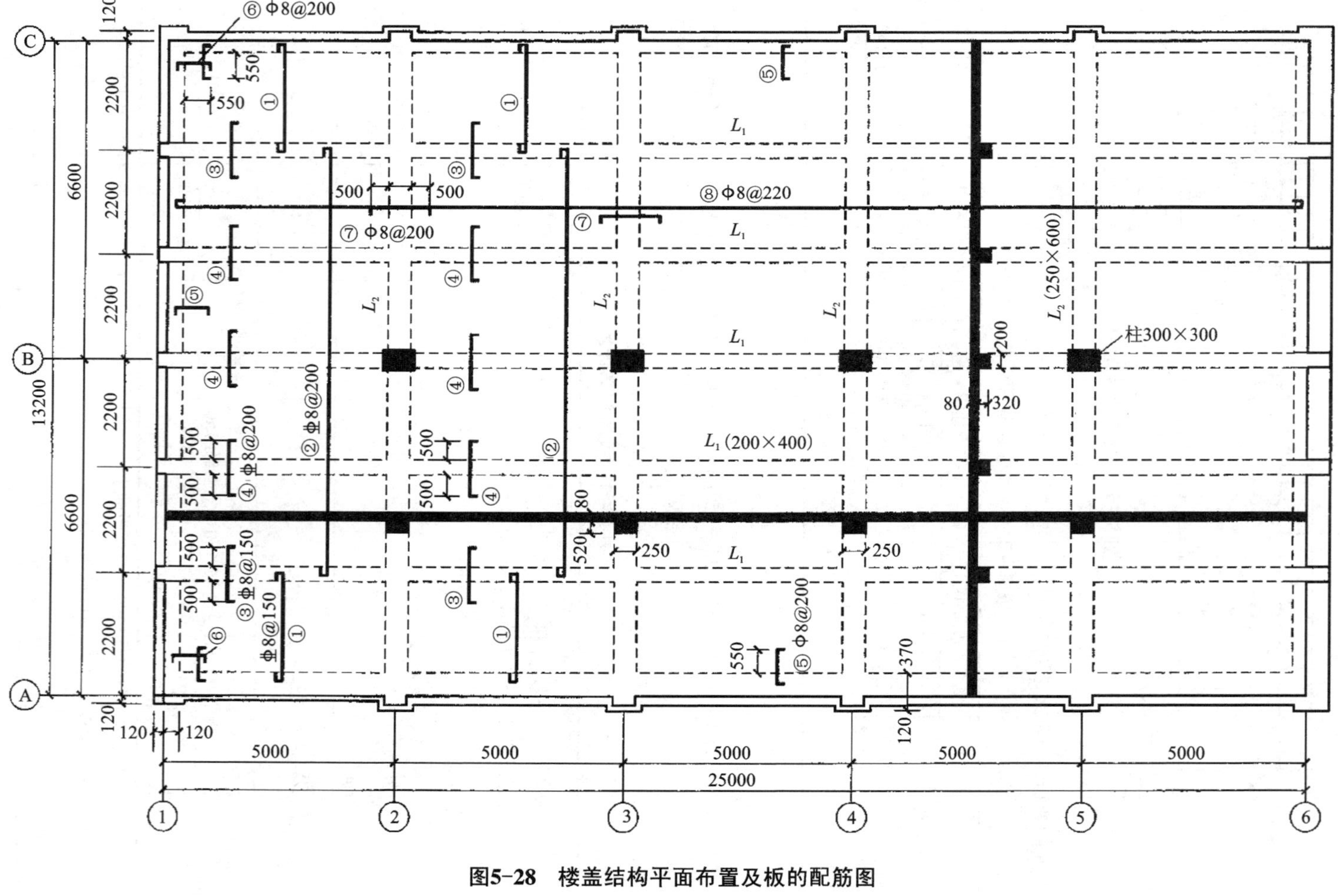

图5-28 楼盖结构平面布置及板的配筋图

【知识总结】

1. 楼盖设计中首先要解决的问题是选择合理的楼盖结构方案，梁板结构的结构形式、结构布置对整个建筑的安全性、合理性、经济性都有重要影响，因此，各种楼盖的受力特点及不同结构布置对内力的影响是应重点解决的问题；

2. 整体式单向板肋形楼盖按弹性理论方法的计算，是假定梁板为理想的匀质弹性体，因此其内力可按结构力学方法进行分析。连续梁、板各跨度相差不超过 10% 时，可按等跨计算。五跨以上可按五跨计算。对多跨连续梁、板要考虑活荷载的最不利位置，五跨以内的连续梁，在各种常用荷载作用下的内力，可从现成表格中查出内力系数进行计算；

3. 连续板的配筋方式有分离式和弯起式。板不必按内力包络图确定钢筋弯起和截断的位置，一般可以按构造规定确定。

【课后练习】

1. 混凝土梁板结构设计的一般步骤是什么？
2. 混凝土梁板结构有哪几种类型？分别说明它们各自的受力特点和适用范围。
3. 现浇楼盖的设计步骤如何？
4. 单向板肋梁楼盖进行结构布置的原则是什么？
5. 单向板肋梁楼盖按弹性理论计算时，为什么要考虑折算荷载，如何计算折算荷载？
6. 按弹性理论计算单向板肋梁楼盖的内力时，如何进行荷载的最不利组合？
7. 现浇梁板结构中单向板和双向板是如何划分的？
8. 什么叫“塑性铰”？混凝土结构中的“塑性铰”与结构力学中的“理想铰”有何异同？
9. 什么叫塑性内力重分布？“塑性铰”与“塑性内力重分布”有何关系？
10. 按弹性理论计算连续梁的内力时考虑支座宽度的影响？支座边缘处的内力如何计算？
11. 板的配筋有哪些受力钢筋？哪些构造钢筋？这些钢筋构件中各起了什么作用？

任务二 设计次梁

【案例引入】

本学习情境中的任务一中“案例引入”已对钢筋混凝土单向板肋形楼盖的单向板进行计算，试利用其结论，对此楼盖进行次梁设计。试绘制本设计中次梁的配筋图。

【任务目标】

1. 掌握次梁计算方法；
2. 掌握次梁的构造要求。

【知识链接】

5.2.1 次梁的计算方法

(1)次梁的计算步骤：初选截面尺寸→荷载计算→按塑性内力重分布法计算内力→计算

纵向钢筋→计算箍筋及弯起钢筋→确定构造钢筋。

(2)截面尺寸满足前述高跨比(1/18 ~ 1/12)和宽高比(1/3 ~ 1/2)的要求时，不必作使用阶段的挠度和裂缝宽度验算。

(3)计算纵向受拉钢筋时，跨中按T形截面计算，其翼缘计算宽度 b_f' 按表3 - 12采用；支座因翼缘位于受拉区，按矩形截面计算。

(4)计算横向钢筋时，若荷载、跨度较小，一般只利用箍筋抗剪；当荷载、跨度较大时，宜在支座附近设置弯起钢筋，以减少箍筋用量。

5.2.2 次梁的构造要求

(1)次梁的一般构造要求，如受力钢筋的直径、间距、根数等等与学习情境四所述受弯构件的构造要求相同。

(2)次梁伸入墙内的长度一般应不小于240 mm。

(3)当次梁相邻跨度相差不超过20%，且均布恒荷载与均布活荷载设计值之比 $g/q \leq 3$ 时，其纵向受力钢筋的弯起和截断可按图5 - 29进行。

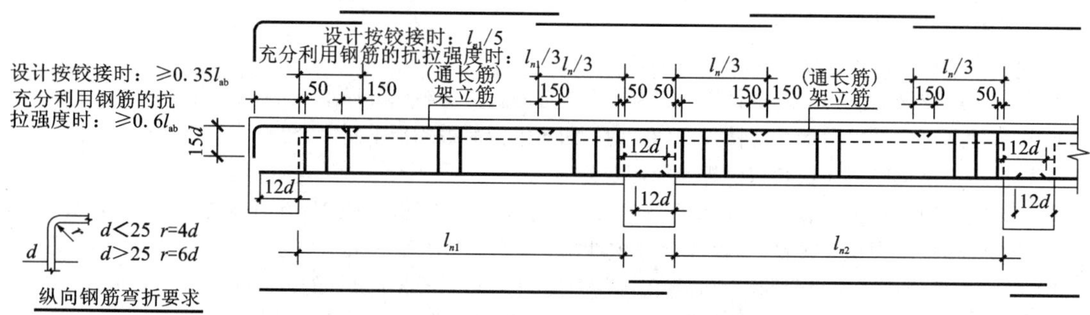

图5 - 29　次梁(非框架梁)配筋构造

【案例解答】

次梁的设计

次梁有关尺寸及支承情况见图5 - 30。

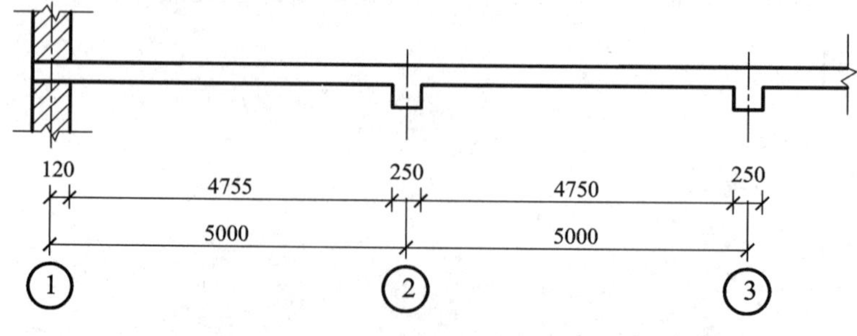

图5 - 30　次梁设计的尺寸及支撑情况

(1)荷载计算

恒荷载设计值

由板传来　$3.39\times2.2\ \text{kN/m}=7.46\ \text{kN/m}$

梁自重　$1.3\times0.2\times(0.4-0.08)\times25\ \text{kN/m}=2.08\ \text{kN/m}$

梁侧抹灰　$1.3\times0.012\times(0.4-0.08)\times2\times17\ \text{kN/m}=0.170\ \text{kN/m}$

$g=9.71\ \text{kN/m}$

活荷载设计值

由板传来　$q=1.5\times7.0\times2.2\ \text{kN/m}=23.1\ \text{kN/m}$

合　计　$g+q=32.81\ \text{kN/m}$

2)内力计算

计算跨度:

边跨　$l_{01}=l_{n1}+\frac{a}{2}=(5.0-\frac{0.25}{2}-\frac{0.24}{2})+\frac{0.24}{2}=4.875\ \text{m}$

$l_{01}=1.025l_{n1}=1.025\times4.755\ \text{m}=4.87\ \text{m}$，取二者中较小值，$l_1=4.87\ \text{m}$。

中间跨　$l_{02}=l_{03}=l_{n2}=5.0-0.25=4.75\ \text{m}$

跨度差　$\frac{4.87-4.75}{4.75}\times100\%=2.53\%<10\%$,

可采用等跨连续梁的内力系数计算。计算简图如图 5－31 所示。

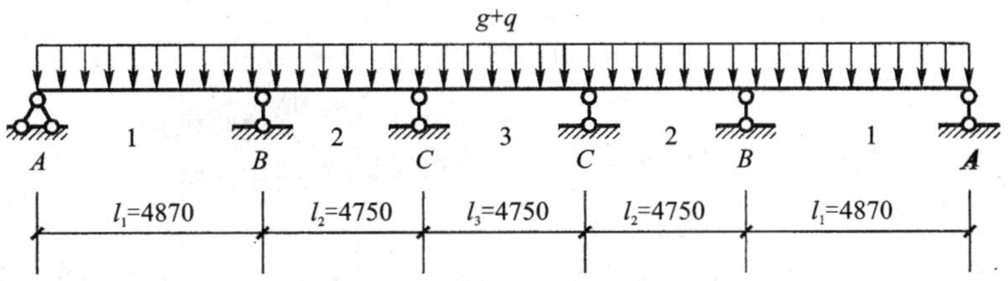

图 5－31　次梁的计算简图

次梁内力计算见表 5－4、表 5－5。

表 5－4　次梁弯矩计算表

截面	边跨中	支座 B	中间跨中	中间支座
弯矩系数 α	1/11	－1/11	1/16	－1/14
$M=\alpha(g+q)l_0^2$ /(kN·m)	$(1/11)\times32.81$ $\times4.87^2$ $=70.7$	$(-1/11)\times32.81$ $\times4.87^2$ $=-70.7$	$(1/16)\times32.81$ $\times4.75^2$ $=46.3$	$(-1/14)\times32.81$ $\times4.75^2$ $=-52.9$

表 5-5　次梁剪力计算表

截面	边支座	支座 B(左)	支座 B(右)	中间支座
剪力系数 β	0.45	0.6	0.55	0.55
$V=\beta(g+q)l_n$/kN	$0.45\times32.81\times4.755=70.21$	$0.6\times32.81\times4.755=93.61$	$0.55\times32.81\times4.75=85.72$	$0.55\times32.81\times4.75=85.72$

(3)截面承载力计算

次梁跨中按 T 形截面计算，其翼缘宽度为：

边跨　　$b_f'=\dfrac{l_0}{3}=1/3\times4870=1623$ mm

$b_f'=b+s_n=200+2000=2200$ mm，

$b_f'=b+12h_f'=200+12\times80=1160$，取 $b_f'=1160$ mm

中间跨　　$b_f'=1/3\times4750=1583$ mm

$b_f'=\mathrm{b}+s_n=200+2000=2200$ mm，

$b_f'=b+12h_f'=200+12\times80=1160$，取 $b_f'=1160$ mm

梁高　　$h=400$ mm，$h_0=400-40=360$ mm

翼缘厚　　$h_f'=80$ mm

判别 T 形截面类型

$$\alpha_1 f_c b_f' h_f'(h_0-\frac{h_f'}{2})=1\times11.9\times1160\times80\times(360-80/2)$$

$$=353\times10^6\ \mathrm{N\cdot mm}=353\ \mathrm{kN\cdot m}>\begin{cases}70.7\ \mathrm{kN\cdot m}(\text{边跨中})\\46.3\ \mathrm{kN\cdot m}(\text{中间跨中})\end{cases}$$

可得出该跨中截面均属于第一类 T 形截面。

支座截面按矩形截面计算，第一内支座按布置两排纵向钢筋考虑，取 $h_0=400-65=335$ mm，$0.35h_0=117$ mm。其他中间支座按布置一排纵向钢筋考虑，取 $h_0=360$ mm，$0.35\ h_0=126$ mm。

次梁正截面及斜截面承载力计算分别见表 5-6 及表 5-7。

表 5-6　次梁正截面承载力计算

截　面	1	B	2，3	C
弯矩 M/(N·mm)	70.7×10^6	-70.7×10^6	46.3×10^6	-52.9×10^6
$x=h_0-\sqrt{h_0^2-\dfrac{2M}{\alpha_1 f_c b_f'}}$ （跨中） $x=h_0-\sqrt{h_0^2-\dfrac{2M}{\alpha_1 f_c b}}$ （支座）	14.4	$105.2<0.35h_0=117$ mm	9.36	$68.04<0.35h_0=126$ mm
$A_s=\dfrac{\alpha_1 f_c b_f' x}{f_y}$ （跨中） $A_s=\dfrac{\alpha_1 f_c bx}{f_y}$ （支座）	557	695	362	445
选用钢筋	4 ⌀14	5 ⌀14(两排)	2 ⌀12 + 1 ⌀16	4 ⌀14(一排)
实配钢筋截面面积/mm²	$A_s=615$	$A_s=769$	$A_s=427$	$A_s=565$

表 5－7　次梁斜截面承载力计算

截面	边支座	支座 B(左)	支座 B(右)	中间支座
V/kN	70.21	93.61	85.72	85.72
$0.25f_cbh_0$/kN	$214.2>V$	$199.3>V$	$199.3>V$	$214.2>V$
$V_c=0.7f_tbh_0$/kN	$64.0<V$	$59.6<V$	$59.6<V$	$64.0<V$
选用箍筋	2 Φ6	2 Φ6	2 Φ6	2 Φ6
$A_{sv}=nA_{sv1}$/mm^2	56.6	56.6	56.6	56.6
$s=\dfrac{f_{yv}A_{sv}h_0}{V-0.7f_tbh_0}$/mm	886	151	196	253
实配箍筋间距 s/mm	200	150	200	200

次梁配筋详图如图 5－32 所示。

【任务布置】

完成单向板肋梁楼盖课程设计中次梁的设计。

【知识总结】

次梁的计算步骤：初选截面尺寸→荷载计算→按塑性内力重分布法计算内力→计算纵向钢筋→计算箍筋及弯起钢筋→确定构造钢筋。

次梁不必按内力包络图确定钢筋弯起和截断的位置，一般可以按构造规定确定。

【课后练习】

次梁的配筋有哪些受力钢筋？哪些构造钢筋？这些钢筋构件中各起了什么作用。

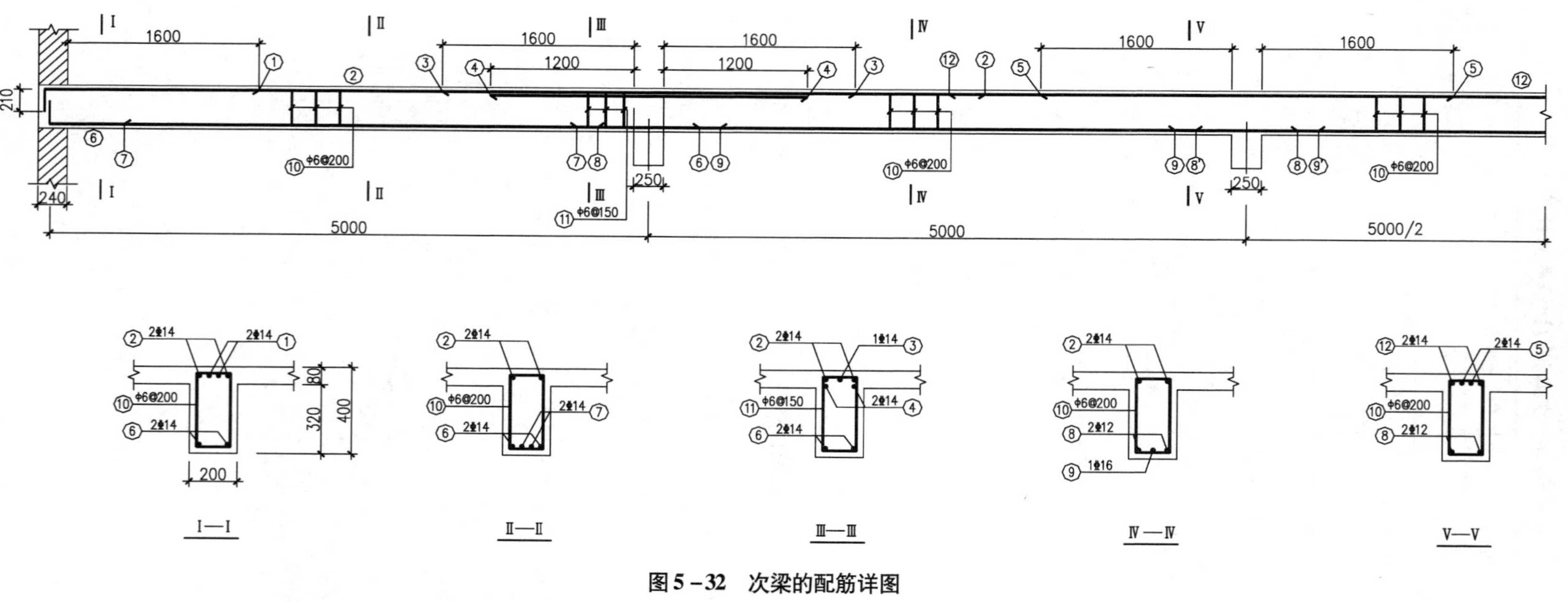

图 5-32 次梁的配筋详图

任务三　设计主梁

【案例引入】

本学习情境中的任务二中引入的案例中已对钢筋混凝土单向板肋形楼盖的次梁进行计算，试利用其结论，对此楼盖进行主梁设计。试绘制本设计中主梁的配筋图。

【任务目标】

1. 掌握主梁计算方法；
2. 掌握主梁的构造要求。

【知识链接】

5.3.1　主梁的计算要点

(1)主梁的计算步骤：初选截面尺寸→荷载计算→按弹性理论计算内力→计算纵向钢筋、箍筋及弯起钢筋→确定构造钢筋。

(2)主梁主要承受由次梁传来的集中荷载。为简化计算，主梁自重可折算为集中荷载，并假定与次梁的荷载共同作用在次梁支承处(图 5 - 33)。

(3)正截面承载力计算时，跨中按T形截面计算，支座按矩形截面计算。当跨中出现负弯矩时，跨中也按矩形截面计算。

(4)由于支座处板、次梁和主梁的钢筋重叠交错，且主梁负筋位于次梁和板的负筋之下(图 5 - 34)，故截面有效高度在支座处有所减少。此时主梁支座截面有效高度应取：主梁受力钢筋为一排时，$h_0 = h - (55 \sim 60)$；主梁受力钢筋为二排时，$h_0 = h - (80 \sim 90)$。

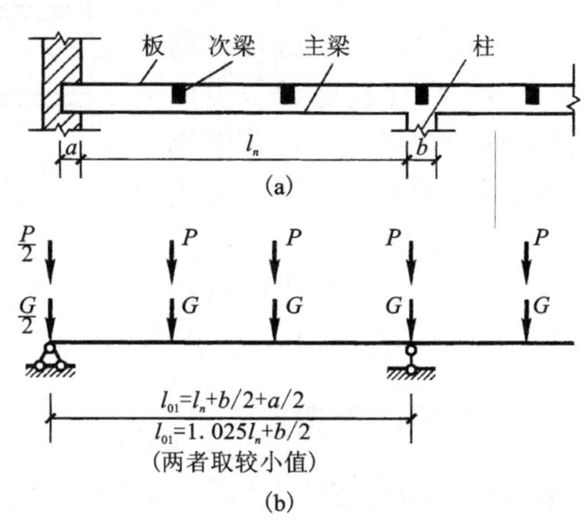

图 5 - 33　主梁的计算简图

(a)实际结构；(b)计算简图

(5)按弹性理论方法计算主梁内力时，其跨度取支座中心线间的距离，因而最大负弯矩发生在支座中心(即柱中心处)，但这并非危险截面。实际危险截面应为支座(柱)边缘(图 5 - 35)，故计算弯矩应按支座边缘处取用，此弯矩可近似按下式计算：

$$M_b = M - V_b \frac{b}{2} \tag{5-11}$$

式中：M_b——计算弯矩；

M——支座中心处弯矩；

V_b——按简支梁计算的支座剪力；

b——支座(柱)的宽度。

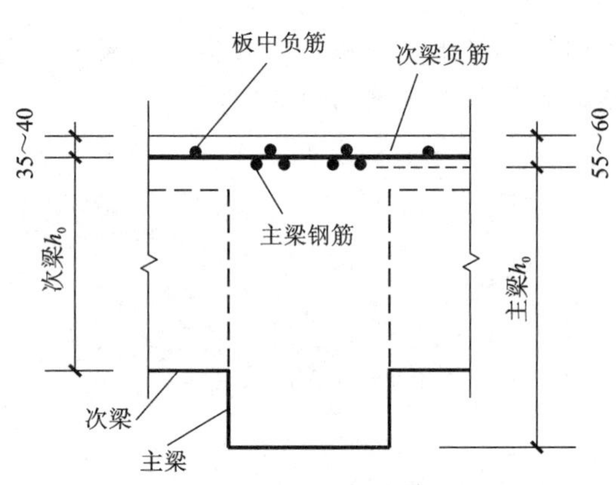

图 5-34　主梁支座处受力钢筋的布置

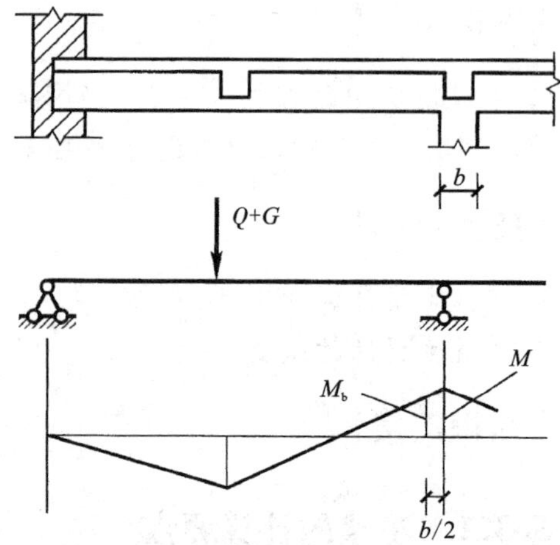

图 5-35　支座中心与支座边缘的弯矩

(6)主梁主要承受集中荷载，剪力图呈矩形。如果在斜截面抗剪承载力计算中，要利用弯起钢筋抵抗部分剪力，则应考虑跨中有足够的钢筋可供弯起，以使抗剪承载力图形完全覆盖剪力包络图。若跨中钢筋可供弯起的根数不多，则应在支座设置专门的抗剪鸭筋(图 5-36)。

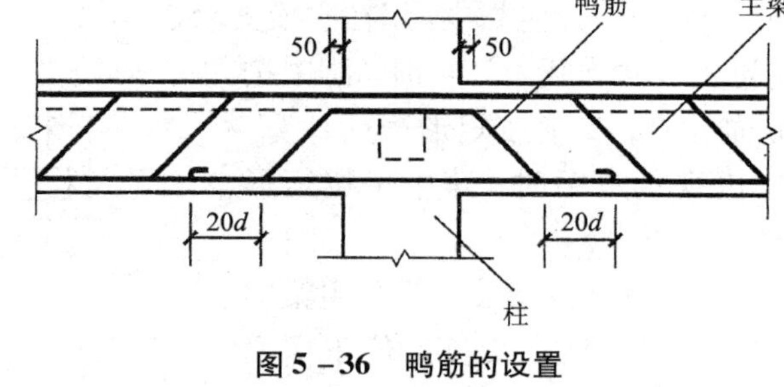

图 5-36　鸭筋的设置

(7)截面尺寸满足前述高跨比(1/14~1/8)和宽高比(1/3~1/2)的要求时，一般不必作使用阶段挠度和裂缝宽度验算。

5.3.2　主梁的构造要求

(1)主梁的一般构造要求与次梁相同。但主梁纵向受力钢筋的弯起和截断，应使其抗弯承载力图形覆盖弯矩包络图，并应满足有关构造要求。

(2)主梁钢筋的组成及布置可参考图 5-29。主梁伸入墙内的长度一般应不小于 370 mm。

(3)附加横向钢筋。

次梁与主梁相交处，由于主梁承受由次梁传来的集中荷载，其腹部可能出现斜裂缝，并引起局部破坏[图 5-37(a)]。因此《混凝土规范》规定，位于梁下部或梁截面高度范围内的集中荷载，应设置附加横向钢筋来承担，以便将全部集中荷载传至梁上部。附加横向钢筋有箍筋和吊筋两种，应优先采用箍筋。附加横向钢筋应布置在长度为 $s(s=2h_1+3b)$ 的范围内[图 5-37(b)、(c)]。第一道附加箍筋离次梁边 50 mm。

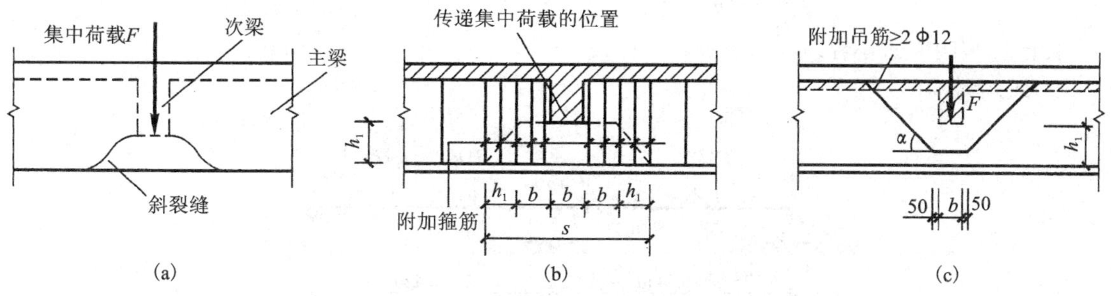

图 5-37　主梁腹部局部破坏情形及附加横向钢筋布置

(a)集中荷载作用下的裂缝情形；(b)、(c)集中荷载作用时的附加横向钢筋布置图

如集中力全部由附加箍筋承受，则所需附加钢筋的总面积为

$$A_{sv} \geqslant F/f_{yv} \tag{5-12}$$

在选定附加箍筋的直径和肢数后，即可由 A_{sv}算出 s 围内附加箍筋的根数。

如集中力全部由吊筋承受，则所需吊筋总截面面积为

$$A_{sb} \geqslant F/2f_y\sin\alpha \tag{5-13}$$

在吊筋的直径选定后，即可求得吊筋的根数。

如集中力同时由附加箍筋和附加吊筋承受，则应满足

$$F \leqslant 2f_yA_{sb}\sin\alpha_s + mnA_{sv1}f_{yv} \tag{5-14}$$

式中：A_{sb}——承受集中荷载所需的附加吊筋的总截面面积；

A_{sv1}——附加箍筋单肢的截面面积；

n——同一截面内附加箍筋的肢数；

m——在 S 范围内附加箍筋的根数；

F——作用在梁的下部或梁截面高度范围内的集中荷载设计值；

f_{yv}，f_y——附加横向钢筋的抗拉强度设计值；

α_s——附加吊筋弯起部分与梁轴线间的夹角，一般取 45°；如梁高 $h>800$ mm，取 60°。

【案例解答】

主梁的设计

(1)荷载计算

恒载设计值

由次梁传来的集中荷载	$9.71\times5=48.55$ kN
主梁自重(折算为集中荷载)	$1.3\times0.25\times(0.6-0.08)\times2.2\times25=9.30$ kN
梁侧抹灰(折算为集中荷载)	$1.3\times0.012\times(0.6-0.08)\times2.2\times2\times17=0.61$ kN
	$G=58.46$ kN
活载设计值	$P=23.1\times5=115.5$ kN
合计	$G+P=174.0$ kN

(2)内力计算

计算跨度　$l_0=l_n+\dfrac{b}{2}+\dfrac{a}{2}=(6.6-0.12-\dfrac{0.3}{2})+\dfrac{0.3}{2}+\dfrac{0.37}{2}=6.67$ m

$$l_0 = 1.025l_n + \frac{b}{2} = 1.025 \times (6.6 - 0.12 - \frac{0.3}{2}) + \frac{0.3}{2} = 6.64\ \text{m}$$

取上述二者中的较小者，$l_0 = 6.64$ m。

主梁的计算简图见图 5 - 38。

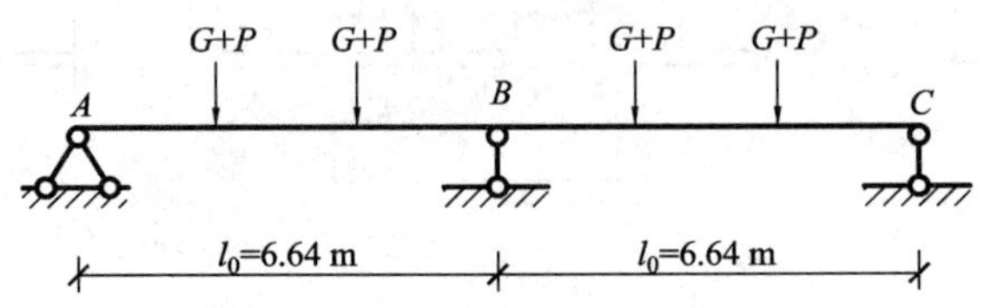

图 5 - 38　主梁的计算简图

在各种不同的分布荷载作用下的内力计算可采用等跨连续梁的内力系数进行，跨中和支座截面最大弯矩及剪力按下式计算：$M = K_1 G l_0 + K_2 P l_0$，$V = K_3 G + K_4 P$，式中的系数 K 由等截面等跨连续梁在常用荷载作用下的内力系数表查得(见附录 3)，具体计算结果及及最不利内力组合见表 5 - 8、表 5 - 9。

表 5 - 8　主梁弯矩计算表

序号	荷载简图及弯矩图	跨中弯矩	支座弯矩
		K/M_1	K/M_B
①	G　G　G　G	0.222/86	-0.333/ -129
②	P　P　P　P	0.222/170	-0.333/ -255
③	P　P　l_0　l_0	0.278/213	-0.167/ -128
最不利内力组合	① + ②	256	-384 ✓
	① + ③	299 ✓	-257

表 5 - 9　主梁剪力计算表

序号	荷载简图及弯矩图	支座剪力	支座剪力
		K/V_A	K/V_B
①	G　G　G　G	0.667/39.1	∓1.334/∓78.0
②	P　P　P　P	0.667/77.0	∓1.334/∓154.0

续表 5-9

序号	荷载简图及弯矩图	支座剪力 K/V_A	支座剪力 K/V_B
③	P　P　l_0　l_0	0.833/96.2	∓1.167/∓134.5
最不利内力组合	① + ②	116.1	∓232 ✓
	① + ③	135.3 ✓	∓212.5

(3)截面承载力计算

主梁跨中截面按 T 形截面计算，其翼缘计算宽度为：

$$b_f' = \frac{l_0}{3} = 2200\ \text{mm}$$

$$b_f' = b + s_n = 5000\ \text{mm},$$

$$b_f' = b + 12h_f' = 250 + 12 \times 80 = 1210\ \text{mm}$$

取 $b_f' = 1210$ mm，并取 $h_0 = 560$ mm，$\xi_b h_0 = 0.518 \times 560 = 290$ mm。

判别 T 形截面类型

$$\alpha_1 f_c b_f' h_f' (h_0 - \frac{h_f'}{2}) = 1.0 \times 11.9 \times 1210 \times 80 \times (560 - 80/2)\ \text{N} \cdot \text{mm}$$

$$= 599 \times 10^6\ \text{N} \cdot \text{mm} = 599\ \text{kN} \cdot \text{m} > M_1 = 299\ \text{kN} \cdot \text{m}$$

可得出该跨中截面属于第一类 T 形截面。

支座截面按矩形截面计算，考虑布置两排主筋，取 $h_0 = 600 - 80 = 520$ mm，$\xi_b h_0 = 0.518 \times 520 = 269$ mm。

主梁正截面及斜截面承载力计算见表 5-10、表 5-11。

表 5-10　主梁正截面承载力计算

截面	跨中	支座
$M/(\text{kN} \cdot \text{m})$	299	-384
$\frac{V_b b}{2}/(\text{kN} \cdot \text{m})$		$174.0 \times \frac{0.3}{2} = 26.1$
$M_b = M - \frac{V_b b}{2}/(\text{kN} \cdot \text{m})$		-381.9
$x = h_0 - \sqrt{h_0^2 - \frac{2M}{\alpha_1 f_c b_f'}}$ （跨中） $x = h_0 - \sqrt{h_0^2 - \frac{2M}{\alpha_1 f_c b}}$ （支座）	$38.6 < \xi_b h_0 = 290$ mm	$403\ \text{mm} > \xi_b h_0 = 269$ mm 需设置受压钢筋
$A_s' = \frac{M_b - \alpha_1 f_c b h_0^2 \xi_b (1 - 0.5\xi_b)}{f_y'(h_0 - a_s')}/\text{mm}^2$		423
$A_s = \frac{\xi_b \alpha_1 f_c b h_0}{f_y} + \frac{f_y' A_s'}{f_y}/\text{mm}^2$		2649
$A_s = \frac{\alpha_1 f_c b_f' x}{f_y}/\text{mm}^2$	1536	
选配钢筋	2 ⌀22 + 2 ⌀25	2 ⌀22，4 ⌀22 + 4 ⌀20
实配钢筋截面面积/mm²	$A_s = 1742$	$A_s' = 760$　$A_s = 2776$

表 5 - 11　主梁斜截面承载力计算

截面	边支座	支座 B(左)
V/kN	135.3	232.0
$0.25\beta_c f_c bh_0$/kN	416.5 > V	386.8 > V
$V_c = 0.7f_t bh_0$/kN	124.5 < V	115.6 < V
选 用 箍 筋	2 Φ6	2 Φ6
$A_{sv} = nA_{st1}$/mm^2	56.6	56.6
$s = \dfrac{f_{yv}A_{sv}h_0}{V - 0.7f_t bh_0}$/mm	792	68
实配箍筋间距 s/mm	200	70

(4)附加横向钢筋

主梁承受的集中荷载

$$F = G + P = 58.46 + 115.5 = 174.0\ \text{kN}$$

设次梁两侧各配 3 Φ6 附加箍筋，则在 $s = 2h_1 + 3b = 2 \times (565 - 400) + 3 \times 200 = 930$ mm 范围内共设有 6 个Φ6 双肢箍，其截面面积 $A_{sv} = 6 \times 28.3 \times 2 = 340\ \text{mm}^2$。

附加箍筋可以承受集中荷载

$$F_1 = A_{sv}f_{yv} = 340 \times 270 = 91800\ \text{N} = 91.8\ \text{kN} < G + P = 174.0\ \text{kN}$$

因此，尚需设置附加吊筋，每边需吊筋截面面积为

$$A_{sb} = \frac{F - F_1}{2f_y \sin45^\circ} = \frac{174000 - 91800}{2 \times 270 \times 0.707}\text{mm}^2 = 215.3\ \text{mm}^2$$

在距梁端的第一个集中荷载下，附加吊筋选用 2 Φ12($A_s = 226\ \text{mm}^2 > 215.3\ \text{mm}^2$)即可满足要求。

(5)其他构造钢筋

架立钢筋，选用 2 Φ12。板与主梁连接的构造钢筋，按规定选用Φ8@200，与梁肋垂直布置于梁顶部。主梁配筋详图如图 5 - 39 所示。

【任务布置】

完成单向板肋梁楼盖课程设计中主梁的设计。

【知识总结】

现浇楼盖的设计步骤：①结构选型和布置；②确定计算简图、计算荷载、内力分析、截面配筋；③结合构造要求绘制结构施工图。

单向板现浇肋形楼盖的连续板、次梁，一般可采用塑性理论计算其内力。重要部位的构件，如主梁，一般采用弹性理论计算其内力。

【课后练习】

1. 为什么在计算主梁的支座截面配筋时，应取支座边缘的弯矩？

2. 计算主梁的截面配筋时候，其有效高度一般怎么取值？

3. 在计算现浇楼盖的主梁和次梁截面配筋时，什么时候按照矩形截面进行设计，什么时候按照 T 型截面进行设计？

4. 为什么在主次梁相交处需要设置附加箍筋或吊筋？如何设置？

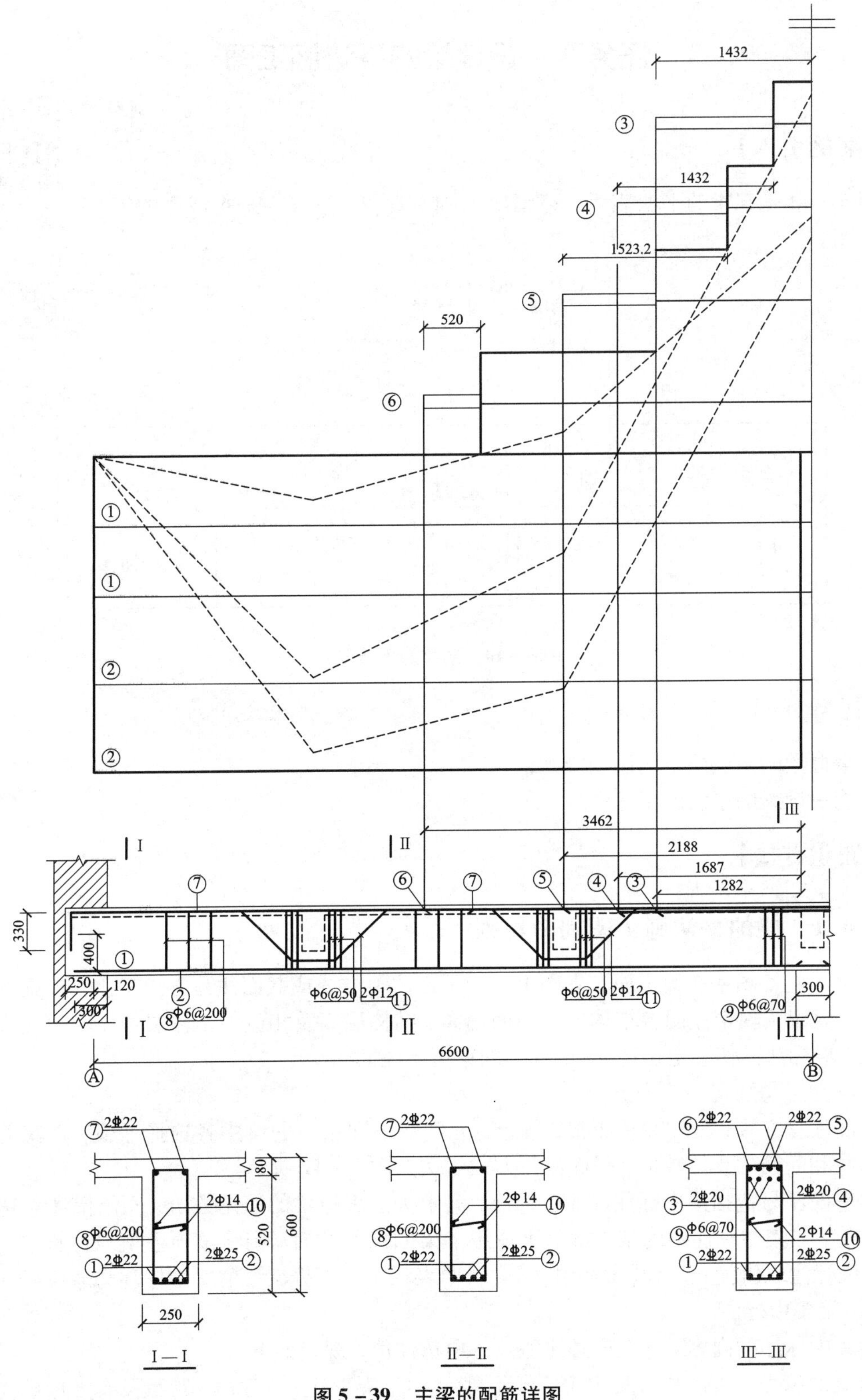

图 5－39　主梁的配筋详图

任务四　识读梁的平法施工图

梁的平法　课上练习

【案例引入】

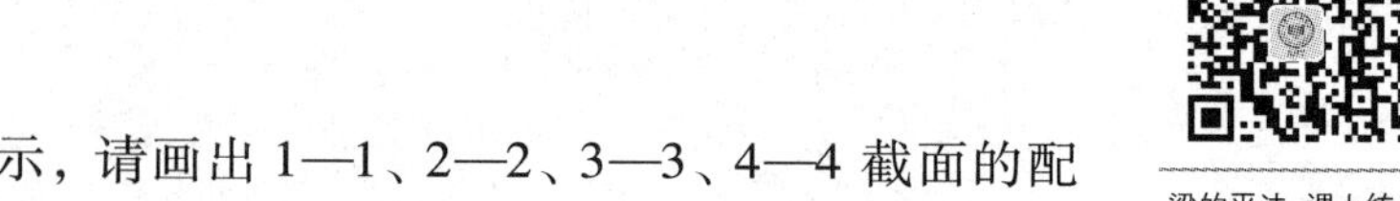

图 5－40 是某梁的平法表示，请画出 1—1、2—2、3—3、4—4 截面的配筋示意图。

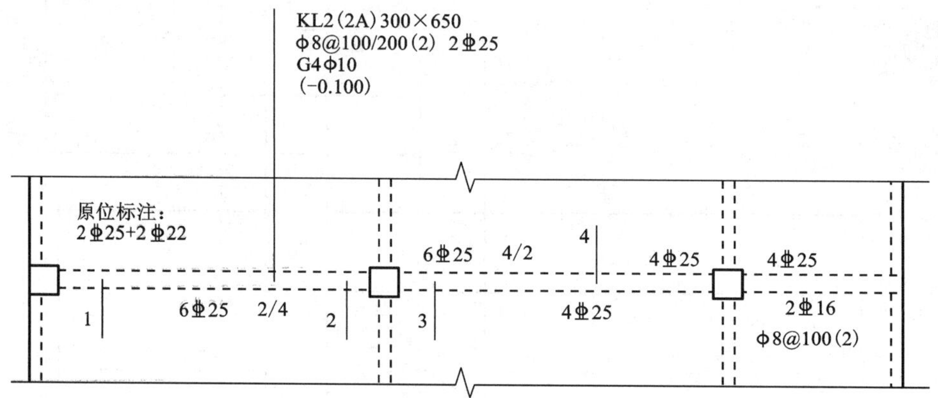

图 5－40　某梁的平法表示

【任务目标】

1. 掌握梁的平法施工图制图规则；
2. 能识读梁的平法施工图。

【知识链接】

5.4.1　梁的平法施工图制图规则

梁平法施工图系在梁平面布置图上采用平面注写方式或截面注写方式表达。在梁平法施工图中，尚应按规定注明各结构层的顶面标高、结构层高及相应的结构层号。对于轴线未居中的梁，应标注其偏心定位尺寸(贴柱边的梁可不注)。

1. 平面注写方式

平面注写方式，是在梁平面布置图上，分别在不同编号的梁中各选择一根，在其上注写截面尺寸和配筋的具体数值，平面注写方式示例如图 5－41 所示。

梁平面注写包括集中标注和原位标注，集中标注表达梁的通用数值，原位标注表达梁的特殊数值，当集中标注中的某项数值不适用于梁的某部位时，则将该项数值原位标注，施工时，原位标注取值优先。如【案例引入】题目中表示了一根框架梁的集中标注与原位标注。

(1) 梁集中标注

梁集中标注的内容，有五项必注值及一项选注值，规定如下：

1) 梁的编号，见表 5－12，该项为必注值。由梁类型代号、序号、跨数及有无悬挑代号几项组成。

屋面2	65.670	
塔层2	62.370	3.30
屋面1(塔层1)	59.070	3.30
16	55.470	3.60
15	51.870	3.60
14	48.270	3.60
13	44.670	3.60
12	41.070	3.60
11	37.470	3.60
10	33.870	3.60
9	30.270	3.60
8	26.670	3.60
7	23.070	3.60
6	19.470	3.60
5	15.870	3.60
4	12.270	3.60
3	8.670	3.60
2	4.470	4.20
1	-0.030	4.50
-1	-4.530	4.50
-2	-9.030	4.50
层号	标高/m	层高/m

结构层楼面标高
结构层高

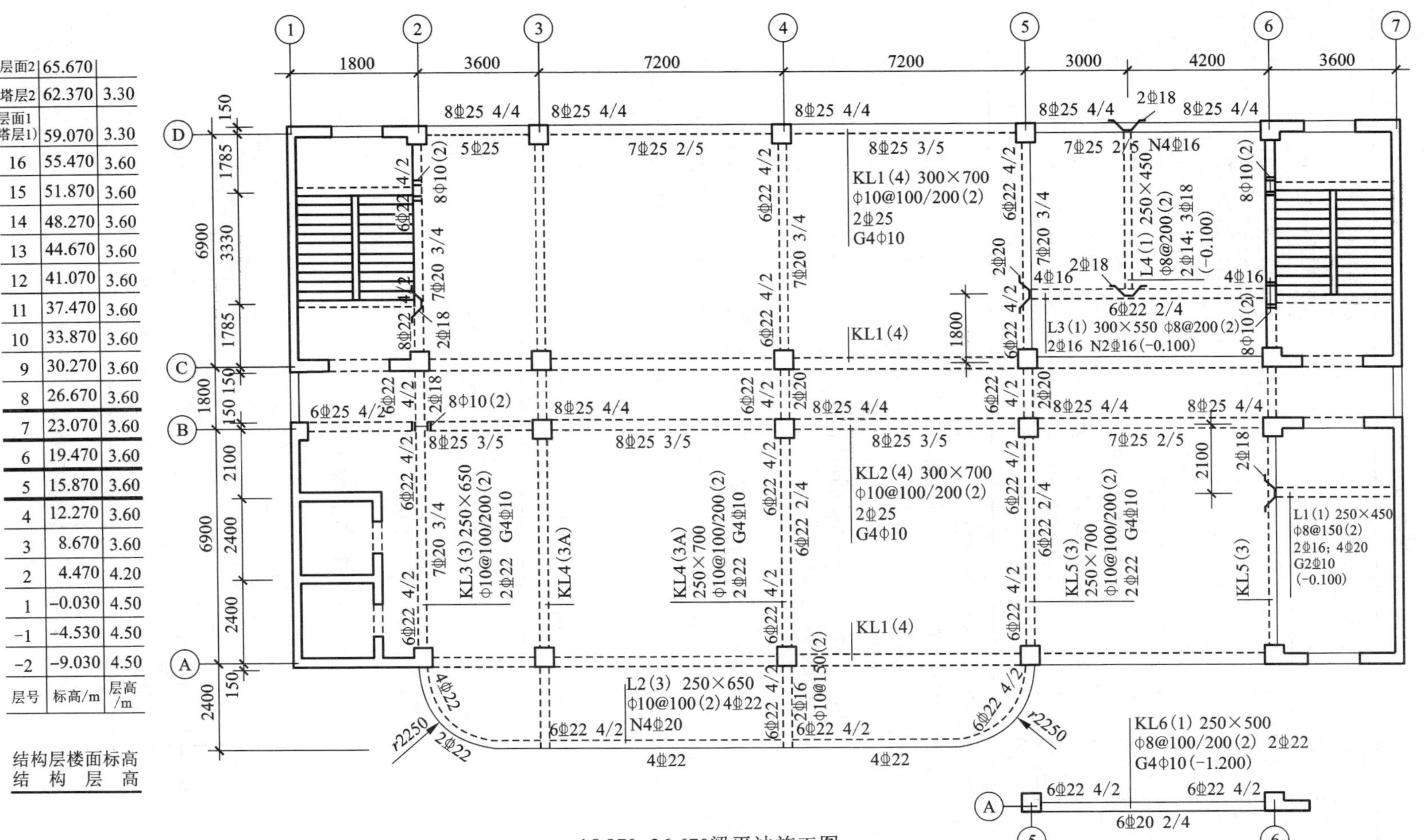

15.870~26.670梁平法施工图

图5-41　梁平法施工图平面注写方式示例(注：本图摘自16G101—1)

表 5-12 梁编号

梁类型	代号	序号	跨数及是否带有悬挑
楼层框架梁	KL	××	(××)、(××A) 或(××B)
楼层框架扁梁	KBL	××	(××)、(××A) 或(××B)
屋面框架梁	WKL	××	(××)、(××A) 或(××B)
框支梁	KZL	××	(××)、(××A)或(××B)
托柱转换梁	TZL	××	(××)、(××A) 或(××B)
非框架梁	L	××	(××)、(××A)或(××B)
悬挑梁	XL	××	(××)、(××A) 或(××B)
井字梁	JZL	××	(××)、(××A) 或(××B)

注:1. (××A)为一端有悬挑,(××B) 为两端有悬挑,悬挑不计入跨数。

【例】KL7(5A)表示第 7 号框架梁,5 跨,一端有悬挑;

L9(7B)表示第 9 号非框架梁,7 跨,两端有悬挑。

2. 楼层框架扁梁节点核心区代号 KBH。

3. 本图集中非框架梁 L、井字梁 JZL 表示端支座为铰接;当非框架梁 L、井字梁 JZL 端支座上部纵筋为充分利用钢筋的抗拉强度时,在梁代号后加“g”。

2)梁的截面尺寸,该项为必注值。$b\times h$ 表示等截面梁,如 250×600;$b\times h$ Y$c_1\times c_2$ 表示竖向加腋梁,其中 c_1 为腋长,c_2 为腋高,如图 5-42;$b\times h$ PY$c_1\times c_2$ 表示水平加腋梁,其中 c_1 为腋长,c_2 为腋宽,如图 5-43;$b\times h_1/h_2$ 表示悬挑梁(根部和端部的高度不相同时),如图 5-44。

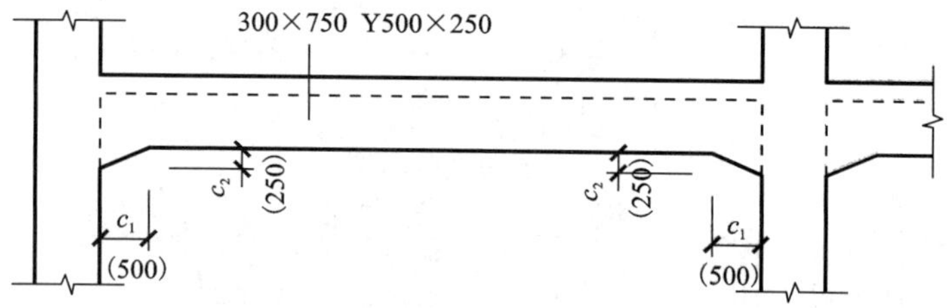

图 5-42 竖向加腋截面注写示意

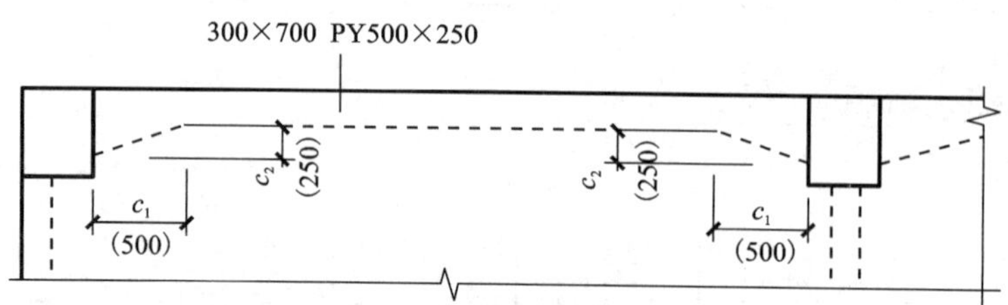

图 5-43 水平加腋截面注写示意

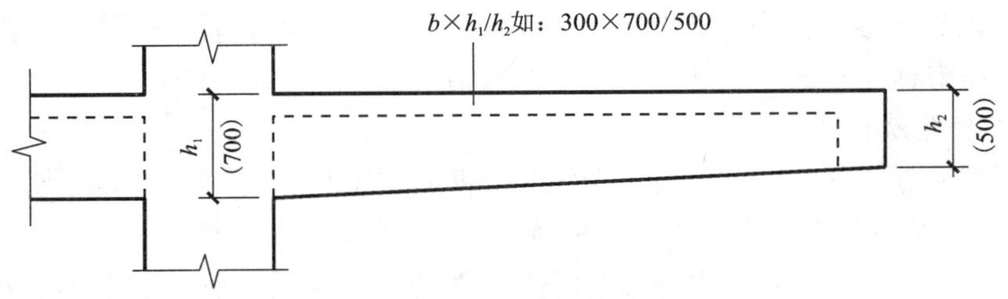

图 5－44　悬挑梁不等高截面注写示意

3）梁的箍筋。包括钢筋的级别、直径、加密区与非加密区间距及肢数，该项为必注值。箍筋加密区与非加密区的不同间距及肢数需用斜线分隔；当梁箍筋为同一种间距及肢数时，则不需用斜线；当加密区与非加密区的箍筋肢数相同时，则将肢数注写一次；箍筋肢数应写在括号内。例如："Φ8@100(4)/150(2)"，表示箍筋为 HPB300 级钢筋，直径 8 mm，加密区间距为 100mm，四肢箍；非加密区间距为 150 mm，双肢箍。

非框架梁、悬挑梁、井字梁采用不同的箍筋间距及肢数时，也用斜线"/"将其分隔开来。注写时，先注写梁支座端部的箍筋（包括箍筋的箍数、钢筋级别、直径、间距与肢数），在斜线后注写梁跨中部分的箍筋间距及肢数。例如："13 Φ10@150/200(4)"，表示箍筋为 HPB300 钢筋，直径为 10 mm；梁的两端各有 13 个四肢箍，间距为 150 mm；梁跨中部分间距为 200 mm，四肢箍。

4）梁上部通长筋或架立筋，该项为必注值。应根据结构受力要求及箍筋肢数等构造要求而定。当同排纵筋中既有通长筋又有架立筋时，应采用加号"＋"将通长筋和架立筋相连。注写时须将角部纵筋写在加号的前面，架立筋写在加号后面的括号内，以示不同直径及与通长筋的区别。当全部采用架立筋时，则将其写入括号内。例如："2 ⏀22" 表示用于双肢箍；"2 ⏀22＋(4 Φ12)"表示用于六肢箍，其中 2 ⏀22 为通长筋，括号内 4 Φ12 为架立筋。

当梁的上部纵筋和下部纵筋为全跨相同，且多数跨配筋相同时，此项可加注下部纵筋的配筋值，用分号"；"将上部与下部纵筋的配筋值分隔开来。例如："3 ⏀22；3 ⏀20" 表示梁的上部配置 3 ⏀22 的通长筋，梁的下部配置 3 ⏀20 的通长筋。

5）梁侧面纵向构造钢筋或受扭钢筋，该项为必注值。当梁腹板高度 $h_w\geq450$ mm 时，需配置纵向构造钢筋，所注规格与根数应符合规范规定。此项注写值以大写字母 G 打头，注写设置在梁两个侧面的总配筋值，且对称配置。例如：G4 Φ10，表示梁的两个侧面共配置 4 Φ10的纵向构造钢筋，每侧各 2 Φ10。

当梁侧面需配置受扭纵向钢筋时，此项注写值以大写字母 N 打头，接续注写配置在梁两个侧面的总配筋值，且对称配置。受扭纵向钢筋应满足梁侧面纵向构造钢筋的间距要求，且不再重复配置纵向构造钢筋。例如：N6 ⏀22，表示梁的两个侧面共配置 6 ⏀22 的受扭纵向钢筋，每侧各配置 3 ⏀22。

6）梁顶面标高高差，该项为选注值。梁顶面标高高差系指相对于该结构层楼面标高的高差值，有高差时，须将其写入括号内，无高差时不注。

一般情况下，需要注写梁顶面高差的梁有洗手间梁、楼梯平台梁、楼梯平台板边梁等。

(2)梁原位标注

原位标注内容包括梁支座上部纵筋(该部位含通长筋在内所有纵筋)、梁下部纵筋、附加箍筋或吊筋、集中标注不适合于某跨时标注的数值。

1)梁支座上部纵筋

当上部纵筋多于一排时,用斜线"/"将各排纵筋自上而下分开;如:梁支座上部纵筋注写为6 ⌀25 4/2,则表示上一排纵筋为4 ⌀25,下一排纵筋为2 ⌀25。

当同排纵筋有两种直径时,用加号"+"将两种直径的纵筋相联,注写时将角部纵筋写在前面;如梁支座上部有四根纵筋,2 ⌀22 放在角部,2 ⌀25 放在中部,在梁支座上部应注写为2 ⌀22 +2 ⌀25。

当梁中间支座两边的上部纵筋不同时,须在支座两边分别标注;当梁中间支座两边的上部纵筋相同时,可仅在支座的一边标注配筋值,另一边省去不注。

2)梁下部纵筋

当下部纵筋多于一排时,用斜线"/"将各排纵筋自上而下分开;

当同排纵筋有两种直径时,用加号"+"将两种直径的纵筋相联,注写时将角部纵筋写在前面。

当梁下部纵筋不全部伸入支座时,将梁支座下部纵筋减少的数量写在括号内。例如:下部纵筋注写为6 ⌀25 2(-2)/4,表示上一排纵筋为2 ⌀25,且不伸入支座;下一排纵筋为4 ⌀25,全部伸入支座。

3)附加箍筋或吊筋,一般直接画在平面图中的主梁上,用线引注总配筋值。当多数附加箍筋或吊筋相同时,可在梁平法施工图上统一注明,少数与统一注明值不同时,再原位引注。

4)当在梁上集中标注的内容(即梁截面尺寸、箍筋、上部通长筋或架立筋,梁侧面纵向构造钢筋或受扭纵向钢筋,以及梁顶面标高高差中的某一项或几项数值)不适用于某跨或某悬挑部分时,则将其不同数值原位标注在该跨或该悬挑部位,施工时应按原位标注数值取用。

2. 截面注写方式

截面注写方式系指在分标准层绘制的梁平面布置图上,分别在不同编号的梁中各选一根梁用剖面号引出配筋图,并在其上注写截面尺寸和配筋具体数值的方式来表达梁平法施工图,示例如图5-45所示。

对所有梁进行编号,从相同编号的梁中选择一根梁,先将单边截面剖切符号及编号画在该梁上,再将截面配筋详图画在本图或其他图上。当某梁的顶面标高与该结构层的楼面标高不同时,尚应在其梁编号后注写梁顶面高差(注写规定同前)。

截面配筋详图上注写截面尺寸 $b \times h$、上部筋、下部筋、侧面构造筋或受扭筋以及箍筋的具体数值时,其表达形式与平面注写方式相同。

截面注写方式既可以单独使用,也可与平面注写相结合使用。当梁平面整体配筋图中局部区域的梁布置过密时或表达异形截面梁的尺寸、配筋时,用截面注写比较方便。

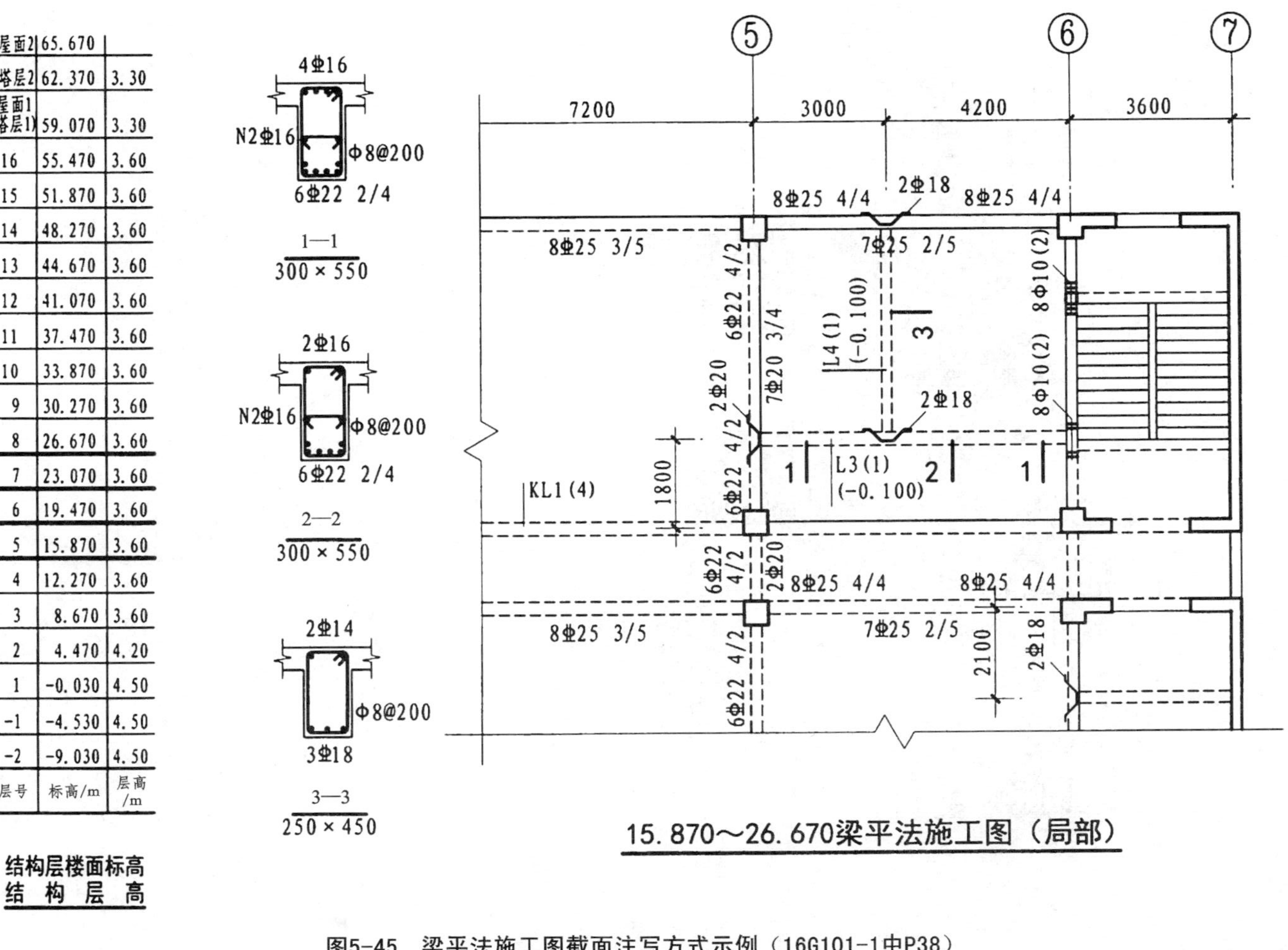

屋面2	65.670	
塔层2	62.370	3.30
屋面1(塔层1)	59.070	3.30
16	55.470	3.60
15	51.870	3.60
14	48.270	3.60
13	44.670	3.60
12	41.070	3.60
11	37.470	3.60
10	33.870	3.60
9	30.270	3.60
8	26.670	3.60
7	23.070	3.60
6	19.470	3.60
5	15.870	3.60
4	12.270	3.60
3	8.670	3.60
2	4.470	4.20
1	-0.030	4.50
-1	-4.530	4.50
-2	-9.030	4.50
层号	标高/m	层高/m

结构层楼面标高
结构层高

图5-45　梁平法施工图截面注写方式示例（16G101-1中P38）

【案例解答】

解

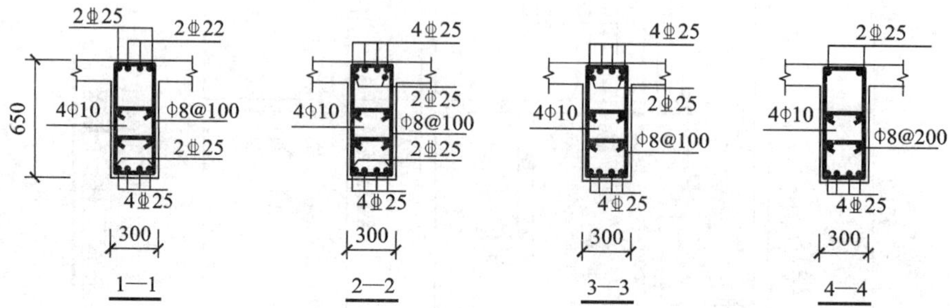

【课后练习】

请扫码自测或练习。

梁的平法 课后作业

拓展：梁柱构造要求

学习情境六　走近双向板肋梁楼盖

【项目描述与分析】

通过学习单块双向板、连续双向板常用的设计方法以及双向板的构造要求，使学生熟悉双向板的内力特点，加强有梁盖板平法施工图的绘制与识读能力。

【学习目标】

能力目标	知识目标	权重
掌握双向板的受力特点，能设计双向板	双向板受力特点、计算方法及构造要求	40%
能识读板的平法施工图	板的平法施工图制图规则	60%
合　计		100%

任务一　设计双向板肋梁楼盖

双向板肋梁楼盖

【案例引入】

双向板的基本设计内容及构造要求是什么？

【任务目标】

掌握双向板的受力特点及构造要求。

【知识链接】

6.1.1　双向板的受力特点

双向板上的荷载向两个方向传至支座，在两个方向发生弯曲并产生内力，内力大小与所承担的荷载、板的场边和四边的支承条件有关。

当荷载较小时，楼板基本处于弹性工作阶段，随着荷载的增大，首先在板底中部对角线方向出线第一批裂缝，并逐渐向四角扩散，即将破坏时，板顶靠近四角处，出线垂直于对角线方向的环状裂缝，这种裂缝的出现，进一步促进板对角线方向裂缝的发展，最终因跨中钢筋达到屈服而使整个板破坏，如学习情境五中图 5－7 所示。

板的主要支承点不在四点，而在板边的中部，即双向板传给支承构件的荷载，并不是沿板边均匀分布，而是在板的中部较大，两端较小。

从理论上讲，双向板的受力钢筋应垂直于板的裂缝方向，即与板边倾斜，但这样施工很不方便。试验表明，沿着平行于板边方向配置双向钢筋网，其承载力与前者相差不大，并且施工方便，所以双向板采用平行于板边方向的配筋。

6.1.2 双向板按弹性理论的计算

双向板的内力计算同样有两种计算方法：一种是按弹性理论计算；另一种是按塑性理论计算。目前在实际工程中采用较多的是按弹性理论计算的实用计算方法，本节仅介绍此方法。

1. 单跨双向板的计算

双向板的弹性计算法是依据弹性薄板理论进行计算的。荷载在两个方向上的分配与板两个方向跨度比值和板周边支承条件有关，本书末附表二给出了几种支承条件下双向板的跨中弯矩和支座弯矩系数，可供单跨双向板计算时查取。

支座与跨中的弯矩计算公式为：

$$M = 表中系数 \times (g+q)l_0^2 \tag{6-1}$$

式中：M——跨中或支座单位板宽内的弯矩设计值；

g、q——作用于板上的均布荷载和活荷载设计值；

l_0——板短跨方向的计算跨度。

2. 多跨连续双向板的计算

对于多跨连续双向板内力的计算，需要考虑活荷载的不利位置。为了简化计算，当两个方向为等跨或在同一个方向的跨度相差不超过20%的不等跨时，可采用通过荷载分解将多跨连续双向板化为单跨板来计算的实用方法。

(1)求跨中最大弯矩

求连续区格板跨中最大弯矩时，其活荷载最不利布置如图6－1所示，即在本区格及前后左右每隔一区格布置活荷载(棋盘式布载)。在进行内力计算时，可将各区格上实际作用的荷载分解成如图6－1(c)、(d)所示的正对称荷载和反对称荷载两部分。在对称荷载作用下，中间区格视为四边固定的单跨双向板，周边区格与梁整体连接边视为固定边，支撑于墙上的边视为简支边，然后利用附表二中系数和式(6－1)计算出其跨中截面处弯矩。在反对称荷载作用下，所有区格均视为四边简支的单跨双向板计算其跨中弯矩。最后，将以上两种结果对应位置叠加，即可求得连续双向板的最大跨中弯矩。

(2)求支座最大弯矩

支座最大弯矩求解时，原则上也应按活荷载最不利布置原则在该支座两侧区格和向外每隔一跨的区格布置活荷载，但考虑到布置方式复杂，计算烦琐，为简化计算，可近似假定活荷载布满所有区格，然后将中间区格板视为四边固定的单跨双向板，将周边区格板与梁整体连接边视为固定边，支撑于墙上的边视为简支边，按附表二中系数和式(6－1)计算出其支座弯矩。

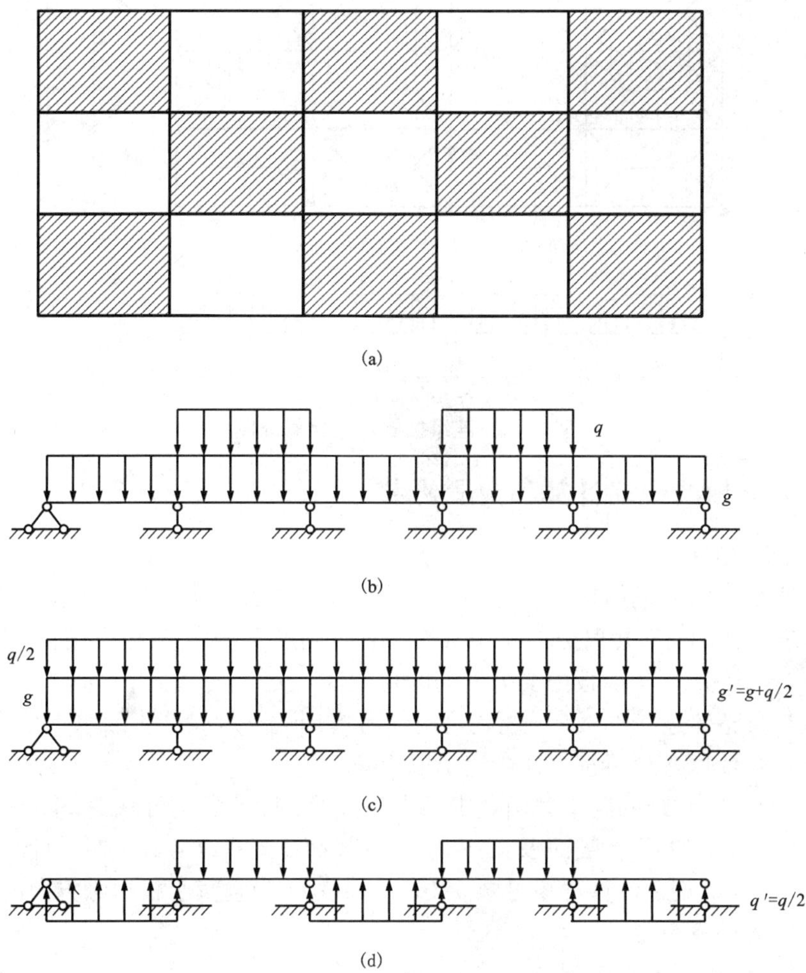

图 6－1　双向板跨中弯矩最不利活荷载布置

6.1.3　双向板支承梁的计算特点

1. 双向板支承梁的荷载

当双向板承受均布荷载时，传给支承梁的荷载可按如下近似方法处理，即从每区格的四角分别作 45°线与平行于长边的中线相交，将整个板块分为四块面积，作用每块面积上的荷载即为分配给相邻梁上的荷载。因此，传给短跨梁上的荷载形式为三角形，传给长跨梁上的荷载形式为梯形，如图 6－2 所示。如果双向板为正方形，则两个方向支承梁上的荷载形式都为三角形。

2. 双向板支承梁的内力

梁的荷载确定以后，则梁的内力不难求得。当梁为单跨简支时，可按实际荷载直接计算梁的内力。当梁为连续梁，并且跨度相等或相差超过 10% 时，可将梁上的三角形或梯形荷载根据固定端弯矩相等的条件折算成等效均布荷载，然后利用附表二查得支座系数求出支座弯矩。对于跨中弯矩，仍应按实际荷载(三角形或梯形)计算而得。

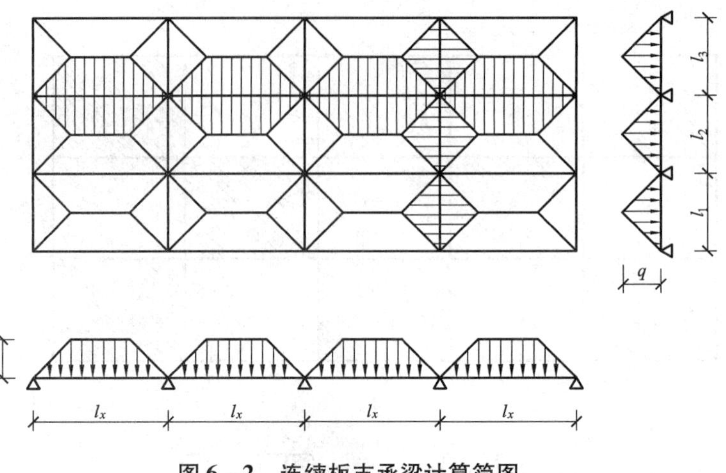

图 6－2　连续板支承梁计算简图

6.1.4　双向板的配筋计算和构造要求

1. 双向板的配筋计算

双向板内两个方向的钢筋均为受力钢筋，沿短跨方向的钢筋应配置在长跨方向受力钢筋的外侧。当配筋计算时，在短跨方向跨中截面的有效高度 h_{01} 按一般板取用，则长跨方向截面的有效高度 $h_{02} = h_{01} - d$，d 为板中受力钢筋的直径。

对于四边与梁整体连接的板，分析内力时应考虑周边支承梁产生的水平推力对板承载能力的有利影响。其计算弯矩可按下述规定予以折减：

(1)中间区格：中间跨的跨中截面及中间支座截面，计算弯矩可减少 20%。

(2)边区格：边跨的跨中截面及第一内支座截面，当 $l_b/l < 1.5$ 时，计算弯矩可减少 20%；当 $1.5 \leqslant l_b/l \leqslant 2$ 时，计算弯矩可减少 10%。其中 l 为垂直于板边缘方向的计算跨度，l_b 为沿板边缘方向的计算跨度。

(3)角区格：计算弯矩不应折减。

2. 双向板的构造要求

双向板的厚度应满足刚度要求，对于单跨简支板 $h \geqslant l_1/45$；对于连续板 $h \geqslant l_1/50$（l_1 为板的短向计算跨度），且 $h \geqslant 80$ mm，通常取 80～160 mm。

双向板的配筋形式有分离式和弯起式两种，通常采用分离式配筋。板面负弯矩筋的截断长度多为 $l_1/4$，在板边缘处负筋的截断长度为 $l_1/5$（l_1 为板的短向计算跨度）。

双向板的角区格板如两边嵌固在承重墙内，为防止产生垂直与对角线方向的裂缝，应在板角上部配置附加的双向钢筋网，每一方向的钢筋不少于Φ8@200，伸出长度不小于 $l_1/4$（l_1 为板的短向计算跨度）。

【知识总结】

双向板肋梁楼盖可直接利用内力系数表计算出其跨中支座弯矩。求某区格板跨中最大弯矩时，活荷载按棋盘式分布，而求其支座弯矩时，可按各区格满布活荷载的简化分布方式处理。双向板传给四边支撑梁上的荷载分布形式应为三角形或梯形；计算支承梁内力时，可按等效荷载作用下多跨连续梁进行。

【课后练习】

1. 双向板的构造要求有哪些？
2. 按弹性理论计算多跨连续双向板的跨中弯矩时，荷载如何布置？

任务二　识读板的平法施工图

板的平法

【案例引入】

下图为某工程楼板，请说明其中各符号的含义。

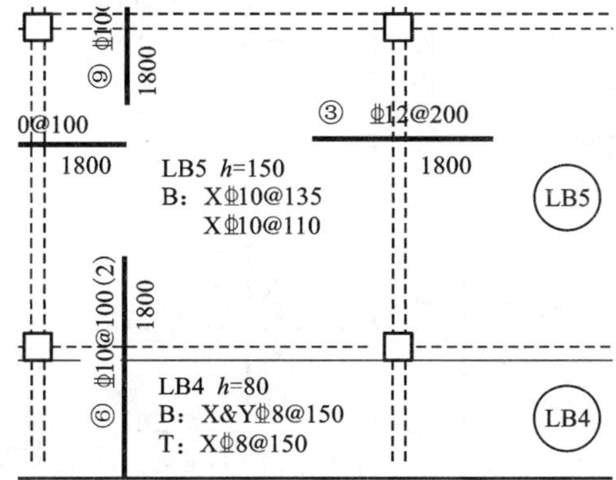

【任务目标】

1. 掌握现浇板的平法施工图制图规则；
2. 能识读现浇板的平法施工图。

【知识链接】

6.2.1　有梁楼盖板平法施工图

有梁楼盖板平法施工图采用在板布置图上平面注写的方式进行表达。板平面注写主要包括板块集中标注和板支座原位标注，如图6－3。

(1)板块集中标注

板块集中标注的内容为：

①板块的编号，由类型代号和序号组成，如表6－1。

表6－1　板块编号

板类型	代号	序号
楼面板	LB	××
屋面板	WB	××
悬挑板	XB	××

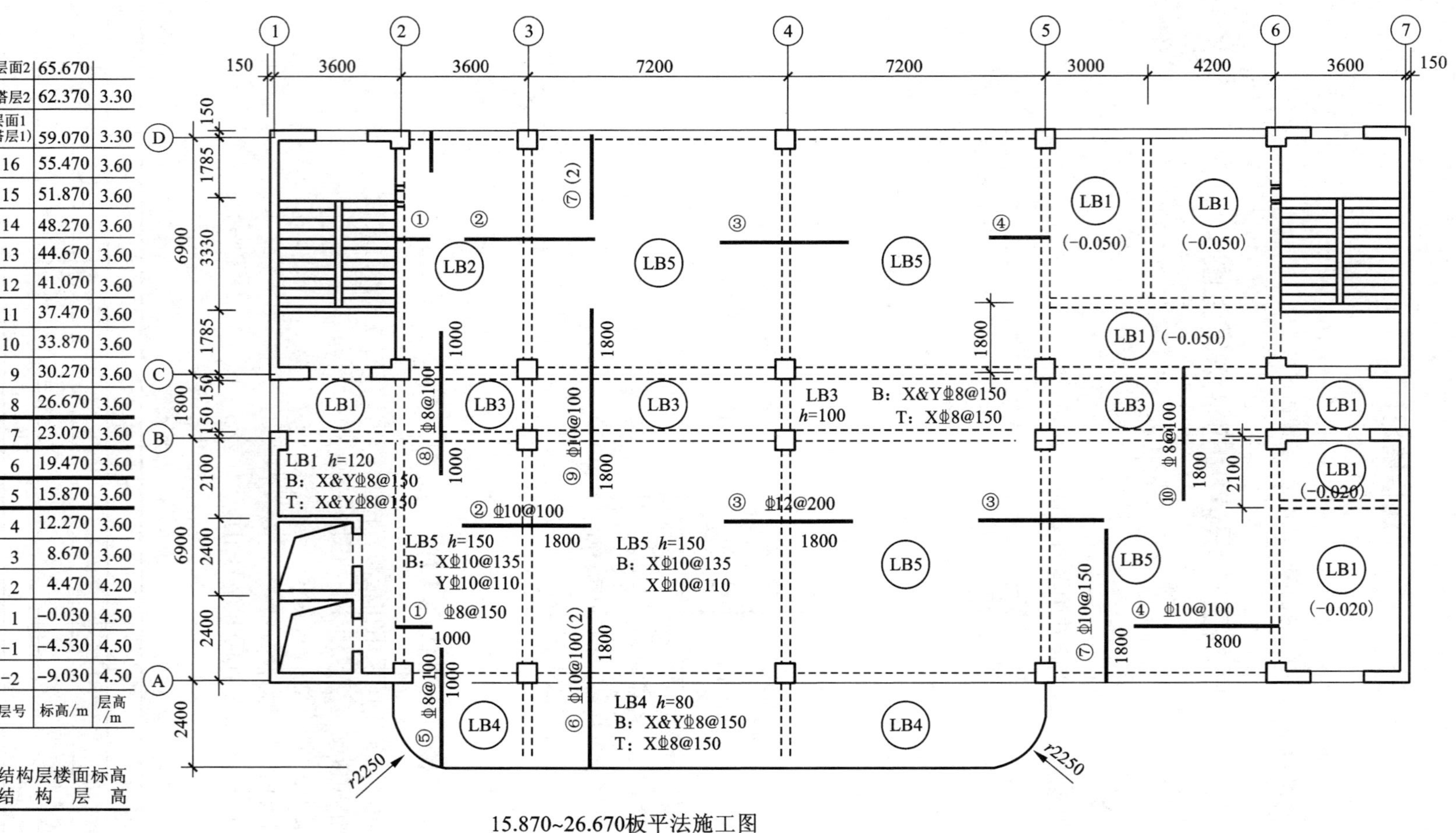

层号	标高/m	层高/m
层面2	65.670	
塔层2	62.370	3.30
层面1(塔层1)	59.070	3.30
16	55.470	3.60
15	51.870	3.60
14	48.270	3.60
13	44.670	3.60
12	41.070	3.60
11	37.470	3.60
10	33.870	3.60
9	30.270	3.60
8	26.670	3.60
7	23.070	3.60
6	19.470	3.60
5	15.870	3.60
4	12.270	3.60
3	8.670	3.60
2	4.470	4.20
1	-0.030	4.50
-1	-4.530	4.50
-2	-9.030	4.50

结构层楼面标高
结构层高

图6-3 有梁楼盖平法施工图示例（注：本图摘自16G101—1）

②板厚注写为 h = xxx；悬挑板厚度不一致时，h = 根部高度/端部高度；设计已统一注明时，此项可以不注。

③贯通纵筋按板块的下部和上部分别注写(当板块上部不设贯通纵筋时则不注)，并以 B 代表下部，以 T 代表上部，B&T 代表下部与上部；X 向贯通纵筋以 X 打头，Y 向贯通纵筋以 Y 打头，两向贯通纵筋配置相同时则以 X&Y 打头。

正交轴网，X 向指图面从左至右，Y 向指图面从下至上。轴网向心布置时，X 向为切向，Y 向为径向。当 Y 向采用放射配筋时(切向为 X 向，径向为 Y 向)，设计者应注明配筋间距的定位尺寸。

④标高高差指相对于结构层楼面标高的高差，应将其注明在括号内，且有高差则注，无则不注。板块的类型、板厚和贯通纵筋均相同时编为同一个编号，板面标高、跨度、平面形状及板支座上部非贯通纵筋可以不同。

(2)板支座原位标注

板支座原位标注的内容为：板支座上部非贯通纵筋和悬挑板上部受力钢筋。板支座原位标注的钢筋在配置相同跨的第一跨表达。垂直于板支座(梁或墙)绘制一段适宜长度的中粗实线，以该线段代表支座上部非贯通纵筋，并在线段上方注写钢筋编号(如①、②等)、配筋值、连续布置的跨数；在线段下方标注从支座中线向跨内伸出的长度。对称伸出时，只用标注一侧，非对称伸出时，两侧都要标注。贯通全跨或伸出至全悬挑一侧的长度值不注，只用注明另一侧长度值。如图 6-4。

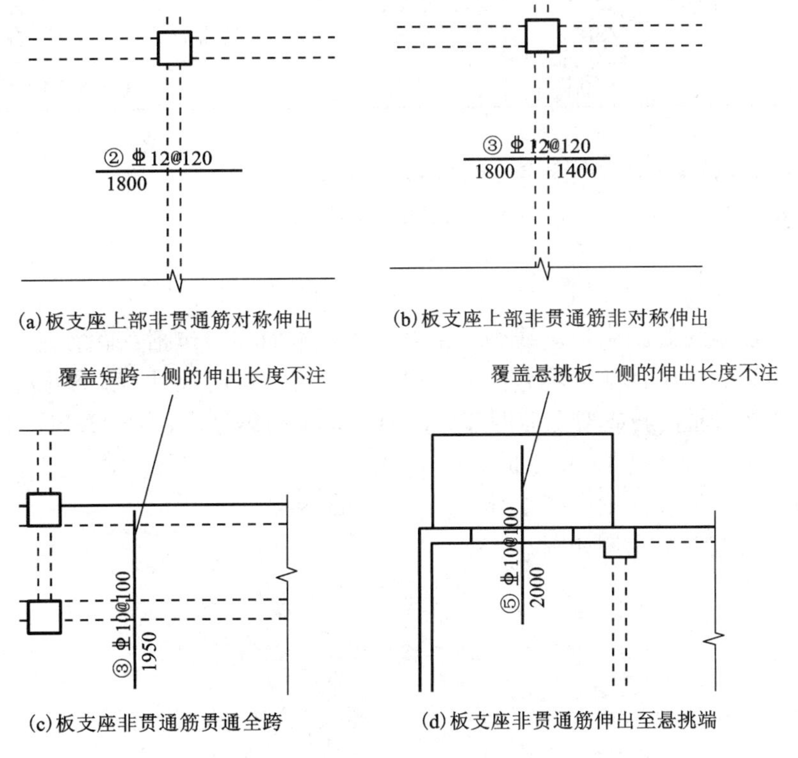

图 6-4　板支座原位标注示例

6.2.2 无梁楼盖板平法施工图

无梁楼盖分为X向板带和Y向板带。板平面注写主要有板带集中标注、板带支座原位标注两部分。

(1)板带集中标注

板带集中标注在贯通纵筋配置相同跨的第一跨注写(x向为左端跨，y向为下端跨)。注写内容为：板带编号、板带厚度、板带宽度和贯通纵筋。

板带编号按表6-2规定。

板带厚注写为$h=\times\times\times$，板带宽注写为$b=\times\times\times$。当已在图中注明整体厚度和板带宽度时，此项可不注。贯通纵筋按板带下部和上部分别注写，同样以B代表下部，T代表上部，B&T代表下部和上部。

(2)板带支座原位标注

板带支座原位标注的具体内容为板带支座上部非贯通纵筋。以一段与板带同向的中粗实线段代表板带支座上部非贯通纵筋。对柱上板带，实线段贯穿柱上区域绘制；对跨中板带，实线段横贯柱网轴线绘制。在线段上方注写钢筋编号、配筋值；下方注写自支座中线向两侧跨内的伸出长度。

表6-2 板带编号

板带类型	代号	序号	跨数及有无悬挑
柱上板带	ZSB	××	(××)、(××A)或(××B)
跨中板带	KZB	××	(××)、(××A)或(××B)

柱：1. 跨数按柱网轴线计算(两相邻柱轴线之间为一跨)；

2. (××A)为一端有悬挑，(××B)为两端有悬挑，悬挑不计入跨数。

(3)暗梁

施工图中在柱轴线处画中粗虚线表示暗梁。暗梁平面注写包括：暗梁集中标注和暗梁支座原位标注。暗梁的集中标注内容包括：暗梁编号、暗梁截面尺寸(箍筋外皮宽度x板厚)、暗梁箍筋、暗梁上部通长筋或架立筋四部分内容。暗梁的编号由代号AL、序号XX和跨数及有无悬挑(XX)、(XXA)或(XXB)组成。

暗梁支座原位标注包括梁支座上部纵筋、梁下部纵筋。

无梁楼盖平法施工图示例如图6-5。

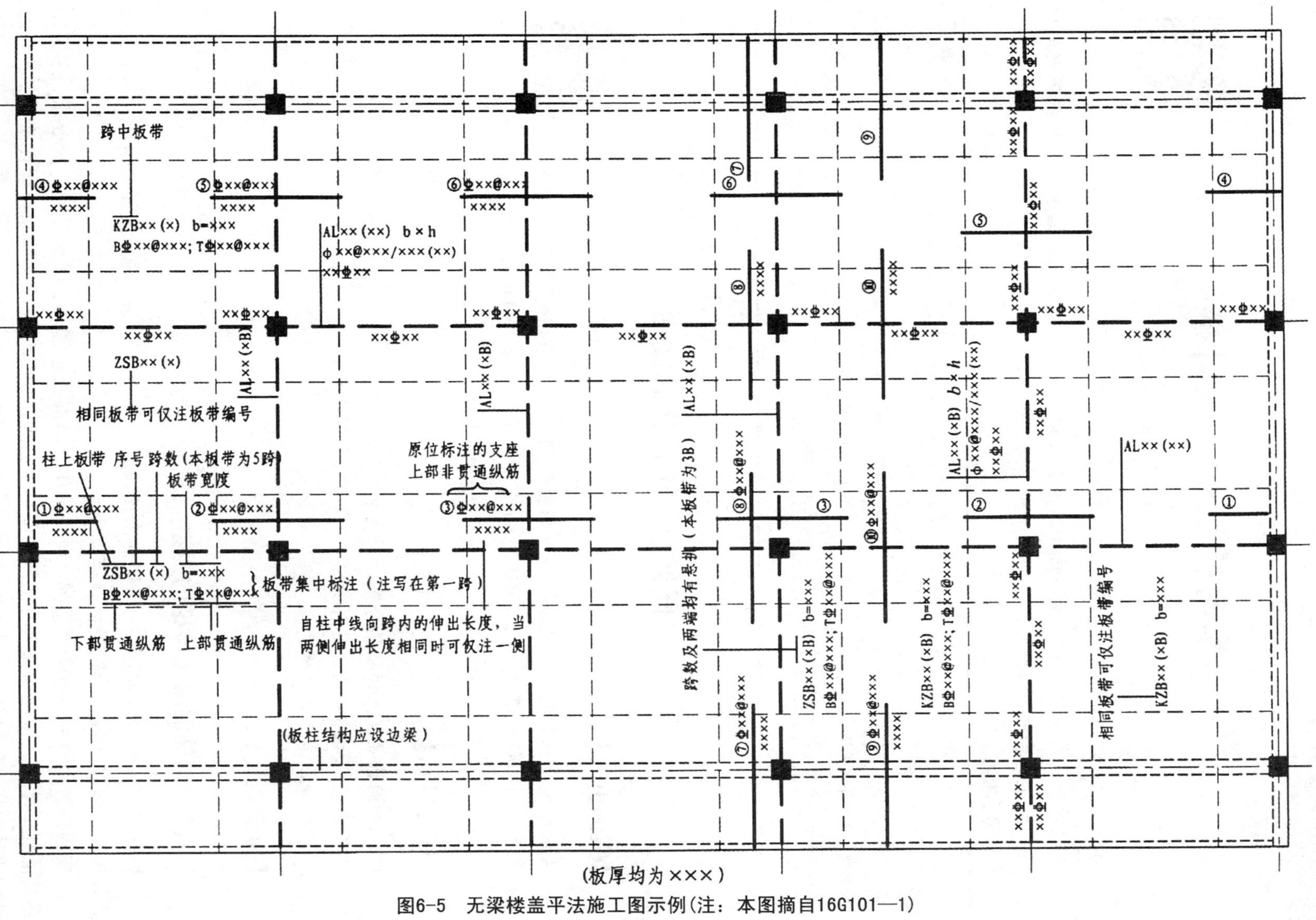

(板厚均为×××)

图6-5　无梁楼盖平法施工图示例(注：本图摘自16G101—1)

学习情境七　设计楼梯

楼梯

【项目描述与分析】

通过学习板式楼梯和梁式楼梯的计算方法及构造要求，使学生掌握楼梯结构施工图的识读方法。重点是楼梯的计算方法；难点是楼梯的构造要求。

【学习目标】

能力目标	知识目标	权重
能正确设计计算板式楼梯	板式楼梯的计算方法	30%
能够正确识读板式楼梯的结构施工图	板式楼梯的构造要求	20%
能正确设计计算梁式楼梯	梁式楼梯的计算方法	30%
能够正确识读梁式楼梯的结构施工图	梁式楼梯的构造要求	20%
合　计		100%

任务一　设计板式楼梯

板式楼梯的钢筋

【案例引入】

某教学楼楼梯结构布置及楼梯踏步如图7－1所示。采用C25混凝土，受力筋采用HRB400钢筋($f_y=f_{yv}=360\ \mathrm{N/mm^2}$)，踏步面层为20 mm厚混合砂浆抹灰，金属栏杆(自重0.1 kN/m)。试设计此板式楼梯。

【任务目标】

1. 掌握钢筋混凝土楼梯的分类及特点；
2. 了解板式楼梯的设计计算方法；
3. 掌握板式楼梯的构造要求。

【知识链接】

7.1.1　钢筋混凝土楼梯的类型

楼梯是房屋的竖向通道，一般楼梯由梯段、平台、栏杆(或栏板)几部分组成，其平面布置和梯段踏步尺寸等由建筑设计确定。

按楼梯所用材料可分为木楼梯、钢楼梯和钢筋混凝土楼梯，因承重和防火要求，多采用钢筋混凝土楼梯。按楼梯施工方法的不同可分为现浇整体式楼梯和预制装配式楼梯。按楼梯结构的受力状态还可分为梁式、板式、剪刀式和螺旋式楼梯(图7－2)。

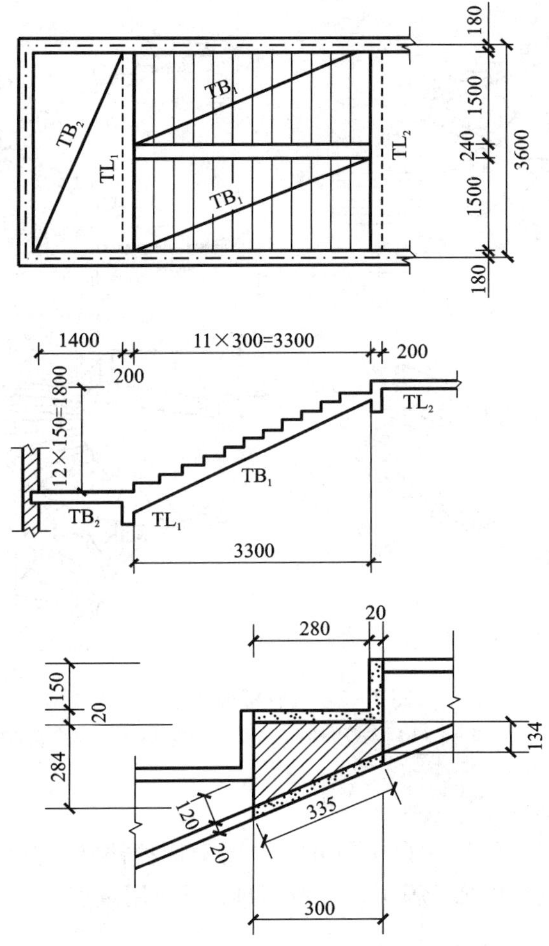

图 7－1　楼梯平面布置图及踏步详图

1. 梁式楼梯

在楼梯踏步板的侧面(或底面)设置斜梁，即构成梁式楼梯[图 7－2(a)]。梁式楼梯的踏步板支承在斜梁及墙上，也可在靠墙处加设斜梁，斜梁再支承于平台梁或楼层梁上。踏步板直接支承于楼梯间墙上时，砌墙时需预留槽口，施工不便，且对墙身截面也有削弱，在地震区不宜采用。梁式楼梯荷载的传递途径是：踏步板→斜梁→平台梁(或楼层梁)→楼梯间墙(或柱)。

梁式楼梯的特点是受力性能好，当梯段较长时较为经济，但其施工不便。

2. 板式楼梯

板式楼梯一般由梯段斜板、平台梁及平台板组成，梯段斜板两端支承在平台梁上[图 7－2(b)]。板式楼梯荷载的传递途径是：斜板→平台梁→楼梯间墙(或柱)。

板式楼梯的特点是下表面平整，施工支模方便，当梯段跨度在 3 m 以内时，较为经济合理。但其斜板较厚，当跨度较大时，材料用量较多。

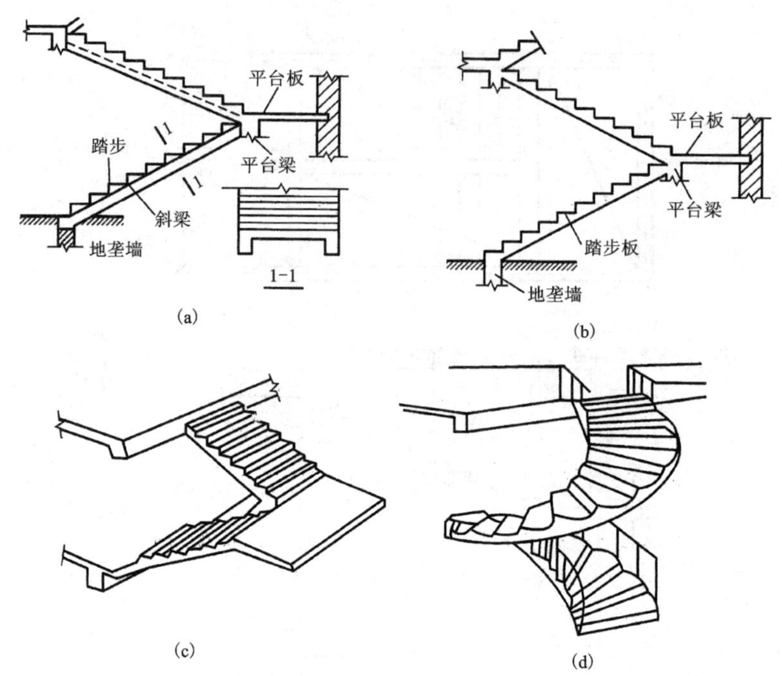

图 7-2　几种楼梯示意图

(a)梁式楼梯；(b)板式楼梯；(c)剪刀式楼梯；(d)螺旋式楼梯

3. 剪刀式及螺旋式楼梯

剪刀式及螺旋式楼梯[图 7-2(c)、(d)]均属于特种楼梯。其优点是外形轻巧、美观。但其受力复杂，尤其是螺旋楼梯，施工也比较困难，材料用量多，造价较高。

7.1.2　现浇板式楼梯

1. 现浇板式楼梯的计算与构造

(1)梯段板

1)计算要点

① 为保证梯段板具有一定刚度，梯段板的厚度一般可取(1/25～1/35)l_0(l_0为梯段板水平方向的跨度)，常取 80～120 mm。

②计算梯段板时，可取 1 m 宽板带或以整个梯段板作为计算单元。

③计算简图

梯段板[图 7-3(a)]在内力计算时，可简化为两端简支的斜板[图 7-3(b)]。

④荷载

包括活荷载、斜板及抹灰层自重、栏杆自重等。其中活荷载及栏杆自重是沿水平方向分布的，而斜板及抹灰层自重则是沿板的倾斜方向分布的，为了使计算方便一般应将其换算成沿水平方向分布的荷载后再行计算。

⑤内力计算

如图 7-3(b)所示的简支斜板可化为图 7-3(c)所示的水平板计算，计算跨度按斜板的

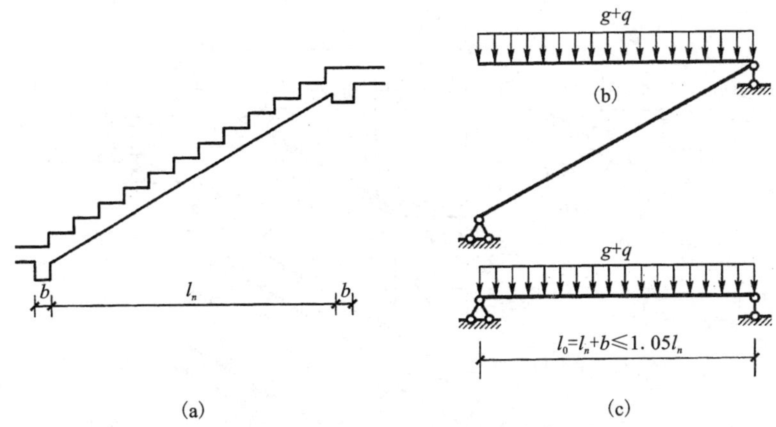

图 7－3　梯段板的内力计算

水平投影长度取值，斜板自重可化作沿斜板的水平投影长度上的均布荷载。

在荷载及水平跨度都相同时，简支斜梁（板）在竖向均布荷载下（沿水平投影长度）的最大弯矩与相应的简支水平梁的最大弯矩是相等的，即

$$M_{\max}=\frac{1}{8}(g+q)l_0^2 \tag{7-1}$$

而简支斜板在竖向均布荷载作用下的最大剪力为：

$$V_{\max}=\frac{1}{2}(g+q)l_n\cos\alpha \tag{7-2}$$

式中：g、q——作用于梯段板上的沿水平投影方向的永久荷载及可变荷载设计值；

l_0、l_n——梯段板的计算跨度及净跨的水平投影长度。

但在配筋计算时，考虑到平台梁对梯段斜板有弹性约束作用这一有利因素，故计算时取设计弯矩为

$$M_{\max}=\frac{1}{10}(g+q)l_0^2 \tag{7-3}$$

⑥对竖向荷载在梯段板内引起的轴向力，设计时不予考虑。

2）构造要求

梯段斜板中受力钢筋可采用弯起式或分离式。采用弯起式时，一半钢筋伸入支座，一半钢筋靠近支座处弯起，以承受支座处实际存在的负弯矩，支座截面负筋的用量一般可取与跨中截面相同（图 7－4）。为施工方便，采用分离式较多，梯段板中的分布钢筋按构造配置，要求每个踏步范围内至少放置一根钢筋。梯段支座端（平台梁）上部纵向钢筋按梯段板下部纵向钢筋的 1/2 配置，且不小于Φ8@200，自支座边缘向跨内延伸的水平投影长度不小于1/4梯板净跨，配筋构造详见《16G101—2》。

（2）平台板

1）计算要点

① 平台板厚度 $h=l_0/35$（l_0为平台板计算跨度），常取为 60～80 mm；平台板一般均为单向板，取 1 m 宽板带作为计算单元。

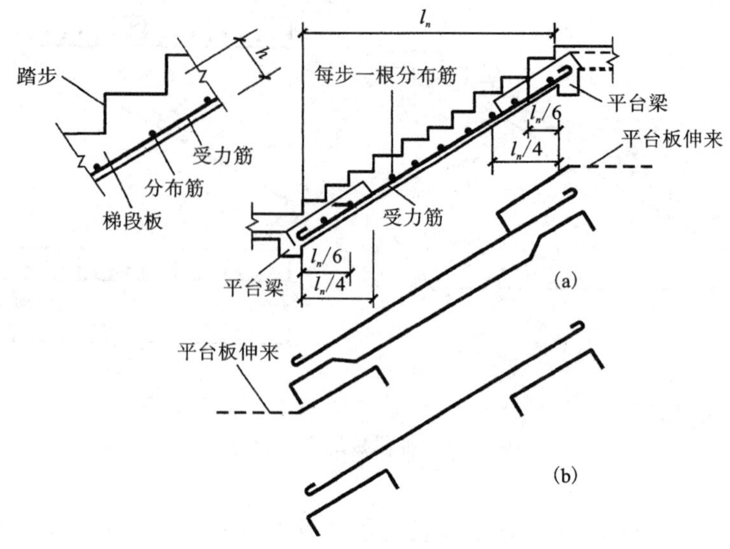

图 7－4　梯段斜板的配筋

(a)弯起式；(b)分离式

②当平台板的一边与梁整体连接而另一边支承在墙上时[图 7－5(a)]，板的跨中弯矩应按 $M_{max}=\frac{1}{8}(g+q)l_0^2$ 计算。

③当平台板的两边均与梁整体连接时，考虑梁对板的弹性约束[图 7－5(b)]，板的跨中弯矩可按 $M_{max}=\frac{1}{10}(g+q)l_0^2$ 计算。

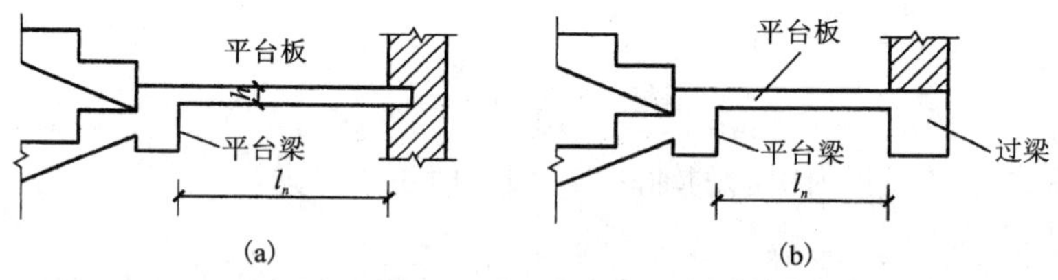

图 7－5　平台板的支承情况

(a)一边与梁整体连接；(b)两边均与梁整体连接

2)构造要求

平台板的配筋方式及构造与普通板一样。其配筋构造如图 7－6 所示。

在平台板与平台梁或过梁相交处，考虑到支座处有负弯矩作用，应配置承受负弯矩的钢筋，其用量一般可取与跨中截面相同。

(3)平台梁

1)计算要点

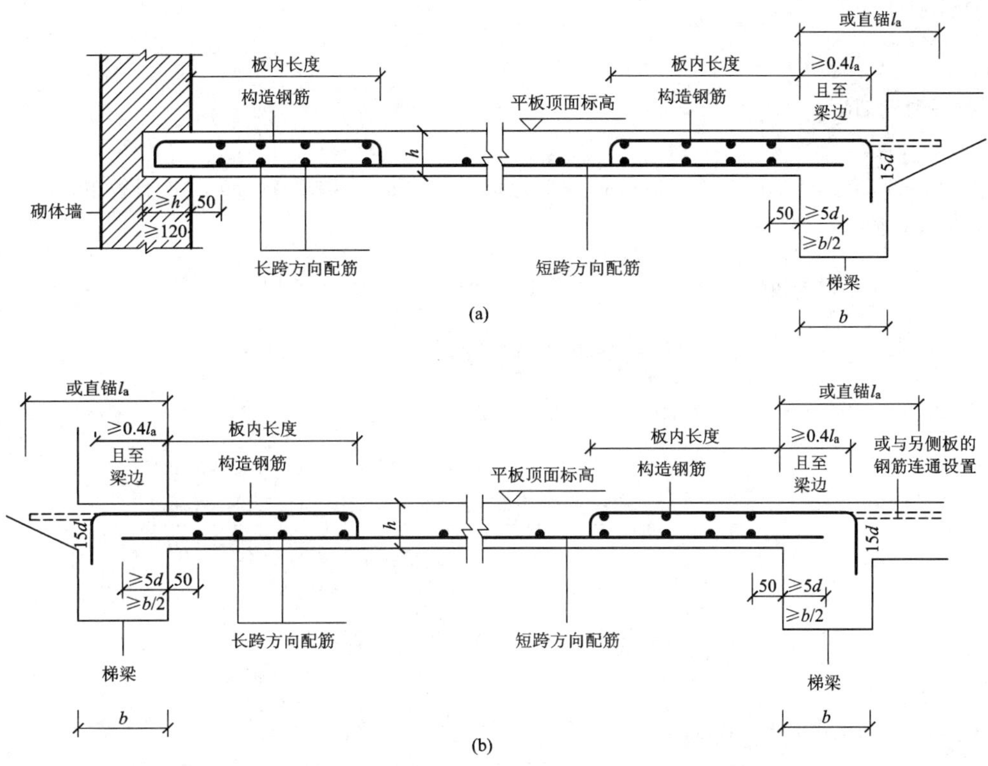

图 7－6　平台板的配筋构造

(a)楼层平台板配筋构造；(b)层间平台板配筋构造

①平台梁一般均支承在楼梯间两侧的横墙上，其计算简图如图 7－7 所示。

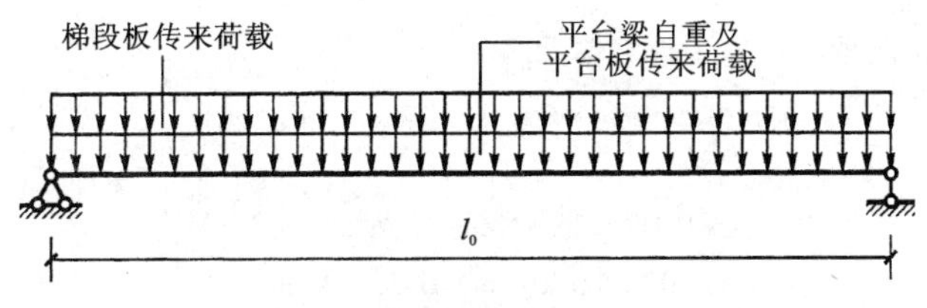

图 7－7　板式楼梯平台梁计算简图

②平台梁内力计算时，可忽略上下梯段斜板之间的空隙，按荷载满布于全跨的简支梁计算。

③平台梁的截面高度 $h \geqslant l_0/12$（l_0为平台梁的计算跨度，$l_0 = l_n + a \leqslant 1.05l_n$，$l_n$为平台梁的净跨，$a$ 为平台梁的支承长度）。平台梁与平台板为整体现浇，配筋计算时按倒 L 形截面计算。

2）构造要求

平台梁的构造要求同一般简支受弯构件。但如果平台梁两侧荷载（梯段斜板传来）不一致而引起扭矩，应酌量增加其配箍量。

【案例解答】

解

1. 梯段斜板 TB1

(1)荷载计算

板厚取 $h = 1/30 l_0 = 1/30 \times 3500 \approx 117$ mm，取为 h = 120，取一个踏步宽(1.5 m)为计算单元。

恒荷载设计值

踏步板自重 $1.3 \times \frac{0.134 + 0.284}{2} \times 0.3 \times 1.5 \times 25 \times \frac{1}{0.3}$ kN · m = 10.19 kN/m

踏步面层重 $1.3 \times (0.3 + 0.15) \times 0.02 \times 1.5 \times 20 \times \frac{1}{0.3}$ kN · m = 1.17 kN/m

板底抹灰重 $1.3 \times 0.335 \times 0.02 \times 1.5 \times 17 \times \frac{1}{0.3}$ kN · m = 0.74 kN/m

栏杆重 1.3×0.10 kN · m = 0.13 kN/m

活荷载设计值 $1.5 \times 3.5 \times 1.5$ kN · m = 7.88 kN/m

合　　计 p = 17.65 kN/m

(2)内力计算

$$M = \frac{1}{10} p l_0^2 = \frac{1}{10} \times 20.81 \times 3.5^2 \text{ kN} \cdot \text{m} = 25.49 \text{ kN} \cdot \text{m}$$

(3)配筋计算

取 $h_0 = h - 20 = 120 - 20 = 100$ mm

$$x = h_0 - \sqrt{h_0^2 - \frac{2M}{\alpha_1 f_c b}} = 100 - \sqrt{100^2 - \frac{2 \times 25.49 \times 10^6}{1 \times 11.9 \times 1500}} = 15.48 \text{ mm} < \xi_b h_0 = 0.518 \times 100 = 51.8 \text{ mm}$$

$$A_s = \frac{\alpha_1 f_c b x}{f_y} = \frac{1 \times 11.9 \times 1500 \times 15.48 \text{ mm}}{360} = 768 \text{ mm}^2$$

选用 10 ⌀12($A_s = 1130$ mm²)，$s = 150$ mm < 200 mm，故配筋满足要求。

2. 平台板 TB2

平台板厚取 $h = 80$ mm，取 1 m 宽为计算单元。

(1)荷载计算

恒载设计值

平台板自重 $1.3 \times 0.08 \times 25$ kN/m = 2.6 kN/m

平台板面层重 $1.3 \times 0.02 \times 20$ kN/m = 0.52 kN/m

板底抹灰重 $1.3 \times 0.02 \times 17$ kN/m = 0.44 kN/m

活载设计值 $1.5 \times 3.5 \times 1$ kN/m = 5.25 kN/m

合　　计 p = 8.81 kN/m

(2)内力计算

$$l_0 = 1.40 + 0.08/2 = 1.44 \text{ m}$$

$$M_{max} = \frac{1}{8} p l_0^2 = \frac{1}{8} \times 8.81 \times 1.44^2 = 2.28 \text{ kN} \cdot \text{m}$$

(3)配筋计算

取 $h_0 = h - 20 = 80 - 20 = 60$ mm

$$x = h_0 - \sqrt{h_0^2 - \frac{2M}{\alpha_1 f_c b}} = 60 - \sqrt{60^2 - \frac{2 \times 2.28 \times 10^6}{1 \times 11.9 \times 1000}} = 3.28 \text{ mm} < \xi_b h_0 = 0.518 \times 60 = 31.08 \text{ mm}$$

$$A_s = \frac{\alpha_1 f_c bx}{f_y} = \frac{1 \times 11.9 \times 1000 \times 3.28}{360} = 108.4\ \text{mm}^2$$

选用5 ⌀8($A_s = 252\ \text{mm}^2$), $s = 200$ mm。

3. 平台梁TL1

平台梁截面取 $b \times h = 200\ \text{mm} \times 400\ \text{mm}$。

(1) 荷载计算

斜板传来	$20.81 \times \frac{3.30}{2} \times \frac{1}{1.5}$ kN/m = 22.89 kN/m
平台板传来	$8.81 \times (\frac{1.4}{2} + 0.2)$ kN/m = 7.93 kN/m
平台梁自重	$0.2 \times (0.4 - 0.08) \times 25 \times 1.3$ kN/m = 2.08 kN/m
梁侧抹灰重	$0.02 \times 2 \times 0.32 \times 17 \times 1.3$ kN/m = 0.28 kN/m
合　计	p = 33.14 kN/m

(2) 内力计算

$$l_0 = l_n + a = 3.24 + 0.36\ \text{m} = 3.6\ \text{m},\ l_0 = 1.05 l_n = 1.05 \times 3.24\ \text{m} = 3.4\ \text{m},$$

取较小值 $l_0 = 3.4$ m

$$M_{max} = \frac{1}{8} p l_0^2 = \frac{1}{8} \times 33.14 \times 3.4^2 = 47.89\ \text{kN} \cdot \text{m}$$

$$V_{max} = \frac{1}{2} p l_n = \frac{1}{2} \times 33.14 \times 3.24 = 53.69\ \text{kN}$$

(3)配筋计算

1)正截面承载力计算

TL1与TB2现浇在一起，故应按倒L形截面计算。

翼缘厚度　$h_f' = 80$ mm

翼缘宽度　$b_f' = \frac{l_0}{6} = 3400/6 = 567$ m

$b_f' = b + \frac{s_n}{2} = 200 + \frac{1400}{2} = 900$ mm

$b_f' = b + 5h_f' = 200 + 5 \times 80 = 600$ mm

取 $b_f' = 567$ mm

$$h_0 = h - 35 = 400 - 35 = 365\ \text{mm}$$

由 $\alpha_1 f_c b_f' h_f' (h_0 - \frac{h_f'}{2}) = 1 \times 11.9 \times 567 \times 80 \times (365 - 80/2)$

$$= 175.43 \times 10^6\ \text{N} \cdot \text{mm} > 47.89 \times 10^6\ \text{N} \cdot \text{mm}$$

可得出该平台梁属于第一类T形截面。

$$x = h_0 - \sqrt{h_0^2 - \frac{2M}{\alpha_1 f_c b_f'}} = 365 - \sqrt{365^2 - \frac{2 \times 47.89 \times 10^6}{1 \times 11.9 \times 567}} = 19.99\ \text{mm} < \xi_b h_0 = 0.518 \times 365 = 189.07\ \text{mm}$$

$$A_s = \frac{\alpha_1 f_c b_f' x}{f_y} = \frac{1 \times 11.9 \times 567 \times 19.99}{360} = 374.7\ \text{mm}^2$$

选用2 ⌀16($A_s = 402\ \text{mm}^2$)。

2)斜截面承载力计算

$0.7 f_t b h_0 = 0.7 \times 1.27 \times 200 \times 365 = 64897\ \text{N} > 5390\ \text{N}$，按构造要求配置腹筋。选用双肢Φ6箍筋，间距 $s = 200$ mm，沿梁长均匀布置，$\rho_{sv} = \frac{2 \times 28.3}{200 \times 200} = 0.142\%$。

验算配箍率 $\rho_{sv,min} = 0.24 \times \frac{f_t}{f_{yv}} = 0.24 \times \frac{1.27}{270} = 0.11\% < 0.142\%$，满足最小配箍率的要求。

楼梯配筋图如图7－8所示。

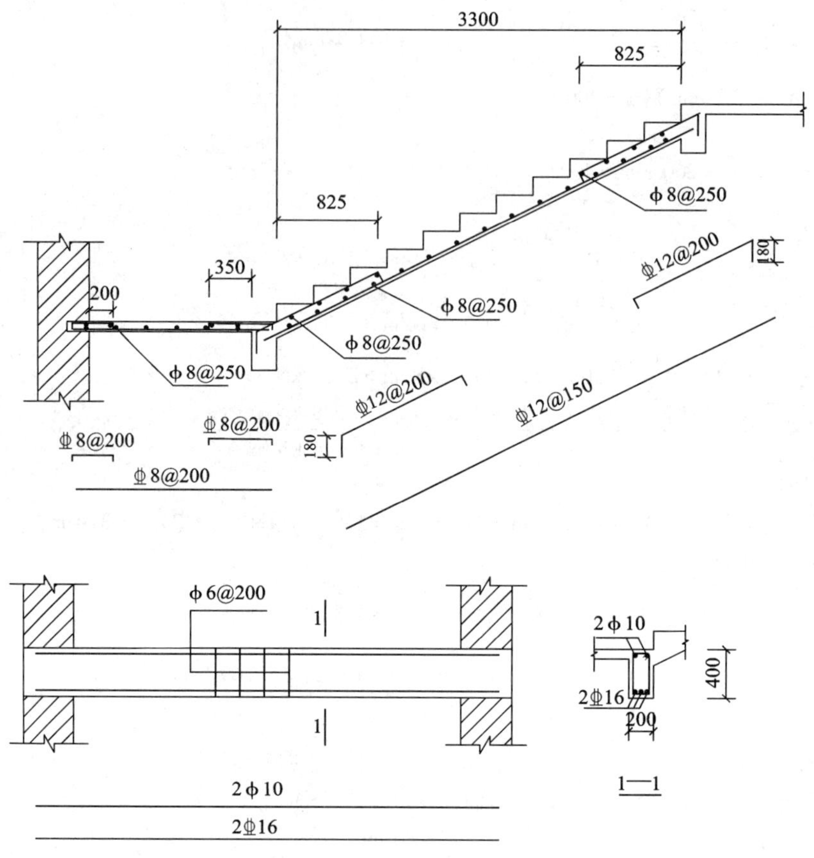

图 7－8　板式楼梯配筋图

【知识总结】

板式楼梯由踏步板、平台板和平台梁组成。踏步板上的荷载直接传给平台梁，踏步板可以看成是支承在平台梁上的简支斜板。平台梁看成是承受踏步板和平台板传来的均布荷载的简支梁。

【课后练习】

1. 板式楼梯的优缺点是什么？通常什么情况下用板式楼梯？
2. 现浇板式楼梯的受力构件有哪些？其计算简图是怎样的？
3. 如何确定现浇板式楼梯的踏步板的厚度？

任务二　设计梁式楼梯

【案例引入】

某现浇梁式楼梯，混凝土强度等级 C25（$f_c = 11.9\ \text{N/mm}^2$），梁中受力钢筋 HRB400（$f_y = 360\ \text{N/mm}^2$）级，其他钢筋 HPB335（$f_y = f_{yv} = 300\ \text{N/mm}^2$）级，楼梯活荷载标准值 $2.5\ \text{kN/m}^2$，

楼梯面层为地砖0.65 kN/m²，底面为20 mm厚水泥砂浆抹灰，金属栏杆0.1 kN/m，楼梯结构布置见图7-9。试设计此楼梯。

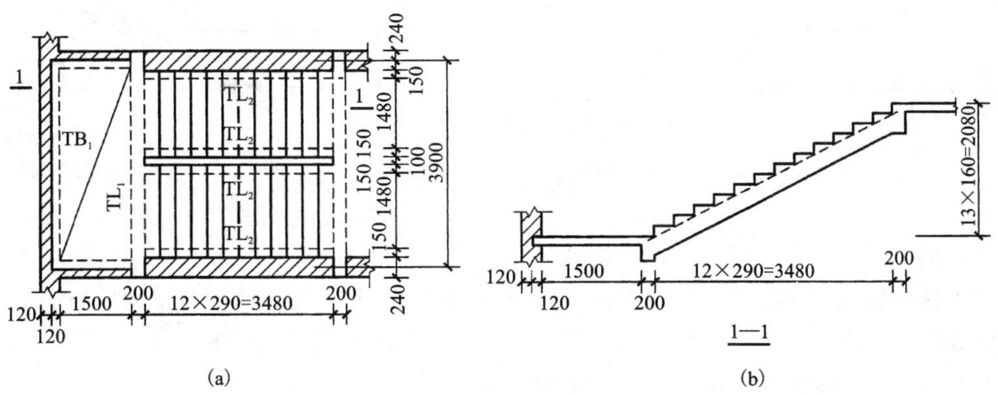

图7-9　楼梯布置图

【任务目标】

1. 了解梁式楼梯的设计计算方法；
2. 掌握梁式楼梯的构造要求。

【知识链接】

1. 梁式楼梯计算要点与构造要求

(1)踏步板

1)计算要点

① 梁式楼梯的踏步板由三角形踏步和其下的斜板组成。踏步板为一单向板，每个踏步的受力情况相同，计算时可取一个踏步作为计算单元。

②当踏步板一端与斜边梁整体连接，另一端支承在墙上时[图7-10(a)]，可按简支板计算跨中弯矩，即

$$M=\frac{1}{8}(g+q)l_0^2$$

式中：l_0——计算跨度，$l_0=l_n+a/2$；

l_n——踏步板的净跨；

a——踏步板在墙内的支承长度。

当踏步板两端均与斜边梁整体连接时[图7-10(b)]，考虑到斜边梁对踏步板的部分嵌固作用，其跨中弯矩取为$M=\frac{1}{10}(g+q)l_0^2$。

③计算踏步板正截面受弯承载力时，常可近似地按宽度为b，高度为折算高度h的矩形截面计算(图7-11)。截面折算高度为

$$h=\frac{c}{2}+\frac{d}{\cos\alpha} \qquad (7-4)$$

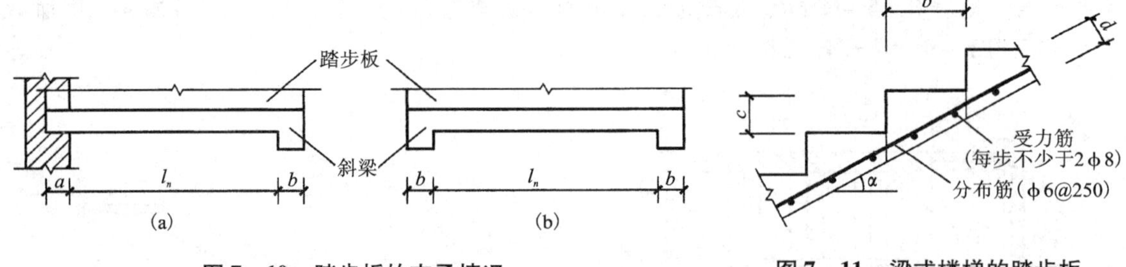

图 7－10　踏步板的支承情况　　**图 7－11　梁式楼梯的踏步板**

2）构造要求

现浇踏步板的最小厚度 $d=40$ mm，每一级踏步下一般需配置不少于 2 Φ8 的受力钢筋，整个踏步板内应沿斜向布置间距不大于 250 mm 的Φ6 分布筋。为使踏步板在支座处承受可能出现的负弯矩，踏步板内每两根受力筋中弯起一根（图 7－12）。

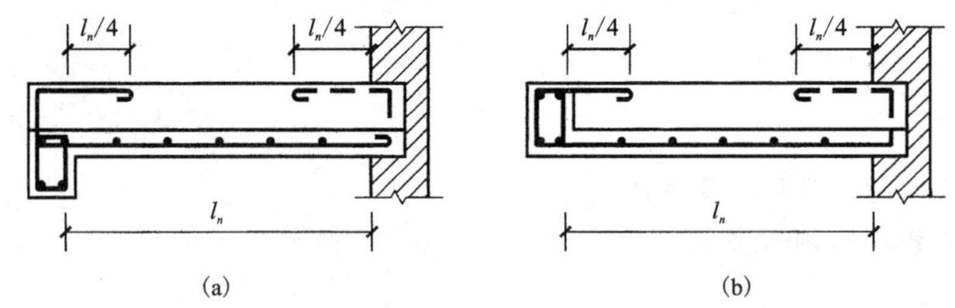

图 7－12　踏步板与斜梁的关系

（a）踏步板在斜梁上部；（b）踏步板在斜梁下部

（2）斜梁

1）计算要点

① 梁式楼梯段斜梁两端支承在平台梁上，与前述板式楼梯斜板的内力分析相同。斜边梁的计算中不考虑平台梁的约束作用，按简支梁计算，即

$$M_{\max}=\frac{1}{8}(g+q)l_0^2 \tag{7-5}$$

$$V_{\max}=\frac{1}{2}(g+q)l_n\cos\alpha \tag{7-6}$$

②斜梁的计算截面形式与斜梁和踏步板的相对位置有关：当踏步板在斜边梁上部时［图 7－12（a）］，若仅有一根斜梁，可按矩形截面计算；若有两根斜梁，则按倒 L 形截面计算，当踏步板在斜梁的中下部时［图 7－12（b）］，应按矩形截面计算。

③在截面设计时，斜梁截面的高度取垂直于斜梁轴线的垂直高度，一般取 $h\geqslant l_0/20$，l_0为斜梁水平投影的计算跨度。

2）构造要求

斜梁的构造要求同一般简支受弯构件。注意斜梁的纵筋在平台梁中应有足够的锚固长度。

（3）平台板

梁式楼梯的平台板与前述的板式楼梯平台板的计算及构造相同。

(4)平台梁

1)计算要点

① 梁式楼梯的平台梁承受斜梁传来的集中荷载、平台板传来的均布荷载以及平台梁自重。其计算简图如图7－13所示。

②平台梁的计算截面按倒L形截面计算。

③平台梁横截面两侧荷载不同，因此平台梁受有一定的扭矩作用，但一般不需计算，只需适当增加配箍量。此外，因平台梁受有斜梁传递的集中荷载，所以在平台梁中位于斜梁两侧处，应设置附加横向钢筋。

2)构造要求

平台梁一般构造要求同简支受弯构件。平台梁的高度应保证斜梁的主筋能放在平台梁的主筋上，即平台梁与斜梁的相交处，平台梁底面应低于斜梁的底面，或与斜梁底面齐平。

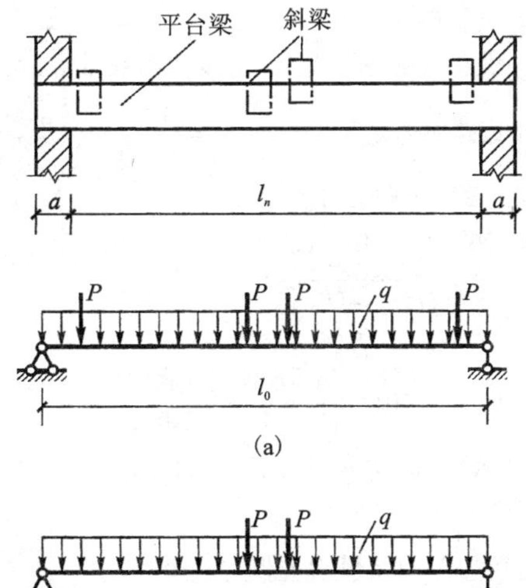

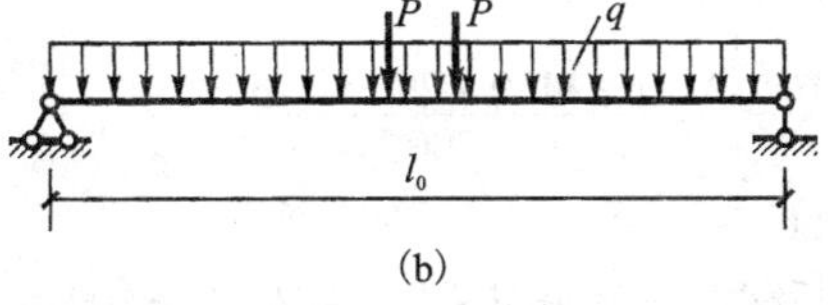

图7－13　梁式楼梯平台梁的计算简图

(a)有双边梁时；(b)有单边梁时

3. 折线形楼梯的构造要点

因折线形楼梯在梁(板)曲折处形成内折角，配筋时若钢筋沿内折角连续配置，则此处受拉钢筋将产生较大的向外的合力，可能使该处混凝土保护层崩落，钢筋被拉出而失去作用[图7－14(a)]，因此，在折角处的配筋应采取将钢筋断开并分别予以锚固的措施[图7－14(b)]。在折梁的内折角处，箍筋应适当加密。

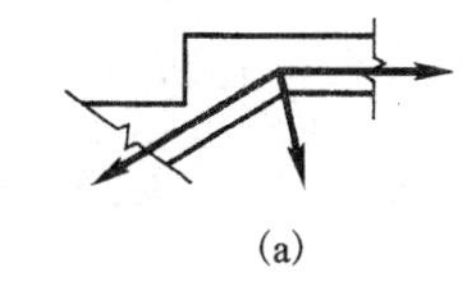
(a)

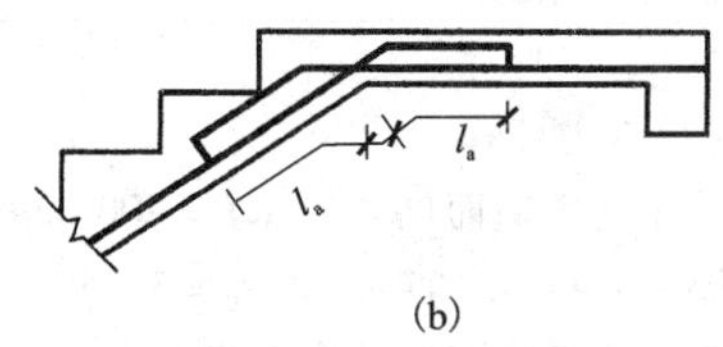

(b)

图7－14　折线形板式楼梯在板曲折处的配筋

【案例解答】

1. 踏步板计算

取一个踏步板为计算单元，踏步尺寸见图7－15。$b=\sqrt{290^2+160^2}=331$ mm，$\cos\alpha=290/331=0.876$，$\alpha=28.84°$，$h=\dfrac{c}{2}+\dfrac{d}{\cos\alpha}=160/2+40/0.876=126$ mm。

(1)荷载计算

恒载设计值

踏步板自重	$1.3\times\dfrac{0.206+0.046}{2}\times0.29\times25$ kN/m $=1.19$ kN/m
踏步板面层	$1.3\times(0.29+0.16)\times0.65$ kN/m $=0.38$ kN/m
底面抹灰	$1.3\times0.331\times0.02\times17$ kN/m $=0.15$ kN/m
活载设计值	$1.5\times2.5\times0.29$ kN/m $=1.09$ kN/m
合　　计	$g+q=2.81$ kN/m

(2)内力计算

梯段梁截面尺寸　　$b \times h = 150\ \text{mm} \times 300\ \text{mm}$，$l_0 = l_n = 1480\ \text{mm}$

踏步板跨中弯矩　　$M = \frac{1}{10}(g+q)l_0^2 = \frac{1}{10} \times 2.81 \times 1.48^2 = 0.62\ \text{kN} \cdot \text{m}$

(3)正截面承载力计算

$h_0 = 126 - 25 = 101\ \text{mm}$

$$x = h_0 - \sqrt{h_0^2 - \frac{2M}{\alpha_1 f_c b}}$$

$$= 101 - \sqrt{101^2 - \frac{2 \times 0.62 \times 10^6}{1 \times 11.9 \times 290}}$$

$$= 1.80\ \text{mm} < \xi_b h_0 = 0.55 \times 101$$

$$= 55\ \text{mm}$$

$$A_s = \frac{\alpha_1 f_c bx}{f_y} = \frac{1 \times 11.9 \times 290 \times 1.80}{300}$$

$$= 20.59\ \text{mm}^2$$

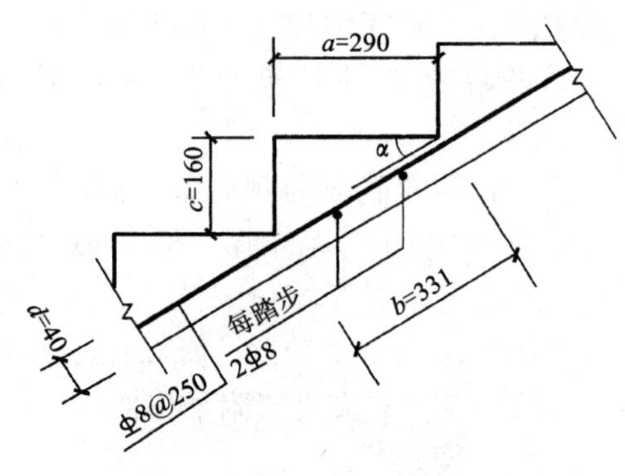

图 7－15　踏步板配筋

按最小配筋率要求采用 2 Φ8，$A_s = 100.6\ \text{mm}^2$，分布筋采用Φ8@250，配筋如图 7－15 所示。

2. 楼梯斜梁计算 TL2

(1)荷载计算

踏步板传来　　$\frac{1}{2} \times 2.81 \times 1.78 \times \frac{1}{0.29}\ \text{kN/m} = 8.62\ \text{kN/m}$

斜梁自重　　$1.3 \times (0.3 - 0.04) \times 0.15 \times \frac{1}{0.876} \times 25\ \text{kN/m} = 1.45\ \text{kN/m}$

斜梁侧抹灰　　$1.3 \times (0.3 - 0.04) \times 0.02 \times \frac{1}{0.876} \times 2 \times 17\ \text{kN/m} = 0.26\ \text{kN/m}$

楼梯栏杆重　　$1.3 \times 0.1\ \text{kN/m} = 0.13\ \text{kN/m}$

合　计　　$g + q = 10.46\ \text{kN/m}$

(2)内力计算

取平台梁截面尺寸：$b \times h = 200\ \text{mm} \times 400\ \text{mm}$，斜梁水平投影 $l_0 = l_n + b = 3.48 + 0.2 = 3.68\ \text{m}$，$l_0 = 1.05 l_n = 1.05 \times 3.48 = 3.65\ \text{m}$，取 $l_0 = 3.65\ \text{m}$。

则斜梁跨中弯矩及支座剪力为

$$M_{\max} = \frac{1}{8}(g+q)l_0^2 = \frac{1}{8} \times 10.46 \times 3.65^2 = 17.42\ \text{kN} \cdot \text{m}$$

$$V_{\max} = \frac{1}{2}(g+q)l_0 \cos\alpha = \frac{1}{2} \times 10.46 \times 3.65 \times 0.876 = 16.72\ \text{kN}$$

3)截面承载力计算

$$h_0 = 300 - 40 = 260\ \text{mm}$$

斜梁按倒 L 形截面计算，翼缘的计算宽度 b_f'确定如下：

$$\left.\begin{aligned} b_f' &= \frac{l_0'}{6} = \frac{1}{6} \times 3650/0.876 = 694\ \text{mm} \\ b_f' &= b + \frac{s_n}{2} = 150 + \frac{1480}{2} = 890\ \text{mm} \\ b_f' &= b + 5h_f' = 150 + 5 \times 40 = 350\ \text{mm} \end{aligned}\right\} \text{取 } b_f' = 350\ \text{mm}$$

判别 T 形截面类型

$$\alpha_1 f_c b_f' h_f' (h_0 - \frac{h_f'}{2}) = 1 \times 11.9 \times 350 \times 40 \times (260 - 40/2) = 40 \times 10^6 \text{ N} \cdot \text{mm}$$

$$> M = 17.42 \times 10^6 \text{N} \cdot \text{mm}$$

故按第一类 T 形截面计算。

$$x = h_0 - \sqrt{h_0^2 - \frac{2M}{\alpha_1 f_c b_f'}} = 260 - \sqrt{260^2 - \frac{2 \times 17.42 \times 10^6}{1 \times 9.6 \times 350}} = 16.62 \text{ mm}$$

$$< \xi_b h_0 = 0.518 \times 260 = 134.7 \text{ mm}$$

$$A_s = \frac{\alpha_1 f_c b'_f x}{f_y} = \frac{1 \times 11.9 \times 350 \times 16.62}{360} = 192.3 \text{ mm}^2$$

选用 2 ⌀12($A_s = 226$ mm^2)。

$0.7 f_t b h_0 = 0.7 \times 1.27 \times 150 \times 260 = 34671$ N $> V = 167200$ N，箍筋可按构造配置，选用双肢箍⌀6@200，配筋如图 7－16 所示。

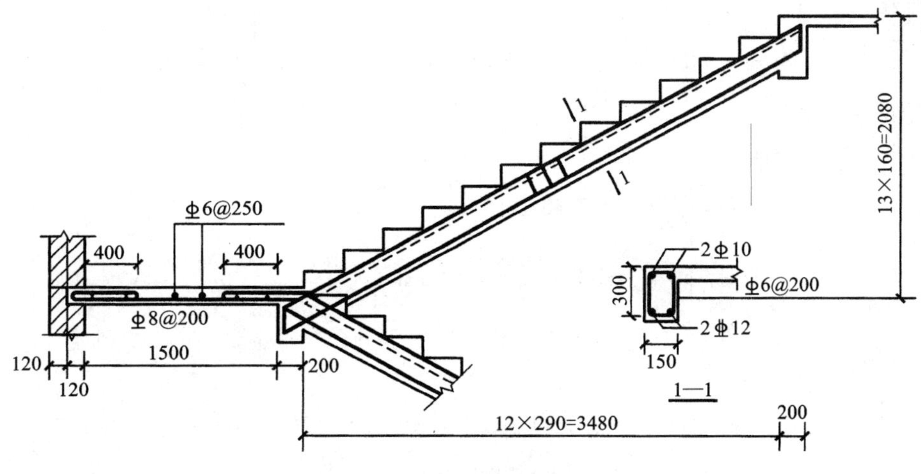

图 7－16　斜梁及平台板配筋图

3. 平台板计算 TB1

平台板厚度 $h = 60$ mm，取 1 m 板宽为计算单元。计算方法同钢筋混凝土板式楼梯，经计算选用⌀8@200，$A_s = 189$ mm^2，配筋见图 7－16。

4. 平台梁计算 TL1

平台梁截面尺寸　　$b \times h = 200 \text{ mm} \times 400 \text{ mm}$

(1)荷载计算

平台板传来　　$6.99 \times (\frac{1.5}{2} + 0.2)\text{kN/m} = 6.64 \text{ kN/m}$

梁自重　　$1.3 \times 0.2 \times (0.4 - 0.06) \times 25 \text{ kN/m} = 2.21 \text{ kN/m}$

梁侧抹灰　　$1.3 \times 0.02 \times (0.4 - 0.06) \times 2 \times 17 \text{ kN/m} = 0.3 \text{ kN/m}$

合　计　　$g + q = 9.15 \text{ kN/m}$

斜梁传来的集中力　　$G + P = \frac{1}{2} \times 10.46 \times 3.48 = 18.20 \text{ kN}$

(2)内力计算

计算跨度 $l_0 = l_n + a = (3.9 - 0.24) + 0.24 = 3.9 \text{ m} > 1.05 l_n = 1.05 \times 3.66 = 3.84$ m，取 $l_0 = 3.84$ m。

如图 7－17 所示，忽略支座边缘边梁对平台梁的弯矩影响，则跨中弯矩为

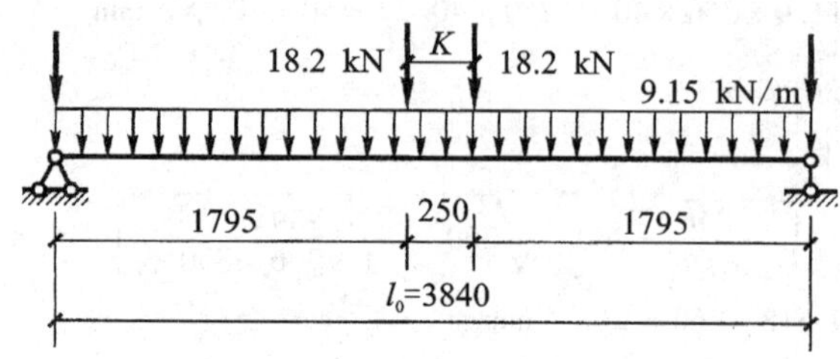

图 7－17　平台梁计算简图

$$M=\frac{1}{8}(g+q)l_0^2+\frac{(G+P)(l_0-K)}{2}=\frac{1}{8}\times 9.15\times 3.84^2+17.2\times\frac{3.84-0.25}{2}$$

$$=49.53\ \text{kN}\cdot\text{m}$$

支座剪力

$$V=(g+q)\times\frac{l_n}{2}+2(G+Q)=\frac{1}{2}\times 9.15\times 3.66+2\times 18.2\ \text{kN}=53.14\ \text{kN}$$

(3)截面承载力计算

翼缘计算宽度 b_f'确定：

$$\left.\begin{aligned}b_f'&=\frac{l_0}{6}=\frac{1}{6}\times 3840=640\ \text{mm}\\ b_f'&=b+\frac{s_n}{2}=200+\frac{1500}{2}=950\ \text{mm}\\ b_f'&=b+5h_f'=200+5\times 60=500\ \text{mm}\end{aligned}\right\}\ \text{取}\ b_f'=500\ \text{mm}$$

判别 T 形截面类型

$$\alpha_1 f_c b_f' h_f'(h_0-\frac{h_f'}{2})=1\times 11.9\times 500\times 60\times(360-60/2)$$

$$=117.81\times 10^6\ \text{N}\cdot\text{mm}>M=49.53\times 10^6\text{N}\cdot\text{mm}$$

故按第一类 T 形截面计算。

$$x=h_0-\sqrt{h_0^2-\frac{2M}{\alpha_1 f_c b_f'}}=360-\sqrt{360^2-\frac{2\times 49.53\times 10^6}{1\times 11.9\times 500}}=23.92\ \text{mm}$$

$$<\xi_b h_0=0.518\times 360=186.5\ \text{mm}$$

$$A_s=\frac{\alpha_1 f_c b_f' x}{f_y}=\frac{1\times 11.9\times 500\times 23.92}{360}=395.34\ \text{mm}^2$$

选用 3 ⌀14($A_s=461\ \text{mm}^2$)。

$$0.7f_t bh_0=0.7\times 1.27\times 200\times 360=64008\ \text{N}>V=53140\ \text{N},$$

箍筋可按构造配置，选用双肢箍⌀6@200。

(4)附加横向钢筋计算

斜梁传给平台梁的集中荷载 $G+Q=18.2$ kN，若附加箍筋采用双肢⌀6，则附加箍筋总数为

$$m=\frac{G+Q}{nf_{yv}A_{sv1}}=\frac{18200}{2\times 300\times 28.3}=1.07$$

斜梁每侧放置 2 ⌀6 的附加箍筋。平台梁配筋如图 7－18 所示。

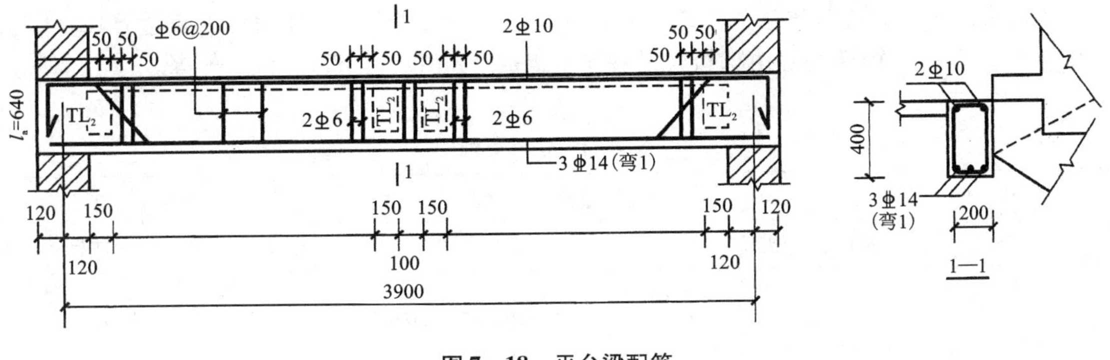

图 7－18　平台梁配筋

【知识总结】

当梯段较长时，往往采用梁式楼梯，楼梯由踏步板、斜梁、平台板和平台梁组成。踏步板支承在斜梁上，斜梁支承在平台梁上。

【课后练习】

1. 现浇梁式楼梯的优缺点是什么？通常什么情况下用梁式楼梯？
2. 现浇梁式楼梯的受力构件有哪些？其计算简图分别是怎样的？
3. 如何确定现浇梁式楼梯的踏步板的厚度？
4. 现浇梁式楼梯的构造要求有哪些？

任务三　识读板式楼梯的平法施工图

【案例引入】

板式楼梯 课上练习

试着解释如下图所示的楼梯 AT3 集中标注中各个符号的含义。

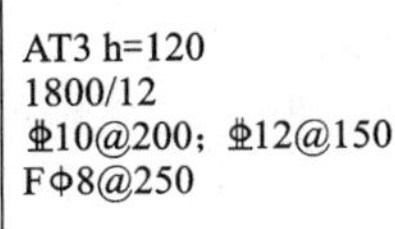

【任务目标】

1. 掌握板式楼梯的平法施工图制图规则；
2. 能识读板式楼梯的平法施工图。

【知识链接】

现浇混凝土板式楼梯由梯板、平台板、梯梁、梯柱组成。至于平台板、梯梁、梯柱的注写方式见前述柱平法、梁平法、板平法内容。

现浇混凝土板式楼梯平法施工图有平面注写、剖面注写和列表注写三种表达方式。楼梯类型详见表7-1。楼梯编号由梯板代号和序号组成：如ATxx、BTxx、ATaxx等。

表7-1　楼梯类型

楼梯代号	适用范围		是否参与结构整体抗震计算
	抗震构造措施	适用结构	
AT	无	剪力墙、砌体结构	不参与
BT			
CT	无	剪力墙、砌体结构	不参与
DT			
ET	无	剪力墙、砌体结构	不参与
FT			
GT	无	剪力墙、砌体结构	不参与
ATa	有	框架结构、框剪结构中框架部分	不参与
ATb			不参与
ATc			参与
CTa	有	框架结构、框剪结构中框架部分	不参与
CTb			不参与

注：1. AT~ET型板式楼梯代表一段带上下支座的梯板，梯板的主体为踏步段，除踏步段之外，梯板可包括低端平板、高端平板以及中位平板，详见图7.20。梯板的两端分别以(低端和高端)梯梁为支座。故既要设置楼层梯梁，也要设置层间梯梁，以及与其相连的楼层平台板和层间平台板。

2. FT~GT型板式楼梯代表两跑踏步段和连接它们的楼层平板及层间平板。

3. ATa、ATb型板式楼梯为带滑动支座的板式楼梯，梯板全部由踏步段构成，梯板高端均支承在梯梁上，ATa型梯板低端带滑动支座支承在梯梁上，ATb型梯板低端带滑动支座支承在梯梁的挑板上。ATa、ATb型梯板采用双层双向配筋。

4. ATc型板式楼梯全部由踏步段构成，其支承方式为梯板两端均支承在梯梁上。梯板厚度不宜小于140 mm，梯板采用双层配筋，梯板两侧设置边缘构件(暗梁)。

5. CTa、CTb型板式楼梯为带滑动支座的板式楼梯，梯板由踏步段和高端平板构成，梯板高端均支承在梯梁上，CTa型梯板低端带滑动支座支承在梯梁上，CTb型梯板低端带滑动支座支承在挑板上。CTa、CTb型梯板采用双层双向配筋。

7.3.1　平面注写方式

平面注写方式系在楼梯平面布置图上注写截面尺寸和配筋具体数值。包括集中标注和外围标注。

(1)楼梯集中标注内容：

①梯板类型代号与序号，如AT××。

②梯板厚度，注写为$h=\times\times\times$。若为带平板的梯板，并且梯段板厚度和平板厚度不同时，可在梯段板厚度后面括号内以P打头注写平板厚度。

③踏步段总高度和踏步级数，之间以“/”分隔。

④梯板上部纵筋，下部纵筋，之间以“；”分隔。

⑤梯板分布筋，以 F 打头注写分布钢筋具体值，该项也可在图中统一说明。

(2)楼梯外围标注内容，包括楼梯间的平面尺寸、楼层结构标高、层间结构标高、楼梯的上下方向、梯板的平面几何尺寸、平台板配筋、梯梁及梯柱配筋等。

楼梯平法施工图平面注写方式如图 7－19，选取 AT 型举例。

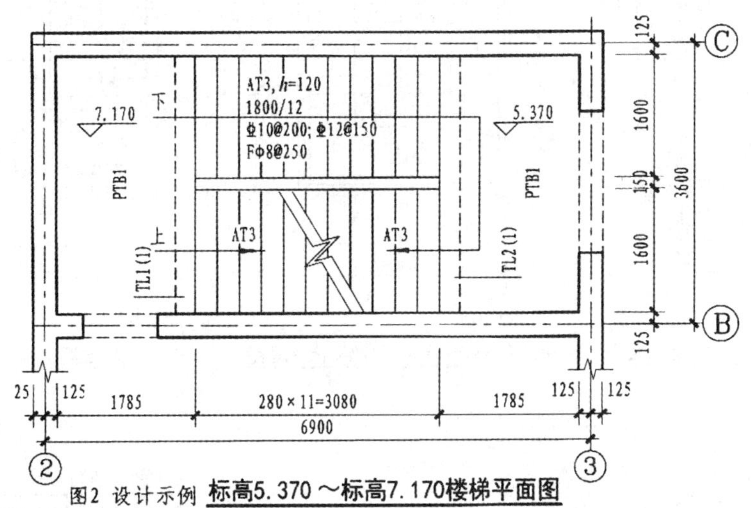

图 7－19　AT 型楼梯平法施工图平面注写方式示例(注:本图摘自 16G101—2)

7.3.2　剖面注写方式

剖面注写方式需在楼梯平法施工图中绘制楼梯平面布置图和楼梯剖面图，注写方式分平面注写、剖面注写两部分。

楼梯平面布置图注写内容包括楼梯间的平面尺寸、楼层结构标高、层间结构标高、楼梯的上下方向、梯板的平面几何尺寸、梯板类型及编号、平台板配筋、梯梁及梯柱配筋等。

楼梯剖面图注写内容，包括梯板集中标注、梯梁梯柱编号、梯板水平及竖向尺寸、楼层结构标高、层间结构标高等。

梯板集中标注的内容：

①梯板类型代号与序号，如 AT××。

②梯板厚度，注写为 $h=×××$。若为带平板的梯板，并且梯段板厚度和平板厚度不同时，可在梯段板厚度后面括号内以 P 打头注写平板厚度。

③梯板配筋，注写梯板上部纵筋和下部纵筋，之间以“；”分隔。

④梯板分布筋，以 F 打头注写分布钢筋具体值，该项也可在图中统一说明。

楼梯平法施工图剖面注写方式如图 7－20。

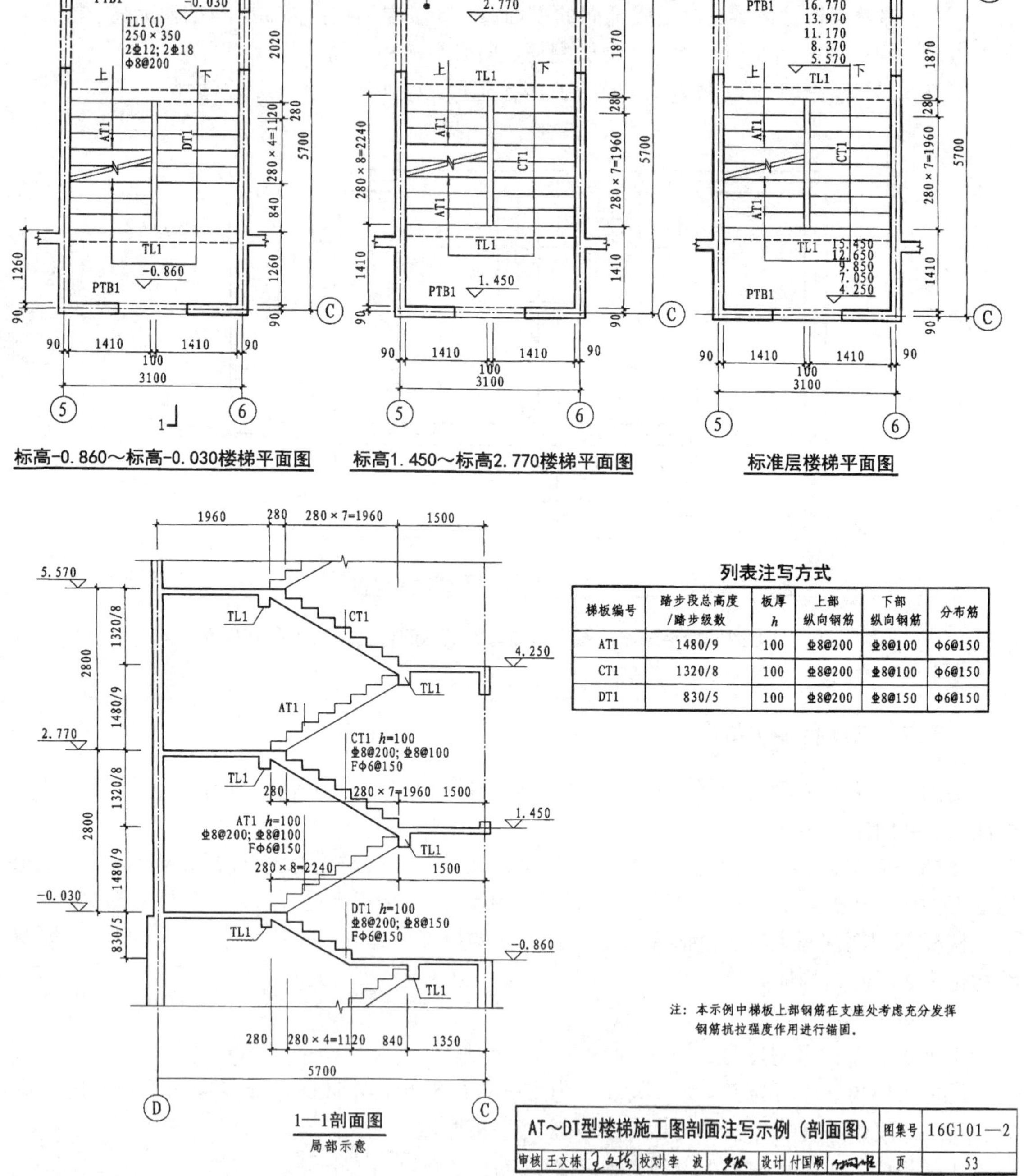

标高-0.860～标高-0.030楼梯平面图
标高1.450～标高2.770楼梯平面图
标准层楼梯平面图
1—1剖面图
局部示意
注：本示例中梯板上部钢筋在支座处考虑充分发挥钢筋抗拉强度作用进行锚固。
AT～DT型楼梯施工图剖面注写示例（剖面图）
图集号 16G101—2
审核 王文栋 校对 李 波 设计 付国顺 页 53

列表注写方式

梯板编号	踏步段总高度/踏步级数	板厚 h	上部纵向钢筋	下部纵向钢筋	分布筋
AT1	1480/9	100	⌀8@200	⌀8@100	Φ6@150
CT1	1320/8	100	⌀8@200	⌀8@100	Φ6@150
DT1	830/5	100	⌀8@200	⌀8@150	Φ6@150

图 7－20　楼梯平法施工图剖面(列表)注写方式示例(注:本图摘自 16G101—2)

7.3.3　列表注写方式

列表注写方式指用列表的方式注写梯板截面尺寸和配筋具体数值。列表注写方式具体要求同剖面注写方式，仅将剖面注写方式中的有关梯板配筋注写改为列表注写项即可。

楼梯平法施工图列表注写方式如图 7－20。

【案例解答】

解　(1)3 号 AT 型楼梯，梯段板厚 120 mm；

(2)踏步段总高度为 1800 mm，踏步级数为 12 级；

(3)梯段板上部纵筋为 HRB400 的直径为 10 mm、间距为 200 mm；梯段板下部纵筋为 HRB400 的直径为 12 mm、间距为 150 mm；

(4)梯板分布筋为 HPB300 的直径为 8 mm、间距为 250 mm。

【课后练习】

请扫码自测练习。

板式楼梯 课后练习

学习情境八　确定框架结构计算简图

【项目描述与分析】

通过学习框架结构的计算简图及荷载计算，来保证框架结构的受力合理。重点是框架结构计算简图的确定及框架结构荷载计算方法；难点是框架结构荷载计算方法。

框架结构中的钢筋

【学习目标】

能力目标	知识目标	权重
能确定框架结构计算简图	框架结构计算简图的确定	40%
能正确计算框架结构荷载	框架结构的荷载分析	60%
合　计		100%

任务一　确定计算简图的尺寸

框架结构计算简图

【案例引入】

某宿舍为三层钢筋混凝土框架结构，各层层高为 3.9 m，柱网尺寸为 6900 mm × 3000 mm × 6900 mm，见图 8 – 1。

屋盖做法为：120 mm 厚预应力空心板，150 mm 厚水泥珍珠岩，20 mm 厚水泥砂浆找平层，两毡三油绿豆砂保护层，不上人屋面，20 mm 厚板底粉刷。

楼盖做法为：120 mm 厚预应力空心板，水磨石面层，20 mm 厚板底粉刷。抗震设防烈度 6 度。场地粗糙度为 B 类，基本风压为 0.35 kN/m^2。雪荷载标准值为 0.35 kN/m^2。

内、外墙厚 240 mm，采用陶砾混凝土空心砌块砌筑，室内外高差为 450 mm，基础顶面至室外地面高为 600 mm，屋面檐口处女儿墙高 600 mm，平均厚为 80 mm，普通砖砌筑。

试确定该框架结构的计算简图、梁柱的截面尺寸及刚度。

【任务目标】

1. 掌握框架结构的组成特点及结构布置原则；
2. 掌握如何确定框架结构的计算简图。

【知识链接】

高层建筑结构具有以下特点：

(1)高层建筑可以较小的占地面积获得更多的建筑面积，但是过于密集的高层建筑也会对城市造成热岛效应或影响建筑物周边地域的采光，玻璃幕墙过多的高层建筑还可能造成光污染。

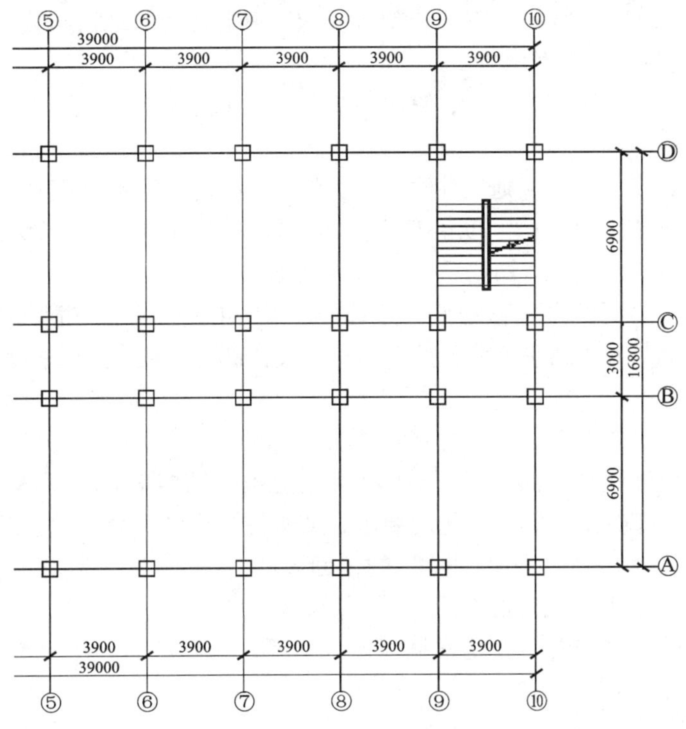

图 8－1　结构平面布置图

(2)建造高层建筑可以提供更多的空闲场地，以便用作绿化和休闲场地，有利于美化环境，并带来更充足的日照、采光和通风效果。

(3)在高层建筑结构设计中，起控制作用的主要是水平荷载(风荷载和水平地震作用)。

(4)侧向位移在高层建筑结构中必须加以限制。层间位移过大，将导致承重构件或非承重构件(填充墙等)出现不同程度的损坏；摆动幅度过大，会使在高层建筑中居住和工作的人感到不舒服。

(5)高层建筑需满足房屋的竖向交通和防火要求，因此高层建筑的工程造价较高，运行成本加大。

目前，多层房屋常采用混合结构和钢筋混凝土结构，对于高层建筑，常采用钢筋混凝土结构、钢结构、钢－混凝土组合结构。

8.1.1　框架结构的形式与布置

1. 框架结构的组成特点

框架结构是指由钢筋混凝土梁和柱连接而形成的承重结构体系，既承受竖向荷载，同时又承受水平荷载。普通框架的梁和柱的节点连接处一般为刚性连接，框架柱与基础通常为固接。

框架结构的墙体一般不承重，只起分隔和围护作用。通常采用轻质材料，在框架施工完成后砌筑而成。填充墙与框架梁柱之间要有必要的连接构造，以增加墙体的整体性和抗震性。

2. 框架结构的布置

房屋结构布置是否合理，对结构的安全性、适用性、经济性影响很大。因此，应根据房屋的高度、荷载情况以及建筑的使用和造型等要求，确定合理的结构布置方案。

(1)结构布置原则

1)房屋开间、进深宜尽可能统一，使房屋中构件类型、规格尽可能减少，以便于工程设计和施工。

2)房屋平面应力求简单、规则、对称及减少偏心，以使受力更合理。

3)房屋的竖向布置应使结构刚度沿高度分布比较均匀、避免结构刚度突变。同一楼面应尽量设置在同一标高处，避免结构错层和局部夹层。

4)为使房屋具有必要的抗侧移刚度，房屋的高宽比不宜过大，一般宜控制 $H/B \leqslant 4 \sim 5$。

5)当建筑物平面较长，或平面复杂、不对称，或各部分刚度、高度、重量相差悬殊时，设置必要的变形缝。

(2)柱网布置

柱网是柱的定位轴线在平面上所形成的网络，是框架结构平面的“脉络”。框架结构的柱网布置，既要满足建筑功能和生产工艺的要求，又要使结构受力合理，施工方便。柱网尺寸，即平面框架的跨度(进深)及其间距(开间)的平面尺寸。

1)柱网布置应满足生产工艺的要求

多层工业厂房的柱网布置主要是根据生产工艺要求而确定的。柱网布置方式主要有内廊式和跨度组合式两类，见图 8-2。

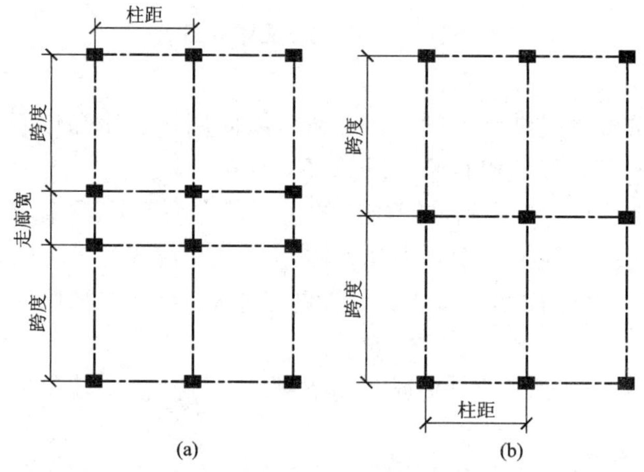

图 8-2　框架结构的柱网布置

(a)内廊式；(b)跨度组合式

内廊式柱网一般为对称三跨，边跨跨度一般采用 6 m、6.6 m 和 6.9 m 三种，中间走廊跨度常为 2.4 m、2.7 m、3.0 m 三种，开间方向柱距为 3.6 ~ 7.2 m。

跨度组合式具有较大的空间，便于布置生产流水线。跨度组合式柱网常用跨度为 6 m、7.5 m、9.0 m 和 12.0 m 四种，柱距采用 6 m。

多层厂房的层高一般为 3.6 m、3.9 m、4.5 m、4.8 m、5.4 m，民用房屋的常用层高为 3.0 m、3.6 m、3.9 m 和 4.2 m。柱网和层高通常以 300 mm 为模数。

2)柱网布置应满足建筑平面布置的要求

在旅馆、办公楼等民用建筑中，建筑平面一般布置成两边为客房或办公用房，中间为走道的内廊式平面。因此，柱网布置应与建筑分隔墙的布置相协调。

3)柱网布置要使结构受力合理

多层框架主要承受竖向荷载。柱网布置时，应考虑到结构在竖向荷载作用下内力分布均匀合理，各构件材料均能充分利用。

4)柱网布置应便于施工

建筑设计及结构布置时应考虑到施工方便，以加快施工进度、降低工程造价、保证施工质量。

8.1.2　主要承重框架的布置

框架结构是由若干平面框架通过连系梁连接而形成的空间结构体系，可将空间框架分解成纵、横两个方向的平面框架，楼盖的荷载可传递到纵、横两个方向的框架上。根据框架楼板布置方案和荷载传递路径的不同，框架的布置方案可分为以下三种：

1. 横向框架承重方案

横向框架承重主要承重框架由横向主梁与柱构成，楼板沿纵向布置，支承在主梁上纵向连系梁将横向框架连成一个空间结构体系，如图 8－3(a)所示。

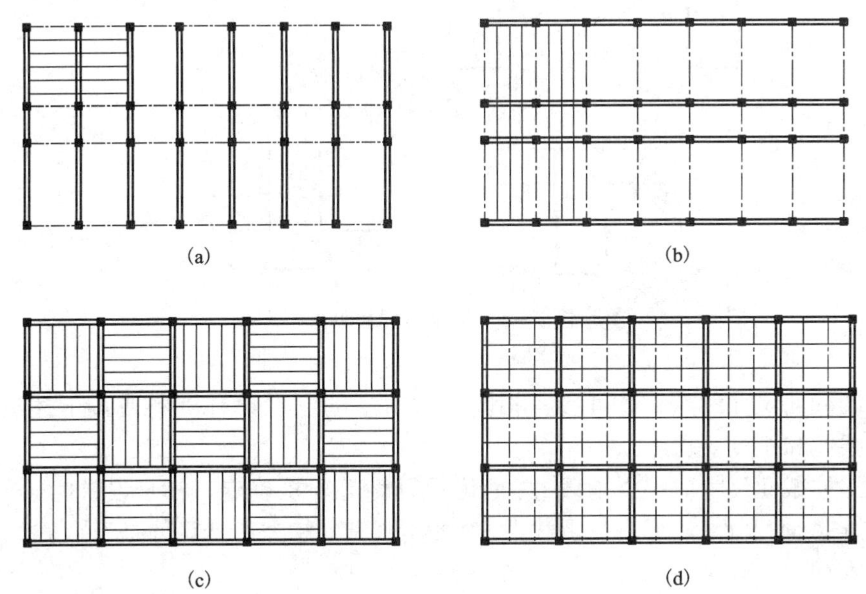

图 8－3　承重框架布置方案

(a)横向布置；(b)纵向布置；(c)纵、横向布置(预制板)；(d)纵、横向布置(现浇板)

横向框架具有较大的横向刚度，有利于抵抗横向水平荷载。而纵向连系梁截面较小，有利于房屋室内的采光和通风。因此，横向框架承重方案在实际工程中应用较多。

2. 纵向框架承重方案

纵向框架承重主要承重框架由纵向主梁与柱构成，楼板沿横向布置，支承在纵向主梁上，横向连系梁将纵向框架连成一个空间结构体系，如图 8－3(b)所示。

纵向框架承重方案中，横向连系梁的高度较小，有利于设备管线的穿行，可获得较高的室内净空，且开间布置较灵活，室内空间可以有效地利用。但其横向刚度较差，故只适用于层数较少的房屋。

3. 纵横向框架混合承重方案

纵横向框架混合承重方案沿房屋纵、横两个方向均匀布置框架主梁以承担楼面荷载，如图 8 −3(c)、(d)所示。由于纵、横向框架梁均承担荷载，梁截面均较大，故可使房屋两个方向都获得较大的刚度，因此有较好的整体工作性能。当采用现浇双向板或井字梁楼盖时，常采用这种方案。

8.1.3 框架杆件的截面及计算简图

1. 梁、柱截面尺寸的选取

框架梁及连系梁的截面形状较多，如图 8 −4，一般采用矩形、T 形、花篮形、十字形及倒 T 形等；柱的截面形状一般为正方形或矩形。

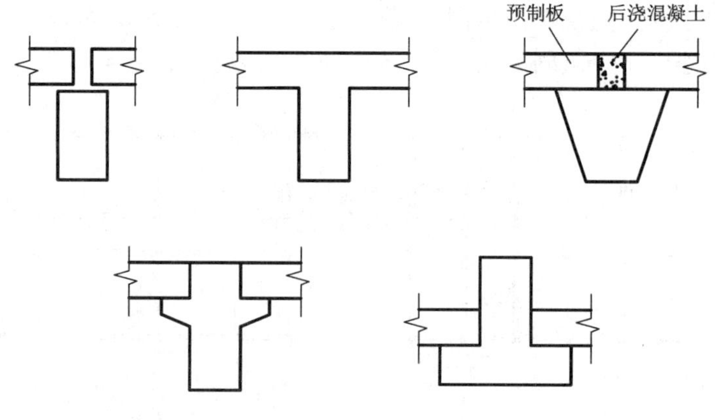

图 8 −4 框架梁截面形式

梁、柱的截面尺寸的选定，可参考相同类型房屋的已有设计资料或按下述近似方法估算，并满足强度和刚度要求。

框架梁、柱截面尺寸应根据承载力、刚度及延性等要求确定。初步设计时，通常由经验或估算先选定截面尺寸，然后进行承载力、变形等验算，检查所选尺寸是否合适。

(1)梁截面尺寸确定

框架结构中框架梁的截面高度 h_b 可根据梁的计算跨度 l_b、活荷载大小等，一般可按 $h_b = (1/12 \sim 1/8) l_b$ 或 $(1/18 \sim 1/10) l_b$ 确定。为了防止梁发生剪切脆性破坏，h_b 不宜大于 1/4 净跨。梁截面宽度可取 $b_b = (1/3 \sim 1/2) h_b$，且不宜小于 250 mm。为了保证梁的侧向稳定性，梁截面的高宽比(h_b/b_b)不宜大于 4。

在多层框架结构中，为减少构件类型，各层梁、柱截面的形状和尺寸往往相同，而仅在设计时对截面配筋加以改变。

(2)柱截面尺寸确定

框架柱截面宽度和高度一般取(1/15 ~ 1/10)的层高，同时应满足轴压比(见表 11 −7)的限制高度要求。矩形截面柱的边长，非抗震设计时不宜小于 250 mm，抗震设计时四级或不超过2层时不宜小于300 mm，一、二、三级且超过2层时不宜小于400 mm；柱剪跨比宜大于2；柱截面长边与短边的边长比不宜大于3；柱截面尺寸以50 mm为模数。为避免柱发生剪切破坏，柱净高与截面长边之比宜大于4。

2. 框架梁抗弯刚度的计算

一般情况下，框架梁跨中承受正弯矩，楼板处于受压区，楼板对框架梁的刚度影响较大，而在节点附近，梁承受负弯矩时，楼板受拉，楼板对框架梁的影响较小。通常假定截面惯性矩沿轴线不变，并考虑楼板与梁的共同工作，框架梁截面惯性矩可按以下规定计算：

(1)对现浇楼盖，中框架梁 $I_b=2.0I_0$，边框架梁 $I_b=1.5I_0$，I_0为矩形梁的截面惯性矩。

(2)对装配整体式楼盖，中框架梁 $I_b=1.5I_0$，边框架梁 $I_b=1.2I_0$。

(3)对装配式楼盖，则取 $I_b=I_0$。

3. 框架结构的计算简图

(1)计算单元

多层框架结构是由纵、横向框架组成的空间结构体系。一般情况下，纵、横向框架都是等间距布置，它们各自的刚度基本相同。在竖向荷载作用下，各个框架之间的受力影响很小，可以不考虑空间刚度对它们的受力的影响。在水平荷载作用下，这一空间刚度将导致各种框架共同工作，但多层框架房屋所受水平荷载多是均匀的，各个框架相互之间并不产生多大的约束力。为简化计算，通常不考虑房屋的空间作用，可按纵、横两个方向的平面框架进行计算，每个框架按其负荷面积单独承担外载。通常选取各个框架中的一个或几个在结构上和所受荷载上具有代表性的计算单元进行内力分析和结构设计(图8－5)。

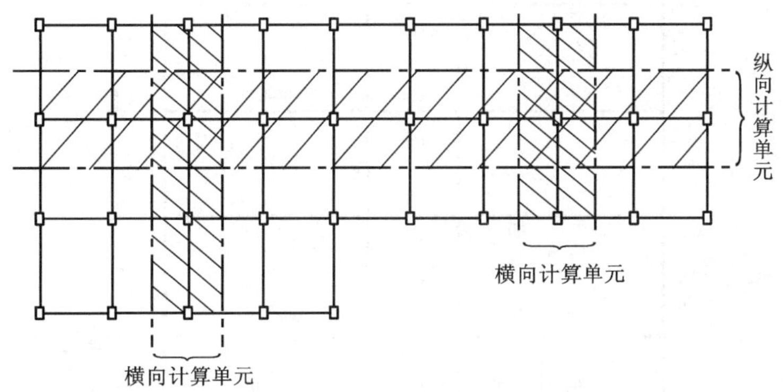

图8－5　计算单元的划分

(2)计算简图

现浇多层框架结构计算模型是以梁、柱截面几何轴线来确定的，并认为框架柱在基础顶面处为固接，框架各节点纵、横向均为刚接。一般情况下，取框架梁、柱截面几何轴线之间的距离作为框架的跨度和柱高度，底层柱高取基础顶面至二层楼面梁几何轴线间的距离，柱高也可偏安全地取层高，底层则取基础顶面至二屋楼面梁顶面，计算模型如图8－6所示。

在实际工程计算中，确定计算简图还要适当考虑内力计算方便，在保证必要计算精度的情况下，下列各项计算模型和荷载图式的简化常常被采用。

1)当上、下层柱截面尺寸不同时，往往取顶层柱的形心作为柱子的轴线。

2）当框架梁为坡度 $i \leqslant 1/8$ 的折梁时，可简化为直杆。

3）当框架各跨跨度相差不大于 10% 时，可简化为等跨框架，跨度取原跨度的平均值。

4）当框架梁为有加腋的变截面梁，且 $\frac{I_{端}}{I_{中}} \leqslant 4$ 或 $\frac{h_{端}}{h_{中}} \leqslant 1.6$，可按等截面梁进行内力计算（$I_{端}$、$h_{端}$ 与 $I_{中}$ 与 $h_{中}$ 分别为加肋端最高截面和跨中截面的惯性矩和梁高）。

5）计算次梁传给框架主梁的荷载时，不考虑次梁的连续性，按次梁简支于主梁上计算。

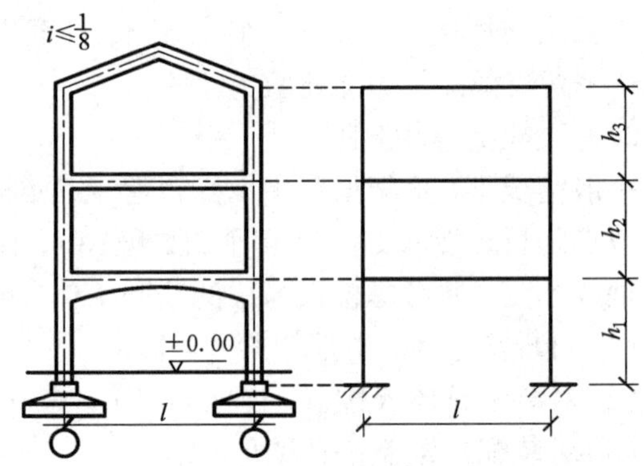

图 8－6　框架结构的计算模型

6）作用于框架上的三角形、梯形等荷载图式可按支座弯矩等效的原则折算成等效均布荷载。

【案例解答】

通过对该宿舍结构布置的分析，得知其是一个横向框架承重体系，现选取其中一榀中间框架作为代表进行分析计算。

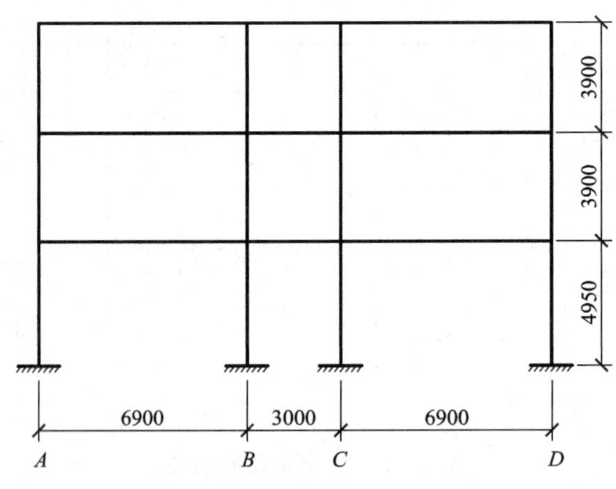

图 8－7　框架计算简图

（一）梁的截面尺寸

框架梁跨度 $l_{AB} = l_{CD} = 6900$ mm，$l_{BC} = 3000$ mm

梁截面高 $h_b = (1/12 \sim 1/8) l = (1/12 \sim 1/8) \times 6900 = 863 \sim 575$ mm，取 $h_b = 700$ mm

梁截面宽 $b_b = (1/3 \sim 1/2) h_b = (1/3 \sim 1/2) \times 700 = 350 \sim 233$ mm，取 $b_b = 300$ mm

取框架梁截面尺寸均为 $b_b \times h_b = 300\ \text{mm} \times 700\ \text{mm}$

（二）柱截面尺寸

底层柱高 $H = 4950$ mm

柱截面高 $h_c = (1/15 \sim 1/10) H$，取 $h_c = 400$ mm

柱截面宽 $b_c=(2/3\sim1)h_c$，取 $b_c=350$ mm

取框架柱截面尺寸均为 $b_c\times h_c=350$ mm $\times400$ mm

（三）框架梁、柱线刚度（$i=EI/l$，本案例梁、柱砼强度等级取为相同）

$$I_b=1/12b_b\times h_b^3=1/12\times300\times700^3=8.575\times10^9\ \text{mm}^4$$

$$i_{bAB}=i_{bCD}=8.575\times10^9E/6900=1.243\times10^6E$$

$$i_{bBC}=8.575\times10^9E/3000=2.858\times10^6E$$

$$I_c=1/12b_c\times h_c^3=1/12\times350\times400^3=1.867\times10^9\ \text{mm}^4$$

一层柱　　$i_{c1}=1.867\times10^9E/4950=0.377\times10^6E$

二至三层柱　　$i_{c2\sim3}=1.867\times10^9E/3900=0.479\times10^6E$

相对线刚度：取 i_{c1} 值为基准值 1，即 $i_{c1}=1$，$i_{c2\sim3}=1.270$，$i_{bAB}=i_{bCD}=3.297$，$i_{bBC}=7.581$

连系梁截面按经验选用 200 mm $\times$400 mm

【任务布置】

完成框架结构课程设计中计算简图的确定。

多层框架结构设计任务书

本设计为建于当地的四层钢筋混凝土框架结构工业库房。非地震区，不考虑抗震设防，地面粗糙度为 B 类。

1. 基本资料

(1) 建筑层高

一层 5.5 m，二至四层 5.0 m，室内外高差 0.2 m，基础顶面至室外地面高度为 0.25 m。

(2) 屋面做法（自上而下）

495 mm×495 mm×35 mm 钢筋混凝土预制块，240 mm×120 mm×180 mm 砖墩@500 双向，两毡三油防水层，20 mm 厚水泥砂浆找平层，平均 100 mm 厚 1∶8 水泥炉渣找坡层，120 mm 厚预应力空心板，20 mm 厚混合砂浆板底粉刷。

(3) 楼面做法（自上而下）

水磨石地面，预应力空心板，20 mm 厚混合砂浆板底粉刷。

2. 填充墙采用空心砖，采用横向框架承重，结构平面布置及结构尺寸如图 8－8 所示。

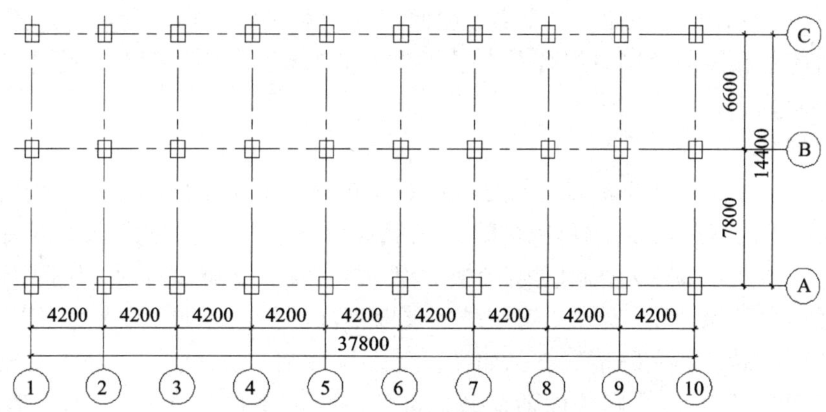

图 8－8　结构平面布置及结构尺寸

【知识总结】

多层框架结构的布置，关键在于柱网尺寸和框架横梁的布置方向。布置的合理与否，关系到整个建筑能否合理使用以及造价高低的问题，必须慎重对待。

框架结构设计时，应首先进行结构选型和结构布置，初步选定梁、柱截面尺寸，确定结构计算简图和作用在结构上的荷载，然后再进行内力计算与分析。

【课后练习】

1. 什么是框架结构？框架结构的布置原则是什么？
2. 如何确定框架梁、柱的截面尺寸？

任务二　计算各类型荷载值

竖向荷载的计算

水平荷载的计算

【案例引入】

之前已对某三层宿舍框架结构进行确定计算简图，试利用其结论，对此框架结构进行荷载计算。

【任务目标】

掌握框架结构的荷载组成及荷载计算。

【知识链接】

8.2.1　框架结构的荷载分析

作用于框架结构上的荷载，按其对框架受力性质的影响可分为竖向荷载和水平荷载。竖向荷载包括恒载、使用的活荷载、雪荷载、屋面积灰荷载和施工检修荷载等。不上人屋面活荷载可不与雪荷载和风荷载同时组合。水平荷载在非地震区仅为风荷载。此外，对某些多层厂房还有吊车荷载。

1. 竖向荷载

恒载的计算可按结构构件的设计尺寸与材料单位体积的自重计算确定。楼面、屋面活载的计算，可根据不同房屋类别和使用要求由《荷载规范》查得，但应注意该规范关于使用活荷载折减的规定。该规定要求对民用建筑的楼面梁、柱、墙及基础设计时，作用于楼面均布活荷载可根据楼面梁从属面积、层数、房屋类别乘以不同的折减系数，以考虑使用活荷载在所有各层不可能同时满载的实际情况。例如在设计多层住宅、宿舍、旅馆等房屋楼面梁时，若楼面梁从属面积超过 25 m^2，则楼面活荷载标准值的折减系数为 0.9。在柱、墙和基础设计时，折减系数按表 2－2 取值。其他类别房屋的折减系数见《荷载规范》。

另外，对于楼面的隔墙重可折算为均布活载 1.25 kN/m^2，对楼面上管道重可按 0.5 kN/m^2计算。吊车荷载计算可参考单层厂房中的计算进行。

2. 风荷载

风荷载的大小主要与建筑物体型和高度以及所在地区地形地貌有关。作用于多层框架房屋外墙的风荷载标准值按下式计算：

$$\omega_k = \beta_z \mu_s \mu_z \omega_0 \tag{8-1}$$

式中：ω_k——风荷载标准值（kN/m^2）。

ω_0——基本风压值（kN/m^2），以当地空旷平坦地面上离地 10 m 高统计所得的 50 年一遇 10 s 平均最大风速 V_0（m/s）为标准，按 $\omega_0 = \frac{V_0^2}{1600}$ 确定的风压值，ω_0 值按《荷载规范》中全国基本风压分布图的规定采用 $\omega_0 \geq 0.3\ kN/m^2$。

μ_s——风荷载体型系数；指作用在建筑物表面实际压力（或吸力）与基本风压的比值，它表示建筑物表面在稳定风压作用下的静态压力分布规律，主要与建筑物的体型、尺度、表面位置、表面状况有关。

μ_z——风压高度变化系数，见表 8－1；在 10 m 高度以上，风压、风速随高度增加，建筑物在离地面 300～500 m 以内时，风速随高度增加的规律与地面粗糙度有关，《荷载规范》规定，地面粗糙度可分为 A、B、C、D 四类，A 类指近海海面、海岛、海岸、湖岸及沙漠地区，B 类指田野、乡村、丛林、丘陵及房屋比较稀疏的中、小城镇和大城市郊区，C 类指有密集建筑群的大城市市区，D 类指有密集建筑群且房屋较高的城市市区，μ_z 可查《荷载规范》确定，表 8－1 给出了此表的一部分。

β_z——z 高度处的风振系数，对于高度小于 30 m 且高宽比小于 1.5 的房屋结构，取 $\beta_z = 1$，超过上述范围者应按《荷载规范》规定取值，以考虑风压的脉动影响。

表 8－1　地面风压高度变化系数 μ_z

离地面或海平面高度 /m	地面粗糙度类别			
	A	B	C	D
5	1.09	1.00	0.65	0.51
10	1.28	1.00	0.65	0.51
15	1.42	1.13	0.65	0.51
20	1.52	1.23	0.74	0.51

【案例解答】

荷载标准值的计算

（一）竖向荷载

（1）屋面线荷载：

两毡三油绿豆砂保护层	0.35 kN/m^2
20 mm厚水泥砂浆找平层	0.02×20=0.4 kN/m^2
150 mm厚水泥珍珠岩	0.15×4=0.6 kN/m^2
120 mm厚预应力空心板及灌缝	1.9 kN/m^2
20 mm厚混合砂浆板底粉刷	0.02×17=0.34 kN/m^2
共计	3.6 kN/m^2

框架梁自重及梁侧粉刷：

$$0.3\times0.7\times25+0.02\times0.7\times2\times17=5.25+0.4=5.65\ \text{kN/m}$$

因此，作用于顶层框架梁上的线荷载标准值为(式中的3.9 m为柱距)：

$$3.6\times3.9+5.65=19.69\ \text{kN/m}$$

(2)楼面线荷载：

120 mm厚预应力空心板及灌缝	1.9	kN/m^2
水磨石面层	0.65	kN/m^2
20 mm厚板底粉刷	0.02×17=0.34	kN/m^2
共计	2.9	kN/m^2

边跨框架梁自重及梁侧粉刷(同前)：5.65 kN/m

边跨横向填充墙自重及粉刷(式中的3.9 m为层高)：

$$0.24\times(3.9-0.7-0.12)\times5+0.02\times(3.9-0.7-0.12)\times2\times17=3.84+2.176=6.02\ \text{kN/m}$$

因此，作用于中间层边跨框架梁上的线荷载标准值为：

$$2.9\times3.9+5.65+6.02=22.98\ \text{kN/m}$$

中间跨框架梁自重及梁侧粉刷(同前)：5.65 kN/m

因此，作用于中间层中间跨框架梁上的线荷载标准值为：

$$2.9\times3.9+5.65=16.96\ \text{kN/m}$$

(3)屋面框架节点集中荷载：

边节点处连系梁自重及梁侧粉刷：

$$0.2\times0.4\times25+0.02\times0.4\times2\times17=2+0.2=2.2\ \text{kN/m}$$

女儿墙自重及粉刷：

$$19\times0.6\times0.08+0.02\times0.6\times2\times17+0.02\times0.08\times17=1.312\ \text{kN/m}$$

因此，作用于顶层边节点处集中荷载标准值为：

$$(2.2+1.312)\times3.9=13.7\ \text{kN}$$

中间节点处连系梁自重及梁侧粉刷(同前)：2.2 kN/m

因此，作用于顶层中间节点处集中荷载标准值为：

$$2.2\times3.9=8.58\ \text{kN}$$

(4)楼面框架节点集中荷载：

边节点处连系梁自重及梁侧粉刷(同前)：2.2 kN/m

外纵墙面积(柱间开设3 m×1.8 m塑钢窗)：

$$(3.9-0.4-0.12)\times(3.9-0.35)-3.0\times1.8=7.025\ \text{m}^2$$

外纵墙自重及粉刷：

$$7.025\times0.24\times5+7.025\times2\times0.02\times17=13.207\ \text{kN}$$

钢窗自重：

$$3.0\times1.8\times0.45=2.43\ \text{kN}$$

框架柱自重及粉刷：

$$0.35\times0.4\times25+0.02\times(0.35+0.4)\times2\times17=3.5+0.6=4.1\ \text{kN/m}$$

因此，作用于中间层边节点处集中荷载标准值为：

$$2.2\times3.9+13.207+2.43+4.1\times3.9=40.21\ \text{kN}$$

中间节点处连系梁自重及梁侧粉刷(同前)：2.2 kN/m

内纵墙面积(房间开放1 m×2.1 m木门)：

$$(3.9-0.4)\times(3.9-0.35)-1.0\times2.1=10.3\ \text{m}^2$$

内纵墙自重及粉刷：

$$10.3\times0.24\times5+10.3\times2\times0.02\times17=19.36\ \text{kN}$$

木门自重：$1.0\times2.1\times0.2=0.42\ \text{kN}$

框架柱自重及粉刷(同前)：4.1 kN/m

因此，作用于中间层中间节点处集中荷载标准值为：

$$2.2\times3.9+19.36+0.42+4.1\times3.9=44.36\ \text{kN}$$

(5)作用于横向框架梁上活载标准值(未考虑楼面活载的折减)：

屋面活载：取屋面均布荷载与雪载较大值

$$0.5\times3.9=1.95\ \text{kN/m}$$

楼面活载：

$$2.0\times3.9=7.8\ \text{kN/m}$$

(二)水平荷载——风荷载μ

基本风压：　　$\omega_0=0.35\ \text{kN/m}^2$

风振系数：由于结构高度<30 m，高宽比=12.75/16.8=0.76<1.5，$\beta_z=1.0$

风载体型系数：$\mu_s=0.8-(-0.5)=1.3$

风压高度变化系数：μ_z(地面粗糙度按B类)如表8-2。

表8-2　地面上风压高度变化系数μ_z

离地高度/m	2.175	6.3	10.2	12.75
μ_z	1.0	1.0	1.0052	1.0715

按下式可折算出作用于各节点处集中风载标准值F_{wki}，即

一层：$F_{wk1}=1.0\times1.3\times(1.0+1.0)/2\times0.35\times(3.9+4.35)/2\times3.9=7.320\ \text{kN}$

二层：$F_{wk2}=1.0\times1.3\times(1.0+1.0052)/2\times0.35\times3.9\times3.9=6.939\ \text{kN}$

三层：$F_{wk3}=1.0\times1.3\times(1.0052+1.0715)/2\times0.35\times(3.9/2+0.6)\times3.9=4.699\ \text{kN}$

【任务布置】

完成框架结构课程设计中荷载的计算。

本学习情境中任务一的实训中已对某框架结构进行确定计算简图，试利用其结论，对此框架结构进行荷载计算。

【知识总结】

框架结构是由钢筋混凝土梁和柱连接而形成的承重结构体系，梁柱连接为刚性连接，柱与基础为固接；框架结构布置关键在于柱网尺寸和承重方案的选择；框架结构计算时应选择与实际受力相符的计算单元和计算简图。

【课后练习】

多层框架结构主要受哪些荷载作用？它们各自如何取值？

学习情境九　计算框架结构的内力并验算侧移

【项目描述与分析】

通过完成引入案例中框架结构在竖向和水平方向荷载作用下内力和侧移的计算，来学习框架结构在荷载作用下的内力计算方法和分布规律。重点是框架结构在竖向和水平荷载作用下内力的分布规律；难点是弯矩二次分配法和 D 值法的应用。

【学习目标】

能力目标	知识目标	权重
能计算竖向荷载作用下的内力	弯矩二次分配法和分层法(含活荷载的最不利布置)	30%
能计算水平荷载作用下的内力	反弯点法和 D 值法	30%
熟悉框架结构的内力特点	在竖向和水平荷载作用下的内力规律	20%
能验算框架结构的侧移	水平荷载作用下侧移的计算	20%
合　计		100%

任务一　计算竖向荷载作用下的内力

竖向荷载作用下内力的计算

【案例引入】

之前已对某三层宿舍框架结构进行确定计算简图及荷载的计算，试利用其结论，对此框架结构进行竖向荷载作用下的内力计算，并绘制内力图形。

【任务目标】

1. 掌握弯矩二次分配法和分层法；
2. 掌握框架结构求剪力和轴力的方法；
3. 熟悉框架结构在竖向荷载作用下内力的分布规律。

【知识链接】

9.1.1　计算方法

多层多跨框架结构的内力(M、V、N)和位移计算，目前多采用电算求解。采用手算进行内力分析时，一般采用近似计算方法。计算竖向荷载作用下的内力时，通常有弯矩二次分配法和分层法。

1. 弯矩二次分配法

弯矩二次分配法是对力学教材中关于无侧移框架的弯矩分配法的简化。将各节点的不平衡弯矩同时进行分配和传递，仅进行二次分配。具体步骤如下：

(1)根据梁、柱的转动刚度计算各节点杆件弯矩分配系数。

(2)计算各跨梁在竖向荷载作用下的固端弯矩。

(3)将各节点的不平衡弯矩同时进行分配并向远端传递后，再在各节点上的不平衡弯矩分配一次。

(4)将各节点对应弯矩代数和相加即为各杆端弯矩。

2. 分层法

力学精确计算结果表明，在竖向荷载作用下的多层框架，当框架梁线刚度大于柱线刚度，且结构基本对称、荷载较为均匀的情况下，框架节点的侧移值很小，各层横梁上的荷载仅对本层横梁及与之相连的上、下柱的弯矩影响较大，而对其他层横梁及柱的影响很小。为简化计算，作出如下假定：

(1)不考虑框架结构的侧移对其内力的影响；

(2)每层梁上的荷载仅对本层梁及其上、下柱的内力产生影响，对其他各层梁、柱内力的影响可忽略不计。

应当指出，上述假定中所指的内力不包括柱轴力，因为某层梁上的荷载对下部各层柱的轴力均有较大影响，不能忽略。

按照上述假定，多层框架就可分层计算，即将各层梁及其相连的上、下柱所组成的开口框架作为一个独立的计算单元进行分层计算，如图9－1。是将一个多层多跨框架沿高度分成若干个单层无侧移的敞口框架，梁上作用的荷载、各层柱高及梁跨度均与原结构相同。计算时，用无侧移框架的计算方法(如弯矩分配法)计算各敞口框架的杆端弯矩，由此所得的梁端弯矩即为其最后的弯矩值；因每一柱属于上、下两层，所以每一柱端的最终弯矩值需将上、下层计算所得的弯矩值相加。在上、下层柱端弯矩值相加后，将引起新的节点不平衡弯矩，

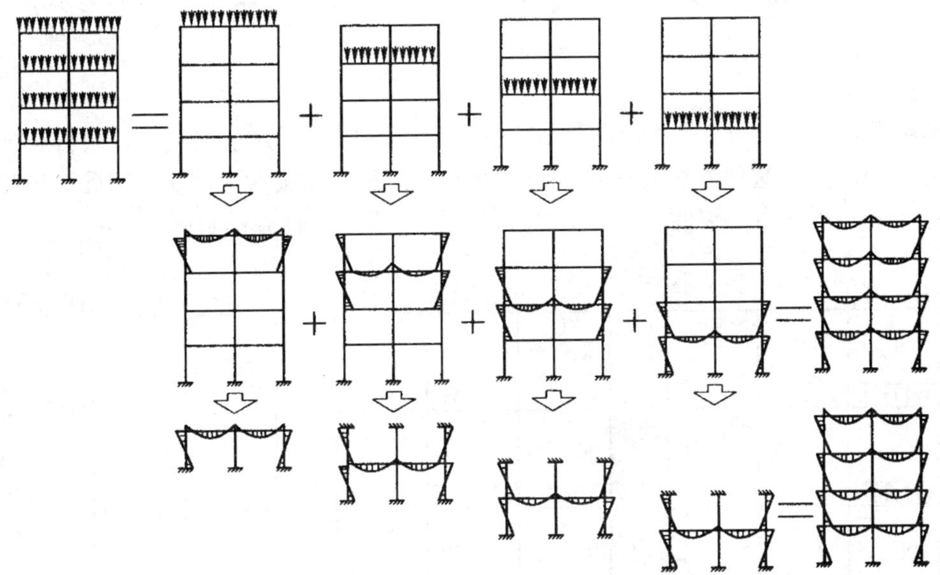

图9－1　分层法计算示意图

如欲进一步修正，可对这些不平衡弯矩再作一次弯矩分配。

在分层计算时，均假定上、下柱的远端为固定端，而实际的框架柱除在底层基础处为固定端外，其余各柱的远端均有转角产生，介于铰支承与固定支承之间。为消除由此所引起的误差，分层法计算时应做如下修正：

(1)将除底层柱以外的其他各层柱的线刚度乘以修正系数0.9。

(2)弯矩传递系数除底层柱为1/2外，其余各层柱均为1/3。

9.1.2 竖向活荷载的最不利布置

竖向活荷载是可变荷载，它可以单独作用在某层的某一跨或某几跨，也可能同时作用在整个结构上，对于构件的不同截面或同一截面的不同种类的最不利内力，往往有各不相同的活荷载最不利布置。

因此，活荷载的最不利布置需要根据截面的位置，最不利内力的种类来确定。活荷载最不利布置可有以下几种。

1. 逐跨施荷法

将活荷载逐层逐跨单独地作用于结构上，如图9－2，分别计算出框架的内力，然后叠加求出各控制截面可能出现的几组最不利内力。采用这种方法，各种荷载情况的框架内力计算简单、清楚。但计算工作量大，故多用于计算机求解框架内力。

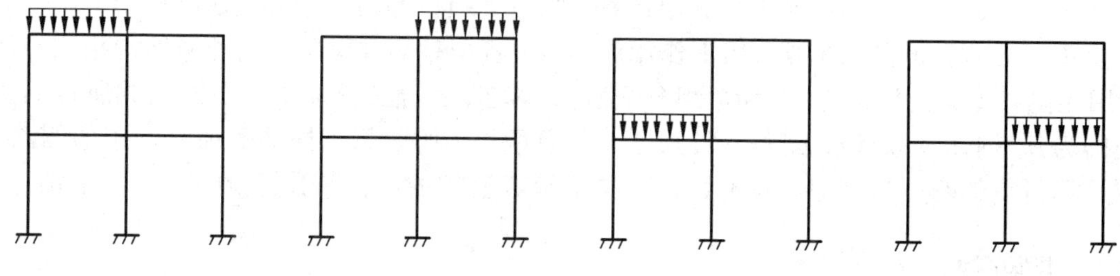

图9－2 逐跨施荷法

2. 分跨施荷法

当活荷载不是太大时，可将活荷载分跨布置，如图9－3，并求出内力，然后叠加求出控制截面的不利内力。这种方法与逐跨施荷法相比，计算工作量大大减少，但此法求出的内力组合值并非最不利内力。因此，采用此法计算时可不考虑活荷载的折减。

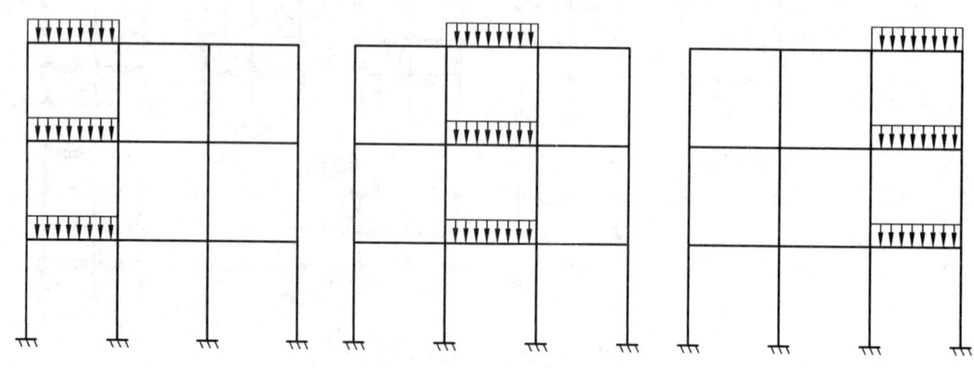

图9－3 分跨施荷法

3. 最不利荷载位置法

这个方法是先根据影响线理论，确定对某一控制截面产生最不利内力的活荷载位置，然后在这些位置上布置活荷载，进行框架内力分析，所求得的该截面的内力即为最不利内力。但对于各跨各层梁、柱线刚度均不一致的多层多跨框架结构，要准确地做出其影响线是十分困难的。

4. 满布荷载法

以上三种方法都需要考虑多种荷载情况才能求出控制截面的最不利内力，计算量较大。一般情况下，在多层框架结构中，楼面活荷载较小。为了减少计算工作量，当活载与恒载之比≤1(即 $q/g\leqslant 1$)时，可将竖向活荷载同时作用所有框架的梁上，即不考虑活荷载的不利布置，而与恒载一样按满跨布置。这样求得的支座弯矩足够准确，但跨中弯矩偏低，因而，此法算得的跨中弯矩宜乘以 1.1 ~1.2 的增大系数。

此法对楼面荷载很大(大于 5.0 kN/m^2)的多层工业厂房或公共建筑不宜采用。

【案例解答】

所有荷载值采用标准值计算，竖向荷载作用下的内力采用弯矩二次分配法计算。本案例中竖向荷载要分成竖向恒荷载和竖向活荷载两种情况分别计算内力，活荷载采用满布活荷载的方法计算，在内力组合前跨中弯矩值需乘以增大系数。因本框架结构对称，荷载对称，故可利用对称性原理取其一半计算，此时中跨梁的相对线刚度应乘以 2。

1. 竖向恒载作用下的内力计算

计算简图如图 9 -4 所示，按照先计算弯矩分配系数、固端弯矩再进行弯矩的分配和传递的步骤，具体的计算过程见图 9 -5，绘制的弯矩图如图 9 -6(a)，根据弯矩和剪力的关系，可算出各杆件的剪力，剪力图如图 9 -6(b)所示。横梁作用于柱子轴力值即为梁端剪力值，再加上作用于框架节点处的集中荷载(含纵梁传来的轴力及柱自重)，可算出各柱轴力，如图 9 -6(c)。

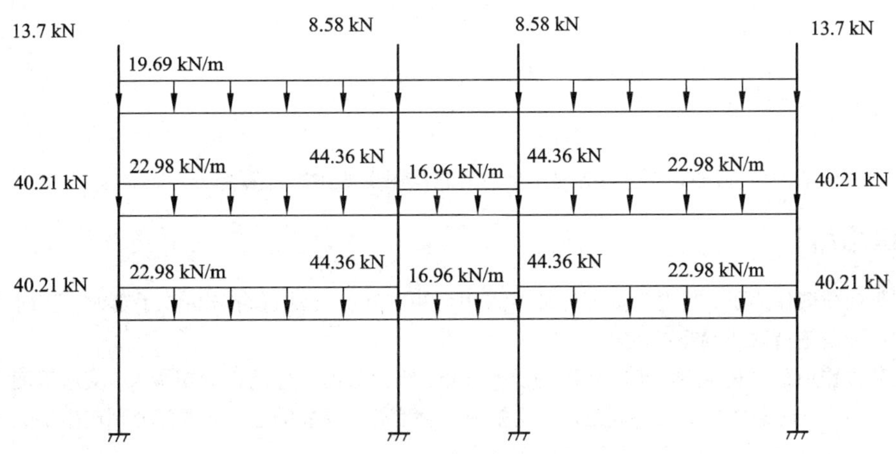

图 9 -4　竖向荷载作用下计算简图

2. 竖向活载作用下的内力计算

计算过程同恒载作用下内力计算过程，得到的弯矩值、剪力值及轴力值如图 9 -7 所示，其中，梁端剪力值即为轴力值。

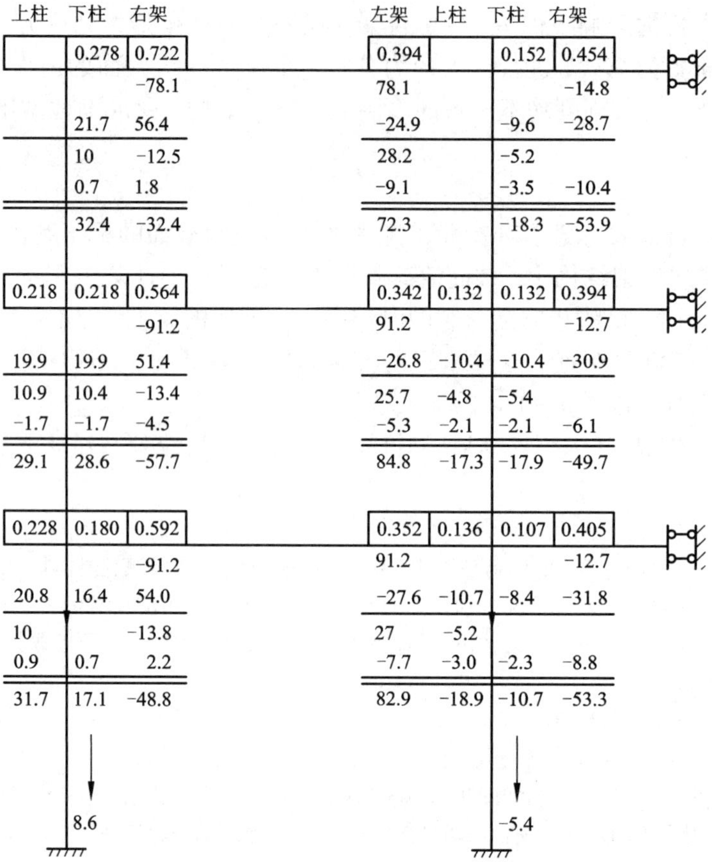

上柱	下柱	右架		左架	上柱	下柱	右架
	0.278	0.722		0.394		0.152	0.454
		-78.1		78.1			-14.8
	21.7	56.4		-24.9		-9.6	-28.7
	10	-12.5		28.2		-5.2	
	0.7	1.8		-9.1		-3.5	-10.4
	32.4	-32.4		72.3		-18.3	-53.9
0.218	0.218	0.564		0.342	0.132	0.132	0.394
		-91.2		91.2			-12.7
19.9	19.9	51.4		-26.8	-10.4	-10.4	-30.9
10.9	10.4	-13.4		25.7	-4.8	-5.4	
-1.7	-1.7	-4.5		-5.3	-2.1	-2.1	-6.1
29.1	28.6	-57.7		84.8	-17.3	-17.9	-49.7
0.228	0.180	0.592		0.352	0.136	0.107	0.405
		-91.2		91.2			-12.7
20.8	16.4	54.0		-27.6	-10.7	-8.4	-31.8
10		-13.8		27	-5.2		
0.9	0.7	2.2		-7.7	-3.0	-2.3	-8.8
31.7	17.1	-48.8		82.9	-18.9	-10.7	-53.3
	8.6					-5.4	

图 9-5　恒载作用下弯矩二次分配法计算过程

【任务布置】

完成多层框架结构课程设计中框架结构在竖向荷载作用下的内力计算部分。

【知识总结】

框架在竖向荷载作用下，其内力近似计算可采用弯矩二次分配法进行分析。手算时，竖向活载的最不利布置可选用分跨施荷法或满布荷载法。

在竖向荷载作用下，框架梁弯矩图呈抛物线形分布，跨中截面产生的正弯矩最大，支座截面产生的负弯矩及剪力均为最大；框架柱在每层柱高范围内弯矩呈线性变化，在柱的上、下端部分别产生最大正弯矩或最大负弯矩，同一柱中自上而下轴力(压力)逐层增大。

【课后练习】

1. 在竖向荷载作用下，在框架梁、柱截面中分别产生哪些内力？其内力分布规律如何？
2. 试画出一个三层三跨框架在竖向荷载作用下的内力图形。

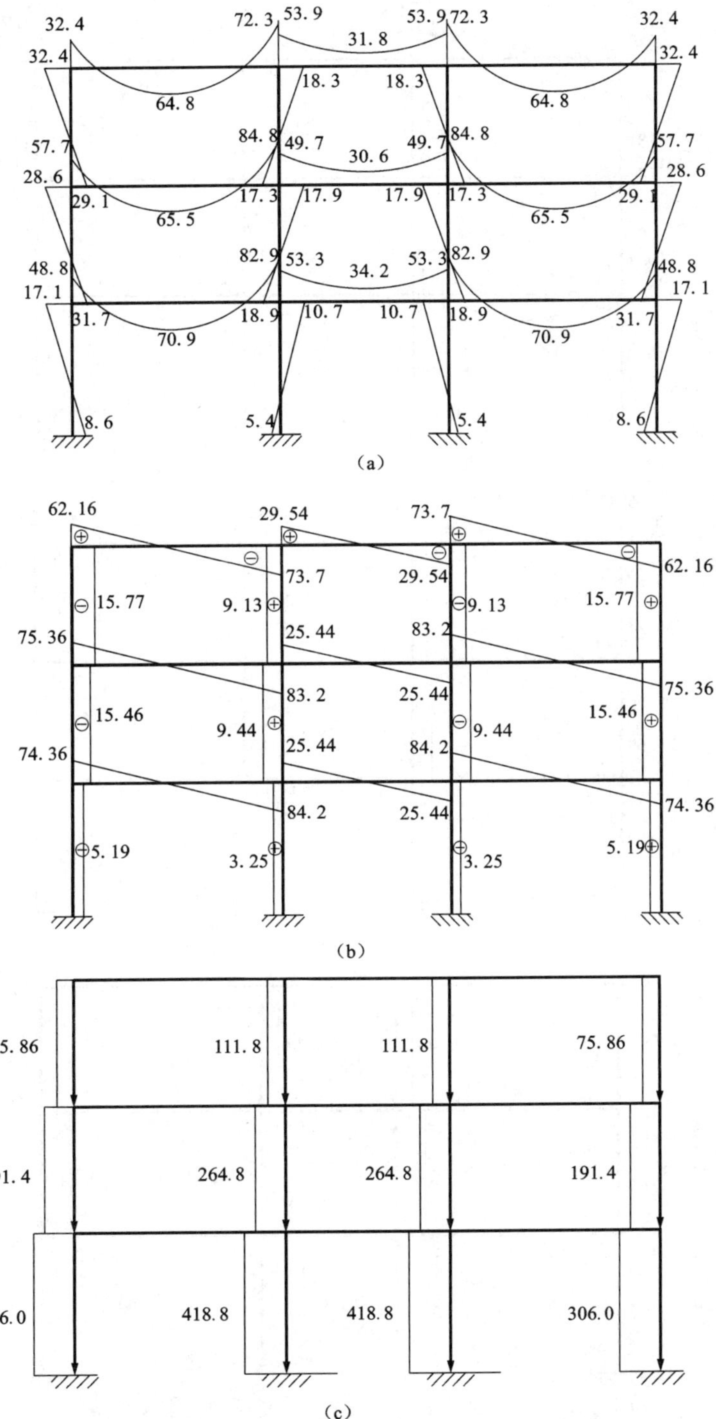

图 9－6　恒载作用下框架内力图

(a)恒载作用下弯矩图(kN·m)；(b)恒载作用下剪力图(kN)；(c)恒载作用下柱轴力图(kN)

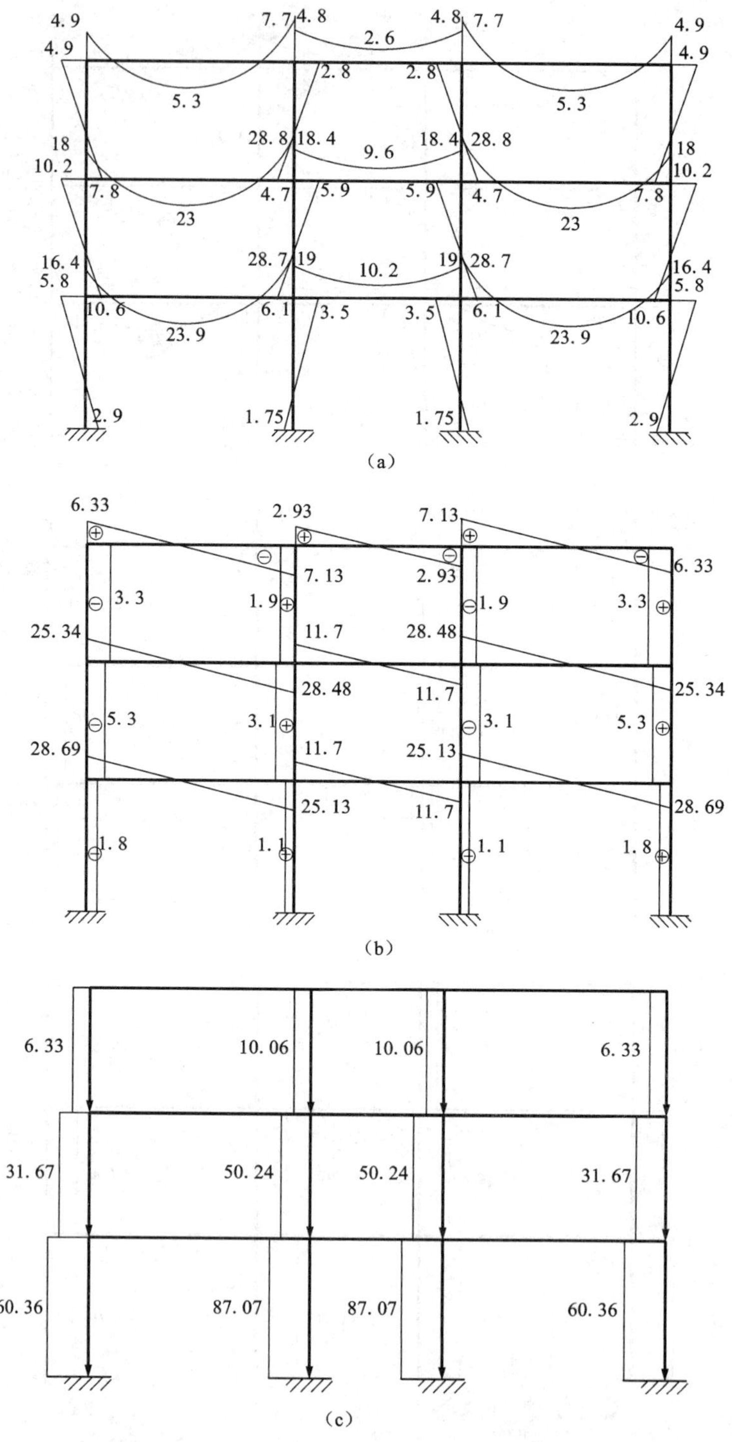

图 9－7　满布活载作用下框架内力图

(a)活恒载作用下弯矩图(kN·m)；(b)活载作用下剪力图(kN)；(c)活载作用下柱轴力图(kN)

任务二　计算水平荷载作用下的内力

【案例引入】

之前已对某三层宿舍框架结构进行确定计算简图及荷载的计算，试利用其结论，对此框架结构进行水平荷载作用下的内力计算，并绘制内力图形。

【任务目标】

1. 掌握反弯点法和 D 值法；
2. 熟悉框架结构在水平荷载作用下内力的分布规律。

【知识链接】

框架结构在水平荷载(风荷载、地震作用)作用下的内力近似计算方法，主要有反弯点法和修正反弯点法(D 值法)。

反弯点法

1. 反弯点法

框架结构在水平荷载作用下，一般均简化归结为在节点处水平集中力的作用。经力学分析可知，框架各杆的弯矩图形均为直线，每根杆件均有一个弯曲方向改变点即反弯点，该点弯矩为零，而剪力不为零。如图 9－8。

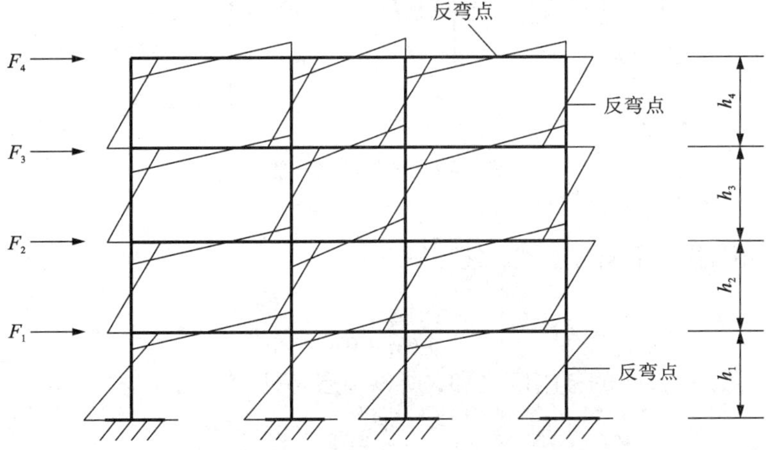

图 9－8　框架在水平力作用下的弯矩图

如能确定各柱反弯点处的位置及其剪力，则可以很方便地算出柱端弯矩，进而可算出梁端弯矩及梁、柱的其他内力。所以对水平荷载作用下的框架内力近似计算，需解决两个主要问题：一是确定各层柱中反弯点处的剪力；二是确定各层柱的反弯点位置。

(1) 基本假定

为便于求得反弯点位置和各柱的剪力，作如下假定：

1) 假定梁与柱的线刚度比为无限大，即认为节点各柱端无转角，且在同一层柱中各柱端的水平位移相等。

2)认为框架底层柱的反弯点位置在距柱底 2/3 高度处，其他各层柱反弯点位置均位于柱高中点处。

3)梁端弯矩可由节点平衡条件求出，并按节点左右梁的线刚度进行分配。

(2)计算要点

1)柱的侧移刚度

根据第一条假定，各柱端转角为零，由杆件转角方程求得

$$d = 12i_c/h^2 \tag{9-1}$$

式中：h——柱高；

i_c——柱的线性刚度，$i_c = EI_c/h$。

2)各柱的反弯点

由第二条假定，底层柱的反弯点位于距柱底 2/3 柱高处，$yh = 2h/3$；其余各层柱的反弯点位于柱高中点，$yh = h/2$。

3)各柱的剪力

以一个三跨四层框架中顶层为例，在反弯点处断开，取上部分为隔离体，如图 9－9。由平衡条件得：$F_4 = V_{41} + V_{42} + V_{43}$，由基本假定可知 $\Delta_{41} = \Delta_{42} = \Delta_{43} = \Delta_4$，则 $V_{41} = d_{41}\Delta_4$，$V_{42} = d_{42}\Delta_4$，$V_{43} = d_{43}\Delta_4$，式中，d_{41}、d_{42}、d_{43}为各柱侧移刚度。

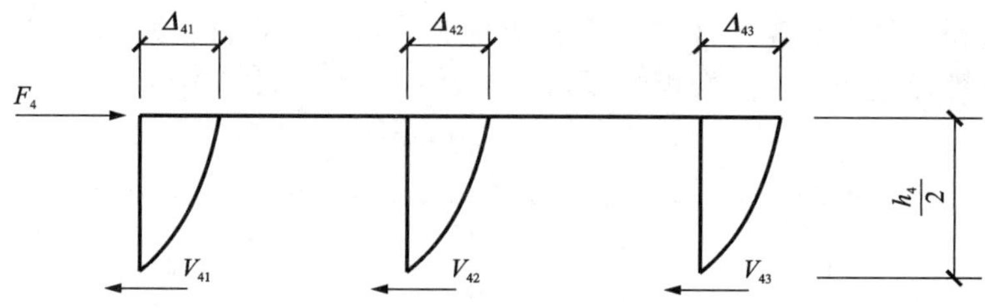

图 9－9　各柱剪力计算

将 V_{41}、V_{42}、V_{43}代入平衡方程式，整理得

$$\Delta_4 = \frac{F_4}{d_{41} + d_{42} + d_{43}} = \frac{F_4}{\sum d_{4j}}$$

其中，$\sum d_{4j}$为顶层各柱侧移刚度之和，所以顶层各柱剪力为

$$V_{41} = \frac{d_{41}}{\sum d_{4j}}F_4,\ V_{42} = \frac{d_{42}}{\sum d_{4j}}F_4,\ V_{43} = \frac{d_{43}}{\sum d_{4j}}F_4$$

依次将各层柱在反弯点处切开，即可算出各柱剪力。

同理可得，每一层各柱的剪力之和等于该层以上水平荷载之和，而每一根柱分配到的剪力与该柱的侧移刚度成正比，即各柱剪力为

$$V_{ij} = \frac{d_{ij}}{\sum d_{ij}}\sum F_i \tag{9-2}$$

式中：V_{ij}——第 i 层第 j 柱承受的剪力；

d_{ij}——第 i 层第 j 柱的侧移刚度；

$\sum d_{ij}$——第 i 层各柱侧移刚度之和；

$\sum F_i$——为第 i 层以上水平荷载之和。

4)各柱端弯矩计算

求出各柱承受的剪力和反弯点的位置后，即可求出各柱端弯矩。

底层柱上端弯矩：

$$M_{1j上} = V_{1j}h_1/3 \tag{9-3}$$

底层柱下端弯矩：

$$M_{1j下} = 2V_{1j}h_1/3 \tag{9-4}$$

其他各层柱上、下端弯矩：

$$M_{ij上} = M_{ij下} = V_{ij}h_i/2 \tag{9-5}$$

5)梁端弯矩计算

梁端弯矩可由节点平衡条件求解，并按同一节点各梁的线刚度大小分配。如图 9-10 所示。

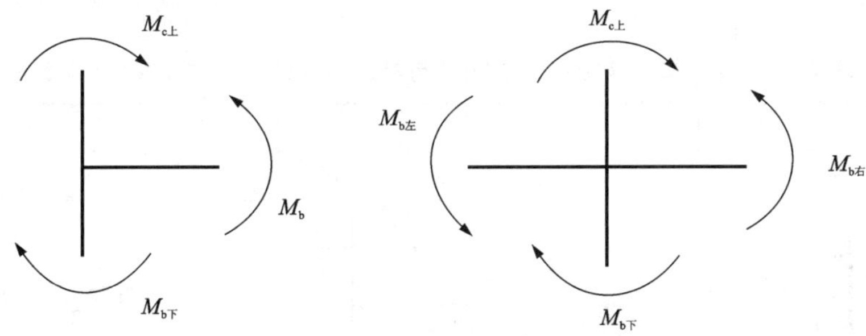

图 9-10　由节点平衡求梁端弯矩

边柱节点：

$$M_b = M_{c上} + M_{c下} \tag{9-6}$$

中柱节点：

$$M_{b左} = \frac{i_{b左}}{i_{b左} + i_{b右}}(M_{c上} + M_{c下}) \tag{9-7}$$

$$M_{b右} = \frac{i_{b右}}{i_{b左} + i_{b右}}(M_{c上} + M_{c下}) \tag{9-8}$$

(3)反弯点法的适用条件

1)适用于规则的框架或近似规则框架(即各层层高、跨度、线刚度等变化不大)；

2)在同一框架节点处相连的梁、柱线刚度之比 $i_b/i_c \geqslant 3$；

3)房屋高宽比 $H/B < 4$。

2. D 值法

当上、下层层高发生变化，柱截面较大，梁、柱线刚度比较小时，反弯点法计算的内力误差较大，其原因为：①柱上、下端转角不同，即反弯点位置不一定在柱高中点；②横梁刚度不可能无限大，柱侧移刚度不完全取决于柱本身，还与梁刚度有关。

*D*值法与侧移验算

这时，应采用调整反弯点的位置和修正柱侧移刚度的方法来计算水平荷载作用下的框架内力。修正的柱侧移刚度用 D 来表示，故称 D 值法。确定了修正后的反弯点位置和侧移刚度后，其内力计算与反弯点法相同，故又称改进反弯点法。现在的问题就是如何确定柱子修

正后的侧移刚度 D 值和调整后的反弯点位置 yh。

(1)修正后的侧移刚度 D 值

反弯点法认为框架柱的侧移刚度仅与柱本身的线刚度有关，柱的侧移刚度 $d=12i_c/h^2$。D 值法认为柱的侧移刚度还与梁的侧移刚度有关，即节点均有转角，柱的侧移刚度有所降低，降低后的侧移刚度为

$$D=\alpha_c\frac{12i_c}{h^2} \tag{9-9}$$

式中：α_c 称为柱的侧向刚度修正系数，它反映了节点转动对柱的侧移刚度的降低影响，在一般情况下 $\alpha_c<1$。而节点转动的大小则取决于梁对节点转动的约束程度，梁刚度越大，对节点的约束能力越强，节点转动越小，柱的侧向刚度越大，α_c 就越接近于1。

各种情况下的柱侧移刚度修正系数 α_c 的计算公式列于表9－1中，求出 α_c 后柱侧移刚度按式(9－9)计算。

表9－1　柱侧移刚度修正系数(α_c)与常用情况的梁柱线刚度比(K值)

位　置	边　柱		中　柱		α_c
	简　图	K	简　图	K	
一般层	i_2, i_c, i_4	$K=\frac{i_2+i_4}{2i_c}$	i_1, i_2, i_c, i_3, i_4	$K=\frac{i_1+i_2+i_3+i_4}{2i_c}$	$\alpha_c=\frac{K}{2+K}$
底层	i_2, i_c	$K=\frac{i_2}{i_c}$	i_1, i_2, i_c	$K=\frac{i_1+i_2}{i_c}$	$\alpha_c=\frac{0.5+K}{2+K}$

(2)柱反弯点高度的修正

各层柱的反弯点位置与柱两端的约束条件或框架在节点水平荷载作用下，该柱上、下端的转角大小有关。若上下端转角相等，则反弯点在柱高的中央。当两端约束刚度不同时，两端转角也不相等，反弯点将移向转角较大的一端，也就是移向约束刚度较小(横梁刚度较小、层高较大)的一端。当一端为铰结时(支承转动刚度为0)，弯矩为0，即反弯点与该铰重合。影响柱两端转角大小的因素(影响柱反弯点位置的因素)主要有该层所在的楼层位置、梁、柱线刚度比、上、下横梁相对线刚度比值、上、下层层高的变化等，下面分别进行讨论。

1)标准反弯点高度比 y_0

y_0 是等高、等跨、各层梁和柱的线刚度都相同的规则框架的反弯点高度比。可根据框架总层数 m、该柱所在楼层 n、梁柱线刚度比 K 及荷载作用形式由表9－2确定。若框架层数越多，梁柱线刚度比越大，反弯点位置越接近柱高中点；若计算层数越接近顶层，则柱反弯点位置越低。

2)上下层梁线刚度变化时的柱反弯点高度比修正值 y_1

当某层柱的上下梁的刚度不同，则该层柱的上下节点转角不同，反弯点位置有变化，应对 y_0 加以修正，修正值为 y_1。y_1 可根据上下横梁线刚度比 α_1 及梁柱线刚度比 K 由表 9 – 3 确定。

表 9 – 2　规则框架承受均布水平力作用时标准反弯点高度比 y_0 值

m	n \ K	0.1	0.2	0.3	0.4	0.5	0.6	0.7	0.8	0.9	1.0	2.0	3.0	4.0	5.0
1	1	0.80	0.75	0.70	0.65	0.65	0.60	0.60	0.60	0.60	0.55	0.55	0.55	0.55	0.55
2	2	0.45	0.40	0.35	0.35	0.30	0.35	0.40	0.40	0.40	0.40	0.45	0.45	0.45	0.45
	1	0.95	0.80	0.75	0.70	0.65	0.65	0.65	0.60	0.60	0.60	0.55	0.55	0.55	0.55
3	3	0.15	0.20	0.20	0.25	0.30	0.30	0.30	0.35	0.35	0.35	0.40	0.45	0.45	0.45
	2	0.55	0.50	0.45	0.45	0.45	0.45	0.45	0.45	0.45	0.45	0.45	0.50	0.50	0.50
	1	1.00	0.85	0.80	0.75	0.70	0.70	0.65	0.65	0.65	0.60	0.55	0.55	0.55	0.55
4	4	−0.05	0.05	0.15	0.20	0.25	0.30	0.30	0.30	0.30	0.30	0.40	0.45	0.45	0.45
	3	0.25	0.30	0.30	0.35	0.35	0.40	0.40	0.40	0.40	0.45	0.45	0.50	0.50	0.50
	2	0.65	0.55	0.50	0.50	0.45	0.45	0.45	0.45	0.45	0.45	0.50	0.50	0.50	0.50
	1	1.10	0.90	0.80	0.75	0.70	0.70	0.65	0.65	0.65	0.60	0.55	0.55	0.55	0.55
5	5	−0.20	0.00	0.15	0.20	0.25	0.30	0.30	0.30	0.35	0.35	0.40	0.45	0.45	0.45
	4	0.10	0.20	0.25	0.30	0.35	0.35	0.40	0.40	0.40	0.40	0.45	0.45	0.50	0.50
	3	0.40	0.40	0.40	0.40	0.40	0.45	0.45	0.45	0.45	0.45	0.50	0.50	0.50	0.50
	2	0.65	0.55	0.50	0.50	0.50	0.50	0.50	0.50	0.50	0.50	0.50	0.50	0.50	0.50
	1	1.20	0.95	0.80	0.75	0.75	0.70	0.70	0.65	0.65	0.65	0.55	0.55	0.55	0.55
6	6	−0.30	0.00	0.10	0.20	0.25	0.25	0.30	0.30	0.35	0.35	0.40	0.45	0.45	0.45
	5	0.00	0.20	0.25	0.30	0.35	0.35	0.40	0.40	0.40	0.40	0.45	0.45	0.50	0.50
	4	0.20	0.30	0.35	0.35	0.40	0.40	0.40	0.45	0.45	0.45	0.45	0.50	0.50	0.50
	3	0.40	0.40	0.40	0.45	0.45	0.45	0.45	0.45	0.45	0.45	0.50	0.50	0.50	0.50
	2	0.70	0.60	0.55	0.50	0.50	0.50	0.50	0.50	0.50	0.50	0.50	0.50	0.50	0.50
	1	1.20	0.95	0.85	0.80	0.75	0.70	0.70	0.65	0.65	0.65	0.55	0.55	0.55	0.55
7	7	−0.35	−0.05	0.10	0.20	0.20	0.25	0.30	0.30	0.35	0.35	0.40	0.45	0.45	0.45
	6	−0.10	0.15	0.25	0.30	0.35	0.35	0.35	0.40	0.40	0.40	0.45	0.45	0.50	0.50
	5	0.10	0.25	0.30	0.35	0.40	0.40	0.40	0.45	0.45	0.45	0.45	0.50	0.50	0.50
	4	0.30	0.35	0.40	0.40	0.40	0.45	0.45	0.45	0.45	0.45	0.50	0.50	0.50	0.50
	3	0.50	0.45	0.45	0.45	0.45	0.45	0.45	0.45	0.45	0.45	0.50	0.50	0.50	0.50
	2	0.75	0.60	0.55	0.50	0.50	0.50	0.50	0.50	0.50	0.50	0.50	0.50	0.50	0.50
	1	1.20	0.95	0.85	0.80	0.75	0.70	0.70	0.65	0.65	0.65	0.55	0.55	0.55	0.55
8	8	−0.35	−0.15	0.10	0.15	0.25	0.25	0.30	0.30	0.35	0.35	0.40	0.45	0.45	0.45
	7	−0.10	0.15	0.25	0.30	0.35	0.35	0.40	0.40	0.40	0.40	0.45	0.50	0.50	0.50
	6	0.05	0.25	0.30	0.35	0.40	0.40	0.40	0.45	0.45	0.45	0.50	0.50	0.50	0.50
	5	0.20	0.30	0.35	0.40	0.40	0.45	0.45	0.45	0.45	0.45	0.50	0.50	0.50	0.50
	4	0.35	0.40	0.40	0.45	0.45	0.45	0.45	0.45	0.45	0.45	0.50	0.50	0.50	0.50
	3	0.50	0.45	0.45	0.45	0.45	0.45	0.45	0.45	0.50	0.50	0.50	0.50	0.50	0.50
	2	0.75	0.60	0.55	0.55	0.50	0.50	0.50	0.50	0.50	0.50	0.50	0.50	0.50	0.50
	1	1.20	1.00	0.85	0.80	0.75	0.70	0.70	0.65	0.65	0.65	0.55	0.55	0.55	0.55

表 9-3　上下横梁相对线刚度比对 y_0 的修正值 y_1

α_1 \ K	0.1	0.2	0.3	0.4	0.5	0.6	0.7	0.8	0.9	1.0	2.0	3.0	4.0	5.0
0.4	0.55	0.40	0.30	0.25	0.20	0.20	0.20	0.15	0.15	0.15	0.05	0.05	0.05	0.05
0.5	0.45	0.30	0.20	0.20	0.15	0.15	0.15	0.10	0.10	0.10	0.05	0.05	0.05	0.05
0.6	0.30	0.20	0.15	0.15	0.10	0.10	0.10	0.10	0.05	0.05	0.05	0.05	0.00	0.00
0.7	0.20	0.15	0.10	0.10	0.10	0.10	0.05	0.05	0.05	0.05	0.05	0.00	0.00	0.00
0.8	0.15	0.10	0.05	0.05	0.05	0.05	0.05	0.05	0.05	0.00	0.00	0.00	0.00	0.00
0.9	0.05	0.05	0.05	0.05	0.00	0.00	0.00	0.00	0.00	0.00	0.00	0.00	0.00	0.00

令 i_1、i_2 分别为柱上横梁的线刚度，i_3、i_4 分别为柱下横梁的线刚度，则当 $i_1+i_2<i_3+i_4$ 时，令 $\alpha_1=\dfrac{i_1+i_2}{i_3+i_4}$，这时反弯点应向上移，$y_1$ 取正值；当 $i_1+i_2>i_3+i_4$ 时，令 $\alpha_1=\dfrac{i_3+i_4}{i_1+i_2}$，这时反弯点应向下移，$y_1$ 取负值。对于底层柱不考虑 y_1 修正值，即取 $y_1=0$。

3）上下层层高变化时柱反弯点高度比修正值 y_2 和 y_3

当某层柱所在层的层高与相邻上、下层层高不同时，反弯点位置也有移动，需要修正。

令上层层高与本层层高之比 $h_{上}/h=\alpha_2$，由表 9-4 可查得修正值 y_2。当 $\alpha_2>1$ 时，y_2 为正值，反弯点向上移；当 $\alpha_2<1$ 时，y_2 为负值，反弯点向下移。对于顶层柱不考虑 y_2 修正值，即取 $y_2=0$。

令下层层高与本层层高之比 $h_{下}/h=\alpha_3$，由表 9-4 可查得修正值 y_3。当 $\alpha_3<1$ 时，y_3 为正值，反弯点向上移；当 $\alpha_3>1$ 时，y_3 为负值，反弯点向下移。对于底层柱不考虑 y_3 修正值，即取 $y_3=0$。

表 9-4　上下层高变化对 y_0 的修正值 y_2 和 y_3

α_2	α_3 \ K	0.1	0.2	0.3	0.4	0.5	0.6	0.7	0.8	0.9	1.0	2.0	3.0	4.0	5.0
2.0		0.25	0.15	0.15	0.10	0.10	0.10	0.10	0.10	0.05	0.05	0.05	0.05	0.00	0.00
1.8		0.20	0.15	0.10	0.10	0.10	0.05	0.05	0.05	0.05	0.05	0.05	0.00	0.00	0.00
1.6	0.4	0.15	0.10	0.10	0.05	0.05	0.05	0.05	0.05	0.05	0.05	0.00	0.00	0.00	0.00
1.4	0.6	0.10	0.05	0.05	0.05	0.05	0.05	0.05	0.05	0.05	0.00	0.00	0.00	0.00	0.00
1.2	0.8	0.05	0.05	0.05	0.00	0.00	0.00	0.00	0.00	0.00	0.00	0.00	0.00	0.00	0.00
1.0	1.0	0.00	0.00	0.00	0.00	0.00	0.00	0.00	0.00	0.00	0.00	0.00	0.00	0.00	0.00
0.8	1.2	-0.05	-0.05	-0.05	0.00	0.00	0.00	0.00	0.00	0.00	0.00	0.00	0.00	0.00	0.00
0.6	1.4	-0.10	-0.05	-0.05	-0.05	-0.05	-0.05	-0.05	-0.05	-0.05	0.00	0.00	0.00	0.00	0.00
0.4	1.6	-0.15	-0.10	-0.10	-0.05	-0.05	-0.05	-0.05	-0.05	-0.05	-0.05	0.00	0.00	0.00	0.00
	1.8	-0.20	-0.15	-0.10	-0.10	-0.10	-0.05	-0.05	-0.05	-0.05	-0.05	-0.05	0.00	0.00	0.00
	2.0	-0.25	-0.15	-0.15	-0.10	-0.10	-0.10	-0.10	-0.10	-0.05	-0.05	-0.05	-0.05	0.00	0.00

综上所述，框架各层柱的反弯点高度 yh 可用下式表示：

$$yh=(y_0+y_1+y_2+y_3)h \tag{9-10}$$

由上述分析可见，D 值法考虑了柱两端节点转动对其侧向刚度和反弯点位置的影响，因此，此法是一种合理且计算精度较高的近似计算方法，适用于一般多、高层框架结构在水平荷载作用下的内力和侧移计算。

【案例解答】

本例中，水平荷载作用下的内力计算采用 D 值法。

1. D 值计算及各柱剪力分配见表 9－5。

其中，$D=\alpha_c\dfrac{12i_c}{h^2}$，$V_{ij}=\dfrac{D_{ij}}{\sum D_{ij}}\sum F_i$，$E=3\times10^4\ \text{N/mm}^2$，$D$ 值单位为$10^3\ \text{N/mm}$。

表 9－5　D 值计算及剪力分配

层数	A、D 柱			B、C 柱			$\sum D_{ij}$	$\sum F_i$ /kN	各柱剪力/kN	
	K	α_c	D	K	α_c	D			V_A、V_D	V_B、V_C
三	2.596	0.565	6.41	8.565	0.811	9.18	31.2	4.699	0.964	1.383
二	2.596	0.565	6.41	8.565	0.811	9.18	31.2	11.638	2.389	3.425
一	3.297	0.717	3.96	10.878	0.884	4.89	17.7	18.958	4.247	5.236

2. 反弯点高度计算见表 9－6。

表 9－6　反弯点高度计算

柱号	层数	y_0	α_1	y_1	α_2	y_2	α_3	y_3	y	yh
柱 A、D	三	0.43	1	0	—	0	1	0	0.43	1.68
	二	0.48	1	0	1	0	1.27	0	0.48	1.87
	一	0.55	—	0	0.79	0	—	0	0.55	2.72
柱 B、C	三	0.45	1	0	—	0	1	0	0.45	1.76
	二	0.50	1	0	1	0	1.27	0	0.50	1.95
	一	0.55	—	0	0.79	0	—	0	0.55	2.72

3. 左风作用下内力

由以上得出的各柱剪力值和反弯点高度，可求出各柱端弯矩值 $M_{上}=(1-y)hV_{ij}$，$M_{下}=yhV_{ij}$。利用节点内力平衡条件，按梁线刚度比例可求出梁端弯矩值。左风作用下框架内力图如图 9－11 所示，与该图相反取值即为右风作用下的内力值。

【任务布置】

完成多层框架结构课程设计中框架结构在水平荷载作用下的内力计算部分。

【知识总结】

框架在水平荷载作用下，其内力近似计算可采用 D 值法进行分析。

水平荷载作用下框架梁、柱弯矩图均呈直线分布，在框架梁、柱的支座端部截面将分别产生最大正弯矩和最大负弯矩，且在同一根柱中由上而下逐层增大；剪力在梁的各跨长度范围内呈均匀分布，愈往下层剪力愈大；从轴力图中可看出，靠近水平集中力一侧的框架柱呈受拉状态，愈远离水平集中力一侧的框架柱则受压愈大，在同一根柱中由上而下轴力逐层增大。

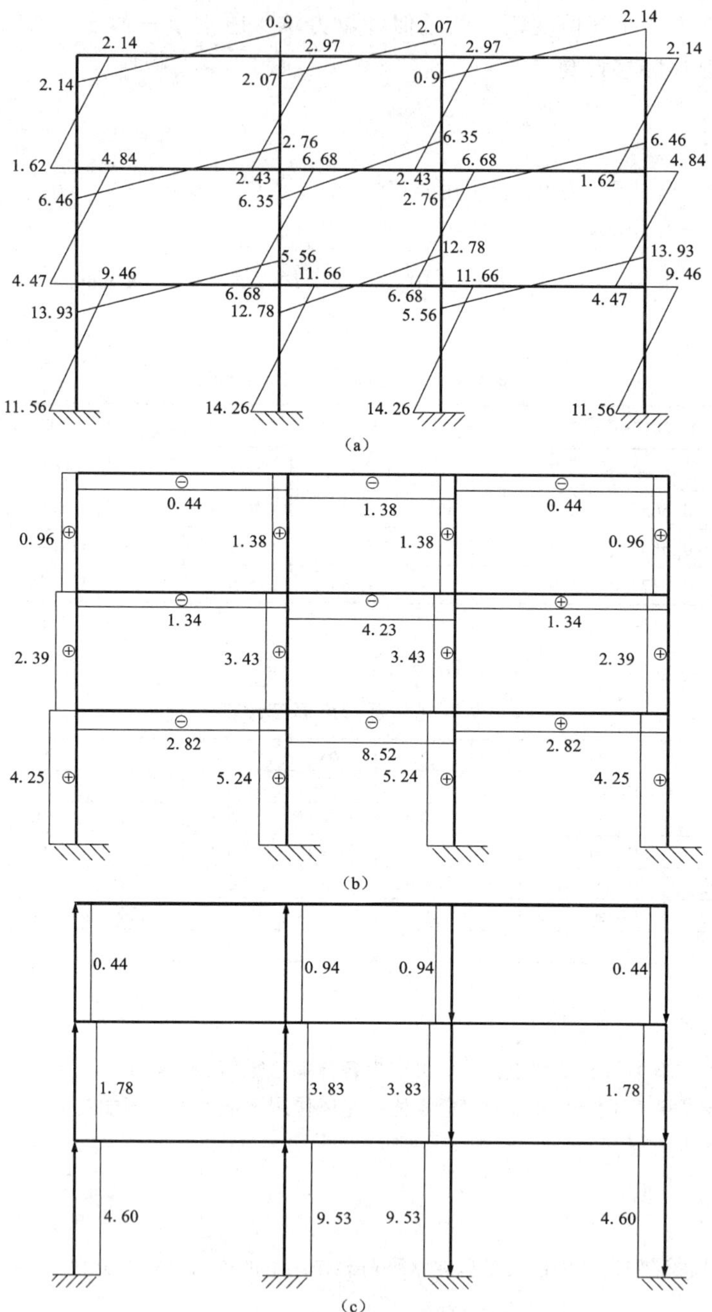

图 9-11　左风作用下框架内力图

(a)左风作用下弯矩图(kN·m)；(b)左风作用下剪力图(kN)；(c)左风作用下柱轴力图(kN)

【课后练习】

1. 在水平荷载作用下，在框架梁、柱截面中分别产生哪些内力？其内力分布规律如何？
2. 反弯点法中的 d 值与 D 值法中的 D 值有何不同？
3. 试画出一个三层两跨框架在水平荷载作用下的内力图形。

任务三　验算水平荷载作用下的侧移

【案例引入】

框架结构具有在水平荷载作用下侧向刚度小，水平位移较大的缺点。试计算此学习情境中框架案例的侧向位移，看其是否满足限值要求。

【任务目标】

1. 掌握框架结构侧移近似计算方法；
2. 熟悉框架结构在水平荷载作用下侧移的特点和限值要求。

【知识链接】

1. 侧移的特点

多层框架结构在水平荷载作用下产生的侧移，主要是由两部分组成，如图 9－12。

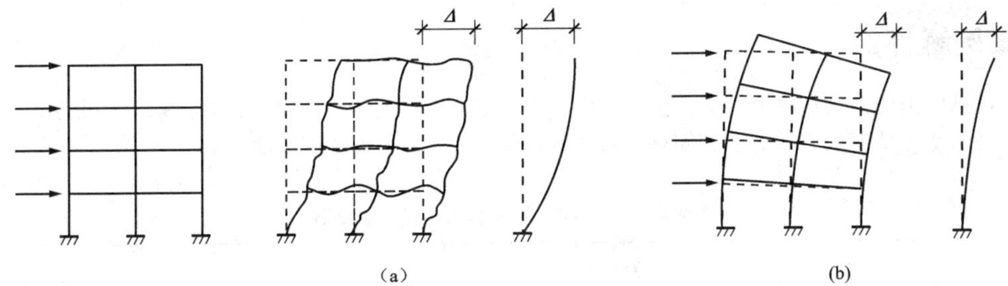

图 9－12　框架结构在水平荷载作用下的侧向位移

(a)总体剪切变形；(b)总体弯曲变形

(1)由梁柱的弯曲变形所引起的侧移

因框架结构层间剪力一般越靠近下层越大，所以梁柱的弯曲变形所引起的框架层间侧移具有越靠近底层越大的特点，其侧移曲线与悬臂柱的剪切变形曲线相似，故称为剪切型变形曲线。

(2)由柱的轴向变形所引起的侧移

由柱的轴向变形所引起的框架侧移曲线与一悬臂柱弯曲变形的侧移曲线相似，故称这种变形为弯曲型变形。

对于层数不多的多层框架结构，一般柱的轴向变形引起的侧移很小，可忽略不计。在近似计算中，只需计算梁柱弯曲变形引起的侧移，即剪切型变形。《高层建筑混凝土结构技术规程》(JGJ3—2010)规定：房屋高度 >50 m 或高宽比 >4 的结构，应考虑柱的轴向变形。

2. 框架侧移的计算及限值

(1)层间侧移计算

层间侧移是指第 i 层柱上、下节点间的相对侧移，其计算公式为

$$\Delta_i = \frac{\sum F_i}{\sum D_{ij}} \tag{9-11}$$

式中：$\sum F_i$——第 i 层以上水平荷载标准值之和；

$\sum D_{ij}$——第 i 层各柱侧移刚度之和。

（2）框架顶点的最大位移计算

框架顶点的总位移应为各层层间位移之和，即

$$\Delta = \sum_{i=1}^{m} \Delta_i \tag{9-12}$$

式中：m——框架结构的总层数。

（3）侧移的限值

在正常使用条件下，框架结构应处于弹性状态，且具有足够的刚度。结构侧移过大，会使人感觉不舒服，导致填充墙开裂、外墙饰面脱落，致使电梯轨道变形造成电梯运行困难，严重时还会引起主体结构产生裂缝，甚至引起倒塌。一般是通过限制框架层间最大弹性位移的方法来保证。

$$\Delta_i/h \leqslant [\Delta_i/h] \tag{9-13}$$

式中：Δ_i——按弹性法计算所得最大层间位移；

h——产生最大层间位移结构层的层高；

$[\Delta_i/h]$——框架结构允许的最大层间位移角，规定取值为 1/550。

【案例解答】

侧移计算应采用荷载标准值计算。由于房屋层数不多，总高度不高，故可忽略柱轴向变形引起的侧移，只考虑梁柱的弯起变形引起的剪切型侧移。具体计算见表 9－7，层间侧移满足要求。

表 9－7　水平荷载作用下的侧移验算

位置	$\sum F_i$ /kN	$\sum D_{ij}$ /(N·mm^{-1})	$\Delta_i = \frac{\sum F_i}{\sum D_{ij}}$ /mm	Δ_i/h	限值
3	4.699	31.2×10^3	0.151	1/25828	$\frac{1}{550}$
2	11.638	31.2×10^3	0.373	1/10456	
1	18.958	17.7×10^3	1.071	1/4622	

【任务布置】

完成多层框架结构课程设计中框架结构在水平荷载作用下的侧移验算。

【知识总结】

框架结构在水平荷载作用下的侧移由总体剪切变形和总体弯曲变形两部分组成，总体剪切变形是由梁、柱弯曲变形引起的框架变形，总体弯曲变形是由两侧框架柱的轴向变形导致的框架变形。一般多、高层房屋结构的侧移以总体剪切变形为主，对于较高柔的框架结构，需考虑柱轴向变形影响。

框架的侧移一般是通过限制框架层间最大弹性位移的方法来保证。其允许的最大层间位移为 1/550。

【课后练习】

如何计算水平荷载作用下框架结构的侧移？

学习情境十　进行框架结构内力组合并配筋

【项目描述与分析】

通过完成案例中框架梁、柱的内力组合及配筋设计，学习框架梁、柱内力组合的方法和要点，这是进行框架结构设计的重要一环。重点是框架梁、柱控制截面的最不利组合方式；难点是将荷载效应组合灵活应用到框架结构中。

【学习目标】

能力目标	知识目标	权重
能正确确定梁、柱控制截面	框架梁、柱的控制截面	20%
能正确进行框架结构的内力组合	框架梁、柱的最不利组合方式	20%
	荷载效应组合的具体做法	30%
能进行梁柱配筋计算和验算	框架结构的配筋设计	30%
合　计		100%

任务一　实施内力组合

框架梁柱内力组合

【案例引入】

之前已对某三层宿舍框架结构进行了内力的计算，得到了其在竖向恒载、竖向活载及水平风荷载作用下的 M、V 及 N 图，试选取框架梁、柱的控制截面，完成其内力组合。

【任务目标】

1. 能正确选取框架梁、柱的控制截面；
2. 掌握框架梁、柱内力组合的方法。

【知识链接】

通过前面内力计算可求得多层框架在各种荷载作用下的内力值。为了进行框架梁柱截面设计，还必须求出构件的最不利内力。例如，为了计算框架梁某截面下部配筋时，必须找出此截面的最大正弯矩；确定截面上部配筋时，必须找出该截面的最大负弯矩。一般说来，并非所有荷载同时作用时截面的弯矩为最大值，而是某些荷载组合作用下得到该截面的弯矩最大值。对于框架柱也是如此，在某些荷载作用下，截面可能属于大偏心受压，而在另一些荷载作用下，可能属于小偏心受压。因此，在框架梁、柱设计前，必须确定构件控制截面（能对构件配筋起控制作用的截面），并求出其最不利内力，作为梁、柱以及基础的设计依据。

10.1.1 控制截面的选择

框架在荷载作用下，内力一般沿杆件长度变化。为了便于施工，构件的配筋通常不完全与内力一样变化，而是分段配筋的，设计时可根据内力变化情况选取几个控制截面的内力作配筋计算。

对于框架柱，由于弯矩最大值在柱的两端，剪力和轴力在同一层内变化不大，因此，一般选择柱的上、下两个截面作为控制截面。对于框架横梁，至少选择梁的两端截面和跨中截面作为控制截面；在横梁两端支座截面处，一般负弯矩及剪力最大，但也有可能由于水平荷载作用出现正弯矩，而导致在支座截面处最终组合为正弯矩，在横梁跨中截面一般正弯矩最大，但也要注意最终组合有可能出现负弯矩。

由于框架内力计算所得的内力是轴线处的内力，而梁两端控制截面应是柱边处截面，因此应根据柱轴线处的梁弯矩、剪力，换算出柱边截面梁的弯矩和剪力(图 10－1)。为简化计算，可按下列近似公式计算：

$$M_b = M_j - \frac{V_j b}{2} \tag{10-1}$$

$$V_b = V_j - \frac{(g+q)b}{2} \tag{10-2}$$

式中：M_b、V_b——柱边处梁控制截面的弯矩和剪力；

M_j、V_j——框架柱轴线处梁的弯矩和剪力；

b——柱宽度；

g、q——梁上的竖向分布的恒载和活载设计值。

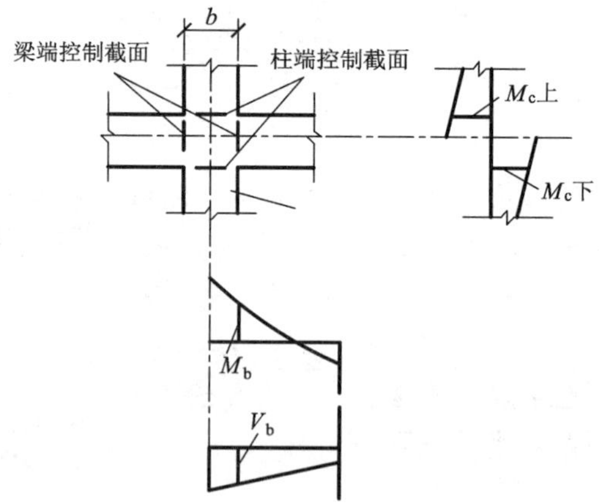

图 10－1 梁柱端部控制截面

框架柱两端控制截面应是梁边处截面，根据梁轴线处的弯矩可换算出梁边处柱的弯矩，但一般近似地取梁轴线处的内力作为柱控制截面的内力。

10.1.2 框架梁、柱内力组合

内力组合的目的就是为了求出各构件在控制截面处对截面配筋起控制作用的最不利内力，以作为梁、柱配筋的依据。对于某一控制截面，最不利内力组合可能有多种。

对于框架梁，一般只组合支座截面的 $-M_{max}$、V_{max} 以及跨中截面 $+M_{max}$ 三项内力。对于框架柱，一般采用对称配筋，需进行下列几项不利内力组合：

$|M|_{max}$ 及相应的 N 和 V；

N_{max} 及相应的 M 和 V；

N_{min} 及相应的 M 和 V。

通常框架柱按上述内力组合已能满足工程上的要求，但在某些情况下，它可能都不是最不利的，例如，对大偏心受压构件，偏心距越大(即弯矩 M 越大，轴力 N 越小)时，截面配筋量往往越多，因此应注意有时弯矩虽然不是最大值而比最大值略小，但它对应的轴力却减小很多，按这组内力组合所求出的截面配筋量反而会更大一些。

在将各种荷载单独作用下控制截面上的内力进行组合时，还应考虑这些荷载是否同时出现以及同时达到最大值的可能性，即考虑荷载组合。具体做法参见学习情境二。

10.1.3　框架梁端的弯矩调幅

为了避免框架支座截面负弯矩钢筋过多而难以布置，并考虑到框架在设计时假设各节点为刚性节点，但一般达不到绝对刚性要求。因此，在竖向荷载作用下，考虑梁端塑性变形的内力重分布可对梁端负弯矩进行调幅。通常是将梁端负弯矩乘以调幅系数，降低支座处的负弯矩。

对装配式框架，梁端负弯矩调幅系数可为 0.7～0.8，对现浇框架调幅系数可为 0.8～0.9。梁端负弯矩减小后，应按平衡条件计算调幅后跨中弯矩。弯矩调幅只对竖向荷载作用下的内力进行，竖向荷载产生的梁的弯矩应先调幅，再与水平荷载产生的弯矩进行组合。

【案例解答】

解　进行承载力计算时，采用荷载基本组合确定内力设计值。本例中，$\gamma_o=1.0$，$\gamma_{Li}=1.0$，屋(楼)面活载及风载 $\gamma_Q=1.5$，屋(楼)面活载的组合值系数为 0.7，风载的组合值系数为 0.6。内力组合项共有如下四种：

第 1 种：1.3①＋1.5②＋1.5×0.6③

第 2 种：1.3①＋1.5②＋1.5×0.6④

第 3 种：1.3①＋1.5③＋1.5×0.7②

第 4 种：1.3①＋1.5④＋1.5×0.7②

每跨框架梁弯矩组合考虑两端支座截面即跨中截面共三个截面，并利用结构的对称性，每层五个控制截面。每跨框架梁剪力组合考虑两端支座截面，每层三个控制截面。

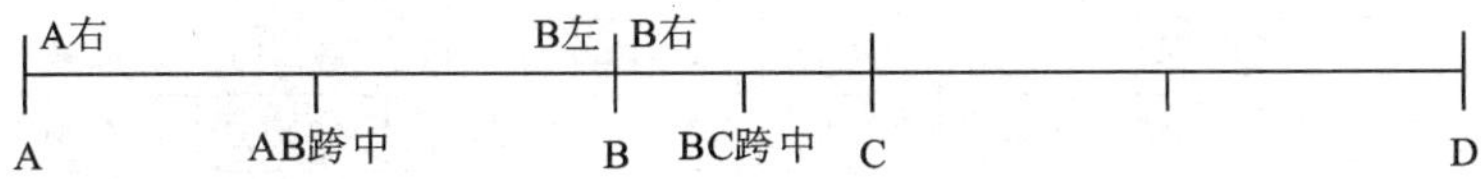

框架梁内力组合值见表 10－1、表 10－2。框架柱内力组合值见表 10－3、表 10－4。表格中活荷载作用下跨中的弯矩标准值已乘以 1.2 的增大系数。框架梁中弯矩以下部受拉为正，剪力以使梁内任一点的矩为顺时针转动为正；框架柱中弯矩以左侧受拉为正，剪力以柱内任一点的矩为顺时针转动为正，轴力以受压为正。

表 10－1　框架梁弯矩设计值组合表

层数	截面	内力标准值				组合值				组合项	组合值
		①恒载	②活载	③左风	④右风	第一种	第二种	第三种	第四种		
三	A 右	-32.40	-4.90	2.14	-2.14	-47.54	-51.40	-44.06	-50.48	第二种	-51.40
	AB 跨中	64.80	6.40	0.62	-0.62	94.40	93.28	91.89	90.03	第一种	94.40
	B 左	-72.30	-7.70	-0.90	0.90	-106.35	-104.73	-103.43	-100.73	第一种	-106.35
	B 右	-53.90	-4.80	2.07	-2.07	-75.41	-79.13	-72.01	-78.22	第二种	-79.13
	BC 跨中	-31.80	-2.20	0.00	0.00	-44.64	-44.64	-43.65	-43.65	第一种	-44.64
二	A 右	-57.70	-18.00	6.46	-6.46	-96.20	-107.82	-84.22	-103.60	第二种	-107.82
	AB 跨中	65.50	27.60	1.85	-1.85	128.22	124.89	116.91	111.36	第一种	128.22
	B 左	-84.80	-28.80	-2.76	2.76	-155.92	-150.96	-144.62	-136.34	第一种	-155.92
	B 右	-49.70	-18.40	6.35	-6.35	-86.50	-97.93	-74.41	-93.46	第二种	-97.93
	BC 跨中	-30.60	-8.00	0.00	0.00	-51.78	-51.78	-48.18	-48.18	第一种	-51.78
一	A 右	-48.80	-16.40	13.93	-13.93	-75.50	-100.58	-59.77	-101.56	第四种	-101.56
	AB 跨中	70.90	28.70	4.20	-4.20	139.00	131.44	128.61	116.01	第一种	139.00
	B 左	-82.90	-28.70	-5.56	5.56	-155.82	-145.82	-146.25	-129.57	第一种	-155.82
	B 右	-53.30	-19.00	12.78	-12.78	-86.29	-109.29	-70.07	-108.41	第二种	-109.29
	BC 跨中	-34.20	-8.50	0.00	0.00	-57.21	-57.21	-53.39	-53.39	第一种	-57.21

表 10－2　框架梁剪力设计值组合表

层数	截面	内力标准值				组合值				组合项	组合值
		①恒载	②活载	③左风	④右风	第一种	第二种	第三种	第四种		
三	A 右	62.16	6.33	-0.44	0.44	89.91	90.70	86.79	88.11	第二种	90.70
	B 左	-73.70	-7.13	-0.44	0.44	-106.90	-106.11	-103.96	-102.64	第一种	-106.90
	B 右	29.54	2.93	-1.38	1.38	41.56	44.04	39.41	43.55	第二种	44.04
二	A 右	75.36	25.34	-1.34	1.34	134.77	137.18	122.57	126.59	第二种	137.18
	B 左	-83.20	-28.48	-1.34	1.34	-152.09	-149.67	-140.07	-136.05	第一种	-152.09
	B 右	25.44	11.70	-4.23	4.23	46.82	54.43	39.01	51.70	第二种	54.43
一	A 右	74.36	28.69	-2.82	2.82	137.17	142.24	122.56	131.02	第二种	142.24
	B 左	-84.20	-25.13	-2.82	2.82	-149.69	-144.62	-140.08	-131.62	第一种	-149.69
	B 右	25.44	11.70	-8.52	8.52	42.95	58.29	32.58	58.14	第二种	58.29

表 10－3　框架柱剪力设计值组合表

层数	截面	内力标准值				组合值				组合项	组合值
		①恒载	②活载	③左风	④右风	第一种	第二种	第三种	第四种		
三	A	-15.77	-3.30	0.96	-0.96	-24.59	-26.32	-22.53	-25.41	第二种	-26.32
	B	9.13	1.90	1.38	-1.38	15.96	13.48	15.93	11.79	第一种	15.96
二	A	-15.46	-5.30	2.39	-2.39	-25.90	-30.20	-22.08	-29.25	第二种	-30.20
	B	9.44	3.10	3.43	-3.43	20.01	13.84	20.67	10.38	第三种	20.67
一	A	-5.19	-1.80	4.25	-4.25	-5.62	-13.27	-2.26	-15.01	第四种	-15.01
	B	3.25	1.10	5.24	-5.24	10.59	1.16	13.24	-2.48	第三种	13.24

表 10－4　框架柱弯矩及轴力设计值组合表

柱号	层数	截面	内力	内力标准值				组合值				M_{max}及相应 N		N_{max}及相应 M		N_{min}及相应 M	
				①恒载	②活载	③左风	④右风	第一种	第二种	第三种	第四种	组合项	组合值	组合项	组合值	组合项	组合值
A	三	上端	M	32.40	4.90	−2.14	2.14	47.54	51.40	44.06	50.48	第二种	51.40	第二种	51.04	第三种	44.06
			N	75.86	6.33	−0.44	0.44	107.72	108.51	104.60	105.92		108.55		108.51		104.60
		下端	M	−29.10	−7.80	1.62	−1.62	−48.07	−50.99	−43.59	−48.45	第二种	−50.99	第二种	−50.99	第三种	−43.59
			N	75.86	6.33	−0.44	0.44	107.72	108.51	104.60	105.92		108.55		108.51		104.60
	二	上端	M	28.60	10.20	−4.84	4.84	48.12	56.84	40.63	55.15	第二种	56.84	第二种	56.84	第三种	40.63
			N	177.70	31.67	−1.78	1.78	276.91	280.12	261.59	266.93		280.15		280.12		261.59
		下端	M	−31.70	−10.60	4.47	−4.47	−53.09	−61.13	−45.64	−59.05	第二种	−61.13	第二种	−61.13	第三种	−45.64
			N	177.70	31.67	−1.78	1.78	276.91	280.12	261.59	266.93		280.15		280.12		261.59
	一	上端	M	17.10	5.80	−9.46	9.46	22.42	39.44	14.13	42.51	第四种	42.51	第二种	39.44	第三种	14.13
			N	252.10	60.36	−4.60	4.60	414.13	422.41	384.21	398.01		398.07		422.41		384.21
		下端	M	−8.60	−2.90	11.56	−11.56	−5.13	−25.93	3.12	−31.57	第四种	−31.57	第二种	−25.93	第三种	3.12
			N	252.10	60.36	−4.60	4.60	414.13	422.41	384.21	398.01		398.07		422.41		384.21
			V	−5.19	−1.80	4.25	−4.25	−5.62	−13.27	−2.26	−15.01		−15.01		−13.27		−2.26
B	三	上端	M	−18.30	−2.80	−2.97	2.97	−30.66	−25.32	−31.19	−22.28	第三种	−31.19	第二种	−25.32	第三种	−31.19
			N	111.80	10.06	−0.94	0.94	159.58	161.28	154.49	157.31		154.55		161.28		154.49
		下端	M	17.30	4.70	2.43	−2.43	31.73	27.35	31.07	23.78	第一种	31.73	第二种	27.35	第三种	31.07
			N	111.80	10.06	−0.94	0.94	159.58	161.28	154.49	157.31		159.62		161.28		154.49
	二	上端	M	−17.90	−5.90	−6.68	6.68	−38.13	−26.11	−39.49	−19.45	第三种	−39.49	第二种	−26.11	第三种	−39.49
			N	256.20	50.24	−3.83	3.83	404.97	411.87	380.07	391.56		380.13		411.87		380.07
		下端	M	18.90	6.10	6.68	−6.68	39.73	27.71	41.00	20.96	第三种	41.00	第二种	27.71	第三种	41.00
			N	256.20	50.24	−3.83	3.83	404.97	411.87	380.07	391.56		380.13		411.87		380.07
	一	上端	M	−10.70	−3.50	−11.66	11.66	−29.65	−8.67	−35.08	−0.09	第三项	−35.08	第二种	−8.67	第三种	−35.08
			N	365.90	87.07	−9.53	9.53	597.70	614.85	552.80	581.39		552.86		614.85		552.80
		下端	M	5.40	1.75	14.26	−14.26	22.48	−3.19	30.25	−12.53	第三种	30.25	第二种	−3.19	第三种	30.25
			N	365.90	87.07	−9.53	9.53	597.70	614.85	552.80	581.39		552.86		614.85		552.80
			V	3.25	1.10	5.24	−5.24	10.59	1.16	13.24	−2.48		13.24		1.16		13.24

【任务布置】

完成多层框架结构课程设计中框架结构的内力组合。

【知识总结】

框架梁的控制截面通常是梁端支座截面和跨中截面，框架柱的控制截面通常是柱上、下梁端截面。

按承载能力极限状态设计时，应考虑荷载效应的基本组合，荷载效应组合的设计值应从由可变荷载效应控制的组合和由永久荷载效应控制的组合中取不利值确定。

框架梁的控制截面最不利内力组合有支座截面的 $-M_{max}$、V_{max} 以及跨中截面 $+M_{max}$。

框架柱的控制截面最不利内力组合有以下几种：① $|M|_{max}$ 及相应的 N 和 V；② N_{max} 及相应的 M 和 V；③ N_{min} 及相应的 M 和 V。

【课后练习】

如何确定框架梁、柱的控制截面？其最不利内力是什么？

任务二　计算梁、柱的配筋

框架梁柱配筋

【案例引入】

任务一中已将某框架结构的内力进行了承载能力极限状态下的基本组合，试利用已有数据进行框架结构的配筋设计和正常使用极限状态下的验算。

【任务目标】

1. 能够进行框架梁、柱的配筋设计；
2. 能够进行框架梁的裂缝宽度的验算。

【知识链接】

在框架内力分析和内力组合完成后，应对每一梁柱进行截面计算，配置钢筋。

框架梁端支座截面，需按其 $-M_{max}$ 确定梁端顶部的纵向受力钢筋，按其 $+M_{max}$ 确定梁端底部的纵向受力钢筋，按其 V_{max} 确定梁中箍筋及弯起钢筋；对于跨中截面，则按跨中 $+M_{max}$ 确定梁下部纵向受力钢筋，可能的情况下需按 $-M_{max}$ 确定梁上部纵向受力钢筋。此外，对框架横梁还应进行裂缝宽度的验算。

框架柱是偏心受压构件，一般采用对称配筋。根据柱的弯矩和轴力(一般有多种最不利内力组合)，确定柱中纵向受力钢筋的数量；根据框架柱的剪力以及构造要求配置相应的箍筋。当偏心距较大时，尚应进行裂缝宽度验算。对梁与柱为刚接的钢筋混凝土框架柱，其计算长度按表 10－5 取用。

表 10－5　框架结构各层柱的计算长度

楼盖类别	柱的类别	l_0
现浇楼盖	底层柱	1.0H
	其余各层柱	1.25H
装配式楼盖	底层柱	1.25H
	其余各层柱	1.5H

注：表中 H 为底层柱从基础顶面到一层楼盖顶面的高度；对其余各层柱为上下两层楼盖顶面之间的高度。

【案例解答】

解　由表 10－1、表 10－2 可以看出，除顶层 A 支座处内力较小外，一、二、三层各层梁的内力相差不大。其中三层梁内力值相对较小，底层梁跨中弯矩较大。为了方便施工，顶层梁采用一种配筋，其他层框架梁采用另一种配筋(按底层梁内力配筋)。各配筋控制截面内力及配筋计算见表 10－6、表 10－7。其中支座截面内力设计值考虑支座宽度影响。

表 10－6　框架梁正截面配筋计算

截面	A 右(上部受拉)		AB 跨中(下部受拉)		B 左(上部受拉)		B 右(上部受拉)		BC 跨中(上部受拉)	
	三层	底层	三层	底层	三层	底层	三层	底层	三层	底层
$M_j/(kN \cdot m)$	51.40	101.56	94.40	139.00	106.35	155.82	79.13	109.29	44.64	57.21
V_j/kN	90.70	142.24	—	—	106.90	149.69	44.04	58.29	—	—
$M_b = M_j - \frac{V_j b}{2} \Big/ (kN \cdot m)$	33.26	69.56	94.40	139.00	84.97	122.14	70.32	96.17	44.64	57.21
$\xi = 1 - \sqrt{1 - \frac{2M}{\alpha_1 f_c b h_0^2}}$	0.018	0.038	0.052	0.077	0.047	0.068	0.038	0.053	0.024	0.031
$A_s = \frac{\alpha_1 f_c b h_0 \xi}{f_y}$, 单位 mm^2	141	298	408	609	366	532	302	416	190	245
选配钢筋	2 ⌀18	2 ⌀18	2 ⌀18	3 ⌀18	2 ⌀18	3 ⌀18	2 ⌀18	2 ⌀18	2 ⌀18	2 ⌀18
实配钢筋面积 mm^2	509	509	509	763	509	763	509	509	509	509

表 10－7　框架梁斜截面配筋计算

截面	A 右		B 左		B 右	
	三层	底层	三层	底层	三层	底层
V_j/kN	90.7	142.24	106.9	149.69	44.04	58.29
$(g+q)kN$	28.52	41.57	28.522	41.57	28.522	33.75
$V_b = V_j - \frac{(g+q)b}{2}/kN$	85.00	133.93	101.20	141.38	38.34	51.54
$0.7f_t bh_0$	198.20					
构造配筋	ϕ8@100/200					
$\rho_{sv} = nA_{sv1}/bs$	$0.167\% > \rho_{sv,\min} = 0.127\%$					

注：其中 $g3 = 19.69$ kN/m；$g1 = 22.98(16.96)$ kN/m；$q3 = 1.95$ kN/m；$q1 = 7.8$ kN/m；括号中的数值用于底层 B 右截面。

1. 框架梁正截面承载力计算

按单筋矩形截面计算，截面尺寸为 300 mm × 700 mm，采用 C30 级混凝土，HRB400 级钢筋。$\alpha_1 = 1.0$，$a_s = 40$ mm，$h_0 = 660$ mm，$f_c = 14.3\ N/mm^2$，$f_t = 1.43\ N/mm^2$，$f_y = 360\ N/mm^2$，$\xi_b = 0.518$，$\rho_{\min} bh = 0.2\% \times 300 \times 700 = 420\ mm^2$，既不超筋也不少筋。

2. 框架梁斜截面承载力计算

箍筋采用直径为 8 mm 的 HPB300 级钢筋，只需按照构造要求配筋。

3. 框架梁裂缝宽度及挠度验算

与梁正截面配筋计算一样，梁的裂缝宽度验算也只需考虑顶层梁和底层梁。其内力组合值采用荷载的准永久组合值，其中，风荷载及屋面活荷载的准永久值系数为 0，楼面活荷载的准永久值系数为 0.4。

最大裂缝宽度验算公式为 $\omega_{max}=1.9\psi\frac{\sigma_{sq}}{E_s}(1.9c_s+0.08\frac{d_{eq}}{\rho_{te}})\leqslant\omega_{lim}$，其中，$E_s=2\times10^5\ \frac{N}{mm^2}$，$c_s=28$ mm，$d_{eq}=18$ mm，$f_{tk}=2.01\ \frac{N}{mm^2}$，$\omega_{lim}=0.3$ mm，具体计算略。

挠度验算公式中，短期刚度 $B_s=\dfrac{E_sA_sh_0^2}{1.15\psi+0.2+\dfrac{6\alpha_E\rho}{1+3.5\gamma_f'}}$，其中 $E_c=3\times10^4$ N/mm^2，$\alpha_E=6.67$，$\rho'=0$，$\gamma_f'=0$。

4. 框架柱正截面承载力计算

由表 10－4 中柱的内力组合值可计算出每种组合下的钢筋用量，但计算量很大。在实际工程中为了减少计算工作量，便于施工，往往是相邻几层柱采用同一配筋量。显然，对于同一配筋的柱段，表 10－4 中有些组合并非最不利内力组合值。根据偏心受压构件 M 与 N 的相关关系，当 M 相近时，大偏心受压构件的配筋随 N 的增大而减小，小偏心受压构件的配筋随 N 的增大而增大；当 N 相近时，大小偏心受压构件的配筋都随着 M 的增大而增大。这样，在初步判定大小偏心受压的前提下，按上述原则就可以从表 10－4 中找出不多的几组可能的最不利内力组合值进行配筋计算。本案例中，采用对称配筋，则有

$x_{max}=\frac{N_{max}}{\alpha_1f_cb}=\frac{614.85\times10^3}{1.0\times14.3\times350}=123\text{ mm}<\xi_bh_0=0.518\times360=186$ mm，即各柱都是大偏心受压，排除了 N_{max}及相应的 M 组合为最不利的情况，各柱所确定的最不利组合及相应的配筋计算见表 10－8。

计算中 $C_m=1.0$，$\eta_{ns}=1+\frac{1}{1300(M_2/N+e_a)/h_0}\left(\frac{l_0}{h}\right)^2\zeta_c$，$x<2a_s'$时，说明破坏时受压钢筋没有屈服。

5. 框架柱斜截面承载力计算

从框架柱剪力设计值组合表中可以看出，各柱最大的剪力设计值发生在 A 柱二层柱段，$V_{mav}=30.20$ kN，而$\frac{1.75}{\lambda+1}f_tbh_0=\frac{1.75}{3+1}\times1.43\times350\times360=78.8$ kN，所以柱斜截面抗剪均按构造配筋，取Φ8@100/200。

表 10－8　框架柱正截面配筋计算

柱号	*A* 柱				*B* 柱		
层数	三层	二层		一层	三层	二层	一层
$M_1=M_2$/(kN·m)	51.4	61.13	45.64	42.51	31.73	41	35.08
N/kN	108.51	280.12	261.59	398.01	159.58	380.07	552.80
l_0/mm	5850	5850	5850	6188	5850	5850	6188
$\zeta_c=\frac{0.5f_cA}{N}\leqslant1.0$	1.0						
η_{ns}	1.120	1.249	1.305	1.523	1.271	1.463	1.794
$M=C_m\eta_{ns}M_2$/(kN·m)	57.57	76.33	59.54	64.73	40.32	59.99	62.94
$x=\frac{N}{\alpha_1f_cb}$/mm	21.68	55.97	52.27	79.52	31.88	75.94	110.45

续表 10－8

柱号	*A* 柱				*B* 柱		
层数	三层	二层		一层	三层	二层	一层
$x \geqslant 2a_s'$/mm	否	否	否	否	否	否	是
$e_i = e_0 + e_a$/mm	551	292	248	183	273	178	134
$e' = e_i - \frac{h}{2} + a_s'$/mm	426	123	88	61	117	18	—
$A_s = A_s' = \frac{Ne'}{f_y(h_0 - a_s')}$/mm^2	391	132	88	23	113	18	—
$e = e_i + \frac{h}{2} - a_s$/mm	—	—	—	—	—	—	294
$A_s = A_s' = \frac{Ne - \alpha_1 f_c bx(h_0 - \frac{x}{2})}{f_y'(h_0 - a_s')}$/mm^2	—	—	—	—	—	—	－52
选配钢筋	每侧 3 ⌀18(A_s =763 mm^2)，ρ =1.09%，满足要求						

【任务布置】

完成多层框架结构课程设计中的框架梁、柱的配筋及验算部分。

【知识总结】

框架梁、柱的配筋应根据内力值的特点，考虑施工方便和经济性的要求，综合确定配筋方案。配筋时应考虑支座宽度的影响，并要满足构造和配筋率的要求。

三级裂缝控制等级时，钢筋混凝土构件的最大裂缝宽度可按荷载准永久组合并考虑荷载长期作用影响的效应计算；最大挠度应按荷载的准永久组合，并考虑荷载长期作用的影响进行计算，其计算值不应超过《混凝土结构设计规范》中的限制。

框架柱的配筋设计一般先根据对称配筋时 $x = \frac{N}{\alpha_1 f_c b}$，初步判定大小偏压后，再在内力组合值中选取几组可能的最不利内力值进行计算，在组合 N_{max} 或 N_{min} 时，应使相应的 M 尽可能大。

【课后练习】

请对此学习情境的学习进行总结，内容不限。

学习情境十一　熟悉抗震构造措施并绘制施工图

【项目描述与分析】

通过学习框架结构的构造要求与抗震措施，使学生能了解框架梁、柱在设计中的一些基本要求，并结合梁、柱平法施工图及构件详图的制图内容的学习，为结构施工图的绘制和识读打下良好的基础。

【学习目标】

能力目标	知识目标	权重
掌握框架梁、柱的抗震构造措施	构件截面、受力筋、箍筋的构造要求	30%
能识读结构施工图	梁、柱构件详图和平法施工图	30%
能按要求绘制简单的平法施工图	梁、柱平法施工图	40%
合　计		100%

任务一　熟悉构造要求和及抗震构造措施

【案例引入】

当抗震等级为一级时，三层宿舍的框架梁和框架柱的设计还应有哪些构造要求？

【任务目标】

1. 熟悉框架结构构造要求；
2. 掌握框架结构抗震构造措施。

【知识链接】

11.1.1　框架梁的构造要求

1. 梁的纵向受力钢筋

梁的纵向受力钢筋应符合下列规定：

(1)伸入梁支座范围内的钢筋不应少于2根。

(2)梁高不小于300 mm时，钢筋直径不应小于10 mm；梁高小于300 mm时钢筋直径不应小于8 mm。

(3)梁上部钢筋水平方向的净间距不应小于30 mm和1.5d；梁下部钢筋水平方向的净间距不应小于25 mm和d。当下部钢筋多于2层时，2层以上钢筋水平方向的中距应比下面2

层的中距增大一倍；各层钢筋之间的净间距不应小于25 mm和d，d为钢筋的最大直径。

2. 梁的上部纵向构造钢筋

梁的上部纵向构造钢筋应符合下列要求：

(1)当梁端实际受到部分约束但按简支计算时，应在支座区上部设置纵向构造钢筋。其截面面积不应小于梁跨中下部纵向受力钢筋计算所需截面面积的1/4，且不应少于2根。该纵向构造钢筋自支座边缘向跨内伸出的长度不应小于$l_0/5$(l_0为梁的计算跨度)。

(2)对架立钢筋，当梁的跨度小于4 m时，直径不宜小于8 mm；当梁的跨度为4～6 m时，直径不应小于10 mm；当梁的跨度大于6 m时，直径不宜小于12 mm。

3. 梁箍筋

梁中箍筋的配置应符合下列规定：

(1)按承载力计算不需要箍筋的梁，当截面高度大于300 mm时，应沿梁全长设置构造箍筋；当截面高度h=150～300 mm时，可仅在构件端部$l_0/4$范围内设置构造箍筋，l_0为跨度。但当在构件中部$l_0/2$范围内有集中荷载作用时，则应沿梁全长设置箍筋。当截面高度小于150 mm时，可以不设置箍筋；

(2)截面高度大于800 mm的梁，箍筋直径不宜小于8 mm；对截面高度不大于800 mm的梁，不宜小于6 mm；

(3)当梁中配有按计算需要的纵向受压钢筋时，箍筋应做成封闭式，且弯钩直线段长度不应小于$5d$，d为箍筋直径；箍筋的间距不应大于$15d$，并不应大于400 mm；当梁的宽度大于400 mm且一层内的纵向受压钢筋多于3根时，或当梁的宽度不大于400 mm但一层内的纵向受压钢筋多于4根时，应设置复合箍筋。

11.1.2　框架柱的构造要求

1. 柱纵向钢筋

柱中纵向钢筋的配置应符合下列规定：

(1)纵向受力钢筋直径不宜小于12 mm；全部纵向钢筋的配筋率不宜大于5%；

(2)柱中纵向钢筋的净间距不应小于50 mm，且不宜大于300 mm；

(3)偏心受压柱的截面高度不小于600 mm时，在柱的侧面上应设置直径不小于10 mm的纵向构造钢筋，并相应设置复合箍筋或拉筋；

(4)圆柱中纵向钢筋不宜少于8根，不应少于6根；且宜沿周边均匀布置；

(5)在偏心受压柱中，垂直于弯矩作用平面的侧面上的纵向受力钢筋以及轴心受压柱中各边的纵向受力钢筋，其中距不宜大于300 mm。

2. 柱箍筋

柱中的箍筋应符合下列规定：

(1)箍筋直径不应小于$d/4$，且不应小于6 mm，d为纵向钢筋的最大直径；

(2)箍筋间距不应大于400 mm及构件截面的短边尺寸，且不应大于$15d$，d为纵向钢筋的最小直径；

(3)柱及其他受压构件中的周边箍筋应做成封闭式；

(4)当柱截面短边尺寸大于400 mm且各边纵向钢筋多于3根时，或当柱截面短边尺寸不大于400 mm但各边纵向钢筋多于4根时，应设置复合箍筋；

(5)柱中全部纵向受力钢筋的配筋率大于3%时，箍筋直径不应小于8 mm，间距不应大于10d，且不应大于200 mm。箍筋末端应做成135°弯钩，且弯钩末端平直段长度不应小于10d，d为纵向受力钢筋的最小直径。

11.1.3　抗震相关知识

1. 地震震级与烈度

(1)震级

地震的级别称为震级，它是表示某次地震所释放能量多少和地震强度大小的一个尺度。目前国际上通用的是里氏震级，它是用以标准地震仪所记录的最大水平位移(即振幅A，以μm计)的常用对数值来表示该次地震震级，并用M表示，即

$$M=\lg A$$

小于2级的地震，人们感觉不到，称为微震；2～4级的地震，人们有所感觉，物体也有晃动，称为有感地震；5级以上的地震就能引起不同程度的破坏，称为破坏性地震；7级以上地震为强烈地震；8级以上的地震为特大地震。

(2)烈度

地震烈度是指某一地区受到地震以后，地面及建筑受到地震影响的强弱大小程度。

一次地震只有一个震级，然而，由于各个地区距震中远近不同以及地质情况等不同，所受到的影响也不同，因而烈度各异。一般地说，震中烈度最大，离震中越远则烈度越小。在一般震源深度(约15～20 km)情况下，震级M与震中烈度I_0的关系如下式：

$$M=0.58I_0+1.5$$

烈度是根据人的感觉、家具和物品的振动情况、建筑物遭受破坏的程度及地表破坏情况等的定性描述。目前我国所使用的是12烈度表。4～5度为有感烈度；6度房屋出现裂缝；7度大多数房屋有轻微损坏；8～9度大多数房屋损坏或破坏，少数倒塌；10度许多房屋倒塌；11～12度房屋普遍损坏倒塌。震中烈度与震级的大致关系如表11－1所示。

表11－1　震级与震中烈度大致的对应关系

震级	3	4	5	6	7	8	9
震中烈度/度	3	4～5	6～7	7～8	9～10	11	12

(3)基本烈度和设防烈度

基本烈度是指该地区在今后50年期限内，在一般的场地上(该地区普遍分布的地基土及一般地形、地貌、地质构造)可能超越概率10%的地震烈度。

抗震设防烈度是一个地区作为抗震设防依据的地震烈度，一般情况下采用国家地震局颁布的地震烈度区划图中规定的基本烈度。对有特殊要求的建筑，其抗震设防需专门研究考虑：一是不笼统提高设防烈度；二是根据不同的使用要求，提出不同的抗震标准；三是根据抗震要求，选用不同水准的设计地震参数，四是采用常规以外的特殊抗震方案、措施和验算方法。

(4)建筑抗震设防的类别

建筑物的抗震设防类别是根据建筑使用功能的重要性，将建筑抗震设防类别分为甲、乙、丙、丁四个抗震设防类别。甲类建筑属于重大建筑工程时可能发生严重次生灾害的建筑；乙类建筑属于地震时使用功能不能中断或尽快恢复的建筑；丙类建筑属于甲、乙、丁类以外的一般建筑；丁类建筑属于抗震次要的建筑。

各抗震设防类别建筑的抗震设防标准，应符合下列要求：

①甲类建筑应按高于本地区抗震设防烈度提高一度的要求加强其抗震措施，当抗震设防烈度为 9 度时应按比 9 度更高的要求采取抗震措施。

②乙类建筑应按高于本地区抗震设防烈度一度的要求加强其抗震措施，当抗震设防烈度为 9 度时应按比 9 度更高的要求采取抗震措施。

③丙类建筑，地震作用和抗震措施均应符合本地区抗震设防烈度的要求。

④丁类建筑，地震作用仍应符合本地区抗震设防烈度的要求，抗震措施允许比本地区抗震设防烈度的要求适当降低，但抗震设防烈度为 6 度时不应降低。

(5)钢筋混凝土房屋的抗震等级

《建筑抗震设计规范》(2016 年版)(GB 50011—2010)根据结构的类型、设防烈度、场地类别，将钢筋混凝土房屋划分为不同的抗震等级，如表 11－2(丙类建筑)。

表 11－2　现浇钢筋混凝土房屋的抗震等级

<table>
<tr><th colspan="2" rowspan="2">结构类型</th><th colspan="12">设防烈度</th></tr>
<tr><th colspan="2">6 度</th><th colspan="4">7 度</th><th colspan="4">8 度</th><th colspan="2">9 度</th></tr>
<tr><td rowspan="3">框架
结构</td><td>高度/m</td><td>≤24</td><td>>24</td><td colspan="2">≤24</td><td colspan="2">>24</td><td colspan="2">≤24</td><td colspan="2">>24</td><td colspan="2">≤24</td></tr>
<tr><td>一般框架</td><td>四</td><td>三</td><td colspan="2">三</td><td colspan="2">二</td><td colspan="2">二</td><td colspan="2">一</td><td colspan="2">一</td></tr>
<tr><td>大跨度框架</td><td colspan="2">三</td><td colspan="4">二</td><td colspan="4">一</td><td colspan="2">一</td></tr>
<tr><td rowspan="2">抗震墙
结构</td><td>高度/m</td><td>≤80</td><td>>80</td><td>≤24</td><td colspan="2">25～80</td><td>>80</td><td>≤24</td><td colspan="2">25～80</td><td>>80</td><td>≤24</td><td>25～60</td></tr>
<tr><td>抗震墙</td><td>四</td><td>三</td><td>四</td><td colspan="2">三</td><td>二</td><td>三</td><td colspan="2">二</td><td>一</td><td>二</td><td>一</td></tr>
</table>

(6)建筑场地的类别

大量震害表明，不同场地上的建筑物震害是十分明显的。因此，研究场地的震害对建筑抗震设计是十分重要的。场地条件对建筑物的主要影响因素：土的坚硬程度和场地覆盖土层的厚度。《建筑抗震设计规范》将建筑场地分为由好到差分为 4 类，即Ⅰ、Ⅱ、Ⅲ、Ⅳ，其中Ⅰ类分为 I_0、I_1 两个亚类。

11.1.4　框架的基本抗震构造措施

1. 框架梁

(1)梁的截面尺寸

梁截面宽度不宜小于 200 mm；截面高宽比不宜大于 4；净跨与截面高度之比不宜小于 4。

(2)梁钢筋

梁的钢筋配置，应符合下列各项要求：

1)计入纵向受压钢筋的梁端混凝土受压区高度和有效高度之比，一级不应大于0.25，二、三级不应大于0.35。

2)梁端截面的底面和顶面纵向钢筋配筋量的比值，除按计算确定外，一级不应小于0.5，二、三级不应小于0.3。

3)梁端箍筋加密区的长度、箍筋最大间距和最小直径应按表11－3采用，当梁端纵向受拉钢筋配筋率大于2%时，表中箍筋最小直径数值应增大2 mm。

表11－3　梁端箍筋加密区的长度、箍筋的最大间距和最小直径

抗震等级	加密区长度(采用较大值)/mm	箍筋最大间距(采用最小值)/mm	箍筋最小直径/mm
一	$2h_b$, 500	$h_b/4$, 6d, 100	10
二	$1.5h_b$, 500	$h_b/4$, 8d, 100	8
三	$1.5h_b$, 500	$h_b/4$, 8d, 150	8
四	$1.5h_b$, 500	$h_b/4$, 8d, 150	6

注：①d为纵向钢筋直径，h_b为梁截面高度；②箍筋直径大于12 mm、数量不少于4肢且肢距不大于150 mm时，一、二级的最大间距允许适当放宽，但不得大于150 mm。

4)纵向受拉钢筋的配筋率不应小于表11－4规定的数值。梁端纵向受拉钢筋的配筋率不宜大于2.5%。沿梁全长顶面、底面的配筋，一、二级不应少于2 Φ14，且分别不应少于梁顶面、底面两端纵向配筋中较大截面面积的1/4；三、四级不应少于2 Φ12。

表11－4　框架梁纵向受拉钢筋的最小配筋百分率 /%

抗震等级	梁中位置	
	支座	跨中
一级	0.40和$80f_t/f_y$中的较大值	0.30和$65f_t/f_y$中的较大值
二级	0.30和$65f_t/f_y$中的较大值	0.25和$55f_t/f_y$中的较大值
三级	0.25和$55f_t/f_y$中的较大值	0.20和$45f_t/f_y$中的较大值

5)一、二、三级框架梁内贯通中柱的每根纵向钢筋直径，对框架结构不应大于矩形截面柱在该方向截面尺寸的1/20，或纵向钢筋所在位置圆形截面柱弦长的1/20；对其他结构类型的框架不宜大于矩形截面柱在该方向截面尺寸的1/20，或纵向钢筋所在位置圆形截面柱弦长的1/20。

6)梁端加密区的箍筋肢距，一级不宜大于200 mm和20倍箍筋直径的较大值，二、三级不宜大于250 mm和20倍箍筋直径的较大值，四级不宜大于300 mm。

2. 框架柱

(1)柱截面尺寸

1)截面的宽度和高度，四级或不超过2层时不宜小于300 mm，一、二、三级且超过2层时不宜小于400 mm；圆柱的直径，四级或不超过2层时不宜小于350 mm，一、二、三级且超过2层时不宜小于450 mm。

2)剪跨比宜大于2。

3)截面长边与短边的边长比不宜大于3。

(2)柱纵筋

柱的钢筋配置，应符合下列各项要求：

1)柱的纵向钢筋宜对称配置。

2)截面边长大于400 mm的柱，纵向钢筋间距不宜大于200 mm。

3)柱总配筋率不应大于5%；剪跨比不大于2的一级框架的柱，每侧纵向钢筋配筋率不宜大于1.2%。

4)边柱、角柱及抗震墙端柱在小偏心受拉时，柱内纵筋总截面面积应比计算值增加25%。

5)柱纵向钢筋的绑扎接头应避开柱端的箍筋加密区。

6)柱纵向受力钢筋的最小总配筋率应按表11－5采用，同时每侧配筋率不应小于0.2%；对建造于Ⅳ类场地且较高的高层建筑，最小总配筋率应增加0.1%。

表11－5　柱截面纵向钢筋的最小总配筋率(百分率)

类别	抗震等级			
	一	二	三	四
中柱和边柱	0.9(1.0)	0.7(0.8)	0.6(0.7)	0.5(0.6)
角柱、框支柱	1.1	0.9	0.8	0.7

注：①表中括号内数值用于框架结构的柱；②采用335 MPa级、400 MPa级纵向受力钢筋时，应分别按表中数值增加0.1和0.05采用；③当混凝土强度等级为C60以上时，应按表中数值增加0.1采用。

(3)柱箍筋

1)柱箍筋在规定的范围内应加密，加密区的箍筋间距和直径，应符合下列要求：①一般情况下，箍筋的最大间距和最小直径，应按表11－6采用。②一级框架柱的箍筋直径大于12 mm且箍筋肢距不大于150 mm及二级框架柱的箍筋直径不小于10 mm且箍筋肢距不大于200 mm时，除底层柱下端外，最大间距应允许采用150 mm；三级框架柱的截面尺寸不大于400 mm，箍筋最小直径应允许采用6 mm；四级框架柱剪跨比不大于2时，箍筋直径不应小于8 mm。

表11－6　柱箍筋加密区的箍筋最大间距和最小直径

抗震等级	箍筋最大间距(采用较小值)/mm	箍筋最小直径/mm
一	6*d*, 100	10
二	8*d*, 100	8
三	8*d*, 150(柱根100)	8
四	8*d*, 150(柱根100)	6(柱根8)

注：①*d*为柱纵筋最小直径；②柱根指底层柱下端箍筋加密区。

2)柱的箍筋加密范围，应按下列规定采用：①柱端，取截面长边尺寸(圆柱直径)、柱净高的1/6和500 mm三者的最大值；②底层柱的下端不小于柱净高的1/3；③刚性地面上下各

500 mm；④剪跨比不大于 2 的柱、因设置填充墙等形成的柱净高与柱截面高度之比不大于 4 的柱、框支柱、一级和二级框架的角柱，取全高。

3）柱箍筋加密区的箍筋肢距，一级不宜大于 200 mm，二、三级不宜大于 250 mm 和 20 倍箍筋直径的较大值，四级不宜大于 300 mm。至少每隔一根纵向钢筋宜在两个方向有箍筋或拉筋约束；采用拉筋复合箍时，拉筋宜紧靠纵向钢筋并钩住箍筋。

4）柱箍筋非加密区的箍筋配置，应符合下列要求：①柱箍筋非加密区的体积配箍率不宜小于加密区的 50%。②箍筋间距，一、二级框架柱不应大于 10 倍纵向钢筋直径，三、四级框架柱不应大于 15 倍纵向钢筋直径。

（4）柱轴压比限值

一、二、三、四级抗震等级的各类结构的框架柱、框支柱，其轴压比不宜大于表 11－7 规定的限值。对Ⅳ类场地上较高的高层建筑，柱轴压比限值应适当减小。

表 11－7　柱轴压比限值

结构体系	抗震等级			
	一级	二级	三级	四级
框架结构	0.65	0.75	0.85	0.90
框架－剪力墙结构、筒体结构	0.75	0.85	0.90	0.95
部分框支剪力墙结构	0.60	0.70	—	

注：①轴压比为柱的轴向压力设计值与柱的全截面面积和混凝土轴心抗压强度设计值乘积之比值。②当混凝土强度等级为 C65～C70 时，轴压比限值宜按表中数值减小 0.05；混凝土强度等级为 C75～C80 时，轴压比限值宜按表中数值减小 0.10。③表内限值适用于剪跨比大于 2、混凝土强度等级不高于 C60 的柱；剪跨比不大于 2 的柱轴压比限值应降低 0.05；剪跨比小于 1.5 的柱，轴压比限值应专门研究并采取特殊构造措施。④沿柱全高采用井字复合箍，且箍筋间距不大于 100 mm、肢距不大于 200 mm、直径不小于 12 mm，或沿柱全高采用复合螺旋箍，且螺距不大于 100 mm、肢距不大于 200 mm、直径不小于 12 mm，或沿柱全高采用连续复合矩形螺旋箍，且螺旋净跨不大于 80 mm、肢距不大于 200 mm、直径不小于 10 mm 时，轴压比限值均可按表中数值增加 0.10。⑤当柱截面中部设置由附加纵向钢筋形成的芯柱，且附加纵向钢筋的总截面面积不少于柱截面面积的 0.8% 时，轴压比限值可按表中数值增加 0.05。此项措施与注④的措施同时采用时，轴压比限值可按表中数值增加 0.15，但箍筋的配箍特征值 λ_v 仍可按轴压比增加 0.10 的要求确定。⑥调整后的柱轴压比限值不应大于 1.05。

【知识总结】

框架梁的构造要求主要包括梁的纵向受力钢筋、梁的上部纵向构造钢筋及箍筋的构造要求，框架柱的构造要求主要包括柱纵向钢筋、柱箍筋的构造要求。

通过本节学习，应对地震的危害有正确认识，了解我国建筑结构抗震设计的相关规定，了解我国各地抗震设防烈度的划分。并能熟悉框架结构的相关构造措施。

【课后练习】

1. 进行框架梁设计时，对梁截面尺寸有什么要求？
2. 简述框架梁的抗震措施。

任务二　绘制框架结构施工图

【案例引入】

根据学习情境十的框架结构内力组合及配筋计算结果绘制三层宿舍的框架梁和框架柱的平法施工图及一榀框架的配筋图。

【任务目标】

1. 熟悉混凝土构件详图的绘制内容；
2. 掌握结构平法施工图的绘制内容与识读方法。

【知识链接】

11.2.1　概述

在房屋设计中，要进行结构设计，即根据建筑各方面的要求，进行结构选型和结构布置，决定房屋承重构件的材料、形状、大小，以及内部构造等等，并将设计结果绘成图样，以指导施工，这种图样称为结构施工图。一套完整的结构施工图包括结构设计说明、结构平面图和构件详图三个内容。本节内容主要对梁、柱构件详图和梁、柱平法施工图进行识读和绘制的讲解。

11.2.2　梁、柱构件详图

1. 梁构件详图

钢筋混凝土梁结构详图一般由立面图和断面图组成。立面图应表明轴线的编号和间距；墙厚和与轴线位置关系尺寸；梁的高度和长度；梁端支座长度；梁的配筋编号、规格、根数，箍筋应标注中距；断面图的剖切位置和编号。

断面图一般要选用一个或若干个剖切位置，这要根据梁内配筋的复杂情况而定。断面图中要表明梁的宽度和高度；被剖切位置断面的钢筋布置情况(编号、规格、根数和箍筋)。

2. 柱构件详图

柱是房屋的主要承重构件，其结构详图包括立面图和断面图，如果柱外形变化复杂或有预埋构件，则还应增画模板图，模板图上的预埋件只画其位置示意图和编号，具体细部情况另绘详图。柱立面图主要表示柱的高度方向尺寸，柱内钢筋配置、钢筋截断位置、钢筋搭接区长度、搭接区内箍筋需要加密的具体数量及与柱有关的梁、板。

柱的断面图主要反映截面的尺寸、箍筋的形状、受力筋的位置、数量。断面图的剖且位置应设在截面尺寸有变化及受力筋数量、位置有变化处。

图 11 - 2 所示为一钢筋混凝土柱 Z1 的结构详图。从立面图的标高可以看出，柱高为 8.4 m，柱受力筋为 4 ⌽20，箍筋为 ϕ8@200，在靠近梁的地方和搭接区内的箍筋则加密为 ϕ8@100。从截面图可以看出柱截面形状为矩形，尺寸为 350 mm × 350 mm，四根受力筋分别固定在箍筋的四个角。

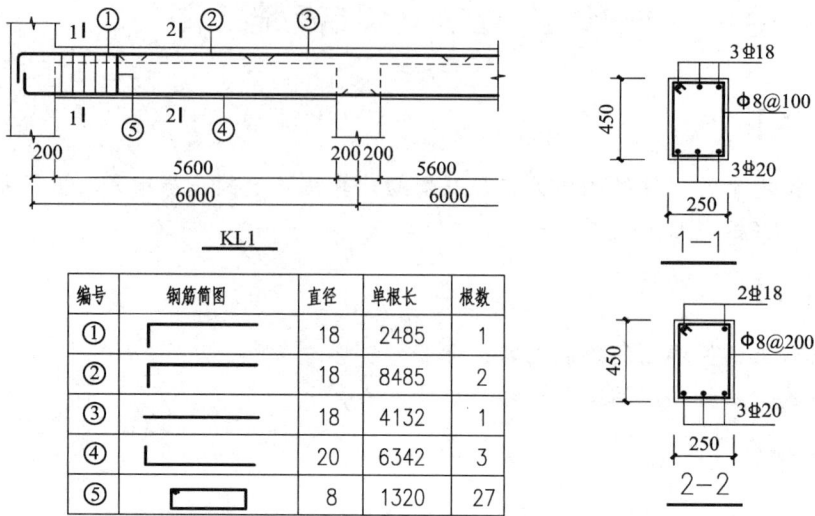

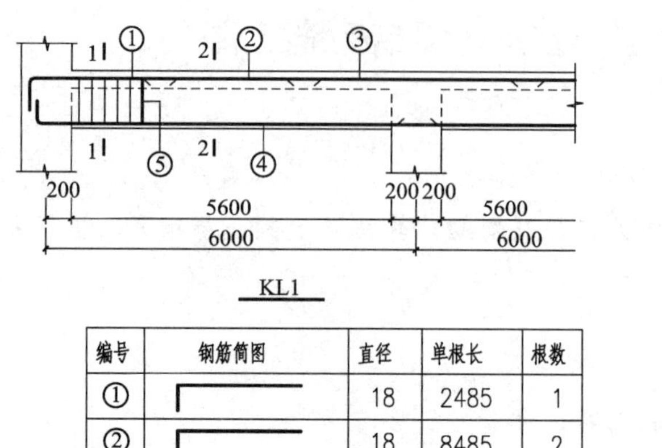

编号	钢筋简图	直径	单根长	根数
①		18	2485	1
②		18	8485	2
③		18	4132	1
④		20	6342	3
⑤		8	1320	27

图 11－1　梁构件详图

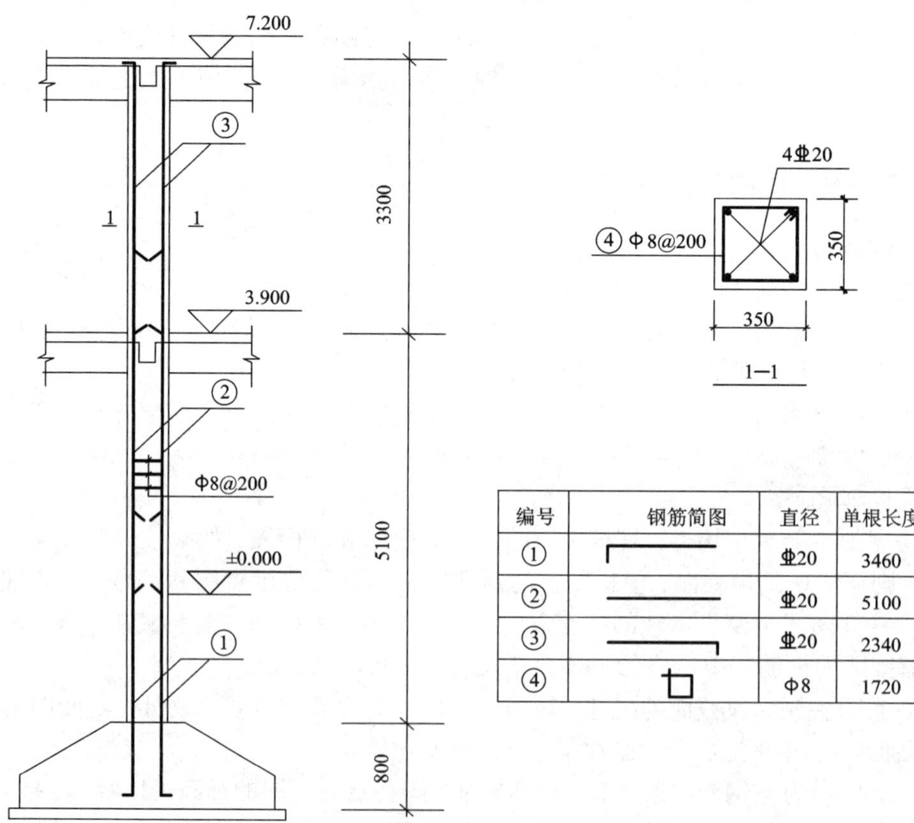

编号	钢筋简图	直径	单根长度
①		⌀20	3460
②		⌀20	5100
③		⌀20	2340
④		Φ8	1720

图 11－2　柱构件详图

【案例解答】

1. 框架梁平法施工图(局部)

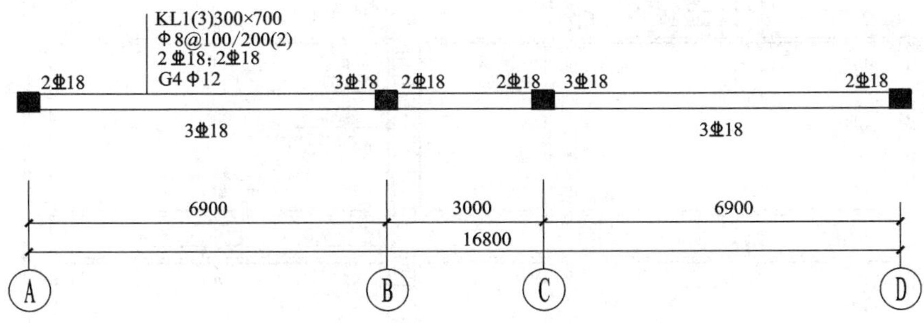

一、二层梁平法施工图（局部）　1:100

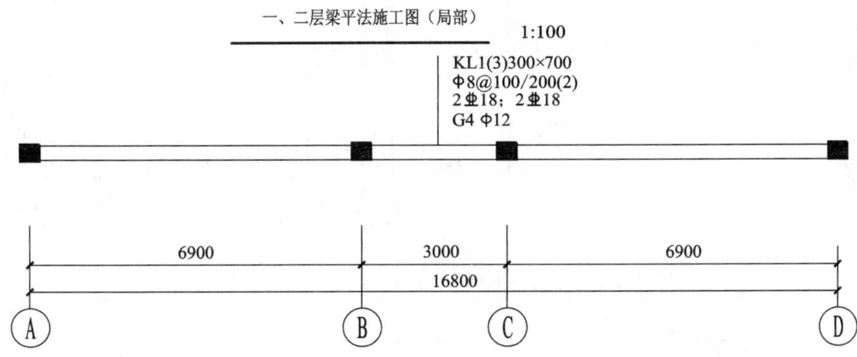

顶层梁平法施工图（局部）　1:100

2. 框架柱平法施工图(局部)

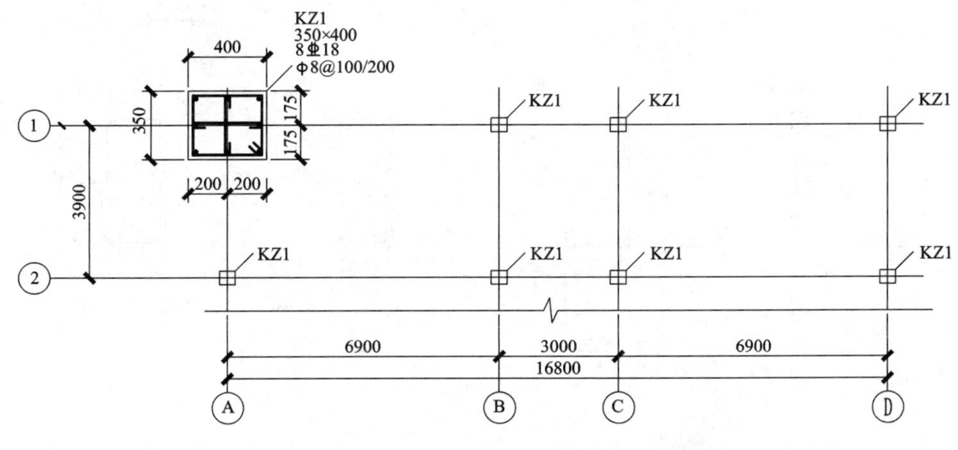

柱平法施工图(局部)　1:100

3. 一榀框架配筋图

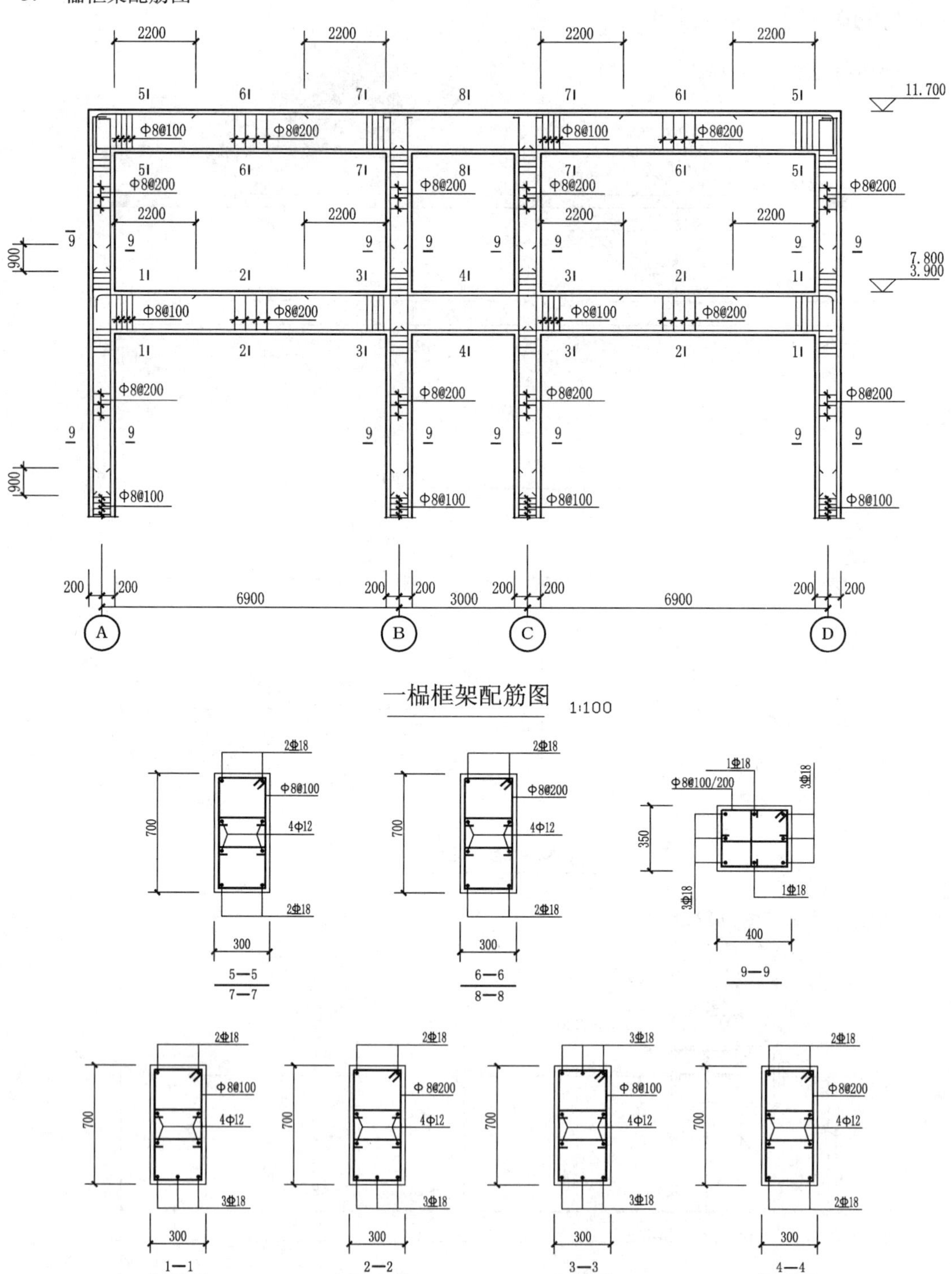

258

【任务布置】

完成多层框架结构课程设计中框架梁、柱的平法施工图绘制以及一榀框架配筋图的绘制。

【知识总结】

在房屋设计中，要进行结构设计，即根据建筑各方面的要求，进行结构选型和结构布置，决定房屋承重构件的材料、形状、大小，以及内部构造等等，并将设计结果绘成图样，以指导施工，这种图样称为结构施工图。结构施工图包括构件详图和平法施工图。

钢筋混凝土梁结构详图一般由立面图和断面图组成。

平法的表达形式概括来讲是把结构构件的尺寸和配筋等按照平面整体表示方法制图规则，整体直接表达在各类构件的结构平面布置图上，构成一套完整的结构设计图。平法的优点是图面简洁，清楚，图纸数量少，便于使用。

柱平法施工图的表达方式主要是列表注写方式或截面注写方式，梁平法施工图表达方式主要是平面注写方式或截面注写方式。

【课后练习】

1. 钢筋混凝土构件详图的图示特点及方法是什么?
2. 简述钢筋混凝土平法施工图的表示内容及特点?

任务三　基于 BIM 结构模型的框架结构设计

【任务描述】

本学习任务旨在与 BIM 职业技能等级考试的中级结构专业中的框架结构设计相对接，熟悉框架结构、剪力墙结构等常见结构内力计算的 BIM 应用方法，掌握框架结构内力配筋设计的 BIM 应用方法。

【任务布置】

熟悉 BIM 职业技能中级结构工程方向的考核内容和方式，完成学习情境八中手算框架结构的 BIM 结构建模、施加荷载、设置参数、内力计算及配筋设计及生成计算书等。

【知识链接】

当今社会各行各业交流愈加紧密，就建筑行业而言，政府、开发单位、各乙方单位已经形成了全流程闭环管理，湖南省率先推出了 BIM 审查系统，于 2020 年 6 月 1 日试运行。但是当前 BIM 应用问题局限很多，在 Revit 下各专业各公司的软件协同非常吃力，在 Revit 下的正向设计也非常吃力，用户手上正在使用的成熟的建筑软件、机电软件、结构软件之间数据不通。目前盈建科给出了 BIM 应用的新路径，可以在 YJK 自主三维平台上完成多专业间的协同。

现针对 BIM 结构设计的两种思路分别介绍，一是基于 BIM 结构建模再转入 YJK 计算的设计过程，二是在 YJK 内建模计算再与 Revit 对接的设计过程。

11.3.1 基于 BIM 结构建模再转入盈建科计算

BIM 结构整体分析与设计流程可以见图 11－3：

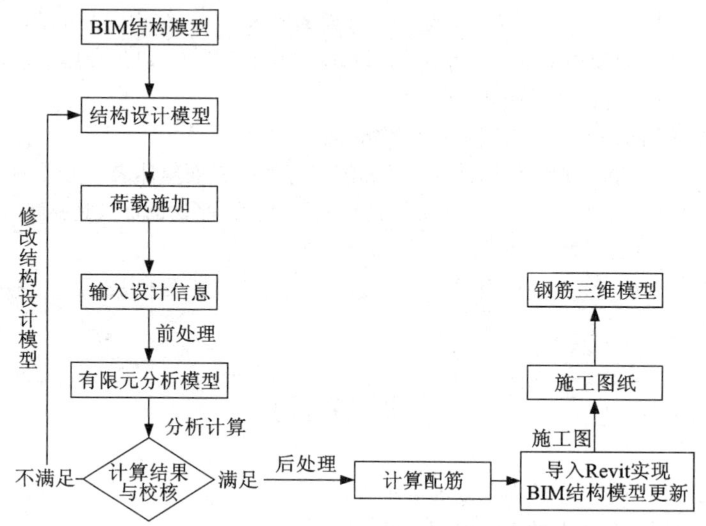

图 11－3 结构整体分析与设计流程图

1. 结构 BIM 设计模型

生成结构设计模型部分主要的功能都是建立在 BIM 结构模型数据基础上的，通过读取 BIM 软件中的模型信息进行模型的转换、模型信息的传递以及模型的检查编辑等动能。BIM 结构模型和结构计算软件结构设计模型是两个互相独立又互相依赖的模型，模型信息部分实现的就是通过用户参数设定，建立起连个模型之间的数据联系。

生成结构模型的主要功能是将 BIM 模型中的结构构件提取出来生成结构计算软件中的结构设计模型。结构计算软件会自动识别 BIM 模型中的结构构件，并且通过判断构件之间的空间位置来构造出构件的连接关系，最大程度上实现 BIM 结构模型的可用性。

结构设计模型计算结果导入 BIM 结构模型的主要目的是将结构计算后信息反馈回 BIM 模型中，更新 Revit 软件中的结构模型，为后续施工图绘制和钢筋三维布置等过程奠定数据基础，实现 BIM 正向设计。

主要包括打开模型、设置结构模型生成参数、截面匹配、模型转换、转入结构设计模型等步骤。

2. 荷载工况与荷载组合

荷载工况是作用于结构上的按指定方式空间分布的力、位移、温度或其他作用。荷载工况本身不能在结构上产生任何响应，只有在工况中包含了对应的荷载，才能得到工况的作用结果。常见工况包括：恒荷载、活荷载、风荷载、地震作用等。

荷载主要表现有楼板荷载、梁墙荷载、柱间荷载、节点荷载、次梁荷载、板间荷载、墙洞荷载等几种形式。

荷载组合包括：承载能力极限状态和正常使用极限状态两类荷载组合。

3. 结构体系与设计参数

设计人员在运行结构分析与计算前，需根据工程实际情况正确设置计算与设计参数。设计参数共有如下几项：结构总体信息、计算控制信息、风荷载信息、地震信息、设计信息、活荷载信息、构件设计信息、材料信息等。

大部分参数默认已经按照常见工程需要进行内置。

4. 结构整体分析计算

经过模型与荷载输入菜单的建模和荷载定义，并通过前处理若干菜单的计算参数信息补充后，可以对结构进行整体计算分析。主要包括生成结构计算数据、查看轴测简图、结构计算和整体计算结果等步骤。

通过设计结果菜单可以查看各项验算及设计结果，其中涉及计算分析结果的主要有计算结果文本输出、振型图、位移图、标准内力简图和三维内力。

(1)计算结果输出信息

主要查看指标包括：

①轴压比：主要为控制结构的延性，规范对墙肢和柱均有相应限值要求。抗震等级越高的建筑结构或构件，其延性要求也越高，对轴压比的限制也越严格，若不满足规范要求需增加构件截面，提高材料强度或改变荷载传递路径等。

②剪重比：即最小地震剪力系数 λ，主要为控制各楼层最小地震剪力，尤其是对于基本周期大于 3.5 s 的结构以及存在薄弱层的结构，以确保结构安全性。对于普通的多层结构，一般均能满足要求，对高层建筑而言，结构剪重比一般由底层控制，若不满足规范要求需增加抗侧力构件截面。

③楼层侧向刚度比：主要为控制结构竖向规则性，以免竖向刚度突变，形成薄弱层。如果某楼层刚度比的计算结果不满足要求，软件自动将该楼层定义为薄弱层，并按《高规》3.5.8 将该楼层地震剪力放大 1.25 倍。如果需要人工干预，可适当降低本层层高和加强本层墙、柱或梁的刚度，适当提高上部相关楼层的层高或削弱上部相关楼层墙、柱或梁的刚度，减小相邻上层墙、柱的截面尺寸。

④位移比：取楼层最大杆件位移与平均杆件位移比值，是控制结构的扭转效应的参数，主要为控制结构平面规则性，以免形成扭转，对结构产生不利影响。《高规》3.4.5 中规定结构平面布置应减少扭转的影响。在考虑偶然偏心影响的规定水平地震力作用下，楼层竖向构件最大的水平位移和层间位移，A 级高度高层建筑不宜大于该楼层平均值的 1.2 倍，不应大于该楼层平均值的 1.5 倍；B 级高度高层建筑、超过 A 级高度的混合结构及复杂高层建筑不宜大于该楼层平均值的 1.2 倍，不应大于该楼层平均值的 1.4 倍。

⑤周期比：控制侧向刚度与扭转刚度之间的一种相对关系，目的是使抗侧力构件的平面布置更有效、更合理，使结构不至于出现过大的扭转效应。多层结构一般不要求控制周期比，但位移比和刚度比要控制。《高规》3.4.5 中规定，结构扭转为主的第一自振周期 T_t 与平动为主的第一自振周期 T_1 之比，A 级高度高层建筑不应大于 0.9，B 级高度高层建筑、超过 A 级高度的混合结构及复杂高层建筑不应大于 0.85。

⑥刚重比：即结构的侧向刚度与重力荷载设计值之比，它是影响重力二阶效应的主要参数。高层建筑的高宽比满足限值时，一般可不进行稳定性验算，否则应进行。控制结构的刚

重比，主要为控制结构的稳定性，以免结构产生滑移和倾覆，若不满足规范要求需增加抗侧力构件截面。

⑦剪跨比：分为梁剪跨比和柱剪跨比，主要影响剪应力和正应力之间的相对关系。

⑧剪压比：梁柱截面上的名义剪应力与混凝土轴心抗压强度设计值的比值，主要对梁柱的截面尺寸有所要求。

⑨跨高比：梁的跨高比对梁的抗震性能有明显影响，小于5时应按照深梁进行计算。

⑩楼层最大位移与层高比：对于钢筋混凝土框架结构，其弹性层间位移角限值为1/550，弹塑性层间位移角限值为1/50。限制弹性层间位移角的目的，一是保证主体结构基本处于弹性受力状态，避免混凝土墙柱出现裂缝，控制楼面梁板的裂缝，二是保证填充墙、隔墙、幕墙等非结构构件的完好，避免产生明显的损坏。弹性层间位移角不满足要求时，位移比、周期比等也可能不满足规范要求，可以加强结构外围墙、柱或梁的刚度，同时减弱结构内部墙、柱或梁的刚度或直接加大侧向刚度很小的构件的刚度。

⑪延性比：主要反映结构抗震性能，分为截面延性比、构件延性比和结构延性比。

⑫受剪承载力比：《高规》3.4.3中规定，*A*级高度高层建筑的楼层抗侧力结构层间受剪承载力不宜小于其相邻上一层受剪承载力的80%，不应小于其相邻上一层受剪承载力的65%；*B*级高度高层建筑的楼层抗侧力结构层间受剪承载力不应小于其相邻上一层受剪承载力的75%。若不满足规范要求，程序将该楼层定义为薄弱层，人工调整时适当提高本层构件强度（如增大配筋、提高混凝土强度或加大截面）以提高本层墙、柱等抗侧力构件的承载力，或适当降低上部相关楼层墙、柱等抗侧力构件的承载力。

（2）振型图

振型图用来动态显示各振型下结构的变形形态，设计人员可通过它来确认是否存在局部振动、平动、扭转等情形。若结构整体在两个方向刚度相差很大，则表明结构平面布置不合理或抗侧移结构构件刚度分配不合理，若两个方向同一振型差别很多，建议计算中考虑结构扭转效应，确保控制层间位移角满足规范要求。

5. 结构设计配筋计算

结构配筋计算可以单独由结构计算菜单下的“只设计”来启动，也可以与结构分析计算一起启动接力完成。设计完成后，可在“设计结果”菜单下选择查看配筋简图、轴压比、剪跨比等设计及配筋结果。

6. 结构施工图设计

结构施工图设计主要包括梁、板、柱、墙施工图的绘制，施工图的绘制完全采用族机制，实现参数化出图、改图，以及全钢筋信息的注入。Revit施工图与结构计算软件施工图共享施工图数据，可以实现施工图改筋和钢筋统计、钢筋面积校核以及三维钢筋的生成。

7. 结构计算书生成

单击“设计结果”菜单的“计算书”菜单，由“计算书”选项可得结构分析结果，计算书中所需计算简图可由设计人员进行选择。

11.3.2 在盈建科软件内建模与分析再与Revit衔接

对于常规的混凝土结构，用盈建科软件对其进行建模与分析的流程大同小异。先把轴网布置好，或者导入：轴线、柱、墙、梁，然后根据建筑图的外立面、功能需求（阳台、卫生间、厨房、走廊等处降板)、跨度，结合经验初步布置以上构件，然后输入板厚、荷载(恒 + 活 + 梁上线荷载 + 板间线荷载)、给楼板开洞，完成第一个主要的标准层(平面及结构布置一样，所有荷载也一样)布置，然后用此标准层进行楼层组装，第一次调模型。

当模型调好后，在此基础上进行标准层复制，完成其他标准层的布置，把地下室插入第一标准层，最后重新进行楼层组装，让整个结构的各个指标都满足规范要求，实施计算过程，最后进行施工图绘制与基础设计。目前，在 YJK 自主三维平台上已能实现多专业间的协同及与 Revit 的对接(通过 REVIT - YJKS 插件)。

现以盈建科结构设计软件为例做一个粗略的展示(为和手算做对比，大部分数据与手算相同)，详细过程请扫码获得。

1. 结构建模

具体步骤有建立轴网、轴线命名、布置结构柱、布置纵向框架梁、布置横向框架梁、布置非框架梁、修改本层信息、布置楼梯、构件截面显示与检查、三维模型查看与检查等。

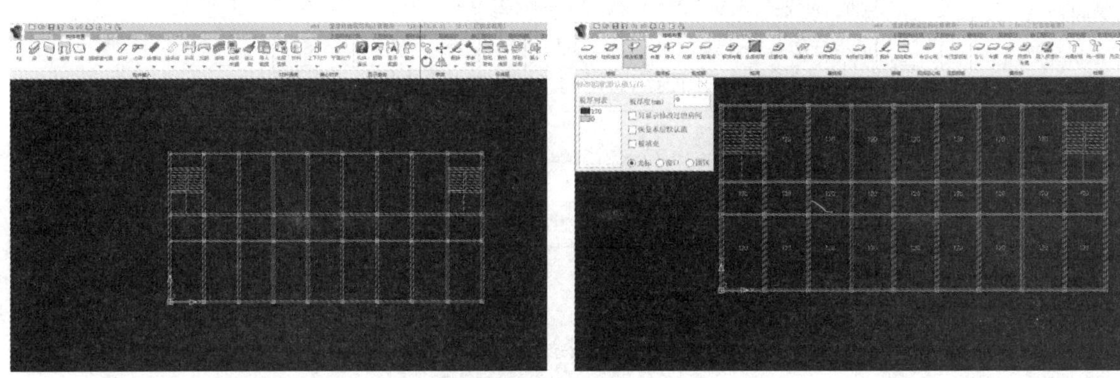

2. 生成楼板

具体步骤有生成楼板、修改楼梯间板厚为 0，用楼板错层调整卫生间板面高差、布置悬挑板、添加新的标准层并修改等。

3. 输入荷载

具体步骤有输入楼面恒活荷载、确定导荷方式、修改楼梯间及卫生间恒活荷载、布置梁间恒载等。各荷载取值见表 11 - 8。

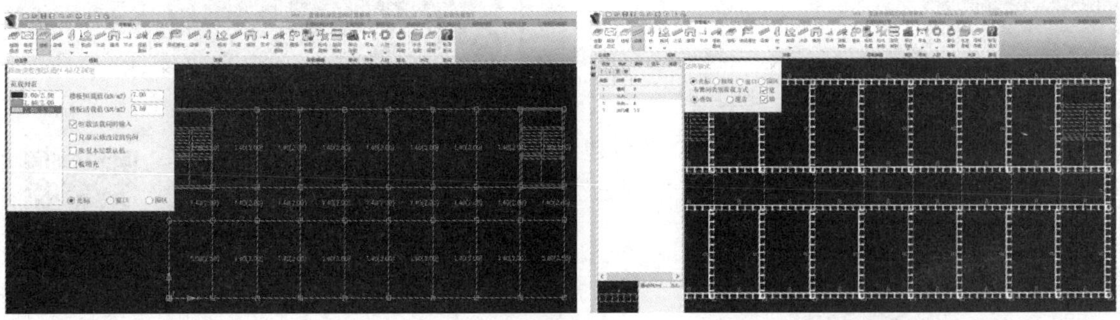

表 11－8　框架荷载输入值的计算

		荷载构成	恒荷载	活荷载
板面荷载标准值（$kN\cdot m^{-2}$）	宿舍楼面	水磨石面层＋找平层＋板底粉刷	0.65＋0.34＋0.34＝1.33，取 1.4	2.0
	楼梯间楼面	地面面层＋找平层＋梯段板＋抹灰	0.55＋0.4＋5.68＋0.34＝6.97，取 7.0	3.5
	卫生间楼面	地面面层＋找平层＋防水层＋回填材料	按经验取 5.0	2.5
	屋面	保护层＋防水层＋找坡层＋保温层＋找平层＋板底粉刷	0.88＋0.4＋2.18＋0.02＋0.4＋0.34＝4.2，取 4.5	0.5
梁间荷载标准值（$kN\cdot m^{-2}$）	梁高 500 mm 处	240 mm 厚加气混凝土砌块墙体及粉刷自重：0.02×17＋0.24×7＋0.02×17＝2.36 kN/m^2 梁间荷载：（3.9－0.5）×2.36＝8.02，取 8.0 （3.9－0.5）×2.36×0.7＝5.62，取 6.0 （0.7 为开设较大门窗洞口时的折减系数）		
	梁高 700 mm 处	梁间荷载：（3.9－0.7）×2.36＝7.55，取 8.0		
	女儿墙	19×0.6×0.08＋0.02×0.6×2×17＋0.02×0.08×17＝1.312，取 1.5		

4. 楼层组装

具体步骤有设置必要参数、各层信息、楼层组装及三维模型查看等。

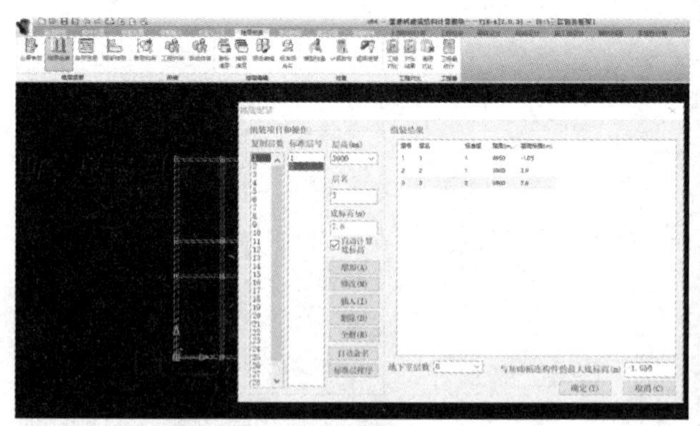

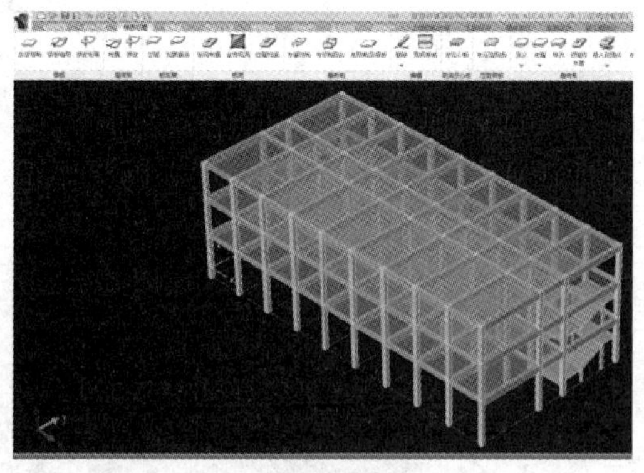

整体来说，第二种方法是在 YJK 平台建结构模型相比用 BIM 建模更加简单便捷。可扫右侧二维码了解下第二种方法的详细过程。

框架结构YJK建模设计及与Revit对接示例

【知识拓展】

识图及 BIM 职业技能中级考核点

一、识图职业技能考核

识图职业技能中级土建施工(结构)类专业等级标准如下:

工作领域	工作任务	职业技能要求
1. 识图	1.1 结构设计说明识读	1.1.1 能结合建筑施工图,掌握工程概况、设计依据等; 1.1.2 能掌握建筑结构安全等级、建筑抗震设防类别、抗震设防标准; 1.1.3 能掌握结构类型、结构抗震等级、主要荷载取值、结构材料、结构构造等。
	1.2 基础施工图识读	1.2.1 能识读地基基础设计等级、基础类型、基础构件截面尺寸、标高; 1.2.2 能识读配筋构造、柱(墙)纵筋在基础中锚固构造等。
	1.3 柱(墙)施工图识读	1.3.1 能识读柱(框架柱、梁上柱、剪力墙上柱)的截面尺寸、标高及配筋构造; 1.3.2 能识读剪力墙(剪力墙身、剪力墙柱及剪力墙梁)的截面尺寸、标高及配筋构造; 1.3.3 能识读剪力墙洞口尺寸、定位及加筋构造; 1.3.4 能识读地下室外墙截面尺寸、标高及配筋构造等。
	1.4 梁施工图识读	1.4.1 能识读梁(楼层框架梁、屋面框架梁、非框架梁、悬挑梁)的截面尺寸; 1.4.2 能识读梁(楼层框架梁、屋面框架梁、非框架梁、悬挑梁)的标高; 1.4.3 能识读梁(楼层框架梁、屋面框架梁、非框架梁、悬挑梁)的配筋构造等。
	1.5 板施工图识读	1.5.1 能识读有梁楼盖楼(屋)面板的截面尺寸、标高及配筋构造;明确悬挑板的截面尺寸、标高及配筋构造; 1.5.2 能识读板洞口尺寸、定位及加筋构造等。
	1.6 结构详图识读	1.6.1 能识读现浇混凝土板式楼梯的截面尺寸、定位及配筋构造; 1.6.2 能识读现浇混凝土梁式楼梯的截面尺寸、定位及配筋构造; 1.6.3 能识读结构节点截面尺寸、定位及配筋构造等。
2. 绘图	2.1 基础施工图绘制	能根据任务要求,应用 CAD 绘图软件绘制中型建筑工程基础施工图的指定内容。
	2.2 柱(墙)施工图绘制	能根据任务要求,应用 CAD 绘图软件绘制中型建筑工程柱(墙)施工图的指定内容。
	2.3 梁施工图绘制	能根据任务要求,应用 CAD 绘图软件绘制中型建筑工程梁施工图的指定内容。
	2.4 板施工图图绘制	能根据任务要求,应用 CAD 绘图软件绘制中型建筑工程板施工图的指定内容。
	2.5 结构详图绘制	能根据任务要求,应用 CAD 绘图软件绘制中型建筑工程结构详图的指定内容。

识图职业技能中级土建施工(结构)类的样题可扫右边二维码查看。

识图中级结构专业样卷

二、BIM 职业技能考核

BIM 职业技能中级结构工程的具体考核内容为理论知识 + 操作应用。理论知识分为职业道德与专业基础知识，以选择题为主，占比 20%；操作应用主要是专业技能题，占比 80%，其中基础建模占比 10%，综合建模占比 30%，结构内力计算及配筋、模板工程设计及脚手架工程设计三选一占比 40%。

理论知识部分在结构课程中的知识目标主要有：

(1)掌握混凝土和钢筋的力学性能

(2)掌握混凝土结构设计原则及方法

(3)掌握混凝土构件的轴心受力、受弯、受剪、受扭、受冲切与局部受压的承载力计算

(4)掌握混凝土构件的裂缝与变形计算方法

(5)了解预应力混凝土构件的基本概念及结构构造

(6)掌握钢结构构造及受力计算原理

(7)掌握砌体结构特点及基本设计原则表达式

(8)掌握承载力受压、局压混合结构房屋的结构布置及静力计算

专业技能部分基于 BIM 结构模型的框架结构、剪力墙结构等的结构设计的能力目标有：

(1)掌握 BIM 结构模型生成结构计算模型的方法

(2)掌握常见的荷载计算方法以及在软件中的施加方法

(3)正确设置软件中设计参数，掌握软件中结构整体计算方法

(4)能够正确分析计算结果并完成构件配筋设计(梁、板、柱、剪力墙等)

(5)掌握结构计算软件绘制梁、板、柱、剪力墙等构件钢筋配置图、详图的方法

(6)掌握结构软件生成结构计算书的方法

(7)能够根据结构计算结果更新 BIM 结构模型并生成 BIM 钢筋模型

BIM 职业技能中级结构工程的理论试题和实操试题的样题可扫右边二维码查看。

BIM中级结构理论、实操样题

学习情境十二　钢筋混凝土剪力墙结构

剪力墙结构中的钢筋

【项目描述与分析】

剪力墙结构是高层建筑中常用的结构体系。本项目主要学习内容为剪力墙结构的分类与布置要求，受力特点、截面设计要点与构造要求等。掌握剪力墙结构的基本知识，加强剪力墙结构施工图的识读能力。

【学习目标】

能力目标	知识目标	权重
了解剪力墙结构的基本概念，为剪力墙平法施工图的识读打下基础	了解剪力墙结构的分类及布置要求	30%
	熟悉剪力墙结构的构造要求	40%
	了解剪力墙平法施工图的基本内容	30%
合　计		100%

任务一　认识剪力墙结构

剪力墙基本知识

【任务目标】

了解剪力墙结构的分类及布置要求。

【知识链接】

剪力墙结构是由一系列的竖向纵、横墙和平面楼板所组成的空间结构体系。它具有刚度大、位移小、抗震性能好的特点，是高层建筑中常用的结构体系。

12.1.1　剪力墙墙体的承重方案

1. 小开间横墙承重

每开间设置一道钢筋混凝土承重横墙，间距为2.7～3.9 m。这种方案适用于住宅、旅馆等使用上要求小开间的建筑。其优点是一次完成所有墙体，省去砌筑隔墙的工作量。但此种方案的横墙数量多，墙体的承载力未充分利用，建筑平面布置不灵活，房间自重及侧向刚度大，自振周期短，水平地震作用大。

2. 大开间横墙承重

钢筋混凝土承重横墙间距为6～8 m。其优点是使用空间大，建筑平面布置灵活；横墙配筋率适当，结构延性增加，但这种方案的楼盖跨度大，楼盖材料增多。

12.1.2 剪力墙的布置

(1)剪力墙宜沿主轴方向或其他方向双向或多向布置，不同方向的剪力墙宜分别连接在一起，应尽量拉通、对直，以具有较好的空间工作性能；抗震设计时，应避免仅单向有墙的结构布置形式，宜使两个方向侧向刚度接近，两个方向的自振周期宜相近。剪力墙墙肢截面宜简单、规则。

(2)剪力墙的侧向刚度及承载力均较大，为充分利用剪力墙的能力，减轻结构自重，增大结构的可利用空间，剪力墙不宜布置得太密，使结构具有适宜的侧向刚度；若侧向刚度过大，不仅加大自重，还会使地震力增大，对结构受力不利。

(3)剪力墙宜自下而上连续布置，避免刚度突变；允许沿高度改变墙厚和混凝土强度等级，或减少部分墙肢，使侧向刚度沿高度逐渐减小。剪力墙沿高度不连续，将造成结构沿高度刚度突变，对结构抗震不利。

(4)剪力墙不宜过长。当剪力墙的长度很长时，为了满足每个墙段高宽比大于3的要求，可通过开设洞口将墙体分成长度较小、也较均匀的若干独立墙段，每个独立墙段可以是整截面墙，也可以是连肢墙，墙段之间宜采用连梁连接。此外，当墙段长度较小时，受弯产生的裂缝宽度较小，而且墙体的配筋又能充分的发挥作用，因此墙段的长度不宜大于8 m。

(5)剪力墙洞口的布置，会极大的影响剪力墙的力学性能。为此规定剪力墙的门窗洞口宜上下对齐，成列布置，能形成明确的墙肢和连梁，应力分布比较规则。

(6)剪力墙的特点是平面内刚度及承载力大，而平面外刚度及承载力都相对很小。当剪力墙与平面外方向的梁连接时，会造成墙肢平面外弯矩，而一般情况下并不验算墙的平面外刚度及承载力。因此应控制剪力墙平面外的弯矩。当剪力墙墙肢与其平面外方向的楼面梁连接，且梁截面高度大于墙厚时，可通过设置沿楼面梁轴线方向与梁相连的剪力墙、增设暗柱、墙内设置与梁相连接的型钢等措施以减小梁端部弯矩对墙的不利影响；除了加强剪力墙平面外的抗弯刚度和承载力外，还可以采取减小梁端弯矩的措施。对截面较小的楼面梁可设计为铰接，减小墙肢平面外的弯矩。

(7)短肢剪力墙是指截面厚度不大于300 mm、各肢截面高度与厚度之比的最大值大于4但不大于8的剪力墙，由于其有利于减轻结构自重和建筑布置，在住宅建筑中应用较多。但由于短肢剪力墙抗震性能较差，为安全起见，规定抗震设计时，高层建筑结构不应全部采用短肢剪力墙。当短肢剪力墙较多时，应布置为筒体，形成短肢剪力墙与筒体共同抵抗水平力的剪力墙结构。

12.1.3 剪力墙的受力特点

由于各类剪力墙洞口大小、位置及数量的不同，在水平荷载作用下其受力特点也不同。这主要表现为两点：一是各墙肢截面上的正应力分布；二是沿墙肢高度方向上弯矩的变化规律，如图12－1所示。

(1)整截面墙的受力状态如同竖向悬臂构件，截面正应力呈直线分布，沿墙的高度方向弯矩图既不发生突变也不出现反弯点，如图12－1(a)所示，变形曲线以弯曲型为主。

(2)独立悬臂墙是指墙面洞口很大，连梁刚度很小，墙肢的刚度又相对较大的剪力墙。此时连梁的约束作用很弱，犹如铰接于墙肢上的连杆，每个墙肢相当于一个独立悬臂墙，墙

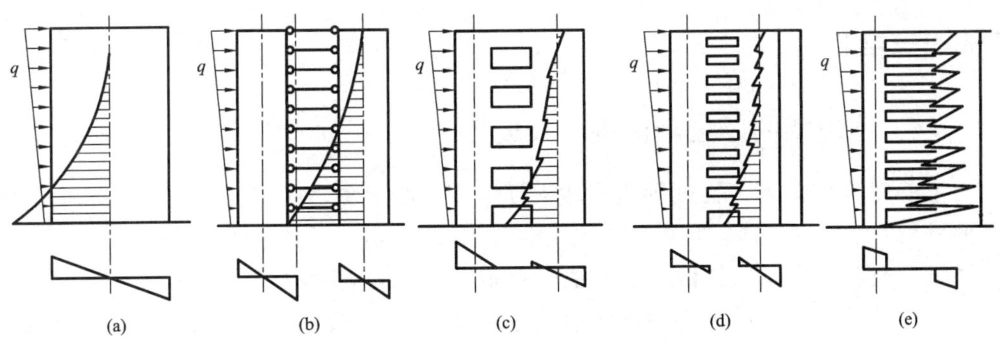

图 12－1　各类剪力墙的受力特点

肢轴力为零，各墙肢自身截面上的正应力呈直线分布。弯矩图既不发生突变也无反弯点，如图 12－1(b)所示，变形曲线以弯曲型为主。

(3)墙体小开口墙的洞口较小，连梁刚度很大，墙肢的刚度又相对较小，即 α 值很大。此时连梁的约束作用很强，墙的整体性良好。水平荷载产生的弯矩主要由墙肢的轴力负担，墙肢弯矩较小，弯矩图有突变，但基本上无反弯点，截面正应力接近于直线分布，如图 12－1(c)所示。变形曲线仍以弯曲型为主。

(4)连肢墙介于整体小开口墙和独立悬臂墙之间，连梁对墙肢有一定的约束作用，墙肢弯矩图有突变，并且有反弯点存在，墙肢局部弯矩较大，整个截面正应力不再呈直线分布，如图 12－1(d)所示。变形曲线为弯曲型。

(5)壁式框架是指洞口较宽，连梁与墙肢的截面弯曲刚度接近，墙肢中弯矩与框架柱相似，其弯矩图不仅在楼层处有突变，而且在大多数楼层中都出现反弯点，如图 12－1(e)所示。变形曲线呈整体剪切型。

由上可知，由于连梁对墙肢的约束作用，使墙肢弯矩产生突变，突变值大小主要取决于连梁与墙肢的相对刚度比。

【知识总结】

剪力墙结构是由一系列的竖向纵、横墙和平面楼板所组成的空间结构体系。它具有刚度大、位移小、抗震性能好的特点，是高层建筑中常用的结构体系。

剪力墙结构一般多采用横墙承重方案，楼板沿纵向布置，支撑在横墙上。剪力墙结构在水平荷载作用下，各片墙承受的水平力大小将按其抗侧力刚度的大小来分配。

任务二　识读剪力墙结构平法施工图

【任务目标】

1. 熟悉剪力墙结构的相关构造要求；
2. 了解剪力墙平法施工图的内容，进行简单图纸识读。

【知识链接】

12.2.1 剪力墙的厚度和混凝土强度等级

剪力墙的厚度和混凝土强度等级一般根据结构的刚度和承载力要求确定，此外墙厚还应考虑平面外稳定、开裂、减轻自重、轴压比的要求等因素。《高规》规定了剪力墙截面厚度应符合墙体稳定验算的要求，其目的是保证剪力墙出平面的刚度和稳定性能。

非抗震设计的剪力墙的截面厚度不应小于 160 mm；一级、二级剪力墙，底部加强部位不应小于 200 mm，其他部位不应小于 160 mm；无端柱或翼墙的一字形独立剪力墙，底部加强部位不应小于 220 mm，其他部位不应小于 180 mm；三级、四级剪力墙的截面厚度，底部加强部位不应小于 160 mm，其他部位不应小于 160 mm；无端柱或无翼墙的一字形独立剪力墙，底部加强部位截面厚度不应小于 180 mm，其他部位不应小于 160 mm。

12.2.2 剪力墙的加强部位

通常剪力墙的底部截面弯矩最大，可能出现塑性铰，底部截面钢筋屈服以后，由于钢筋和混凝土的黏结力破坏，钢筋屈服的范围扩大而形成塑性铰区。同时，塑性铰区也是剪力最大的部位，斜裂缝常常在这个部位出现，且分布在一定的范围，反复荷载作用就形成交叉裂缝，可能出现剪切破坏。在塑性铰区要采取加强措施，称为剪力墙的加强部位。

抗震设计时，为保证剪力墙出现塑性铰后具有足够的延性，该范围应当加强构造措施，提高其抗剪能力。《高规》规定，抗震设计时，剪力墙底部加强部位的高度可取底部两层和墙体总高度的 1/10 二者的较大值，带转换层的高层建筑结构，其剪力墙底部加强部位的高度应从地下室顶板算起，宜取至转换层以上两层且不宜小于房屋高度的 1/10。当结构计算嵌固端位于地下一层底板或以下时，底部加强部位宜延伸到计算嵌固端。

12.2.3 剪力墙的截面设计

剪力墙是一种承受压、弯、剪共同作用的抗侧能力强的构件，它的截面设计的基本要求是：在正常使用荷载及风荷载、小地震作用下，结构应处于弹性工作阶段，裂缝宽度不能过大，这时需满足强度、变形和抗裂性等要求；在中等强度地震作用下，允许进入弹塑性状态，必须保证在非弹性变形的反复作用下，有足够的承载力、良好的延性和一定的变形能力；在强烈地震作用下，剪力墙不允许倒塌。另外，剪力墙的设计均应保证在楼层高度范围的总体稳定和平面外的侧向稳定。

剪力墙通常是由墙肢和连梁组成的，它在外力作用下可能出现剪切破坏，也可能出现弯曲破坏。墙身内的水平钢筋起着抵抗剪力的作用，而竖向钢筋通常是抵抗弯曲的。因此，剪力墙的截面设计应分别进行平面内的偏心受压或偏心受拉、平面外轴心受压承载力及斜截面受剪承载力计算。在集中荷载作用下，墙内无暗柱时还应进行局部受压承载力计算。一般情况下，主要验算剪力墙平面内的承载力，当平面外有较大弯矩时，还应验算平面外的受弯承载力。跨高比小于 5 的连梁应按有关的规定设计，跨高比不小于 5 的连梁宜按框架梁设计。

12.2.4　剪力墙的轴压比限值和边缘构件

1. 轴压比限值

当偏心受压剪力墙轴力较大时，截面受压区高度增大，与钢筋混凝土柱相同，其延性降低。研究表明，剪力墙的边缘构件由于横向钢筋的约束，可改善混凝土的受压性能，增大延性。为了保证在地震作用下钢筋混凝土剪力墙具有足够的延性，《高规》规定，抗震设计时，一级、二级、三级抗震等级剪力墙墙肢，在重力荷载代表值作用下的轴压比 $N/(f_cA_w)$ 不宜超过表 12－1 的限值。

表 12－1　剪力墙墙肢轴压比限值 $N/(f_cA_w)$

抗震等级	一级(9 度设防)	一级(6、7、8 度设防)	二级、三级
轴压比限值	0.4	0.5	0.6

注：剪力墙墙肢轴压比是指重力荷载代表值 N 作用下墙肢承受的轴压力设计值与墙截面面积 A_w 和混凝土轴心抗压强度设计值乘积的比值。

延性系数不仅与轴向压力有关，而且还与截面的形状有关。在相同的轴向压力作用下，带翼缘的剪力墙延性较好，一字形截面剪力墙最为不利，上述规定没有区分工字形截面、T 形及一字形截面，因此，设计时对一字形截面剪力墙墙肢应从严掌握其轴压比。

2. 边缘构件

剪力墙两端和洞口两侧应设置边缘构件，一、二、三级剪力墙底层墙肢底截面的轴压比大于表 12－2 的规定值时，以及部分框支剪力墙结构的剪力墙，应在底部加强部位及相邻的上一层设置约束边缘构件。除此之处，应按规定设置构造边缘构件。约束边缘构件的截面尺寸及配筋都比构造边缘构件要求高，其长度及箍筋配置量都需要通过计算确定。

表 12－2　剪力墙设置构造边缘构件的最大轴压比

抗震等级(设防烈度)	一级(9 度设防)	一级(6、7、8 度设防)	二、三级
轴压比	0.1	0.2	0.3

(1)约束边缘构件的主要措施是加大边缘构件的长度 l_c 及其体积配箍率 ρ_v，体积配箍率 ρ_v 由配箍特征值 λ_v 计算。约束边缘构件沿墙肢的长度 l_c 和配箍特征值 λ_v 应符合表 12－3 的要求，且约束边缘构件内箍筋或拉筋沿竖向的间距，一级不宜大于 100 mm，二级、三级不宜大于 150 mm。箍筋、拉筋沿水平方向的肢距不宜大于 300 mm，不应大于竖向钢筋间距的 2 倍。一级、二级抗震设计时箍筋直径均不应小于 8 mm。箍筋的配筋范围如图 12－2 中的阴影部分所示，其体积配箍率 ρ_v 须满足式 8－1 的要求，即

$$\rho_v \geqslant \lambda_v f_c / f_{yv} \quad (12-1)$$

式中：ρ_v——箍筋体积配箍率。可计入箍筋、拉筋以及符合构造要求的水平分布钢筋，计入的水平分布钢筋的体积配箍率不应大于总体积配箍率的 30%；

λ_v——约束边缘构件配箍特征值；

f_c——混凝土轴心抗压强度设计值；混凝土强度等级低于 C35 时，应取 C35 的混凝土轴心抗压强度设计值；

f_{yv}——箍筋、拉筋或水平分布筋的抗拉强度设计值。

约束边缘构件纵向钢筋的配筋范围不应小于图 12－2 中的阴影面积，剪力墙约束边缘构件阴影部分的竖向钢筋除应满足正截面受压(受拉)承载力计算要求外，其配筋率一、二、三级时分别不应小于 1.2%、1.0% 和 1.0%，并分别不应小于 8 Φ16、6 Φ16 和 6 Φ14 的钢筋。

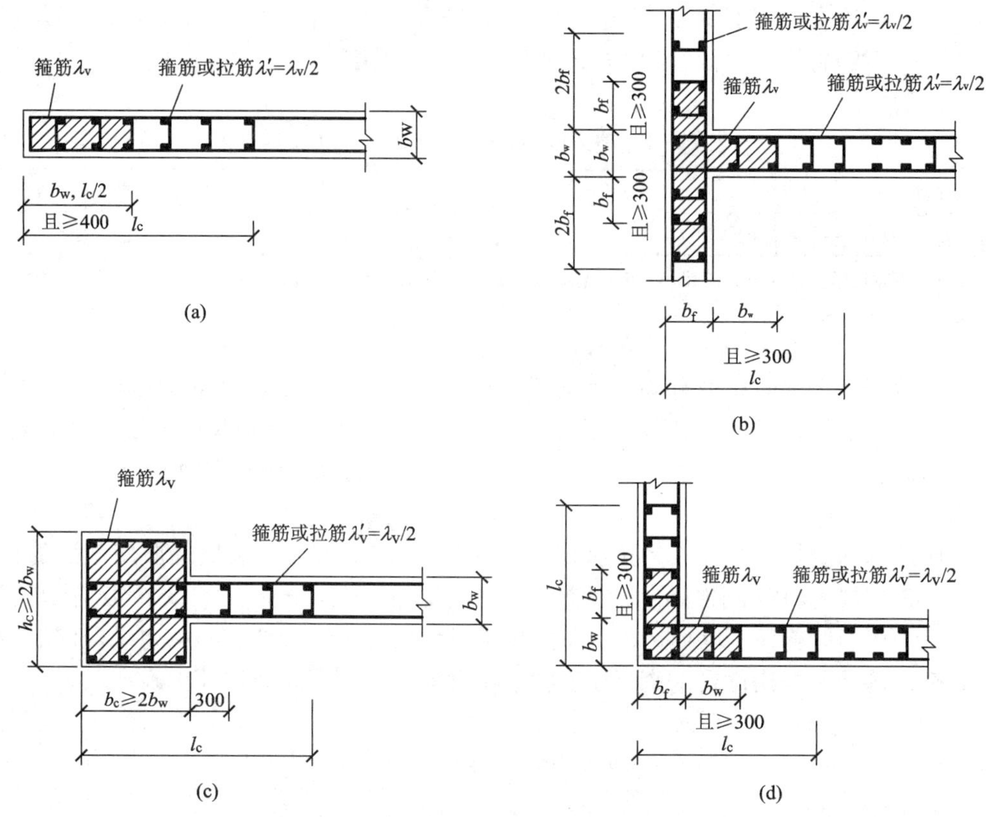

图 12－2　剪力墙的约束边缘构件

(a)暗柱；(b)有翼墙；(c)有端柱；(d)转角墙(L 形墙)

约束边缘构件沿墙肢的长度及配箍特征值按表 12－3 采用；当墙肢轴压比较小时，约束边缘构件的配箍特征值可适当降低。

表 12－3　约束边缘构件范围 l_c 及其配箍特征值 λ_v

抗震等级(设防烈度)	一级(9 度设防)		一级(6、7、8 度设防)		二级、三级	
轴压比	≤0.2	>0.2	≤0.3	>0.3	≤0.4	>0.4
λ_v	0.12	0.20	0.12	0.20	0.12	0.20
l_c(暗柱)	$0.20h_w$	$0.25h_w$	$0.15h_w$	$0.20h_w$	$0.15h_w$	$0.20h_w$
l_c(端柱、翼墙或转角墙)	$0.15h_w$	$0.20h_w$	$0.10h_w$	$0.15h_w$	$0.10h_w$	$0.15h_w$

注：①h_w为墙肢的长度。②剪力墙的翼墙长度小于其 3 倍厚度或端柱截面边长小于 2 倍墙厚时，视为无翼墙、无端柱。③l_c为约束边缘构件沿墙肢的长度。对暗柱不应小于墙厚和 400 mm 的较大值；有翼墙或端柱时，不应小于翼墙厚度或端柱沿墙肢方向截面高度加 300 mm。

对于十字形截面剪力墙，可按两片墙分别在墙端部设置约束边缘构件，交叉部位只按构造要求配置暗柱。

约束边缘构件中的纵向钢筋宜采用 HRB335 或 HRB400 级钢筋。

(2)构造边缘构件的范围宜按图 12－3 中阴影部分采用，其最小配筋应满足表 12－4 的规定，并应符合下列要求：

表 12－4　剪力墙构造边缘构件的配筋要求

抗震等级	底部加强区			其他部位		
	纵向钢筋最小量（取较大值）	箍筋		纵向钢筋最小量（取较大值）	拉筋	
		最小直径/mm	最大间距/mm		最小直径/mm	沿竖向最大间距/mm
一	$0.01A_c$，6 Φ16	8	100	$0.008A_c$，6 Φ14	8	150
二	$0.008A_c$，6 Φ14	8	150	$0.006A_c$，6 Φ12	8	200
三	$0.006A_c$，6 Φ12	6	150	$0.005A_c$，4 Φ12	6	200
四	$0.005A_c$，4 Φ12	6	200	$0.004A_c$，4 Φ12	6	250

注：①A_c为计算边缘构件纵向构造钢筋的暗柱或端柱面积。②其他部位的转角处宜采用箍筋。

1)竖向配筋应满足正截面受压(受拉)承载力的要求。

2)当柱端承受集中荷载时，其竖向钢筋、箍筋直径和间距应满足框架柱的相应要求。

3)箍筋、拉筋沿水平方向的肢距不宜大于 300 mm，不应大于竖向钢筋间距的 2 倍。

4)抗震设计时，对于连体结构、错层结构及 B 级高度高层建筑结构中的剪力墙，其构造边缘构件的最小配筋应符合下列要求：竖向钢筋最小量应将表 12－4 中的数值提高 $0.001A_c$；箍筋的配筋范围宜取图 12－3中的阴影部分，其箍筋特征值 λ_v 不宜小于 0.1；非抗震设计的剪力墙，墙肢端部应配置不少于 4 Φ12 的纵向钢筋，箍筋直径不应小于 6 mm、间距不宜大于 250 mm。

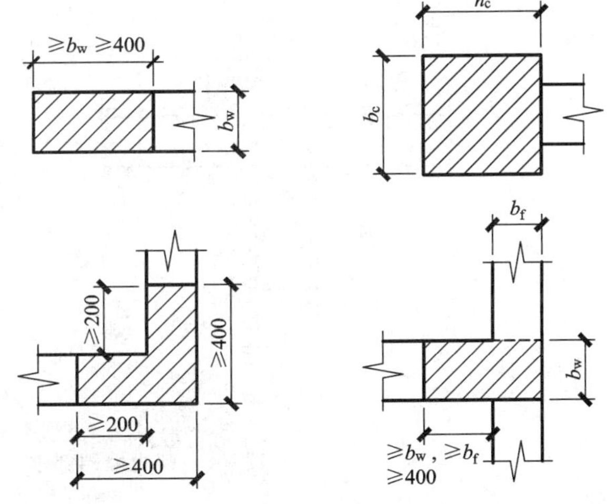

图 12－3　剪力墙构造边缘构件(mm)

12.2.5　剪力墙截面的构造要求

1. 剪力墙分布钢筋的配筋方式

剪力墙分布钢筋的配筋方式有单排及多排配筋。剪力墙厚度大于 140 mm 时，其竖向和水平向分布钢筋不应少于双排布置，当剪力墙厚度超过 400 mm 时，若仅采用双排配筋，会形成中间大面积的素混凝土，使剪力墙截面应力分布不均匀，故剪力墙分布钢筋配筋方式宜按表 12－

5 采用。各排分布钢筋之间应采用拉筋连接，拉筋应与外皮钢筋钩牢。拉结钢筋间距不应大于 600 mm，直径不应小于 6 mm。在底部加强部位，约束边缘构件以外的拉筋应适当加密。

表 12－5　分布钢筋的配筋方式

截面厚度	$b_w \leqslant 400$ mm	400 mm $< b_w \leqslant 700$ mm	$b_w > 700$ mm
配筋方式	2 排配筋	3 排配筋	4 排配筋

2. 分布钢筋的连接和锚固

剪力墙水平分布钢筋应伸至墙端，并向内弯折 $10d$ 后截断［图 12－4(a)、(b)］，其中 d 为水平分布钢筋直径；当墙厚度较小时，也可采用在墙端附近搭接的做法［图 12－4(d)］；当剪力墙端部有翼墙或转角墙时，内墙两侧的水平分布钢筋和外墙内侧的水平分布钢筋应伸至翼墙或转角墙外边，并分别向两侧水平弯折不小于 $15d$ 后截断［图 12－4(c)］。

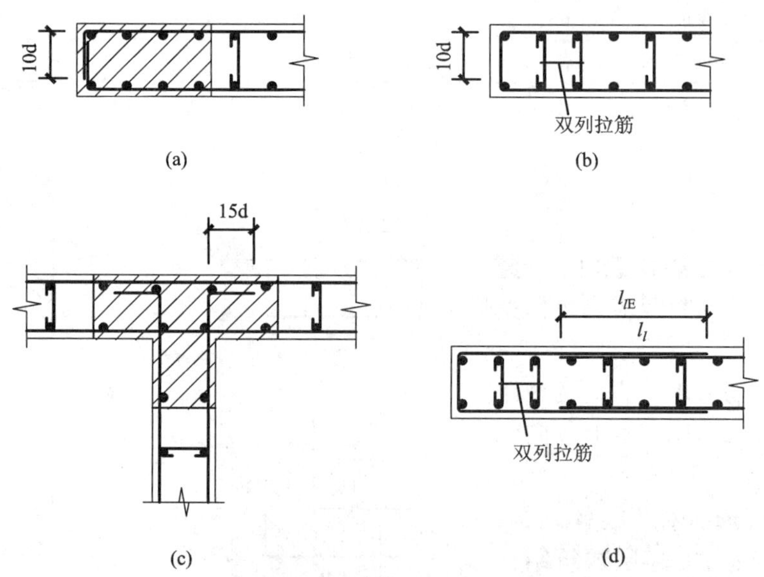

图 12－4　剪力墙端部水平分布钢筋构造

剪力墙竖向及水平钢筋的搭接连接如图 12－5 所示，一、二级抗震等级剪力墙的底部加强部位，接头位置应错开，每次连接的钢筋数量不宜超过总数量的 50%，错开的净距不宜小于 500 mm；其他情况剪力墙的钢筋可在同一部位连接。非抗震设计时，分布钢筋的搭接长度不应小于 $1.2l_a$；抗震设计时，不应小于 $1.2l_a$。暗柱及端柱内纵向钢筋连接和锚固要求与框架柱相同。

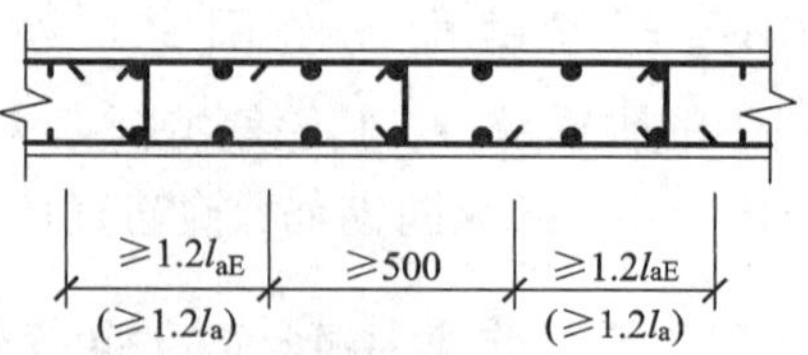

图 12－5　墙内分布钢筋的连接

一、二级抗震等级剪力墙非底部加强部位或三、四级抗震等级或非抗震设计的剪力墙竖向分布钢筋可在同一截面搭接，搭接长度不应小于 $1.2l_{aE}$ 或 $1.2l_a$，且不应小于 300 mm。当分布钢筋直径大于 28 mm 时，不宜采用搭接接头。

3. 连梁的配筋构造

连梁是一个受到反弯矩作用的梁，并且通常跨高比较小，因而容易出现剪切斜裂缝，为防止斜裂缝出现后的脆性破坏，《混凝土高规》规定了连梁在构造上的一些特殊要求。

(1)跨高比(l/h_b)不大于 1.5 的连梁，非抗震设计时，其纵向钢筋的最小配筋率应为 0.2%；抗震设计时，其纵向钢筋的最小配筋率宜符合表 12-6 的要求；跨高比大于 1.5 的连梁，其纵向钢筋的最小配筋率可按框架梁的要求采用。

(2)剪力墙结构连梁中，非抗震设计时，顶面及底面单侧纵向钢筋的最大配筋率不宜大于 2.5%；抗震设计时，顶面及底面单侧纵向钢筋的最大配筋率宜符合表 12-7 的要求。如不满足，则应按实配钢筋进行连梁强剪弱弯的验算。

表 12-6　跨高比不大于 1.5 的连梁纵向钢筋的最小配筋率

跨高比	最小配筋率(采用较大值)
$l/h_b \leqslant 0.5$	0.20，$45f_t/f_y$
$0.5 < l/h_b \leqslant 1.5$	0.25，$55f_t/f_y$

表 12-7　连梁纵向钢筋的最大配筋率

跨高比	最大配筋率
$l/h_b \leqslant 1.0$	0.6
$1.0 < l/h_b \leqslant 2.0$	1.2
$2.0 < l/h_b \leqslant 2.5$	1.5

(3)纵向受力钢筋伸入墙内的锚固长度。连梁顶面、底面纵向受力钢筋伸入墙内的锚固长度，抗震设计时不应小于 l_{aE}，非抗震设计时不应小于 l_a，且伸入墙内长度不应小于 600 mm。在顶层连梁纵向钢筋伸入墙体的长度范围内，应配置间距不大于 150 mm 的构造箍筋，构造箍筋直径与该连梁的箍筋直径相同(图 12-6)。

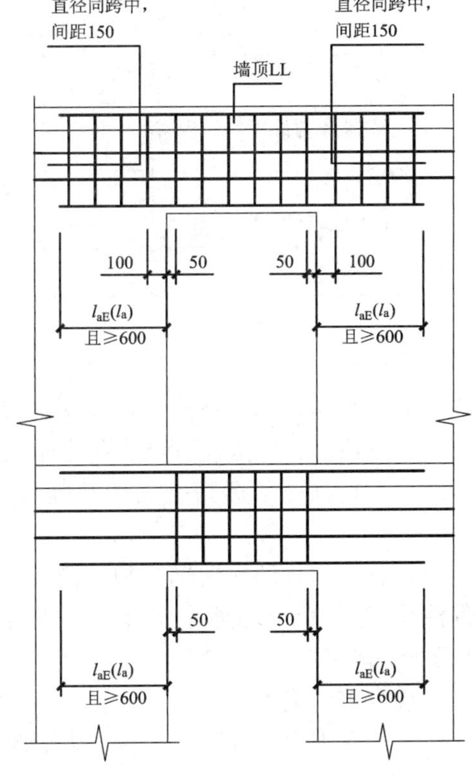

图 12-6　连梁配筋构造

(4)连梁全长箍筋的构造要求。抗震设计时，沿连梁全长箍筋的构造应符合框架梁梁端箍筋加密区的箍筋构造要求；非抗震设计时，沿连梁全长的箍筋直径不应小于 6 mm，间距不应大于 150 mm。

(5)连梁的腰筋配筋。连梁高度范围内的墙肢水平分布钢筋应在连梁内拉通作为连梁的腰筋。当梁的腹板高度 h_w 不小于 450 mm 时，其两侧面腰筋的直径不应小于 8 mm，间距不应大于 200 mm；跨高比不大于 2.5 的连梁，其两侧腰筋的总面积配筋率不应小于 0.3%。

(6)剪力墙墙面和连梁开洞口时的构造要

求。当剪力墙墙面所开洞口较小时，除了将切断的分布钢筋集中在洞口边缘补足外，还要有所加强，以抵抗洞口应力集中。连梁是剪力墙中薄弱部位，应重视连梁中开洞口后的加强措施。

12.2.6 剪力墙平法施工图的识读

剪力墙平法课上练习

剪力墙平法施工图系在剪力墙平面布置图上采用列表注写方式或截面注写方式表达。在剪力墙平法施工图中，应按规定注明各结构层的顶面标高、结构层高及相应的结构层号，尚应注明上部结构嵌固部位位置。对于轴线未居中的剪力墙(包括端柱)，应标注其偏心定位尺寸。

1. 列表注写方式

为表达清楚、简便，剪力墙可视为由剪力墙柱、剪力墙身和剪力墙梁三类构件组成。列表注写方式由剪力墙平面布置图、对应的剪力墙柱表、剪力墙身表和剪力墙梁表组成。表中内容是三类构件的截面配筋图、几何尺寸与配筋具体数值，如图 12－7。

(1)剪力墙柱表

剪力墙柱表中表达的内容，如下：

①注写墙柱编号，绘制截面配筋图，标注墙柱几何尺寸。墙柱编号由类型代号和序号组成，如表 12－8。

表 12－8 墙柱编号

墙柱类型	代号	序号
约束边缘构件	YBZ	××
构造边缘构件	GBZ	××
非边缘暗柱	AZ	××
扶壁柱	FBZ	××

约束边缘构件和构造边缘构件包括暗柱、端柱、翼墙、转角墙四种，如图 12－8、12－9。需注明约束边缘构件和构造边缘构件的阴影部分尺寸，扶壁柱及非边缘暗柱的几何尺寸。

②注写各段墙柱的起止标高，自墙柱根部往上以变截面位置或截面未变但配筋改变处为界分段注写。墙柱根部标高一般指基础顶面标高(部分框支剪力墙结构则为框支梁顶面标高)。

③注写各段墙柱的纵向钢筋和箍筋，注写值应与在表中绘制的截面配筋图对应一致。纵向钢筋注总配筋值；墙柱箍筋的注写方式与柱箍筋相同。

(2)剪力墙身表

剪力墙身表中表达的内容，如下：

①注写墙身编号，由代号、序号以及墙身所配置的水平与竖向分布钢筋的排数组成，其中，排数注写在括号内，表达形式为 Q××(××排)。

如若干墙柱截面尺寸与配筋均相同，仅截面与轴线的关系不同时，可编为同一墙柱号；又如若干墙身的厚度尺寸与配筋均相同，仅墙厚与轴线关系不同或墙身长度不同时，也可将

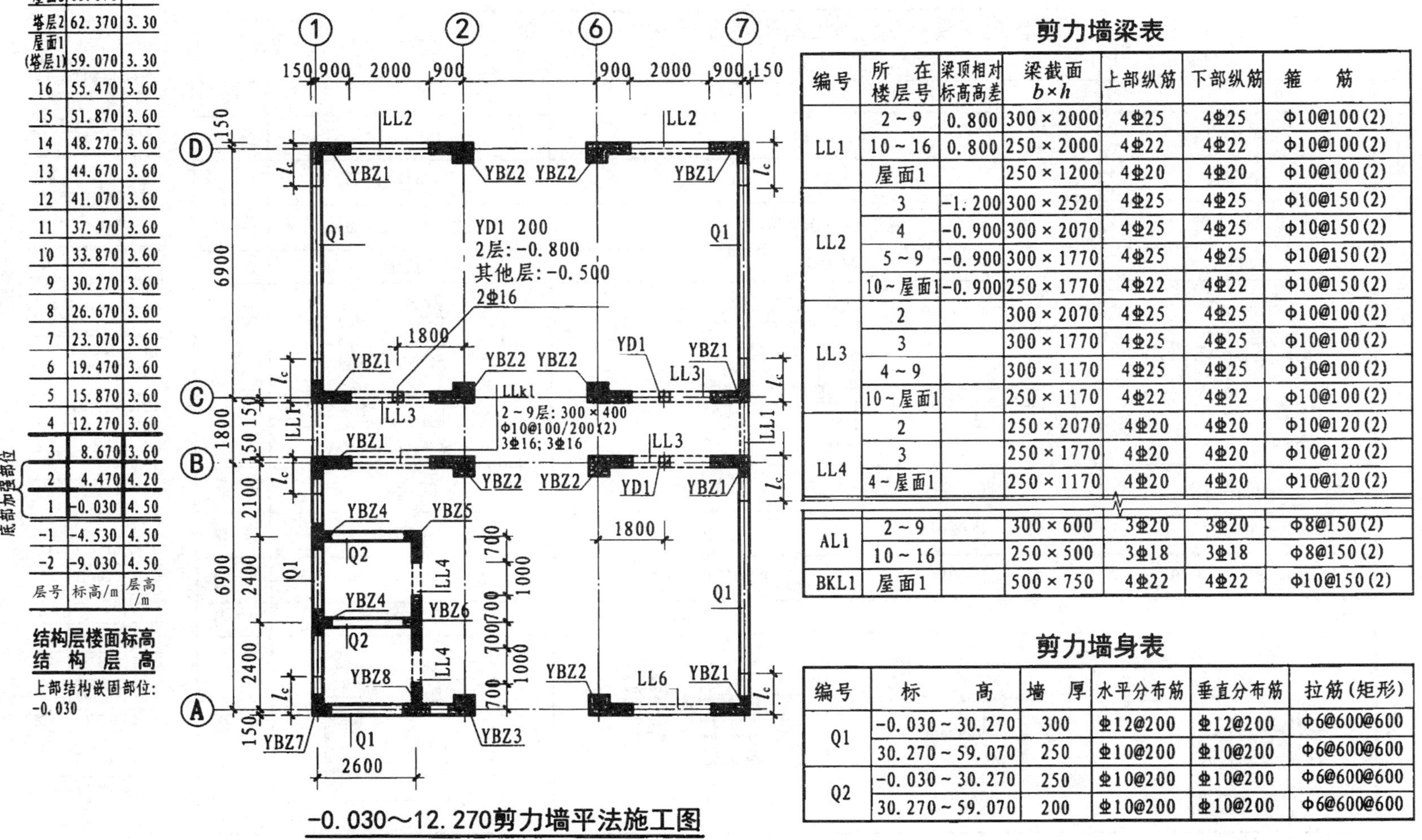

层号	标高/m	层高/m
屋面2	65.670	
塔层2	62.370	3.30
屋面1（塔层1）	59.070	3.30
16	55.470	3.60
15	51.870	3.60
14	48.270	3.60
13	44.670	3.60
12	41.070	3.60
11	37.470	3.60
10	33.870	3.60
9	30.270	3.60
8	26.670	3.60
7	23.070	3.60
6	19.470	3.60
5	15.870	3.60
4	12.270	3.60
3	8.670	3.60
2	4.470	4.20
1	-0.030	4.50
-1	-4.530	4.50
-2	-9.030	4.50

结构层楼面标高
结构层高

上部结构嵌固部位：
-0.030

-0.030～12.270剪力墙平法施工图

剪力墙梁表

编号	所在楼层号	梁顶相对标高高差	梁截面 $b \times h$	上部纵筋	下部纵筋	箍筋
LL1	2～9	0.800	300×2000	4⌀25	4⌀25	Φ10@100(2)
	10～16	0.800	250×2000	4⌀22	4⌀22	Φ10@100(2)
	屋面1		250×1200	4⌀20	4⌀20	Φ10@100(2)
LL2	3	-1.200	300×2520	4⌀25	4⌀25	Φ10@150(2)
	4	-0.900	300×2070	4⌀25	4⌀25	Φ10@150(2)
	5～9	-0.900	300×1770	4⌀25	4⌀25	Φ10@150(2)
	10～屋面1	-0.900	250×1770	4⌀22	4⌀22	Φ10@150(2)
LL3	2		300×2070	4⌀25	4⌀25	Φ10@100(2)
	3		300×1770	4⌀25	4⌀25	Φ10@100(2)
	4～9		300×1170	4⌀25	4⌀25	Φ10@100(2)
	10～屋面1		250×1170	4⌀22	4⌀22	Φ10@100(2)
LL4	2		250×2070	4⌀20	4⌀20	Φ10@120(2)
	3		250×1770	4⌀20	4⌀20	Φ10@120(2)
	4～屋面1		250×1170	4⌀20	4⌀20	Φ10@120(2)
AL1	2～9		300×600	3⌀20	3⌀20	Φ8@150(2)
	10～16		250×500	3⌀18	3⌀18	Φ8@150(2)
BKL1	屋面1		500×750	4⌀22	4⌀22	Φ10@150(2)

剪力墙身表

编号	标高	墙厚	水平分布筋	垂直分布筋	拉筋（矩形）
Q1	-0.030～30.270	300	⌀12@200	⌀12@200	Φ6@600@600
	30.270～59.070	250	⌀10@200	⌀10@200	Φ6@600@600
Q2	-0.030～30.270	250	⌀10@200	⌀10@200	Φ6@600@600
	30.270～59.070	200	⌀10@200	⌀10@200	Φ6@600@600

层号	标高(m)	层高(m)
屋面2	65.670	
塔层2	62.370	3.30
屋面1（塔层1）	59.070	3.30
16	55.470	3.60
15	51.870	3.60
14	48.270	3.60
13	44.670	3.60
12	41.070	3.60
11	37.470	3.60
10	33.870	3.60
9	30.270	3.60
8	26.670	3.60
7	23.070	3.60
6	19.470	3.60
5	15.870	3.60
4	12.270	3.60
3	8.670	3.60
2	4.470	4.20
1	-0.030	4.50
-1	-4.530	4.50
-2	-9.030	4.50

底部加强部位

结构层楼面标高
结 构 层 高

上部结构嵌固部位：
-0.030

剪力墙柱表

截 面	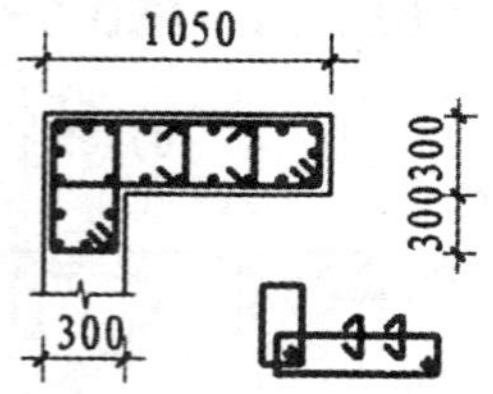 1050, 300300, 300	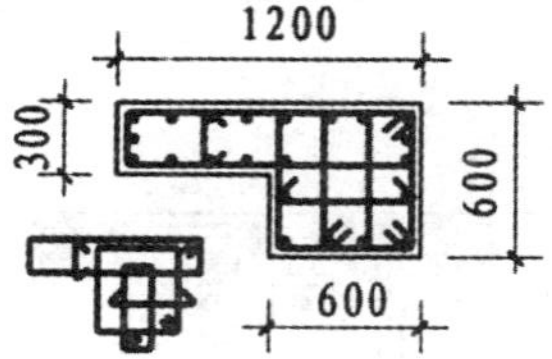 1200, 300, 600, 600	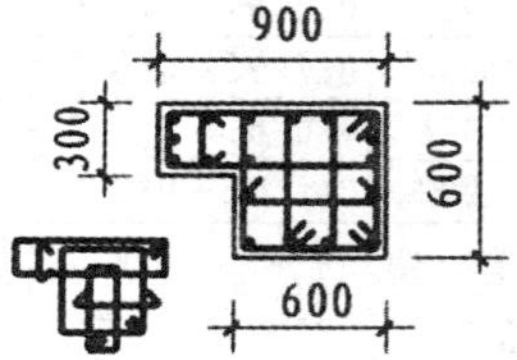 900, 300, 600, 600	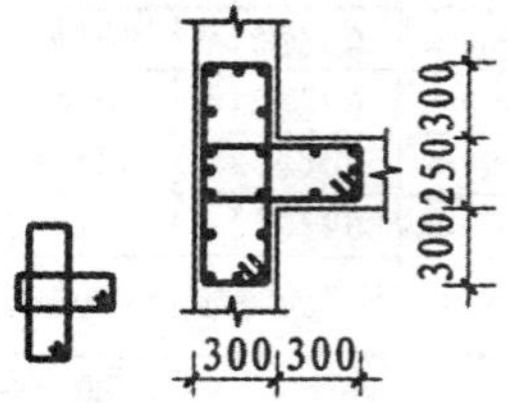 300250300, 300, 300
编 号	YBZ1	YBZ2	YBZ3	YBZ4
标 高	-0.030～12.270	-0.030～12.270	-0.030～12.270	-0.030～12.270
纵 筋	24⌀20	22⌀20	18⌀22	20⌀20
箍 筋	Φ10@100	Φ10@100	Φ10@100	Φ10@100
截 面	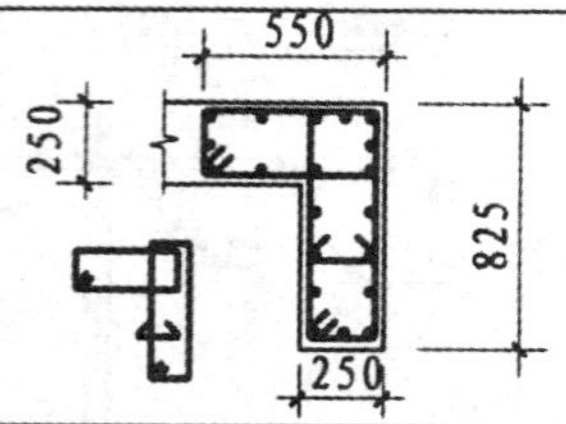 550, 250, 825, 250	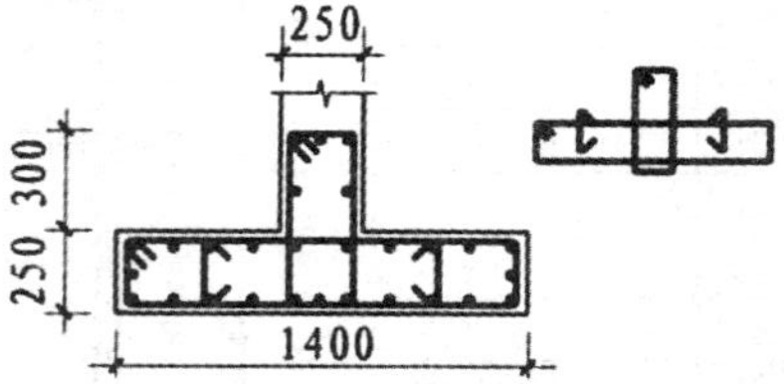 250, 300, 250, 1400		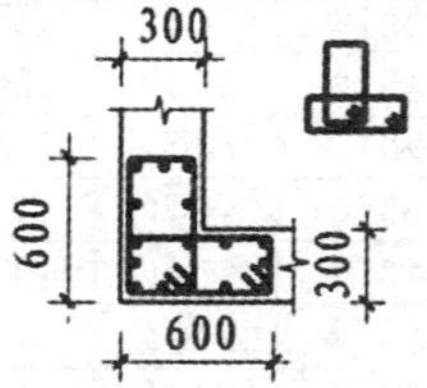 300, 600, 300, 600
编 号	YBZ5	YBZ6		YBZ7
标 高	-0.030～12.270	-0.030～12.270		-0.030～12.270
纵 筋	20⌀20	28⌀20		16⌀20
箍 筋	Φ10@100	Φ10@100		Φ10@100

-0.030～12.270剪力墙平法施工图(部分剪力墙柱表)

图12-7　剪力墙平法施工图列表注写方式示例(注：本图摘自16G101—1)

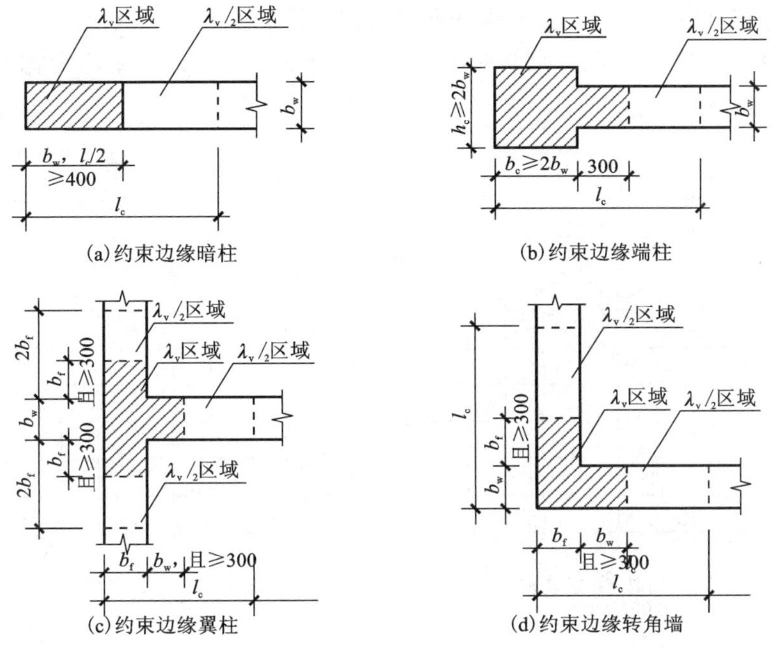

(a) 约束边缘暗柱　(b) 约束边缘端柱
(c) 约束边缘翼柱　(d) 约束边缘转角墙

图 12－8　约束边缘构件

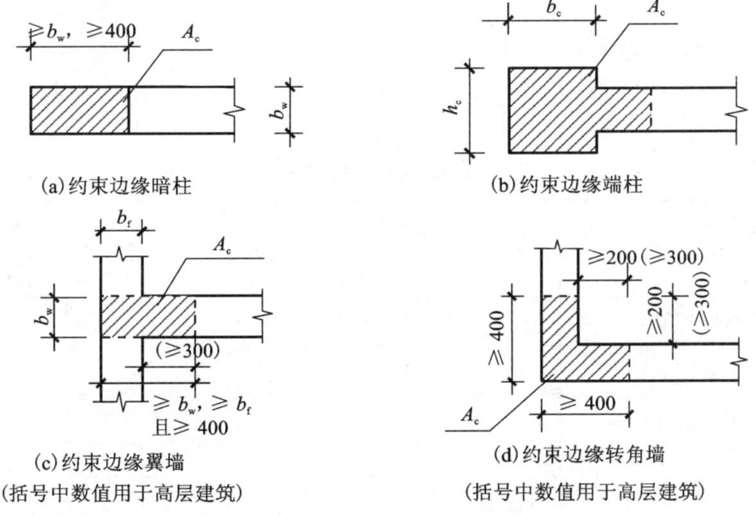

(a) 约束边缘暗柱　(b) 约束边缘端柱
(c) 约束边缘翼墙（括号中数值用于高层建筑）　(d) 约束边缘转角墙（括号中数值用于高层建筑）

图 12－9　构造边缘构件

其编为同一墙身号，但应在图中注明与轴线的几何关系。

当墙身所设置的水平与竖向分布钢筋的排数为 2 时可不注。

对于分布钢筋网的排数规定：当剪力墙厚度 $b \leqslant 400$ 时，应配置双排；当剪力墙厚度 $400 < b \leqslant 700$ 时，宜配置三排；当剪力墙厚度 $b > 700$ 时，宜配置四排。

②注写各段墙身的起止标高，自墙身根部往上以变截面位置或截面未变但配筋改变处为界

分段注写。墙身根部标高一般指基础顶面标高(部分框支剪力墙结构则为框支梁顶面标高)。

③注写水平分布钢筋、竖向分布钢筋和拉筋的具体数值。注写数值为一排水平分布钢筋和竖向分布钢筋的规格和间距。拉筋应注明布置的方式，有“矩形”和“梅花”两种，如图12-10。

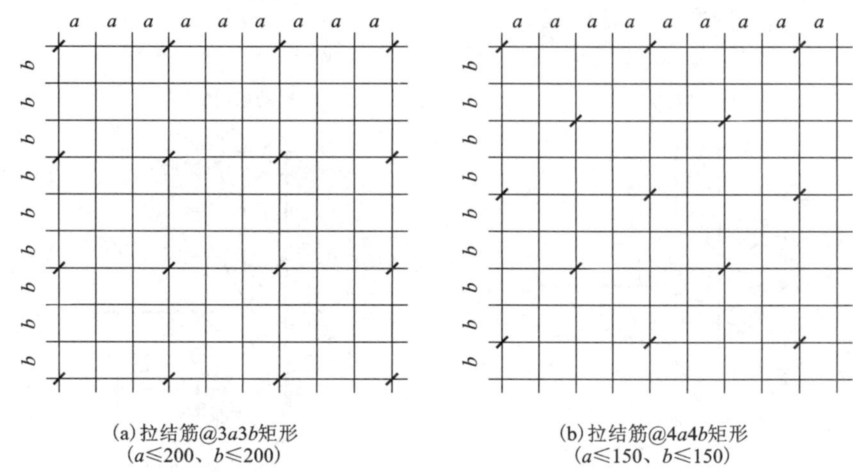

(a)拉结筋@3a3b矩形
($a \leq 200$、$b \leq 200$)

(b)拉结筋@4a4b矩形
($a \leq 150$、$b \leq 150$)

图12-10 拉筋布置方式示意

(3)剪力墙梁表

剪力墙梁表中表达的内容，如下：

①注写墙梁编号，由墙梁类型代号和序号组成，表达形式如表12-9。

表12-9 墙梁编号

墙梁类型	代号	序号
连梁	LL	××
连梁(对角暗撑配筋)	LL(JC)	××
连梁(交叉斜筋配筋)	LL(JX)	××
连梁(集中对角斜筋配筋)	LL(DX)	××
连梁(跨高比不小于5)	LLk	××
暗梁	AL	××
边框梁	BKL	××

注：1.在具体工程中，当某些墙身需设置暗梁或边框梁时，宜在剪力墙平法施工图中绘制暗梁或边框梁的平面布置图并编号，以明确其具体位置。

2.跨高比不小于5的连梁按框架梁设计时，代号为LLk。

其中，连梁、暗梁、边框梁如图12-11。LL(JC)、LL(JX)、LL(DX)具体形式见16G101—1中81页。

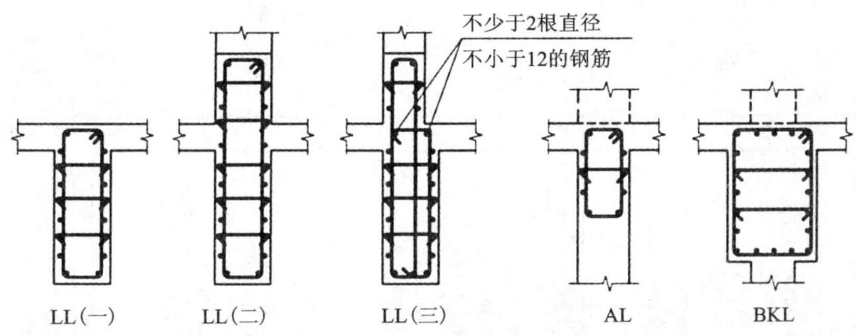

图 12－11　各类型墙梁示意

②注写墙梁所在楼层号。

③注写墙梁顶面标高高差，指相对于墙梁所在结构层楼面标高的高差值。正值指高于结构楼层面，负值低于，无高差时不注。

④注写墙梁截面尺寸 $b \times h$，上部纵筋，下部纵筋和箍筋的具体数值。对于 LL(JC)、LL(JX)、LL(DX)三种连梁还要标注出暗撑、交叉斜筋、集中对角斜筋的配置规格。

⑤跨高比不小于 5 的连梁，按框架梁设计时(代号为 LLk)，采用平面注写方式，注写规则同框架梁，可采用适当比例单独绘制，也可与剪力墙平法施工图合并绘制。

2. 截面注写方式

剪力墙平法施工图的截面注写方式是在分标准层绘制的剪力墙平面布置图上，直接在墙柱、墙身、墙梁上注写截面尺寸和配筋具体数值。选用适当比例原位放大绘制剪力墙平面布置图，对于墙柱，绘制配筋截面图；对于所有墙柱、墙身、墙梁分别按照列表注写方式中的规则进行编号，然后在相同编号的墙柱、墙身、墙梁中选择一根墙柱、一根墙身、一根墙梁进行注写，标注的内容同列表注写方式中的要求。如图 12－12。

3. 剪力墙洞口的表示方式

剪力墙的洞口在剪力墙平面布置图上原位表达。在平面布置图上绘制洞口示意，并标注洞口中心的平面定位尺寸。然后在洞口中心位置引注：

(1)洞口编号：矩形洞口为 JD××(××为序号)，圆形洞口为 YD ××(××为序号)。

(2)洞口几何尺寸：矩形洞口为洞宽×洞高($b \times h$)，圆形洞口为洞口直径 D。

(3)洞口中心相对标高，系相对于结构层楼(地)面标高的洞口中心高度。正值为高于结构层楼面，负值为低于结构层楼面。

(4)洞口每边补强钢筋，根据洞口的大小配置不同形式的补强钢筋。

例：JD 2 400×300　+3.100 3 Φ14，表示 2 号矩形洞口，洞宽 400、洞高 300，洞口中心距本结构层楼面 3100，洞口每边补强钢筋为 3 Φ14。

层号	标高/m	层高/m
屋面2	65.670	
塔层2	62.370	3.30
屋面1(塔层1)	59.070	3.30
16	55.470	3.60
15	51.870	3.60
14	48.270	3.60
13	44.670	3.60
12	41.070	3.60
11	37.470	3.60
10	33.870	3.60
9	30.270	3.60
8	26.670	3.60
7	23.070	3.60
6	19.470	3.60
5	15.870	3.60
4	12.270	3.60
3	8.670	3.60
2（底部加强部位）	4.470	4.20
1（底部加强部位）	-0.030	4.50
-1	-4.530	4.50
-2	-9.030	4.50

结构层楼面标高
结 构 层 高

上部结构嵌固部位:
-0.030

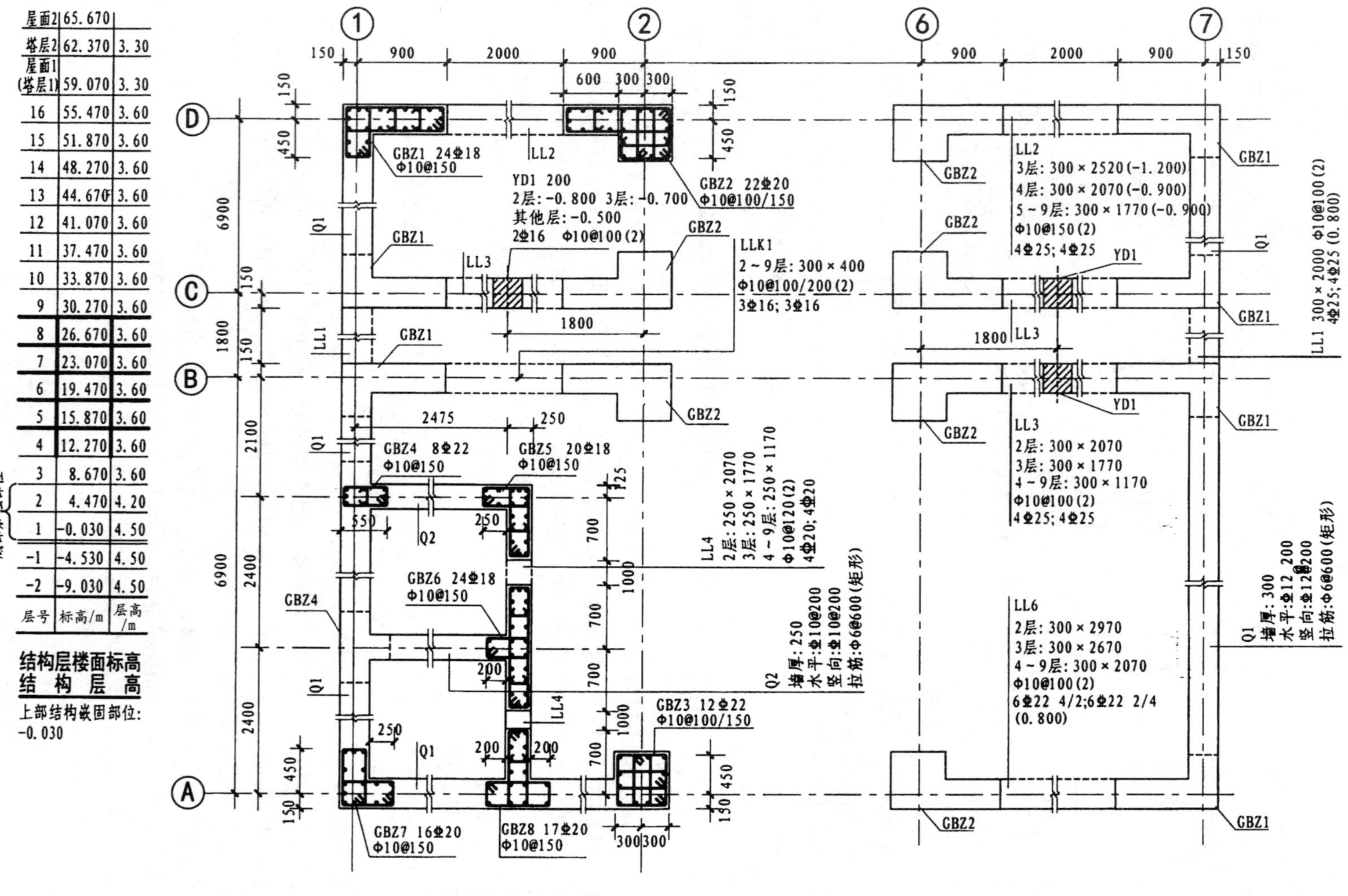

12.270～30.270剪力墙平法施工图

图12-12 剪力墙平法施工图截面注写方式示例(注：本图摘自16G101—1)

【任务布置】

识读一套实际工程的剪力墙平法施工图。

【知识总结】

剪力墙的厚度和混凝土强度等级一般根据结构的刚度和承载力要求确定，此外墙厚还应考虑平面外稳定、开裂、减轻自重、轴压比的要求等因素。剪力墙的构造要求主要从剪力墙分布钢筋的配筋方式、分布钢筋的连接和锚固连梁的配筋几方面讲解。

剪力墙平法施工图识在剪力墙平面布置图上采用列表注写方式或截面注写方式表达。

【课后练习】

拓展：剪力墙构造要求

简述剪力墙平法施工图的内容。

学习情境十三　识读装配式混凝土结构施工图

【项目描述与分析】

通过学习装配式混凝土结构的平面布置图及外墙板构件详图，使学生能够识读简单装配式混凝土结构的图纸。

【学习目标】

能力目标	知识目标	权重
了解装配式混凝土结构的基本概念，能识读装配式混凝土结构的平面布置图及剪力墙详图	了解装配式混凝土结构的基本概念	20%
	掌握装配式混凝土结构的平面布置图	50%
	掌握一个门洞外墙板详图	30%
合　计		100%

任务一　熟悉装配式混凝土结构体系

【案例引入】

住建部大力推进装配式建筑发展，2020 年全国装配式建筑占比将达 15% 以上，那么在装配整体式结构中，哪些构件可以进行预制？一套装配式混凝土结构的图纸应该包括哪些内容呢？

【任务目标】

了解装配式混凝土结构的基本概念。

【知识链接】

13.1.1　装配式混凝土结构的概念

装配式建筑是指结构系统、外围护系统、设备与管线系统、内装系统的主要部分采用预制部品部件集成的建筑。装配式建筑是一个系统工程，是将预制构件和部品部件通过模数协调、模块组合、接口连接、节点构造和施工工法等用装配式的集成方法，在工地高效、可靠装配并做到建筑围护、主体结构、机电装修一体化的建筑。

按照结构材料的不同，装配式建筑可分为装配式钢结构建筑（图 13－1）、装配式混凝土建筑、装配式木结构建筑（图 13－2）、装配式复合材料建筑等。其中，建筑物的结构系统由混凝土部件（预制构件）构成的装配式建筑称为装配式混凝土建筑。在结构工程中，这类建筑被称为装配式混凝土结构，简称装配式结构。

图 13－1　装配式钢结构建筑

图 13－2　装配式木结构建筑

13.1.2　装配式混凝土结构的分类

按照预制构件间连接方式的不同，装配式混凝土结构包括装配整体式混凝土结构、全装配混凝土结构等。由预制混凝土构件通过可靠的方式进行连接并与现场后浇混凝土、水泥基灌浆料形成整体的装配式混凝土结构称为装配整体式混凝土结构，简称装配整体式结构（图 13－3）。装配整体式混凝土结构具有较好的整体性和抗震性，是目前大多数多层和高层装配式建筑采用的结构形式。

全部或部分框架梁、柱采用预制构件构建成的装配整体式混凝土结构称为装配整体式混凝土框架结构（图 13－4）。全部或部分剪力墙采用预制墙板构建成的装配整体式混凝土结构称为装配整体式混凝土剪力墙结构（图 13－5）。另外，筒体结构、框架－剪力墙结构等建筑结构体系都可以采用装配式。

图 13－3　装配整体式混凝土结构

图 13－4　装配整体式混凝土框架结构
（构件间存在后浇混凝土连接接缝）

图 13－5　装配整体式混凝土剪力墙结构（预制墙板吊装）

13.1.3 装配式混凝土结构的现浇部位

目前，为保证装配整体式混凝土结构的整体性，并不是把整个建筑的结构体系全部由预制构件装配而成，而是保留了部分现浇部位。国家规范和行业标准规定的装配整体式结构的现浇部位与要求如下：

(1)装配整体式结构宜设置地下室，且地下室宜采用现浇混凝土。

(2)剪力墙结构底部加强部位的剪力墙宜采用现浇混凝土。

(3)框架结构首层柱采用现浇混凝土，顶层采用现浇楼盖结构。

(4)剪力墙结构屋顶层建议采用现浇构件。

(5)结构转换层和作为上部结构嵌固部位的楼层宜采用现浇楼盖。

(6)住宅标准层卫生间、电梯前室、公共交通走廊宜采用现浇结构。

(7)电梯井、楼梯间剪力墙宜采用现浇结构，折板楼梯宜采用现浇结构。

13.1.4 装配式混凝土结构的构件组成

装配整体式混凝土剪力墙结构的主要预制构件有预制外墙板(图 13－6)、预制内墙板、叠合楼板(图 13－7)、预制连梁、预制楼梯(图 13－8)、预制阳台板、预制空调板等。装配整体式混凝土框架结构的主要预制构件有预制柱(图 13－9)、预制梁(图 13－10)、叠合楼板、预制外挂墙板、预制楼梯等。

图 13－6 预制混凝土夹心保温外墙板

图 13－7 桁架钢筋混凝土叠合板

图 13－8 预制混凝土板式楼梯

图 13－9 混凝土预制柱的吊装

预制混凝土剪力墙外墙板按照构造形式可分为单叶外墙板、夹心保温外墙板、装饰一体化外墙板等。其中，现有图集中针对的多为常用的夹心保温外墙板，由内叶墙板、保温层和外叶墙板组成，是非组合式承重预制混凝土夹心保温外墙板，简称预制外墙板，通常被称为“三明治板”(图 13 -6)。外叶墙板作为荷载通过拉结件与承重内叶墙板相连。一般内叶墙板侧面预留钢筋与其他墙板或现浇边缘构件连接，底部通过钢筋灌浆套筒与下层剪力墙外伸钢筋相连。按照墙体上门窗洞口形式的不同，预制外墙板又可分为无洞口外墙板(图 13 -6)、高窗台外墙板、矮窗台外墙板、两窗洞外墙板(图 13 -11)和门洞外墙板等几种形式。

根据断面结构形式，剪力墙外墙板可分为实心墙外墙板(图 13 -6)、双面叠合外墙板(图 13 -12)和圆孔板外墙板等。

图 13 -10　混凝土叠合梁

图 13 -11　两窗洞预制外墙板的吊装

图 13 -12　双面叠合外墙板

预制混凝土剪力墙内墙板一般为单叶板、实心墙板形式，其侧面留筋方式与预制混凝土剪力墙外墙板基本相同。按照墙体上门洞口形式的不同，预制内墙板又可分为无洞口内墙板、固定门垛内墙板、中间门洞内墙板和刀把式内墙板等几种形式。

叠合楼板是由预制底板和后浇钢筋混凝土层叠合而成的装配整体式楼板。常见的叠合楼板形式有两种，桁架钢筋混凝土叠合板和带肋底板混凝土叠合板。

桁架钢筋混凝土叠合板(图 13 -7)下部为预制混凝土底板、上露桁架钢筋。桁架钢筋和预制混凝土底板的粗糙表面保证预制底板与后浇叠合层混凝土的有效黏结。

预制楼梯(图 13 -8)是将梯段整体预制，通过预留的销键孔与梯梁上的预留筋形成连接。

13.1.5　装配式混凝土结构的构件连接方式

装配式混凝土结构的各预制构件通过不同的连接方式装配在一起，才能形成整个建筑物的结构体系。预制构件之间的连接是保证装配式结构整体性的关键。装配式混凝土结构的连接方式分为两大类：湿连接和干连接。

湿连接是指混凝土或水泥基浆料与钢筋结合形成的连接。常用的湿连接形式有套筒灌浆、后浇混凝土等，主要适用于装配整体式混凝土结构的连接。干连接主要借助于金属连接件，如螺栓连接、焊接等，主要适用于全装配式混凝土结构的连接或装配整体式混凝土结构中的外挂墙板等非承重构件的连接。

套筒灌浆连接是将需要连接的钢筋插入金属套筒内对接，在套筒内注入高强早强且有微膨胀特性的灌浆料，灌浆料在套筒筒壁与钢筋之间形成较大的正向应力，在钢筋带肋的粗糙表面产生较大的摩擦力，由此得以传递钢筋的轴向力。

套筒灌浆连接包括全灌浆套筒连接和半灌浆套筒连接两种形式。前者套筒两端均采用灌浆方式与钢筋连接，后者套筒一端采用灌浆方式与钢筋连接，另一端采用非灌浆方式与钢筋连接（通常采用螺纹连接）。装配整体式混凝土剪力墙结构中墙体竖向钢筋的连接多采用半灌浆套筒连接方式，即上层墙体底部预埋半灌浆套筒（上层墙体竖向钢筋与半灌浆套筒机械连接），对应下层墙体竖向钢筋插人并灌入水泥基灌浆料，从而实现上下层墙体竖向钢筋的连接。

后浇混凝土连接是湿连接的一种形式，是指需要连接的预制构件就位，连接的钢筋预埋件等连接完毕后，浇筑混凝土，形成连接。为保证后浇混凝土与预制构件的整体性，预制构件与后浇接触面需要设置键槽面或粗糙面，同时辅以连接钢筋、型钢螺栓等形式。

13.1.6 装配式混凝土结构施工流程

装配式结构图纸完成后，预制构件生产厂家根据图纸要求及现场安装进度需求进行各类构件的生产。生产完成并检验合格的预制构件按照安装顺序运抵施工现场，进行进场验收。各类预制构件按其不同的吊装工艺要求进行吊装，一般先吊装外墙板，再吊装内墙板，后吊装叠合楼板、阳台板、空调板等水平构件。吊装完成后，按照图纸要求进行节点与后浇区的钢筋绑扎与模板支设，以及各类设备管线的预埋，浇筑各后浇段的混凝土，完成本层装配式结构主体施工。

13.1.7 装配式混凝土结构施工图

一、装配式混凝土结构施工图纸组成

从国家建筑标准设计图集《装配式混凝土结构住宅建筑设计示例（剪力墙结构）》（15G939—1）和《装配式混凝土结构表示方法及示例（剪力墙结构）》（15G107—1）中给出的图纸样例，可以看出装配式混凝土剪力墙结构施工图纸的基本组成，以及其与传统现浇结构施工图纸的差异。

传统现浇结构施工图组成相同，装配式混凝土剪力墙结构施工图纸也是由建筑施工图、结构施工图和设备施工图（图集中未详细给出）组成。除传统现浇结构的基本图纸组成外，装配式混凝土剪力墙结构施工图纸还增加了与装配化施工相关的各种图示与说明。

在建筑设计总说明中，添加了装配式建筑设计专项说明。在进行装配施工的楼层平面图和相关详图中，需要分别表示出预制构件和后浇混凝土部分。对各类预制构件给出尺寸控制图。根据项目需要，提供 BIM 模型图。

在结构设计总说明中添加装配式结构专项说明，对构件预制生产和现场装配施工的相关要求进行专项说明。对各类预制构件给出模板图和配筋图。

二、装配式混凝土建筑施工图纸示例

装配式混凝土建筑标准层平面图示例如图 13－13 所示，详图示例如图 13－14 所示。

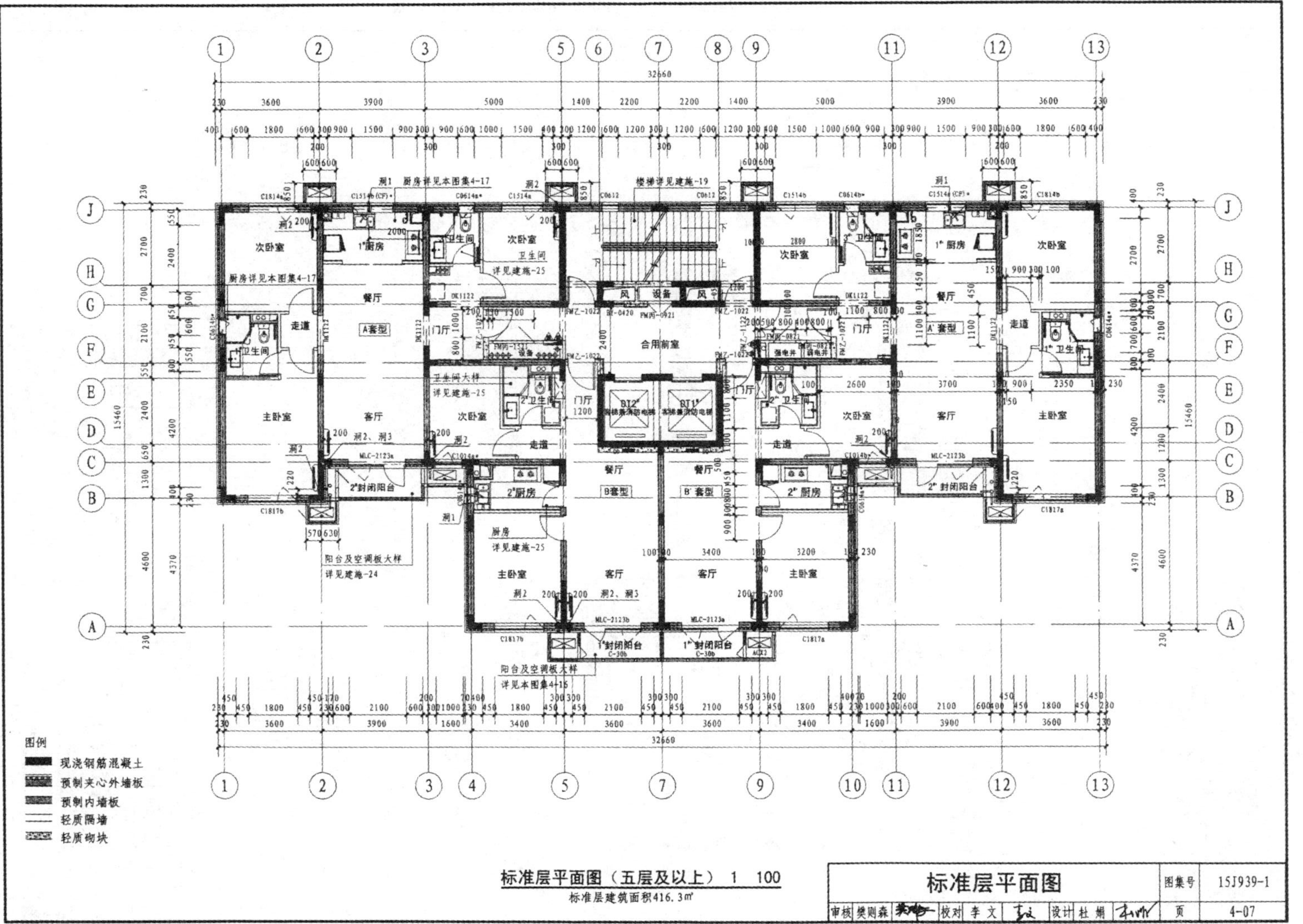

图13-13　标准层平面图示例(注：本图摘自15G939—1)

图例	名称
建筑专业图例	
ZZZZ	现浇钢筋混凝土
▓	预制夹心外墙板
▓	预制内墙板
▒	轻质隔墙
▬	强电箱（预埋于轻质内隔墙）
▭	弱电箱（预埋于轻质内隔墙）
▭	挂式空调室内机
⊠	挂式空调室外机
▭	壁挂燃气热水器
▭	地暖分集水器
▭	散热器
◙	卫生间地漏
□	厨卫排风道

墙体留洞说明

洞1：空调挂机留洞，预埋ф80PVC套管，洞中距地2.2m。

洞2：空调柜机留洞，预埋ф80PVC套管，洞中距地0.3m。

洞3：燃气强排孔，预埋ф80钢套管，洞中距地2.48m。

补充说明

1. 强电箱墙上留槽尺寸450×250×120，底皮距地1.6m。

2. 弱电箱墙上留槽尺寸450×300×150，底皮距地0.3m。

3. 户内管道井隔墙为60mm厚纤维增强水泥压力板隔墙，耐火极限不小于1h。

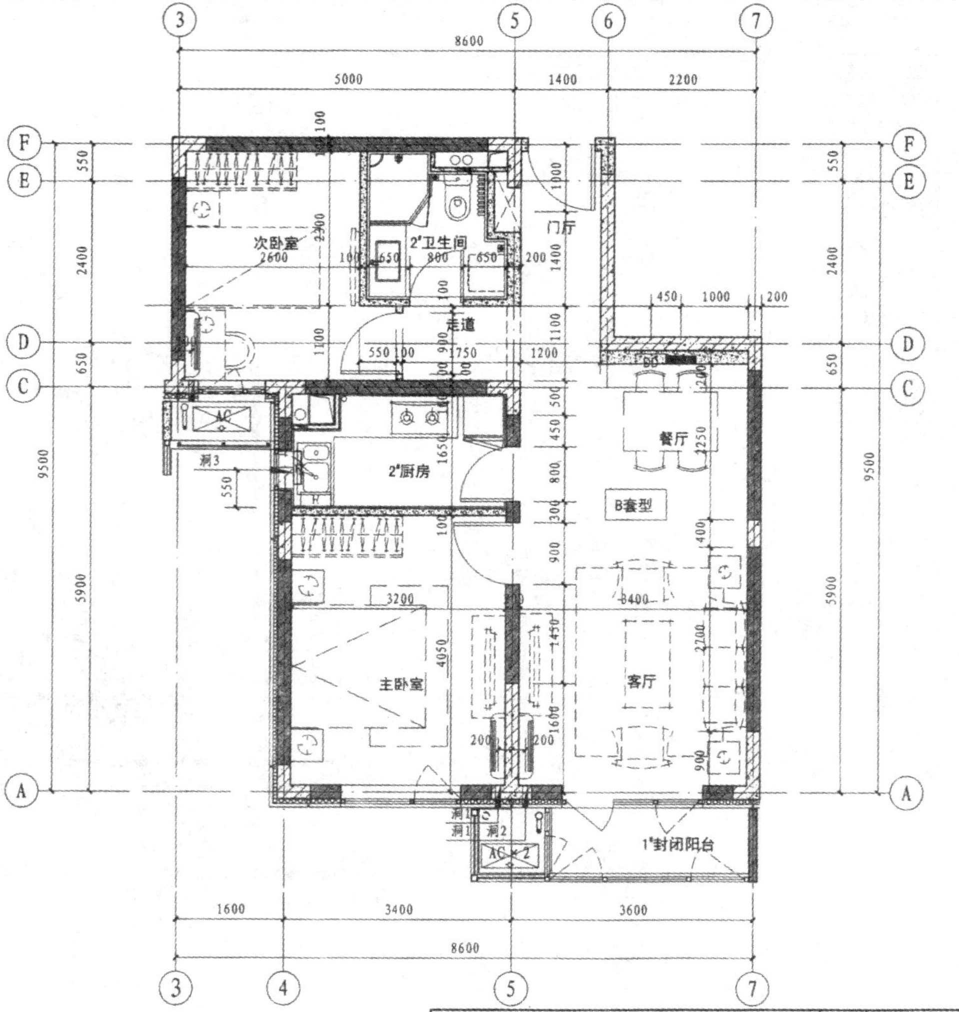

次卧室 2'卫生间 门厅 走道 2'厨房 餐厅 B套型 主卧室 客厅 1'封闭阳台

B套型平面详图 1：50

B套型平面详图								图集号	15J939-1
审核	樊则森		校对	李文		设计	杜娟	页	4-11

图13-14 平面详图示例（注：本图摘自15G939—1）

三、装配式混凝土结构施工图纸示例

装配式混凝土建筑剪力墙平面布置图示例如图 13－15、图 13－16 所示，板结构平面图示例见图 13－17，外墙板模板图示例如图 13－18 所示，外墙板钢筋图示例如图 13－19 所示。

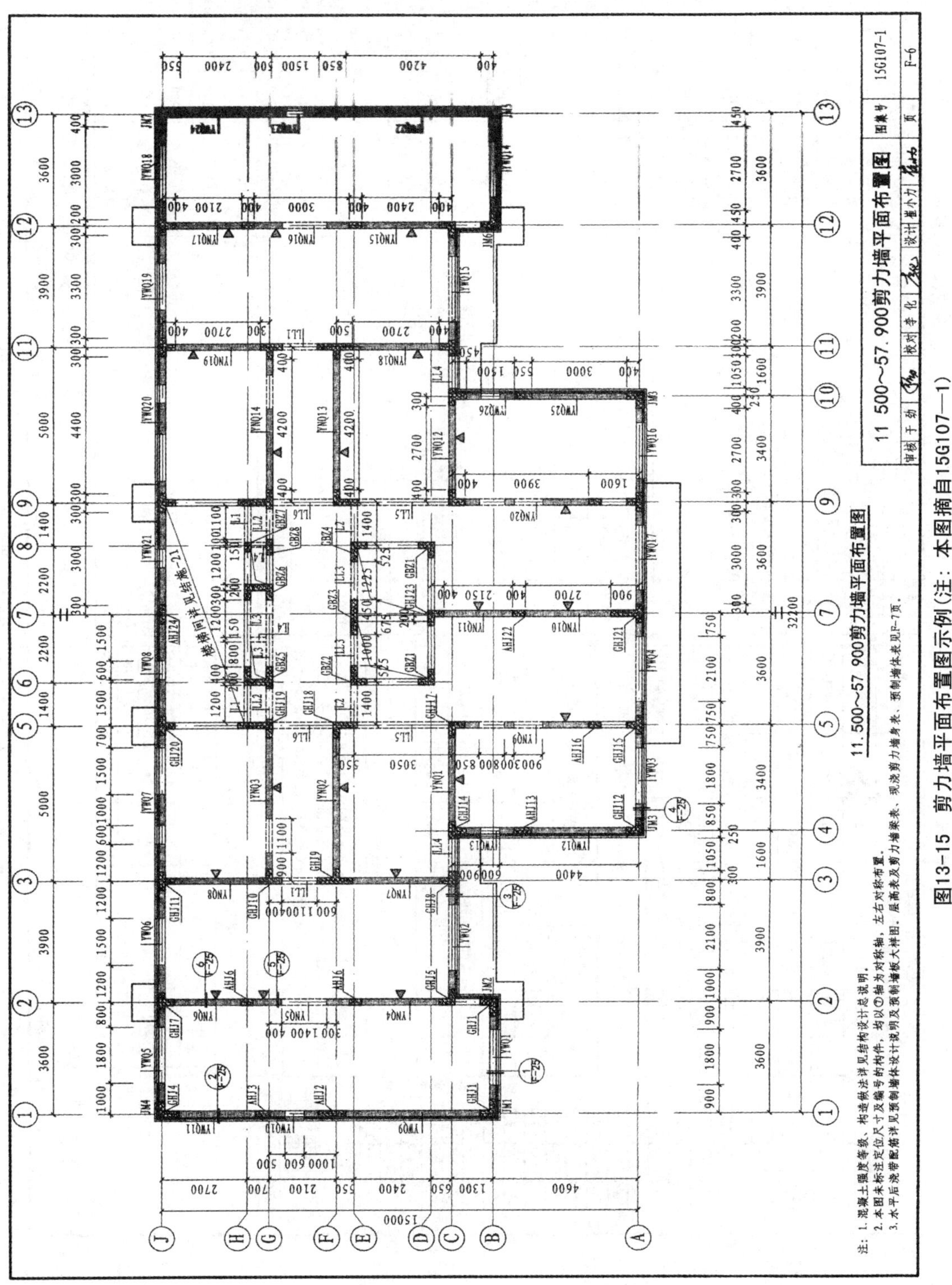

图13－15　剪力墙平面布置图示例(注：本图摘自15G107—1)

层号	标高(m)	层高(m)
屋面2	65.200	
屋面1	60.900	4.300
21	57.900	3.000
20	55.000	2.900
19	52.100	2.900
18	49.200	2.900
17	46.300	2.900
16	43.400	2.900
15	40.500	2.900
14	37.600	2.900
13	34.700	2.900
12	31.800	2.900
11	28.900	2.900
10	26.000	2.900
9	23.100	2.900
8	20.200	2.900
7	17.300	2.900
6	14.400	2.900
5	11.500	2.900
4	8.600	2.900
3	5.700	2.900
2	2.800	2.900
1	-0.100	2.900
-1	-2.750	2.650
-2	-5.450	2.700

底部加强部位：-2～3层；约束边缘构件区域：-2～4层

结构层楼面标高
结 构 层 高

上部结构嵌固部位：-0.100

剪力墙梁表

编 号	所在楼层号	梁顶相对标高高差	梁截面 b×h	上部纵筋	下部纵筋	箍 筋
LL1	5～16	0.000	200×600	2Φ22	2Φ20	Φ12@100(2)
	17～20	0.000	200×600	2Φ18	2Φ18	Φ10@100(2)
LL2	5～20	0.000	200×600	2Φ20	2Φ20	Φ10@100(2)
LL3	5～20	0.000	200×600	2Φ16	2Φ16	Φ8@100(2)
LL4	5～20	1.000	200×1500	4Φ16 2/2	4Φ16 2/2	Φ8@100(2)
LL5	5～20	0.000	200×400	2Φ18	2Φ18	Φ8@100(2)
LL6	5～20	0.000	200×500	2Φ22	2Φ22	Φ8@100(2)

梁表

编 号	所在楼层号	梁顶相对标高高差	梁截面 b×h	上部纵筋	下部纵筋	箍 筋
L1	5～20	0.000	200×500	3Φ20	3Φ22	Φ12@200(2)
L2	5～20	0.000	200×400	2Φ20	2Φ20	Φ10@200(2)
L3	5～20	0.000	200×500	2Φ22	2Φ22	Φ8@200(2)
L4	5～20	0.000	150×400	2Φ14	2Φ14	Φ8@200(2)

现浇剪力墙身表

编 号	标 高	墙 厚	水平分布筋	垂直分布筋	拉 筋
Q1	11.500-57.900	200	Φ8@200	Φ8@200	Φ6@600@600

预制外墙模板表(部分)

平面图中编号	所在层号	所在轴号	外叶墙板厚度	构件重量(t)	数量	构件详图页码(图号)
		Ⓑ/①	60	0.51	16	结施-10，本图集略
JM2	5～20	Ⓑ/②	60	0.81	16	结施-10，本图集略
JM3	5～20	Ⓐ/④ Ⓐ/⑩	60	0.49	32	15G365-1，228
JM4	5～20	Ⓙ/①	60	0.55	16	结施-10，本图集略

注：1. 未注明的现浇剪力墙均为Q1。
2. 保温层厚度为70。
3. 表中所选标准墙板管线预埋具体做法详图。

预制墙板索引表(部分)

平面图中编号	选用构件	外叶墙板	管线预埋	所在层号	所在轴号	墙厚(内叶墙)	构件重量(t)	数量	构件详图页码(图号)
YWQ1	WQCA-3329-1817	wy-2 a=20 b=20 c_L=140 d_L=150	——	5～20	①~②/Ⓑ	200	2.89	16	15G365-1，142、143
YWQ2	WQM-3929-2123	wy-2 a=500 b=230 c=3720 d=150	中区X_R=130	5～20	②~③/Ⓒ	200	3.02	16	15G365-1，200、201
YWQ3	——	——	——	5～20	④~⑤/Ⓐ	200	3.01	16	结施-24 本图集略
YWQ4	WQM-3629-2123	wy-2 a=290 b=290 c=3580 d=150	中区X_R=130	5～20	⑤~⑦/Ⓐ	200	2.41	16	15G365-1，198、199
YWQ5	WQC1-3629-1814	wy-2 a=20 b=190 c_R=590 d_R=100	——	5～20	①~②/Ⓙ	200	3.86	16	15G365-1，88、89
YWQ6	——	——	——	5～20	②~③/Ⓙ	200	4.83	16	结施-25 本图集略
YWQ7	——	——	——	5～20	③~⑤/Ⓙ	200	6.27	16	结施-26 本图F-17、F-18
YWQ8	——	——	——	5～20	⑤~⑦/Ⓙ	200	5.11	16	结施-27 本图集略
YWQ9	——	——	——	5～20	Ⓑ~Ⓕ/①	200	7.76	16	结施-28 本图集略
YWQ10	——	——	——	5～20	Ⓕ~Ⓖ/①	200	2.44	16	结施-29 本图集略
YWQ11	WQ-3029	wy-1 a=240 b=20	中区X=1350	5～20	Ⓖ~Ⓙ/①	200	4.44	16	15G365-1，32、33
YWQ12	WQ-3629	wy-1 a=20 b=290	低区X=600；X=2250，Y=710；低区 X=2550；低区 X=2850	5～20	Ⓐ~Ⓒ/④-1	200	5.54	16	15G365-1，36、37
YWQ13	——	——	——	5～20	Ⓐ~Ⓒ/④-2	200	2.38	16	结施-30 本图集略
YNQ1	NQ-2729	——	——	5～20	④~⑤/Ⓒ	200	3.70	16	15G365-2，30、31
YNQ2	——	——	——	5～20	③~⑤/Ⓕ	200	3.47	16	结施-31 本图集略
YNQ3	——	——	——	5～20	③~⑤/Ⓖ	200	3.47	16	结施-32 本图集略
YNQ4	NQ-2429	——	中区 X=150；低区 X=1050；低区 X=1350	5～20	Ⓒ~Ⓙ/②-1	200	3.29	16	15G365-2，28、29
YNQ5	——	——	——	5～20	Ⓒ~Ⓙ/②-2	200	2.51	16	结施-33 本图集略
YNQ6	NQ-2129	——	低区 X=1650	5～20	Ⓒ~Ⓙ/②-3	200	2.88	16	15G365-2，28、29
YNQ7	NQ-2729	——	低区 X=450；低区 X=1950；低区 X=2250	5～20	Ⓒ~Ⓕ/③	200	3.70	16	15G365-2，30、31
YNQ8	NQ-2729	——	X=1950，Y=1130；X=2100，Y=1880	5～20	Ⓖ~Ⓙ/③	200	3.70	16	15G365-2，30、31
YNQ9	——	——	——	5～20	Ⓐ~Ⓒ/⑤	200	3.41	16	结施-34 本图集略
YNQ10	NQ-2729	——	低区X′=150；X′=450，Y=610 低区X′=750；低区X′=1950	5～20	Ⓐ~Ⓓ/⑦-1	200	3.70	16	15G365-2，30、31
YNQ11	——	——	——	5～20	Ⓐ~Ⓓ/⑦-2	200	1.69	16	结施-35 本图F-19、F-20

11.500～57.900剪力墙平面布置图						图集号	15G107-1
审核	于劲	校对	李化	设计	崔小力	页	F-7

图13-16　剪力墙平面布置图示例续（注：本图摘自15G107—1）

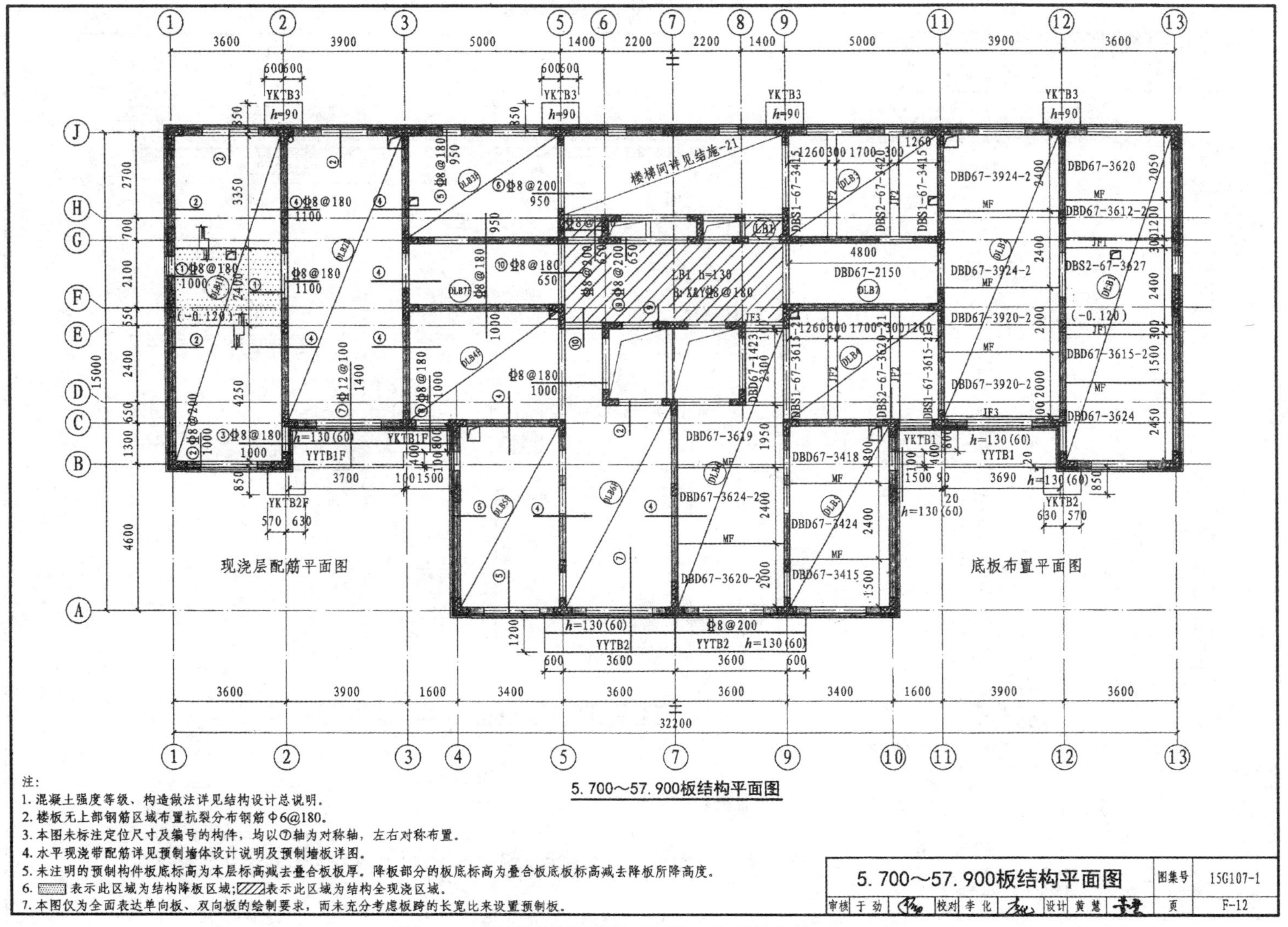

图13-17　板结构平面图示例(注：本图摘自15G107—1)

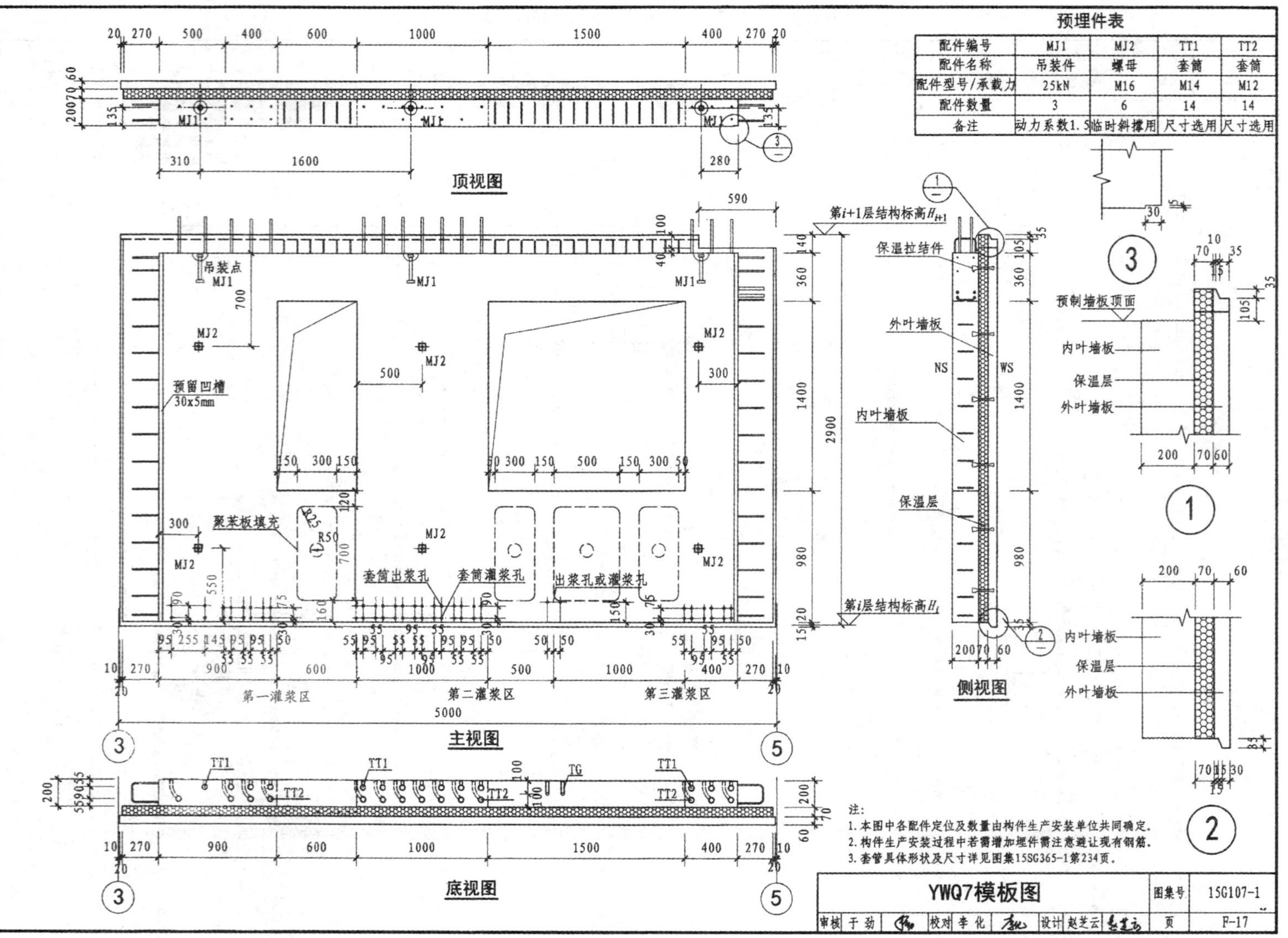
预埋件表

配件编号	MJ1	MJ2	TT1	TT2
配件名称	吊装件	螺母	套筒	套筒
配件型号/承载力	25kN	M16	M14	M12
配件数量	3	6	14	14
备注	动力系数1.5	临时斜撑用	尺寸选用	尺寸选用

顶视图
主视图
底视图
侧视图
吊装点
预留凹槽
30x5mm
聚苯板填充
套筒出浆孔
套筒灌浆孔
出浆孔或灌浆孔
第一灌浆区
第二灌浆区
第三灌浆区
第i+1层结构标高H_{i+1}
第i层结构标高H_i
保温拉结件
外叶墙板
内叶墙板
保温层
预制墙板顶面
注:
1. 本图中各配件定位及数量由构件生产安装单位共同确定。
2. 构件生产安装过程中若需增加埋件需注意避让现有钢筋。
3. 套管具体形状及尺寸详见图集15SG365-1第234页。
YWQ7模板图
图集号
15G107-1
审核
于劲
校对
李化
设计
赵芝云
页
F-17

图13-18　外墙板模板图示例（注：本图摘自15G107—1）

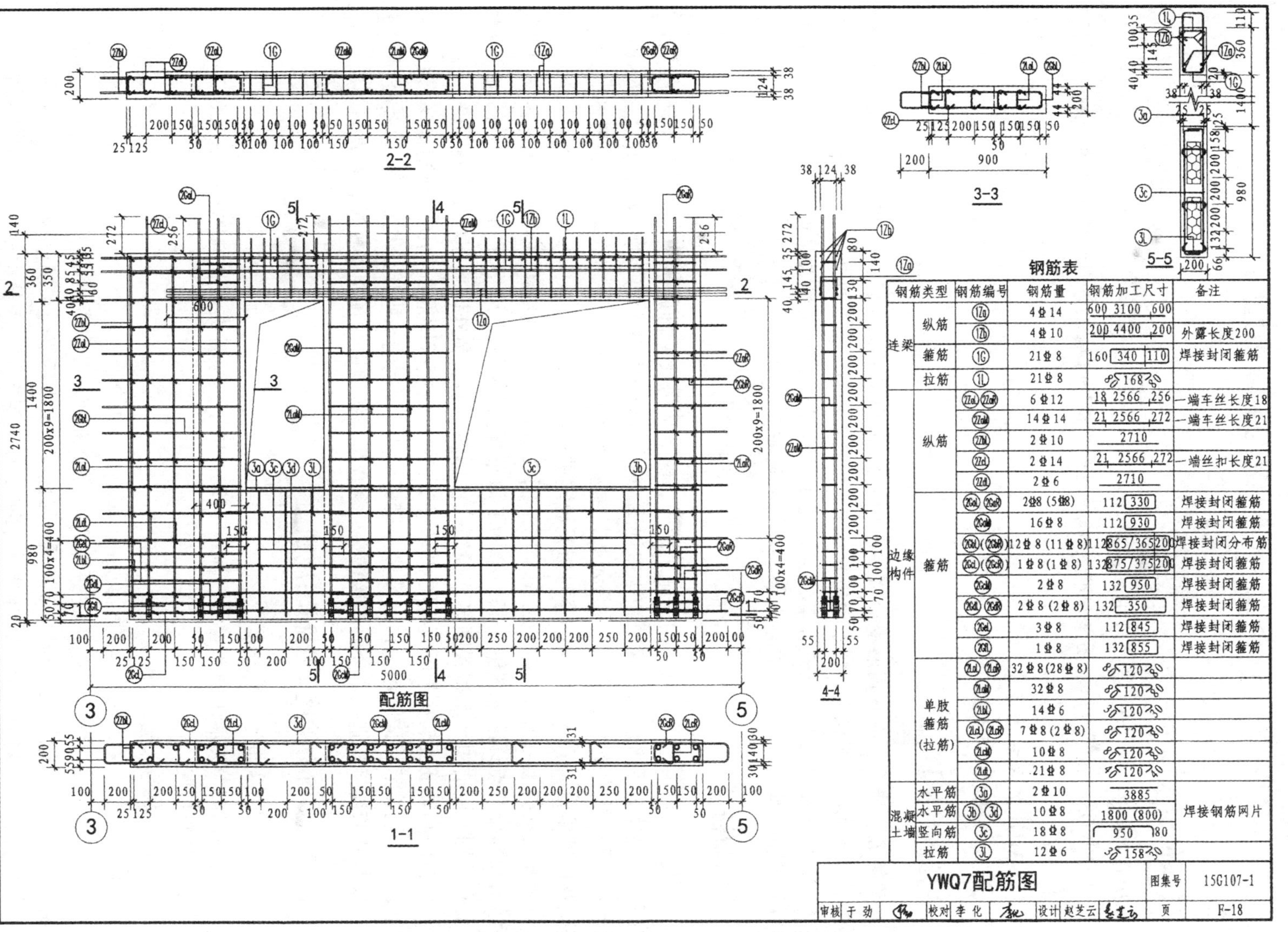

钢筋类型		钢筋编号	钢筋量	钢筋加工尺寸	备注
连梁	纵筋	1Za	4Φ14	600 3100 600	
		1Zb	4Φ10	200 4400 200	外露长度200
	箍筋	1G	21Φ8	160 340 110	焊接封闭箍筋
	拉筋	1L	21Φ8	80 168 80	
边缘构件	纵筋	2ZaL 2ZaR	6Φ12	18 2566 256	一端车丝长度18
		2ZaM	14Φ14	21 2566 272	一端车丝长度21
		2ZbL	2Φ10	2710	
		2Zd	2Φ14	21 2566 272	一端丝扣长度21
		2ZdL	2Φ6	2710	
	箍筋	2GaL 2GaR	2Φ8 (5Φ8)	112 330	焊接封闭箍筋
		2GaM	16Φ8	112 930	焊接封闭箍筋
		2GbL (2GbR)	12Φ8 (11Φ8)	112 865/365 200	焊接封闭分布筋
		2GcL (2GcR)	1Φ8 (1Φ8)	132 875/375 200	焊接封闭箍筋
		2GcM	2Φ8	132 950	焊接封闭箍筋
		2GdL 2GdR	2Φ8 (2Φ8)	132 350	焊接封闭箍筋
		2GeL	3Φ8	112 845	焊接封闭箍筋
		2GfL	1Φ8	132 855	焊接封闭箍筋
	单肢箍筋（拉筋）	2LaL 2LaR	32Φ8 (28Φ8)	80 120 80	
		2LaM	32Φ8	80 120 80	
		2LbL	14Φ6	30 120 30	
		2LcL 2LcR	7Φ8 (2Φ8)	80 120 80	
		2LcM	10Φ8	80 120 80	
		2LdL	21Φ8	40 120 40	
混凝土墙	水平筋	3a	2Φ10	3885	焊接钢筋网片
	水平筋	3b 3d	10Φ8	1800 (800)	
	竖向筋	3c	18Φ8	950 80	
	拉筋	3L	12Φ6	30 158 30	

图13-19　外墙板钢筋图示例（注：本图摘自15G107—1）

任务二　识读结构平面布置图

【案例引入】

认真识读图 13 – 20，试回答下列问题：

(1) YWQ3L 采用的标准图集墙板为哪一型号，其外叶墙板与内叶墙板左右两侧的尺寸差值为多少。

(2) AHJ1 的尺寸为多少?

(3) 请画图描述 GHJ1、GHJ6 和 GHJ7 的尺寸。

【任务目标】

了解剪力墙平面布置图和叠合楼盖平面布置图图示内容，熟悉剪力墙平面布置图和叠合楼盖平面布置图制图规则，熟悉预制外墙板、预制内墙板、叠合板底板、预制阳台板、预制空调板和预制女儿墙的编号规则，掌握剪力墙平面布置图和叠合楼盖平面布置图的识读方法，能够正确识读剪力墙平面布置图和叠合楼盖平面布置图。

【知识链接】

在装配式混凝土剪力墙结构的施工图中，现浇结构及基础施工图可参照《混凝土结构施工图平面整体表示方法制图规则和构造详图(现浇混凝土框架、剪力墙、梁、板)》(16G101—1)和《混凝土结构施工图平面整体表示方法制图规则和构造详图(独立基础、条形基础、筏形基础及桩基承台)》(16G101—3)等的相关规定进行识读。

装配式混凝土剪力墙结构施工图采用平面表示方法，包括结构平面布置图、各类预制构件详图和连接节点详图等图纸。其中结构平面布置图包括剪力墙平面布置图、屋面层女儿墙平面布置图、板结构平面布置图等。预制构件详图包括预制外墙板模板图和配筋图、预制内墙板模板图和配筋图、叠合板模板图和配筋图、阳台板模板图和配筋图、预制楼梯模板图和配筋图等。连接节点详图包括预制墙竖向接缝构造、预制墙水平接缝构造、连梁及楼(屋)面梁与预制墙的连接构造、叠合板连接构造、叠合梁连接构造和预制楼梯连接构造等。

13.2.1　剪力墙施工图制图规则

一、剪力墙平面布置图识读要求

识读给出的剪力墙平面布置图样例(图 13 – 20)，读懂各类预制构件的制图规则，明确构件的平面分布情况。

二、剪力墙施工图制图规则

1. 预制混凝土剪力墙基本制图规则

预制混凝土剪力墙(简称“预制剪力墙”)平面布置图应按标准层绘制，内容包括预制剪力墙、现浇混凝土墙体、后浇段、现浇梁、楼面梁、水平后浇带和圈梁等。

剪力墙平面布置图应标注结构楼层标高表，并注明上部嵌固部位位置。在平面布置图中，应标注未居中承重墙体与轴线的定位，需标明预制剪力墙的门窗洞口、结构洞的尺寸和定位，还需标明预制剪力墙的装配方向。在平面布置图中，还应标注水平后浇带和圈梁的位置。

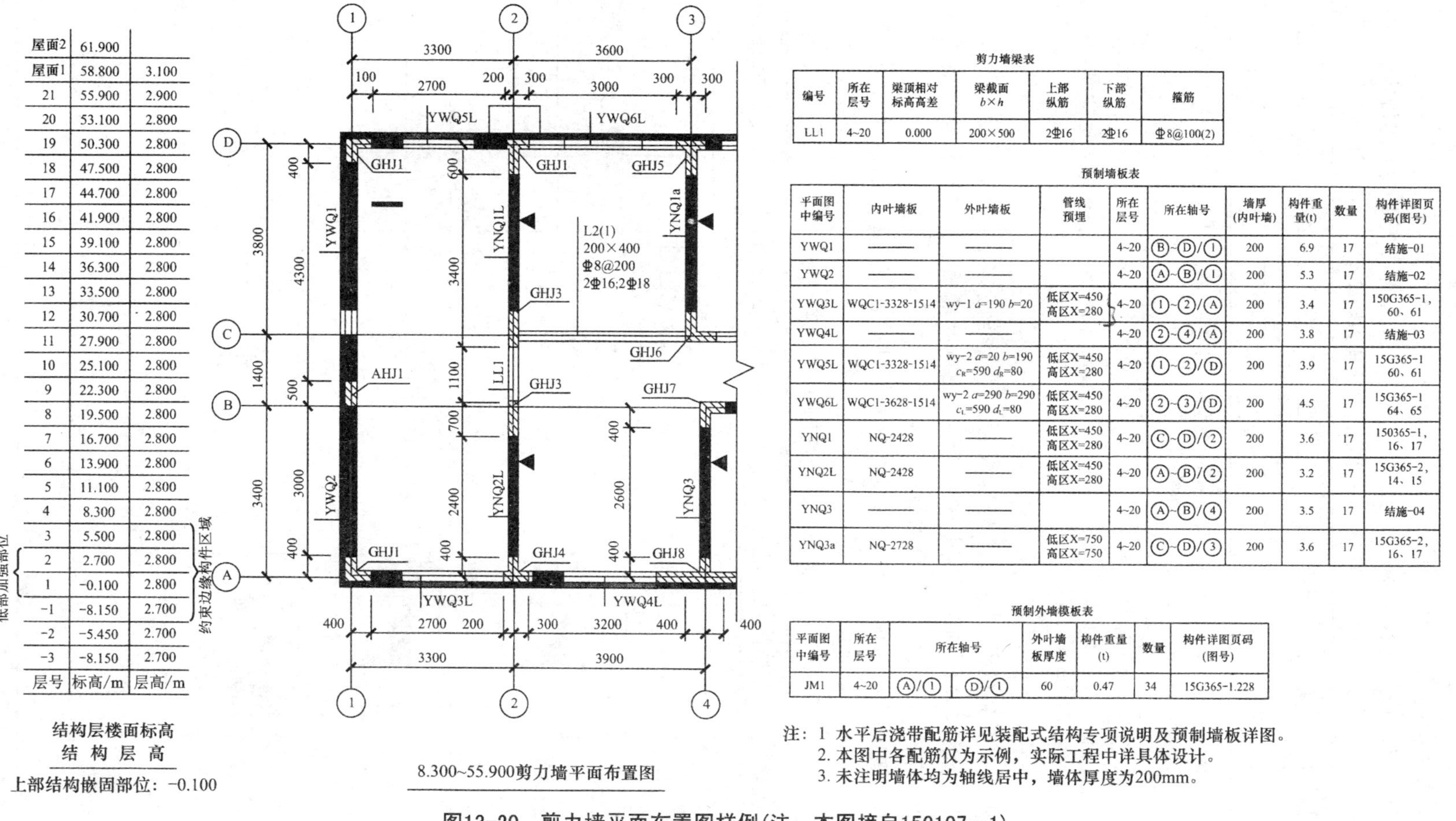

层号	标高/m	层高/m
屋面2	61.900	
屋面1	58.800	3.100
21	55.900	2.900
20	53.100	2.800
19	50.300	2.800
18	47.500	2.800
17	44.700	2.800
16	41.900	2.800
15	39.100	2.800
14	36.300	2.800
13	33.500	2.800
12	30.700	2.800
11	27.900	2.800
10	25.100	2.800
9	22.300	2.800
8	19.500	2.800
7	16.700	2.800
6	13.900	2.800
5	11.100	2.800
4	8.300	2.800
3	5.500	2.800
2	2.700	2.800
1	-0.100	2.800
-1	-8.150	2.700
-2	-5.450	2.700
-3	-8.150	2.700

结构层楼面标高
结构层高
上部结构嵌固部位：-0.100

8.300~55.900剪力墙平面布置图

剪力墙梁表

编号	所在层号	梁顶相对标高高差	梁截面 $b\times h$	上部纵筋	下部纵筋	箍筋
LL1	4~20	0.000	200×500	2Φ16	2Φ16	Φ8@100(2)

预制墙板表

平面图中编号	内叶墙板	外叶墙板	管线预埋	所在层号	所在轴号	墙厚(内叶墙)	构件重量(t)	数量	构件详图页码(图号)
YWQ1	——	——		4~20	Ⓑ~Ⓓ/①	200	6.9	17	结施-01
YWQ2	——	——		4~20	Ⓐ~Ⓑ/①	200	5.3	17	结施-02
YWQ3L	WQC1-3328-1514	wy-1 a=190 b=20	低区X=450 高区X=280	4~20	①~②/Ⓐ	200	3.4	17	150G365-1，60、61
YWQ4L	——	——		4~20	②~④/Ⓐ	200	3.8	17	结施-03
YWQ5L	WQC1-3328-1514	wy-2 a=20 b=190 c_R=590 d_R=80	低区X=450 高区X=280	4~20	①~②/Ⓓ	200	3.9	17	15G365-1 60、61
YWQ6L	WQC1-3628-1514	wy-2 a=290 b=290 c_L=590 d_L=80	低区X=450 高区X=280	4~20	②~③/Ⓓ	200	4.5	17	15G365-1 64、65
YNQ1	NQ-2428	——	低区X=450 高区X=280	4~20	Ⓒ~Ⓓ/②	200	3.6	17	150365-1，16、17
YNQ2L	NQ-2428	——	低区X=450 高区X=280	4~20	Ⓐ~Ⓑ/②	200	3.2	17	15G365-2，14、15
YNQ3	——	——		4~20	Ⓐ~Ⓑ/④	200	3.5	17	结施-04
YNQ3a	NQ-2728	——	低区X=750 高区X=750	4~20	Ⓒ~Ⓓ/③	200	3.6	17	15G365-2，16、17

预制外墙模板表

平面图中编号	所在层号	所在轴号		外叶墙板厚度	构件重量(t)	数量	构件详图页码(图号)
JM1	4~20	Ⓐ/①	Ⓓ/①	60	0.47	34	15G365-1.228

注：1 水平后浇带配筋详见装配式结构专项说明及预制墙板详图。
2. 本图中各配筋仅为示例，实际工程中详具体设计。
3. 未注明墙体均为轴线居中，墙体厚度为200mm。

图13-20 剪力墙平面布置图样例(注：本图摘自15G107—1)

2. 预制混凝土剪力墙编号规定

预制剪力墙编号由墙板代号、序号组成，表达形式应符合表 13 -1 的规定。

表 13 -1　预制混凝土剪力墙编号

预制墙板类型	代号	序号
预制外墙	YWQ	××
预制内墙	YNQ	××

注：1. 在编号中，如若干预制剪力墙的模板、配筋、各类预埋件完全一致，仅墙厚与轴线的关系不同，也可将其编为同一预制剪力墙编号，但应在图中注明与轴线的几何关系。

2. 序号可为数字，或数字加字母。

【例】YWQ1：表示预制外墙，序号为 1。

【例】YNQ5a：某工程有一块预制混凝土内墙板与已编号的 YNQ5 除线盒位置外，其他参数均相同。为方便起见，将该预制内墙板序号编为 5a。

3. 标准图集中内叶墙板编号及示例

当选用标准图集的预制混凝土外墙板时，可选类型详见《预制混凝土剪力墙外墙板》15G365 -1。标准图集的预制混凝土剪力墙外墙由内叶墙板、保温层和外叶墙板组成，工程中常用内叶墙板类型区分不同的外墙板。

标准图集中的内叶墙板共有 5 种类型，编号规则见表 13 -2，编号示例见表 13 -3。

表 13 -2　标准图集中外墙板编号

预制内叶墙板类型	示意图	编号
无洞口外墙		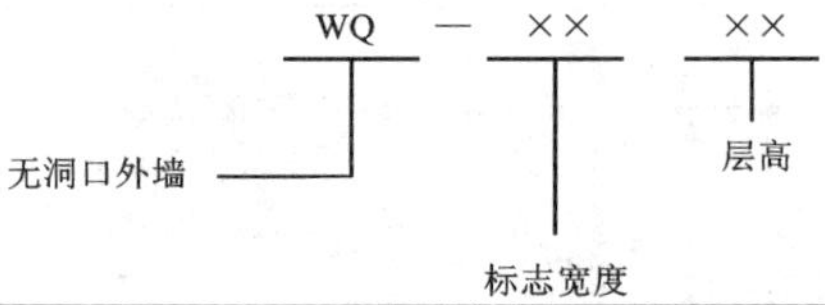 WQ — ×× ×× 无洞口外墙；标志宽度；层高
一个窗洞高窗台外墙	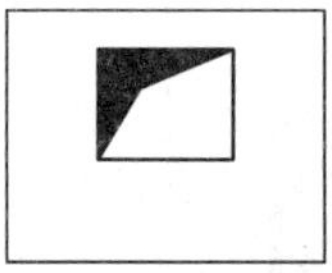	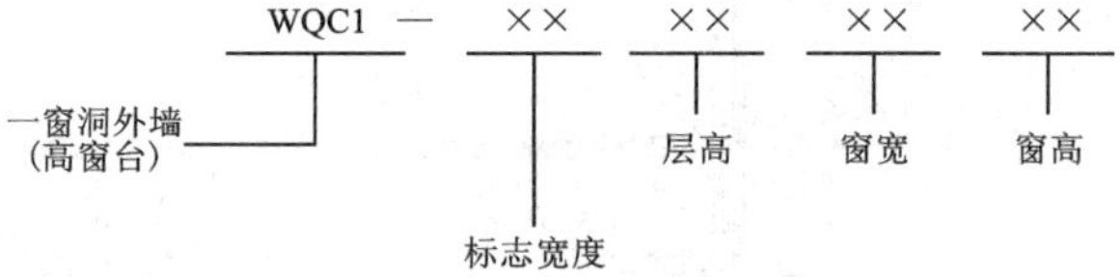 WQC1 — ×× ×× ×× ×× 一窗洞外墙（高窗台）；标志宽度；层高；窗宽；窗高
一个窗洞矮窗台外墙	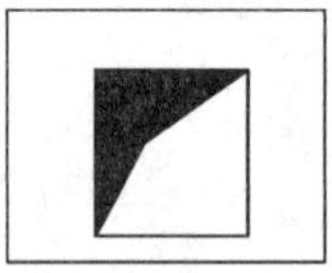	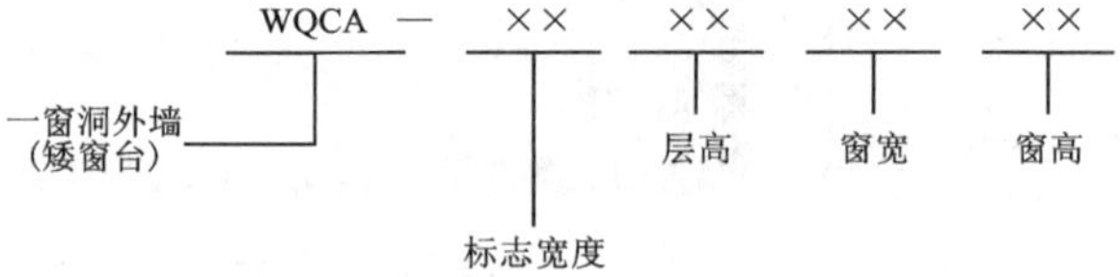 WQCA — ×× ×× ×× ×× 一窗洞外墙（矮窗台）；标志宽度；层高；窗宽；窗高
两窗洞外墙	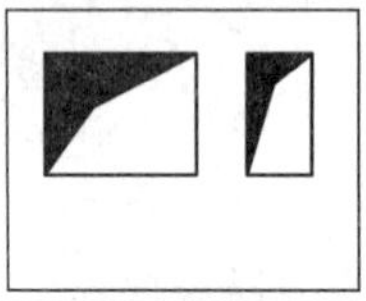	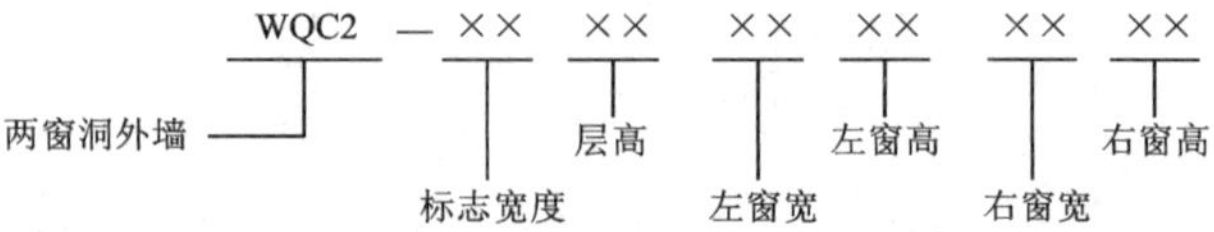 WQC2 — ×× ×× ×× ×× ×× ×× 两窗洞外墙；标志宽度；层高；左窗宽；左窗高；右窗宽；右窗高
一个门洞外墙	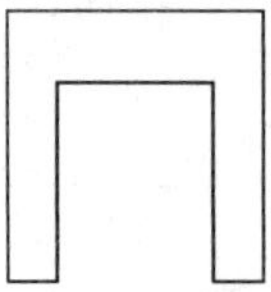	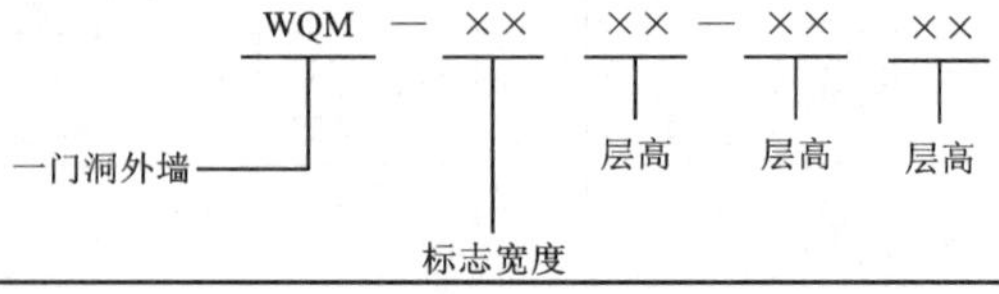 WQM — ×× ×× — ×× ×× 一门洞外墙；标志宽度；层高；层高；层高

表 13－3　标准图集中外墙板编号示例

预制板类型	示意图	编号	标志宽度	层高	门/窗宽	门/窗高	门/窗宽	门/窗高
无洞口外墙		WQ－1828	1800	2800				
一个窗洞高窗台外墙		WQC1－3028－1514	3000	2800	1500	1400		
一个窗洞矮窗台外墙		WQCA－3028－1518	3000	2800	1500	1800		
两窗洞外墙		WQC2－4828－0614－1514	4800	2800	600	1400	1500	1400
一个门洞外墙		WQM－3628－1823	3600	2800	1800	2300		

(1)无洞口外墙：WQ－××××。WQ表示无洞口外墙板；四个数字中前两个数字表示墙板标志宽度(按分米计)，后两个数字表示墙板适用层高(按分米计)。

(2)一个窗洞高窗台外墙：WQC1－××××－××××。WQC1表示一个窗洞高窗台外墙板，窗台高度900mm(从楼层建筑标高起算)；第一组四个数字，前两个数字表示墙板标志宽度(按分米计)，后两个数字表示墙板适用层高(按分米计)；第二组四个数字，前两个数字表示窗洞口宽度(按分米计)，后两个数字表示窗洞口高度(按分米计)

(3)一个窗洞矮窗台外墙：WQCA－××××－××××。WQCA表示一个窗洞矮窗台外墙板，窗台高度600mm(从楼层建筑标高起算)；第一组四个数字，前两个数字表示墙板标志宽度(按分米计)，后两个数字表示墙板适用层高(按分米计)；第二组四个数字，前两个数字表示窗洞口宽度(按分米计)，后两个数字表示窗洞口高度(按分米计)。

(4)两窗洞外墙：WQC2－××××－××××－××××。WQC2表示两个窗洞外墙板，窗台高度900mm(从楼层建筑标高起算)；第一组四个数字，前两个数字表示墙板标志宽度(按分米计)，后两个数字表示墙板适用层高(按分米计)；第二组四个数字，前两个数字表示左侧窗洞口宽度(按分米计)，后两个数字表示左侧窗洞口高度(按分米计)；第三组四个数字，前两个数字表示右侧窗洞口宽度(按分米计)，后两个数字表示右侧窗洞口高度(按分米计)。

(5)一个门洞外墙：WQM－××××－××××。WQM 表示一个门洞外墙板；第一组四个数字，前两个数字表示墙板标志宽度(按分米计)，后两个数字表示墙板适用层高(按分米计)；第二组四个数字，前两个数字表示门洞口宽度(按分米计)，后两个数字表示门洞口高度(按分米计)。

4. 标准图集中外叶墙板类型及图示

当图纸选用的预制外墙板的外叶板与标准图集中不同时，需给出外叶墙板尺寸。标准图集中的外叶墙板共有两种类型(图 13－21)：

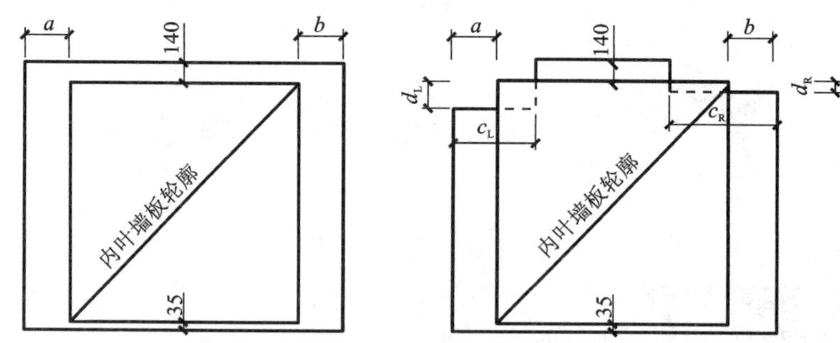

图 13－21　标准图集中外叶墙板内表面图

(1)标准外叶墙板 wy－1(a、b)，按实际情况标注 a、b。其中，a 和 b 分别是外叶墙板与内叶墙板左右两侧的尺寸差值。

(2)带阳台板外叶墙板 wy－2(a、b、c_L或c_R、d_L或d_R)，按实际情况标注 a、b、c、d。c_L或c_R、d_L或d_R分别是阳台板处外叶墙板缺口尺寸。

5. 标准图集中内墙板编号及示例

图纸选用标准图集的预制混凝土内墙板时，可选类型将在构件详图识读中介绍，具体可参考《预制混凝土剪力墙内墙板》(15G365—2)。

标准图集的预制混凝土内墙板时，可选类型将在构件详图识读中介绍，具标准图集中的预制内墙板共有 4 种类型，分别为：无洞口内墙、固定门垛内墙、中间门洞内墙和刀把内墙。预制内墙板编号规则及墙板示意图见表 13－4，编号示例见表 13－5。

表 13－4　标准图集中内墙板编号

预制内墙板类型	示意图	编号
无洞口内墙		NQ — ×× ×× 无洞口内墙 标志宽度 层高

续表 13－4

预制内墙板类型	示意图	编号
固定门垛内墙	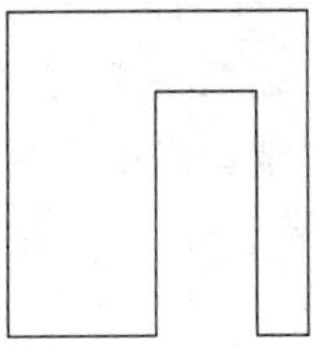	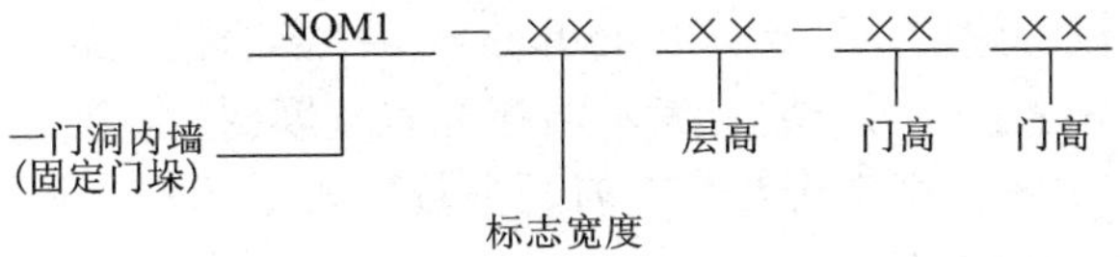 NQM1 — ×× ×× — ×× ×× NQM1：一门洞内墙（固定门垛）；××：标志宽度；××：层高；××：门高；××：门高
中间门洞内墙	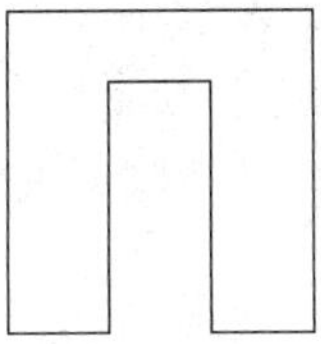	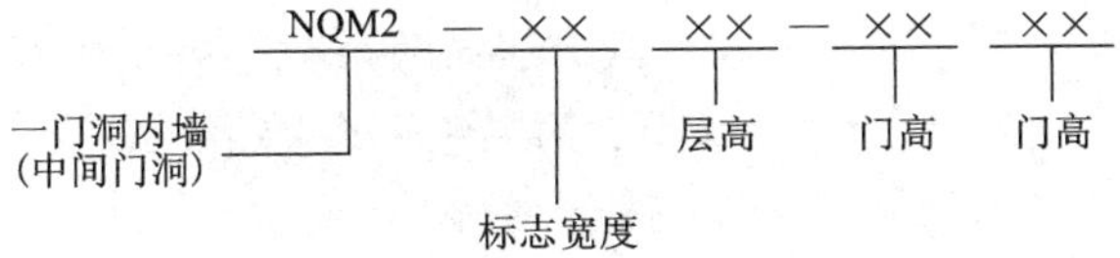 NQM2 — ×× ×× — ×× ×× NQM2：一门洞内墙（中间门洞）；××：标志宽度；××：层高；××：门高；××：门高
刀把内墙	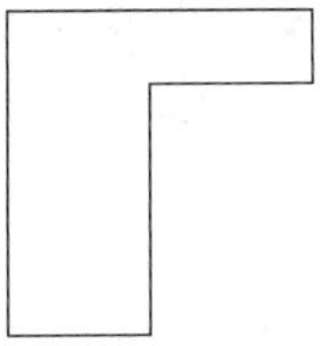	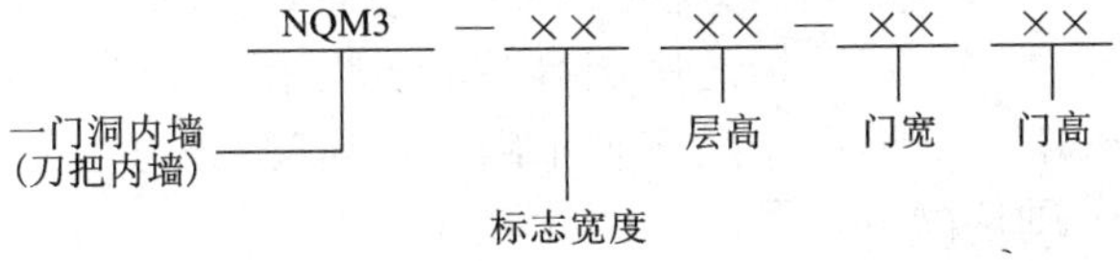 NQM3 — ×× ×× — ×× ×× NQM3：一门洞内墙（刀把内墙）；××：标志宽度；××：层高；××：门宽；××：门高

表 13－5　标准图集中内墙板编号示例

预制墙板类型	示意图	编号	标志宽度	层高	门/窗宽	门/窗高
无洞口内墙		NQ－2128	2100	2800	—	—
固定门垛内墙	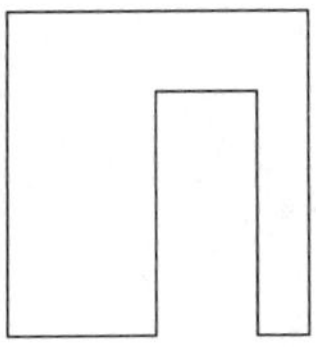	NQM1－3028－0921	3000	2800	900	2100
中间门洞内墙	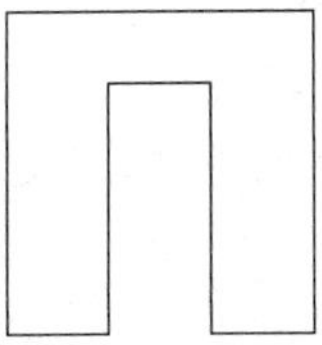	NQM2－3029－1022	3000	2900	1000	2200
刀把内墙	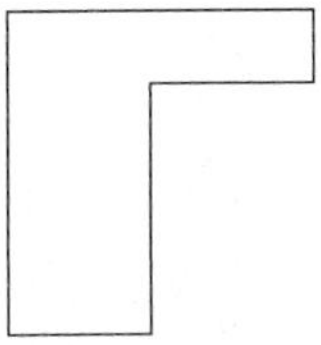	NQM3－3329－1022	3300	2900	1000	2200

(1)无洞口内墙：NQ－××××。NQ 表示无洞口内墙板；四个数字中前两个数字表示墙板标志宽度(按分米计)，后两个数字表示墙板适用层高(按分米计)。

(2)固定门垛内墙：NQM1－××××－××××。NQM1 表示固定门垛内墙板，门洞位于墙板一侧，有固定宽度 450mm 门垛(指墙板上的门垛宽度，不含后浇混凝土部分)；第一组四个数字，前两个数字表示墙板标志宽度(按分米计)，后两个数字表示墙板适用层高(按分米计)；第二组四个数字，前两个数字表示门洞口宽度(按分米计)，后两个数字表示门洞口高度(按分米计)。

(3)中间门洞内墙：NQM2－××××－××××。NQM2 表示中间门洞内墙板，门洞位于墙板中间；第一组四个数字，前两个数字表示墙板标志宽度(按分米计)，后两个数字表示墙板适用层高(按分米计)；第二组四个数字，前两个数字表示门洞口宽度(按分米计)，后两个数字表示门洞口高度(按分米计)。

(4)刀把内墙：NQM3－××××－××××。NQM3 表示刀把内墙板，门洞位于墙板侧边，无门垛，墙板似刀把形状；第一组四个数字，前两个数字表示墙板标志宽度(按分米计)，后两个数字表示墙板适用层高(按分米计)；第二组四个数字，前两个数字表示门洞口宽度(按分米计)，后两个数字表示门洞口高度(按分米计)。

6. 后浇段的表示

后浇段编号由后浇段类型代号和序号组成，表达形式应符合表 13－6 的规定。

表 13－6　后浇段编号

后浇段类型	代号	序号
约束边缘构件后浇段	YHJ	××
构造边缘构件后浇段	GHJ	××
非边缘构件后浇段	AHJ	××

注：在编号中，如若干后浇段的截面尺寸与配筋均相同，仅截面与轴线关系不同时，可将其编为同一后浇段号；约束边缘构件后浇段包括有翼墙和转角墙两种；构造边缘构件后浇段包括构造边缘翼墙、构造边缘转角墙、边缘暗柱三种。

【例】YHJ1：表示约束边缘构件后浇段，编号为 1。
【例】GHJ5：表示构造边缘构件后浇段，编号为 5.
【例】AHJ3：表示非边缘暗柱后浇段，编号为 3。

后浇段信息一般会集中注写在后浇段表中，后浇段表中表达的内容包括：

(1)注写后浇段编号，绘制该后浇段的截面配筋图，标注后浇段几何尺寸。

(2)注写后浇段的起止标高，自后浇段根部往上以变截面位置或截面未变但配筋改变处为界分段注写。

(3)注写后浇段的纵向钢筋和箍筋，注写值应与表中绘制的截面配筋对应一致。纵向钢筋注纵筋直径和数量；后浇段箍筋、拉筋的注写方式与现浇剪力墙结构墙柱箍筋的注写方式相同。

(4)预制墙板外露钢筋尺寸应标注至钢筋中线，保护层厚度应标注至箍筋外表面。

7. 预制混凝土叠合梁编号

预制混凝土叠合梁编号由代号和序号组成，表达形式应符合表 13－7 的规定。

表 13 -7　预制混凝土叠合梁编号

名称	代号	序号
预制叠合梁	DL	××
预制叠合连梁	DLL	××

注：在编号中，如若干预制叠合梁的截面尺寸与配筋均相同，仅梁与轴线关系不同时，可将其编为同一叠合梁编号，但应在图中注明与轴线的几何关系。

【例】DL1：表示预制叠合梁，编号为1。

【例】DLL3：表示预制叠合连梁，编号为5。

8. 预制外墙模板编号

当预制外墙节点处需设置连接模板时，可采用预制外墙模板。预制外墙模板编号由类型代号和序号组成，表达形式应符合表 13 -8 的规定。

表 13 -8　预制外墙模板编号

名称	代号	序号
预制外墙模板	JM	××

注：序号可为数字，或数字加字母。

【例】JM1：表示预制外墙模板，编号为1。

预制外墙模板表内容包括：平面图中编号、所在层号、所在轴号、外叶墙板厚度、构件重量、数量、构件详图页码(图号)。

13.2.2　识读楼板平面布置图

一、楼板平面布置图识读要求

识读给出的叠合楼盖平面布置图示例(图 13 -22)，读懂各类预制构件的制图规则，明确构件的平面分布情况。

二、叠合楼盖施工图制图规则

叠合楼盖施工图主要包括预制底板平面布置图、现浇层配筋图、水平后浇带或圈梁布置图。叠合楼盖的制图规则适用于以剪力墙、梁为支座的叠合楼(屋)面板施工图。

1. 叠合楼盖施工图的表示方法

所有叠合板块应逐一编号，相同编号的板块可择其一做集中标注，其他仅注写置于圆圈内的板编号。当板面标高不同时，在板编号的斜线下标注标高高差，下降为负(—)。叠合板编号由叠合板代号和序号组成，表达形式应符合表 13 -9 的规定。

表 13 -9　叠合板编号

叠合板类型	代号	序号
叠合楼面板	DLB	××
叠合屋面板	DWB	××
叠合悬挑板	DXB	××

注：序号可为数字，或数字加字母。

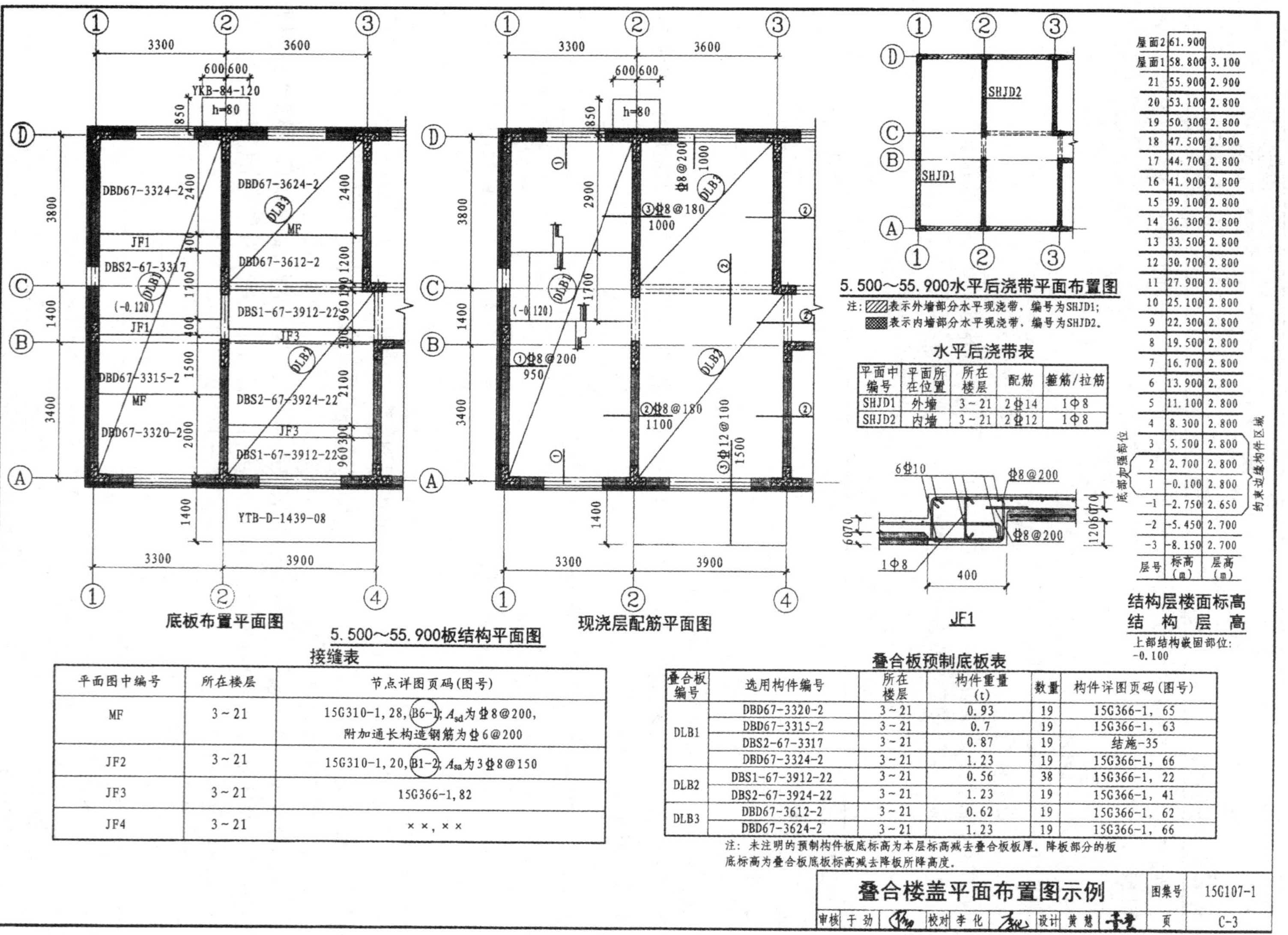

水平后浇带表

平面中编号	平面所在位置	所在楼层	配筋	箍筋/拉筋
SHJD1	外墙	3～21	2⌀14	1Φ8
SHJD2	内墙	3～21	2⌀12	1Φ8

层号	标高(m)	层高(m)
屋面2	61.900	
屋面1	58.800	3.100
21	55.900	2.900
20	53.100	2.800
19	50.300	2.800
18	47.500	2.800
17	44.700	2.800
16	41.900	2.800
15	39.100	2.800
14	36.300	2.800
13	33.500	2.800
12	30.700	2.800
11	27.900	2.800
10	25.100	2.800
9	22.300	2.800
8	19.500	2.800
7	16.700	2.800
6	13.900	2.800
5	11.100	2.800
4	8.300	2.800
3	5.500	2.800
2	2.700	2.800
1	-0.100	2.800
-1	-2.750	2.650
-2	-5.450	2.700
-3	-8.150	2.700

接缝表

平面图中编号	所在楼层	节点详图页码(图号)
MF	3～21	15G310-1, 28, (B6-1); A_{sd}为⌀8@200, 附加通长构造钢筋为⌀6@200
JF2	3～21	15G310-1, 20, (B1-2); A_{sa}为3⌀8@150
JF3	3～21	15G366-1, 82
JF4	3～21	××, ××

叠合板预制底板表

叠合板编号	选用构件编号	所在楼层	构件重量(t)	数量	构件详图页码(图号)
DLB1	DBD67-3320-2	3～21	0.93	19	15G366-1，65
	DBD67-3315-2	3～21	0.7	19	15G366-1，63
	DBS2-67-3317	3～21	0.87	19	结施-35
	DBD67-3324-2	3～21	1.23	19	15G366-1，66
DLB2	DBS1-67-3912-22	3～21	0.56	38	15G366-1，22
	DBS2-67-3924-22	3～21	1.23	19	15G366-1，41
DLB3	DBD67-3612-2	3～21	0.62	19	15G366-1，62
	DBD67-3624-2	3～21	1.23	19	15G366-1，66

注：未注明的预制构件板底标高为本层标高减去叠合板板厚，降板部分的板底标高为叠合板底板标高减去降板所降高度。

图13-22　叠合楼盖平面布置图示例(注：本图摘自15G107—1)

【例】DLB3：表示楼板为叠合板，编号为3。

【例】DWB2：表示屋面板为叠合板，编号为2。

【例】DXB1：表示悬挑板为叠合板，编号为1。

2. 叠合楼盖现浇层的标注

叠合楼盖现浇层注写方法与《混凝土结构施工图平面整体表示方法制图规则和构造详图(现浇混凝土框架、剪力墙、梁、板)》(16G101—1)的“有梁楼盖板平法施工图的表示方法”相同，同时应标注叠合板编号。

3. 标准图集中叠合板底板编号

预制底板平面布置图中需要标注叠合板编号、预制底板编号、各块预制底板尺寸和定位。当选用标准图集中的预制底板时，可选类型详见《桁架钢筋混凝土叠合板(60 mm厚底板)》(15G366—1)，可直接在板块上标注标准图集中的底板编号。当自行设计预制底板时，可参照标准图集的编号规则进行编号(表13－10)。标准图集中预制底板编号规则如下：

(1)单向板：DBD××－××××－×：DBD表示桁架钢筋混凝土叠合板用底板(单向板)，DBD后第一个数字表示预制底板厚度(按厘米计)，DBD后第二个数字表示后浇叠合层厚度(按厘米计)；第一组四个数字中，前两个数字表示预制底板的标志跨度(按分米计)，后两个数字表示预制底板的标志宽度(按分米计)；第二组数字表示预制底板跨度方向钢筋代号(具体配筋见表13－11)。

表13－10　叠合板底编号

叠合板底板类型	编号
单向板	DBD × × - ×× ×× × 桁架钢筋混凝土叠合板用底板(单向板) 预制底板厚度(cm) 后浇叠合层厚度(cm) 底板跨度方向钢筋代号：1～4 标志宽度(dm) 标志跨度(dm)
双向板	DBS ×—××—×× ××—××—δ 桁架钢筋混凝土叠合板用底板(双向板) 叠合板类别(1为边板，2为中板) 预制底板厚度(cm) 后浇叠合层厚度(cm) 调整宽度 底板跨度方向及宽度方向钢筋代号 标志宽度(dm) 标志跨度(dm)

表13－11　单向板底钢筋的编号

代号	1	2	3	4
受力钢筋规格及间距	⌀8@200	⌀8@150	⌀10@200	⌀10@150
分布钢筋规格及间距	⌀6@200	⌀6@200	⌀6@200	⌀6@200

(2)双向板：DBS×－××－××××－××－δ：DBS表示桁架钢筋混凝土叠合板用底板(双向板)，DBS后面的数字表示叠合板类型，其中1为边板，2为中板；第一组两个数字中，第一个数字表示预制底板厚度(按厘米计)，第二个数字表示后浇叠合层厚度(按厘米

计)；第二组四个数字中，前两个数字表示预制底板的标志跨度(按分米计)，后两个数字表示预制底板的标志宽度(按分米计)；第三组两个数字表示预制底板跨度及宽度方向钢筋代号(具体配筋见表 13－12)；最后的 δ 表示调整宽度(指后浇缝的调整宽度)。

表 13－12　双向板底板跨度、宽度方向钢筋代号组合表 V

编号 / 宽度方向钢筋 / 跨度方向钢筋	⌀8@200	⌀8@150	⌀10@200	⌀10@150
8@200	11	21	31	41
8@150	—	22	32	42
8@100	—	—	—	43

预制底板为单向板时，应标注板边调节缝和定位。预制底板为双向板时，应标注接缝尺寸和定位。当板面标高不同时，标注底板标高高差，下降为负(—)。同时应绘出预制底板表。

预制底板表中需要标明叠合板编号、板块内的预制底板编号及其与叠合板编号的对应关系、所在楼层、构件重量和数量、构件详图页码(自行设计构件为图号)、构件设计补充内容(线盒、预留洞位置等)。

【例】DBD67－3324－2：表示单向受力叠合板用底板，预制底板厚度为 60 mm，后浇叠合层厚度为 70 mm，预制底板的标志跨度为 3300 mm，预制底板的标志宽度为 2400 mm，底板跨度方向配筋为⌀8@150。

【例】DBS1－67－3924－22：表示双向受力叠合板用底板，拼装位置为边板，预制底板厚度为 60 mm，后浇叠合层厚度为 70 mm，预制底板的标志跨度为 3900 mm，预制底板的标志宽度为 2400 mm，底板跨度方向、宽度方向配筋均为⌀8@150。

4. 叠合底板接缝

叠合楼盖预制底板接缝需要在平面上标注其编号、尺寸和位置，并需给出接缝的详图，接缝编号规则见表 1－13。

表 13－13　叠合板底板接缝编号

名称	代号	序号
叠合板底板接缝	JF	××
叠合板底板密拼接缝	MF	—

(1)当叠合楼盖预制底板接缝选用标准图集时，可在接缝选用表中写明节点选用图集号、页码、节点号和相关参数。

(2)当自行设计叠合楼盖预制底板接缝时，需由设计单位给出节点详图。

【例】JF1：表示叠合板之间的接缝，编号为 1。

5. 水平后浇带和圈梁标注

需在平面上标注水平后浇带或圈梁位置，水平后浇带编号由代号和序号组成(表 13－14)。水平后浇带信息可集中注写在水平后浇带表中，表的内容包括：平面中的编号、所在平面位置、所在楼层及配筋。

表 13－14　水平后浇带编号

类型	代号	序号
水平后浇带	SHJD	××

【例】SHJD3：表示水平后浇带，编号为 3。

13.2.3　识读阳台板、空调板及女儿墙平面布置图

一、预制钢筋混凝土阳台板、空调板及女儿墙图纸识读要求

识读给出的预制钢筋混凝土阳台板、空调板及女儿墙示例图（图 13－23 ~ 图 13－25），读懂各类预制构件的制图规则，明确构件的平面分布情况。

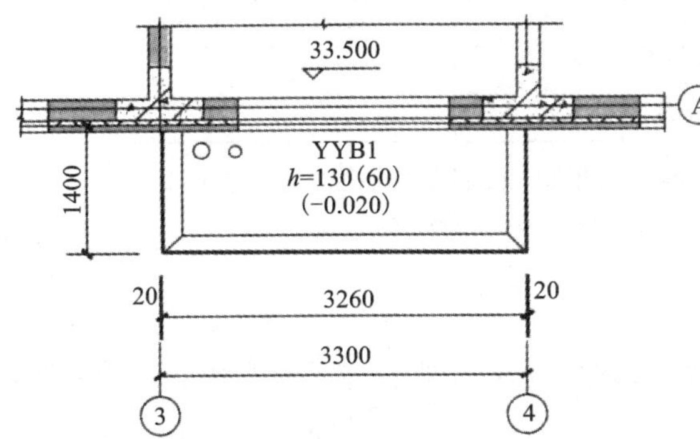

图 13－23　预制阳台板平面注写示例

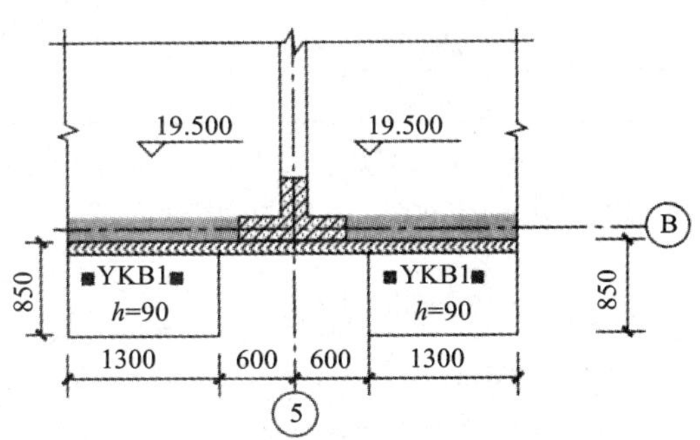

图 13－24　预制空调板平面注写示例

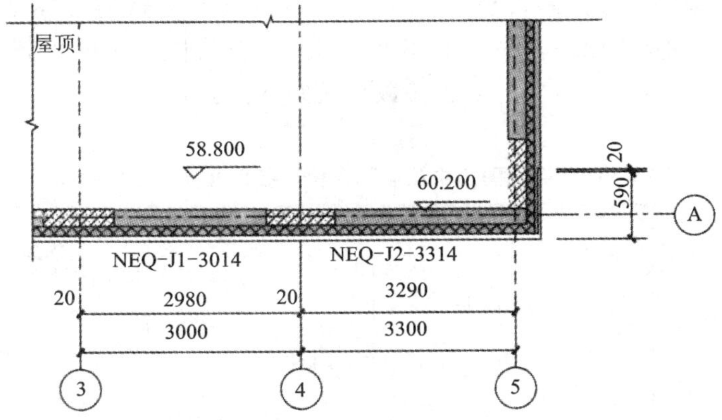

图 13－25　预制女儿墙平面注写示例

二、预制钢筋混凝土阳台板、空调板及女儿墙制图规则

预制钢筋混凝土阳台板、空调板及女儿墙（简称“预制阳台板、预制空调板及预制女儿墙”）的制图规则适用于装配式剪力墙结构中的预制钢筋混凝土阳台板、空调板及女儿墙的施工图设计。

1. 预制阳台板、空调板及女儿墙的编号

预制阳台板、空调板及女儿墙施工图应包括按标准层绘制的平面布置图、构件选用表。平面布置图中需要标注预制构件编号、定位尺寸及连接做法。

叠合式预制阳台板现浇层注写方法与《混凝土结构施工图平面整体表示方法制图规则和构造详图(现浇混凝土框架、剪力墙、梁、板)》(16G101—1)的“有梁楼盖板平法施工图的表示方法”相同，同时应标注叠合楼盖编号。

预制阳台板、空调板及女儿墙的编号由构件代号、序号组成，编号规则符合表 13 - 15 要求。

表 13 - 15　预制阳台板、空调板及女儿墙的编号

预制构件类型	代号	序号
阳台板	YYTB	××
空调板	YKTB	××
女儿墙	YNEQ	××

注：在女儿墙编号中，如若干女儿墙的厚度尺寸和配筋均相同，仅墙厚与轴线关系不同时，可将其编为同一墙身号，但应在图中注明与轴线的位置关系。序号可为数字，或数字加字母。

【例】YKTB2：表示预制空调板，编号为 2。

【例】YYTB3a：某工程有一块预制阳台板与已编号的 YYTB3 除洞口位置外，其他参数均相同，为方便起见，将该预制阳台板序号编为 3a。

【例】YNEQ5：表示预制女儿墙，编号为 5。

2. 标准图集中预制阳台板的编号

当选用标准图集中的预制阳台板、空调板及女儿墙时，可选型号参见《预制钢筋混凝土阳台板、空调板及女儿墙》(15G368—1)(表 13 - 16)。标准图集中的预制阳台板规格及编号形式为：YTB - × - ×××× - ××，各参数意义如下：

表 13 - 16　标准图集中预制阳台板、空调板及女儿墙的编号

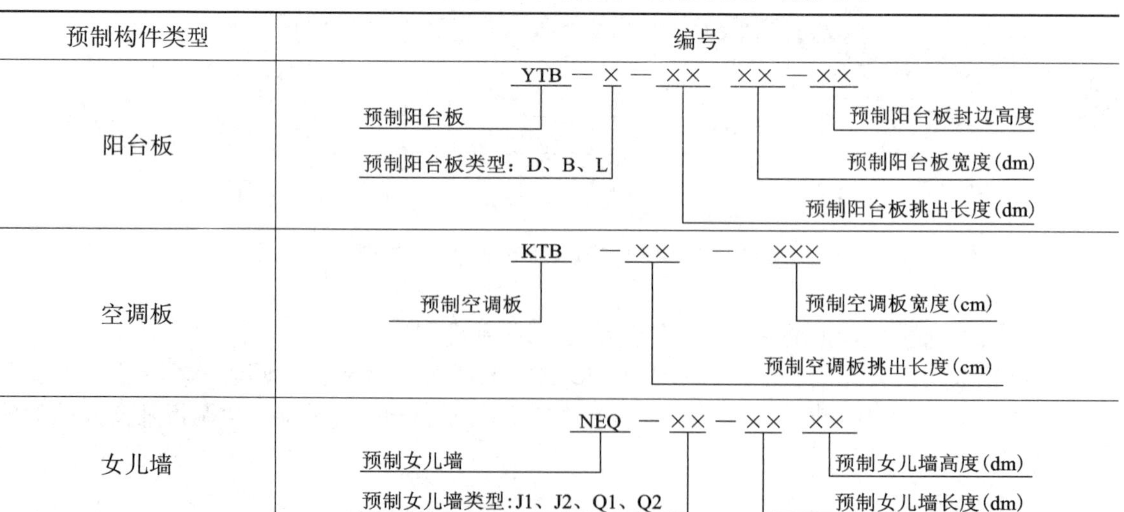

预制构件类型	编号
阳台板	YTB — × — ×× ×× — ×× 预制阳台板 预制阳台板类型：D、B、L 预制阳台板挑出长度(dm) 预制阳台板宽度(dm) 预制阳台板封边高度
空调板	KTB — ×× — ××× 预制空调板 预制空调板挑出长度(cm) 预制空调板宽度(cm)
女儿墙	NEQ — ×× — ×× ×× 预制女儿墙 预制女儿墙类型:J1、J2、Q1、Q2 预制女儿墙长度(dm) 预制女儿墙高度(dm)

(1)YTB 表示预制阳台板。

(2)YTB 后第一组为单个字母 D、B 或 L，表示预制阳台板类型。其中，D 表示叠合板式阳台，B 表示全预制板式阳台，L 表示全预制梁式阳台。

(3)YTB 后第二组四个数字，表示阳台板尺寸。其中，前两个数字表示阳台板悬挑长度(按分米计，从结构承重墙外表面算起)，后两个数字表示阳台板宽度对应房间开间的轴线尺寸(按分米计)。

(4) YTB 后第三组两个数字，表示预制阳台封边高度。04 表示封边高度为 400 mm，08 表示封边高度为 800 mm，12 表示封边高度为 1200 mm。当为全预制梁式阳台时，无此项。

【例】YTB－D－1024－08：表示预制叠合板式阳台，挑出长度为 1000 mm，阳台开间为 2400 mm，封边高度 800 mm。

3. 标准图集中预制空调板编号规则

标准图集中的预制空调板规格及编号形式为：KTB－××－×××，各参数意义如下：

(1)KTB 表示预制空调板。

(2)KTB 后第一组两个数字，表示预制空调板长度(按厘米计，挑出长度从结构承重墙外表面算起)。

(3)KTB 后第二组三个数字，表示预制空调板宽度(按厘米计)。

【例】KTB－84－130：表示预制空调板，构件长度为 840 mm，宽度为 1300 mm。

4. 标准图集中预制女儿墙编号规则

标准图集中的预制女儿墙规格及编号形式为：NEQ－××－××××，各参数意义如下：

(1)NEQ 表示预制女儿墙。

(2)NEQ 后第一组两个数字，预制女儿墙类型，分别为 J1、J2、Q1 和 Q2 型。其中，J1 型代表夹心保温式女儿墙(直板)、J2 型代表夹心保温式女儿墙(转角板)、Q1 型代表非保温式女儿墙(直板)、Q2 型代表非保温式女儿墙(转角板)。

(3)NEQ 后第二组四个数字，预制女儿墙尺寸。其中，前两个数字表示预制女儿墙长度(按分米计)，后两个数字表示预制女儿墙高度(按分米计)。

【例】NEQ－J1－3614：表示夹心保温式女儿墙，长度为 3600 m，高度为 1400 mm。

5. 预制阳台板、空调板及女儿墙平面布置图注写内容

(1)预制构件编号。

(2)各预制构件的平面尺寸、定位尺寸。

(3)预留洞口尺寸及相对于构件本身的定位(与标准构件中留洞位置一致时可不标)

(4)楼层结构标高。

(5)预制钢筋混凝土阳台板、空调板结构完成面与结构标高不同时的标高高差。

(6)预制女儿墙厚度、定位尺寸、女儿墙墙顶标高。

6. 预制女儿墙表主要内容

(1)平面图中的编号。

(2)选用标准图集的构件编号，自行设计构件可不写。

(3)所在层号和轴线号，轴号标注方法与外墙板相同。

(4)内叶墙厚。

(5)构件重量。

(6)构件数量。

(7)构件详图页码：选用标准图集构件需注写图集号和相应页码，自行设计构件需注写施工图图号。

(8)如果女儿墙内叶墙板与标准图集中的一致，外叶墙板有区别，可对外叶墙板调整后选用，调整参数(a、b)如图 13－26所示。

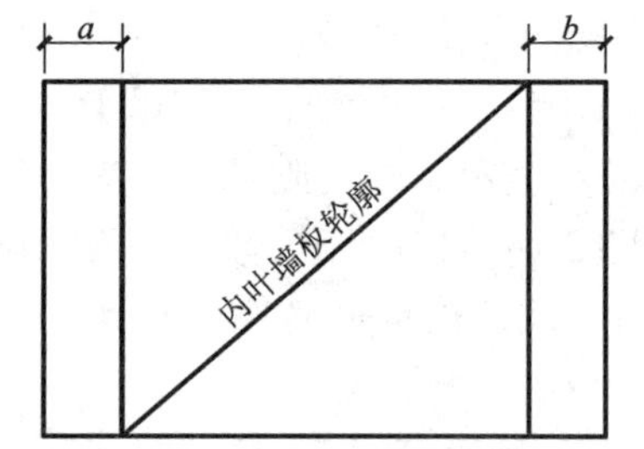

图 13－26　女儿墙外叶墙板调整选用示意

(9)备注中可标明该预制构件是“标准构件”“调整选用”或“自行设计”。

7. 预制阳台板、空调板构件表主要内容

(1)预制构件编号；

(2)选用标准图集的构件编号，自行设计构件可不写；

(3)板厚(mm)，叠合式还需注写预制底板厚度，表示方法为×××(××)；

(4)构件重量；

(5)构件数量；

(6)所在层号；

(7)构件详图页码：选用标准图集构件需注写图集号和相应页码，自行设计构件需注写施工图图号；

(8)备注中可标明该预制构件是“标准构件”或“自行设计”。

任务三　识读一个窗洞外墙板详图

【案例引入】

认真识读图 13－27、图 13－28，试回答下列问题：

1. 请说明图中墙板的尺寸，灌浆套筒的个数及位置，该墙体是否有预埋电器线盒？
2. 连梁底部纵筋编号为多少，是如何布置的？
3. 墙体水平分布筋编号为多少，是如何布置的？

【任务目标】

了解剪力墙外墙板基本组成，熟悉一个洞口外墙板各组成部分的基本尺寸和配筋情况，掌握一个洞口外墙板模板图和钢筋图的识读方法，能够正确识读一个洞口外墙板的模板图和钢筋图。

【知识链接】

13.3.1　一个窗洞外墙板详图识读要求

识读给出的一个窗洞外墙板模板图和配筋图，明确外墙板各组成部分的基本尺寸和配筋情况。

13.3.2　一个窗洞外墙板 WQC1 -3328 -1214 基本构造

根据窗台高度的不同，一个窗洞外墙板分为一个窗洞高窗台外墙板和一个窗洞矮窗台外墙板两类，其构造形式大体相同。下面以一个窗洞高窗台外墙板 WQC1 -3328 -1214 为例，通过模板图(图 13 -27)和配筋图(图 13 -28)识读其基本尺寸和配筋情况。

1. 内叶墙板、保温板和外叶墙板的相对位置关系

内叶墙板、保温板和外叶墙板的相对位置关系参见 WQ -2728。

2. WQC1 -3328 -1214 模板图基本信息

从模板图中可以读出以下信息：

(1)基本尺寸：内叶墙板宽 2700 mm(不含出筋)，高 2640 mm(不含出筋)，厚 200 mm。保温板宽 3240 mm，高 2780 mm，厚度按设计选用确定。外叶墙板宽 3280 mm，高 2815 mm，厚 60 mm。窗洞口宽 1200 mm，高 1400 mm，宽度方向居中布置，窗台与内叶墙板底间距 930 mm(建筑面层为 100 mm 时，间距为 980 mm)。

(2)预埋灌浆套筒：墙板底部预埋 14 个灌浆套筒。窗洞口两侧的边缘构件竖向筋底部，每侧 6 个，共计 12 个灌浆套筒。窗洞边缘构件外侧墙身竖向筋底部设置 2 个灌浆套筒，每侧 1 个。套筒灌浆孔和出浆孔均设置在墙板内侧面上(设置墙板临时斜支撑的一侧，下同)。同一个套筒的灌浆孔和出浆孔竖向布置，灌浆孔在下，出浆孔在上。灌浆孔和出浆孔各自都处在同一水平高度上，灌浆孔间或出浆孔间的水平间距不均匀。

(3)预埋吊件：墙板顶部有 2 个预埋吊件，编号 MJ1。布置在与内叶墙板内侧边间距 135 mm，分别与内叶墙板左右两侧边间距 475 mm 的对称位置处。

(4)预埋螺母：墙板内侧面有 4 个临时支撑预埋螺母，编号 MJ2。矩形布置，距离内叶墙板左右两侧边均为 350 mm，下部螺母距离内叶墙板下边缘 550 mm，上部螺母与下部螺母间距 1390 mm。

(5)预埋电气线盒：窗洞两侧各有 2 个预埋电气线盒，窗洞下部有 1 个预埋电气线盒，共计 5 个。线盒中心位置与墙板外边缘间距可根据工程实际情况选取。

(6)窗下填充聚苯板：窗台下设置 2 块 B -45 型聚苯板轻质填充块，距窗洞边 100 mm 布置。两聚苯板间距 100 mm，顶部与窗台间距 100 mm。

(7)灌浆分区：宽度方向平均分为两个灌浆分区，长度均为 1350 mm。

(8)其他：内叶墙板两侧均预留凹槽 30 mm × 5 mm。内叶墙板对角线控制尺寸为 3776 mm，外叶墙板对角线控制尺寸为 4322 mm。

3. WQC1 -3328 -1214 配筋图基本信息

从配筋图中可以读出以下信息：(仅读取位置及分布信息，钢筋具体尺寸参见钢筋表)

(1)基本形式：墙体内外两层钢筋网片，水平分布筋在外，竖向分布筋在内。窗洞上设置连梁，窗洞口两侧设置边缘构件。

(2)2 ⏀16 连梁底部纵筋 1Za：墙宽通长布置，两侧均外伸 200 mm。一级抗震要时为 2 ⏀18，其他为 2 ⏀16。

(3)2 ⏀10 连梁腰筋 1Zb：墙宽通长布置，两侧均外伸 200 mm。与墙板顶部距离 35 mm，与连梁底部纵筋间距 235 mm(当建筑面层为 100 mm 时，间距 185 mm)。

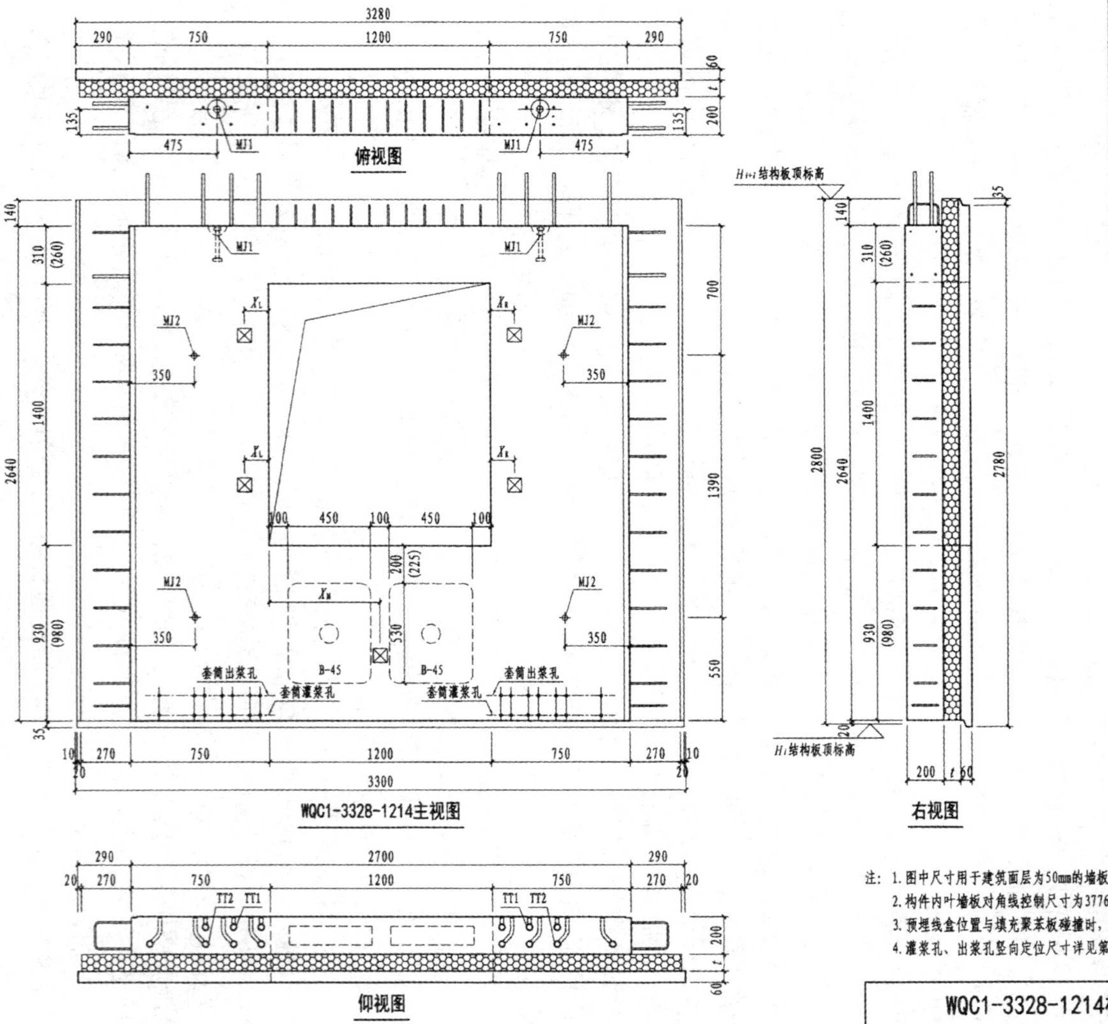

预埋配件明细表

编号	名称	数量	备注
MJ1	吊件	2	可选件 详见234页
MJ2	临时支撑预埋螺母	4	
B-45	填充用聚苯板	2	详见235页
TT1/TT2	套筒组件	6/8	详见235页
TG	套管组件		详见234页

预埋线盒位置选用

位置	中心洞边距 X_L、X_R、X_M (mm)
高区	X_L、X_R = 130、280、430、580
中区	
低区	X_M = 600

俯视图

WQC1-3328-1214主视图

右视图

仰视图

注：1. 图中尺寸用于建筑面层为50mm的墙板，括号内尺寸用于建筑面层为100mm的墙板。
2. 构件内叶墙板对角线控制尺寸为3776mm，外叶墙板对角线控制尺寸为4322mm。
3. 预埋线盒位置与填充聚苯板碰撞时，应调整聚苯板尺寸，做法详见第233页。
4. 灌浆孔、出浆孔竖向定位尺寸详见第235页。

WQC1-3328-1214模板图							图集号	15G365-1
审核	马涛	[签名]	校对	许文杰	[签名]	设计 康敏 [签名]	页	58

图13-27 WQC1-3328-1214模板图(注：本图摘自15G365—1)

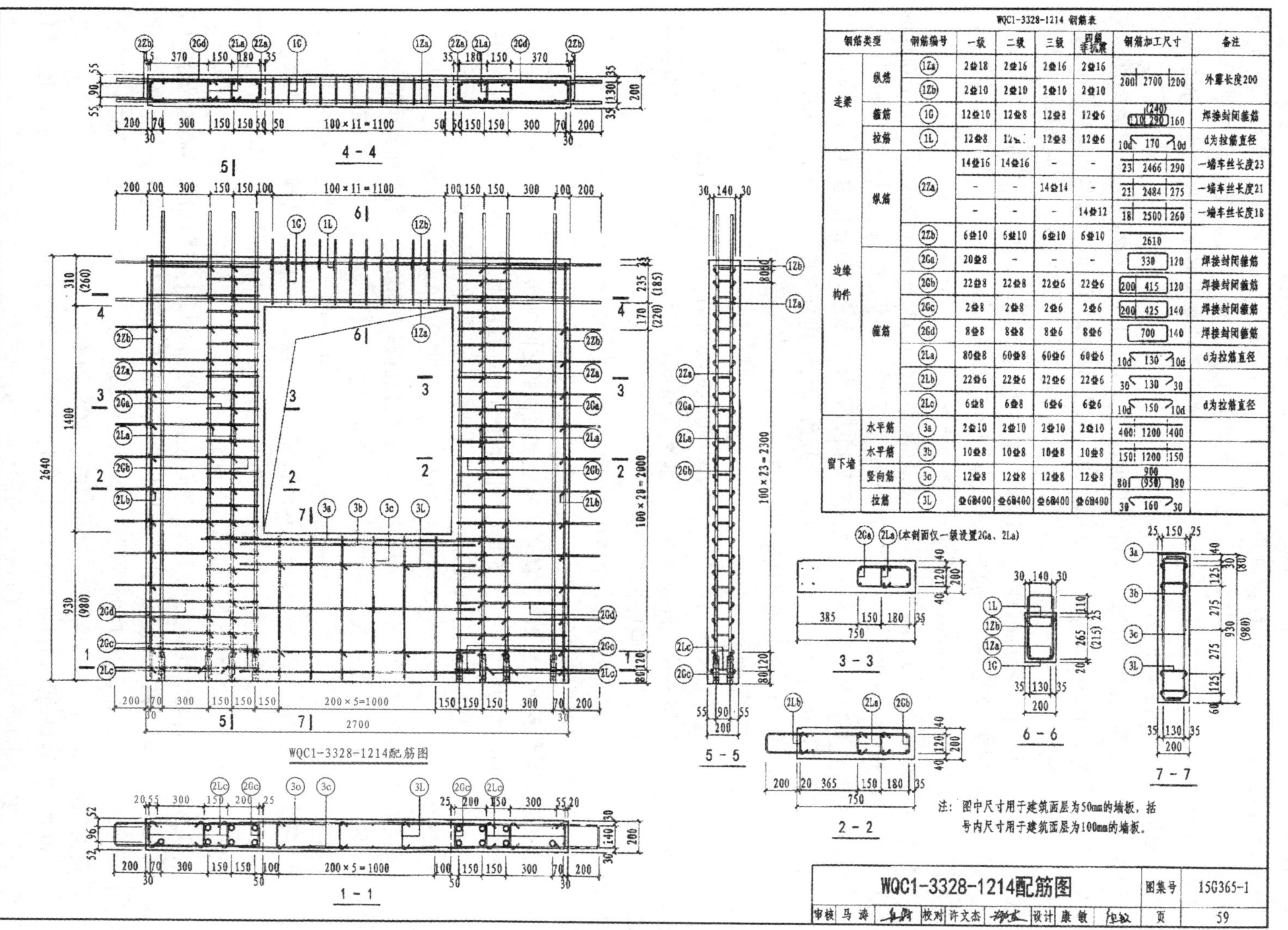

WQC1-3328-1214 钢筋表

钢筋类型		钢筋编号	一级	二级	三级	四级非抗震	钢筋加工尺寸	备注
连梁	纵筋	1Za	2Φ18	2Φ16	2Φ16	2Φ16	200 2700 200	外露长度200
		1Zb	2Φ10	2Φ10	2Φ10	2Φ10		
	箍筋	1G	12Φ10	12Φ8	12Φ8	12Φ6	(240) 110 290 160	焊接封闭箍筋
	拉筋	1L	12Φ8	[illegible]	12Φ8	12Φ6	10d 170 10d	d为拉筋直径
边缘构件	纵筋	2Za	14Φ16	14Φ16	-	-	23 2466 290	一端车丝长度23
			-	-	14Φ14	-	21 2484 275	一端车丝长度21
			-	-	-	14Φ12	18 2500 260	一端车丝长度18
		2Zb	6Φ10	6Φ10	6Φ10	6Φ10	2610	
	箍筋	2Ga	20Φ8	-	-	-	330 120	焊接封闭箍筋
		2Gb	22Φ8	22Φ8	22Φ6	22Φ6	200 415 120	焊接封闭箍筋
		2Gc	2Φ8	2Φ8	2Φ6	2Φ6	200 425 140	焊接封闭箍筋
		2Gd	8Φ8	8Φ8	8Φ6	8Φ6	700 140	焊接封闭箍筋
		2La	80Φ8	60Φ8	60Φ6	60Φ6	10d 130 10d	d为拉筋直径
		2Lb	22Φ6	22Φ6	22Φ6	22Φ6	30 130 30	
		2Lc	6Φ8	6Φ8	6Φ6	6Φ6	10d 150 10d	d为拉筋直径
窗下墙	水平筋	3a	2Φ10	2Φ10	2Φ10	2Φ10	400 1200 400	
	水平筋	3b	10Φ8	10Φ8	10Φ8	10Φ8	150 1200 150	
	竖向筋	3c	12Φ8	12Φ8	12Φ8	12Φ8	900 80 (950) 180	
	拉筋	3L	Φ6@400	Φ6@400	Φ6@400	Φ6@400	30 160 30	

图13-28　WQC1-3328-1214配筋图(注：本图摘自15G365—1)

(4)12 ⌀10 连梁箍筋 1G：焊接封闭箍筋，箍住连梁底部纵筋和腰筋，上部外伸 110 mm 至水平后浇带或圈梁混凝土内。仅窗洞正上方布置，距离窗洞边缘 50 mm 开始，等间距设置。一级抗震要求时为 12 ⌀10，二、三级抗震要求时为 12 ⌀8，四级抗震要求时为 12 ⌀6。
(5)12 ⌀8 连梁拉筋 1L：拉结连梁腰筋和箍筋。弯钩平直段长度为 10d。一、二、三级抗震要求时为 12 ⌀8，四级抗震要求时为 12 ⌀6。

(6)14 ⌀16 与灌浆套筒连接的边缘构件竖向纵筋 2Za：其中，窗洞口两侧边缘构件竖向纵筋共 12 根，距离窗洞边缘 50 mm 开始布置，间距 150 mm 布置 3 排。边缘构件两侧墙身竖向筋各 1 根，距边缘构件最外侧竖向纵筋 300 mm。一、二级抗震要求时为 14 ⌀16，下端车丝，长度 23 mm，与灌浆套筒机械连接。上端外伸 290 mm，与上一层墙板中的灌浆套筒连接。三级抗震要求时为 14 ⌀14，下端车丝长度 21 mm，上端外伸 275 mm。四级抗震要求时为 14 ⌀12，下端车丝长度 18 mm，上端外伸 260 mm。

(7)6 ⌀10 不与灌浆套筒连接的边缘构件竖向纵筋 2Zb：沿墙板高度通长布置，不连接灌浆套筒，不外伸。其中墙端边缘竖向构造筋每端设置 2 根，共计 4 根，距墙板边 30 mm 布置。与连接灌浆套筒的 2 根墙身竖向筋 2Za 对应的 2 根 2Zb 竖向纵筋，距墙板边 100 mm 布置。

除连梁纵筋和腰筋因直径较大不易弯曲而直线外伸外，其余直径较小的墙体水平分布筋无论外伸与否，内外两层网片上同高度处两根水平分布筋均在端部弯折连接做成封闭箍筋状，钢筋表中均作为箍筋处理。

(8)2 ⌀8 灌浆套筒处水平分布筋 2Gc：距墙板底部 80 mm 处(中心距)布置，从窗洞口边缘构件内侧至墙端。两层网片上同高度处两根水平分布筋在端部弯折连接形成封闭箍筋状，一端箍住窗洞口边缘构件最外侧竖向分布筋，另一端外伸 200 mm，外伸后形成预留外伸 U 形筋的形式。窗洞两侧各设置一道。因灌浆套筒尺寸关系，该处箍筋并不在钢筋网片平面内。一、二级抗震要求时为 2 ⌀8，三、四级抗震要求时为 2 ⌀6。

(9)22 ⌀8 墙体水平分布筋 2Gb：套筒顶部至连梁底部之间均布，距墙板底部 200 mm 处开始布置，间距 200 mm。两层网片上同高度处两根水平分布筋在端部弯折连接形成封闭箍筋状。一端箍住窗洞口处边缘构件竖向分布筋，另一端外伸 200 mm，外伸后形成预留外伸 U 形筋的形式。窗洞两侧各设置 11 道。一、二级抗震要求时为 22 ⌀8，三、四级抗震要求时为 22 ⌀6。

(10)8 ⌀8 套筒顶和连梁处水平加密筋 2Gd：套筒顶部以上 300 mm 范围和连梁高度范围内设置，间距 200 mm。套筒顶部以上 300 mm 范围内设置 2 道，与墙体水平分布筋 2Gb 间隔设置。连梁高度范围内设置 2 道(最上一根的 2Gb 以上 200 mm 开始布置)。两层网片上同高度处两根水平加强筋在端部弯折连接形成封闭箍筋状。一端箍住窗洞口边缘构件最外侧竖向分布筋，另一端箍住墙体端部竖向构造纵筋 2Zb，不外伸。窗洞两侧共设置 8 道。一、二级抗震要求时为 8 ⌀8，三、四级抗震要求时为 8 ⌀6。

(11)20 ⌀8 窗洞口边缘构件箍筋 2Ga：套筒顶部 300 mm 以上范围和连梁高度范围内设置，间距 200 mm。套筒顶部 300 mm 以上范围内与墙体水平分布筋 2Gb 间隔设置。连梁高度范围内与连梁处水平加密筋 2Gd 间隔设置。焊接封闭箍筋，箍住最外侧的窗洞口边缘构件竖向分布筋。仅在一级抗震要求时设置，窗洞两侧各设置 10 ⌀8。

(12)80 ⌀8 窗洞口边缘构件拉结筋 2La：窗洞口边缘构件竖向纵筋与各类水平筋(墙体水平分布筋、边缘构件箍筋等)交叉点处拉结筋(无箍筋拉结处)，不含灌浆套筒区域。弯钩平直段长度 10d。一级抗震要求时窗洞口两侧每侧 40 ⌀8，二级抗震要求时窗洞口两侧每侧 30 ⌀8，三、四级抗震要求时窗洞口两侧每侧 30 ⌀6。

(13)22 ⏀6 墙端边缘竖向构造纵筋拉结筋 2Lb：墙端边缘竖向构造纵筋 2Zb 与墙体水平分布筋 2Gb 交叉点处拉结筋，每端 11 道，弯钩平直段长度 30 mm。

(14)6 ⏀8 灌浆套筒处拉结筋 2Lc：灌浆套筒处水平分布筋与灌浆套筒和墙端端部竖向构造纵筋交叉点处拉结筋，弯钩平直段长度 10d。一、二级抗震要求时为 6 ⏀8。三、四级抗震要求时为 6 ⏀6。

(15)2 ⏀10 窗下水平加强筋 3a：窗台下布置，距窗台面 40 mm，端部伸人窗洞口两侧混凝土内 400 mm。

(16)10 ⏀8 窗下墙水平分布筋 3b：窗下墙处布置，端部伸人窗洞口两侧混凝土内 150 mm。共布置 5 道，底部 2 道分别与套筒处水平分布筋和套筒顶第一根水平分布筋搭接，顶部 1 道距窗台 70 mm，其余 2 道布置位置可见剖面图。

(17)12 ⏀8 窗下墙竖向分布筋 3c：窗下墙处，距窗洞口边缘 100 mm 开始布置，间距 200 mm。端部弯折 90°，弯钩长度为 80 mm，两侧竖向筋通过弯钩连接。

(18)⏀6@400 窗下墙拉结筋 3d：窗下墙处，矩形布置。

4. WQ 外叶墙板详图

外叶墙板中钢筋采用焊接网片(图 13－29)，间距不大于 150 mm。网片偏墙板外侧设置，混凝土保护层厚度按 20 mm 计。竖向钢筋距离外叶墙板两侧边 30 mm 开始摆放，顶部水平钢筋距离外叶墙板顶部 65 mm 开始摆放，底部水平钢筋距离外叶墙板底部 35 mm 开始摆放。

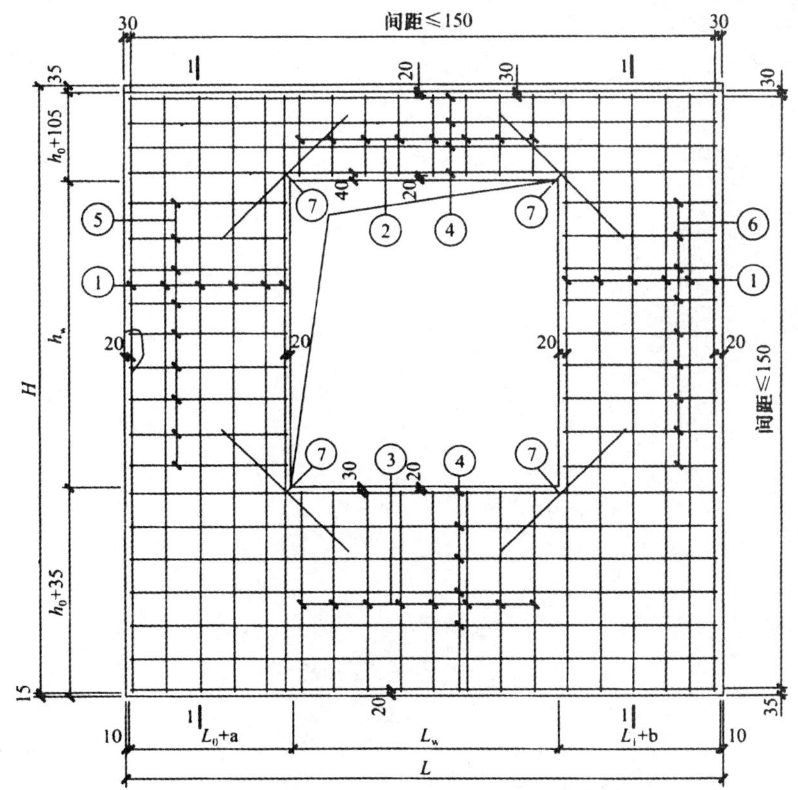

图 13－29　一个洞口外墙外叶板钢筋图(注：本图摘自 15G365—1)

有门窗洞口的外叶墙板，钢筋在洞口处截断处理，但需在洞口边缘设置通长钢筋，一般在距离洞口边缘 30 mm 处设置。洞口角部设置 800 mm 长加固筋，每个角部两根。

【知识总结】

1. 建筑物的结构系统由混凝土部件(预制构件)构成的装配式建筑称为装配式混凝土建筑。

2. 按照预制构件间连接方式的不同，装配式混凝土结构包括装配整体式混凝土结构、全装配混凝土结构等。

3. 装配整体式混凝土剪力墙结构的主要预制构件有预制外墙板(图 13－6)、预制内墙板、叠合楼板(图 13－7)、预制连梁、预制楼梯(图 13－8)、预制阳台板、预制空调板等。装配整体式混凝土框架结构的主要预制构件有预制柱(图 13－9)、预制梁(图 13－10)、叠合楼板、预制外挂墙板、预制楼梯等。

4. 装配式混凝土剪力墙结构施工图采用平面表示方法，包括结构平面布置图、各类预制构件详图和连接节点详图等图纸。其中结构平面布置图包括剪力墙平面布置图、屋面层女儿墙平面布置图、板结构平面布置图等。预制构件详图包括预制外墙板模板图和配筋图、预制内墙板模板图和配筋图、叠合板模板图和配筋图、阳台板模板图和配筋图、预制楼梯模板图和配筋图等。连接节点详图包括预制墙竖向接缝构造、预制墙水平接缝构造、连梁及楼(屋)面梁与预制墙的连接构造、叠合板连接构造、叠合梁连接构造和预制楼梯连接构造等。

【课后练习】

简述如何识读一套装配式混凝土剪力墙结构图纸

下篇　砌体结构

学习情境十四　熟悉砌体结构

【项目描述与分析】

通过学习砌体结构常用材料的种类、砌体结构力学性能，使学生能合理选用砌体结构材料，并确定其抗压强度设计值；学习混合结构的承重体系和静力计算方案，使学生明确混合结构的传力路径，并确定计算简图，为后续的承载力计算和高厚比验算做好准备。

【学习目标】

能力目标	知识目标	权重
能合理选用砌体材料	砌体结构材料种类及强度等级	25%
能确定砌体抗压强度设计值	砌体结构力学性能	25%
能合理布置混合结构墙体	混合结构承重体系	25%
能确定结构静力计算方案	三种静力计算方案	25%
合　计		100%

任务一　熟悉材料

【案例引入】

某砖柱截面尺寸为370 mm×490 mm，采用强度等级为MU10烧结普通砖和M2.5水泥砂浆砌筑，施工质量控制等级为B级，试确定该砌体的抗压强度设计值。

【任务目标】

1. 熟悉砌体结构所用材料的种类及强度等级；
2. 掌握无筋砌体抗压强度设计值的确定方法。

【知识链接】

14.1.1　砌体材料种类及强度等级

砌体的材料主要包括块材和砂浆。

1. 块材

块材是砌体的主要组成部分，约占砌体总体积的78%以上。

(1)块体材料的种类

承重结构常用的有烧结普通砖、烧结多孔砖、蒸压灰砂普通砖、蒸压粉煤灰普通砖、混凝土普通砖、混凝土多孔砖、混凝土小型砌块及石材等。

烧结普通砖是指以黏土、页岩、煤矸石、粉煤灰为主要原料，经过焙烧而成的实心的或孔洞率不大于规定值且外形尺寸符合规定的砖，分烧结黏土砖、烧结页岩砖、烧结煤矸石砖、烧结粉煤灰砖等。全国统一规定这种砖的尺寸为 240 mm × 115 mm × 53 mm，习惯上称标准砖。每立方米砌体的标准砖块数为 512 块。为了保护土地资源，利用工业废料和改善环境，国家禁止使用黏土实心砖，推广和生产采用非黏土原材料制成的砖材，已成为我国墙体材料改革的发展方向。

烧结多孔砖简称多孔砖，是指以黏土、页岩、煤矸石或粉煤灰为主要原料，经焙烧而成的具有竖向孔洞(孔洞率不小于25%，孔的尺寸小而数量多)的砖。型号有 KM1、KP1、KP2 三种(图 14－1)。P 型砖规格为 240 mm × 115 mm × 90 mm，M 型砖规格为 190 mm × 190 mm × 90 mm。烧结多孔砖与烧结普通黏土砖相比，突出的优点是减轻墙体自重 1/4 ~ 1/3，节约原料和能源，提高砌筑效率约 40%，降低成本 20% 左右，显著改善保温隔热性能。它主要用于承重部位，其力学性能同烧结普通砖。

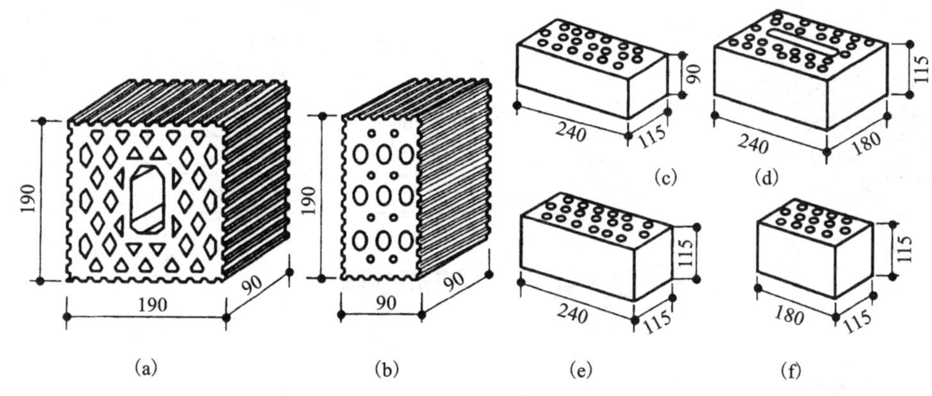

图 14－1　几种多孔砖的规格和孔洞形式

(a)KM1 型；(b)KM1 型配砖；(c)KP1 型；(d)KP2 型；(e)、(f)KP2 型配砖

蒸压灰砂普通砖简称灰砂砖，是以石灰和砂为主要原料，经坯料置备、压制成型、蒸压养护而成的实心砖。灰砂砖不能用于长期超过 200℃、受急冷急热或有酸性介质侵蚀的部位。

蒸压粉煤灰普通砖简称粉煤灰砖，又称烟灰砖，是以粉煤灰、石灰为主要原料，掺配适量的石膏和集料，经坯料制备、压制成型、高压蒸汽养护而成的实心砖。它可用于工业与民用建筑的墙体和基础，但用于基础或易受冻融和干湿交替作用的建筑部位时，必须使用一等砖。不得用于长期超 200℃、受急冷急热或有酸性介质侵蚀的建筑部位。

混凝土砖包括普通砖和多孔砖，其主规格分别为 240 mm × 115 mm × 53 mm 和 240 mm × 115 mm × 90 mm。

混凝土小型空心砌块简称小砌块(或砌块)，包括普通混凝土和轻骨料(火山渣、浮石、陶粒)混凝土两类，主规格为 390 mm × 190 mm × 190 mm(图 14－2)。砌块能节约耕地，且其保温隔热性能及隔音性能较好。用砌块砌筑砌体可以减少劳动量，加快施工进度。

石材抗压强度高，抗冻性、抗水性及耐久性均较好，通常用于建筑物基础，挡土墙等，也可用于建筑物墙体。砌体中的石材应选用无明显风化的天然石材。石材按加工后的外形规则程度分为料石和毛石两种。

(2)块体材料的强度等级

承重结构块体的强度等级分别为：

烧结普通砖、烧结多孔砖：MU30、MU25、MU20、MU15、MU10；

蒸压灰砂普通砖、蒸压粉煤灰普通砖：MU25、MU20、MU15；

混凝土普通砖、混凝土多孔砖：MU30、MU25、MU20、MU15；

混凝土砌块、轻集料混凝土砌块：MU20、MU15、MU10、MU7.5、MU5；

石材：MU100、MU80、MU60、MU50、MU40、MU30、MU20。

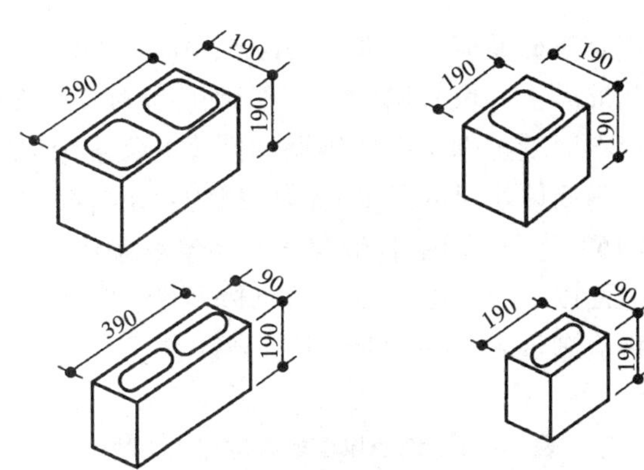

图 14－2　混凝土小型空心砌块块型

自承重墙的空心砖、轻集料混凝土砌块的强度等级如下：

空心砖：MU10、MU7.5、MU5、MU3.5；

轻集料混凝土砌块：MU10、MU7.5、MU5、MU3.5。

2. 砂浆

砌体中砂浆的作用是将块材连成整体，从而改善块材在砌体中的受力状态，使其应力均匀分布，同时因砂浆填满了块材间的缝隙，也降低了砌体的透气性，提高了砌体的防水、隔热、抗冻等性能。按配料成分不同，砂浆分为以下几种。

(1)水泥砂浆

水泥砂浆的主要特点是强度高、耐久性和耐火性好，但其流动性和保水性差，相对而言施工较困难。在强度等级相同的条件下，采用水泥砂浆砌筑的砌体强度要比用其他砂浆时低。水泥砂浆常用于地下结构或经常受水侵蚀的砌体部位。

(2)水泥混合砂浆

水泥混合砂浆包括水泥石灰砂浆、水泥黏土砂浆，其强度较高，且耐久性、流动性和保水性均较好，便于施工，容易保证施工质量，常用于地上砌体，是最常用的砂浆。

(3)非水泥砂浆

非水泥砂浆有石灰砂浆、黏土砂浆、石膏砂浆。石灰砂浆强度较低，耐久性也差，流动性和保水性较好，通常用于地上砌体。黏土砂浆强度低，可用于临时建筑或简易建筑。石膏砂浆硬化快，可用于不受潮湿的地上砌体。

(4)混凝土砌块砌筑砂浆

它是由水泥、砂、水以及根据需要掺入的掺和料和外加剂等组成，按一定比例，采用机械拌和制成，专门用于砌筑混凝土砌块的砌筑砂浆。简称砌块专用砂浆，其强度等级用 Mb 表示(砌块灌孔混凝土，其强度等级用 Cb 表示)。

砂浆的强度等级由通过标准试验方法测得的边长为 70.7 mm 立方体的 28d 龄期抗压强度平均值确定。

烧结普通砖、烧结多孔砖、蒸压灰砂普通砖、蒸压粉煤灰普通砖采用的普通砂浆的强度等级分为 M15、M10、M7.5、M5、M2.5 五级；蒸压灰砂普通砖和蒸压粉煤灰普通砖砌体采用的专用砌筑砂浆强度等级为 Ms15、Ms10、Ms7.5 和 Ms5.0；混凝土普通砖、混凝土多孔砖、单排孔混凝土砌块采用的砂浆的强度为 Mb20、Mb15、Mb10、Mb7.5 和 Mb5；双排孔和多排孔轻集料混凝土砌块砌体采用的砂浆的强度为 Mb10、Mb7.5 和 Mb5。

承重墙体块材的最低强度等级为：烧结普通砖、烧结多孔砖 MU10，蒸压普通砖、混凝土砖 MU15，普通、轻集料混凝土小型空心砌块 MU7.5。

地面以下或防潮层以下的砌体，潮湿房间的墙或环境类别 2 的砌体，所用材料的最低强度等级应满足表 14－1的规定。

表 14－1　地面以下或防潮层以下的砌体、潮湿房间的墙所用材料的最低强度等级

潮湿程度	烧结普通砖	混凝土普通砖、蒸压普通砖	混凝土砌块	石材	水泥砂浆
稍潮湿的	MU15	MU20	MU7.5	MU30	M5
很潮湿的	MU20	MU20	MU10	MU30	M7.5
含水饱和的	MU20	MU25	MU15	MU40	M10

注：①在冻胀地区，地面以下或防潮层以下的砌体，不宜采用多孔砖，如采用时，其孔洞应用不低于 M10 的水泥砂浆预先灌实。当采用混凝土砌块砌体时，其孔洞应采用强度等级不低于 Cb20 的混凝土灌实；②对安全等级为一级或设计使用年限大于 50 年的房屋，表中材料强度等级应至少提高一级。

14.1.2　砌体的力学性能

1. 砌体的种类

砌体分为无筋砌体和配筋砌体两类。

(1)无筋砌体

无筋砌体由块体和砂浆组成，包括砖砌体、砌块砌体和石砌体。无筋砌体房屋抗震性能和抗不均匀沉降能力较差。

①砖砌体

砖砌体包括实砌砖砌体和空斗墙。

实砌砖砌体可以砌成厚度为 120 mm(半砖)、240 mm(一砖)、370 mm(一砖半)、490 mm(两砖)及 620 mm(两砖半)的墙体，也可砌成厚度为 180 mm，300 mm 和 420 mm 的墙体，但此时部分砖必须侧砌，不利于抗震。

空斗墙是将全部或部分砖立砌，并留空斗(洞)，现已很少采用。

②砌块砌体

砌块砌体由砌块和砂浆砌筑而成。其自重轻，保温隔热性能好，施工进度快，经济效果好，又具有优良的环保概念，因此砌块砌体，特别是小型砌块砌体有很广阔的发展前景。

③石砌体

石砌体由石材和砂浆(或混凝土)砌筑而成。按石材加工后的外形规则程度，可分为料石砌体、毛石砌体、毛石混凝土砌体等。它价格低廉，可就地取材，但自重大，隔热性能差，作外墙时厚度一般较大，在产石的山区应用较为广泛。料石砌体可用作房屋墙、柱，毛石砌体一般用作挡土墙、基础。

(2)配筋砌体

配筋砌体是指在砌体内不同部位以不同方式配置钢筋或钢筋混凝土的砌体，包括网状配筋砌体、组合砖砌体、配筋混凝土砌块砌体。

网状配筋砌体又称横向配筋砌体，是在砖柱或砖墙中每隔几皮砖在其水平灰缝中设置直径为 3 ~4 mm 的方格网式钢筋网片，或直径 6 ~8 mm 的连弯式钢筋网片(图 14 –3)，在砌体受压时，网状配筋可约束砌体的横向变形，从而提高砌体的抗压强度。

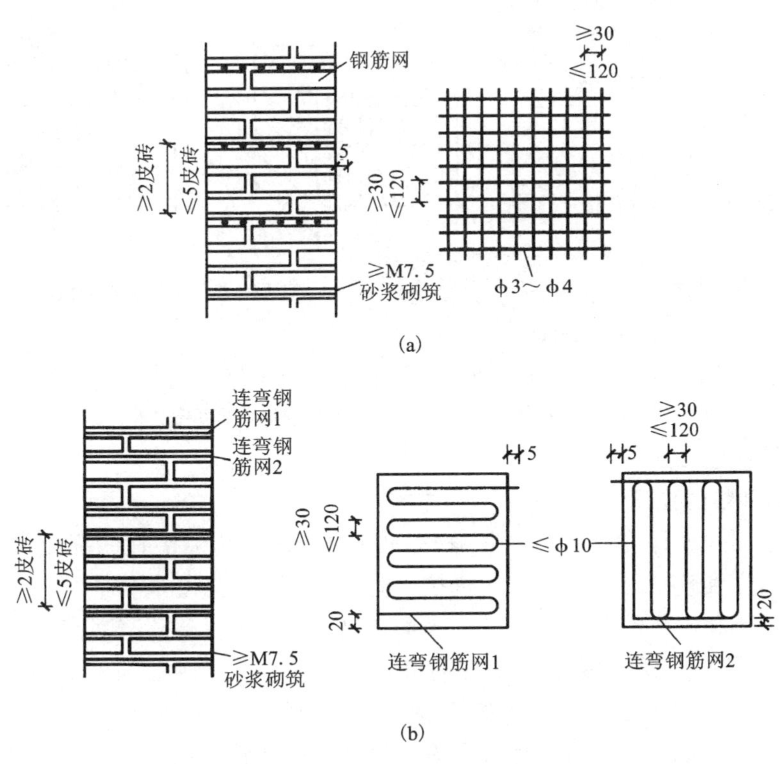

图 14 –3　网状配筋砌体

(a)方格网；(b)连弯网

组合砖砌体有两种：一种是在砌体外侧预留的竖向凹槽内配置纵向钢筋，在浇筑混凝土面层或钢筋砂浆面层构成的[图 14 –4(a)]，可认为是外包式组合砖砌体；另一种是砖砌体

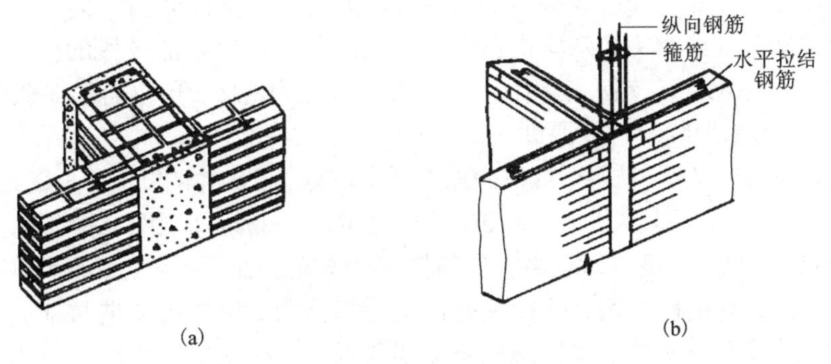

图 14 –4　组合砖砌体

(a)外包式组合砖柱；(b)内嵌式组合砖砌体墙

和钢筋混凝土构造柱组合墙，是在砖砌体中每隔一定距离设置钢筋混凝土构造柱，并在各层楼盖处设置钢筋混凝土圈梁(约束梁)，使砖砌体墙与钢筋混凝土构造柱和圈梁组成一个构件(弱框架)共同受力，属内嵌式组合砖砌体[图 14－4(b)]。

配筋混凝土砌块砌体是在砌块墙体上下贯通的竖向孔洞中插入竖向钢筋，并用灌孔混凝土灌实，使竖向和水平钢筋与砌体形成一个共同工作的整体(图 14－5)。由于这种墙体主要用于中高层或高层房屋中起剪力墙作用，故又称配筋砌块剪力墙。

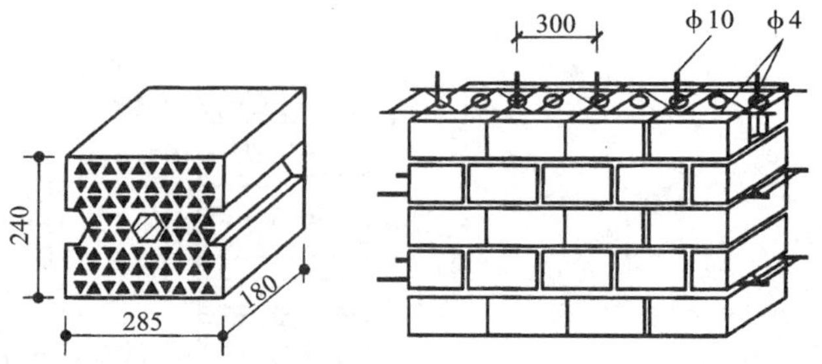

图 14－5　配筋砌块砌体

配筋砌体不仅加强了砌体的各种强度和抗震性能，还扩大了砌体结构的使用范围，如高强混凝土砌块通过配筋与浇注灌孔混凝土，可作为 10～20 层的房屋的承重墙体。

2. 影响砌体抗压强度的因素

(1)块材和砂浆的强度

块材和砂浆的强度是决定砌体抗压强度的首要因素，其中块材的强度又是最主要的因素。块材的抗压强度较高时，其相应的抗拉、抗弯、抗剪等强度也相应提高。一般来说，砌体抗压强度随块体和砂浆的强度等级的提高而提高，但采用提高砂浆强度等级来提高砌体强度的做法，不如用提高块材的强度等级更有效。试验表明，当砖的强度等级不变，砂浆强度等级提高一级，砌体抗压强度只提高约 15%，而当砂浆强度等级不变，砖强度等级提高一级，砌体抗压强度可提高约 20%。但在毛石砌体中，提高砂浆强度等级对提高砌体抗压强度的影响较大。

(2)砂浆的性能

砂浆的流动性、保水性等性能对砌体抗压强度都有重要影响。用具有合适的流动性以及良好的保水性的砂浆铺成的水平灰缝厚度较均匀且密实性较好，可以有效地降低砌体内的局部弯剪应力，提高砌体的抗压强度。与混合砂浆相比，纯水泥砂浆容易失水而导致流动性差，所以同一强度等级的混和砂浆砌筑的砌体强度要比纯水泥砂浆高。但当砂浆的流动性过大时，硬化后的砂浆变形也大，砌体抗压强度反而降低。所以性能较好的砂浆应同时具有合适的流动性和好的保水性。实际工程中，宜采用掺有石灰或黏土的混合砂浆砌筑砌体。

(3)块材的尺寸、形状及灰缝厚度

高度大的块体，其抗弯、抗剪、抗拉的能力增大，会推迟砌体的开裂；长度较大时，块体在砌体中引起的弯、剪应力也较大，易引起块体开裂破坏。块材表面规则、平整时，砌体中块材的弯剪不利影响减少，砌体强度相对较高。如细料石砌体抗压强度要比毛料石高 50% 左右。

灰缝愈厚，愈容易铺砌均匀，但砂浆的横向变形愈大，块体内横向拉应力亦愈大，砌体内的复杂应力状态亦随之加剧，砌体抗压强度亦降低。灰缝太薄又难以铺设均匀。因而一般灰缝厚度应控制在 8～12 mm；对石砌体中的细料石砌体不宜大于 5 mm，毛料石和粗料石砌体不宜大于 20 mm。

(4)砌筑质量

砌筑质量的影响因素是多方面的，如块材砌筑的含水率、工人的技术水平、砂浆搅拌方式、现场管理水平，灰缝饱满度等。试验表明，当砂浆饱满度由80%降低为65%时，砌体强度降低20%左右。《砌体工程施工质量验收规范》(GB50203—2011)规定，水平灰缝的砂浆饱满度不得小于80%，并根据施工现场的质保体系、砂浆和混凝土的强度、砌筑工人技术等级方面的综合水平将施工技术水平划分为A、B、C三个等级，即砌体施工质量控制等级(表14－2)。《砌体结构设计规范》(GB 50003—2011)(以下简称《砌体规范》)规定，当采用A级施工质量控制等级时，砌体强度设计值可提高5%，而采用C级施工质量控制等级时，砌体强度设计值应降低。

表14－2　砌体施工质量控制等级

项目	施工质量控制等级		
	A	B	C
现场质量管理	制度健全，并严格执行；非施工方质量监督人员经常到现场，或现场设有常驻代表；施工方有在岗专业技术管理人员，人员齐全，并持证上岗	制度基本健全，并能执行；非施工方质量监督人员间断地到现场进行质量控制；施工方有在岗专业技术管理人员，并持证上岗	有制度，非施工方质量监督人员很少作现场质量控制；施工方有在岗专业技术管理人员
砂浆、混凝土强度	试块按规定制作，强度满足验收规定，离散性小	试块按规定制作，强度满足验收规定，离散性较小	试块强度满足验收规定，离散性大
砂浆拌合方式	机械拌合；配合比计量控制严格	机械拌合；配合比计量控制一般	机械或人工拌合；配合比计量控制较差
砌筑工人	中级工以上，其中高级工不少于20%	高、中级工不少于70%	初级工以上

3. 砌体的抗压强度设计值

龄期为28天的以毛截面计算的各类砌体抗压强度设计值f，当施工质量控制等级为B级时，根据块材和砂浆的强度等级可分别按表14－3～表14－9采用(施工阶段砂浆尚未硬化的新砌砌体的强度和稳定性，可按砂浆强度为零进行验算)。

表14－3　烧结普通砖和烧结多孔砖砌体的抗压强度设计值f　/MPa

砖强度等级	砂浆强度等级					砂浆强度
	M15	M10	M7.5	M5	M2.5	0
MU30	3.94	3.27	2.93	2.59	2.26	1.15
MU25	3.60	2.98	2.68	2.37	2.06	1.05
MU20	3.22	2.67	2.39	2.12	1.84	0.94
MU15	2.79	2.31	2.07	1.83	1.60	0.82
MU10	—	1.89	1.69	1.50	1.30	0.67

注：当烧结多孔砖的孔洞率大于30%时，表中数值应乘以0.9。

表 14－4　混凝土普通砖和混凝土多孔砖砌体的抗压强度设计值 f　　/MPa

砖强度等级	砂浆强度等级					砂浆强度
	Mb20	Mb15	Mb10	Mb7.5	Mb5	0
MU30	4.61	3.94	3.27	2.93	2.59	1.15
MU25	4.21	3.60	2.98	2.68	2.37	1.05
MU20	3.77	3.22	2.67	2.39	1.12	0.94
MU15	—	2.79	2.31	2.07	1.83	0.82

表 14－5　蒸压灰砂普通砖和蒸压粉煤灰普通砖砌体的抗压强度设计值 f　　/MPa

砖强度等级	砂浆强度等级				砂浆强度
	M15	M10	M7.5	M5	0
MU25	3.60	2.98	2.68	2.37	1.05
MU20	3.22	2.67	2.39	1.12	0.94
MU15	2.79	2.31	2.07	1.83	0.82

注：当采用专用砂浆砌筑时，其抗压强度设计值按表中数值采用。

表 14－6　单排孔混凝土和轻骨料混凝土砌块砌体的抗压强度设计值 f　　/MPa

砌块强度等级	砂浆强度等级					砂浆强度
	Mb20	Mb15	Mb10	Mb7.5	Mb5	0
MU20	6.30	5.68	4.95	4.44	3.94	2.33
MU15	—	4.61	4.02	3.61	3.20	1.89
MU10	—	—	2.79	2.50	1.22	1.31
MU7.5	—	—	—	1.93	1.71	1.01
MU5	—	—	—	—	1.19	0.70

注：①对独立柱或厚度为双排组砌的砌块砌体，应按表中数值乘以 0.7；②对 T 型截面砌体，应按表中数值乘以 0.85。

表 14－7　双排孔或多排孔轻骨料混凝土砌块砌体的抗压强度设计值 f　　/MPa

砌块强度等级	砂浆强度等级			砂浆强度
	Mb10	Mb7.5	Mb5	0
MU10	3.08	2.76	2.45	1.44
MU7.5	—	1.13	1.88	1.12
MU5	—	—	1.31	0.78
MU3.5	—	—	0.95	0.56

注：①表中的砌块为火山渣、浮石和陶粒轻骨料混凝土砌块；②对厚度方向为双排组砌的轻骨料混凝土砌块砌体的抗压强度设计值，应按表中数值乘以 0.8。

表 14－8　毛料石砌体的抗压强度设计值 f　/MPa

石材强度等级	砂浆强度等级			砂浆强度
	M7.5	M5	M2.5	0
MU100	5.42	4.80	4.18	2.13
MU80	4.85	4.29	3.73	1.91
MU60	4.20	3.71	3.23	1.65
MU50	3.83	3.39	2.95	1.51
MU40	3.43	3.04	2.64	1.35
MU30	2.97	2.63	1.29	1.17
MU20	2.42	1.15	1.87	0.95

注：对细料石砌体、粗料石砌体和. 干砌勾缝石砌体，表中数值应分别乘以系数 1.4、1.2 和 0.8；

表 14－9　毛石砌体的抗压强度设计值 f　/MPa

石材强度等级	砂浆强度等级			砂浆强度
	M7.5	M5	M2.5	0
MU100	1.27	1.12	0.98	0.34
MU80	1.13	1.00	0.87	0.30
MU60	0.98	0.87	0.76	0.26
MU50	0.90	0.80	0.69	0.23
MU40	0.80	0.71	0.62	0.21
MU30	0.69	0.61	0.53	0.18
MU20	0.56	0.51	0.44	0.15

对于下列情况表 14－3～表 14－9 所列各种砌体的强度设计值应乘以调整系数：①对无筋砌体构件，其截面面积 A 小于 0.3 m^2时，$\gamma_a = 0.7 + A$，其中 A 以 m^2为单位；对配筋砌体构件，其截面面积 A 小于 0.2 m^2时，$\gamma_a = 0.8 + A$，其中 A 以 m^2为单位。②当砌体用强度等级小于 M5.0 的水泥砂浆砌筑时，$\gamma_a = 0.9$；对抗拉、抗弯及抗剪强度设计值，$\gamma_a = 0.8$；对配筋砌体构件，仅对砌体的强度设计值乘以调整系数 γ_a。③当验算施工中房屋的构件时，$\gamma_a = 1.1$。但由于施工阶段砂浆尚未硬化，砂浆强度可取为零。

【案例解答】

解

砖柱截面面积

$$A = 0.37 \times 0.49 = 0.1813\ m^2 < 0.3\ m^2$$

故应考虑调整系数

$$\gamma_a = A + 0.7 = 0.88$$

采用 M2.5 水泥砂浆砌筑

$$\gamma_a = 0.9$$

由烧结普通砖 MU10 和水泥砂浆砌筑 M2.5，查表 14－3 并考虑调整系数得

$$f = 1.3 \times 0.88 \times 0.9 = 1.030\ N/mm^2$$

【任务布置】

某六层安全等级为二级的学生宿舍楼，选用单排孔混凝土砌块及砂浆的最低强度等级是多少？若砌块采用MU15，砂浆采用Mb7.5混合砂浆，砌筑截面尺寸为490 mm×620 mm的砖柱，施工质量控制等级为B级，其抗压强度设计值为多少？

【知识总结】

砌体结构指由块材和砂浆砌筑而成的结构。组成砌体的块材和砂浆的种类不同，砌体的性能也有所差异，应用时应合理地选用砌体材料。

砌体分为无筋砌体和配筋砌体两类。配筋砌体通过在砌体内设置钢筋，可达到提高砌体强度、增强砌体结构的整体性的目的。

影响砌体抗压强度的主要因素是：块材和砂浆的强度、砂浆的性能、块材的形状和尺寸及灰缝厚度以及砌筑质量。

砌体的抗压强度远大于其轴心抗拉、弯曲抗拉及抗剪强度，所以砌体主要用于受压墙、柱。

根据块材和砂浆的强度等级可查表得到相应的砌体抗压强度设计值，但在特殊情况下需要乘以调整系数。

【课后练习】

1. 砌体材料中的块材和砂浆都有哪些种类？
2. 砌体的强度设计值在什么情况下应乘以调整系数？

任务二　确定承重体系及静力计算方案

【案例引入】

设计混合结构小开间的学生宿舍和大开间的教学楼时，适合布置何种承重体系？若宿舍楼横墙间距为4.2 m，采用装配式楼盖；教学楼横墙间距为10.8 m，采用整体式楼盖，它们的静力计算方案是什么？

【任务目标】

1. 能够合理布置混合结构房屋的墙体；
2. 能够确定混合结构房屋的静力计算方案(计算简图)。

【知识链接】

14.2.1　混合结构房屋承重体系

混合结构的房屋通常是指屋盖、楼盖等水平承重结构的构件采用钢筋混凝土或木材，而墙、柱与基础等竖向承重结构的构件采用砌体材料的房屋。墙体既是竖向承重构件，又起围护作用。这种结构节省钢材，造价较低，且可利用工业废料，所以应用范围较为广泛。一般民用建筑的住宅、宿舍、办公楼、学校、商店、食堂、仓库和工业建筑中的小型厂房，多采用混合结构。

混合结构中墙、柱的设计一般按下述步骤进行：①根据房屋使用要求，地质条件和抗震要求，选择合理的墙体承重方案；②确定结构静力计算方案，并进行内力分析；③根据经验或已有设计，初步选择墙、柱截面尺寸、材料强度等级，然后，验算墙、柱稳定性及砌体承载力。

在承重墙的布置中，一般有四种方案可供选择，即纵墙承重体系、横墙承重体系、纵横墙承重体系和内框架承重体系。

(1)纵墙承重体系

纵墙承重体系是指纵墙直接承受屋面、楼面荷载的结构方案。图 14－6 为两种纵墙承重的结构布置图。图 14－6(a)为某车间屋面结构布置图，屋面荷载主要由屋面板传给屋面梁，再由屋面梁传给纵墙。图 14－6(b)为某多层教学楼的楼面结构布置图，除横墙相邻开间的小部分荷载传给横墙外，楼面荷载大部分通过横梁传给纵墙。有些跨度较小的房屋，楼板直接搁置在纵墙上，也属于纵墙承重体系。

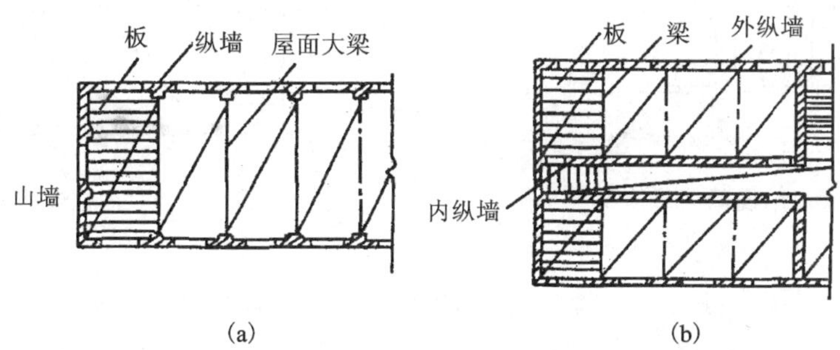

图 14－6　纵墙承重体系

纵墙承重体系房屋屋(楼)面荷载的主要传递路线为：

楼(屋)面荷载⟶纵墙⟶基础⟶地基

纵墙承重体系房屋的纵墙承受较大荷载，设在纵墙上的门窗洞口的大小及位置受到一定的限制；横墙的设置主要是为了满足房屋的空间刚度，因而数量较少，房屋的室内空间较大。

(2)横墙承重体系

楼(屋)面荷载主要由横墙承受的房屋，属于横墙承重体系。图 14－7 所示为某宿舍楼面结构平面布置图。这类房屋荷载的主要传递路线为：

楼(屋)面荷载⟶横墙⟶基础⟶地基

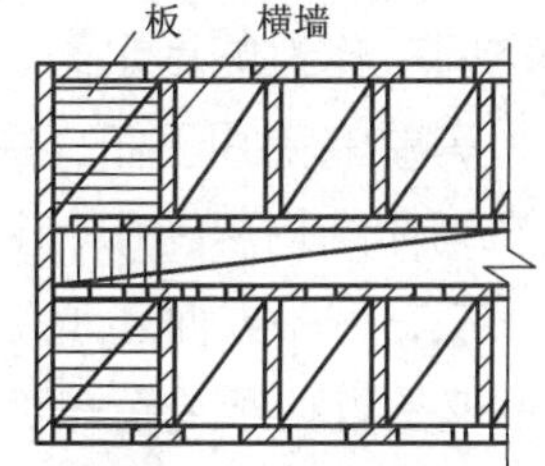

图 14－7　横墙承重体系

横墙承重体系房屋的横墙较多，又有纵墙拉结，房屋的横向刚度大，整体性好，对抵抗风力、地震作用和调整地基的不均匀沉降较纵墙承重体系有利。纵墙主要起围护、隔断和与横墙连结成整体的作用，一般情况下其承载力未得到充分发挥，故墙上开设门窗洞口较灵活。

(3)纵横墙承重体系

楼(屋)面荷载分别由纵墙和横墙共同承受的房屋，称为纵横墙承重方案。图 14-8 为某教学楼楼面结构布置图。这类房屋的主要荷载传递路线为：

楼(屋)面荷载⟶[纵墙 / 横墙]⟶基础⟶地基

纵横墙承重体系的特点介于前述的两种方案之间。其纵横墙均承受楼面传来的荷载，因而纵横方向的刚度均较大；开间可比横墙承重体系大，而灵活性却不如纵墙承重体系。

(4)内框架承重体系

内部由钢筋混凝土框架、外部由砖墙、砖柱构成的房屋，称为内框架承重体系。图 14-9 就是某内框架体系的平面图。

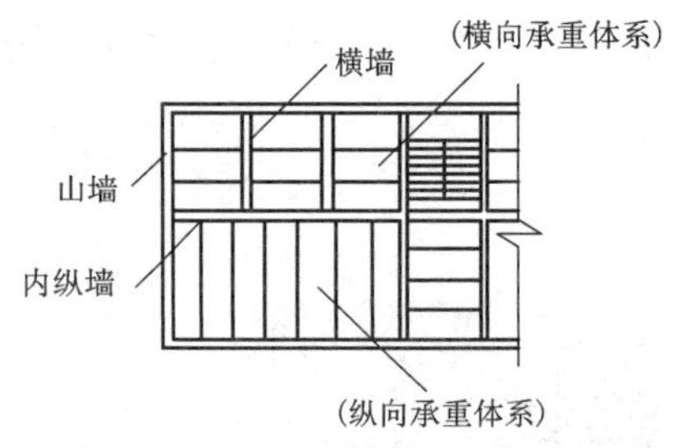

图 14-8　纵横墙承重体系

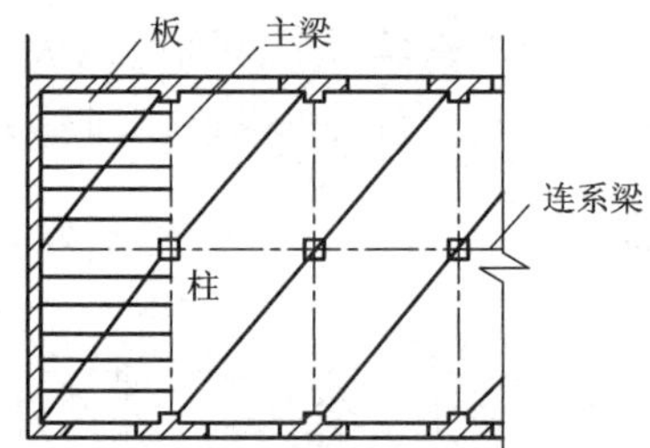

图 14-9　内框架承重体系

内框架承重体系房屋具有下列特点：①内墙较少，可取得较大空间，但房屋的空间刚度较差。若上层为住宅，下层为内框架的结构，会造成上下刚度突变，不利于抗震。②外墙和内柱分别由砌体和钢筋混凝土两种压缩性能不同的材料组成，在荷载作用下将产生压缩变形差异，从而引起附加内力，不利于抵抗地基的不均匀沉降。③在施工上，砌体和钢筋混凝土分属两个不同的施工过程，会给施工组织带来一定的麻烦。

14.2.2　砌体房屋静力计算方案的确定

进行墙、柱内力计算要确定计算简图，因此首先要确定房屋的静力计算方案，即根据房屋的空间工作性能确定结构的静力计算简图。

1. 房屋的空间工作性能

在砌体结构房屋中，屋盖、楼盖、墙、柱、基础等构件一方面承受着作用在房屋上的各种竖向荷载，另一方面还承受着墙面和屋面传来的水平荷载。由于各种构件之间是相互联系的，不仅是直接承受荷载的构件起着抵抗荷载的作用，而且与其相连接的其他构件也不同程度地参与工作，因此整个结构体系处于空间工作状态。

图 14-10 是一单层房屋，外纵墙承重，装配式钢筋混凝土屋盖，两端无山墙，在水平风荷载作用下，房屋各个计算单元将会产生相同的水平位移，可简化为一平面排架。水平荷载传递路线为：风荷载→纵墙→纵墙基础→地基。

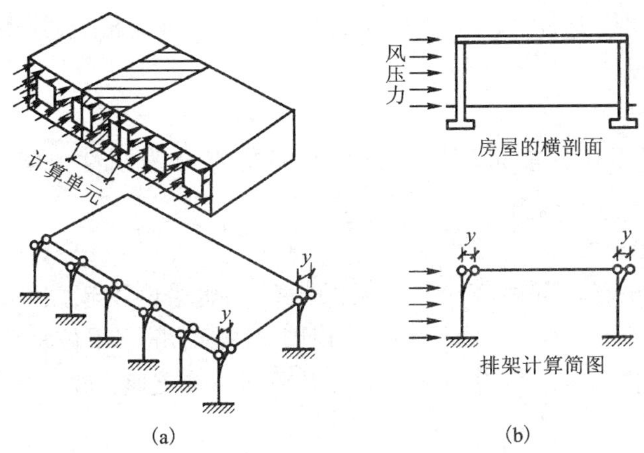

图 14－10　两端无山墙的单层房屋

图 14－11 为两端加设了山墙的单层房屋，由于山墙的约束，使得在均布水平荷载作用下，整个房屋墙顶的水平位移不再相同，距离山墙越近的墙顶受到山墙的约束越大，水平位移越小。水平荷载传递路线为：风荷载→纵墙→纵墙基础（或屋盖结构→山墙→山墙基础）→地基。

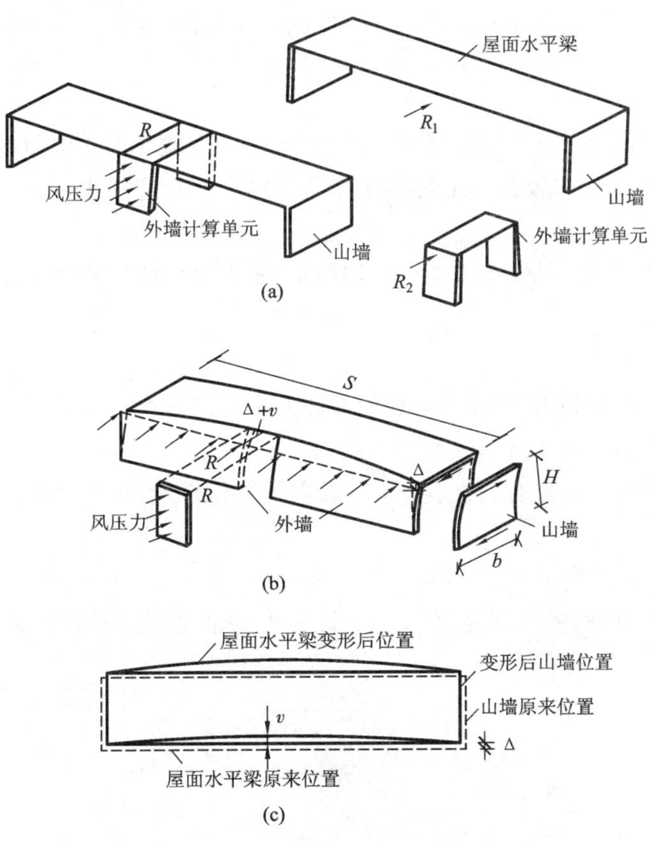

图 14－11　两端有山墙的单层房屋

通过试验分析发现，房屋空间工作性能的主要影响因素为楼盖(屋盖)的水平刚度和横墙间距的大小。

2. 房屋静力计算方案

根据房屋的空间工作性能将房屋的静力计算方案分为刚性方案、弹性方案、刚弹性方案。

(1)刚性方案

1)特点：当房屋的横墙间距较小、楼盖(屋盖)的水平刚度较大时，房屋的空间刚度较大，在荷载作用下，房屋的水平位移很小，可视墙、柱顶端的水平位移等于零。

2)计算简图：将楼盖或屋盖视为墙、柱的水平不动铰支座，墙、柱内力按不动铰支承的竖向构件计算。如图 14－12(a)。

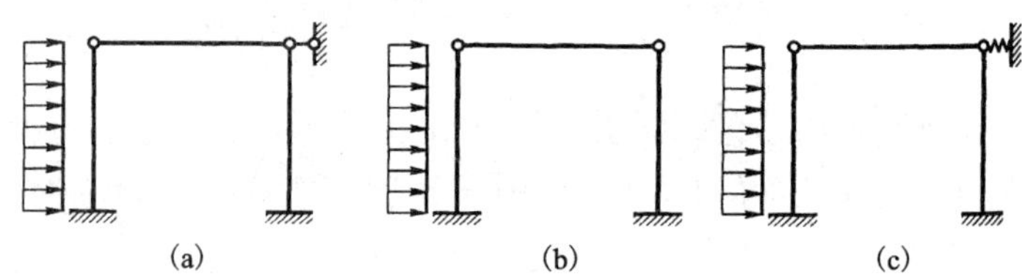

图 14－12　砌体房屋的计算简图

(a)刚性方案；(b)弹性方案；(c)刚弹性方案

(2)弹性方案

1)特点：当房屋横墙间距较大，楼盖(屋盖)水平刚度较小时，房屋的空间刚度较小。在荷载作用下房屋的水平位移较大，在确定计算简图时，不能忽略水平位移的影响，不能考虑空间工作性能。

2)计算简图：按屋架或大梁与墙(柱)铰接的、不考虑空间工作性能的平面排架或框架计算。如图 14－12(b)。

(3)刚弹性方案房屋

1)特点：房屋空间刚度介于刚性方案和弹性方案房屋之间。在荷载作用下，房屋的水平位移介于刚性方案与弹性方案之间。

2)计算简图：按在墙、柱有弹性支座(考虑空间工作性能)的平面排架或框架计算。如图 14－12(c)。

(4)静力计算方案的确定

依据楼(屋)盖类型和横墙间距的大小，计算时可根据表 14－10 确定房屋的静力计算方案。

表 14－10　房屋的静力计算方案

	屋盖或楼盖类别	刚性方案	刚弹性方案	弹性方案
1	整体式、装配整体和装配式无檩体系钢筋混凝土屋盖或钢筋混凝土楼盖	$s<32$	$32\leqslant s\leqslant 72$	$s>72$
2	装配式有檩体系钢筋混凝土屋盖、轻钢屋盖和有密铺望板的木屋盖或木楼盖	$s<20$	$20\leqslant s\leqslant 48$	$s>48$
3	瓦材屋面的木屋盖和轻钢屋盖	$s<16$	$16\leqslant s\leqslant 36$	$s>36$

注：①表中 s 为房屋横墙间距，其长度单位为 m；②当屋盖、楼盖类别不同或横墙间距不同时，可按《砌体结构设计规范》第 4.2.7 条的规定确定房屋的静力计算方案；③对无山墙或伸缩缝处无横墙的房屋，应按弹性方案考虑。

【案例解答】

混合结构小开间的学生宿舍宜布置成横墙承重体系，因其开间小，横墙间距小，外纵墙不承重，便于设置大的门窗，采光好；而大开间的教学楼因其开间大，横墙间距大，宜布置成纵墙承重体系，可根据房屋进深尺寸合理布置纵墙间距。

若宿舍楼横墙间距为 4.2 m，采用装配式楼盖，依据其楼盖类型和横墙间距查表 14－10 可知，它的静力计算方案刚性方案；教学楼横墙间距为 10.8 m，采用整体式楼盖，依据其楼盖类型和横墙间距查表 14－10 可知，它的静力计算方案是刚性方案。

【任务布置】

砌体结构房屋静力计算方案有哪几种？根据什么条件确定房屋属于哪种方案？每种计算方案的计算简图是怎样的？

【知识总结】

混合结构房屋墙体设计的内容和步骤是：进行墙体布置、确定静力计算方案（计算简图）、验算高厚比以及计算墙体的内力并验算其承载力。

墙体布置根据竖向荷载的传递方式有四种承重体系：横墙承重体系、纵墙承重体系、纵横墙承重体系以及内框架承重体系。混合结构房屋根据抗侧移刚度的大小，分为三种静力计算方案：即刚性方案、刚弹性方案和弹性方案。其划分的主要依据是刚性横墙间距和楼（屋）盖刚度。

【课后练习】

1. 混合结构房屋按结构承重体系及竖向荷载传递路线可分为哪几种结构布置方案？各有何特点？

学习情境十五　计算砌体构件承载力

【项目描述与分析】

通过学习无筋砌体受压构件承载力计算公式和无筋砌体局部受压承载力计算公式，掌握砌体构件承载力计算方法，理解其影响因素，当受压承载力不满足要求时，能采取合理措施。

【学习目标】

能力目标	知识目标	权重
能运用公式进行承载力验算	无筋砌体受压构件承载力计算公式	30%
能理解 φ 的含义并计算	高厚比和偏心距对承载力的影响	20%
能进行无筋砌体局压验算	无筋砌体局部受压承载力计算公式	30%
能合理设置刚性垫块并验算	刚性垫块下的局部受压计算	20%
合　计		100%

任务一　计算无筋砌体受压构件承载力

【案例引入】

一偏心受压柱，截面尺寸为 490 mm × 620 mm，柱计算高度 $H_0 = H = 5$ m，采用强度等级为 MU15 蒸压灰砂普通砖及 M5 水泥砂浆砌筑，柱底承受轴向压力设计值为 $N = 160$ kN，弯矩设计值 $M = 20$ kN · m(沿长边方向)，结构的安全等级为二级，施工质量控制等级为 B 级。试验算该柱底截面是否安全。

【任务目标】

1. 掌握无筋砌体受压构件承载力计算公式；
2. 理解高厚比和偏心距对承载力的影响。

【知识链接】

15.1.1　无筋砌体受压构件的破坏特征

以砖砌体为例研究其破坏特征，通过试验发现，砖砌体受压构件从加载受力起到破坏大致经历如图 15 - 1 的三个阶段：从加载开始到个别砖块上出现初始裂缝为止是第 Ⅰ 阶段，出现初始裂缝时的荷载为破坏荷载的 0.5 ~ 0.7 倍，其特点是：荷载不增加，裂缝也不会继续扩展，裂缝仅仅是单砖裂缝。若继续加载，砌体进入第 Ⅱ 阶段，其特点是：荷载增加，原有裂缝

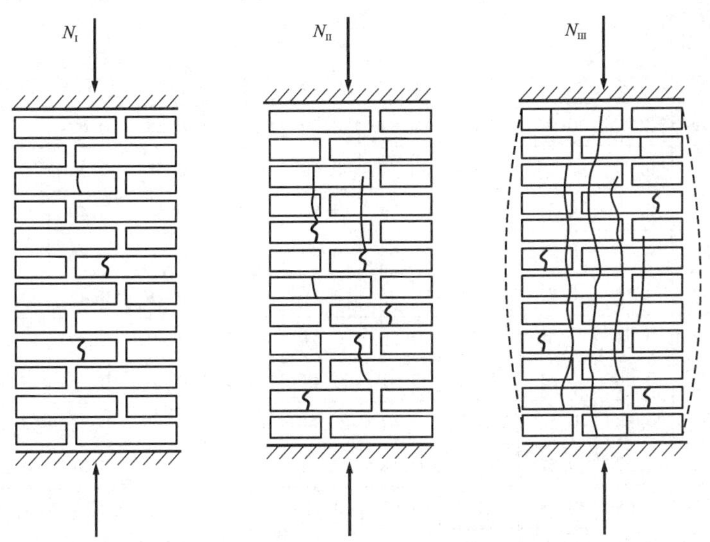

图 15－1　无筋砌体受压构件破坏过程

不断开展，单砖裂缝贯通形成穿过几皮砖的竖向裂缝，同时有新的裂缝出现，若不继续加载，裂缝也会缓慢发展。当荷载达到破坏荷载的0.8～0.9倍时，砌体进入第Ⅲ阶段，此时荷载增加不多，裂缝也会迅速发展，砌体通长被裂缝分割为若干个半砖小立柱，由于小立柱受力极不均匀，最终砖砌体会因小立柱的失稳而破坏。

15.1.2　无筋砌体受压构件承载力计算

砌体构件的整体性较差，因此砌体构件在受压时，纵向弯曲对砌体构件承载力的影响较其他整体构件显著；同时又因为荷载作用位置的偏差、砌体材料的不均匀性以及施工误差，使轴心受压构件产生附加弯矩和侧向挠曲变形。《砌体规范》规定，把轴向力偏心距和构件的高厚比对受压构件承载力的影响采用同一系数 φ 来考虑。

《砌体规范》规定，对无筋砌体轴心受压构件、偏心受压承载力均按下式计算：

$$N \leqslant \varphi f A \tag{15-1}$$

式中：N——轴向力设计值；

φ——高厚比 β 和轴向力偏心距 e 对受压构件承载力的影响系数，可根据砂浆强度等级、砌体高厚比 β 及相对偏心距 e/h 或 e/h_T 查表15－1～表15－3得到；其中，e 为轴向力的偏心距，按内力设计值计算；h 为矩形截面轴向力偏心方向的边长，当轴心受压时为截面较小边长，若为T形截面，则 $h=h_T$，h_T 为T形截面的折算厚度，可近似按 $3.5i$ 计算，i 为截面回转半径；

f——砌体抗压强度设计值，按表14－3～表14－9采用；

A——截面面积，对各类砌体均按毛截面计算。

表 15－1　影响系数 φ(砂浆强度等级 M5)

β	$\frac{e}{h}$或$\frac{e}{h_T}$												
	0	0.025	0.05	0.075	0.1	0.125	0.15	0.175	0.2	0.225	0.25	0.275	0.3
≤3	1	0.99	0.97	0.94	0.89	0.84	0.79	0.73	0.68	0.62	0.57	0.52	0.48
4	0.98	0.95	0.90	0.85	0.80	0.74	0.69	0.64	0.58	0.53	0.49	0.45	0.41
6	0.95	0.91	0.86	0.81	0.75	0.69	0.64	0.59	0.54	0.49	0.45	0.42	0.38
8	0.91	0.86	0.76	0.76	0.70	0.64	0.59	0.54	0.50	0.46	0.42	0.39	0.36
10	0.87	0.82	0.76	0.71	0.65	0.60	0.55	0.50	0.46	0.42	0.39	0.36	0.33
12	0.82	0.77	0.71	0.66	0.60	0.55	0.51	0.47	0.43	0.39	0.36	0.33	0.31
14	0.77	0.72	0.66	0.61	0.56	0.51	0.47	0.43	0.40	0.36	0.34	0.31	0.29
16	0.72	0.61	0.61	0.56	0.52	0.47	0.44	0.40	0.37	0.34	0.31	0.29	0.27
18	0.67	0.62	0.57	0.52	0.48	0.44	0.40	0.37	0.34	0.31	0.29	0.27	0.25
20	0.62	0.57	0.53	0.48	0.44	0.40	0.37	0.34	0.32	0.29	0.27	0.25	0.23
22	0.58	0.53	0.49	0.45	0.41	0.38	0.35	0.32	0.30	0.27	0.25	0.24	0.22
24	0.54	0.49	0.45	0.41	0.38	0.35	0.32	0.30	0.28	0.26	0.24	0.22	0.21
26	0.50	0.46	0.42	0.38	0.35	0.33	0.30	0.28	0.26	0.24	0.22	0.21	0.19
28	0.46	0.42	0.39	0.36	0.33	0.30	0.28	0.26	0.24	0.22	0.21	0.19	0.18
30	0.42	0.39	0.36	0.33	0.31	0.28	0.26	0.24	0.22	0.21	0.20	0.18	0.17

表 15－2　影响系数 φ(砂浆强度等级 M2.5)

β	$\frac{e}{h}$或$\frac{e}{h_T}$												
	0	0.025	0.05	0.075	0.1	0.125	0.15	0.175	0.2	0.225	0.25	0.275	0.3
≤3	1	0.99	0.97	0.94	0.89	0.84	0.79	0.73	0.68	0.62	0.57	0.52	0.48
4	0.97	0.94	0.89	0.84	0.78	0.73	0.67	0.62	0.57	0.52	0.48	0.44	0.40
6	0.93	0.89	0.84	0.78	0.73	0.67	0.62	0.57	0.52	0.48	0.44	0.40	0.37
8	0.89	0.84	0.78	0.72	0.67	0.62	0.57	0.52	0.48	0.44	0.40	0.37	0.34
10	0.83	0.78	0.72	0.67	0.61	0.56	0.52	0.47	0.43	0.40	0.37	0.34	0.31
12	0.78	0.72	0.67	0.61	0.56	0.52	0.47	0.43	0.40	0.37	0.34	0.31	0.29
14	0.72	0.66	0.61	0.56	0.51	0.47	0.43	0.40	0.36	0.34	0.31	0.29	0.27
16	0.66	0.61	0.56	0.51	0.47	0.43	0.40	0.36	0.34	0.31	0.29	0.26	0.25
18	0.61	0.56	0.51	0.47	0.43	0.40	0.36	0.33	0.31	0.29	0.26	0.24	0.23
20	0.56	0.51	0.47	0.43	0.39	0.36	0.33	0.31	0.28	0.26	0.24	0.23	0.21
22	0.51	0.47	0.43	0.39	0.36	0.33	0.31	0.28	0.26	0.24	0.23	0.21	0.20
24	0.46	0.43	0.39	0.36	0.33	0.31	0.28	0.26	0.24	0.23	0.21	0.20	0.18
26	0.42	0.39	0.36	0.33	0.31	0.28	0.26	0.24	0.22	0.21	0.20	0.18	0.17
28	0.39	0.36	0.33	0.30	0.28	0.26	0.24	0.22	0.21	0.20	0.18	0.17	0.15
30	0.36	0.33	0.30	0.28	0.26	0.24	0.22	0.21	0.20	0.18	0.17	0.16	0.15

表 15-3　影响系数 φ(砂浆强度等级 0)

β	$\frac{e}{h}$或$\frac{e}{h_T}$												
	0	0.025	0.05	0.075	0.1	0.125	0.15	0.175	0.2	0.225	0.25	0.275	0.3
≤3	1	0.99	0.97	0.94	0.89	0.84	0.79	0.73	0.68	0.62	0.57	0.52	0.48
4	0.87	0.82	0.77	0.71	0.66	0.60	0.55	0.51	0.46	0.43	0.39	0.36	0.33
6	0.76	0.70	0.65	0.59	0.54	0.50	0.46	0.42	0.39	0.36	0.33	0.30	0.28
8	0.63	0.58	0.54	0.49	0.45	0.41	0.38	0.35	0.32	0.30	0.28	0.25	0.24
10	0.53	0.48	0.44	0.41	0.37	0.34	0.32	0.29	0.27	0.25	0.23	0.22	0.20
12	0.44	0.40	0.37	0.34	0.31	0.29	0.27	0.25	0.23	0.21	0.20	0.19	0.17
14	0.36	0.33	0.31	0.28	0.26	0.24	0.23	0.21	0.20	0.18	0.17	0.16	0.15
16	0.30	0.28	0.26	0.24	0.22	0.21	0.19	0.18	0.17	0.16	0.15	0.14	0.13
18	0.26	0.24	0.22	0.21	0.19	0.18	0.17	0.16	0.15	0.14	0.13	0.12	0.12
20	0.22	0.20	0.19	0.18	0.17	0.16	0.15	0.14	0.13	0.12	0.12	0.11	0.10
22	0.19	0.18	0.16	0.15	0.14	0.14	0.13	0.12	0.12	0.11	0.10	0.10	0.09
24	0.16	0.15	0.14	0.13	0.13	0.12	0.11	0.11	0.10	0.10	0.09	0.09	0.08
26	0.14	0.13	0.13	0.12	0.11	0.11	0.10	0.10	0.09	0.09	0.08	0.08	0.07
28	0.12	0.12	0.11	0.11	0.10	0.10	0.09	0.09	0.08	0.08	0.08	0.07	0.07
30	0.11	0.10	0.10	0.09	0.09	0.09	0.08	0.08	0.07	0.07	0.07	0.07	0.06

查表得影响系数 φ 时，构件高厚比 β 按下式确定

$$\beta = \gamma_\beta \frac{H_o}{h} \tag{15-2}$$

式中：γ_β——不同砌体的高厚比修正系数，查表 15-4，该系数主要考虑不同砌体种类受压性能的差异性；

H_0——受压构件计算高度，查表 16-2。

表 15-4　高厚比修正系数 γ_β

砌体材料类别	γ_β
烧结普通砖、烧结多孔砖	1.0
混凝土普通砖、混凝土多孔砖、混凝土及轻集料混凝土砌块	1.1
蒸压灰砂普通砖、蒸压粉煤灰普通砖、细料石	1.2
粗料石、毛石	1.5

注：对灌孔混凝土砌块砌体 γ_β 取 1.0。

受压构件计算中应该注意的问题：

(1)轴向力偏心距的限值：受压构件的偏心距过大时，可能使构件产生水平裂缝，构件的承载力明显降低，结构既不安全也不经济合理。因此《砌体规范》规定：轴向力偏心距不应超过 $0.6y$（y 为截面重心到轴向力所在偏心方向截面边缘的距离）。若设计中超过以上限值，则应采取适当措施予以减小。

(2)对于矩形截面构件，当轴向力偏心方向的截面边长大于另一方向的截面边长时，除了按偏心受压计算外，还应对较小边长方向，按轴心受压验算。

【案例解答】

解 (1)弯矩作用平面内承载力验算

$e=\frac{M}{N}=\frac{20}{160}\ \text{m}=0.125\ \text{m}=125\ \text{mm}<0.6y$，满足规范要求。

MU15 蒸压灰砂普通砖及 M5 水泥砂浆砌筑，查表 15－4 得 $\gamma_\beta=1.2$；

由 $\beta=\gamma_\beta\frac{H_0}{h}=1.2\times\frac{5}{0.62}=9.68$ 及 $\frac{e}{h}=\frac{125}{620}=0.202$ 查表 15－1 得 $\varphi=0.465$

查表 14－5 得，MU15 蒸压灰砂普通砖与 M5 水泥砂浆砌筑的砖砌体抗压强度设计值 $f=1.83\ \text{MPa}$。

柱底截面承载力为：

$$\varphi fA=0.465\times1.83\times490\times620\times10^{-3}\text{kN}=259\ \text{kN}>160\ \text{kN}$$

(2)弯矩作用平面外承载力验算

对较小边长方向，按轴心受压构件验算。

$\beta=\gamma_\beta\frac{H_0}{h}=1.2\times\frac{5}{0.49}=12.24$，查表 15－1 得 $\varphi=0.816$

则柱底截面的承载力为：

$$\varphi fA=0.816\times1.83\times490\times620\times10^{-3}\ \text{kN}=454\ \text{kN}>160\ \text{kN}。$$

故柱底截面安全。

【任务布置】

某截面为 370×490 mm 的砖柱，柱计算高度 $H_0=H=5\ \text{m}$，采用强度等级为 MU10 的烧结普通砖及 M5 的混合砂浆砌筑，柱底承受轴向压力设计值为 $N=150\ \text{kN}$，结构安全等级为二级，施工质量控制等级为 B 级。试验算该柱底截面是否安全。

【知识总结】

影响无筋砌体受压承载力的主要因素是构件的高厚比和轴向力的偏心距。《砌体规范》用影响系数 φ 来考虑高厚比和偏心距对砌体受压承载力的影响。应用砌体受压承载力计算公式时，限制偏心距 e 不超过 $0.6y$。

【课后练习】

某砖柱截面尺寸为 490 mm×490 mm，柱的计算高度为 4.5 m，采用烧结普通砖 MU10、混合砂浆 M5 砌筑，施工质量控制等级为 B 级，作用于柱顶的轴向力设计值为 180 kN，试核算该柱的受压承载力。

任务二　计算无筋砌体局部受压承载力

【案例引入】

窗间墙截面尺寸为370 mm×1200 mm，砖墙用MU10的烧结普通砖和M5的混合砂浆砌筑。大梁的截面尺寸为200 mm×550 mm，在墙上的搁置长度为240 mm。大梁的支座反力为100 kN，窗间墙范围内梁底截面处的上部荷载设计值为240 kN，试对大梁端部下砌体的局部受压承载力进行验算。若不满足可以怎么办?

【任务目标】

1. 能够进行无筋砌体局部受压承载力的验算；
2. 合理设置刚性垫块。

【知识链接】

局部受压是工程中常见的情况，其特点是压力仅仅作用在砌体的局部受压面上，如独立柱基的基础顶面、屋架端部的砌体支承处、梁端支承处的砌体均属于局部受压的情况。若砌体局部受压面积上压应力呈均匀分布，则称为局部均匀受压，如图15－2所示。

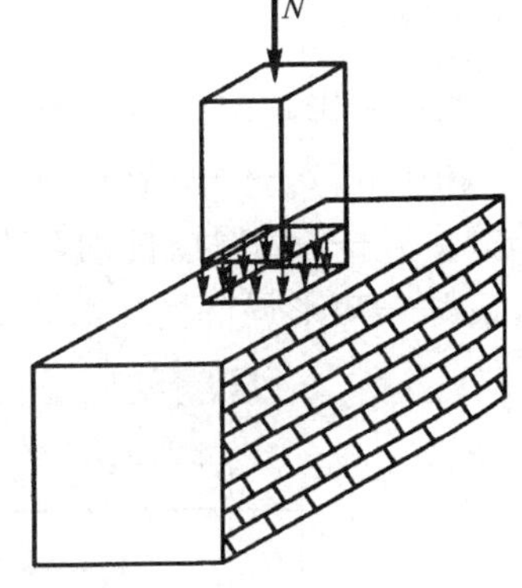

图15－2　局部均匀受压图

通过大量试验发现，砖砌体局部受压可能有三种破坏形态(图15－3)：

(1)因纵向裂缝的发展而破坏，见图15－3(a)。在局部压力作用下有竖向裂缝、斜向裂缝，其中部分裂缝逐渐向上或向下延伸并在破坏时连成一条主要裂缝；

(2)劈裂破坏，见图15－3(b)。在局部压力作用下产生的纵向裂缝，少而集2中，且初裂荷载与破坏荷载很接近，在砌体局部面积大而局部受压面积很小时，有可能产生这种破坏形态；

(3)与垫板接触的砌体局部破坏，见图15－3(c)。墙梁的墙高与跨度之比较大，砌体强度较低时，有可能产生梁支承附近砌体被压碎的现象。

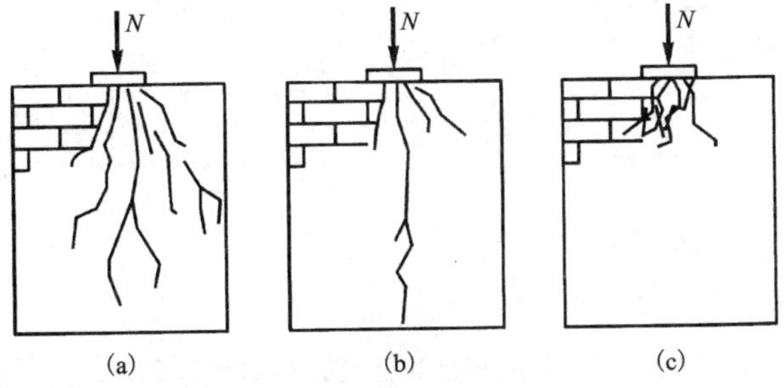

图15－3　砌体局部受压破坏形态

(a)因纵向裂缝的发展而破坏；(b)劈裂破坏；(c)局部破坏

15.2.1 砌体局部均匀受压时的承载力计算

砌体截面中受局部均匀压力作用时的承载力应按下式计算：

$$N_l \leqslant \gamma f A_l \tag{15-3}$$

式中：N_l——局部受压面积上的轴向力设计值；

γ——砌体局部抗压强度提高系数；

f——砌体局部抗压强度设计值，局部受压面积小于 0.3 m^2 时可不考虑强度调整系数 γ_a 的影响；

A_l——局部受压面积。

由于砌体周围未直接受荷部分对直接受荷部分砌体的横向变形起着约束的作用，使局压面积下砌体处于三向受压的应力状态，从而提高了砌体局部抗压强度。另外，局部受压面上砌体的压应力迅速向周围砌体扩散传递，也是砌体局部抗压强度提高的另一原因。《规范》用局部抗压强度提高系数 γ 来反映砌体局部受压时抗压强度的提高程度。

砌体局部抗压强度提高系数，按下式计算：

$$\gamma = 1 + 0.35\sqrt{\frac{A_0}{A_l} - 1} \tag{15-4}$$

式中：A_0——影响砌体局部抗压强度的计算面积，按图 15－4 规定采用；

图中 a、b——矩形局部受压面积 A_l 的边长；

h、h_l——墙厚或柱的较小边长、墙厚；

c——矩形局部受压面积的外边缘至构件边缘的较小边距离，当大于 h 时，应取 h。

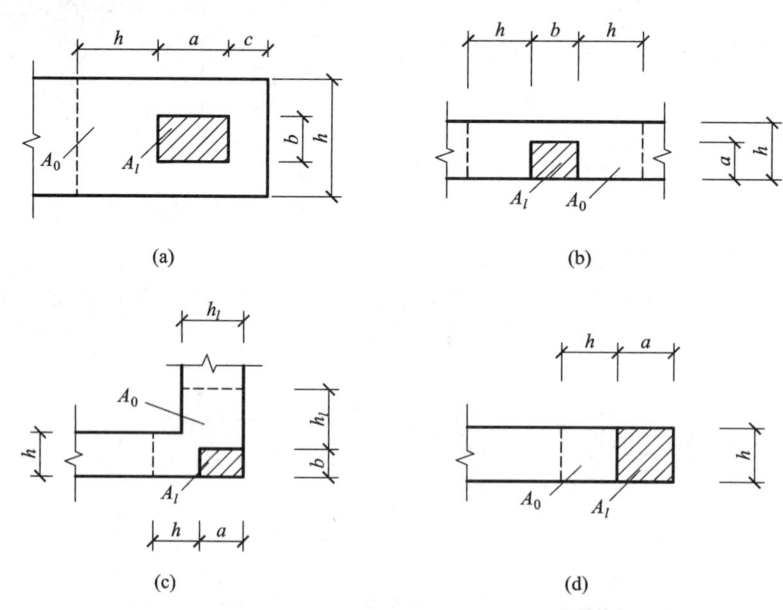

图 15－4　影响局部抗压强度的计算面积 A_0

(a) $\gamma \leqslant 2.5$　$A_0 = (a + c + h)h$；(b) $\gamma \leqslant 2.0$　$A_0 = (b + 2h)h$；

(c) $\gamma \leqslant 1.5$　$A_0 = (a + h)h + (b + h_l - h)h_l$；(d) $\gamma \leqslant 1.25$　$A_0 = (a + h)h$

15.2.2　梁端支承处砌体的局部受压承载力计算

1. 梁支承在砌体上的有效支承长度

当梁支承在砌体上时，由于梁的弯曲，会使梁末端有脱离砌体的趋势，因此，梁端支承处砌体局部压应力是不均匀的。将梁端底面没有离开砌体的长度称为有效支承长度 a_0，因此，有效支承长度不一定等于梁端搭入砌体的长度。经过理论和研究证明，梁和砌体的刚度是影响有效支承长度的主要因素，经过简化后的有效支承长度 a_0 为

$$a_0 = 10\sqrt{\frac{h_c}{f}} \tag{15-5}$$

式中：a_0——梁端有效支承长度(mm)，当 $a_0 > a$ 时，应取 $a_0 = a$；

a——梁端实际支承长度(mm)；

h_c——梁的截面高度(mm)；

f——砌体的抗压强度设计值(MPa)。

2. 上部荷载对局部受压承载力的影响

梁端砌体的压应力由两部分组成(图 15－5)：一种为局部受压面积 A_l 上由上部砌体传来的均匀压应力 σ_0，另一种为由本层梁传来的梁端非均匀压应力，其合力为 N_l。

当梁上荷载增加时，与梁端底部接触的砌体产生较大的压缩变形，此时如果上部荷载产生的平均压应力 σ_0 较小，梁端顶部与砌体的接触面将减小，甚至与砌体脱开，试验时可观察到有水平缝隙出现，砌体形成内拱来传递上部荷载，引起内力重分布(图 15－6)。σ_0 的存在和扩散对梁下部砌体有横向约束作用，对砌体的局部受压是有利的，但随着 σ_0 的增加，上部砌体的压缩变形增大，梁端顶部与砌体的接触面也增加，内拱作用减小，σ_0 的有利影响也减小，《规范》规定$\frac{A_0}{A_l}\geq 3$ 时，不考虑上部荷载的影响。

上部荷载折减系数可按下式计算

$$\psi = 1.5 - 0.5\frac{A_0}{A_l} \tag{15-6}$$

式中：A_l——局部受压面积，$A_l = a_0 b$，(b 为梁宽，a_0 为有效支承长度)；当$\frac{A_0}{A_l}\geq 3$ 时，取 $\psi = 0$。

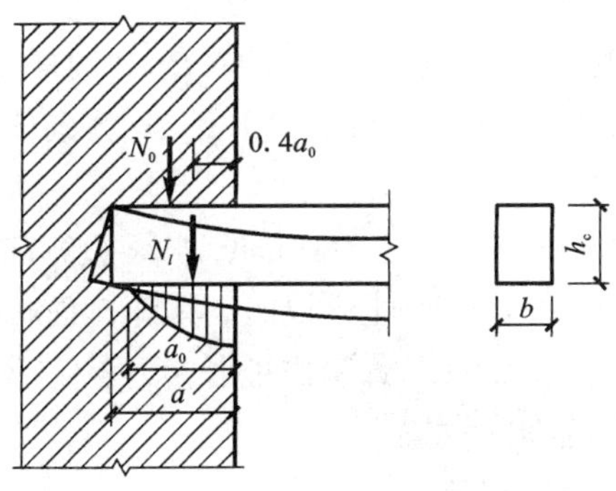

图 15－5　梁端支承处砌体的局部受压

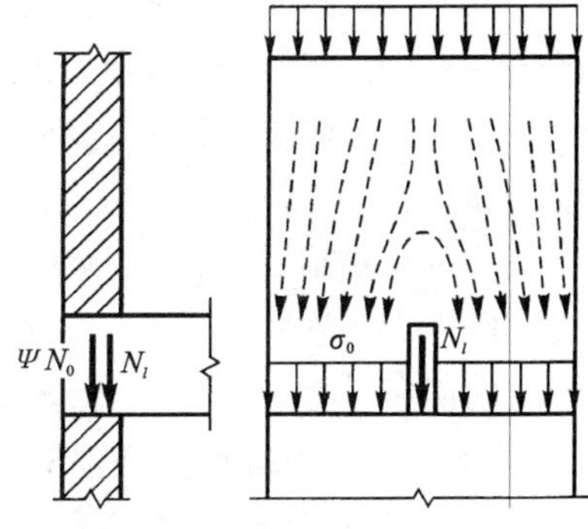

图 15－6　梁端上部砌体的内拱作用

3. 梁端支承处砌体的局部受压承载力计算公式

$$\psi N_0 + N_l \leqslant \eta\gamma f A_l \tag{15-7}$$

式中：N_0——局部受压面积内上部荷载产生的轴向力设计值，$N_0 = \sigma_0 A_l$；

σ_0——上部平均压应力设计值(MPa)；

N_l——梁端支承压力设计值(N)；

η——梁端底面应力图形的完整系数，一般可取0.7，对于过梁和圈梁可取1.0；

f——砌体的抗压强度设计值(MPa)。

15.2.3 梁端下设有刚性垫块的砌体局部受压承载力计算

当梁端局部受压承载力不足时，可在梁端下设置刚性垫块(如图15-7)，设置刚性垫块不但增大了局部承压面积，而且还可以使梁端压应力比较均匀地传递到垫块下的砌体截面上，从而改善了砌体受力状态。

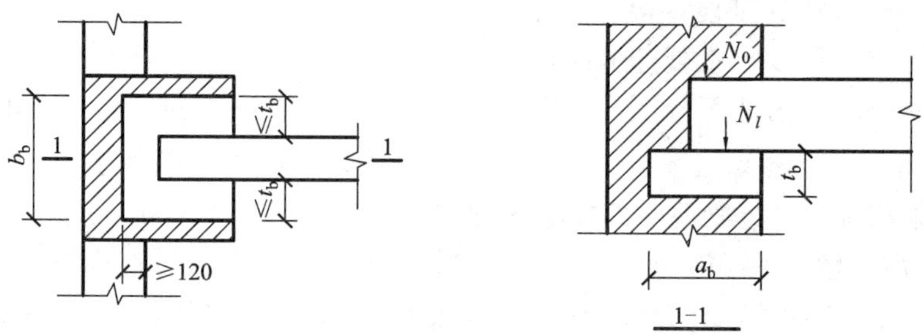

图15-7 梁端下设预制垫块时的局部受压情况

刚性垫块分为预制刚性垫块和现浇刚性垫块，在实际工程中，往往采用预制刚性垫块。为了计算简化起见，《砌体规范》规定，两者可采用相同的计算方法。

刚性垫块下的砌体局部受压承载力应按下式计算：

$$N_0 + N_l \leqslant \varphi\gamma_1 f A_b \tag{15-8}$$

式中：N_0——垫块面积A_b内上部轴向力设计值，$N_0 = \sigma_0 A_b$；

A_b——垫块面积，$A_b = a_b b_b$；

a_b、b_b——垫块伸入墙内的长度、垫块的宽度；

φ——垫块上N_0及N_l的合力的影响系数，由表15-1～表15-3查取$\beta \leqslant 3$时的φ值；

γ_1——垫块外砌体面积的有利影响系数，γ_1应为0.8γ，但不小于1.0。γ为砌体局部抗压强度提高系数，按公式(15-4)计算(以A_b代替A_l)。

刚性垫块的构造应符合下列规定：①刚性垫块的高度不应小于180 mm，自梁边算起的垫块挑出长度不应大于垫块高度t_b；②在带壁柱墙的壁柱内设置刚性垫块时，其计算面积应取壁柱范围内的面积，而不应计入翼缘部分，同时壁柱上垫块深入翼墙内的长度不应小于120 mm；③当现浇垫块与梁端整体浇注时，垫块可在梁高范围内设置。

梁端设有刚性垫块时，梁端有效支承长度a_0应按下式确定

$$a_0 = \delta_1 \sqrt{\frac{h}{f}} \tag{15-9}$$

式中：δ_1——刚性垫块的影响系数。可按表 15－5 采用。垫块上 N_l 的作用点的位置可取 $0.4a_0$。

表 15－5　系数 δ_1 取值表

σ_0/f	0	0.2	0.4	0.6	0.8
δ_1	5.4	5.7	6.0	6.9	7.8

【案例解答】

解　查表得 MU10 烧结普通砖和 M5 混合砂浆砌筑的砌体的抗压强度设计值为 $f=1.5$ MPa。

梁端有效支承长度为：

$$a_0=10\sqrt{\frac{h_c}{f}}=10\times\sqrt{\frac{550}{1.5}}\text{mm}=191\ \text{mm}$$

局部受压面积

$$A_l=a_0b=191\times200\ \text{mm}^2=38200(\text{mm}^2)$$

局部受压影响面积

$$A_0=(b+2h)h=(200+2\times370)\times370\ \text{mm}^2=347800\ \text{mm}^2$$

$\frac{A_0}{A_l}=\frac{347800}{38200}=9.1>3$，取 $\psi=0$

砌体局部抗压强度提高系数

$$\gamma=1+0.35\sqrt{\frac{347800}{38200}-1}=1.996<2$$

砌体局部受压承载力为

$$\eta\gamma fA=0.7\times1.996\times1.5\times38200\times10^{-3}=80\ \text{kN}<\psi N_0+N_l=100\ \text{kN}。$$

故局部受压承载力不满足要求。可以设置刚性垫块。如图 15－8 所示。

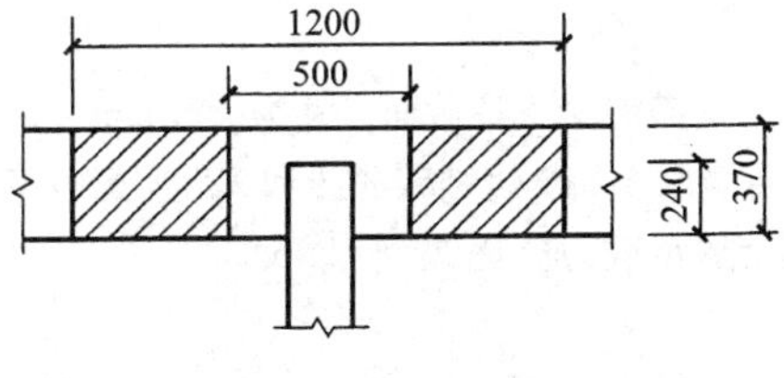

图 15－8　刚性垫块

设垫块高度为 $t_b=180$ mm，平面尺寸 $a_bb_b=370\ \text{mm}\times500$ mm，垫块自梁边两侧挑出 150 mm $<t_b=180$ mm

垫块面积

$A_b=a_bb_b=370\times500=185000\ \text{mm}^2$

局部受压影响面积：

$A_0=(b+2h)h=(500+2\times350)\times370=444000\ \text{mm}^2$

砌体局部抗压强度提高系数：

$$\gamma=1+0.35\sqrt{\frac{A_0}{A_b}-1}=1+0.35\sqrt{\frac{444000}{185000}-1}$$

$$=1.41<2$$

垫块外砌体的有利影响系数

$$\gamma_1=0.8\gamma=0.8\times1.41=1.13$$

上部平均压应力设计值

$$\sigma_0=\frac{240\times10^3}{370\times1200}=0.54\ \text{MPa}$$

垫块面积 A_b 内上部轴向力设计值

$$N_0 = \sigma_0 A_b = 0.54 \times 185000 = 99900\ \text{N} = 99.9\ \text{kN}$$

$$\sigma_0 / f = 0.54/1.5 = 0.36，查表 15-5 得 \delta_1 = 5.724$$

梁端有效支承长度

$$a_0 = \delta_1 \sqrt{\frac{h_c}{f}} = 5.724 \times \sqrt{\frac{550}{1.5}} = 109\ \text{mm}$$

N_l 对垫块中心的偏心

$$e_l = \frac{a_b}{2} - 0.4 a_0 = \frac{370}{2} - 0.4 \times 109 = 141\ \text{mm}$$

轴向力对垫块中心的偏心距

$$e = \frac{N_l e_l}{N_0 + N_l} = \frac{100 \times 141}{99.9 + 100}\text{mm} = 70\ \text{mm}$$

$\frac{e}{h} = \frac{70}{370} = 0.189$，查表 15-1 得 $\varphi = 0.700$

$N_0 + N_l = 199.9\ \text{kN} < \varphi \gamma_1 f A_b = 0.700 \times 1.13 \times 1.5 \times 185000 \times 10^{-3} = 220\ \text{kN}$，故刚性垫块设计满足要求。

【任务布置】

已知梁截面 200 mm×550 mm，梁端实际支承长度 $a = 240$ mm，荷载设计值产生的梁端支承反力 $N_l = 60$ kN，窗间墙范围内梁底截面处的上部荷载设计值为 240 kN，窗间墙截面尺寸为 1500 mm×240 mm，采用烧结普通砖 MU10、混合砂浆 M2.5 砌筑，试验算该外墙上梁端砌体局部受压承载力。

【知识总结】

砌体局部受压包括局部均匀受压和非均匀受压。砌体局部抗压强度高于其全截面抗压强度，《砌体规范》通过局部抗压强度提高系数 γ 来体现。当梁端下砌体局部受压承载力不满足要求时，可在梁端设置垫块提高砌体局部受压承载力。

【课后练习】

一钢筋混凝土柱截面尺寸为 250 mm×250 mm，支承在厚为 370 mm 的砖墙上，作用位置如图 15-9 所示，砖墙用 MU10 烧结普通砖和 M5 水泥砂浆砌筑，柱传到墙上的荷载设计值为 120 kN。试验算柱下砌体的局部受压承载力。

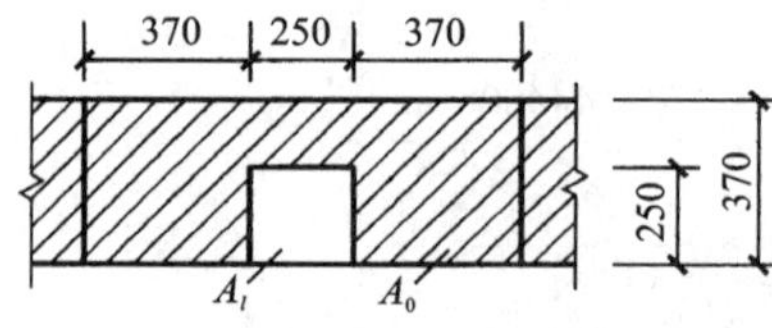

图 15-9　某柱下砌体

学习情境十六　验算墙、柱高厚比

【项目描述与分析】

通过学习墙、柱高厚比验算的含义和具体方法，来保证砌体房屋施工阶段和使用阶段稳定性与刚度。重点是墙体高厚比验算方法；难点是墙、柱计算高度的确定。

【学习目标】

能力目标	知识目标	权重
能正确确定允许高厚比	高厚比及验算的含义	20%
能验算一般墙、柱高厚比	墙、柱高厚比验算的方法	20%
能验算带壁柱墙的高厚比	带壁柱墙的高厚比验算方法	30%
能验算带构造柱墙的高厚比	带构造柱墙的高厚比验算方法	30%
合　计		100%

任务一　验算一般墙、柱高厚比

【案例引入】

某单层房屋层高为4.5 m，砖柱截面为490 mm×370 mm，采用M5.0混合砂浆砌筑，房屋的静力计算方案为刚性方案。若砖柱从室内地坪到基础顶面的距离为500 mm，试验算此砖柱的高厚比。

【任务目标】

1. 掌握高厚比的含义和验算高厚比的意义；
2. 掌握一般墙、柱高厚比验算的方法。

【知识链接】

16.1.1　高厚比验算的基本概念

砌体结构房屋中，作为受压构件的墙、柱除了满足承载力要求之外，还必须满足高厚比的要求。墙、柱的高厚比验算是保证砌体房屋施工阶段和使用阶段稳定性与刚度的一项重要构造措施。

所谓高厚比β是指墙、柱计算高度H_0与墙厚h（或与矩形柱的计算高度相对应的柱边长）的比值，即$\beta=\frac{H_0}{h}$。墙柱的高厚比过大，虽然强度满足要求，但是可能在施工阶段因过度的偏差倾斜以及施工和使用过程中的偶然撞击、振动等因素而导致丧失稳定；同时，过大的高厚比，还可能使墙体发生过大的变形而影响使用。

砌体墙、柱的允许高厚比[β]系指墙、柱高厚比的允许限值(表16-1)，它与承载力无关，而是根据实践经验和现阶段的材料质量以及施工技术水平综合研究而确定的。

下列情况下墙、柱的允许高厚比应进行调整：

(1)毛石墙、柱的高厚比应按表中数字降低20%；

(2)组合砖砌体构件的允许高厚比，可按表中数值提高20%，但不得大于28；

(3)验算施工阶段砂浆尚未硬化的新砌砌体高厚比时，允许高厚比对墙取14，对柱取11。

表16-1　墙柱的容许高厚比的[β]值

砌体类型	砂浆强度等级	墙	柱
无筋砌体	M2.5	22	15
	M5.0或Mb5.0、Ms5.0	24	16
	≥M7.5或Mb7.5、Ms7.5	26	17
配筋砌块砌体	—	30	21

16.1.2　墙、柱高厚比验算方法

墙柱高厚比应按下式验算：

$$\beta = \frac{H_0}{h} \leqslant \mu_1 \mu_2 [\beta] \tag{16-1}$$

式中：[β]——墙、柱的允许高厚比，按表16-1采用；

H_0——墙、柱的计算高度，应按表16-2采用；

h——墙厚或矩形柱与H_0相对应的边长；

μ_1——自承重墙允许高厚比的修正系数，按下列规定采用：

$$h = 240\ \text{mm},\ \mu_1 = 1.2;$$

$$h = 90\ \text{mm},\ \mu_1 = 1.5;$$

240 mm > h > 90 mm，μ_1 可按插入法取值。

上端为自由端的允许高厚比，除按上述规定提高外，尚可提高30%；对厚度小于90 mm的墙，当双面用不低于M10的水泥砂浆抹面，包括抹面层的墙厚不小于90 mm时，可按墙厚等于90 mm验算高厚比。

μ_2——有门窗洞口墙允许高厚比的修正系数，按下式计算：

$$\mu_2 = 1 - 0.4\frac{b_s}{s} \tag{16-2}$$

式中：b_s——在宽度s范围内的门窗洞口总宽度(图16-1)；

s——相邻窗间墙、壁柱或构造柱之间的距离。

当按公式(16-2)计算得到的μ_2的值小于0.7时，应采用0.7，当洞口高度等于或小于墙高的1/5时，可取$\mu_2 = 1$。

上述计算高度是指对墙、柱进行承载力计算或验算高厚比时所采用的高度，用H_0表示，

它是由实际高度 H 并根据房屋类别和构件两端支承条件按表 16－2 确定。表中的构件高度 H 应按下列规定采用：

(1) 在房屋的底层，为楼板顶面到构件下端支点的距离。下端支点的位置，可取在基础的顶面。当基础埋置较深且有刚性地坪时，可取室外地面以下 500 mm 处；

(2) 在房屋的其他层次，为楼板或其他水平支点间的距离；

(3) 对于无壁柱的山墙，可取层高加山墙尖高的 1/2，对于带壁柱的山墙可取壁柱处的山墙高度。

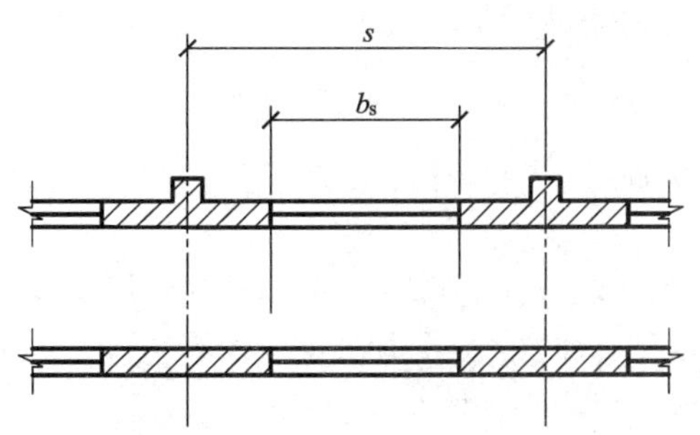

图 16－1　门窗洞口宽度示意图

表 16－2　受压构件计算高度 H_0

房屋类别			柱		带壁柱墙或周边拉结的墙		
			排架方向	垂直排架方向	$s>2H$	$2H \geqslant s>H$	$s \leqslant H$
有吊车的单层房屋	变截面柱上段	弹性方案	$2.5H_u$	$1.25H_u$	$2.5H_u$		
		刚性、刚弹性方案	$2.0H_u$	$1.25H_u$	$2.0H_u$		
	变截面柱下段		$1.0H_l$	$0.8H_l$	$1.0H_l$		
无吊车的单层和多层房屋	单跨	弹性方案	$1.5H$	$1.0H$	$1.5H$		
		刚弹性方案	$1.2H$	$1.0H$	$1.2H$		
	多跨	弹性方案	$1.25H$	$1.0H$	$1.25H$		
		刚弹性方案	$1.10H$	$1.0H$	$1.1H$		
	刚性方案		$1.0H$	$1.0H$	$1.0H$	$0.4s+0.2H$	$0.6s$

注：①表中 H_u 为变截面柱的上段高度；H_l 为变截面柱的下段高度；②对于上端为自由端的构件，$H_0=2H$；③独立砖柱，当无柱间支撑时，柱在垂直排架方向的 H_0 应按表中数值乘以 1.25 后采用；④s 为房屋横墙间距；⑤自承重墙的计算高度应根据周边支承或拉结条件确定。

【案例解答】

解　查表 16－2 得刚性方案柱的 $H_0=1.0H=(4500+500)\text{ mm}=5000\text{ mm}$

查表 16－1 得 $[\beta]=16$

$\beta=H_0/h=5000/370=13.5<[\beta]=16$，高厚比满足要求。

【任务布置】

某多层砖混结构房屋，其开间为 3.6 m，每开间有 1.8 m 宽的窗，墙厚为 240 mm，墙体计算高度 $H_0=4.8$ m，砂浆强度等级为 M2.5。若该墙体为承重墙体，试验算其高厚比是否满足要求。

【知识总结】

砌体结构房屋中，作为受压构件的墙、柱除了满足承载力要求之外，还必须满足高厚比的要求。所谓高厚比 β 是指墙、柱计算高度 H_0 与墙厚 h（或与距形柱的计算高度相对应的柱边长）的比值，即 $\beta=\frac{H_0}{h}$。墙柱高厚比应按下式验算：$\beta=\frac{H_0}{h}\leqslant\mu_1\mu_2[\beta]$，其中，计算高度 H_0 是指对墙、柱进行承载力计算或验算高厚比时所采用的高度，它是由实际高度 H 并根据房屋类别和构件两端支承条件来确定的。

【课后练习】

什么是高厚比？为什么要验算墙柱的高厚比？写出其公式。

任务二　验算带壁柱、构造柱墙的高厚比

【案例引入】

某单层单跨无吊车的仓库，壁柱间距离为 4 m，中间开宽为 1.8 m 的窗，车间长 40 m，屋架下弦标高为 5 m，壁柱为 370 mm × 490 mm，墙厚为 240 mm，房屋的静力计算方案为刚弹性方案，采用 M5 混合砂浆，试验算带壁柱墙的高厚比。

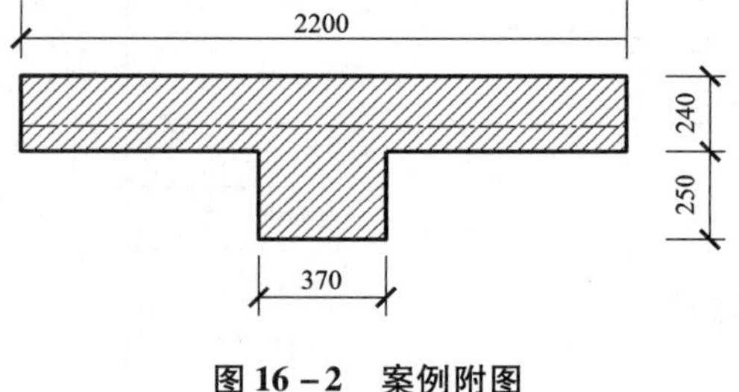

图 16－2　案例附图

【任务目标】

1. 掌握带壁柱墙体高厚比验算的方法；
2. 掌握带构造柱墙体高厚比验算的方法。

【知识链接】

16.2.1　带壁柱墙的高厚比验算

带壁柱的高厚比的验算包括两部分内容：即带壁柱墙的高厚比验算和壁柱之间墙体局部高厚比的验算。

1. 带壁柱整片墙体高厚比的验算

视壁柱为墙体的一部分，整片墙截面为 T 型截面，将 T 形截面墙按惯性矩和面积相等的原则换算成矩形截面，折算厚度 $h_T=3.5i$，其高厚比验算公式为：

$$\beta=\frac{H_0}{h_T}\leqslant\mu_1\mu_2[\beta] \tag{16-3}$$

式中：h_T——带壁柱墙截面折算厚度，$h_T=3.5i$；

i——带壁柱墙截面的回转半径，$i=\sqrt{\dfrac{I}{A}}$；

I——带壁柱墙截面的惯性矩；

A——带壁柱墙截面的面积；

H_0——墙、柱截面的计算高度，应按表 16－2 采用，s 取相邻横墙之间的距离，如图 16－3所示。

T 形截面的翼缘宽度 b_f，可按下列规定采用：

(1)多层房屋，当有门窗洞口时，可取窗间墙宽度；当无门窗洞口时，每侧可取壁柱高度的 1/3，但不应大于相邻壁柱间的距离；

(2)单层房屋，可取壁柱宽加 2/3 壁柱高度，但不得大于窗间墙宽度和相邻壁柱之间的距离。

2. 壁柱之间墙局部高厚比验算

验算壁柱之间墙体的局部高厚比时，壁柱视为墙体的侧向不动支点，计算 H_0 时，s 取壁柱之间的距离，如图 16－3 所示。且不管房屋静力计算方案采用何种方案，在确定计算高度 H_0 时，都按刚性方案考虑按公式(16－1)验算。

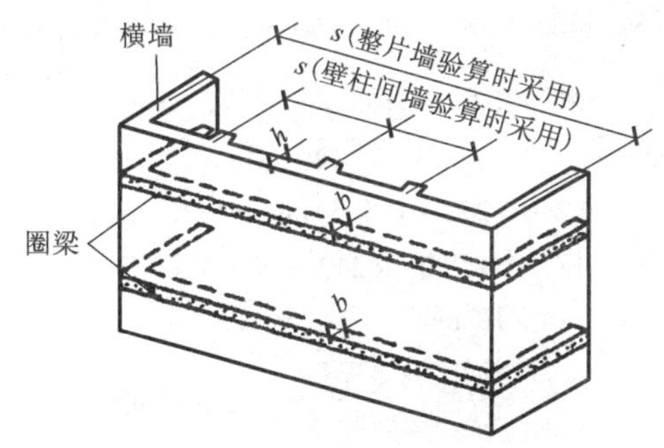

图 16－3　带壁柱的墙 s 的取值

如果壁柱之间墙体的高厚比超过限制时，可在墙高范围内设置钢筋混凝土圈梁。设有钢筋混凝土圈梁的带壁柱墙或带构造柱墙，当 $\dfrac{b}{s}\geqslant\dfrac{1}{30}$时，圈梁可视为墙的壁柱之间墙或构造柱墙的不动铰支点(b 为圈梁宽度)。如果不允许增加圈梁宽度，可按墙体平面外等刚度原则增加圈梁高度，以满足壁柱之间墙体或构造柱之间墙体不动铰支点的要求。这样，墙高就降低为基础顶面(或楼层标高)到圈梁底面的高度。

16.2.2　带构造柱墙的高厚比验算

带构造柱墙的高厚比的验算包括两部分内容：整片墙高厚比的验算和构造柱之间墙体局部高厚比的验算。

1. 整片墙体高厚比的验算

考虑设置构造柱对墙体刚度的有利作用，墙体允许高厚比$[\beta]$可以乘以提高系数μ_c：

$$\beta=\frac{H_0}{h}\leqslant\mu_1\mu_2\mu_c[\beta] \tag{16-4}$$

式中：μ_c——带构造柱墙允许高厚比$[\beta]$的提高系数，可按下式计算：

$$\mu_c=1+\gamma\frac{b_c}{l} \tag{16-5}$$

γ——系数。对细料石砌体，$\gamma=0$；对混凝土砌块、混凝土多孔砖、粗料石及毛石砌体，$\gamma=1.0$；其他砌体，$\gamma=1.5$；

b_c——构造柱沿墙长方向的宽度；

l——构造柱间距。

当 $b_c/l>0.25$ 时，取 $b_c/l=0.25$，当 $b_c/l<0.05$ 时，取 $b_c/l=0$。

需注意的是，构造柱对墙体允许高厚比的提高只适用于构造柱与墙体形成整体后的使用阶段，并且构造柱与墙体有可靠的连接。

2. 构造柱间墙体高厚比的验算

构造柱间墙体的高厚比仍按公式(16－1)验算，验算时仍视构造柱为柱间墙的不动铰支点，计算 H_0 时，s 应取相邻构造柱间距，并按刚性方案考虑。

【案例解答】

解 带壁柱墙采用窗间墙截面，如图 16－2 所示。

(1)求壁柱截面的几何特征

$A=240\times2200+370\times250\ \text{mm}^2=620500\ \text{mm}^2$

$$y_1=\frac{240\times2200\times120+250\times370\times(240+\frac{250}{2})}{620500}\text{mm}=156.5\ \text{mm}$$

$y_2=(240+250-156.5)\text{mm}=333.5\ \text{mm}$

$I=(1/12)\times2200\times240^3+2200\times240\times(156.5-120)^2+(1/12)\times370\times250^3+370\times250\times(333.5-125)^2=7.74\times10^9\text{mm}^4$

$$i=\sqrt{\frac{I}{A}}=\sqrt{\frac{7.74\times10^9}{620500}}\text{mm}=111.7\ \text{mm}$$

$h_T=3.5i=3.5\times111.7\ \text{mm}=391\ \text{mm}$。

(2)确定计算高度

$H=5000+500=5500$ mm(式中 500 mm 为壁柱下端嵌固处至室内地坪的距离)

查表 16－2，得 $H_0=1.2H=1.2\times5500\ \text{mm}=6600\ \text{mm}$

(3)整片墙高厚比验算

采用 M5 混合砂浆时，查表 16－1 得$[\beta]=24$。开有门窗洞口时，$[\beta]$的修正系数 μ_2 为

$$\mu_2=1-0.4\frac{b_s}{s}=1-0.4\times(1800/4000)=0.82$$

自承重墙允许高厚比修正系数 $\mu_1=1$

$$\beta=\frac{H_0}{h_T}=6600/391=16.9<\mu_1\mu_2[\beta]=0.82\times24=19.68$$

(4)壁柱之间墙体高厚比的验算

$s=4000<H=5500$ mm，查表 16－2 得 $H_0=0.6s=0.6\times4000\ \text{mm}=2400\ \text{mm}$

$$\beta=\frac{H_0}{h}=\frac{2400}{240}=10<\mu_1\mu_2[\beta]=0.82\times24=19.68$$

因此高厚比满足《规范》要求。

【任务布置】

某办公楼平面如图 16－4 所示，采用预制钢筋混凝土空心板，外墙厚 370 mm，内纵墙及横墙厚 240 mm，砂浆为 M5，底层墙高 4.6 m(下端支点取基础顶面)；隔墙厚 120 mm，高3.6 m，用 M2.5 砂浆；纵墙上窗洞宽 1800 mm，门洞宽 1000 mm，试验算各墙的高厚比。

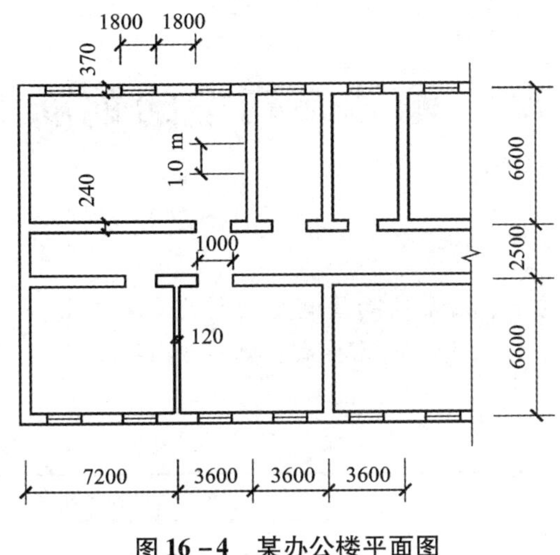

图 16－4　某办公楼平面图

【知识总结】

带壁柱墙的高厚比的验算包括两部分内容：即带壁柱墙的高厚比验算和壁柱之间墙体局部高厚比的验算。验算整片墙体高厚比时，视壁柱为墙体的一部分，整片墙截面为 T 型截面，将 T 形截面墙按惯性矩和面积相等的原则换算成矩形截面，其高厚比验算公式为 $\beta=\dfrac{H_0}{h_T}\leqslant\mu_1\mu_2[\beta]$；验算壁柱之间墙体的局部高厚比时，壁柱视为墙体的侧向不动支点，计算 H_0 时，s 取壁柱之间的距离，且不管房屋静力计算方案采用何种方案，在确定计算高度 H_0 时，都按刚性方案考虑，其高厚比验算公式为 $\beta=\dfrac{H_0}{h}\leqslant\mu_1\mu_2[\beta]$。

带构造柱墙的高厚比的验算包括两部分内容：整片墙高厚比的验算和构造柱之间墙体局部高厚比的验算。

【课后练习】

简述带壁柱墙体高厚比的验算要点。

学习情境十七　砌体结构中的钢筋混凝土构件

【项目描述与分析】

通过学习砌体结构中过梁、挑梁及雨篷的受力特点，熟悉其设计内容和构造要求；通过学习纯扭构件和弯剪扭构件的承载力计算公式，熟悉受扭构件的受力性能、配筋方式及构造要求。

【学习目标】

能力目标	知识目标	权重
能确定过梁、挑梁及雨篷的设计思路、明确其构造要求	过梁、挑梁及雨篷的受力特点、设计内容及构造要求	40%
能进行纯扭构件的配筋设计	纯扭构件的承载力计算、构造要求	30%
能进行弯剪扭构件的配筋设计	弯剪扭构件的承载力计算	30%
合　计		100%

任务一　熟悉过梁、挑梁及雨篷的受力特点

【案例引入】

过梁、挑梁及雨篷是砌体结构中常见的构件，请分析它们的设计应包括哪些内容?

【任务目标】

1. 熟悉过梁、挑梁及雨篷的种类、受力特点；
2. 掌握过梁、挑梁及雨篷的设计内容及构造要求。

【知识链接】

17.1.1　过梁

1. 过梁的种类

过梁是砌体结构中门窗洞口上承受上部墙体自重和上层楼盖传来的荷载的梁，常用的过梁有四种类型(图 17 - 1)：

(1)砖砌平拱过梁[图 17 - 1(a)]

高度不应小于 240 mm，跨度不应超过 1.2 m。砂浆强度等级不应低于 M5。此类过梁适用于无振动、地基土质好、无抗震设防要求的一般建筑。

(2)砖砌弧拱过梁[图 17－1(b)]

竖放砌筑砖的高度不应小于 120 mm，当矢高 $f=(1/8\sim1/12)l$，砖砌弧拱的最大跨度为 2.5～3 m；当矢高 $f=(1/5\sim1/6)l$ 时，砖砌弧拱的最大跨度为 3～4 m。

(3)钢筋砖过梁[图 17－1(c)]

过梁底面砂浆层处的钢筋，其直径不应小于 5 mm，间距不宜大于 120 mm，钢筋伸入支座砌体内的长度不宜小于 240 mm，砂浆层厚度不宜小于 30 mm；过梁截面高度内砂浆强度等级不应低于 M5；砖的强度等级不应低于 MU10；跨度不应超过 1.5 m。

(4)钢筋混凝土过梁[图 17－1(d)]

其端部支承长度，不宜小于 240 mm，当墙厚不小于 370 mm 时，钢筋混凝土过梁宜做成 L 形。工程中常采用钢筋混凝土过梁。

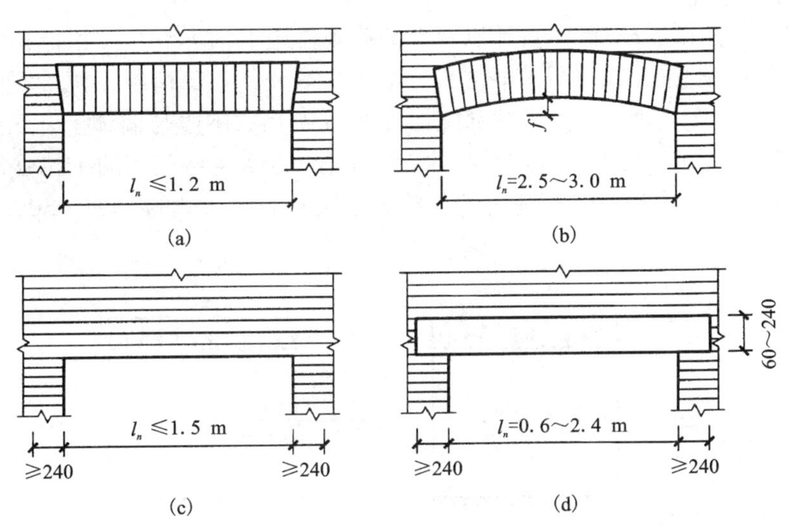

图 17－1　过梁的常用类型

(a)砖砌平拱过梁；(b)砖砌弧拱过梁；(c)钢筋砖过梁；(d)钢筋混凝土过梁

2. 过梁的受力特点

作用在过梁上的荷载有砌体自重和过梁计算高度内的梁板荷载。

(1)墙体荷载：对于砖砌墙体，当过梁上的墙体高度 $h_w<l_n/3$ 时，应按全部墙体的自重作为均布荷载考虑。当过梁上的墙体高度 $h_w\geqslant l_n/3$ 时，应按高度 $l_n/3$ 的墙体自重作为均布荷载考虑。对于混凝土砌块砌体，当过梁上的墙体高度 $h_w<l_n/2$ 时，应按全部墙体的自重作为均布荷载考虑。当过梁上的墙体高度 $h_w\geqslant l_n/2$ 时，应按高度 $l_n/2$ 的墙体自重作为均布荷载考虑。

(2)梁板荷载：当梁、板下的墙体高度 $h_w<l_n$ 时，应计算梁、板传来的荷载，如 $h_w\geqslant l_n$，则可不计梁、板的作用，认为其全部由墙体内拱作用直接传至过梁支座。

砖砌过梁承受荷载后，上部受压、下部受拉，像受弯构件一样地受力。随着荷载的增大，当跨中竖向截面的拉应力或支座斜截面的主拉应力超过砌体的抗拉强度时，将先后在跨中出现竖向裂缝，在靠近支座处出现阶梯形斜裂缝。对于钢筋砖过梁，过梁下部的拉力将由钢筋承担；对砖砌平拱，过梁下部拉力将由两端砌体提供的推力来平衡，对于钢筋混凝土过梁与钢筋砖过梁类似。试验表明，当过梁上的墙体达到一定高度后，过梁上的墙体形成内拱将产生卸载作用，使一部分荷载直接传递给支座。

3. 钢筋混凝土过梁的设计与构造要求

钢筋混凝土过梁应按钢筋混凝土受弯构件进行正截面受弯和斜截面受剪承载力计算，此外，还应进行梁端砌体局部受压承载力验算。在验算过梁下砌体局部受压承载力时，可不考虑上层荷载N_0的影响，取$\psi=0$，其有效支承长度可取过梁的实际支承长度，并取应力图形完整系数$\eta=1.0$。

钢筋混凝土过梁的支承长度不宜小于240 mm。

17.1.2 挑梁

1. 挑梁的受力特点

挑梁在悬挑端集中力F、墙体自重以及上部荷载作用下，共经历三个工作阶段。

弹性工作阶段：挑梁在未受外荷载之前，墙体自重及其上部荷载在挑梁埋入墙体部分的上、下界面产生初始压应力。当挑梁端部施加外荷载F后，挑梁与墙体上、下界面的竖向正压力如图17-2(a)所示。随着F的增加，将首先达到墙体通缝截面的抗拉强度而出现水平裂缝，如图17-2(b)，出现水平裂缝时的荷载为倾覆时的外荷载的20%~30%，此为第一阶段。

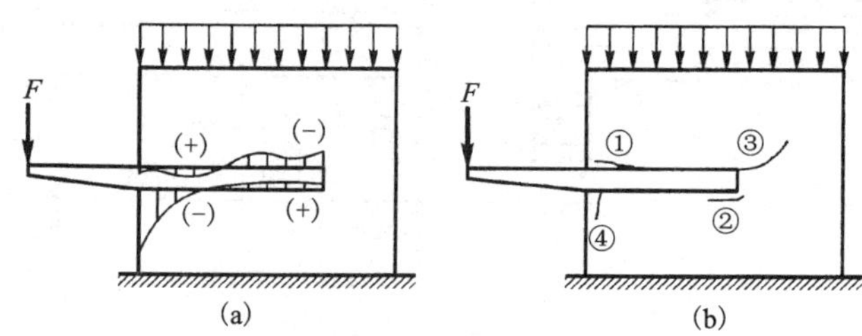

图17-2 挑梁的应力分布与裂缝

(a)应力状态；(b)裂缝状态

带裂缝工作阶段：随着外荷载F的继续增加，最开始出现的水平裂缝①将不断向内发展，同时挑梁埋入墙体部分的端下界面出现水平裂缝②并向前发展。随着上下界面的水平裂缝的不断发展，挑梁埋入端上界面受压区和墙边下界面受压区也不断减小，从而在挑梁埋入端上角砌体处产生裂缝。随着外荷载的增加，此裂缝将沿砌体灰缝向后上方发展为阶梯形裂缝③，此时的荷载约为倾覆时外荷载的80%。斜裂缝的出现预示着挑梁进入倾覆破坏阶段，在此过程中，也可能出现局部受压裂缝④。

破坏阶段：挑梁可能发生的破坏形态有以下三种：

(1)挑梁倾覆破坏：挑梁倾覆力矩大于抗倾覆力矩，挑梁尾端墙体斜裂缝不断开展，挑梁绕倾覆点发生倾覆破坏；

(2)梁下砌体局部受压破坏：当挑梁埋入墙体较深、梁上墙体高度较大时，挑梁下靠近墙边小部分砌体由于压应力过大发生局部受压破坏；

(3)挑梁弯曲破坏或剪切破坏。

2. 挑梁的设计与构造要求

挑梁除应进行抗倾覆验算、自身承载力计算和挑梁悬挑端根部砌体局部受压承载力验算三部分外，尚应满足下列要求：

(1)纵向受力钢筋至少应有1/2的钢筋面积伸入梁尾端，且不少于2 Φ12。其余钢筋伸入支座的长度不应小于$2l_1/3$；

(2)挑梁埋入砌体长度l_1与挑出长度之比l宜大于1.2；当挑梁上无砌体时，l_1与l之比宜大于2。

17.1.3　雨篷

1. 雨篷的组成和受力特点

雨篷是房屋结构中最常见的悬挑构件，当外挑长度不大于3 m时，一般可不设外柱而做成悬挑结构 。其中当外挑长度大于1.5 m时，可设计成含有悬臂梁的梁板式雨篷，并按梁板结构计算其内力；当外挑长度不大于1.5 m时，可设计成最为简单的悬臂板式雨篷。

钢筋混凝土悬臂板式雨篷由雨篷板和雨篷梁两部分组成。雨篷梁一方面支承雨篷板，另一方面又兼作门过梁，除承受自重及雨篷板传来的荷载外，还承受着上部墙体的重量以及楼面梁、板或楼梯平台可能传来的荷载。这种雨篷可能发生的破坏有三种：雨篷板根部受弯断裂；雨篷梁受弯、剪、扭破坏和雨篷整体倾覆破坏，见图17－3。

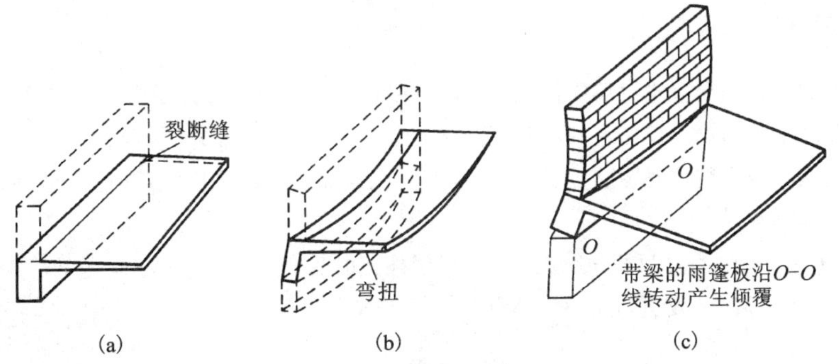

图17－3　雨篷可能的破坏形式

(a)沿雨篷板根部断裂；(b)雨篷梁受弯剪扭破坏；(c)雨篷倾覆

2. 雨篷的设计与构造要求

为防止雨篷可能发生的破坏，雨篷应进行雨篷板的受弯承载力计算、雨篷梁的弯剪扭计算、雨篷整体的抗倾覆验算，以及采取相应的构造措施。具体要求如下：

(1)雨篷板

雨篷板是悬挑板，通常都做成变厚度板，其配筋按悬臂板计算，取根部板厚进行截面设计。受力钢筋应布置在板顶，受力钢筋必须伸入雨篷梁并与梁中的钢筋连接，并应满足受拉钢筋锚固长度l_a的要求。分布钢筋应布置在受力钢筋的内侧，按构造要求设置。如图17－4，施工时严禁踩踏。

(2)雨篷梁

雨篷梁不仅承受雨篷板传来的荷载，还承受雨篷梁上部墙体重量以及梁、板传来的荷

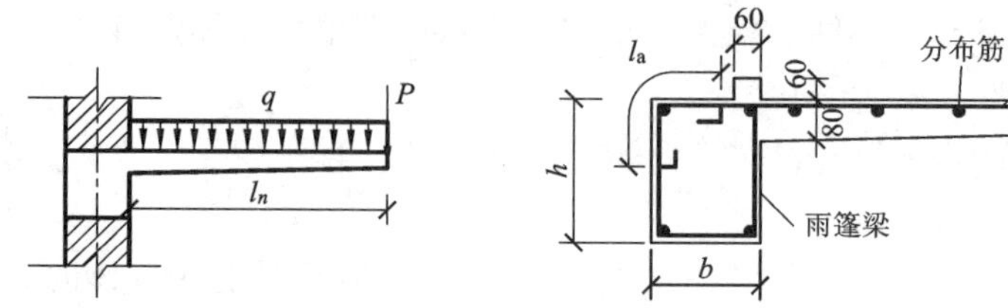

图 17－4　雨篷配筋图

载，兼有过梁的作用。雨篷梁产生的内力有弯矩、剪力、扭矩，是一个弯剪扭构件。必要时还要进行梁下砌体局部受压承载力验算。

(3)抗倾覆验算

对于埋入砌体内的悬臂板式雨篷，设在雨篷板上作用的永久荷载和可变荷载设计值对雨篷梁底外缘 O 点产生倾覆力矩为 M_{ov}，雨篷梁的自重、梁上的砌体重，以及其他梁、板传来的荷载(只考虑永久荷载)标准值对倾覆点产生的抗倾覆力矩 M_r，《砌体结构设计规范》要求 $M_{ov} \leqslant M_r$。

为满足雨篷的抗倾覆要求，通常采用加大雨篷梁嵌入墙内的支承长度或使雨篷梁与周围的结构拉结等处理办法。

【案例解答】

过梁是受弯构件，钢筋混凝土过梁应按钢筋混凝土受弯构件进行正截面受弯和斜截面受剪承载力计算，此外，还应进行梁端下砌体局部受压承载力验算。

挑梁是悬挑构件，应进行抗倾覆验算、自身承载力(正截面、斜截面)计算和挑梁悬挑端根部砌体局部受压承载力验算三部分。

板式雨篷由雨篷板和雨篷梁两部分组成，应进行雨篷板的受弯承载力计算、雨篷梁的弯剪扭计算、雨篷整体的抗倾覆验算。必要时还要进行梁下砌体局部受压承载力验算。

【知识总结】

过梁上的一部分荷载可通过内拱卸荷作用传递到支座砌体上去，只有一部分作用在梁上。过梁上荷载的计算可按《砌体规范》。

挑梁除应进行抗倾覆验算、自身承载力计算和挑梁悬挑端根部砌体局部受压承载力验算三部分外，尚应满足构造要求。

含有悬臂梁的梁板式雨篷，并按梁板结构计算其内力。

板式雨篷由雨篷板和雨篷梁两部分组成，应进行雨篷板的受弯承载力计算、雨篷梁的弯剪扭计算、雨篷整体的抗倾覆验算。必要时还要进行梁下砌体局部受压承载力验算。

【课后练习】

1. 过梁有哪些种类？
2. 简述雨篷和雨篷梁的计算要点。

任务二　设计钢筋混凝土受扭构件

【案例引入1】

某钢筋混凝土矩形截面纯扭构件，承受的扭矩设计值 $T=20$ kN · m。截面尺寸 $b \times h=250$ mm × 500 mm，混凝土强度等级为 C30，一类环境。纵筋采用 HRB335 级钢筋，箍筋采用 HPB300 级钢筋。求此构件所需配置的受扭纵筋和箍筋。

【案例引入2】

某悬臂板式雨篷，雨篷板上承受恒均布荷载(含板自重)设计值 $q=2.8$ kN/m^2，板挑出长度自雨篷梁边 1.2 m，在雨篷自由端沿板宽方向每米承受活荷载 $P=1$ kN/m(设计值)。雨篷梁截面尺寸 240 × 300 mm，其计算跨度为 2.80 m，采用混凝土强度等级 C20，纵筋采用 HRB335 级钢筋，箍筋采用 HPB300 级钢筋，经计算知：雨篷梁承受的最大弯矩设计值 $M=15.40$ kN · m，最大剪力设计值 $V=25$ kN，试设计该雨篷梁。

【任务目标】

1. 明确受扭构件配筋方式和构造要求；
2. 能够进行受扭构件的配筋设计。

【知识链接】

凡是在构件截面中有扭矩作用的构件，都称为受扭构件。扭转是构件受力的基本形式之一，也是钢筋混凝土结构中常见的构件形式，例如钢筋混凝土吊车梁、雨篷梁、平面曲梁或折梁、现浇框架边梁、螺旋楼梯等结构构件都是受扭构件，如图 17 – 5。受扭构件根据截面上存在的内力情况可分为纯扭、剪扭、弯扭、弯剪扭等多种受力情况。在实际工程中，纯扭、剪扭、弯扭的受力情况较少，弯剪扭的受力情况则较普遍。为便于分析，首先介绍纯扭构件的承载力计算，然后再介绍弯、剪、扭作用下的承载力计算。

钢筋混凝土结构中的受扭构件大都是矩形截面。

17.2.1　钢筋混凝土纯扭构件的设计

1. 素混凝土纯扭构件受力性能

匀质弹性材料矩形截面在扭矩的作用下截面中各点都将产生剪应力 τ，最大剪应力发生在截面长边中点，与该点剪应力作用相对应的主拉应力和主压应力分别与构件轴线成 45°角。当主拉应力超过混凝土的抗拉强度时，混凝土将首先在截面长边中点处，垂直于主拉应力方向开裂。所以，在纯扭构件中，构件裂缝与轴线成 45°角。

对于理想塑性材料而言，截面上某点的应力达到强度极限时并不立即破坏，该点能保持极限应力不变而继续变形，整个截面仍能继续承受荷载，直到截面上各点的应力达到混凝土的抗拉强度时，构件才达到极限抗扭能力。

素混凝土既非完全弹性，又非理想塑性，是介于两者之间的弹塑性材料，因而受扭时的

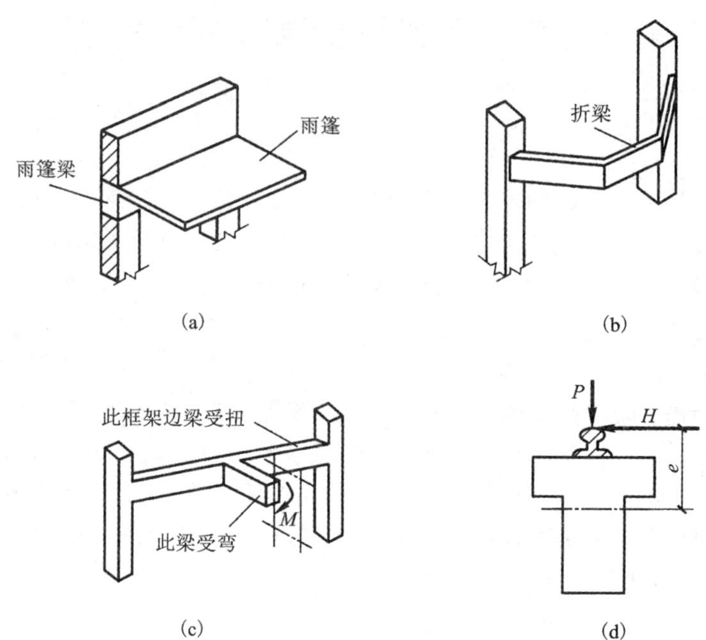

(a) (b) (c) (d)

图 17－5　钢筋混凝土受扭构件示例

(a)雨篷梁；(b)折梁；(c)现浇框架边梁；(d)吊车梁

极限应力分布将介于上述两种情况之间。为计算方便，取素混凝土构件的受扭承载力即开裂扭矩为

$$T_{cr}=0.7f_tW_t \tag{17-1}$$

式中：f_t——混凝土抗拉强度设计值；

W_t——受扭构件的截面抗扭塑性抵抗矩。对矩形截面 $W_t=b^2(3h-b)/6$。

2. 钢筋混凝土纯扭构件的配筋

试验表明，配置受扭钢筋对提高受扭构件抗裂性能的作用不大，当混凝土开裂后，可由钢筋继续承担拉力，因而能使构件的受扭承载力大大提高。如前所述，扭矩在匀质弹性材料构件中引起的主拉应力方向与构件轴线成45°。因此，最合理的配筋方式是在构件靠近表面处设置呈45°走向的螺旋形钢筋。但这种配筋方式不便于施工，且当扭矩改变方向后则将完全失去效用。在实际工程中，一般是采用由靠近构件表面设置的横向箍筋和沿构件周边均匀对称布置的纵向钢筋共同组成的抗扭钢筋骨架，如图17－6。它恰好与构件中受弯钢筋和受剪钢筋的配置方向相协调。

根据试验结果，受扭构件的破坏可分为四类：

(1)当箍筋和纵筋或者其中之一配置过少时，配筋构件的抗扭承载力与素混凝土的构件无实质差别，为少筋破坏，属脆性破坏。

(2)当箍筋和纵筋适量时，为适筋破坏，属延性破坏。

(3)当箍筋或纵筋过多时，为部分超筋破坏。

(4)当箍筋和纵筋过多时，为完全超筋破坏。

因此，在实际工程中，尽量把构件设计成(2)，也可采用(3)，避免出现(1)、(4)。

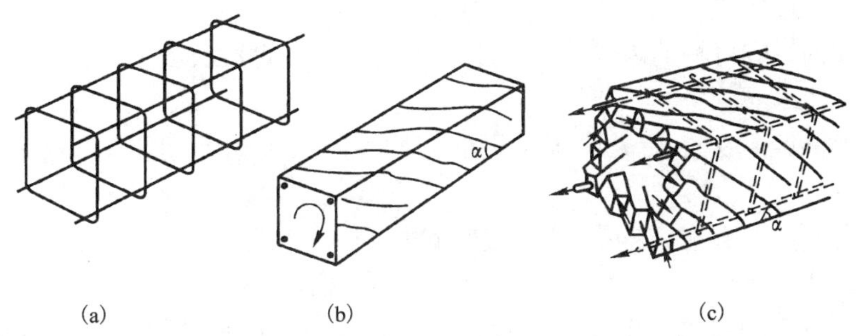

图 17－6　钢筋混凝土受扭构件的受力性能

(a)抗扭钢筋骨架；(b)受扭构件的裂缝；(c)受扭构件的空间桁架模型

为了使箍筋和纵筋相互匹配，共同发挥抗扭作用，应将两种钢筋的用量比控制在合理的范围内。《规范》采用纵向钢筋与箍筋的配筋强度比值 ζ 进行控制($0.6\leqslant\zeta\leqslant1.7$，设计中通常取 $\zeta=1.0\sim1.3$，当 ζ 接近 1.2 时为钢筋达到屈服的最佳值)。

$$\zeta=\frac{f_y\cdot A_{stl}\cdot s}{f_{yv}\cdot A_{st1}\cdot u_{cor}} \tag{17-2}$$

式中：A_{stl}——受扭计算中对称布置的全部纵向钢筋截面面积；

A_{st1}——受扭计算中沿截面周边所配置箍筋的单肢截面面积；

f_y——抗扭纵筋抗拉强度设计值；

f_{yv}——抗扭箍筋抗拉强度设计值，其数值大于 360 N/mm^2 时应取 360 N/mm^2；

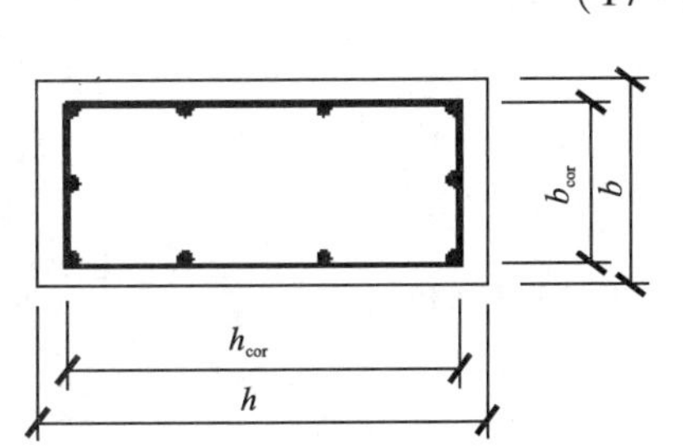

图 17－7　矩形受扭构件截面

s——箍筋间距；

u_{cor}——截面核芯部分周长，$u_{cor}=2(h_{cor}+b_{cor})$其中，$b_{cor}$和 h_{cor}分别为双箍筋内表面计算的截面核芯短边与长边长度，如图 17－7。

3. 受扭构件的配筋构造要求

抗扭钢筋的形式是箍筋加沿截面周边均匀布置的纵筋，且箍筋与纵筋的比例要适当。其构造要求如下：

(1)受扭纵筋

受扭纵筋应沿构件截面周边均匀对称布置。矩形截面的四角以及 T 形和 I 形截面各分块矩形的四角，均必须设置受扭纵筋。受扭纵筋的间距不应大于200 mm，也不应大于梁截面短边长度，如图 17－8。受扭纵向钢筋的接头和锚固要求均应按受拉钢筋的相应要求考虑。架立筋和梁侧构造纵筋也可利用作为受扭纵筋。

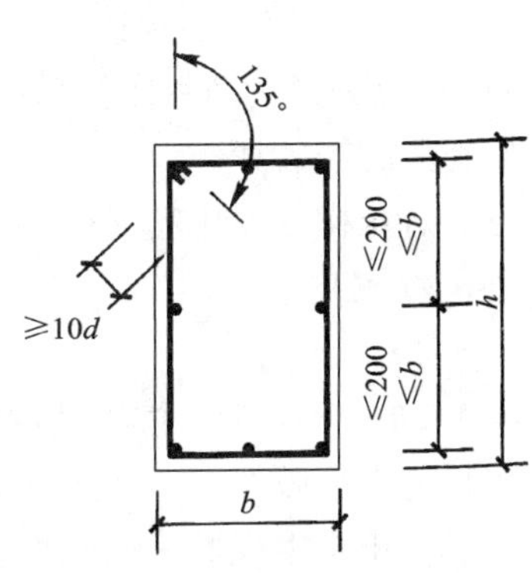

图 17－8　受扭钢筋的布置

(2)受扭箍筋

在受扭构件中，箍筋在整个周长上均承受力。因此，受扭箍筋必须做成封闭式，且应沿截面周边布置，这样可保持构件受力后，箍筋不至于被拉开，可以很好地约束纵向钢筋。为了能将箍筋的端部锚固在截面的核心部份，当钢筋骨架采用绑扎骨架时，应将箍筋末端弯折135°，弯钩端头平直段长度不应小于$10d$（d为箍筋直径）。

受扭箍筋的间距s及直径d均应满足受弯构件的最大箍筋间距s_{max}及最小箍筋直径的要求。

4. 矩形截面钢筋混凝土纯扭构件承载力计算

（1）计算模型

素混凝土一旦出现裂缝立即发生破坏；钢筋混凝土不但承载力提高，还有较好的延性。《混凝土结构设计规范》采用的是变角度空间桁架模型计算方法——纵筋为桁架的弦杆，箍筋相当于桁架的竖杆，裂缝间混凝土相当于桁架的斜腹杆。如图17－9。

基本假定：

1）混凝土只承受压力，是桁架的斜压杆；

2）纵筋和箍筋只承受拉力，是桁架的弦杆和腹杆；

3）忽略核心混凝土的受扭作用及钢筋的销拴作用。

（2）计算公式

$$T \leqslant 0.35 f_t W_t + 1.2\sqrt{\zeta} f_{yv} \frac{A_{st1} A_{cor}}{s} \tag{17-3}$$

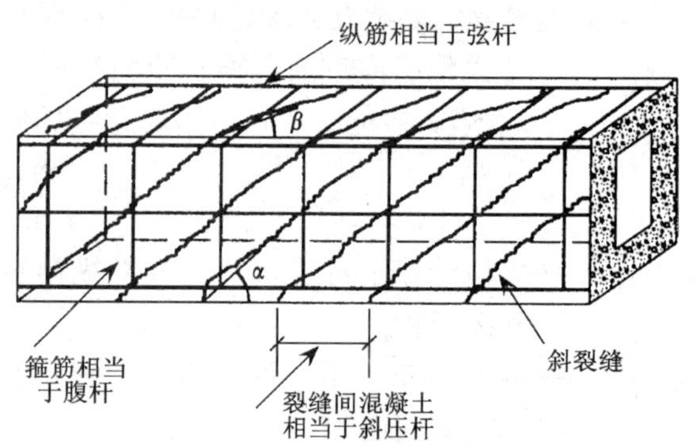

图17－9　变角度空间桁架模型

式中：T——扭矩设计值；

f_t——混凝土抗拉强度设计值；

ζ——对钢筋混凝土纯扭构件，其ζ值应符合$0.6 \leqslant \zeta \leqslant 1.7$的要求，当$\zeta > 1.7$时，取$\zeta = 1.7$；

A_{cor}——截面核心部分的面积；$A_{cor} = b_{cor} h_{cor}$，此处$b_{cor}$、$h_{cor}$为箍筋内表面范围内截面核心部分的短边、长边尺寸。

（3）计算公式的适用条件

①避免超筋破坏

为了防止构件发生超筋破坏，截面尺寸应符合如下条件：

当$h_w/b \leqslant 4$时，
$$T \leqslant 0.2\beta_c f_c W_t \tag{17-4}$$

当$h_w/b \geqslant 6$时，
$$T \leqslant 0.16\beta_c f_c W_t \tag{17-5}$$

当$4 < h_w/b < 6$时，按线性内插法确定。

②避免少筋破坏

为了防止发生少筋脆性破坏，《规范》规定受扭箍筋和纵筋的配筋率应满足下列要求：

受扭箍筋应满足以下最小配箍率要求：

$$\rho_{st} = \frac{2A_{st1}}{bs} \geqslant \rho_{st,\ min} = 0.28 \frac{f_t}{f_{yv}} \tag{17-6}$$

受扭纵筋应满足以下最小配箍率要求：

$$\rho_{tl}=\frac{A_{stl}}{bh}\geqslant\rho_{tl,\min}=0.6\sqrt{\frac{T}{Vb}}\cdot\frac{f_t}{f_y}\tag{17-7}$$

在式(17-7)中，V 为剪力设计值，当$\frac{T}{Vb}\geqslant 2.0$时，取$\frac{T}{Vb}=2.0$。

当扭矩小于开裂扭矩，即满足下式要求时，表明混凝土即可抵抗该扭矩，可以不进行受扭承载力计算，仅需按受扭钢筋的最小配筋率以及箍筋最大间距和箍筋最小直径的构造要求配置抗扭钢筋即可。

$$T\leqslant T_{cr}=0.7f_tW_t\tag{17-8}$$

【案例1解答】

解　(1)基本参数

C30混凝土，$f_c=14.3\ \text{N/mm}^2$，$f_t=1.43\ \text{N/mm}^2$，$\beta_c=1.0$；HRB335级钢筋$f_y=300\ \text{N/mm}^2$，HPB300级钢筋$f_{yv}=270\ \text{N/mm}^2$

箍筋直径定为8 mm，c=20 mm，$b_{cor}=b-2(c+8)=250-56=194$ mm，$h_{cor}=h-2(c+8)=500-56=444$ mm，$A_{cor}=194\times444=86136\ \text{mm}^2$

(2)验算截面尺寸

$a_s=40$ mm，$h_0=500-40=460$ mm，$h_w/b=460/250<4.0$

$W_t=\frac{b^2}{6}(3h-b)=\frac{250^2}{6}(3\times500-250)=13\times10^6\ \text{mm}^3$

$\frac{T}{W_t}=\frac{20\times10^6}{13\times10^6}=1.54\ \text{N/mm}^2<0.2\beta_cf_c=2.86\ \text{N/mm}^2$，且$\frac{T}{W_t}>0.7f_t=1.00\ \text{N/mm}^2$

截面尺寸可用，按计算配筋。

(3)计算箍筋

取$\zeta=1.2$，代入式(15-3)求A_{st1}/s

$\frac{A_{st1}}{s}=\frac{T-0.35f_tW_t}{1.2\sqrt{\zeta}f_{yv}A_{cor}}=\frac{20\times10^6-0.35\times1.43\times13\times10^6}{1.2\sqrt{1.2}\times270\times86136}=0.64$

$A_{st1}=50.3\ \text{mm}^2$，$s=\frac{50.3}{0.64}=79$ mm，取$s=70$ mm

验算配箍率

$\rho_{st}=\frac{2A_{st1}}{bs}=\frac{2\times50.3}{250\times70}=0.575\%>\rho_{st,\min}=0.28\frac{f_t}{f_{yv}}=\frac{0.28\times1.43}{270}=0.148\%$

(4)计算纵筋

$$u_{cor}=2(b_{cor}+h_{cor})=2(194+444)=1276\ \text{mm}$$

按式(15-2)计算A_{stl}：

$$A_{stl}=\frac{\zeta f_{yv}A_{st1}u_{cor}}{f_ys}=\frac{1.2\times270\times50.3\times1276}{300\times70}=990\ \text{mm}^2$$

选用6 Φ16，$A_{stl}=1206\ \text{mm}^2$，验算抗扭纵筋的最小配筋率$\rho_{tl,\min}$：

$$\rho_{tl}=\frac{A_{stl}}{bh}=\frac{1206}{250\times500}=0.965\%$$

$$>\rho_{tl,\min}=0.85\frac{f_t}{f_y}=\frac{0.85\times1.43}{300}=0.405\%$$

截面配筋见图17-10。

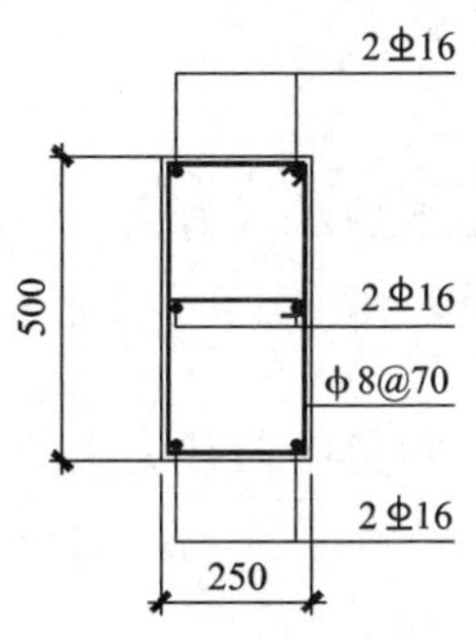

图17-10　案例1配筋图

17.2.2 矩形截面钢筋混凝土弯剪扭构件承载力计算

1.《规范》规定的实用配筋计算方法

(1)承载力之间的相关性

当构件处于弯、剪、扭共同作用的复合应力状态时，其受力情况比较复杂。试验表明，扭矩与弯矩或剪力同时作用于构件时，一种承载力会因另一种内力的存在而降低，例如受弯承载力会因扭矩的存在而降低，受剪承载力也会因扭矩的存在而降低，反之亦然，这种现象称为承载力之间的相关性。

弯扭相关性，是因为扭矩的作用使纵筋产生拉应力，加重了受弯构件纵向受拉钢筋的负担，使其应力提前达到屈服，因而降低了受弯承载能力。剪扭相关性，则是因为两者的剪应力在构件一个侧面上是叠加的。

(2)简化计算方法

影响弯剪扭构件承载力的因素很多，并且如前所述，弯、剪、扭承载力之间存在相关性，精确计算很复杂。实用计算中，是将受弯所需纵筋与受扭所需纵筋分别计算然后进行叠加；箍筋按受扭承载力和受剪承载力分别计算其用量，然后进行叠加；仅考虑混凝土项承载力的剪力与扭矩之间的相关性，用承载力降低系数β_t来考虑剪扭共同作用的影响。为简化计算，《规范》给出了剪扭构件混凝土承载力降低系数β_t：

$$\beta_t=\frac{1.5}{1+0.5\frac{VW_t}{Tbh_0}} \tag{17-9}$$

对集中荷载作用下独立的混凝土剪扭构件(包括作用有多种荷载且其集中荷载对支座截面所产生的剪力值占总剪力值的75%以上的情况)，折减系数β_t为：

$$\beta_t=\frac{1.5}{1+0.2(\lambda+1.0)\frac{VW_t}{Tbh_0}} \tag{17-10}$$

式中：λ——计算截面剪跨比，可取$\lambda=a/h_0$，其取值范围为$1.5\leqslant\lambda\leqslant3$。

当$\beta_t<0.5$时，取$\beta_t=0.5$；当$\beta_t>1.0$时，取$\beta_t=1.0$。

在考虑了折减系数β_t后，其抗扭和抗剪承载力计算公式分别为：

抗扭承载力：

$$T\leqslant0.35\beta_t f_t W_t+1.2\sqrt{\zeta}\frac{f_{yv}A_{st1}A_{cor}}{s} \tag{17-11}$$

抗剪承载力；

$$V\leqslant0.7(1.5-\beta_t)f_t bh_0+f_{yv}\frac{A_{sv}}{s}h_0 \tag{17-12}$$

以集中荷载为主的独立梁：

$$V\leqslant(1.5-\beta_t)\frac{1.75}{\lambda+1.0}f_t bh_0+f_{yv}\frac{A_{sv}}{s}h_0 \tag{17-13}$$

对于矩形截面弯扭构件承载力计算，不考虑弯扭相关性，分别按纯弯和纯扭构件计算和配筋，然后将钢筋面积叠加。如图17-11。

对于矩形截面弯剪扭构件承载力计算，《规范》规定，其纵筋截面面积由受弯承载力和受扭承载力所需的钢筋截面面积相叠加，箍筋截面面积则由受剪承载力和受扭承载力所需的箍筋截面面积相叠加，如图 17－12。必须注意的是，抗弯纵筋应布置在受弯时的受拉区(对单筋截面)，而抗扭纵筋和纯扭构件一样应沿截面周边均匀布置。

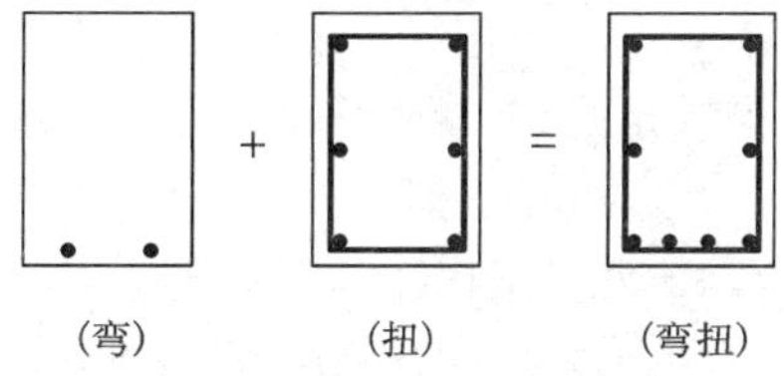

图 17－11　弯扭构件的钢筋叠加

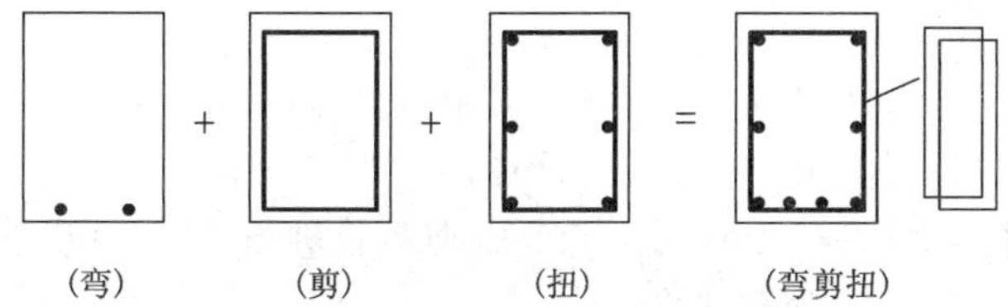

图 17－12　弯剪扭构件的钢筋叠加

(3)适用条件及简化计算的条件

1)适用条件

为避免超筋破坏，构件应满足下式条件，否则应加大截面尺寸，或提高混凝土强度等级。

当 $h_w/b \leqslant 4$ 时，

$$\frac{V}{bh_0}+\frac{T}{0.8W_t} \leqslant 0.25\beta_c f_c \tag{17-14}$$

当 $h_w/b=6$ 时，

$$\frac{V}{bh_0}+\frac{T}{0.8W_t} \leqslant 0.2\beta_c f_c \tag{17-15}$$

当 $4<h_w/b<6$ 时，按线性内插法确定。

为避免少筋破坏，箍筋与纵筋的最小配筋率分别应满足下列要求：

剪扭箍筋配筋率

$$\rho_{sv}=\frac{A_{svt}}{bs} \geqslant \rho_{sv,\ min}=0.28\frac{f_t}{f_{yv}} \tag{17-16}$$

受扭纵筋配筋率

$$\rho_{tl}=\frac{A_{stl}}{bh} \geqslant \rho_{tl,\ min}=0.6\sqrt{\frac{T}{Vb}}\cdot\frac{f_t}{f_y}$$

受弯纵筋最小配筋率按受弯构件要求取用。

2)简化计算的条件

当满足式(17－17)时，可不进行剪扭计算，而按构造要求配置箍筋和受扭纵筋：

$$\frac{V}{bh_0}+\frac{T}{W_t} \leqslant 0.7f_t \tag{17-17}$$

当满足式(17－18)或式(17－19)时，可不考虑剪力，而按弯扭构件计算，即按受弯构件的正截面受弯承载力和纯扭构件的受扭承载力分别进行计算：

$$V \leqslant 0.35f_t bh_0 \tag{17-18}$$

$$V \leqslant 0.875 \frac{f_t b h_0}{\lambda + 1.0} \tag{17-19}$$

当满足式(17－20)时，可不考虑扭矩，而按弯剪构件计算：

$$T \leqslant 0.175 f_t W_t \tag{17-20}$$

2.弯、剪、扭构件配筋计算步骤

当已知截面内力(M、T、V)，并初步选定截面尺寸和材料强度等级后，可按以下步骤进行：

(1)验算截面尺寸

1)求 W_t；

2)验算截面尺寸。若截面尺寸不满足时，应增大截面尺寸后再验算。

(2)确定是否需进行受扭和受剪承载力计算

1)确定是否需进行剪扭承载力计算，若不需则不必进行2)、3)步骤；

2)确定是否需进行受剪承载力计算；

3)确定是否需进行受扭承载力计算。

(3)确定箍筋用量

1)混凝土受扭能力降低系数 β_t；

2)计算受剪所需单肢箍筋的用量 A_{sv1}/s；

3)计算受扭所需单肢箍筋的用量 A_{st1}/s_t；

4)计算剪扭箍筋的单肢总用量$\frac{A_{svt1}}{s} = \frac{A_{sv1}}{s} + \frac{A_{st1}}{s_t}$，并选箍筋；

5)验算箍筋最小配箍率。

(4)确定纵筋用量

1)计算受扭纵筋的截面面积 A_{stl}，并验算受扭最小配筋率；

2)计算受弯纵筋的截面面积 A_s，并验算受弯最小配筋量；

3)弯、扭纵筋相叠加，并选筋；叠加原则：A_s配在受拉边，A_{stl}沿截面周边均匀对称布置。位于受拉边的那部分受扭纵筋应与受弯纵筋相加后选配钢筋。

【案例2解答】

解 (1)查《规范》：C20 混凝土，$f_c = 9.6\ \text{N/mm}^2$；$f_t = 1.1\ \text{N/mm}^2$；HPB300 级钢 $f_y = 270\ \text{N/mm}^2$；HRB335 级钢 $f_y = 300\ \text{N/mm}^2$；

(2)计算雨篷梁的最大扭矩设计值：

取 1 m 宽板为计算单元，则雨篷板上均布线荷载为 $2.8\ \text{kN/m}^2 \times 1\ \text{m} = 2.8\ \text{kN/m}$

板端集中力为 $1\ \text{kN/m} \times 1\ \text{m} = 1\ \text{kN}$(如图 17－13 所示)。

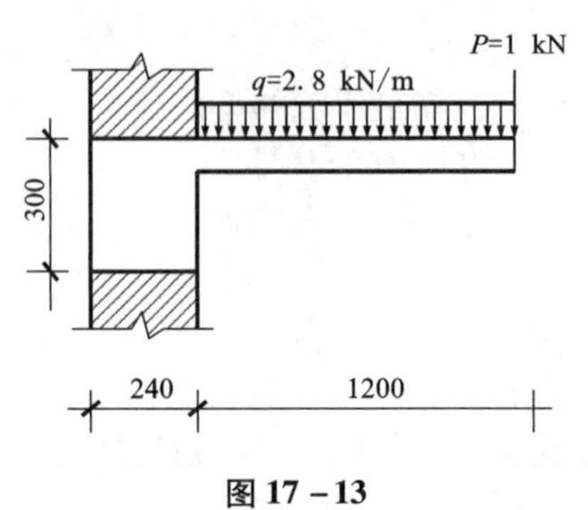

图 17－13

荷载 q 产生的扭矩：

$$m_q = 2.8 \times 1.2 \times \frac{1}{2}(1.20 + 0.24) = 2.419(\text{kN} \cdot \text{m})$$

荷载 P 产生的扭矩：

$$m_p = 1 \times (1.20 + \frac{1}{2} \times 0.24) = 1.32(\text{kN} \cdot \text{m})$$

于是，作用在梁上的总力偶为：

$$m = m_q + m_p = 2.419 + 1.32 = 3.739(\mathrm{kN \cdot m})$$

在雨篷梁支座截面处扭矩最大，其值为：

$$T = \frac{1}{2} \times 3.739 \times 2.8 = 5.235(\mathrm{kN \cdot m})$$

(3)验算雨篷梁截面尺寸：

箍筋直径暂定为 6 mm，$a_s = 35$ mm，$h_0 = 300 - 35 = 265$ mm，$h_w/b = 265/240 < 4.0$

$$W_t = \frac{240^2}{6} \times (3 \times 300 - 240) = 5.353 \times 10^5\ \mathrm{mm}^3$$

$$\frac{V}{bh_0} + \frac{T}{0.8W_t} = \frac{25000}{240 \times 265} + \frac{5.235 \times 10^6}{0.8 \times 5.353 \times 10^6} = 1.615(\mathrm{N/mm^2})$$

$$< 0.25\beta_c f_c = 0.25 \times 1.0 \times 9.6 = 2.4(\mathrm{N/mm^2})$$

截面尺寸满足要求。

(4)验算是否需要考虑剪力：

$$V = 25000(\mathrm{N}) > 0.35 f_t b h_0 = 0.35 \times 1.1 \times 240 \times 265 = 24486(\mathrm{N})$$

需考虑剪力的影响。

(5)是否需要考虑扭矩：

$$T = 5.235 \times 10^5(\mathrm{N \cdot mm}) > 0.175 f_t W_t = 0.175 \times 1.1 \times 5.353 \times 10^5$$

$$= 1.225 \times 10^5(\mathrm{N \cdot mm})$$

需考虑扭矩的影响。

(6)验算是否需要进行抗剪和抗扭验算：

$$\frac{V}{bh_0} + \frac{T}{W_t} = \frac{25000}{240 \times 265} + \frac{5.235 \times 10^6}{5.353 \times 10^6} = 1.371(\mathrm{N/mm^2})$$

$$> 0.7 f_t = 0.7 \times 1.1 = 0.77(\mathrm{N/mm^2})$$

故需要进行抗剪和抗扭验算。

(7)计算箍筋数量：

$$\beta_t = \frac{1.5}{1 + 0.5\dfrac{VW_t}{Tbh_0}} = \frac{1.5}{1 + 0.5\dfrac{25000 \times 5353000}{5235000 \times 240 \times 265}} = 1.25 > 1$$

取 $\beta_t = 1$。

计算抗剪箍筋数量：

$$V = 0.7(1.5 - \beta_t) f_t b h_0 + f_{yv}\frac{A_{sv}}{s}h_0$$

$$25000 = 0.7 \times (1.5 - 1) \times 1.1 \times 240 \times 265 + 270 \times 2 \times \frac{A_{sv1}}{s} \times 265$$

$$\frac{A_{sv1}}{s} = 0.004(\mathrm{mm^2/mm})$$

计算抗扭箍筋数量：

$$T \leqslant 0.35\beta_t f_t W_t + 1.2\sqrt{\zeta} f_{yv}\frac{A_{st1}}{s}A_{cor}$$

取 $\zeta = 1.2$；

$$A_{cor} = (240 - 2 \times 30) \times (300 - 2 \times 30) = 43200(\mathrm{mm^2})$$

$$5235000 = 0.35 \times 1.0 \times 1.1 \times 5353000 + 1.2\sqrt{1.2} \times 270 \times \frac{A_{st1}}{s} \times 43200$$

$$\frac{A_{stl}}{s}=0.207(\text{mm}^2/\text{mm})$$

计算出箍筋总数量：

$$\frac{A_{svtl}}{s}=\frac{A_{svl}}{s}+\frac{A_{stl}}{s_t}=0.004+0.207=0.211(\text{mm}^2/\text{mm})$$

选用φ6，$A_{svtl}=28.3\ \text{mm}^2$，则

$$S=\frac{28.3}{0.211}=134(\text{mm})，取 S=100\ \text{mm}$$

（8）验算配箍率：

$$\rho_{sv}=\frac{nA_{svtl}}{bs}=\frac{2\times28.3}{240\times100}=0.0024$$

$\rho_{sv,\min}=0.28\dfrac{f_t}{f_{yv}}=0.28\times\dfrac{1.1}{270}=0.00114<\rho_{sv}$，满足要求。

（9）计算抗扭纵筋数量：（纵筋采用Ⅱ级钢）

$$u_{cor}=2\times(180+240)=840(\text{mm})$$

$$A_{stl}=\frac{\zeta f_{yv}A_{stl}u_{cor}}{f_y s}=\frac{1.2\times270\times0.207\times840}{300}=188(\text{mm}^2)$$

选用4 Φ12，$A_S=452\ \text{mm}^2$，$\rho_{tl}=\dfrac{452}{240\times300}=0.0053$

验算抗扭纵筋配筋率：

$$\frac{T}{Vb}=\frac{5235000}{26000\times240}=0.84$$

$\rho_{tl,\min}=0.6\sqrt{\dfrac{T}{Vb}}\dfrac{f_t}{f_y}=0.6\times\sqrt{0.84}\dfrac{1.1}{300}=0.0020<\rho_{tl}$，满足要求。

（10）按正截面强度计算抗弯纵筋的数量：

$A_S=204\ \text{mm}^2$，梁下部钢筋面积为：$452/2+204=430(\text{mm}^2)$，选用4 Φ12，$A_S=452\ \text{mm}^2$。

雨篷梁配筋图见图17－14。

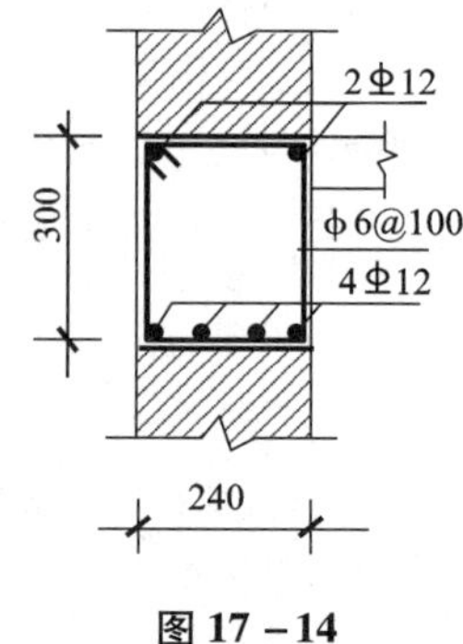

图17－14

【任务布置】

简述弯、剪、扭构件承载力的计算步骤。

【知识总结】

矩形截面钢筋混凝土纯扭构件是一个空间受力构件，其扭矩是由钢筋（纵筋和箍筋）与混凝土共同承担的。因此，其受扭承载力由两部分组成，一部分是由混凝土所承担的扭矩$0.35f_tW_t$，另一部分是由钢筋与混凝土共同承担的扭矩$1.2\sqrt{\zeta}\dfrac{f_{yv}A_{stl}}{s}A_{cor}$。

在受扭构件中，为了使箍筋和纵筋相互匹配，共同发挥抗扭作用，应将两种钢筋的用量比控制在合理的范围内。《规范》采用纵向钢筋与箍筋的配筋强度比值ζ进行控制，《规范》建议$0.6\leqslant\zeta\leqslant1.7$，当$\zeta=1.2$左右时为最佳值。

实际工程中，受扭构件一般为弯矩、剪力和扭矩共同作用的构件。构件在多种内力同时作用下，其承载力是受同时作用的内力影响而有所降低的，即构件各种内力之间存在着承载力之间的相关性。在计算中，仅考虑了混凝土单独承担的那部分剪力与扭矩之间的相关性影响，引用了受扭承载力降低系数β_t。

【课后练习】

1. 什么是受扭构件？试列举实际工程中的受扭构件。
2. ζ 和 β_t 的含义分别是什么？简述其作用和取值限制。
3. 在剪、扭构件承载力计算中如符合下列条件，说明了什么？

$$\frac{V}{bh_0}+\frac{T}{0.8W_t}\leqslant 0.25f_c\beta_c,\ \frac{V}{bh_0}+\frac{T}{W_t}\geqslant 0.7f_t。$$

4. 钢筋混凝土弯剪扭构件“叠加法”配筋的原则是什么？

学习情境十八　熟悉砌体房屋的构造要求与抗震构造措施

【项目描述与分析】

在结构设计和施工中，构造措施也是非常重要的。本项目通过学习砌体房屋的一般构造要求、防止或减轻墙体开裂的主要措施及多层砌体房屋的抗震措施，来保证砌体结构房屋有足够的耐久性和良好的整体工作性能。

【学习目标】

能力目标	知识目标	权重
能在设计和施工中使砌体结构房屋满足构造要求	熟悉砌体房屋的一般构造要求	30%
	熟悉防止或减轻墙体开裂的主要措施	30%
	掌握多层砌体房屋的抗震措施	40%
合　计		100%

【案例引入】

某五层砖混结构房屋中，抗震设防烈度为 8 度，一承重独立砖柱的截面尺寸为 240 mm × 240 mm，墙厚 240 mm，在墙体转角处沿竖向每隔 500 mm 设 1 根直径为 6 mm 的拉结钢筋，请指出案例中不符合规范之处。应如何设置圈梁和构造柱？

【任务目标】

熟悉砌体结构的一般构造措施及抗震措施。

【知识链接】

18.1.1　一般构造要求

1. 最小截面规定

承重的独立砖柱截面尺寸不应小于 240 mm × 370 mm。毛石墙的厚度不宜小于 350 mm。毛料石柱截面较小边长不宜小于 400 mm。当有振动荷载时，墙、柱不宜采用毛石砌体。

2. 墙、柱连接构造

（1）设置垫块的条件：跨度大于 6 m 的屋架和跨度大于下列数值的梁，应在支承处砌体设置混凝土或钢筋混凝土垫块；当墙中设有圈梁时，垫块与圈梁宜浇成整体。

对砖砌体为 4.8 m；对砌块和料石砌体为 4.2 m；毛石砌体为 3.9 m。

（2）设壁柱的条件：当梁的跨度大于或等于下列数值时，其支承处宜加设壁柱或采取其他加强措施：对 240 mm 厚的砖墙为 6 m，对 180 mm 厚的砖墙为 4.8 m；对砌块、料石墙为4.8 m。

(3)预制钢筋混凝土板在钢筋混凝土圈梁上的支承长度不应小于 80 mm，板端伸出的钢筋应与圈梁可靠连接，且同时浇筑；预制钢筋混凝土板在墙上不应小于 100 mm，并应按下列方法进行连接：①板支承于内墙时，板端钢筋伸出长度不应小于 70 mm，且与支座处沿墙配置的纵筋绑扎，用强度等级不应低于 C25 的混凝土浇筑成板带；②板支承于外墙时，板端钢筋伸出长度不应小于 100 mm，且与支座处沿墙配置的纵筋绑扎，用强度等级不应低于 C25 的混凝土浇筑成板带；③预制钢筋混凝土板与现浇板对接时，预制板端钢筋应伸入现浇板中进行连接后，再浇筑现浇板。

(4)预制钢筋混凝土梁在墙上的支承长度不宜小于 180 ~ 240 mm，支承在墙、柱上的吊车梁、屋架以及跨度大于或等于下列数值的预制梁的端部，应采用锚固件与墙、柱上的垫块锚固：砖砌体为 9 m；对砌块和料石砌体为 7.2 m。

(5)山墙处的壁柱宜砌至山墙顶部，屋面构件应与山墙可靠拉结。

(6)墙体转角处和纵横墙交接处应沿竖向每隔 400 ~ 500 mm 设拉结钢筋，其数量为每 120 mm 墙厚不少于 1 根直径 6 mm 的钢筋；或采用焊接钢筋网片，埋入长度从墙的转角或交接处算起，对实心砖墙每边不少于 500 mm，对多孔砖墙和砌块墙不小于 700 mm。

3. 砌块砌体房屋

(1)砌块砌体应分皮错缝搭砌，上下皮搭砌长度不得小于 90 mm。当搭砌长度不满足上述要求时，应在水平灰缝内设置不少于 2 Φ 4 的焊接钢筋网片(横向钢筋间距不宜小于 200 mm)，网片每段均应超过该垂直缝，其长度不得小于 300 mm。

(2)砌块墙与后砌隔墙交界处，应沿墙高每 400 mm 在水平灰缝内设置不少于 2 Φ4、横筋间距不大于 200 mm 的焊接钢筋网片。如图 18 -1。

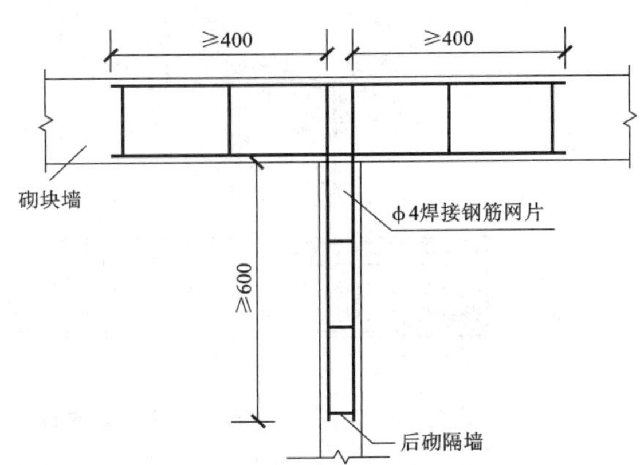

图 18 -1　砌块墙与后砌隔墙交界处的构造

(3)混凝土砌块房屋，宜将纵横墙交接处、距墙中心线每边不小于 300 mm 范围内的孔洞，采用不低于 Cb20 混凝土沿全墙高灌实。

(4)混凝土砌块墙体的下列部位，如未设圈梁或混凝土垫块，应采用不低于 Cb20 灌孔混凝土将孔洞灌实：①搁栅、檩条和钢筋混凝土楼板的支承面下，高度不应小于 200 mm 的砌体；②屋架、梁等构件的支承面下，高度不应小于 600 mm，长度不应小于 600 mm 的砌体；③挑梁支承面下，距墙中心线每边不应小于 300 mm，高度不应小于 600 mm 的砌体。

4. 砌体中留槽洞或埋设管道时，应符合下列规定：

1)不应在截面长边小于 500 mm 的承重墙体、独立柱内埋设管线；

2)不宜在墙体中穿行暗线或预留、开凿沟槽，无法避免时应采取必要的措施或按削弱后的截面验算墙体承载力。对受力较小或未灌孔砌块砌体，允许在墙体的竖向孔洞中设置管线。

5. 框架填充墙

填充墙砌筑砂浆的强度等级不宜低于 M5，填充墙墙体墙厚不应小于 90 mm。当填充墙与框架采用不脱开的方法时，宜符合下列规定：

1）沿柱高每隔 500 mm 配置 2 根直径 6 mm 的拉结钢筋（墙厚大于 240 mm 时配置 3 根直径 6 mm），钢筋伸入填充墙长度不宜小于 700 mm，且拉结钢筋应错开截断，相距不宜小于 200 mm。填充墙墙顶应与框架梁紧密结合。顶面与上部结构接触处宜用一皮砖或配砖斜砌楔紧。

2）当填充墙有洞口时，宜在窗洞口的上端或下端、门洞口的上端设置钢筋混凝土带，钢筋混凝土带应与过梁的混凝土同时浇筑，其过梁的断面及配筋由设计确定。钢筋混凝土带的混凝土强度等级不小于 C20。当有洞口的填充墙尽端至门窗洞口边距离小于 240 mm 时，宜采用钢筋混凝土门窗框。

3）填充墙长度超过 5 m 或墙长大于 2 倍层高时，墙顶与梁宜有拉接措施，墙体中部应加设构造柱；墙高度超过 4 m 时宜在墙高中部设置与柱连接的水平系梁，墙高超过 6 m 时，宜沿墙高每 2 m 设置与柱连接的水平系梁，梁的截面高度不小于 60 mm。

18.1.2 防止或减轻墙体开裂的主要措施

1. 墙体开裂的原因

（1）因温度变化和砌体干缩变形引起的墙体裂缝，如图 18－2。

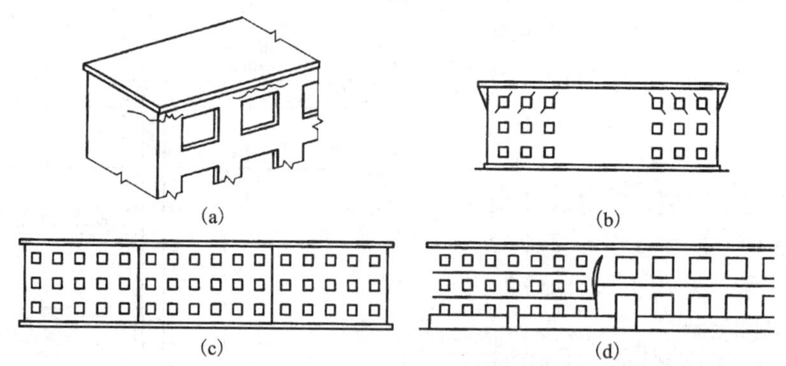

图 18－2 温度与干缩裂缝形态

（a）水平裂缝；（b）八字裂缝；（c）垂直贯通裂缝；（d）局部垂直裂缝

1）温度裂缝形态有水平裂缝、八字裂缝两种。

水平裂缝多发生在女儿墙根部、屋面板底部、圈梁底部附近以及比较空旷高大房间的顶层外墙门窗洞口上下水平位置处；八字裂缝多发生在房屋顶层墙体的两端，且多数出现在门窗洞口上下，呈八字形。

2）干缩裂缝形态有垂直贯通裂缝、局部垂直裂缝两种。

(2)因地基发生过大的不均匀沉降而产生的裂缝，见图 18－3。

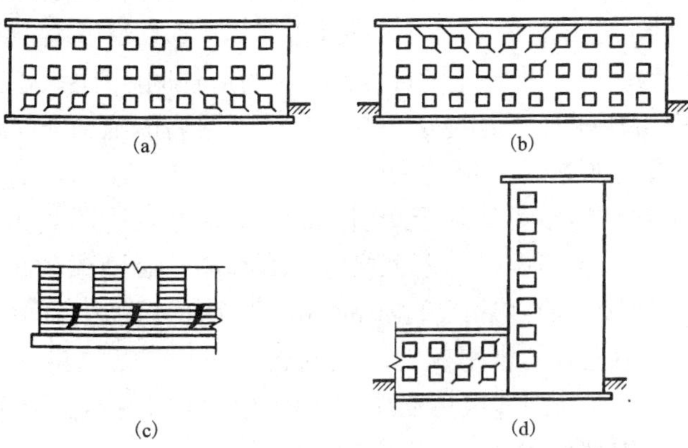

图 18－3　因地基不均匀沉降引起的裂缝形态

(a)正八字形裂缝；(b)倒八字形裂缝；(c)、(d)斜向裂缝

常见的因地基不均匀沉降引起的裂缝形态有：正八字形裂缝、倒八字形裂缝、高层沉降引起的斜向裂缝、底层窗台下墙体的斜向裂缝。

2. 防止墙体开裂的措施

(1)为了防止或减轻房屋在正常使用条件下，由温度和砌体干缩引起的墙体竖向裂缝，应在墙体中设置伸缩缝。伸缩缝应设置在因温度和收缩变形可能引起应力集中、砌体产生裂缝可能性最大的地方。伸缩缝的间距可按表 18－1 采用。

表 18－1　砌体房屋伸缩缝的最大间距

屋盖或楼盖类别		间距/m
整体式或装配整体式钢筋混凝土结构	有保温层或隔热层的屋盖、楼盖	50
	无保温层或隔热层的屋盖	40
装配式无檩体系钢筋混凝土结构	有保温层或隔热层的屋盖、楼盖	60
	无保温层或隔热层的屋盖	50
装配式有檩体系钢筋混凝土结构	有保温层或隔热层的屋盖	75
	无保温层或隔热层的屋盖	60
瓦材屋盖、木屋盖或楼盖、轻钢屋盖		100

注：①对烧结普通砖、多孔砖、配筋砌块砌体房屋取表中数值；对石砌体、蒸压灰砂普通砖、蒸压粉煤灰普通砖、混凝土砌块、混凝土普通砖和和混凝土多孔砖房屋，取表中数值乘以 0.8 的系数，当墙体有可靠外保温措施时，其间距可取表中数值；②在钢筋混凝土屋面上挂瓦的屋盖应按钢筋混凝土屋盖采用；③按本表设置的墙体伸缩缝，一般不能同时防止由于钢筋混凝土屋盖的温度变形和砌体干缩变形引起的墙体局部裂缝；④层高大于 5 m 的烧结普通砖、多孔砖、配筋砌块砌体结构单层房屋，其伸缩缝间距可按表中数值乘以 1.3；⑤温差较大且变化频繁地区和严寒地区不采暖的房屋及构筑物墙体的伸缩缝的最大间距，应按表中数值予以适当减小；⑥墙体的伸缩缝应与结构的其他变形缝相重合，在进行立面处理时，必须保证缝隙的伸缩作用。

(2)为了防止和减轻房屋顶层墙体的开裂，可根据情况采取下列措施：①屋面设置保温、隔热层；②屋面保温(隔热)层或屋面刚性面层及砂浆找平层应设置分格缝，分格缝间距不宜大于 6 m，其缝宽不小于 30 mm，并与女儿墙隔开；③用装配式有檩体系钢筋混凝土屋盖和瓦材屋盖；④顶层屋面板下设置现浇钢筋混凝土圈梁，并沿内外墙拉通，房屋两端圈梁下的墙体宜设置水平钢筋；⑤顶层墙体有门窗洞口时，在过梁上的水平灰缝内设置2～3道焊接钢筋网片或2 Φ6 钢筋，并伸入过梁两边墙体不小于600 mm；⑥顶层及女儿墙砂浆强度等级不低于 M7.5（Mb7.5，Ms7.5）；⑦女儿墙应设置构造柱，构造柱间距不宜大于4 m，构造柱应设置女儿墙顶并与现浇钢筋混凝土压顶整浇在一起；⑧对顶层墙体施加竖向预应力。

（3）防止或减轻房屋底层墙体裂缝的措施

底层墙体的裂缝主要是地基不均匀沉降引起的，或地基反力不均匀引起的，因此防止或减轻房屋底层墙体裂缝可根据情况采取下列措施：①增加基础圈梁的刚度；②在底层的窗台下墙体灰缝内设置3道焊接钢筋网片或2 Φ6 钢筋，并应伸入两边窗间墙不小于600 mm。

（4）在每层门、窗过梁上方的水平灰缝内及窗台下第一、第二道水平灰缝内设置焊接钢筋网片或2 Φ6 钢筋，焊接钢筋网片或钢筋应伸入两边窗间墙内不小于600 mm。当墙长大于5 m时，宜在每层墙高度中部设置2～3道焊接钢筋网片或3 Φ6 通长水平钢筋，竖向间距为500 mm。

（5）为防止或减轻混凝土砌块房屋顶层两端和底层第一、二开间门窗洞口处开裂，可采取下列措施：①在门窗洞口两边的墙体的水平灰缝内，设置长度不小于900 mm，竖向间距为400 mm的2 Φ4 焊接钢筋网片；②在顶层和底层设置通长钢筋混凝土窗台梁，窗台梁的高度宜为块高的模数，纵筋不少于4 Φ10，箍筋Φ6@200，混凝土强度等级不低于C20；③在门窗洞口两侧不少于一个孔洞中设置1 Φ12 的钢筋，钢筋应在楼层圈梁或基础锚固，并采取不低于Cb20的灌孔混凝土灌实。

（6）当房屋刚度较大时，可在窗台下或窗台角处墙体内、在墙体的高度或厚度突然变化处设置竖向控制缝。竖向控制缝宽度不宜小于25 mm，做法可参考《砌体规范》第6.5.7条。

（7）填充墙砌体与梁、柱或混凝土墙体结合的界面处（包括内、外墙），宜在粉刷前设置钢丝网片，网片宽度可取400 mm，并沿界面缝两侧各延伸200 mm，或采取其他有效的防裂、盖缝措施。

（8）防止墙体因为地基不均匀沉降而开裂的措施有：①设置沉降缝，在地基土性质相差较大，房屋高度、荷载、结构刚度变化较大处，房屋结构形式变化处，高低层的施工时间不同处设置沉降缝，将房屋分割为若干刚度较好的独立单元；②加强房屋整体刚度。③对处于软土地区或土质变化较复杂地区，利用天然地基建造房屋时，房屋体型力求简单，采用对地基不均匀沉降不敏感的结构形式和基础形式。④合理安排施工顺序，先施工层数多、荷载大的单元，后施工层数少、荷载小的单元。

18.1.3 多层砌体房屋的抗震措施

1. 多层砌体房屋的震害特点

在强烈地震作用下，多层砌体房屋的破坏部位，主要是墙身和构件间的接连处。

（1）墙体的破坏

在砌体房屋中，与水平地震作用方向平行的墙体是主要承担地震作用的构件。这类墙体往往因为主拉应力强度不足而引起斜裂缝破坏。由于水平地震的反复作用，两个方向的斜裂缝组成交叉的X形裂缝，这种裂缝在多层砌体房屋中的一般规律是下重上轻。这是因为多层房屋墙体下部地震剪力大的缘故。

(2)墙体转角处的破坏

由于墙角位于房屋尽端，房屋对它的约束作用减弱，使该处抗震能力相对降低，尤其当房屋在地震中发生扭转时，墙角处位移反应最大，这些都是造成墙角破坏的原因。

(3)楼梯间墙体的破坏

楼梯间一般层的墙体计算高度较房屋的其他部位小，其刚度较大，因而该处分配的地震剪力也大，楼梯间顶层的墙体计算高度又较房屋的其他部位大，稳定性差，所以容易发生破坏。

(4)内外墙连接处的破坏

内外墙连接处是房屋的薄弱部位，特别是有些建筑内外墙分别砌筑，以直槎或马牙槎连接，这些部位在地震中极易被拉开，造成外纵墙和山墙外闪、倒塌等现象。

(5)楼盖预制板的破坏

由于预制板整体性差，当楼板的搭接长度不足或无可靠的拉结时，在强烈地震过程中极易塌落，并常造成墙体倒塌。

(6)突出屋面的屋顶间等附属结构的破坏

在房屋中，突出的屋面和电梯机房、水箱房、烟囱、女儿墙等附属结构，由于地震“鞭端效应”的影响，所以在地震中一般较下部主体结构破坏严重，几乎在6度区就发现有破坏。特别是较高的女儿墙、出屋面的烟囱，在7度区就普遍破坏。

2. 抗震设计的一般规定

(1)多层房屋的层数和高度应符合下列要求：①一般情况下，房屋的层数和总高度不应超过表18－2的规定。②横墙较少的多层砌体房屋，总高度应比表18－2中的规定降低3 m，层数相应减少一层；各层横墙很少的多层砌体房屋，还应再减少一层。③6.7度时，横墙较少的丙类房屋，按规定采取加强措施并满足抗震承载力要求时，其高度和层数应允许仍按表18－2规定采用。

表18－2　房屋的层数和总高度限值　/m

房屋类型		最小抗震墙厚度/mm	设防烈度和设计基本地震加速度											
			6		7				8				9	
			0.05 g		0.10 g		0.15 g		0.20 g		0.30 g		0.40 g	
			高度	层数	高度	层数	高度	层数	高度	层数	高度	层数	高度	层数
多层砌体房屋	普通砖	240	21	7	21	7	21	7	18	6	15	5	12	4
	多孔砖	240	21	7	21	7	18	6	18	6	15	5	9	3
	多孔砖	190	21	7	18	6	15	5	15	5	12	4	—	—
	小砌体	190	21	7	21	7	18	6	18	6	16	6	9	3
底部框架－抗震墙房屋	普通砖、多孔砖	240	22	7	22	7	19	6	16	5	—	—	—	—
	多孔砖	190	22	7	19	6	16	5	13	4	—	—	—	—
	小砌块	190	22	7	22	7	19	6	16	5	—	—	—	—

注：①房屋的总高度指室外地面到主要屋面板板顶或檐口的高度，半地下室从地下室室内地面算起，全地下室和嵌固条件好的半地下室应允许从室外地面算起；对带阁楼的坡屋面应算到山尖墙的1/2高度处；②室内外高差大于0.6 m时，房屋总高度应允许比表中的数据适当增加，但增加量应少于1.0 m；③乙类的多层砌体房屋仍按本地区设防烈度查表，其层数应减少一层且总高度应降低3 m，不应采用底部框架－抗震墙砌体房屋；④本表小砌块砌体房屋不包括配筋混凝土小型空心砌块砌体房屋。

上述横墙较少是指同一楼层内开间大于4.2 m 的房间占该层总面积的40% 以上；其中，开间不大于4.2 m 的房间占该层总面积不到20%，且开间大于4.8 m 的房间占该层总面积的50% 以上为横墙很少。

(2)多层砌体房屋的最大高宽比限制

多层砌体承重房屋的层高，不应超过3.6 m。多层房屋的最大高宽比应符合表18 –3 的规定。

表18 –3　多层砌体房屋的最大高宽比

烈度	6	7	8	9
最大高宽比	2.5	2.5	2	1.5

注：①单面走廊房屋的总宽度不包括走廊宽度；②建筑平面接近正方形时，其高宽比宜适当减小。

(3)房屋抗震墙的间距

房屋抗震墙的间距不应超过表18 –4 的规定。

表18 –4　房屋抗震墙的最大间距　/m

<table>
<tr><th colspan="2" rowspan="2">房屋类型</th><th colspan="4">烈　度</th></tr>
<tr><th>6</th><th>7</th><th>8</th><th>9</th></tr>
<tr><td rowspan="3">多层砌体房屋</td><td>现浇或装配整体式钢筋混凝土楼、屋盖</td><td>15</td><td>15</td><td>11</td><td>7</td></tr>
<tr><td>装配式钢筋混凝土楼、屋盖</td><td>11</td><td>11</td><td>9</td><td>4</td></tr>
<tr><td>木屋盖</td><td>9</td><td>9</td><td>4</td><td>—</td></tr>
<tr><td rowspan="2">底部框架—抗震墙房屋</td><td>上部各层</td><td colspan="3">同多层砌体房屋</td><td>—</td></tr>
<tr><td>底层或底部两层</td><td>18</td><td>15</td><td>11</td><td>—</td></tr>
</table>

注：①多层砌体房屋的顶层，除木屋盖外的最大横墙间距应允许适当放宽，但应采取相应加强措施；②多孔砖抗震横墙厚度为190 mm 时，最大横墙间距应比表中数值减少3 m。

(4)房屋的局部尺寸限制

为了保证在地震时，不因局部墙段的首先破坏，而造成整片墙体连续破坏，导致整体结构倒塌，必须对墙体的局部尺寸加以限制，见表18 –5。

表18 –5　房屋的局部尺寸限制　/m

部　　位	6 度	7 度	8 度	9 度
承重窗间墙最小宽度	1.0	1.0	1.2	1.5
承重外墙尽端至门窗洞边的最小距离	1.0	1.0	1.2	1.5
非承重外墙尽端至门窗洞边的最小距离	1.0	1.0	1.0	1.0
内墙阳角至门窗洞边的最小距离	1.0	1.0	1.5	2.0
无锚固女儿墙(非出入口处)的最大高度	0.5	0.5	0.5	0.0

注：①局部尺寸不足时，应采取局部加强措施弥补，且最小宽度不宜小于1/4 层高和表列数据的80%；②出入口处的女儿墙应有锚固。

(5)多层砌体房屋的结构布置

多层砌体房屋的建筑布置和结构体系，应符合下列要求：

1)应优先采用横墙承重或纵横墙共同承重的结构体系。不应采用砌体墙和混凝土墙混合承重的结构体系。

2)纵横向砌体抗震墙的布置应符合下列要求：①宜均匀对称，沿平面内宜对齐，沿竖向应上下连续；且纵横向墙体的数量不宜相差过大；②平面轮廓凹凸尺寸，不应超过典型尺寸的50%；当超过典型尺寸的25%时，房屋转角处应采取加强措施；③楼板局部大洞口的尺寸不宜超过楼板宽度的30%，且不应在墙体两侧同时开洞；④房屋错层的楼板高差超过500 mm时，应按两层计算；错层部位的墙体应采取加强措施；⑤网一轴线上的窗间墙宽度宜均匀；墙面洞口的面积，6、7度时不宜大于墙面总面积的55%，8、9度时不宜大于50%；⑥在房屋宽度方向的中部应设置内纵墙，其累计长度不宜小于房屋总长度的60%(高宽比大于4的墙段不计入)。

3)房屋有下列情况之一时宜设置防震缝，缝两侧均应设置墙体，缝宽应根据烈度和房屋高度确定，可采用70~100 mm：①房屋立面高差在6 m以上；②房屋有错层，且楼板高差大于层高的1/4；③各部分结构刚度、质量截然不同。

4)楼梯间不宜设置在房屋的尽端或转角处。

5)不应在房屋转角处设置转角窗。

6)横墙较少、跨度较大的房屋，宜采用现浇钢筋混凝土楼、屋盖。

3. 多层砖房的抗震构造措施

构造柱和圈梁是多层砖房所采用的主要抗震措施，它可以加强砌体结构的整体性，并增加砌体结构的变形能力，这些已经在地震中得到证实。同时设置构造柱和圈梁能使墙体在严重开裂后不突然倒塌，是保证“大震不倒”的主要措施。

(1)构造柱的设置

构造柱的主要功能是在竖向起约束墙体的作用。当墙体在地震作用时开裂后，构造柱的作用明显发挥。因此，构造柱应设置在墙体的两端或墙体的交接部位。在交接部位设置构造柱，可以用一根柱作为两个方向墙体的约束构件，更有利于构造柱作用的发挥。

多层普通砖、多孔砖房应按下列要求设置钢筋混凝土构造柱(以下简称构造柱)：①构造柱设置部位，一般情况下应符合表18-6的要求。②外廊式和单面走廊式的多层房屋，应根据房屋增加一层后的层数，按表18-6的要求设置构造柱，且单面走廊两侧的纵墙均应按外墙处理。③横墙较少的房屋，应根据房屋增加一层后的层数，按表18-6的要求设置构造柱；当横墙较少的房屋为外廊式或单面走廊式时，应按第2条要求设置构造柱，但6度不超过四层、7度不超过三层和8度不超过二层时应按增加二层后的层数对待。

当房屋的高度和层数接近表18-6限值时，纵横墙内构造柱间距尚应符合下列要求：①横墙内的构造柱间距不宜大于层高的二倍，下部1/3楼层的构造柱间距适当减小。②当外纵墙开间大于3.9 m时，应另设加强措施，内纵墙的构造柱间距不宜大于4.2。

(2)圈梁的设置

在房屋的檐口、窗顶、楼层、吊车梁顶等标高处，沿砌体墙水平方向设置按构造配筋的混凝土梁式构件，通常称为钢筋混凝土圈梁，简称圈梁。多层砖砌体房屋的现浇钢筋混凝圈梁设置应符合下列要求：①装配式钢筋混凝土楼、屋盖或木屋盖的砖房，横墙承重时应按表

18－7 的要求设置圈梁；纵墙承重时每层均应设置圈梁，且抗震横墙上的圈梁间距应比表内要求适当加密。②现浇或装配整体式钢筋混凝土楼盖、屋盖与墙体有可靠连接的房屋，应允许不另设圈梁，但楼板沿抗震墙周边应加强配筋并应与相应的构造柱钢筋可靠连接。

表 18－6　多层砖砌体房屋构造柱设置要求

<table>
<tr><th colspan="4">房屋层数</th><th colspan="2" rowspan="2">设置部位</th></tr>
<tr><th>6 度</th><th>7 度</th><th>8 度</th><th>9 度</th></tr>
<tr><td>四、五</td><td>三、四</td><td>二、三</td><td></td><td rowspan="3">楼、电梯间四角、楼梯斜楼段上下端对应的墙体处；
外墙四角和对应转角；
错层部位横墙与外纵墙交接处；
大房间内外墙交接处；
较大洞口两侧</td><td>隔 12 m 或单元横墙与外纵墙交接处；
楼梯间对应的另一侧内横墙与外纵墙交接处</td></tr>
<tr><td>六</td><td>五</td><td>四</td><td>二</td><td>隔开间横墙(轴线)与外墙交接处；
山墙与内纵墙交接处</td></tr>
<tr><td>七</td><td>≥六</td><td>≥五</td><td>≥三</td><td>内墙(轴线)与外墙交接处；
内横墙的局部较小墙垛处；
内纵墙与横墙(轴线)交接处</td></tr>
</table>

表 18－7　砖房现浇钢筋混凝土圈梁设置要求

<table>
<tr><th rowspan="2">墙类</th><th colspan="3">烈　度</th></tr>
<tr><th>6、7</th><th>8</th><th>9</th></tr>
<tr><td>外墙和内纵墙</td><td>屋盖处及每层楼盖处</td><td>屋盖处及每层楼盖处</td><td>屋盖处及每层楼盖处</td></tr>
<tr><td>内横墙</td><td>同上；
屋盖处间距不应大于 4.5 m；
楼盖处间距不应大于 7.2 m；
构造柱对应部位</td><td>同上；
各层所有横墙，且间距不应大于 4.5 m；构造柱对应部位</td><td>同上；
各层所有横墙</td></tr>
</table>

（3）丙类的多层砖砌体房屋，当横墙较少且总高度和层数接近或达到表 18－7 规定限值，应采取下列加强措施：①房屋的最大开间尺寸不宜大于 6.6 m。②同一结构单元内横墙错位数量不宜超过横墙总数的 1/3，且连续错位不宜多于两道；错位墙体交接处均应增设构造柱，且楼（屋）面板应采用现浇钢筋混凝土板。③横墙和内纵墙上洞口的宽度不宜大于 1.5 m；外纵墙上洞口的宽度不宜大于 2.1 m 或开间尺寸的一半；且内外墙上洞口位置不应影响内外纵墙与横墙的整体连接。④所有纵横墙均应在楼、屋盖标高处设置加强的现浇钢筋混凝土圈梁；圈梁的截面高度不宜小于 150 mm，上下纵筋各不应少于 3 Φ10，箍筋不小于Φ6，间距不大于 300 mm。⑤所有纵横墙交接处及横墙的中部，均应增设满足下列要求的构造柱：在纵、横墙内的柱距不宜大于 3.0 m，最小截面尺寸不宜小于 240 mm×240 mm（墙厚为 190 mm 时为 240 mm×190 mm），配筋宜符合表 18－8 的要求。⑥同一结构单元的楼、屋面板应设置在同一标高处。⑦房屋底层和顶层的窗台处，宜设置沿纵横墙通长的水平现浇钢筋混凝土带；其截面高度不小于 60 mm，宽度不小于墙厚，纵向钢筋不少于 2 Φ10，横向分布筋的直径不小于Φ6，其间距不大于 200 mm。

表 18－8　增设构造柱的纵筋和箍筋设置要求

<table>
<tr><th rowspan="2">位置</th><th colspan="3">纵向钢筋</th><th colspan="3">箍　筋</th></tr>
<tr><th>最大配筋率/%</th><th>最小配筋率/%</th><th>最小直径/mm</th><th>加密区范围</th><th>加密区范围</th><th>最小直径/mm</th></tr>
<tr><td>角柱</td><td rowspan="2">1.8</td><td rowspan="2">0.8</td><td>14</td><td>全高</td><td rowspan="3">100</td><td rowspan="3">6</td></tr>
<tr><td>边柱</td><td>14</td><td rowspan="2">上端700
下端500</td></tr>
<tr><td>中柱</td><td>1.4</td><td>0.6</td><td>12</td></tr>
</table>

(4)框架填充墙

填充墙与框架的连接，可根据设计要求采用脱开或不脱开方法。有抗震设防要求时宜采用填充墙与框架脱开的方法。当填充墙与框架采用脱开的方法时，宜符合下列规定：

1)填充墙两端与框架柱，填充墙顶面与框架梁之间留出不小于 20 mm 的间隙。

2)填充墙端部应设置构造柱，柱间距宜不大于 20 倍墙厚且不大于 4000 mm，柱宽度不小于 100 mm。柱竖向钢筋不宜小于Φ10，箍筋宜为Φ^{R}5，竖向间距不宜大于400 mm。竖向钢筋与框架梁或其挑出部分的预埋件或预留钢筋连接，绑扎接头时不小于 30d，焊接时(单面焊)不小于 10 d(d 为钢筋直径)。柱顶与框架梁(板)应预留不小于 15 mm 的缝隙，用硅酮胶或其他弹性密封材料封缝。当填充墙有宽度大于2100 mm 的洞口时，洞口两侧应加设宽度不小于 50 mm 的单筋混凝土柱。

3)填充墙两端宜卡入设在梁、板底及柱侧的卡口铁件内，墙侧卡口板的竖向间距不宜大于 500 mm，墙顶卡口板的水平间距不宜大于 1500 mm。

4)墙体高度超过 4 m 时宜在墙高中部设置与柱连通的水平系梁。水平系梁的截面高度不小于 60 mm。填充墙高不宜大于 6 m。

5)填充墙与框架柱、梁的缝隙可采用聚苯乙烯泡沫塑料板条或聚氨醋发泡材料充填，并用硅酮胶或其他弹性密封材料封缝。

(5)楼梯间应符合下列要求

1)顶层楼梯间墙体应沿墙高每隔 500 mm 设 2 Φ6 通长钢筋和Φ4 分布短钢筋平面内点焊组成的拉结网片或Φ4 点焊网片；7～9 度时其他各层楼梯间墙体应在休息平台或楼层半高处设置 60 mm 厚、纵向钢筋不应少于 2 Φ10 的钢筋混凝土带或配筋砖带，配筋砖带不少于 3 皮，每皮的配筋不少于 2 Φ6，砂浆强度等级不应低于 M7.5 且不低于同层墙体的砂浆强度等级。

2)楼梯间及门厅内墙阳角处的大梁支承长度不应小于 500 mm，并应与圈梁连接。

3)装配式楼梯段应与平台板的梁可靠连接，8、9 度时不应采用装配式楼梯段；不应采用墙中悬挑式踏步或踏步竖肋插入墙体的楼梯，不应采用无筋砖砌栏板。

4)突出屋顶的楼、电梯间，构造柱应伸到顶部，并与顶部圈梁连接，所有墙体应沿墙高每隔 500 mm 设 2 Φ6 通长钢筋和Φ4 分布短筋平面内点焊组成的拉结网片或Φ4 点焊网片。

(6)其他方面的抗震构造

1)构造柱与墙连接处应砌成马牙槎，沿墙高每隔 500 mm 设 2 Φ6 水平钢筋和Φ4 分布短筋平面内点焊组成的拉结网片或Φ4 点焊钢筋网片，每边伸入墙内不宜小于 1 m。6、7 度时底部 1/3 楼层，8 度时底部 1/2 楼层，9 度时全部楼层，上述拉结钢筋网片应沿墙体水平通长设置。

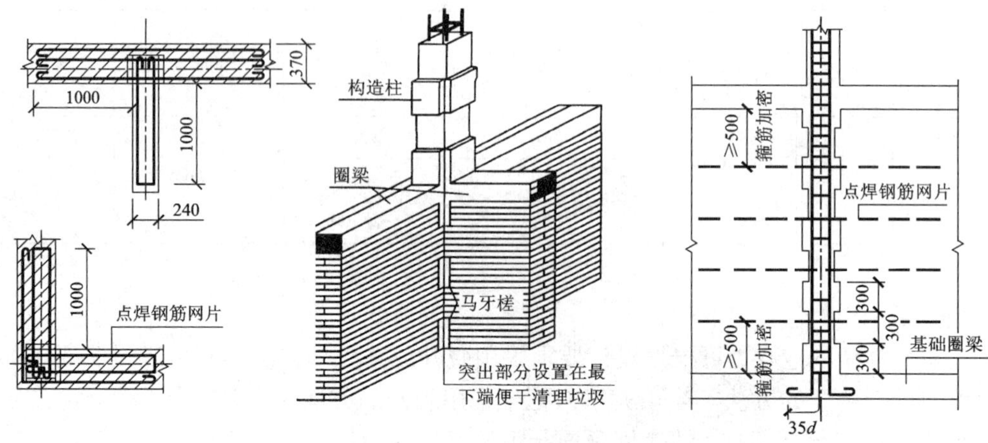

图 18-4　构造柱的构造

2）构造柱的最小截面可采用 180 mm×240 mm（墙厚 190 mm 时，为 180 mm×190 mm），构造柱纵向钢筋宜采用 4 Φ12，箍筋间距不宜大于 250 mm，且在柱的上下两端应适当加密（图 18-4），当6、7 度超过六层，8 度超过五层和 9 度时，构造柱纵向钢筋宜采用 4 Φ14，箍筋间距不宜大于 200 mm；房屋四角的构造柱应适当加大截面即配筋。

3）构造柱与圈梁连接处，构造柱的纵筋应在圈梁纵筋内侧穿过，保证构造柱纵筋上下贯通。

4）圈梁应闭合，遇有洞口被截断时，应在洞口上部增设相同截面的附加圈梁，且附加圈梁与圈梁的搭接长度应满足≥1000 mm、且≥2*H* 的要求（*H* 为附加圈梁与圈梁间距离）。圈梁宜与预制板在同一标高或紧靠板底。圈梁的截面高度不应小于 120 mm，宽度宜与墙厚相同。其配筋应符合表 18-9 的要求。

表 18-9　多层砖砌体房屋圈梁配筋要求

配筋	烈度		
	6、7	8	9
最小纵筋	4 Φ10	4 Φ12	4 Φ14
箍筋最大间距/mm	250	200	150

纵横墙交接处的圈梁应有可靠的连接。

在混合结构中，设置圈梁可增强房屋的整体刚度，防止由于地基不均匀沉降或较大振动荷载作用对墙体产生的不利影响；圈梁的存在，可减小墙体的计算高度，提高墙体的稳定性；跨越门窗洞口的圈梁，若配筋不少于过梁或适当增配一些钢筋时，还可兼作过梁。

5）门窗洞处不应采用砖过梁；过梁支承长度，6～8 度时不应小于 240 mm，9 度时不应小于 360 mm。

【案例解答】

【答】 案例中不符合规范之处有：①承重独立砖柱的截面尺寸为 240 mm × 240 mm，小于《砌体规范》中承重的独立砖柱截面尺寸不应小于 240 mm × 370 mm 的规定；②墙厚为 240 mm，在墙体转角处沿竖向每隔 500 mm 应至少设 2 根直径为 6 mm 的拉结钢筋。若抗震设防烈度为 8 度，构造柱和圈梁的设置位置可查表 18 – 6、18 – 7 确定，此处从略。

【任务布置】

简述多层砌体结构的抗震构造要求。

【知识总结】

在各种结构中，砌体结构受力最为复杂，有许多设计内容不是单靠计算就能满足的，构造要求是长期科学试验和工程实践经验的总结，是一种增加房屋整体性和刚度，控制裂缝，防患于未然的办法。

构造柱和圈梁是多层砖房所采用的主要抗震措施，它可以加强砌体结构的整体性，并增加砌体结构的变形能力，这些已经在地震中得到证实。同时设置构造柱和圈梁能使墙体在严重开裂后不突然倒塌，是保证“大震不倒”的主要措施。

圈梁是混合结构房屋中沿砌体墙水平方向设置封闭状的按构造配筋的钢筋混凝土梁。圈梁应合理设置，并满足有关构造要求，才能充分发挥其作用。

【课后练习】

1. 有抗震要求时，多层砌体结构房屋如何合理布置房屋的结构体系？
2. 何谓圈梁？如何设置？有何构造要求？

附录　内力系数表

附表一　均布荷载和集中荷载作用下等跨连续梁的内力系数表

均布荷载作用下

$$M = K_1 g l_0^2 + K_2 q l_0^2$$
$$V = K_3 g l_0 + K_4 q l_0$$

集中荷载作用下

$$M = K_1 G l_0 + K_2 Q l_0$$
$$V = K_3 G + K_4 Q$$

式中：g、q——单位长度上的均布恒荷载及活荷载；

G、Q——集中恒荷载及活荷载；

$K_1 \sim K_4$——内力系数，由表中相应栏内查得。

1. 两跨梁

序号	荷载简图	跨内最大弯矩		支座弯矩	横向剪力			
		M_1	M_2	M_B	V_A	$V_{B左}$	$V_{B右}$	V_C
1	q; A B C; l l	0.070	0.070	-0.125	0.375	-0.625	0.625	-0.375
2	q; M_1 M_2	0.096	-0.025	-0.063	0.437	-0.563	0.063	0.063
3	P P	0.156	0.156	-0.188	0.312	-0.688	0.688	-0.312
4	P	0.203	-0.047	-0.094	0.406	-0.594	0.094	0.094
5	P P	0.222	0.222	-0.333	0.667	-1.334	1.334	-0.667
6	P	0.278	-0.056	-0.167	0.833	-1.167	0.167	0.167

2. 三跨梁

序号	荷载简图	跨内最大弯矩		支座弯矩		横向剪力					
		M_1	M_2	M_B	M_C	V_A	$V_{B左}$	$V_{B右}$	$V_{C左}$	$V_{C右}$	V_D
1	q; A B C D; l l l	0.080	0.025	-0.100	-0.100	0.400	-0.600	0.500	-0.500	-0.600	-0.400
2	q; M_1 M_2 M_3	0.101	-0.050	-0.050	-0.050	0.450	-0.550	0.000	0.000	0.550	-0.450
3	q	-0.025	0.075	-0.050	-0.050	-0.050	-0.050	0.050	0.050	0.050	0.050
4	q	0.073	0.054	-0.117	-0.033	0.383	-0.617	0.583	-0.417	0.033	0.033
5	q	0.094	—	-0.067	-0.017	0.433	-0.567	0.083	0.083	-0.017	-0.017
6	P P P	0.175	0.100	-0.150	-0.150	0.350	-0.650	0.500	-0.500	0.650	-0.350
7	P P	0.213	-0.075	-0.075	-0.075	0.425	-0.575	0.000	0.000	0.575	-0.425
8	P	-0.038	0.175	-0.075	-0.075	-0.075	-0.075	0.500	-0.500	0.075	0.075
9	P P	0.162	0.137	-0.175	0.050	0.325	-0.675	0.625	-0.375	0.050	0.050
10	P	0.200	—	-0.100	0.025	0.400	-0.600	0.125	0.125	-0.025	-0.025
11	P P P	0.244	0.067	-0.267	-0.267	0.733	-1.267	1.000	-1.000	1.267	-0.733
12	P P	0.289	-0.133	-0.133	-0.133	0.866	-1.134	0.000	0.000	1.134	-0.866
13	P	-0.044	0.200	-0.133	-0.133	-0.133	-0.133	1.000	-1.000	0.133	0.133
14	P P	0.229	0.170	-0.311	0.089	0.689	-1.311	1.222	-0.778	0.089	0.089
15	P	0.274	—	-0.178	0.044	0.822	-1.178	0.222	0.222	-0.044	-0.044

3. 四跨梁

序号	荷载简图	跨内最大弯矩				支座弯矩			横向剪力								
		M_1	M_2	M_3	M_4	M_B	M_C	M_D	V_A	$V_{B左}$	$V_{B右}$	$V_{C左}$	$V_{C右}$	$V_{D左}$	$V_{D右}$	V_E
1	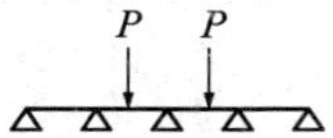	0.077	-0.036	0.036	0.077	-0.107	-0.071	-0.107	0.393	-0.607	0.536	-0.464	0.464	-0.536	0.607	-0.393
2	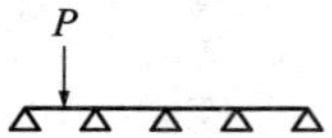	0.100	0.045	0.081	-0.023	-0.054	-0.036	-0.054	0.446	-0.554	0.018	0.018	0.482	-0.518	0.054	0.054
3	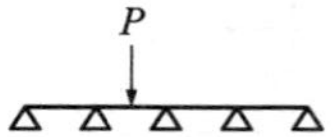	0.072	0.061	—	0.098	-0.121	-0.018	-0.058	0.380	-0.020	0.603	-0.397	-0.040	-0.040	0.558	-0.442
4	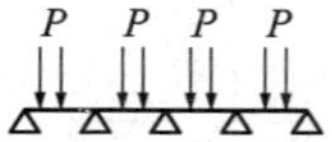	—	0.056	0.056	—	-0.036	-0.107	-0.036	-0.036	-0.036	0.429	-0.571	0.571	-0.429	0.036	0.036
5	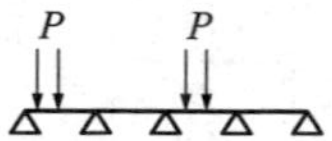	0.094	—	—	—	-0.067	0.018	-0.004	0.433	-0.567	0.085	0.085	-0.022	-0.022	0.004	0.004
6	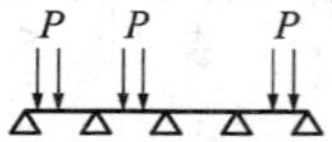	—	0.071	—	—	-0.049	-0.054	0.013	-0.049	-0.049	0.496	-0.504	0.067	0.067	-0.013	-0.013
7	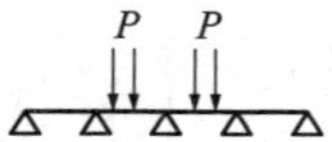	0.169	0.116	0.116	-0.169	-0.161	-0.107	-0.161	0.339	-0.661	0.553	-0.446	0.446	0.554	0.661	-0.339
8	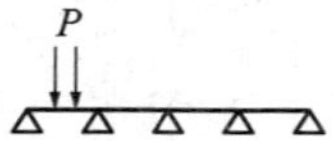	0.210	0.067	0.183	-0.140	-0.080	-0.054	-0.080	0.420	-0.580	0.027	0.027	0.473	0.527	0.080	0.080
9	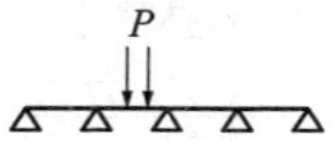	0.159	0.146	—	0.206	-0.181	-0.027	-0.087	0.319	-0.681	0.654	-0.346	-0.060	-0.060	0.587	-0.413

续表

序号	荷载简图	跨内最大弯矩				支座弯矩			横向剪力								
		M_1	M_2	M_3	M_4	M_B	M_C	M_D	V_A	$V_{B左}$	$V_{B右}$	$V_{C左}$	$V_{C右}$	$V_{D左}$	$V_{D右}$	V_E
10		—	0.142	0.142	—	-0.054	-0.161	-0.054	-0.054	-0.054	0.393	-0.607	0.607	-0.393	0.054	0.054
11		0.202	—	—	—	-0.100	0.027	-0.007	0.400	-0.600	0.127	0.127	-0.033	-0.033	0.007	0.007
12		—	0.173	—	—	-0.074	-0.080	0.020	-0.074	-0.074	0.493	-0.507	0.100	0.100	-0.020	-0.020
13		0.238	0.111	0.111	0.238	-0.286	-0.191	-0.286	0.714	-1.286	1.095	-0.905	0.905	-0.095	1.286	-0.714
14		0.286	-0.111	0.222	-0.048	-0.143	-0.095	-0.143	0.875	-1.143	0.048	0.048	0.952	1.048	0.143	0.143
15		0.226	0.194	—	0.282	-0.321	-0.048	-0.155	0.679	-1.321	1.274	-0.726	-0.107	-0.107	1.155	-0.845
16		—	0.175	0.175	—	-0.095	-0.286	-0.095	-0.095	-0.095	0.810	-1.190	0.190	-0.810	0.095	0.095
17		0.274	—	—	—	-0.178	0.048	-0.012	0.822	-1.178	0.226	0.226	-0.060	-0.060	0.012	0.012
18		—	0.198	—	—	-0.131	-0.143	-0.036	-0.131	-0.131	0.988	-1.012	0.178	0.178	-0.036	-0.036

4. 五跨梁

序号	荷载简图	跨内最大弯矩			支座弯矩				横向剪力										
		M_1	M_2	M_3	M_B	M_C	M_D	M_E	V_A	$V_{B左}$	$V_{B右}$	$V_{C左}$	$V_{C右}$	$V_{D左}$	$V_{D右}$	$V_{E左}$	$V_{E右}$	V_F
1	q; A B C D E F; l l l l l	0.0781	0.0331	0.0462	-0.105	-0.079	-0.079	-0.105	0.394	-0.606	0.526	-0.474	0.500	-0.500	0.474	-0.526	0.606	-0.394
2	q; M_1 M_2 M_3 M_4 M_5	0.1000	-0.0461	0.0855	-0.053	-0.040	-0.040	-0.053	0.447	-0.553	0.013	0.013	0.500	-0.500	-0.013	-0.013	0.553	-0.447
3	q	-0.0263	0.0787	-0.0395	-0.053	-0.040	-0.040	-0.053	-0.053	-0.053	0.513	-0.487	0.000	0.000	0.487	-0.513	0.053	0.053
4	q	0.073	0.059	—	-0.119	-0.022	-0.044	-0.051	0.380	-0.620	0.598	-0.402	-0.023	-0.023	0.493	-0.507	0.052	0.052
5	q	—	0.055	0.064	-0.035	-0.111	-0.020	-0.057	-0.035	-0.035	0.424	-0.576	-0.591	-0.049	-0.037	-0.037	0.557	-0.443
6	q	0.094	—	—	-0.067	0.018	-0.005	-0.001	0.433	-0.567	0.085	0.085	-0.023	-0.023	0.006	0.006	-0.001	-0.001
7	q	—	0.074	—	-0.049	-0.054	-0.014	-0.004	-0.049	-0.049	0.495	-0.505	0.068	-0.068	-0.018	0.018	0.004	0.004
8	q	—	—	0.072	0.013	-0.053	-0.053	0.013	0.013	0.013	-0.066	-0.066	0.500	-0.500	0.066	0.066	-0.013	-0.013
9	P P P P P	0.171	0.112	0.132	-0.158	-0.118	-0.118	-0.158	0.342	-0.658	0.540	-0.460	0.500	-0.500	0.460	-0.540	0.658	-0.342

续表

序号	荷载简图	跨内最大弯矩			支座弯矩				横向剪力										
		M_1	M_2	M_3	M_B	M_C	M_D	M_E	V_A	$V_{B左}$	$V_{B右}$	$V_{C左}$	$V_{C右}$	$V_{D左}$	$V_{D右}$	$V_{E左}$	$V_{E右}$	V_F
10		0.211	-0.069	0.191	-0.079	-0.059	-0.059	-0.079	0.421	-0.579	0.020	0.020	0.500	-0.500	-0.030	-0.020	0.579	-0.421
11		0.039	0.181	-0.059	-0.079	-0.059	-0.059	-0.079	-0.079	-0.079	0.520	-0.480	0.000	0.000	0.480	-0.520	0.079	0.079
12		0.160	0.144	—	-0.179	-0.032	-0.066	-0.077	0.321	-0.679	0.647	-0.353	-0.034	-0.034	0.489	-0.511	0.077	0.077
13		—	0.140	0.151	-0.052	-0.167	-0.031	-0.086	-0.052	-0.052	0.385	-0.615	0.637	-0.363	-0.056	-0.056	0.586	-0.414
14		0.200	—	—	-0.100	0.027	0.007	0.002	0.400	-0.600	0.127	0.127	-0.034	-0.034	0.009	0.009	-0.002	-0.002
15		—	0.173	—	-0.073	-0.081	-0.022	-0.005	-0.073	-0.073	0.493	-0.507	0.102	0.102	-0.027	-0.027	0.005	0.005
16		—	—	0.171	0.020	0.079	0.079	0.020	0.020	0.020	-0.099	-0.099	0.500	-0.500	0.099	0.099	-0.020	-0.020
17		0.240	0.100	0.122	-0.281	-0.211	-0.211	-0.281	0.719	-1.281	1.070	-0.930	1.000	-1.000	0.930	-1.070	1.281	-0.719

续表

序号	荷载简图	跨内最大弯矩			支座弯矩				横向剪力									
		M_1	M_2	M_3	M_B	M_C	M_D	M_E	V_A	$V_{B左}$	$V_{B右}$	$V_{C左}$	$V_{C右}$	$V_{D左}$	$V_{D右}$	$V_{E左}$	$V_{E右}$	V_F
18	P P P	0.287	-0.117	0.228	-0.140	-0.105	-0.105	-0.140	0.860	-1.140	0.035	0.035	1.000	-1.000	-0.035	-0.035	1.140	-0.860
19	P P	-0.047	-0.216	-0.105	-0.140	-0.105	-0.105	-0.140	-0.140	-0.140	1.035	-0.965	0.000	0.000	0.965	-1.035	0.140	0.140
20	P P P	0.227	0.189	—	-0.319	-0.057	-0.118	-0.137	0.681	-1.319	1.262	-0.738	-0.061	-0.061	0.981	-1.019	0.137	0.137
21	P P P	—	0.172	0.198	-0.093	-0.297	-0.054	-0.153	-0.093	-0.093	0.796	-1.204	1.243	-0.757	-0.099	-0.099	1.153	-0.847
22	P	0.274	—	—	-0.179	0.048	-0.013	0.003	0.821	-1.179	0.227	0.227	-0.061	-0.061	0.016	0.016	-0.003	-0.003
23	P	—	0.198	—	0.131	-0.144	-0.038	-0.010	-0.131	-0.131	0.987	-1.013	0.182	0.182	-0.048	-0.048	0.010	0.010
24	P	—	—	0.193	0.035	-0.140	-0.140	0.035	0.035	0.035	-0.175	-0.175	1.000	-1.000	0.175	0.175	-0.035	-0.035

附表二　按弹性理论计算矩形双向板在均布荷载作用下的弯矩系数

符号说明

M_x、$M_{x,\max}$——分别平行于 l_x 方向板中心点弯矩和板跨内的最大弯矩；

M_y、$M_{y,\max}$——分别平行于 l_y 方向板中心点弯矩和板跨内的最大弯矩；

M_x^0——固定边中点沿 x 方向的弯矩；

M_y^0——固定边中点沿 y 方向的弯矩。

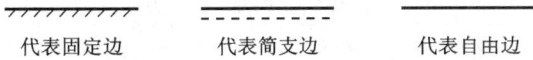

代表固定边　　代表简支边　　代表自由边

边界条件	(1)四边简支		(2)三边简支、一边固定									
l_x/l_y	M_x	M_y	M_x	$M_{x,\max}$	M_y	$M_{y,\max}$	M_y^0	M_x	$M_{x,\max}$	M_y	$M_{y,\max}$	M_x^0
0.50	0.0994	0.0335	0.0914	0.0930	0.0352	0.0397	-0.1215	0.0593	0.0657	0.0157	0.0171	-0.1212
0.55	0.0927	0.0359	0.0832	0.0846	0.0371	0.0405	-0.1193	0.0577	0.0633	0.0175	0.0190	-0.1187
0.60	0.0860	0.0379	0.0752	0.0765	0.0386	0.0409	-0.1160	0.0556	0.0608	0.0194	0.0209	-0.1158
0.65	0.0795	0.0396	0.0676	0.0688	0.0396	0.0412	-0.1133	0.0534	0.0581	0.0212	0.0226	-0.1124
0.70	0.0732	0.0410	0.0604	0.0616	0.0400	0.0417	-0.1096	0.0510	0.0555	0.0229	0.0242	-0.1087
0.75	0.0673	0.0420	0.0538	0.0519	0.0400	0.0417	-0.1056	0.0485	0.0525	0.0244	0.0257	-0.1048
0.80	0.0617	0.0428	0.0478	0.0490	0.0397	0.0415	-0.1014	0.0459	0.0495	0.0258	0.0270	-0.1007
0.85	0.0564	0.0432	0.0425	0.0436	0.0391	0.0410	-0.0970	0.0434	0.0466	0.0271	0.0283	-0.0965
0.90	0.0516	0.0434	0.0377	0.0388	0.0382	0.0402	-0.0926	0.0409	0.0438	0.0281	0.0293	-0.0922
0.95	0.0471	0.0432	0.0334	0.0345	0.0371	0.0393	-0.0882	0.0384	0.0409	0.0290	0.0301	-0.0880
1.00	0.0429	0.0429	0.0296	0.0306	0.0360	0.0388	-0.0839	0.0360	0.0388	0.0296	0.0306	-0.0839

边界条件	(3)两对边简支、两对边固定						(4)两邻边简支、两邻边固定					
	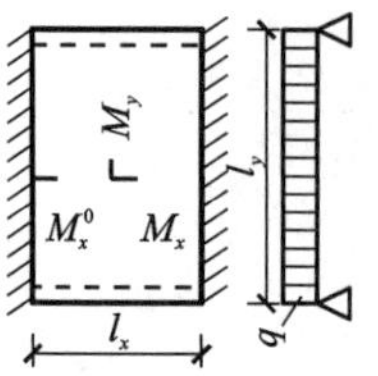			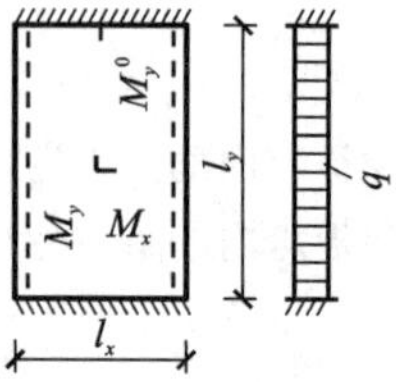			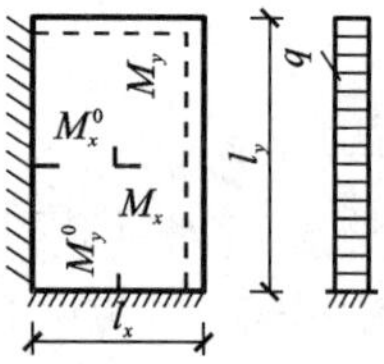					
l_x/l_y	M_x	M_y	M_y^0	M_x	M_y	M_x^0	M_x	$M_{x,\max}$	M_y	$M_{y,\max}$	M_x^0	M_y^0
0.50	0.0837	0.0367	-0.1191	0.0419	0.0086	-0.0843	0.0572	0.0584	0.0172	0.0229	-0.1179	-0.0786
0.55	0.0743	0.0383	-0.1156	0.0415	0.0096	-0.0840	0.0546	0.0556	0.0192	0.0241	-0.1140	-0.0785
0.60	0.0653	0.0393	-0.1114	0.0409	0.0109	-0.0834	0.0518	0.0526	0.0212	0.0252	-0.1095	-0.0782
0.65	0.0569	0.0394	-0.1066	0.0402	0.0122	-0.0826	0.0486	0.0496	0.0220	0.0261	-0.1045	-0.0777
0.70	0.0494	0.0392	-0.1031	0.0391	0.0135	-0.0814	0.0455	0.0465	0.0843	0.0267	-0.0992	-0.0770
0.75	0.0428	0.0383	-0.0959	0.0381	0.0149	-0.0799	0.0422	0.0430	0.0254	0.0272	-0.0938	-0.0760
0.80	0.0369	0.0372	-0.0904	0.0368	0.0162	-0.0782	0.0390	0.0397	0.0263	0.0278	-0.0883	-0.0748
0.85	0.0318	0.0358	-0.0850	0.0355	0.0174	-0.0763	0.0358	0.0366	0.0265	0.0284	-0.0829	-0.0733
0.90	0.0275	0.0343	-0.0767	0.0341	0.0186	-0.0743	0.0328	0.0337	0.0278	0.0288	-0.0776	-0.0716
0.95	0.0238	0.0328	-0.0746	0.0326	0.0.196	-0.0721	0.0299	0.0308	0.0273	0.0289	-0.0726	-0.0698
1.00	0.0206	0.0311	-0.0698	0.0311	0.0206	-0.0698	0.0273	0.0281	0.0273	0.0289	-0.0677	-0.0677

边界条件	(5)一边简支、三边固定					
	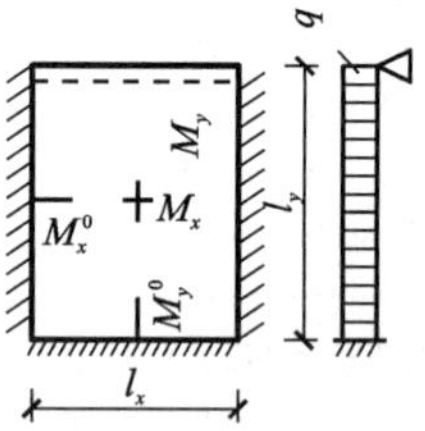					
l_x/l_y	M_x	$M_{x,\max}$	M_y	$M_{y,\max}$	M_x^0	M_y^0
0.50	0.0413	0.0424	0.0095	0.0157	-0.0836	-0.0569
0.55	0.0405	0.0415	0.0108	0.0160	-0.0827	-0.0570
0.60	0.0394	0.0404	0.0123	0.0169	-0.0814	-0.0571
0.65	0.0331	0.0390	0.0137	0.0178	-0.0796	-0.0572
0.70	0.0366	0.0375	0.0151	0.0186	-0.0174	-0.0572
0.75	0.0349	0.0358	0.0184	0.0193	-0.0750	-0.0572
0.80	0.0331	0.0339	0.0176	0.0199	-0.0722	-0.0570
0.85	0.0312	0.0319	0.0186	0.0204	-0.0693	-0.0567
0.90	0.0295	0.0300	0.0201	0.0208	-0.0663	-0.0563
0.95	0.0274	0.0281	0.0204	0.0214	-0.0631	-0.0553
1.00	0.0255	0.0261	0.0206	0.0219	-0.0600	-0.0500

边界条件	(6)一边简支、三边固定						(7)四边固定			
l_x/l_y	M_x	$M_{x,max}$	M_y	$M_{y,max}$	M_y^0	M_x^0	M_x	M_y	M_x^0	M_y^0
0.50	0.0551	0.0605	0.0188	0.0201	-0.0784	-0.1146	0.0406	0.0105	-0.0829	-0.0570
0.55	0.0517	0.0536	0.0210	0.0223	-0.0780	-0.1093	0.0394	0.0120	-0.0814	-0.0571
0.60	0.0480	0.0520	0.0229	0.0242	-0.0773	-0.1033	0.0380	0.0137	-0.0793	-0.0571
0.65	0.0441	0.0476	0.0244	0.0256	-0.0762	-0.0970	0.0361	0.0152	-0.0766	-0.0571
0.70	0.0402	0.0433	0.0256	0.0267	-0.0748	-0.0903	0.0340	0.0167	-0.0735	-0.0569
0.75	0.0364	0.0390	0.0263	0.0273	-0.0729	-0.0837	0.0318	0.0179	-0.0701	-0.0565
0.80	0.0327	0.0348	0.0267	0.0267	-0.0707	-0.0772	0.0295	0.0189	-0.0664	-0.0559
0.85	0.0293	0.0312	0.0268	0.0277	-0.0683	-0.0711	0.0272	0.0197	-0.0626	-0.0551
0.90	0.0261	0.0277	0.0265	0.0273	-0.0656	-0.0653	0.0249	0.0202	-0.0588	-0.0541
0.95	0.0232	0.0246	0.0261	0.0269	-0.0629	-0.0599	0.0227	-0.0205	-0.0550	-0.0528
1.00	0.0206	0.0219	0.0255	0.0261	-0.0600	-0.0550	0.0205	-0.0205	-0.0513	-0.0513

参考文献

[1] 住房和城乡建设部. 混凝土结构设计规范(GB 50010—2010)(2015 年版). 北京：中国建筑工业出版社, 2015

[2] 住房和城乡建设部. 砌体结构设计规范(GB 50003—2011). 北京：中国建筑工业出版社, 2011

[3] 住房和城乡建设部. 建筑抗震设计规范(GB 50011—2010)(2016 年版). 北京：中国建筑工业出版社, 2016

[4] 住房和城乡建设部. 高层建筑混凝土结构技术规程(JGJ3—2010). 北京：中国建筑工业出版社, 2011

[5] 住房和城乡建设部. 建筑结构荷载规范(GB 50009—2012). 北京：中国建筑工业出版社, 2012

[6] 住房和城乡建设部. 砌体工程施工质量验收规范(GB 50203—2011). 北京：中国建筑工业出版社, 2011

[7] 住房和城乡建设部. 建筑工程抗震设防分类标准(GB 50223—2008). 北京：中国建筑工业出版社, 2008

[8] 住房和城乡建设部. 建筑结构可靠度设计统一标准(GB 50068—2018). 北京：中国建筑工业出版社, 2018

[9] 住房和城乡建设部, 中国建筑标准设计研究院. 全国民用建筑工程设计技术措施 结构(砌体结构). 北京：中国计划出版社, 2012

[10] 中国建筑标准设计研究院. 混凝土结构施工图平面整体表示方法制图规则和构造详图(现浇混凝土框架、剪力墙、梁板)(16G101—1). 北京：中国计划出版社, 2016

[11] 中国建筑标准设计研究院. 混凝土结构施工图平面整体表示方法制图规则和构造详图(现浇混凝土板式楼梯)(16G101—2). 北京：中国计划出版社, 2016

[12] 住房和城乡建设部. 装配式混凝土建筑技术标准(GB/T 51231—2016). 北京：中国建筑工业出版社, 2017

[13] 中国建筑标准设计研究院. 装配式混凝土结构表示方法及示例(剪力墙结构)(15G107—1). 北京：中国计划出版社, 2015

[14] 中国建筑标准设计研究院. 装配式混凝土结构住宅建筑设计示例(剪力墙结构)(15G939—1). 北京：中国计划出版社, 2015

[15] 鲁维, 余克俭, 陈翔. 建筑结构. 南京：南京大学出版社, 2011

[16] 王志清. 混凝土结构与砌体结构. 北京：冶金工业出版社, 2010

[17] 余志武, 袁锦根. 混凝土结构与砌体结构设计. 北京：中国铁道出版社, 2003

[18] 段春花. 混凝土结构与砌体结构. 北京：中国电力出版社, 2010

[19] 胡兴福. 建筑结构(第 2 版). 北京：中国建筑工业出版社, 2009

[20] 陈文元. 建筑结构与识图. 重庆：重庆大学出版社, 2018

[21] 庄伟, 匡亚川. 盈建科 YJK 软件从入门到提高. 北京：中国建筑工业出版社, 2018

[22] 王茹, 魏静. 结构工程 BIM 技术应用. 北京:高等教育出版社, 2020

[23] 王刚, 司振民. 装配式混凝土结构识图. 北京：中国建筑工业出版社, 2019

[24] 廊坊市中科建筑产业化创新研究中心. “1 + X”建筑信息模型(BIM)职业技能等级证书. 教师手册. 北京：高等教育出版社, 2019

图书在版编目(CIP)数据

混凝土结构与砌体结构 / 刘孟良，赵英菊，何山主编.
—2 版. —长沙：中南大学出版社，2021.1
ISBN 978-7-5487-3995-1

Ⅰ.①混… Ⅱ.①刘… ②赵… ③何… Ⅲ.①混凝土结构—高等职业教育—教材②砌体结构—高等职业教育—教材 Ⅳ.①TU37②TU209

中国版本图书馆 CIP 数据核字(2020)第 214910 号

混凝土结构与砌体结构

主编　刘孟良　赵英菊　何　山

□**责任编辑**　周兴武
□**责任印制**　周　颖
□**出版发行**　中南大学出版社
社址：长沙市麓山南路　　邮编：410083
发行科电话：0731-88876770　　传真：0731-88710482
□**印　　装**　长沙雅鑫印务有限公司

□**开　　本**　787 mm×1092 mm 1/16　□**印张** 25　□**字数** 637 千字
□**版　　次**　2021 年 1 月第 2 版　□2021 年 1 月第 1 次印刷
□**书　　号**　ISBN 978-7-5487-3995-1
□**定　　价**　66.00 元
